朝倉数学大系

砂田利一・堀田良之・増田久弥［編集］

シュレーディンガー方程式 I

谷島賢二［著］

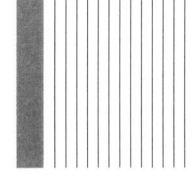
朝倉書店

〈朝倉数学大系〉
編集委員

砂田利一
明治大学教授
東北大学名誉教授

堀田良之
東北大学名誉教授

増田久弥
東京大学名誉教授
東北大学名誉教授

はじめに

Euclid 空間 $\mathbb{R}^d$ の変数 $x = (x_1, \ldots, x_d)$ と時間の変数 t の複素数値関数 $u(t,x)$ に対する偏微分方程式

$$i\frac{\partial u}{\partial t} = -\frac{1}{2}\sum_{j=1}^{d}\left(\frac{\partial}{\partial x_j} - iA_j(t,x)\right)^2 u + V(t,x)u \tag{1}$$

を Schrödinger 方程式とよぶ．$A_1(t,x), \ldots, A_d(t,x)$ ならびに $V(t,x)$ は与えられた実数値関数である．Schrödinger 方程式は原子や分子などの量子力学的な粒子を記述する量子力学の運動方程式である．$A_j(t,x)$ や $V(t,x)$ が t に依存しないとき，粒子の定常状態は $e^{-itE}\varphi(x)$ の形の解で表される．このとき，φ は

$$-\frac{1}{2}\sum_{j=1}^{d}\left(\frac{\partial}{\partial x_j} - iA_j(x)\right)^2 \varphi + V(x)\varphi = E\varphi \tag{2}$$

を満たす．(2) は定常 Schrödinger 方程式，左辺の作用素は Schrödinger 作用素とよばれる．

Schrödinger 方程式の解は波動方程式の解の性質と同時に熱方程式の解の性質をもつ．一方，波動方程式と違って波の伝播速度が無限大で解が初期条件の無限遠方までの性質に依存し，熱方程式と違って解の不連続性が突然現れたりする．また本質的に複素数値関数に対する方程式である点でもほかと違った特有な方程式である．この本は Schrödinger 方程式についての数学的な問題を基礎から学ぶための入門書で，学部程度の数学，とくに実解析，Fourier 解析あるいは関数解析学などを一通り学んだ大学院生などのために Schrödinger 方程式についての基本事項を解説したものである．

日常のほとんどすべての自然現象が説明できるといわれるほど量子力学は広範囲に適用されている．これにともなって多岐多様にわたる数学的問題が数学自身からばかりでなく物理サイドからも不断に提供され続け，Schrödinger 方程式に関する数学的な問題は尽きることがない．この本ではこのような Schrödinger 方程式についての数学的な問題を学ぶために必要なとくに基本的な事項について述べる．Schrödinger 方程式の研究は同時に，学部・大学院で学ぶ解析学の展開の場で，いわば解析学総論の雰囲気ももつ．このような雰囲気を意識して，解析学のほかの分野でも重要な事項についてはこの本の必要の範囲を越えて解説した．

第1章では Schrödinger 方程式を学ぶのに必要な関数解析, 実関数論, Fourier 解析の基本事項をやや詳しく復習する. これらは大部分学部で学ぶことなのでこの章の多くの定理には証明をつけなかったが, 読者が初めて出会うかもしれない実関数論の不等式などは詳しく証明した. 第1章では同時に数学者向けの量子力学のイロハを述べた. 数学的な問題の理解に多少とも役立つと考えたからである.

第2章と第3章では具体的な解の表示ができる2つの方程式, 自由 Schrödinger 方程式と調和振動子について, Sobolev 空間やベクトル値関数の Fourier 変換など関数解析続論的な内容を導入しながら述べた. 自由 Schrödinger 方程式はすべての解が時間とともに無限遠方に分散する粒子を記述する方程式である. 一方, 調和振動子はすべての解が, 粒子が有界領域に留まるいわゆる束縛状態を記述する方程式である. 一般の Schrödinger 方程式は自由 Schrödinger 方程式の解のように振る舞う解と, 調和振動子の解のように振る舞う解をあわせもつのが通例で, これらの章で述べられる2つの方程式の解の性質は, 後の章で述べる一般の Schrödinger 方程式の解の性質を調べる際の指針となる.

第4章と第5章では A, V が t に依存しない場合の Schrödinger 方程式 (1) に対する初期値問題の解の存在と一意性の問題, ならびに Schrödinger 作用素に対する固有値問題, すなわち定常 Schrödinger 方程式 (2) について学ぶ. 第4章では, まず A, V が t に依存しないとき, (1) の初期値問題の解の存在と一意性の問題は Schrödinger 作用素の自己共役問題と同値であることを示す. つぎにヒルベルト空間の対称作用素の自己共役拡張に関する一般論を述べたのち Schrödinger 作用素の自己共役問題をいくつかの方法を用いて詳しく考える. A, V が t に依存しない場合, (2) の左辺の Schrödinger 作用素 H の固有関数は原子や分子の定常状態, 固有値 E はその状態のエネルギーを記述し, 固有値・固有関数の性質は物理においてきわめて重要である. 第5章では固有値の性質ならびに固有関数の無限遠方での振る舞いについて述べる. 2階楕円型偏微分方程式の最大値原理や Harnack の不等式, あるいは楕円型評価についてはいくつかのよく知られた結果を引用するにとどめた.

第6章では A, V が t に依存する場合の Schrödinger 方程式の初期値問題の解の存在と一意性の問題についてのエネルギー法と, 発展方程式の方法を解説する. まず, A, V が滑らかで空間の無限遠方で A が $|x|$ の高々1次関数的, V が高々2次関数的にしか増大しない時には, 双曲型方程式に対してよく用いられるア・プリオリ評価を用いたエネルギー法が Schrödinger 方程式に対してもほとんどそのまま用いることができることを示す. つぎに Hille–Yosida の半群の理論を復習して, 加藤敏夫による時間依存型発展方程式の抽象論を述べ, これを Schrödinger 方程式に適用する. これによって $A(t,x), V(t,x)$ が, t を固定したとき, Schrödinger 作用素が本質的に自己共役であるために第4章で述べた条件を満たせば, t に関する適当な滑らかさの条件のもとで (1) に一意的な解作用素が存在することを示す.

第7章では x に関して滑らかな A, V に対して, Schrödinger 方程式の初期値問題の解作用素の積分核の性質を調べる. 解作用素の積分核の性質は A や V の無限遠方での振る舞いに深く関係していることを示し, 対応する古典力学の粒子の運動によってこの性質を

説明する．無限遠方において A が 1 次関数よりは速く増大せず，V が 2 次関数よりは速く増大しないとき，解作用素の積分核は短い正の時間に対して，x に関して滑らかで有界である．これからこの場合の解はほとんどすべての時間において初期関数より滑らかさを増すという平滑化作用の性質を導き，この性質を用いて第 6 章の解の存在と一意性についての結果を部分的に一般化する．

第 8 章と第 9 章は散乱理論の章である．第 8 章では抽象的散乱理論の一般論を述べたあと，相互作用が短距離の 2 粒子，あるいは多粒子に対する散乱理論を定式化する．さらに 2 粒子系に対する波動作用素が存在することを示し，その完全性を Enss の時間依存法によって証明する．多粒子系の散乱については定式化するにとどめ波動作用素の存在と完全性の証明については触れない．第 9 章ではいわゆるスムース理論による散乱の定常理論を紹介し，Schrödnger 作用素の一般化固有関数による展開定理を証明する．これによって波動作用素や散乱作用素が固有関数の移植であることを示す．これらの基礎になるは Schrödinger 作用素に対する極限吸収原理である．これを 2 通りの方法，Agmon–Kuroda による方法と Mourre による方法によって証明する．最後に Mourre 理論に現れた方法を用いて 2 体 Schcrödinger 作用素の正の固有値の不存在を証明する．ここでも多体粒子系についての対応する結論を紹介することはしなかった．

この本を書くにあたって様々な方々の援助を頂いた．田村英男，足立匡義，加藤圭一の各氏は原稿の一部あるいは全体を通読され多くの誤りを指摘すると同時に多くのコメントを寄せられた．学習院大学大学院生であった相場大祐，相原優子，小島夏藻，小川知之の各氏はまだ未完成の原稿をもちいてセミナーを行うなどして多くの誤りを指摘してくれた．また目黒陽士，染山大介の各氏はいくつかのミスプリを指摘してくれた．深く感謝する．最後に著者を学生時代から導き下さった多くの先生，友人，とくに黒田成俊，藤原大輔両先生に感謝する．

平成 26 年 8 月　谷島　賢二

目次

第1章 関数解析の復習と量子力学の ABC　　1
- 1.1 関数解析の基礎概念 　　1
  - 1.1.1 ノルム空間, Banach 空間, Hilbert 空間 　　1
  - 1.1.2 有界作用素, 非有界作用素 　　2
  - 1.1.3 双対空間, 共役作用素 　　3
  - 1.1.4 直交射影, Riesz の表現定理 　　4
  - 1.1.5 閉作用素, 閉包 　　5
  - 1.1.6 コンパクト作用素 　　7
  - 1.1.7 スペクトルとレゾルベント 　　9
- 1.2 対称作用素と自己共役作用素 　　10
- 1.3 スペクトル表現定理 　　14
  - 1.3.1 射影値測度による積分 　　14
  - 1.3.2 スペクトル分解定理 　　19
  - 1.3.3 スペクトル表現 　　22
  - 1.3.4 Stone の公式, Helffer–Sjöstrand の公式 　　24
  - 1.3.5 スペクトルの分類 　　28
- 1.4 Fourier 変換 　　29
  - 1.4.1 可積分関数の Fourier 変換と共役 Fourier 変換 　　30
  - 1.4.2 急減少関数の Fourier 変換 　　30
  - 1.4.3 緩増加超関数と Fourier 変換 　　34
  - 1.4.4 開集合上の超関数 　　40
- 1.5 L^p 空間 　　43
  - 1.5.1 Riesz の表現定理 　　44
  - 1.5.2 Riesz の補間定理 　　45
  - 1.5.3 Marcinkiewicz の補間定理 　　46
- 1.6 いくつかの不等式 　　48
  - 1.6.1 Schur の補題 　　48
  - 1.6.2 同次積分核をもつ積分作用素 　　48
  - 1.6.3 Hardy の不等式, Hardy–Littlewood–Sobolev の不等式 　　51

1.7	ベクトル値関数の微分積分・Bochner 積分	55
1.8	量子力学の ABC	57
	1.8.1　古典力学の ABC	57
	1.8.2　量子力学的状態, 1 粒子の場合	62
	1.8.3　量子力学的状態, 多粒子の場合	64
	1.8.4　Schrödinger 方程式	65

第 2 章　自由 Schrödinger 方程式　　　　　　　　　　　　　　　70

2.1	Sobolev 空間	71
	2.1.1　Sobolev 空間 $H^s(\mathbb{R}^d)$	71
	2.1.2　分数階 Sobolev 空間 $H^s(\mathbb{R}^d)$	73
	2.1.3　正整数階 Sobolev 空間の関数の微分可能性	76
	2.1.4　Sobolev の埋蔵定理	81
	2.1.5　Sobolev 空間の双対空間	82
	2.1.6　開集合上の Sobolev 空間 $H^s(\Omega)$	83
	2.1.7　Sobolev 空間での割り算定理	89
	2.1.8　Rellich のコンパクト性定理	90
2.2	ベクトル値関数の Fourier 変換	92
	2.2.1　ベクトル値関数の Fourier 変換	92
	2.2.2　Hilbert 空間値 Fourier 超関数の Fourier 変換	93
	2.2.3　ベクトル値 Sobolev 空間	96
	2.2.4　トレース定理	98
	2.2.5　Sobolev 空間 $H_0^s(\Omega)$	99
2.3	自由 Schrödinger 方程式	102
	2.3.1　H_0 の自己共役性とスペクトル	102
	2.3.2　自由 Schrödinger 方程式	103
	2.3.3　$\mathcal{H}$ における漸近展開	106
	2.3.4　局所減衰評価	108
	2.3.5　関数空間 $\Sigma(m)$	109
	2.3.6　L^p-L^q 評価と Strichartz の不等式	111
	2.3.7　無限遠で減衰する初期値をもつ解の滑らかさ	115
2.4	解作用素の定常表現	116
2.5	レゾルベントの積分表示	117

第 3 章　調和振動子　　　　　　　　　　　　　　　　　　　　　　124

3.1	自己共役性とスペクトル	125
3.2	調和振動子の時間発展	132
	3.2.1　束縛状態	132

	3.2.2	基本解	134
3.3		L^p-L^q 評価と時間有限 Strichartz 不等式	138
3.4		一様磁場の中の電子の運動	140
	3.4.1	一様磁場の中の古典荷電粒子	140
	3.4.2	一様磁場の中の電子の運動	142

第 4 章　自己共役問題　146

4.1		初期値問題の一般論	146
4.2		最小作用素と最大作用素	149
4.3		対称作用素の拡張	150
	4.3.1	不足指数・不足空間	150
	4.3.2	対称作用素の閉対称拡張	151
4.4		直線上の Schrödinger 作用素	154
	4.4.1	L_0 の不足指数, 極限円と極限点	157
	4.4.2	自己共役拡張	161
	4.4.3	極限点・極限円のための条件	168
4.5		摂動論の方法・Kato–Rellich の定理	172
	4.5.1	Kato–Rellich の定理	173
	4.5.2	原子・分子のハミルトニアンの自己共役性	174
	4.5.3	L^p 評価, Sobolev 空間 $W^{k,p}(\Omega)$	176
	4.5.4	L^p 正則性定理	181
	4.5.5	Stummel 型ポテンシャル	182
	4.5.6	$L^{d/2}_{\mathrm{loc}}$ 型ポテンシャルの $-\Delta$ 有界性	185
4.6		加藤の不等式と正値 L^2_{loc} ポテンシャル	186
	4.6.1	加藤の不等式	186
	4.6.2	正値 L^2_{loc} ポテンシャルをもつ Schrödinger 作用素	188
4.7		対称 2 次形式	188
	4.7.1	双 1 次形式	189
	4.7.2	閉形式, 可閉形式	190
	4.7.3	第 1 表現定理	192
	4.7.4	第 2 表現定理	198
	4.7.5	2 次形式の大小比較	199
	4.7.6	2 次形式の摂動	201
4.8		2 次形式の理論による Schrödinger 作用素の構成	202
	4.8.1	Hamilton 2 次形式	202
	4.8.2	加藤型ポテンシャル	205
	4.8.3	$L^{d/2}_{\mathrm{loc}}$ ポテンシャルの q_A 形式有界性	208
	4.8.4	-2 次同次ポテンシャル	209

	4.8.5	$L_w^{\frac{d}{2}}$ 型ポテンシャル	211
4.9	2次形式, 最大作用素と解作用素との関係		215
	4.9.1	2次形式と Schrödinger 方程式	216
	4.9.2	最大作用素と解作用素	217
4.10	熱核とレゾルベント, Diamagnetic 不等式.............		218
4.11	本質的自己共役性再論・Leinfelder–Simader の定理		220
4.12	Krein–Birman–Vishik 理論		225
	4.12.1	1点相互作用	231
4.13	部分波展開		234
	4.13.1	Δ の極座標表示	234
	4.13.2	球面調和関数	235
	4.13.3	部分波展開	238

第 5 章　固有値と固有関数　　241

5.1	本質的スペクトルと離散スペクトル		241
	5.1.1	Weyl の安定性定理	243
	5.1.2	Schrödinger 作用素の本質的スペクトルの下端	244
5.2	Mini-Max 原理		247
5.3	コンパクト作用素の特異値とトレースイデアル		250
	5.3.1	特異値と Schmidt 展開	250
	5.3.2	Hilbert–Schmidt 作用素	253
	5.3.3	トレース作用素	256
5.4	1体 Schrödinger 作用素の負の固有値の数		258
	5.4.1	Birman–Schwinger 方程式	259
	5.4.2	Cwikel–Lieb–Rozenbljum の評価	264
5.5	Dirichlet–Neumann decoupling		267
5.6	Weyl の漸近律		269
	5.6.1	固有値の数に関する準古典極限定理	272
5.7	固有関数の性質 1		275
	5.7.1	基底状態の正値性	275
	5.7.2	固有関数の評価・優解-劣解による方法	276
	5.7.3	固有関数の指数減衰 2, 積分評価	280
5.8	直線上の Schrödinger 作用素		290
	5.8.1	固有関数の零点と固有値の関係	291
	5.8.2	固有値の漸近挙動	294
	5.8.3	固有関数の漸近挙動	299

付録 A	補間空間, Lorentz 空間	303
A.1	複素補間定理	303
	A.1.1　抽象複素補間理論	303
	A.1.2　L^p 空間の複素補間空間	306
	A.1.3　Sobolev 空間の複素補間空間	307
	A.1.4　正則作用素値関数の補間	308
A.2	Lorentz 空間	309
	A.2.1　再配置 (rearrangement)	309
	A.2.2　Lorentz 空間	311
A.3	実補間理論	312
	A.3.1　実補間空間	312
	A.3.2　実補間空間の J 表現	314
	A.3.3　再帰補間定理	316
	A.3.4　実補間空間としての Lorentz 空間	318

索 引　　　　　　　　　　　　　　　　　　　　　　　　　　　　　　1

II 巻略目次

第 6 章　解の存在と一意性
- 6.1　一般的な注意, ゲージ変換
- 6.2　エネルギー法
- 6.3　発展方程式の抽象論
- 6.4　発展方程式の理論による解作用素の構成 1
- 6.5　発展方程式の理論による解作用素の構成 2・弱解

第 7 章　Schrödinger 方程式の基本解
- 7.1　2 次増大のハミルトニアン
- 7.2　Strichartz 不等式と平滑化作用
- 7.3　解作用素の構成再論
- 7.4　任意の有限時間での基本解
- 7.5　優 2 次ポテンシャル・基本解の非正則性
- 7.6　超局所特異性の伝播

第 8 章　散乱問題・散乱の完全性
- 8.1　RAGE 定理
- 8.2　重心運動の分離と波動作用素, 2 体問題
- 8.3　完全性の証明, Enss による証明法
- 8.4　多体散乱理論の定式化

第 9 章　散乱の定常理論
- 9.1　スムース理論
- 9.2　自由 Schrödinger 作用素に対する極限吸収原理
- 9.3　H に対する極限吸収原理, Agmon–Kuroda 理論
- 9.4　スペクトル表現と固有関数展開定理
- 9.5　散乱の定常理論
- 9.6　Mourre 理論

付録 B　擬微分作用素
- B.1　Weyl 量子化
- B.2　擬微分作用素と Weyl 擬微分作用素
- B.3　シンボル解析

付録 C　浅田・藤原の振動積分作用素
- C.1　振動積分と正準変換

C.2　定理 7.26 の証明の概略

あとがき

参考文献

第 1 章

関数解析の復習と量子力学の ABC

この章は準備の章である.関数解析の基本事項を復習した後,自己共役作用素のスペクトル分解定理,Fourier 変換,Lebesgue 空間 $L^p(\mathbb{R}^d)$ と Lebesgue 空間で成り立ついくつかの不等式について述べる.次に量子力学の基本事項を述べる.本の主題である Schrödinger 方程式は量子力学の運動方程式で,量子力学の基礎知識はこの方程式に関する数学的な諸問題の理解を深めるのに役立つからである.この章では定理や補題に証明をつけず,教科書を参照したり,読者の練習問題としたりすることが多い.読者が Lebesgue 積分や関数解析の初歩を既習と想定しているからで,これらの証明は拙著 [111] や関数解析のほとんどの教科書にあるが,読者自身で証明を試みたり,練習問題を解いたりして自らの習熟度を確認してみるとよいかもしれない.記号や術語を導入するのもこの章の目的である.

1.1 関数解析の基礎概念

関数解析の基本事項の復習をする.この節ではほとんどの定理に証明をつけない.

1.1.1 **ノルム空間**, Banach 空間, Hilbert 空間

$\mathcal{X}$ を複素ベクトル空間とする.$\mathcal{X}$ 上の関数 $u \mapsto \|u\|$ は次を満たすとき $\mathcal{X}$ の**ノルム**といわれる.

(a) 任意の $u \in \mathcal{X}$ に対して $\|u\| \geq 0$ で $\|u\| = 0$ となるのは 0 のとき,そのときに限る.
(b) 任意の $u, v \in \mathcal{X}, a \in \mathbb{C}$ に対して $\|u+v\| \leq \|u\| + \|v\|$, $\|au\| = |a|\|u\|$

ノルムの定義されたベクトル空間 $(\mathcal{X}, \|\cdot\|)$ を**ノルム空間**という.$\|u\|$ が $\mathcal{X}$ のノルムであることを強調するときには,これを $\|u\|_\mathcal{X}$ と書く.$\|u\|$ が $\mathcal{X}$ のノルムのとき,

$$d(u,v) = \|u-v\|, \quad u,v \in \mathcal{X} \tag{1.1}$$

は $\mathcal{X}$ 上の距離で平行移動不変 $d(u+w,v+w) = d(u,v)$, 同次的 $d(au,av) = |a|d(u,v)$ である．ノルム空間は距離 (1.1) によって距離空間とみなされる．この距離空間が完備なとき，ノルム空間 $(\mathcal{X}, \|\cdot\|)$ は **Banach 空間**であるといわれる．

複素ベクトル空間 $\mathcal{X}$ の要素の対 $\{u,v\}$ に対して定義された複素数値関数 (u,v) は任意の $u,v,w \in \mathcal{X}, \alpha, \beta \in \mathbb{C}$ に対して以下を満たすとき，$\mathcal{X}$ の**内積**であるといわれる：

(a) $(\alpha u + \beta w, v) = \alpha(u,v) + \beta(w,v), \quad (u,v) = \overline{(v,u)}$.
(b) $(u,u) \geq 0$ で, $(u,u) = 0$ となるのは $u = 0$ のときに限る．

内積の定義された空間を**内積空間**という．(u,v) が $\mathcal{X}$ の内積のとき，$\|u\| = \sqrt{(u,u)}$ と定義する．**Schwarz の不等式**

$$|(u,v)| \leq \|u\|\|v\|$$

が成り立ち，$\|u\|$ は $\mathcal{X}$ のノルムである．$\mathcal{X}$ がこのノルムに関して完備であるとき，内積空間 $\mathcal{X}$ は **Hilbert 空間**であるといわれる．

ノルム空間 $(\mathcal{X}, \|u\|)$ が内積空間であるためには，すなわちノルム $\|u\|$ が $\mathcal{X}$ の適当な内積 (u,v) によって $\|u\| = \sqrt{(u,u)}$ となるためには，$\|u\|$ が**中線定理**

$$\|u+v\|^2 + \|u-v\|^2 = 2(\|u\|^2 + \|v\|^2), \quad u,v \in \mathcal{X}$$

を満たすことが必要十分である．

1.1.2 有界作用素，非有界作用素

ノルム空間 $\mathcal{X}$ 上定義された $\mathcal{Y}$ への線形作用素 T が連続であることと T が**有界作用素**であること，すなわち

$$\|T\| \equiv \sup_{\|u\|_\mathcal{X}=1} \|Tu\|_\mathcal{Y} < \infty \tag{1.2}$$

が成立することは同値である．このとき，$\|T\|$ は T のノルムといわれる．

$$\|Tu\| \leq \|T\|\|u\|, \quad u \in \mathcal{X}$$

が成立する．$\mathcal{X}$ から $\mathcal{Y}$ への有界作用素全体を $\mathbf{B}(\mathcal{X}, \mathcal{Y})$ と書き，$\mathbf{B}(\mathcal{X}) = \mathbf{B}(\mathcal{X}, \mathcal{X})$ と書く．$\|T\|$ は $\mathbf{B}(\mathcal{X}, \mathcal{Y})$ のノルムで，$\mathcal{Y}$ が Banach 空間なら $\mathbf{B}(\mathcal{X}, \mathcal{Y})$ も Banach 空間である．

関数解析では定義域が全空間とはならない線形作用素 $T: \mathcal{X} \to \mathcal{Y}$ も考える．このとき，T の定義域を $D(T)$, 像空間を $R(T)$ あるいは $\text{Image}\,T$ と書く．$D(T) \subset \mathcal{X}, R(T) \subset \mathcal{Y}$ となる線形作用素を $D(T)$ を定義域とする $\mathcal{X}$ から $\mathcal{Y}$ への線形作用素という．

■**作用素の拡張と制限** $\mathcal{X}$ から $\mathcal{Y}$ への作用素 T, S に対して，

$$D(T) \subset D(S) \text{ で任意の } u \in D(T) \text{ に対して } Tu = Su$$

が成り立つとき，T は S の**制限**である，あるいは S は T の**拡張**であるといい，$T \subset S$ あるいは $S \supset T$ と書く．

1.1.3 双対空間，共役作用素

定義 1.1. $\mathcal{X}$ がノルム空間のとき，Banach 空間 $\mathcal{X}^* = \mathbf{B}(\mathcal{X}, \mathbb{C})$ を $\mathcal{X}$ の**双対空間**，$\mathcal{X}^*$ の要素 ℓ を $\mathcal{X}$ 上の**線形汎関数**という．$\ell \in \mathcal{X}^*$, $u \in \mathcal{X}$ に対してしばしば $\ell(u) = \langle \ell, u \rangle$ と書く．

定理 1.2 (Hahn–Banach の定理). $\mathcal{X}$ をノルム空間，$\mathcal{Y} \subset \mathcal{X}$ を線形部分空間，ℓ を $\mathcal{Y}$ 上定義された，ある定数 $c \geq 0$ に対して $|\ell(u)| \leq c\|u\|$ を満たす複素数値線形写像とする．このとき，$\|L\| \leq c$ を満たす ℓ の拡張 $L \in \mathcal{X}^*$ が存在する．

Hahn–Banach の定理によって次が成立する：

$$\|u\| = \sup\{|\langle \ell, u \rangle| \colon \|\ell\|_{\mathcal{X}^*} = 1\}, \quad \|T\| = \sup\{|\langle \ell, Tu \rangle| \colon \|\ell\|_{\mathcal{X}^*} = \|u\|_{\mathcal{X}} = 1\}$$

添字集合 Λ に対して $\mathbb{C}^\Lambda = \prod_\Lambda \mathbb{C}$ を複素数平面 $\mathbb{C}$ の Λ 個のコピーの直積位相空間とする．このとき，

$$\mathcal{X}^* \ni \ell \mapsto \{\langle \ell, u \rangle \colon u \in \mathcal{X}\} \in \mathbb{C}^{\mathcal{X}}$$

は 1 対 1 写像である．この埋め込みによって $\mathcal{X}^*$ を $\mathbb{C}^{\mathcal{X}}$ の位相部分空間と考えたときの $\mathcal{X}^*$ の位相を**汎弱位相**という．$\ell_1, \ell_2, \cdots \in \mathcal{X}^*$ が $\ell \in \mathcal{X}^*$ に汎弱位相に関して収束するとき，ℓ に**汎弱収束**するという．これは任意の $u \in \mathcal{X}$ に対して $\lim_{n \to \infty} \langle \ell_n, u \rangle = \langle \ell, u \rangle$ を満たすことと同値である．

定理 1.3 (Banach–Alaoglu の定理). 任意のノルム空間 $\mathcal{X}$ に対して，$\mathcal{X}^*$ の単位球 $\{\ell \in \mathcal{X}^* \colon \|\ell\| \leq 1\}$ は汎弱位相に関してコンパクトである．$\mathcal{X}^*$ の有界集合は汎弱位相に関して相対コンパクトである．

$\mathcal{X}$ を Banach 空間とする．Hahn–Banach の定理によって，

$$\mathcal{X} \ni u \mapsto \{\langle \ell, u \rangle \colon \ell \in \mathcal{X}^*\} \in \mathbb{C}^{\mathcal{X}^*}$$

は 1 対 1 写像である．この埋め込みによって $\mathcal{X}$ を $\mathbb{C}^{\mathcal{X}^*}$ の位相部分空間と考えたときの $\mathcal{X}$ の位相を**弱位相**という．$u_1, u_2, \cdots \in \mathcal{X}$ が弱位相に関して $u \in \mathcal{X}$ に収束するとき，$u_1, u_2, \ldots$ は u に**弱収束**するという．これは任意の $\ell \in \mathcal{X}^*$ に対して $\lim_{n \to \infty} \langle \ell, u_n \rangle = \langle \ell, u \rangle$ となることと同値である．

$u \in \mathcal{X}$ のとき，$u^* \colon \mathcal{X}^* \ni \ell \mapsto \langle \ell, u \rangle$ は，Hahn–Banach の定理によって，$\|u^*\|_{(\mathcal{X}^*)^*} = \|u\|_{\mathcal{X}}$ を満たす $\mathcal{X}^*$ 上の線形汎関数で，$\mathcal{X}$ は $u \to u^*$ によって $(\mathcal{X}^*)^*$ の閉部分空間と同一視される．$\mathcal{X}$ はこの同一視で $\mathcal{X} = (\mathcal{X}^*)^*$ となるとき，**回帰的**であるという．Hilbert 空間は回帰的である．Banach–Alaoglu の定理によって次が成立する．

定理 1.4. $\mathcal{X}$ が回帰的な Banach 空間のとき，$\mathcal{X}$ の単位球は弱位相に関してコンパクト，$\mathcal{X}$ の有界集合は相対コンパクトである．

■**共役作用素** $\mathcal{X}, \mathcal{Y}$ を Banach 空間, T を $\mathcal{X}$ から $\mathcal{Y}$ への稠密な定義域 $D(T)$ をもつ線形作用素とする. $v \in \mathcal{Y}^*$ に対して, $D(T)$ 上の線形汎関数 ℓ_v を $\ell_v \colon D(T) \ni u \mapsto \langle v, Tu \rangle \in \mathbb{C}$ と定める. (v に依存した) 適当な定数 $C_v > 0$ が存在して

$$|\ell_v(u)| \le C_v \|u\|_{\mathcal{X}} \quad u \in D(T) \tag{1.3}$$

が満たされれば, ℓ_v は $\mathcal{X}$ 上の連続汎関数 L_v に一意的に拡張できる (Hahn–Banach の定理と $D(T)$ の稠密性). (1.3) を満たす $v \in \mathcal{Y}^*$ の全体を $\mathcal{D}$ と書く. $\mathcal{D}$ を定義域とする作用素 $\mathcal{D} \ni v \mapsto L_v \in \mathcal{X}^* =: T$ の**共役作用素**といい, T^* と書く. 次が成立する:

$$\langle T^* v, u \rangle = \langle v, Tu \rangle, \quad u \in D(T), \quad v \in D(T^*). \tag{1.4}$$

問題 1.5. T を稠密な定義域 $D(T)$ をもつ $\mathcal{X}$ から $\mathcal{Y}$ への線形作用素とする. $\mathcal{Y}^*$ から $\mathcal{X}^*$ への線形作用素 S が任意の $u \in D(T), v \in D(S)$ に対して

$$\langle v, Tu \rangle = \langle Sv, u \rangle \tag{1.5}$$

を満たせば $S \subset T^*$ であることを示せ. これから共役作用素 T^* は (1.5) を満たす線形作用素 S のうちで最大の定義域をもつものであることがわかる.

1.1.4 直交射影, Riesz の表現定理

Hilbert 空間 $\mathcal{H}$ の一般の部分集合 S に対して $S^{\perp} = \{u \in \mathcal{H} \colon (u, v) = 0 \ \forall v \in S\}$ を S の**直交補空間**という. 直交補空間は閉部分空間である.

定理 1.6 (直交分解定理). $\mathcal{N}$ を $\mathcal{H}$ の閉部分空間とする. このとき, 任意の $u \in \mathcal{H}$ は $u_1 \in \mathcal{N}$ と $u_2 \in \mathcal{N}^{\perp}$ の和 $u = u_1 + u_2$ に一意的に分解される. これを $\mathcal{H} = \mathcal{N} \oplus \mathcal{N}^{\perp}$ と書き, $\mathcal{H}$ の**直交分解**という. このとき, 写像 $P \colon u \mapsto u_1$ は

$$P^2 = P, \quad P^* = P \tag{1.6}$$

を満たす有界な線形作用素である. P は $\mathcal{N}$ への**直交射影**と呼ばれる.

問題 1.7. $\mathcal{H}$ 上の有界作用素 P が (1.6) を満たすとする. このとき, $P\mathcal{H} = \mathcal{H}_1$ と $(1-P)\mathcal{H} = \mathcal{H}_2$ は互いに直交する閉部分空間で $\mathcal{H} = \mathcal{H}_1 \oplus \mathcal{H}_2$ は $\mathcal{H}$ の直交分解であることを示せ.

定理 1.8 (Riesz の表現定理). $\mathcal{H}$ を Hilbert 空間とする. $v \in \mathcal{H}$ に対して $\ell_v(u) = (u, v)$ と定義すれば, $\ell_v \in \mathcal{H}^*$ で $\|\ell_v\|_{\mathcal{H}^*} = \|v\|_{\mathcal{H}}$ である. この写像 $\mathcal{H} \ni v \mapsto \ell_v \in \mathcal{H}^*$ はノルムを保存する反線形同型写像である.

Riesz の表現定理を用いて Hilbert 空間 $\mathcal{H}$ の双対空間を $\mathcal{H}$ と同一視する. このとき, Hilbert 空間 $\mathcal{H}, \mathcal{K}$ に対して, 稠密な定義域をもつ作用素 $T \colon \mathcal{H} \to \mathcal{K}$ の共役作用素 T^* は

$$(Tu, v) = (u, Sv), \quad u \in D(T), \ v \in D(S) \tag{1.7}$$

を満たす作用素 $S\colon \mathcal{K} \to \mathcal{H}$ のうちで最大の定義域をもつものである.

1.1.5 閉作用素, 閉包

$\mathcal{X} \times \mathcal{Y} = \{\{u,v\}\colon u \in \mathcal{X}, v \in \mathcal{Y}\}$ をノルム空間 $\mathcal{X}, \mathcal{Y}$ のベクトル空間としての直積空間とする.
$$\|\{u,v\}\| = (\|u\|_{\mathcal{X}}^2 + \|v\|_{\mathcal{Y}}^2)^{1/2}, \quad \{u,v\} \in \mathcal{X} \times \mathcal{Y}$$
は $\mathcal{X} \times \mathcal{Y}$ にノルムを定義する. これをノルムにもつ直積空間 $\mathcal{X} \times \mathcal{Y}$ を直積ノルム空間という. $\mathcal{X}, \mathcal{Y}$ のいずれも Banach 空間であれば $\mathcal{X} \times \mathcal{Y}$ も Banach 空間である. また, $\mathcal{X}, \mathcal{Y}$ が Hilbert 空間であればその直積空間も Hilbert 空間である.

線形作用素 $A\colon \mathcal{X} \to \mathcal{Y}$ に対して直積ノルム空間 $\mathcal{X} \times \mathcal{Y}$ の部分集合
$$G(A) = \{\{u, Au\}\colon u \in D(A)\} \subset \mathcal{X} \times \mathcal{Y} \tag{1.8}$$
を A の**グラフ**という. $G(A)$ は線形部分空間である. 作用素 A はグラフ $G(A)$ が閉部分空間のとき**閉作用素**であるといわれる.

問題 1.9. (1) $T \subset S$ と $G(T) \subset G(S)$ は同値であることを示せ.
(2) 有界作用素は閉作用素であることを示せ.
(3) 閉作用素 T が 1 対 1 であれば T^{-1} も閉作用素であることを示せ.

問題 1.10. T が閉作用素であるためには次が成立することが必要十分であることを示せ:
$u_n \in D(T)$, $n = 1, 2, \ldots$ とする. ある $u \in \mathcal{X}$, $v \in \mathcal{Y}$ に対して $u_n \to u$, $Tu_n \to v$ であれば, $u \in D(T)$ で $Tu = v$ である.

問題 1.11. 稠密な定義域をもつ作用素 $T\colon \mathcal{X} \to \mathcal{Y}$ に対して, T^* はグラフ
$$G(T^*) = \{\{-Tu, u\}\colon u \in D(T)\}^{\perp} \tag{1.9}$$
$$= \{\{v, w\}\colon 任意の u \in D(T) に対して \langle v, -Tu \rangle + \langle w, u \rangle = 0\} \tag{1.10}$$
をもつ閉作用素であることを示せ. ただし, (1.10) は (1.9) の右辺の定義である.

$\mathrm{Ker}(T)$ で作用素 $T\colon \mathcal{X} \to \mathcal{Y}$ の**零空間** $\{u \in D(T)\colon Tu = 0\}$ を表す. 有限次元内積空間のときと同様に
$$\mathrm{Ker}(T^*) = R(T)^{\perp} \equiv \{u \in \mathcal{Y}^*\colon 任意の v \in R(T) に対して \langle u, v \rangle = 0\} \tag{1.11}$$
が成り立つ. 零空間 $\mathrm{Ker}(T)$ をしばしば $N(T)$ とも書く.

問題 1.12. (a) 閉作用素 T の零空間 $N(T)$ は閉部分空間であることを示せ.
(b) 稠密な定義域をもつ線形作用素 T に対して (1.11) が成立することを示せ.

位相空間の部分集合 A の**閉包**を $[A]$ と書く. 線形作用素 T は $T \subset S$ となる閉作用素 S が存在するとき, **可閉**, あるいは**可閉作用素**であるといわれる. このとき, T は A の**閉拡張**であるといわれる.

T が可閉であるためには, T のグラフの閉包 $[G(T)]$ が再び線形作用素のグラフとなることが必要十分である. このとき, $[G(T)]$ をグラフとする作用素 $[T]$ は, T の最小の閉拡張で, T の**閉包**と呼ばれる.

命題 1.13. $\mathcal{X}, \mathcal{Y}$ が Hilbert 空間のとき, 稠密な定義域をもつ作用素 $T\colon \mathcal{X} \to \mathcal{Y}$ に対して, T が可閉であることと $D(T^*)$ が稠密であることは同値である. このとき, $(T^*)^* = [T]$ で, 次が成立する:
$$\mathrm{Ker}([T]) = R(T^*)^\perp. \tag{1.12}$$

定理 1.14 (閉グラフ定理). $\mathcal{X}, \mathcal{Y}$ を Banach 空間とする. 定義域が全空間 $D(T) = \mathcal{X}$ である閉作用素 $T\colon \mathcal{X} \to \mathcal{Y}$ は有界作用素である.

■ L^p **空間**, L^2 **空間**　$(X, \mathcal{B}, \mu)$ を測度空間とする. $1 \le p < \infty$ に対してのとき, X 上の
$$\int_X |f(x)|^p d\mu(x) < \infty$$
を満たす可測複素数関数 f の全体を $L^p(X, \mathcal{B}, \mu)$, あるいは単に $L^p(X)$ と書く. また $p = \infty$ のときには $L^\infty(X)$ を μ に関して本質的に有界な関数の全体とする:
$$L^\infty(X) = \{f\colon \exists C > 0, \mu(\{x\colon |f| > C\}) = 0\}.$$
ただし, ほとんど至るところ一致する 2 つの関数は同一視する, すなわちほとんど至るところ $f(x) = g(x)$ のとき, $f \sim g$ として, 同値関係 $\sim$ による商空間を再び $L^p(X)$, f の同値類 $[f]$ を再び f と書く. $f \in L^p(X)$, $1 \le p \le \infty$ のとき,
$$\|f\|_p = \left(\int_X |f(x)|^p d\mu(x)\right)^{\frac{1}{p}}, \quad \|f\|_\infty = \sup\{\lambda\colon \mu(\{x\colon |f(x)| > \lambda\}) > 0\}$$
と定める. 次の不等式が成立する:

補題 1.15. $1 \le p, q \le \infty$ とする:

(1) $1/p + 1/q = 1$ のとき, **Hölder の不等式**が成立する:
$$\left|\int_X f(x)g(x)d\mu(x)\right| \le \|f\|_p \|g\|_q.$$

(2) **Minkowski の不等式** $\|f + g\|_p \le \|f\|_p + \|g\|_p$ が成立する. より一般に
$$\left(\int_X \left(\int_Y |f(x,y)|d\nu(y)\right)^p d\mu(x)\right)^{1/p} \le \int_Y \left(\int_X |f(x,y)|^p d\mu(x)\right)^{1/p} d\nu(y).$$

次の定理によって $L^p(X)$ は Banach 空間であることがわかる.

定理 1.16 (Riesz–Fischer の定理). 任意の $1 \le p, q \le \infty$ に対して $(L^p(X), \|f\|_p)$ は Banach 空間である.

Hölder の不等式によって, $f, g \in L^2(X)$ なら積 $f \cdot g$ は可積分で

$$(f, g) = \int_X f(x)\overline{g(x)}\mu(dx)$$

と定義すれば, (f, g) は代表元のとり方によらず定義され $L^2(X)$ 上の内積を定める. $\|f\|_2^2 = (f, f)$ が成り立ち, この内積に関して $L^2(X)$ は Hilbert 空間となる.

$X = \mathbb{N}$, $\mathcal{B} = 2^{\mathbb{N}} =$ 部分集合の全体, $E \in \mathcal{B}$ に対して $\mu(E) = E$ の元の数, と定めれば $(\mathbb{N}, 2^{\mathbb{N}}, \mu)$ は測度空間である. $L^p(\mathbb{N}, 2^{\mathbb{N}}, \mu)$ を $\ell^p(\mathbb{N})$ と書く. $\ell^p(\mathbb{N})$ は $\sum |x_n|^p < \infty$ を満たす数列 $\{x_1, x_2, \ldots\}$ の空間である. $\ell^p(\mathbb{Z})$ を同様に定義する. このように数列空間 $\ell^p(\mathbb{N})$ あるいは $\ell^p(\mathbb{Z})$ は $L^p(X)$ の特別な場合である.

可測集合 $\Omega \subset X$ に対して Ω の特性関数を $\chi_\Omega(x)$ と書く.

$$\chi_\Omega(x) = \begin{cases} 1, & x \in \Omega, \\ 0, & x \notin \Omega. \end{cases}$$

である. 値域が有限集合である可測関数を**単関数**という. X 上の単関数 f の値域が $\{a_1, \ldots, a_n\}$ のとき, $\Delta_j = \{x \in X : f(x) = a_j\}$, $j = 1, \ldots, n$ は互いに素な可測集合で $f(x) = \sum a_j \chi_{\Delta_j}(x)$ である. これを f の**標準表現**という. $(X, \mathcal{B}, \mu)$ 上の単関数の全体を $\mathrm{Simp}(X, \mathcal{B}, \mu)$ あるいは単に $\mathrm{Simp}(X)$ と書く.

$$f, g \in \mathrm{Simp}(X), \ \alpha, \beta \in \mathbb{C} \ \Rightarrow \ \alpha f + \beta g, \ fg, \ \overline{f} \in \mathrm{Simp}(X)$$

すなわち, $\mathrm{Simp}(X)$ は $\mathbb{C}$ 上の $*$ 代数である. ただし, $*f = \overline{f}$ である.

問題 1.17. $1 \leq p \leq \infty$ のとき, $\mathrm{Simp}(X)$ の $L^p(X)$ は $L^p(X)$ の稠密部分空間であることを示せ.

1.1.6 コンパクト作用素

Banach 空間 $\mathcal{X}$ から $\mathcal{Y}$ への有界作用素 T は $\mathcal{X}$ の単位球 B の像 TB が $\mathcal{Y}$ の相対コンパクト集合となるとき, **コンパクト作用素**といわれる. $\mathcal{X}$ から $\mathcal{Y}$ へのコンパクト作用素の全体を $\mathbf{B}_\infty(\mathcal{X}, \mathcal{Y})$ と書き, $\mathbf{B}_\infty(\mathcal{X}) = \mathcal{B}_\infty(\mathcal{X}, \mathcal{X})$ と書く. 像が $\mathcal{Y}$ の有限次元部分空間である有界作用素は**有限次元作用素**と呼ばれる. $\mathcal{Y}$ の有限次元部分空間の有界閉集合はコンパクトであるから有限次元作用素はコンパクト作用素である.

定理 1.18. $\mathcal{X}, \mathcal{Y}, \tilde{\mathcal{X}}$ および $\tilde{\mathcal{Y}}$ を Banach 空間とする.

(1) $\mathbf{B}_\infty(\mathcal{X}, \mathcal{Y})$ は $\mathbf{B}(\mathcal{X}, \mathcal{Y})$ の閉線形部分空間である. すなわち,
 (a) T, S がコンパクト作用素, $a, b \in \mathbb{C}$ なら $aT + bS$ もコンパクト作用素,
 (b) $T_1, T_2, \ldots$ がコンパクト作用素で $\|T_n - T\| \to 0$ なら T もコンパクト作用素.
(2) $T: \mathcal{X} \to \mathcal{Y}$ がコンパクト, $A: \tilde{\mathcal{X}} \to \mathcal{X}$ が有界なら $TA: \tilde{\mathcal{X}} \to \mathcal{Y}$ はコンパクト, $B: \mathcal{Y} \to \tilde{\mathcal{Y}}$ が有界なら $BT: \mathcal{X} \to \tilde{\mathcal{Y}}$ もコンパクトである.

問題 1.19. 定理 1.18 を証明せよ.

定理 1.20 (有限次元作用素の $\mathbf{B}_\infty(\mathcal{X},\mathcal{Y})$ における稠密性). $\mathcal{Y}$ が Hilbert 空間のとき, 有限次元作用素の全体は作用素ノルムに関して $\mathbf{B}_\infty(\mathcal{X},\mathcal{Y})$ の稠密線形部分空間である. $T\colon \mathcal{X} \to \mathcal{Y}$ がコンパクト作用素であるためには, 有限次元作用素の列 $F_1, F_2, \ldots$ で $n \to \infty$ のとき, $\|T - F_n\|_{\mathbf{B}(\mathcal{X},\mathcal{Y})} \to 0$ となるものが存在することが必要十分である.

距離空間 X 上の有界連続関数の全体のなす空間 $C_b(X)$ はノルム $\|u\| = \max|u(x)|$ によって Banach 空間である. Ascoli–Arzela の定理によって X がコンパクトなとき, X 上の同等連続, 一様有界な関数の族 $\mathcal{A}$ は $C(X)$ の相対コンパクト集合である.

問題 1.21. $X, Y \subset \mathbb{R}^d$ をコンパクト部分集合とする. 次を示せ.

(1) $K(x, y)$ を $X \times Y$ 上の連続関数とする. 積分作用素
$$Tu(x) = \int_Y K(x,y)u(y)dy \tag{1.13}$$
は $C(Y)$ から $C(X)$ へのコンパクト作用素である.

(2) (1) のとき, T は $L^2(Y)$ から $L^2(X)$ へのコンパクト作用素である.

(3) $K \in L^2(X \times Y)$ のとき, (1.13) の積分作用素は $L^2(Y)$ から $L^2(X)$ へのコンパクト作用素である (定理 1.23 を参照).

稠密な可算部分集合をもつ Banach 空間は**可分**であるといわれる.

問題 1.22. 可分な Hilbert 空間は可算個からなる正規直交基底をもつことを示せ.

定理 1.23 (Hilbert–Schmidt 型積分作用素). (X, μ), (Y, ν) は測度空間で $L^2(X, \mu)$, $L^2(Y, \nu)$ は可分な Hilbert 空間, $K(x, y) \in L^2(X \times Y, \mu \otimes \nu)$ とする. このとき,
$$Tu(x) = \int_Y K(x,y)u(y)\nu(dy)$$
は $L^2(Y, \nu)$ から $L^2(X, \mu)$ へのコンパクト作用素である. このような積分作用素を Hilbert–Schmidt 型積分作用素と呼ぶ (定理 5.32 参照).

証明. $u(x), v(x)$ に対して $u \otimes v$ で $u(x)v(y)$ を, $|u\rangle\langle v|$ で $u(x)v(y)$ を積分核とする 1 次元作用素を表す. Schwartz の不等式によって
$$\int_X |Tu(x)|^2 d\mu(x) \leq \int_X \left(\int_Y |K(x,y)|^2 \nu(dy) \int_Y |u(y)|^2 \nu(dy) \right) \mu(dx) \leq \|K\|_2^2 \|u\|_2^2$$
したがって, T は $L^2(Y)$ から $L^2(X)$ への有界作用素で
$$\|T\|_{\mathbf{B}(L^2(Y), L^2(X))} \leq \|K\|_{L^2(X \times Y)}. \tag{1.14}$$

$\{\varphi_m(x)\colon m = 1, 2, \ldots\}$ を $L^2(X)$ の, $\{\psi_n(x)\colon n = 1, 2, \cdots\}$ を $L^2(Y)$ の正規直交基底とすれば $\{\varphi_m \otimes \psi_n\}$ は $L^2(X \times Y)$ の正規直交基底. したがって, $\{c_{mn}\}$ を K の $\{\varphi_m \otimes \psi_n\}$

1.1 関数解析の基礎概念

に関する Fourier 係数とすれば, (1.14) によって

$$\left\|K - \sum_{2\leq n+m\leq N} c_{mn}|\varphi_m\rangle\langle\psi_n|\right\|_{\mathbf{B}(L^2(Y),L^2(X))} \leq \left\|K - \sum_{2\leq n+m\leq N} c_{mn}\varphi_m \otimes \psi_n\right\|_{L^2(X\times Y)}$$

で右辺は $N \to \infty$ のとき 0 に収束する. したがって, K はコンパクト作用素である. □

定理 1.24 (Schauder の定理). $\mathcal{X}, \mathcal{Y}$ を Banach 空間とする. $T\colon \mathcal{X} \to \mathcal{Y}$ がコンパクト作用素であれば, $T^*\colon \mathcal{Y}^* \to \mathcal{X}^*$ もコンパクト作用素である.

1.1.7 スペクトルとレゾルベント

定義 1.25 (レゾルベントとスペクトル). Banach 空間 $\mathcal{X}$ 上の閉作用素 T に対して, $T-z$ が $D(T)$ から $\mathcal{X}$ への全単射となる $z \in \mathbb{C}$ の全体を $\rho(T)$ と書き, T の**レゾルベント集合**, $\sigma(T) = \mathbb{C} \setminus \rho(T)$ を T の**スペクトル**という. $z \in \rho(T)$ に対して, $(T-z)^{-1}$ を T の**レゾルベント**という. $(T-z)^{-1}$ を $R_T(z)$, あるいは単に $R(z)$ と書く. 閉グラフ定理によって $R(z)$ は有界である.

問題 1.26 (レゾルベント方程式). $R(\lambda) - R(\mu) = (\lambda - \mu)R(\lambda)R(\mu)$, $\lambda, \mu \in \rho(T)$ が成立することを示せ.

問題 1.27 (Neumann 級数). $\|T\| < 1$ を満たす有界作用素 $T \in \mathbf{B}(\mathcal{X})$ に対して, $1-T$ は $\mathcal{X}$ の同型写像で, $(1-T)^{-1} = 1 + T + T^2 + \cdots$ が成り立つことを示せ.

定理 1.28 (レゾルベントは正則関数). $\rho(T)$ は $\mathbb{C}$ の開集合, $\sigma(T)$ は閉集合, $R(z)$ は $z \in \rho(T)$ の $\mathbf{B}(\mathcal{X})$ 値正則関数である.

証明. $z_0 \in \rho(T)$ とする. 任意の $z \in \mathbb{C}$ に対して $T - z = (1 - (z-z_0)R(z_0))(T - z_0)$ が成立する. 問題 1.27 によって, $1 - (z-z_0)R(z_0)$ は $|z-z_0| < \|R(z_0)\|^{-1}$ を満たす z に対して, $\mathcal{X}$ の同型写像, したがって $T-z$ は $D(T)$ から $\mathcal{X}$ への全単射, よって $z \in \rho(T)$ である. これから $\rho(T)$ は開集合である. さらに $|z-z_0| < \|R(z_0)\|^{-1}$ のとき

$$R(z) = R(z_0)(1-(z-z_0)R(z_0))^{-1} = \sum_{n=0}^{\infty}(z-z_0)^n R(z_0)^{n+1}. \quad (1.15)$$

したがって, $R(z)$ は z の $\mathbf{B}(\mathcal{X})$ 値正則関数である. □

定理 1.29 (スペクトル半径). $T \in \mathbf{B}(\mathcal{H})$ のとき,

$$\sup\{|z|\colon z \in \sigma(T)\} = \lim \|T^n\|^{1/n} \equiv \sigma_r(T)$$

である. $\sigma_r(T)$ を T の**スペクトル半径**という. 特に, $\sigma(T) \subset \{z\colon |z| \leq \|T\|\}$ である.

問題 1.30. (1) $\lim \|T^n\|^{1/n}$ が存在することを示し, 定理 1.29 を証明せよ.

(2) T が正規作用素, すなわち $TT^* = T^*T$ を満たすとき, $\sigma_r(T) = \|T\|$ であることを示せ.

■$L^2(X)$ 上の掛け算作用素 $F(x)$ を X 上のほとんど至るところ有限な値をとる複素数値可測関数とする. このとき, $L^2(X, \mathcal{B}, \mu)$ 上の作用素

$$M_F u(x) = F(x)u(x), \quad D(M_F) = \{u \in L^2 : F(x)u(x) \in L^2\}$$

を F による**掛け算作用素**という.

$$\mathrm{Image}_{\mathrm{ess}}\, F = \{z \in \mathbb{C} : \mu(\{x \in X : |F(x) - z| < \varepsilon\}) > 0, \forall \varepsilon > 0\}$$

を F の**本質的値域** (essential image) という. $\mathrm{Image}_{\mathrm{ess}}\, F$ は閉集合である.

定理 1.31 (**掛け算作用素のスペクトル**). $\sigma(M_F) = \mathrm{Image}_{\mathrm{ess}}\, F$ である.

証明. $z \notin \mathrm{Image}_{\mathrm{ess}}\, F$ なら, ある $\varepsilon > 0$ が存在して $|F(x) - z| \geq \varepsilon$, μ-a.e. である. $u \in \mathcal{H}$ に対して $R_z u(x) = (F(x) - z)^{-1} u(x)$ と定義する. R_z は $\mathcal{H}$ の有界作用素 $\|R_z\| \leq \varepsilon^{-1}$ で, 任意の $u \in \mathcal{H}$ に対して $(M_F - z)R_z u = u$, また $u \in D(M_F)$ なら $R_z(M_F - z)u = u$. したがって, $z \in \rho(M_F)$ である. 一方, $z \in \mathrm{Image}_{\mathrm{ess}}\, F$ なら 0 に収束する正数列 ε_n をとって, $B_{\varepsilon_n}(z) = \{x \in X : |F(x) - z| < \varepsilon_n\}$, $u_n(x) = \|\chi_{B_{\varepsilon_n}(z)}\|^{-1} \chi_{B_{\varepsilon_n}(z)}(x)$ と定義すれば, $\|u_n\| = 1$, $\|(M_F - z)u_n\| \leq \varepsilon_n$. ゆえに $z \in \sigma(M_F)$ である. □

定理 1.32 (**Riesz–Schauder の定理**). $\mathcal{X}$ を Banach 空間, $T \in \mathbf{B}_\infty(\mathcal{X})$ とする.

(1) $\lambda \in \sigma(T) \setminus \{0\}$ は T の固有値で, λ に伴う一般化固有空間の次元は有限である.
(2) $\sigma(T)$ は有界集合でその集積点は高々 $\{0\}$ のみである.
(3) $\sigma(T) \setminus \{0\} = \sigma(T^*) \setminus \{0\}$ である.

1.2 対称作用素と自己共役作用素

この節では $\mathcal{H}$ は可分な Hilbert 空間, 作用素は稠密な定義域をもつ $\mathcal{H}$ から $\mathcal{H}$ への線形作用素である. $\mathcal{H}$ から $\mathcal{H}$ への作用素を $\mathcal{H}$ **上の作用素**という.

定義 1.33. (1) T は $T \subset T^*$ を満たすとき**対称**, あるいは**対称作用素**といわれる. (1.9) によって, 対称作用素は可閉, $[T]^* = T^*$ である. $[T]$ も対称である.
(2) T は $T = T^*$ を満たすとき**自己共役**, あるいは**自己共役作用素**といわれる.
(3) 対称作用素 T は $[T]$ が自己共役のとき, **本質的に自己共役**であるといわれる.
(4) T を自己共役, $\mathcal{D} \subset D(T)$ とする. $T = [T|_\mathcal{D}]$ が成立するとき, $\mathcal{D}$ は T の**コア** (core) あるいは**核**であるといわれる.

1.2 対称作用素と自己共役作用素

問題 1.34. (a) T が対称であること; (b) 任意の $u, v \in D(T)$ に対して $(Tu, v) = (u, Tv)$ であること; (c) 任意の $u \in D(T)$ に対して (Tu, u) が実数であることは同値なことを示せ.

定義 1.35 (非負, 正, 正定値対称作用素). 対称作用素 T は任意の $u \in D(T)$, $u \neq 0$ に対して $(Tu, u) \geq 0$ を満たすとき**非負**である, $(Tu, u) > 0$ を満たすとき**正**である, ある定数 $a > 0$ が存在して $(Tu, u) \geq a\|u\|^2$ を満たすとき, **正定値**であるといわれ, それぞれ $T \geq 0, T > 0, T \geq a$ と書かれる.

恒等作用素 $\mathcal{H} \ni u \mapsto u \in \mathcal{H}$ を **1**, あるいは単に 1 と書き, $z \in \mathbb{C}$ に対して, $z\mathbf{1}$ をしばしば z と書く.

命題 1.36. T を対称作用素, $\Im z \neq 0$ とする. このとき, $T - z$ は 1 対 1 写像である. T が閉対称作用素であれば, $R(T - z)$ は閉部分空間である.

証明. $u \in D(T)$ のとき, (Tu, u) は実だから $|\Im z|\|u\|^2 = |\Im((T-z)u, u)| \leq \|(T-z)u\|\|u\|$,
$$|\Im z|\|u\| \leq \|(T-z)u\|, \quad u \in D(T). \tag{1.16}$$
したがって, $\Im z \neq 0$ なら $T - z$ は 1 対 1 である. T をさらに閉とする. このとき, $u_n \in D(T)$, $(T-z)u_n \to v$ であれば, (1.16) から, $\{u_n\}$ は Cauchy 列. ゆえに u_n はある u に収束する. T は閉だから $u \in D(T)$ で $(T-z)u = v$. ゆえに $R(T-z)$ は閉部分空間である. □

定理 1.37 ((本質的) 自己共役のための条件). T を $\mathcal{H}$ 上の対称作用素とする. 次は同値である. ただし (1) で括弧内を読むときは (2), (3) でも括弧内を読む.

(1) T は (本質的に) 自己共役である.
(2) 任意の $z \in \mathbb{C} \setminus \mathbb{R}$ に対して $R(T - z) = \mathcal{H}$ ($[R(T-z)] = \mathcal{H}$).
(3) ある $\lambda > 0$ に対して $R(T - i\lambda) = R(T + i\lambda) = \mathcal{H}$ ($[R(T-i\lambda)] = [R(T+i\lambda)] = \mathcal{H}$).

特に, T が自己共役のとき, $\sigma(T) \subset \mathbb{R}$ である.

証明. (1) $\Rightarrow$ (2). T が自己共役なら, $\Im z \neq 0$ のとき, 命題 1.36 から $R(T-z) = N((T-z)^*)^\perp = N(T - \bar{z})^\perp = \mathcal{H}$. (2) $\Rightarrow$ (3) は明らかである. (3) $\Rightarrow$ (1). $R(T \pm i\lambda) = \mathcal{H}$ とする. $R(T + i\lambda) = \mathcal{H}$ だから任意の $u \in D(T^*)$ に対して $(T^* + i\lambda)u = (T + i\lambda)v$ を満たす $v \in D(T)$ が存在する. $T \subset T^*$ だから $(T^* + i\lambda)(u - v) = 0$. 一方, $N(T^* + i\lambda) = R(T - i\lambda)^\perp = \mathcal{H}^\perp = \{0\}$ から $u = v \in D(T)$. ゆえに $D(T^*) \subset D(T)$. T は自己共役である. T が本質的自己共役の場合の証明は読者に任せる. □

第 4 章の補題 4.12 によって定理 1.37 は実は (3) を次の (3)′ で置き換えても成立することを注意しておく. $\mathbb{C}^\pm = \{z \in \mathbb{C} : \pm \Im z > 0\}$ は複素上 (下) 半面である.

(3)′ 次を満たす $z_+ \in \mathbb{C}^+$ と $z_- \in \mathbb{C}^-$ が存在する:
$$R(T - z_+) = R(T - z_-) = \mathcal{H} \quad ([R(T-z_+)] = [R(T-z_-)] = \mathcal{H}).$$

定理 1.38. $F(x)$ を X 上のほとんど至るところ有限な値をとる実可測関数とする．F による掛け算作用素 M_F は $L^2(X)$ 上自己共役である．

証明. $m = 1, 2, \ldots$ に対して $A_m = \{x \in X : |F(x)| \le m\}$，$\chi_m(x) = \chi_{A_m}(x)$ と定義すれば，任意の $u \in \mathcal{H}$ に対して $\chi_m u \in D(M_F)$ で，$m \to \infty$ のとき，$\|\chi_m u - u\| \to 0$. ゆえに，$D(M_F) \subset L^2(X)$ は稠密である．$u, v \in D(M_F)$ に対して $(Fu, v) = (u, Fv)$，ゆえに M_F は対称である．$u \in \mathcal{H}$ のとき，任意の $\lambda > 0$ に対して $v(x) = (F(x) \pm i\lambda)^{-1} u(x)$ と定義すれば $v \in D(M_F)$ で $(M_F \pm i\lambda) v(x) = u(x)$. ゆえに $R(M_F \pm i\lambda) = L^2(X)$. 定理 1.37 によって M_F は自己共役である． □

1.3 節で可分 Hilbert 空間の任意の自己共役作用素は適当な測度空間上の L^2 空間における掛け算作用素とユニタリ同値であることを示す．Ω が開集合のとき，$C_0^\infty(\Omega)$ はコンパクトな台をもつ Ω 上の無限回微分可能な関数全体の集合である．

問題 1.39. $\mathcal{H} = L^2(\mathbb{R})$ 上の $C_0^\infty(\mathbb{R})$ を定義域とする作用素 T を $Tu(x) = -iu'(x)$ と定義する．T は本質的自己共役であることを示せ．

■等距離作用素・ユニタリ作用素

定義 1.40. $\mathcal{H}$ から $\mathcal{K}$ へ線形写像 U は，$\|Uu\| = \|u\|$ を満たすとき**等長作用素**，等長作用素は上への作用素のとき**ユニタリ作用素**といわれる．$\mathcal{H}$ と $\mathcal{K}$ は $\mathcal{H}$ から $\mathcal{K}$ へのユニタリ作用素が存在するとき**ユニタリ同値**である，$\mathcal{H}$ 上の作用素 T と $\mathcal{K}$ 上の作用素 S は，ユニタリ作用素 $U \colon \mathcal{H} \to \mathcal{K}$ が存在して $S = UTU^*$ となるとき，**ユニタリ同値**であるといわれる．

ユニタリ同値な Hilbert 空間あるいは作用素は本質的には同じものと考えられる．

問題 1.41. $U \colon \mathcal{H} \to \mathcal{K}$ を等長作用素とする．次を示せ．

(a) U は任意の u, v に対して $(Uu, Uv) = (u, v)$ を満たす 1 対 1 写像である．
(b) $U^* U = \mathbf{1}_\mathcal{H}$ が成立する．
(c) 像 $R(U)$ は閉部分空間，UU^* は $R(U)$ への直交射影である
(d) U がユニタリのためには $U^* U = \mathbf{1}_\mathcal{H}$，$UU^* = \mathbf{1}_\mathcal{K}$ であることが必要十分である．

問題 1.42. $\ell^2(\mathbb{N})$ 上の作用素 $U \colon \{x_1, x_2, x_3, \ldots\} \mapsto \{0, x_1, x_2, \ldots\}$ は等長であるがユニタリではない．U^* を求め，問題 1.41 の性質 (a), (b), (c) を確かめよ．

1.2 対称作用素と自己共役作用素

■直和 $\mathcal{H} = \mathcal{H}_1 \oplus \mathcal{H}_2$ のとき, $\mathcal{H}$ は $\mathcal{H}_1$ と $\mathcal{H}_2$ の**直和空間**であるともいう. Hilbert 空間の無限列 $\mathcal{H}_1, \mathcal{H}_2, \ldots$ に対してベクトルの列の空間を

$$\sum_{n=1}^{\infty} \oplus \mathcal{H}_n = \Big\{ \{u_n\}_{n=1}^{\infty} : u_n \in \mathcal{H}_n,\ n=1,2,\ldots,\ \sum_{n=1}^{\infty} \|u_n\|^2 < \infty \Big\}$$

と定義する. 線形演算を $\alpha\{u_n\} + \beta\{v_n\} = \{\alpha u_n + \beta v_n\}$, 内積を

$$(\{u_n\}, \{v_n\}) = \sum_{n=1}^{\infty} (u_n, v_n)$$

と定義することによって $\sum \oplus \mathcal{H}_n$ は Hilbert 空間となる. これを $\mathcal{H}_1, \mathcal{H}_2, \ldots$ の直和空間という. $\{u_n\}_{n=1}^{\infty}$ を $\oplus_{n=1}^{\infty} u_n$ とも書く.

問題 1.43. $\mathcal{H}_1, \mathcal{H}_2, \ldots$ を Hilbert 空間の無限列, $T_n : \mathcal{H}_n \to \mathcal{H}_n$ とする.

(1) $T_n \in \mathbf{B}(\mathcal{H}_n)$, $n = 1, 2, \ldots$ で $\sup \|T_n\| < \infty$ なら, $T : \{u_n\} \mapsto \{T_n u_n\}$ は $\sum \oplus \mathcal{H}_n$ 上の有界作用素, $\|T\| = \sup \|T_n\|$ であることを示せ.

(2) T_n, $n = 1, 2, \ldots$ を $\mathcal{H}_n$ 上の $D(T_n)$ が稠密な閉作用素とする. このとき,

$$D(T) = \Big\{ \{u_n\} \in \sum \oplus \mathcal{H}_n : u_n \in D(T_n),\ n=1,2,\ldots,\ \sum \|T_n u_n\|^2 < \infty \Big\},$$
$$T : \{u_n\} \mapsto \{T_n u_n\}, \quad \{u_n\} \in D(T)$$

と定義する. T は $\sum \oplus \mathcal{H}_n$ 上の稠密な定義域をもつ閉作用素であることを示せ.

(1) あるいは (2) の T を $\sum \oplus T_n$ と書き $T_1, T_2, \ldots$ の直和という.

■測度空間の直和 一般に集合 $X_1, X_2, \ldots \subset X$ が互いに交わらないとき, $X_1, X_2, \ldots$ は**互いに素**であるという. このとき, 和集合 $\cup X_n$ を $\sum X_n$ と書いて**集合の直和**という. 集合 $X_1, X_2, \ldots$ に対して $\sum X_n$ と書いたときは, $X_1, X_2, \ldots$ は互いに素であると了解する.

集合の直和の定義は $X_1, X_2, \ldots$ が一定の集合の部分集合ではない場合, あるいは $X_1, X_2, \ldots$ のうちのいくつかが同じであったり, 共通部分があったりする場合にも拡張される. $X_1, X_2, \ldots$ を適当な普遍集合の互いに素な部分集合とみなして直和を定義するのである.

例 1.44. $\mathcal{H}_n = L^2(X_n, dx)$, $X_n = [n-1, n)$, $n = 1, 2, \ldots$ とする. このとき, $\{u_n\} \in \sum_{n=1}^{\infty} \oplus \mathcal{H}_n$ に対して, $\sum X_n = [0, \infty)$ 上の関数 $u(x)$ を $x \in [n-1, n)$ のとき, $u(x) = u_n(x)$ と定義すれば, $u \in L^2([0, \infty), dx)$ で作用素 $U : \{u_n\} \mapsto u$ は $\sum_{n=1}^{\infty} \oplus \mathcal{H}_n$ から $L^2(\sum X_n, dx)$ へのユニタリ作用素である (確かめよ).

例 1.44 の構成法は $X = \sum X_n$ が一般の集合の直和のときに次のように一般化される.

定義 1.45 (測度空間の直和). $(X_n, \mathcal{B}_n, \mu_n)$, $n = 1, 2, \ldots$ が測度空間の列のとき,
$$X = \sum X_n (\text{直和}), \quad \mathcal{B} = \{A \subset X : A \cap X_n \in \mathcal{B}_n, \, n = 1, 2, \ldots\},$$
$$\mu(A) = \sum \mu_n(A \cap X_n), \quad \forall A \in \mathcal{B}$$
と定義すれば $(X, \mathcal{B}, \mu)$ は測度空間である. これを $(X_n, \mathcal{B}_n, \mu_n)$ の**直和空間**という.

補題 1.46. $(X_n, \mathcal{B}_n, \mu_n)$, $n = 1, 2, \ldots$ を測度空間の列, $(X, \mathcal{B}, \mu)$ をその直和空間とする.

(1) u_n を X_n 上の $\mathcal{B}_n$ 可測関数, $n = 1, 2, \ldots$ とする. $\{u_n\}$ に対して X 上の関数 $u(x)$ を $x \in X_n$ のとき, $u(x) = u_n(x)$ と定義する. このとき, $\{u_n\}$ に u を対応させる作用素 U は $\sum \oplus L^2(X_n, \mathcal{B}_n, \mu_n)$ から $L^2(X, \mathcal{B}, \mu)$ へのユニタリ作用素である.

(2) X_n 上の関数の列 $\{f_n\}$ に対して X 上の関数 f を $x \in X_n$ のとき, $f(x) = f_n(x)$ と定義すれば, 掛け算作用素の列 $\{M_{f_n}\}$ と M_f に対して次が成立する:
$$U\left(\sum \oplus M_{f_n}\right) U^* = M_f.$$

問題 1.47. 補題 1.46 を示せ.

1.3 スペクトル表現定理

スペクトル分解定理は自己共役作用素を「互いに直交する直交射影の 1 次結合」として表現し, **スペクトル表現定理**は自己共役作用素を適当な測度空間 $(X, \mathcal{B}, d\mu)$ 上の L^2 空間上の実数値関数による掛け算作用素として表現する. まず準備から始める.

1.3.1 射影値測度による積分

$\mathcal{H}$ 上の直交射影の全体を $\mathcal{P}(\mathcal{H})$, $\mathbb{R}^d$ の Borel 可測集合族を $\mathcal{B}(\mathbb{R}^d)$, Borel 可測な単関数族を $\mathrm{Simp}(\mathbb{R}^d)$ と書く. 集合族を定義域とする関数を**集合関数**という.

■射影値測度

定義 1.48 (射影値測度). $\mathcal{B}(\mathbb{R}^d)$ 上の $\mathcal{P}(\mathcal{H})$-値集合関数 $E \colon \mathcal{B}(\mathbb{R}^d) \ni \Delta \mapsto E(\Delta) \in \mathcal{P}(\mathcal{H})$ は以下を満たすとき, $\mathcal{H}$ 上の**射影値測度** (p.v.m=projection valued measure) といわれる:

(1) $E(\emptyset) = 0$, $E(\mathbb{R}^d) = 1$. 1 は $\mathcal{H}$ の恒等作用素である.
(2) $E(\Delta_1 \cap \Delta_2) = E(\Delta_1) E(\Delta_2)$. 特に, $\Delta_1 \cap \Delta_2 = \emptyset$ なら, $E(\Delta_1)\mathcal{H} \perp E(\Delta_2)\mathcal{H}$.
(3) $\Delta_1, \Delta_2, \cdots \in \mathcal{B}(\mathbb{R}^d)$ が互いに素なら, 次の右辺は強収束の意味で収束し
$$E\left(\sum_{n=1}^{\infty} \Delta_n\right) = \sum_{n=1}^{\infty} E(\Delta_n).$$

1.3 スペクトル表現定理

問題 1.49. $\{G_\lambda : \lambda \in \Lambda\}$ が $E(G_\lambda) = 0$ を満たす $\mathbb{R}^d$ の開集合族なら $\cup_{\lambda \in \Lambda} G_\lambda = G$ も開集合で, $E(G) = 0$ であることを示せ.

$E(G) = 0$ となる最大の開集合 G の補集合を射影値測度 E の**台**といい $\mathrm{supp}\, E$ と書く. 射影値測度は**スペクトル測度 (spectral measure)** とも呼ばれる.

問題 1.50. 次の $\{E(\Delta) : \Delta \in \mathcal{B}(\mathbb{R}^d)\}$ はいずれも $\mathcal{H}$ 上の射影値測度であることを示せ.

(1) $\mathcal{H} = L^2(\mathbb{R}^d, dx)$ のとき, $E(\Delta)u(x) = \chi_\Delta(x)u(x)$.
(2) $\mathcal{H} = L^2(X, \mathcal{B}, \mu)$, $F \colon X \mapsto \mathbb{R}^d$ が可測のとき, $E(\Delta)u(x) = \chi_{F^{-1}(\Delta)}(x)u(x)$.
(3) $F(\Delta)$ が $\mathcal{K}$ 上の射影値測度, $U \colon \mathcal{H} \to \mathcal{K}$ がユニタリのとき, $E(\Delta) = U^* F(\Delta) U$.

補題 1.51. $\{E(\Delta) : \Delta \in \mathcal{B}(\mathbb{R}^d)\}$ を $\mathcal{H}$ 上の射影値測度とする. このとき, 次が成立する:

(1) $u \in \mathcal{H}$ のとき, $\mu_u(\Delta) = (E(\Delta)u, u)$ は $\mu_u(\mathbb{R}) = \|u\|^2$ を満たす Borel 測度である.
(2) $u, v \in \mathcal{H}$ のとき, $\mu_{u,v}(\Delta) = (E(\Delta)u, v)$ は $(\mathbb{R}^d, \mathcal{B}(\mathbb{R}^d))$ 上の符号付き測度である.
(3) $\mu_{u,v}$ の全変動 $|\mu_{u,v}|$ は次を満たす Borel 測度である:

$$|\mu_{u,v}|(\Delta) \leq \mu_u(\Delta)^{\frac{1}{2}} \mu_v(\Delta)^{\frac{1}{2}}, \quad \Delta \in \mathcal{B}(\mathbb{R}^d). \tag{1.17}$$

証明. μ_u が測度, $\mu_{u,v}$ が複素数値符号つき測度なのは明らかである. 複素数値符号つき測度の全変動 $|\mu_{u,v}|$ は

$$|\mu_{u,v}|(\Delta) = \sup \Big\{ \sum |\mu_{u,v}(\Delta_j)| : \Delta = \sum_{j=1}^\infty \Delta_j, \ \Delta_j \in \mathcal{B}(\mathbb{R}^d) \Big\}, \quad \Delta \in \mathcal{B}(\mathbb{R}^d)$$

と定義される. $|\mu_{u,v}|$ は測度である (複素数値の場合のこの事実は学部では習わないかもしれない. 例えば [20] 参照). $\Delta = \sum \Delta_j$ とする. Schwartz の不等式によって

$$\sum_{j=1}^\infty |(E(\Delta_j)u, v)| = \sum_{j=1}^\infty |(E(\Delta_j)u, E(\Delta_j)v)| \leq \sum_{j=1}^\infty \|E(\Delta_j)u\| \|E(\Delta_j)v\|$$
$$\leq \Big(\sum_{j=1}^\infty \|E(\Delta_j)u\|^2\Big)^{\frac{1}{2}} \Big(\sum_{j=1}^\infty \|E(\Delta_j)v\|^2\Big)^{\frac{1}{2}} = \|E(\Delta)u\| \|E(\Delta)v\|.$$

したがって, (1.17) が成立する. □

$\{E(\Delta) : \Delta \in \mathcal{B}(\mathbb{R}^d)\}$ が $\mathcal{H}$ 上の射影値測度, f が $\mathbb{R}^d$ 上の Borel 可測関数のとき,

$$\mathcal{D}_f = \Big\{ u \in \mathcal{H} : \int_{\mathbb{R}^d} |f(x)|^2 \mu_u(dx) < \infty \Big\} \tag{1.18}$$

と定義する. $\mu_{\alpha u}(dx) = |\alpha|^2 \mu_u(dx)$, $\mu_{u+v}(dx) \leq 2(\mu_u(dx) + \mu_v(dx))$ だから, $\mathcal{D}_f$ は線形部分空間, μ_u は有限測度だから, f が有界なら $\mathcal{D}_f = \mathcal{H}$ である.

補題 1.52. 任意の $x \in \mathrm{supp}\, E$ に対して $|f(x)| < \infty$ であれば $\mathcal{D}_f \subset \mathcal{H}$ は稠密である.

証明. $A_n = \{x : |f(x)| \leq n\}$, $n = 1, \ldots$ とおく. A_n は単調増大列で $\cup A_n \supset \operatorname{supp} E$ だから, 任意の $u \in \mathcal{H}$ に対して $\|E(A_n)u - u\|^2 = \mu_u(\operatorname{supp} E \setminus A_n) \to 0$, $(n \to \infty)$ (測度の単調収束定理). 一方, $\Delta \in \mathcal{B}$ のとき $\mu_{E(A_n)u}(\Delta) = \|E(\Delta \cap A_n)u\|^2$ だから

$$\int_{\mathbb{R}^d} |f(x)|^2 \mu_{E(A_n)u}(dx) = \int_{A_n} |f(x)|^2 \mu_u(dx) \leq n^2 \|u\|^2 < \infty.$$

ゆえに, $E(A_n)u \in \mathcal{D}_f$. よって, $\mathcal{D}_f$ は $\mathcal{H}$ において稠密である. □

補題 1.53. $u \in \mathcal{D}_f, v \in \mathcal{D}_g$ とする.

(1) fg は $|\mu_{u,v}|(dx)$ に関して可積分, したがって $\mu_{u,v}(dx)$ に関しても可積分である.

(2) Schwartz の不等式が成立する:

$$\int_{\mathbb{R}^d} |fg| |\mu_{u,v}|(dx) \leq \left(\int_{\mathbb{R}^d} |f|^2 \mu_u(dx)\right)^{\frac{1}{2}} \left(\int_{\mathbb{R}^d} |g|^2 \mu_v(dx)\right)^{\frac{1}{2}} \tag{1.19}$$

証明. $f, g \geq 0$ に対して (1.19) を示せばよい. f, g がそれぞれ μ_u, μ_v に関して可積分な単関数, $f = \sum a_j \chi_{A_j}$, $g = \sum b_k \chi_{B_k}$ をその標準表現とすれば, $fg = \sum_{j,k} a_j b_k \chi_{A_j \cap B_k}$. (1.17) と Schwartz の不等式を用いると

$$\text{左辺} = \sum_{j,k} |a_j b_k| |\mu_{u,v}|(A_j \cap B_k) \leq \sum_{j,k} |a_j b_k| \mu_u(A_j \cap B_k)^{\frac{1}{2}} \mu_v(A_j \cap B_k)^{\frac{1}{2}}$$

$$\leq \left(\sum_{j,k} |a_j|^2 \mu_u(A_j \cap B_k)\right)^{\frac{1}{2}} \left(\sum_{j,k} |b_k|^2 \mu_v(A_j \cap B_k)\right)^{\frac{1}{2}}$$

$$= \left(\sum_j |a_j|^2 \mu_u(A_j)\right)^{\frac{1}{2}} \left(\sum_k |b_k|^2 \mu_v(B_k)\right)^{\frac{1}{2}} = \text{右辺}.$$

したがって (1.19) は単関数に対しては成立する. 一般の場合は, 非負単調増加単関数列 f_n, g_n を $\lim_{n \to \infty} f_n(x) = f(x)$, $\lim_{n \to \infty} g_n(x) = g(x)$ ととって単調収束定理を用いればよい. □

■**射影値測度による積分** $\{E(\Delta) : \Delta \in \mathcal{B}(\mathbb{R}^d)\}$ が $\mathcal{H}$ 上の射影値測度のとき, $\mathbb{R}^d$ 上の単関数 $f(x) = \sum a_j \chi_{\Delta_j}(x)$ (有限和) に対して $\sum a_j E(\Delta_j)$ は f の表現の仕方によらない. そこで

$$\int_{\mathbb{R}^d} f(x) E(dx) = \sum a_j E(\Delta_j) \tag{1.20}$$

と定義し f の $E(dx)$ **による積分**という. $\sum a_j \chi_{\Delta_j}(x)$ が f の標準表現のとき, 右辺は互いに直交する直交射影の 1 次結合である. f にこの積分を対応させる写像を $\Phi_E(f)$ と書く:

$$\Phi_E(f) = \int_{\mathbb{R}^d} f(x) E(dx).$$

次の補題は定義からすぐに従う. 以下 E が明らかなとき, $\Phi_E(f) = \Phi(f)$ と書く.

1.3 スペクトル表現定理

補題 1.54. 任意の $f \in \mathrm{Simp}(\mathbb{R}^d)$ に対して $\Phi(f)$ は有界作用素で

$$\|\Phi(f)\|_{\mathbf{B}(\mathcal{H})} \le \|f\|_{L^\infty(\mathrm{supp}\ E)} \tag{1.21}$$

を満たす．Φ は $*$ 代数 $\mathrm{Simp}(\mathbb{R}^d)$ から有界作用素の $*$ 代数 $\mathcal{B}(\mathcal{H})$ への代数的 $*$ 準同型である．すなわち，$\alpha, \beta \in \mathbb{C}, f, g \in \mathrm{Simp}(\mathbb{R}^d)$ に対して次が成り立つ：

$$\Phi(\alpha f + \beta g) = \alpha \Phi(f) + \beta \Phi(g), \quad \Phi(fg) = \Phi(f)\Phi(g), \quad \Phi(\overline{f}) = \Phi(f)^*. \tag{1.22}$$

問題 1.55. f, g を標準表現で表して補題 1.54 を証明せよ．

(1.22) の第 2, 第 3 式から，f, g が単関数，$u, v \in \mathcal{H}$ のとき

$$(\Phi(f)u, \Phi(g)v) = (\Phi(f\overline{g})u, v) = \int_{\mathbb{R}^d} f(x)\overline{g(x)}\mu_{u,v}(dx). \tag{1.23}$$

特に，$f = g, u = v$ とすれば，次が成立する：

$$\|\Phi(f)u\|^2 = \int_{\mathbb{R}^d} |f(x)|^2 \mu_u(dx). \tag{1.24}$$

$\mathbb{R}^d$ 上の**有界 Borel 可測関数のなす $*$ 代数**を $\mathcal{B}_b(\mathbb{R}^d)$ と書く．$f \in \mathcal{B}_b(\mathbb{R}^d)$ に対して，f に一様収束する単関数列 f_n が存在する．このとき，(1.21) によって $\Phi(f_n)$ はある有界作用素にノルム収束し，その極限はこのような f_n のとり方によらない．そこで

$$\Phi(f) = \int_{\mathbb{R}^d} f(x)E(dx) = \lim_{n \to \infty} \Phi(f_n)$$

と定義する．(1.21) 以下を単関数 f_n, g_n に適用し $n \to \infty$ とすれば次が得られる．

定理 1.56. E を $\mathbb{R}^d$ 上定義された $\mathcal{H}$ 上の p.v.m とする．このとき，任意の $f \in \mathcal{B}_b(\mathbb{R}^d)$ に対して $\Phi(f) \in \mathbf{B}(\mathcal{H})$ で Φ は $\mathcal{B}_b(\mathbb{R}^d)$ から $\mathcal{B}(\mathcal{H})$ への $*$ 準同型である．すなわち

$$\Phi(\alpha f + \beta g) = \alpha \Phi(f) + \beta \Phi(g), \quad \Phi(fg) = \Phi(f)\Phi(g), \quad \Phi(\overline{f}) = \Phi(f)^* \tag{1.25}$$

$$(\Phi(f)u, \Phi(g)v) = \int_{\mathbb{R}^d} f(x)\overline{g(x)}\mu_{u,v}(dx), \quad \|\Phi(f)u\| = \int_{\mathbb{R}^d} |f(x)|^2 \mu_u(dx) \tag{1.26}$$

が任意の $f, g \in \mathcal{B}_b(\mathbb{R}^d)$, $\alpha, \beta \in \mathbb{C}, u, v \in \mathcal{H}$ に対して成立する．

問題 1.57. 定理 1.56 を証明せよ．

■**非有界関数の射影値測度による積分** f を $\mathrm{supp}\ E$ 上有限な値をとる $\mathbb{R}^d$ 上の Borel 可測関数とする．$\mathcal{D}_f$ を (1.18) で定義する．$u \in \mathcal{D}_f$ とする．$\mathrm{Simp}(\mathbb{R}^d)$ は $L^2(\mathbb{R}^d, \mu_u)$ において稠密である．そこで $f_1, f_2, \cdots \in \mathrm{Simp}(\mathbb{R}^d)$ を $n \to \infty$ のとき，$\|f_n - f\|_{L^2(\mathbb{R}^d, \mu_u)} \to 0$ ととれば，(1.24) によって $\{\Phi(f_n)u\}$ は $\mathcal{H}$ の Cauchy 列で，その極限 $\lim_n \Phi(f_n)u$ は近似列 f_n のとり方によらない．そこで

定義 1.58. f を $\operatorname{supp} E$ 上有限な値をとる $\mathbb{R}^d$ 上の Borel 可測関数とする。稠密な部分空間 $\mathcal{D}_f$ を定義域とする $\mathcal{H}$ 上の線形作用素 $\Phi(f)$ を

$$\Phi(f)u = \lim_{n\to\infty} \Phi(f_n)u, \quad u \in \mathcal{D}_f = D(\Phi(f))$$

によって定義する。これを

$$\Phi(f) = \int_{\mathbb{R}^d} f(x)E(dx)$$

と書き f の**射影値測度** $E(dx)$ **による積分**と呼ぶ.

f が有界なら, $\mathcal{D}_f = \mathcal{H}$ で定義 1.58 の定義は定理 1.56 での定義に一致する。次は f, g を有界関数列で近似し定理 1.56 を用いれば得られる。詳しい証明は少し長くなるので省略する ([87] あるいは [121] を参照).

定理 1.59. $f, g \in \mathcal{B}(\mathbb{R}^d)$ は $\operatorname{supp} E$ 上有限, $\alpha, \beta \in \mathbb{C}$ とする。次が成立する.

$$\alpha\Phi(f) + \beta\Phi(g) \subset \Phi(\alpha f + \beta g), \quad \Phi(f)\Phi(g) \subset \Phi(fg), \quad \Phi(\overline{f}) = \Phi(f)^*. \tag{1.27}$$

特に $\Phi(f)$ は閉作用素, f が実数値なら自己共役である。$u \in \mathcal{D}_f, v \in \mathcal{D}_g$ に対して

$$(\Phi(f)u, \Phi(g)v) = \int_{\mathbb{R}^d} f(x)\overline{g(x)}\mu_{u,v}(dx). \tag{1.28}$$

■**変数変換公式** よく使う Lebesgue 積分の変数変換公式を述べておく.

補題 1.60. μ を可測空間 $(X, \mathcal{B})$ 上の符号付き測度, F を実可測関数とする。このとき,

$$\nu(\Delta) = \mu(F^{-1}(\Delta)), \quad \Delta \in \mathcal{B}(\mathbb{R}^1) \tag{1.29}$$

は Borel 可測空間 $(\mathbb{R}^1, \mathcal{B}(\mathbb{R}^1))$ 上の符号付き測度である。ν に関して可積分な任意の Borel 関数 f に対して次が成立する:

$$\int_{\mathbb{R}} f(y)\nu(dy) = \int_X f(F(x))\mu(dx). \tag{1.30}$$

証明. μ を実部と虚部に分解すれば実数値のときに示せばよい。さらに μ を Jordan 分解し, $f = f^+ - f^-$ とすれば, μ が測度, f が非負 Borel 可積分関数と仮定してよい。ただし, 一般に $a \in \mathbb{R}$ に対して

$$a^+ = \begin{cases} a, & a > 0 \text{ のとき,} \\ 0, & a \leq 0 \text{ のとき,} \end{cases} \qquad a^- = \begin{cases} 0, & a > 0 \text{ のとき,} \\ -a, & a \leq 0 \text{ のとき} \end{cases}$$

である。(1.29) は次のように書き換えられる:

$$\int_{\mathbb{R}} \chi_A(y)\nu(dy) = \nu(A) = \int_X \chi_A(F(x))\mu(dx), \quad \forall A \in \mathcal{B}(\mathbb{R}^1)$$

ゆえに (1.30) は f が特性関数の線形結合, すなわち単関数に対しても成立する。f に対して非負単関数列の増大列を $0 \leq \varphi_1(x) \leq \varphi_2(x) \leq \cdots \to f(x)$ ととれば, 単調収束定理から一般の f に対して補題 1.60 が従う。 □

1.3 スペクトル表現定理

■掛け算作用素のスペクトル分解

補題 1.61. $\mathcal{H} = L^2(X, \mathcal{B}, \mu)$, F は X 上の実可測関数, M_F を F による掛け算作用素とする. このとき,
$$E(\Delta)u(x) = \chi_{F^{-1}(\Delta)}(x)u(x), \quad \Delta \in \mathcal{B}(\mathbb{R}^1)$$
と定義すれば, $E(d\lambda)$ は $\mathcal{H}$ 上の射影値測度で次が成立する:
$$M_F = \int \lambda E(d\lambda). \tag{1.31}$$

証明. $E(d\lambda)$ が射影値測度であることは問題 1.50 の (2) で示した. (1.31) の右辺で定義される作用素を T と書く. $u \in \mathcal{H}$ に対して
$$\nu_u(\Delta) = \int_{F^{-1}(\Delta)} |u(x)|^2 \mu(dx)$$
と定義すれば, 補題 1.60 によって
$$\int_\mathbb{R} \lambda^2 \nu_u(d\lambda) = \int F(x)^2 |u(x)|^2 \mu(dx).$$
したがって, $D(T) = D(M_F)$ である. 同様に $u, v \in D(T)$ に対して
$$\nu_{u,v}(\Delta) = \int_{F^{-1}(\Delta)} u(x)\overline{v(x)}\mu(dx)$$
と定義し, 定理 1.59 の (1.28) を $f(\lambda) = \lambda$, $g(\lambda) = 1$ に適用し変数変換公式 (1.30) を用いれば
$$(Tu, v) = \int \lambda \mu_{u,v}(d\lambda) = \int F(x)u(x)\overline{v(x)}\mu(dx) = (M_F u, v).$$
したがって, $T = M_F$ である. $\square$

1.3.3 項で $(\mathbb{R}^d, \mathcal{B}(\mathbb{R}^d))$ 上定義された $\mathcal{H}$ 上の射影値測度はすべて, 適当な測度空間 $(X, \mathcal{B}, \mu)$ と可測関数 $F\colon X \to \mathbb{R}^d$ を用いて問題 1.50 の (2) のように定義した射影値測度にユニタリ同値であることを示す. 様々な問題がこのように表現することによって扱いやすくなる.

1.3.2 スペクトル分解定理

$\mathcal{H}$ 上の射影値測度 $\{E(\Delta) : \Delta \in \mathcal{B}(\mathbb{R})\}$ の積分
$$T = \int_\mathbb{R} x E(dx) \tag{1.32}$$
は $\mathcal{H}$ 上の自己共役作用素であった (定理 1.59). **スペクトル分解定理**は任意の自己共役作用素 T が (1.32) のように表現され, T とスペクトル射影 $E(dx)$ が 1 対 1 に対応することを主張する定理である. この定理の証明はここでは述べない ([121], [87], [65] にそれぞれ異なる証明がある).

定理 1.62 (スペクトル分解定理). Hilbert 空間 $\mathcal{H}$ 上の自己共役作用素 T に対して

$$T = \int_{\mathbb{R}^1} x E_T(dx) \tag{1.33}$$

を満たす $(\mathbb{R}^1, \mathcal{B}(\mathbb{R}^1))$ 上定義された $\mathcal{H}$ 上の射影値測度 $E_T(dx)$ が一意的に存在する. $E_T(dx)$ を T の**スペクトル射影**という.

問題 1.63. T を有界自己共役作用素, E_T をそのスペクトル射影とする.

(1) $\lambda \notin \operatorname{supp} E_T$ のとき,

$$R_\lambda = \int_{\mathbb{R}} (x - \lambda)^{-1} E_T(dx)$$

は有界作用素で $R_\lambda (T - \lambda) = (T - \lambda) R_\lambda = \mathbf{1}$ を満たすことを示せ.

(2) $\sigma(T) = \operatorname{supp} E_T$ を示せ.

定義 1.64 (1 次元作用素). $\varphi, \psi \in \mathcal{H}$ のとき, 1 次元作用素 $u \mapsto (u, \psi)\varphi$ を $\varphi \otimes \psi$, あるいは $|\varphi\rangle\langle\psi|$ と書く.

問題 1.65. $T \geq 0$ を $\mathcal{H}$ 上のコンパクト自己共役作用素, $\dim \mathcal{H} = \infty$ とする. 次を示せ:

(1) $\sigma(T)$ は 0 に収束する固有値 $\lambda_1 \geq \lambda_2 \geq \cdots \to 0$ からなる.
(2) 0 でない固有値 λ_n の多重度は有限である.
(3) $\mathcal{H}$ は T の固有ベクトルからなる正規直交基底 $\{\varphi_1, \varphi_2, \dots\}$ をもつ.
(4) $T\varphi_j = \lambda_j \varphi_j, j = 1, 2, \dots$ とする. $\Delta \in \mathcal{B}(\mathbb{R}^1)$ に対して $E_T(\Delta) = \sum_{\lambda_j \in \Delta} \varphi_j \otimes \varphi_j$ と定義すれば $E_T(dx)$ は T のスペクトル射影である.

定義 1.66 (作用素の関数 $f(T)$). $\sigma(T)$ 上有限な値をとる Borel 可測関数 f に対して T の関数 $f(T)$ を次で定義する.

$$f(T) = \int_{\mathbb{R}} f(x) E_T(dx) \ (= \Phi_{E_T}(f)) \tag{1.34}$$

問題 1.67. T が有界な自己共役作用素のとき, 次を示せ.

(1) $f(\lambda) = \sum a_j \lambda^j$ が多項式のとき, $f(T) = \sum a_j T^j$.
(2) $f(\lambda) = \sum a_j \lambda^j$ が収束半径 $> \|T\|$ のべき級数のとき, $f(T) = \sum a_j T^j$.
(3) T が問題 1.65 の作用素のとき, $f(T) = \sum f(\lambda_j)(\varphi_j \otimes \varphi_j)$.

定理 1.62 は互いに可換な自己共役作用素の族に対して次のように一般化される.

定義 1.68 (可換な自己共役作用素). $\mathcal{H}$ 上の自己共役作用素 $T_1, \dots, T_n$ は任意の $z, w \notin \mathbb{R}$ に対して

$$(T_j - z)^{-1}(T_k - w)^{-1} = (T_k - w)^{-1}(T_j - z)^{-1}, \quad j, k = 1, \dots, n$$

を満たすとき, **互いに可換である**という.

1.3 スペクトル表現定理

定理 1.69 (結合スペクトル射影). $T_1, \ldots, T_n$ を $\mathcal{H}$ 上の互いに可換な自己共役作用素とする. このとき,
$$T_j = \int_{\mathbb{R}^n} x_j E_{(T_1, \ldots, T_n)}(dx), \quad j = 1, \ldots, n. \tag{1.35}$$
を満たす $(\mathbb{R}^n, \mathcal{B}(\mathbb{R}^n))$ 上定義された $\mathcal{H}$ 上の射影値測度 $E_{(T_1, \ldots, T_n)}(dx)$ が一意的に存在する. $E_{(T_1, \ldots, T_n)}(dx)$ を $(T_1, \ldots, T_n)$ の**結合スペクトル射影**, $E_{(T_1, \ldots, T_n)}$ の台を $(T_1, \ldots, T_n)$ の**結合スペクトル** (joint spectrum) という.

問題 1.70. $\mathcal{H} = L^2(\mathbb{R}^d)$ のとき, 座標関数 $x_1, \ldots, x_d$ による掛け算作用素 $X_1, \ldots, X_d$ は互いに可換な自己共役作用素である. $(X_1, \ldots, X_d)$ のスペクトル射影 $E_{(X_1, \ldots, X_d)}(\Delta)$ は Δ の特性関数 $\chi_\Delta(x)$ による掛け算作用素に等しいことを示せ.

■Functional Calculus $T_1, \ldots, T_n$ が $\mathcal{H}$ 上の互いに可換な自己共役作用素のとき, その関数 $f(T_1, \ldots, T_n)$ を次で定義する.

定義 1.71 (可換な作用素の関数). $(T_1, \ldots, T_n)$ の結合スペクトル上有限な値をとる $\mathbb{R}^n$ 上の Borel 関数 f に対して
$$f(T_1, \ldots, T_n) = \int_{\mathbb{R}^n} f(x) E_{(T_1, \ldots, T_n)}(dx) \tag{1.36}$$
と定義する.

問題 1.72. $\mathcal{H} = L^2(X, \mathcal{B}, \mu)$, F_j を X 上の $\mathcal{B}$-可測実数値関数, $T_j = M_{F_j}$, $j = 1, \ldots, n$ とする. $(T_1, \ldots, T_n)$ は互いに可換な自己共役作用素で, $E_{(T_1, \ldots, T_n)}(\Delta)$ は $F^{-1}(\Delta)$ の特性関数による掛け算作用素に等しいことを示せ. ただし, $F(x) = (F_1(x), \ldots, F_n(x))$.

定理 1.73. $\mathcal{H}, \mathcal{K}$ を Hilbert 空間, T を $\mathcal{H}$ 上の, S を $\mathcal{K}$ 上の自己共役作用素とする. T と S がユニタリ同値であれば任意の Borel 関数 f に対して $f(T)$ と $f(S)$ はユニタリ同値である. すなわち $\mathcal{H}$ から $\mathcal{K}$ へユニタリ作用素 U に対して
$$S = UTU^* \text{ であれば, } f(S) = Uf(T)U^*,$$
特に $E_S(dx) = UE_T(dx)U^*$ が成立する.

証明. $E_T(dx)$ を T のスペクトル射影とする. このとき, $E(dx) = UE_T(dx)U^*$ は射影値測度である. $A = \int_{\mathbb{R}^1} xE(dx)$ と定義する. $\int x^2 \|E(dx)u\|^2 dx = \int x^2 \|E_T(dx)U^*u\|^2 dx$ だから, $u \in D(A)$ と $U^*u \in D(T)$ は同値, ゆえに $D(A) = D(S)$ である. $(Su, v) = (TU^*u, U^*v)$ だから, 定理 1.56 の (2) によって, $u \in D(A) = D(S)$, $v \in \mathcal{H}$ に対して
$$(Su, v) = \int x(E_T(dx)U^*u, U^*v) = \int x(E(dx)u, v) = (Au, v) \tag{1.37}$$
が成立する. ゆえに $A = S$, $E_S(dx) = UE_T(dx)U^*$ である. x を $f(x)$ に変えて議論すれば, $f(S) = Uf(T)U^*$ が得られる. □

一般に Banach 空間 $\mathcal{X}$ に値をとる関数を**ベクトル値関数**という．ベクトル値関数の微分積分が通常の関数と同様にして定義される．例えば，$u(t)$ は
$$\lim_{h \to 0} \frac{u(t+h) - u(t)}{h}$$
が存在するとき，t において微分可能であるといい，この極限を $u'(t)$，$\dot{u}(t)$ あるいは $du/dt(t)$ などと書いて u の t における微分係数，ベクトル値関数 $u'(t)$ を u の導関数と呼ぶ．

問題 1.74. T を Hilbert 空間 $\mathcal{H}$ 上の自己共役作用素とする．作用素の 1-パラメータ族 $\{U(t) : t \in \mathbb{R}\}$ を $U(t) = e^{-itT}$ と定義する．次を示せ．

(1) $\{U(t) : t \in \mathbb{R}\}$ は t に関して強連続なユニタリ作用素の族で
$$U(t+s) = U(t)U(s), \quad t, s \in \mathbb{R} \tag{1.38}$$
を満たす．$U(t)$ を T **の生成する強連続ユニタリ群**という．

(2) $t \mapsto u(t) = U(t)u \in \mathcal{H}$ が微分可能であるためには $u \in D(T)$ であることが必要十分である．このとき，$u(t) \in D(T)$ で $idu/dt = Tu(t)$ が成立する．

(3) $u, v \in \mathcal{H}$，$\pm \Im z > 0$ のとき，次が成立する：
$$((T-z)^{-1}u, v) = i\int_0^{\pm\infty} (e^{izt-itT}u, v)dt. \tag{1.39}$$

1.3.3 スペクトル表現

任意の自己共役作用素 T は適当な $L^2(X, \mathcal{B}, \mu)$ 上の掛け算作用素 M_F にユニタリ同値となることを示そう．このとき，T の性質は，関数 F と測度 μ の性質に帰着され，T の関数 $f(T)$ は合成関数 $f(F(x))$ による掛け算作用素となる．このようにして $f(T)$ の扱いが容易になり，例えば等式 (1.38) や (1.39) などはほぼ自明となる．

定理 1.75. T を $\mathcal{H}$ 上の自己共役作用素とする．適当な測度空間 $(X, \mathcal{B}, \mu)$，X 上の実可測関数 F とユニタリ作用素 $U : \mathcal{H} \to L^2(X, \mathcal{B}, \mu)$ が存在して $T = U^* M_F U$ が成立する．

証明． $E_T(dx) = E(dx)$，$u \in \mathcal{H}$ に対して $\mu_u(dx) = (E(dx)u, u) = \|E(dx)u\|^2$ と書く．T が有界の場合に証明する．一般の場合は
$$\mathcal{H}_n = E((n, n+1])\mathcal{H}, \quad T_n = TE((n, n+1]), \quad n = 0, \pm 1, \ldots$$
と定義して，$\mathcal{H}_n$ を Hilbert 空間と考えれば T_n は $\mathcal{H}_n$ 上の有界自己共役作用素で
$$\mathcal{H} = \sum \oplus \mathcal{H}_n, \quad T = \sum \oplus T_n$$
と直和分解する．したがって，T_n に有界な場合の結果を適用し，補題 1.46 を用いれば一般の T に対して定理が得られる．T を有界とする．$\mathrm{supp}\, E = \sigma(T) \subset [-\|T\|, \|T\|]$ である（問題 1.63 参照）．まず次の補題を証明する．$f \in L^2(\mathbb{R}, \mu_u) \Leftrightarrow u \in D(f(T))$ であった．

1.3 スペクトル表現定理

補題 1.76. $u \neq 0$ に対して $\langle u \rangle = \{f(T)u \colon f \in L^2(\mathbb{R}, \mu_u)\}$ と定義する. このとき：

(1) $\langle u \rangle$ は T 不変な, すなわち $T\langle u \rangle \subset \langle u \rangle$ を満たす閉部分空間である.
(2) $U \colon f(T)u \mapsto f$ は $\langle u \rangle$ から $L^2(\mathbb{R}, \mu_u)$ へのユニタリ作用素.,
(3) $UTU^* = M_x$, ただし, M_x は $L^2(\mathbb{R}, \mu_u)$ の座標関数による掛け算作用素.
(4) $u \perp \langle v \rangle$ であれば $\langle u \rangle \perp \langle v \rangle$ である.

証明. $\langle u \rangle$ が線形部分空間であるのは明らかである. μ_u の台は有界だから $f \in L^2(\mathbb{R}, \mu_u)$ なら $g = xf \in L^2(\mathbb{R}, \mu_u)$. ゆえに $v = f(T)u \in \langle u \rangle$ なら $Tv = g(T)u \in \langle u \rangle$, $\langle u \rangle$ は T 不変部分空間である. 定理 1.59 の (1.28) によって $f, g \in L^2(\mathbb{R}, \mu_u)$ のとき,

$$(f(T)u, g(T)u)_{\mathcal{H}} = (f, g)_{L^2(\mathbb{R}, \mu_u)}.$$

したがって, U は等距離である. $L^2(\mathbb{R}, \mu_u)$ は完備で, U が上への写像なのは明らかだから, $\langle u \rangle$ は $\mathcal{H}$ の閉部分空間で U はユニタリ作用素である.

$$(UTf(T)u)(x) = xf(x) = M_x(Uf(T)u)(x), \quad f \in L^2(\mathbb{R}, \mu_u).$$

ゆえに, $UTU^* = M_x$ が成立する. $u \perp \langle v \rangle$, $f \in L^2(\mathbb{R}, \mu_u)$ とする. 単関数列 $f_1, \dots$ を $\lim_{n\to\infty} \|f_n - f\|_{L^2(\mathbb{R}, \mu_u)} = \lim_{n\to\infty} \|f_n(T)u - f(T)u\|_{\mathcal{H}} = 0$ ととる. f_n は有界だから任意の $g(T)v \in \langle v \rangle$ に対して $(\overline{f_n}g)(T)v \in \langle v \rangle$. ゆえに

$$(f(T)u, g(T)v)_{\mathcal{H}} = \lim_{n\to\infty}(f_n(T)u, g(T)v)_{\mathcal{H}} = \lim_{n\to\infty}(u, (\overline{f_n}g)(T)v)_{\mathcal{H}} = 0.$$

したがって $f(T)u \perp \langle v \rangle$, $\langle u \rangle \perp \langle v \rangle$ である. □

(定理 1.75 の証明の続き) $\mathcal{H}$ の正規直交基底 $\varphi_1, \varphi_2, \dots$ をとり, $\mathcal{H}_1, \mathcal{H}_2, \dots$ を次のように定めよう. $\psi_1 = \varphi_1$ として $\mathcal{H}_1 = \langle \psi_1 \rangle$, $\mathcal{H}_1$ への直交射影を P_1 とする. $\varphi_j \notin \mathcal{H}_1$ となる最初の j を j_1 とする. このような j_1 が存在しなければ $\mathcal{H} = \mathcal{H}_1$ である. $\psi_2 = (1 - P_1)\varphi_{j_1}$, $\mathcal{H}_2 = \langle \psi_2 \rangle$, $\mathcal{H}_1 \oplus \mathcal{H}_2$ への直交射影を P_2 とする. $\varphi_j \notin \mathcal{H}_1 \oplus \mathcal{H}_2$ となる最初の j を j_2 として, $\psi_3 = (1 - P_2)\varphi_{j_2}$, $\mathcal{H}_3 = \langle \psi_3 \rangle$ と定義する. これを繰り返して, 閉部分空間列 $\{\mathcal{H}_n \colon n = 1, 2, \dots\}$ を定義する. このとき補題 1.76 によってこれは互いに直交する T 不変閉部分空間で, T_n を T の $\mathcal{H}_n$ の部分とするとき

$$\mathcal{H}_1 = \langle \psi_1 \rangle, \ \mathcal{H}_2 = \langle \psi_2 \rangle, \dots, \ \mathcal{H} = \sum \oplus \mathcal{H}_n, \ T = \sum \oplus T_n \tag{1.40}$$

と直交分解される. 補題 1.76 によって

$$U_n \colon \mathcal{H}_n \ni f(T)\psi_n \mapsto f \in L^2(\mathbb{R}, \mu_{\psi_n}), \quad n = 1, 2, \dots$$

はユニタリで, M_{x_n} を $L^2(\mathbb{R}, \mu_{\varphi_n})$ の座標関数 x_n による掛け算作用素とすれば

$$T_n = U_n^* M_{x_n} U_n, \quad n = 1, 2, \dots.$$

これより $U = \sum \oplus U_n$ は $\mathcal{H}$ から $\sum \oplus L^2(\mathbb{R}, \mu_{\varphi_n})$ へのユニタリ作用素で

$$UTU^* = \sum_{n=1}^{\infty} \oplus M_{x_n}$$

となる. 補題 1.46 によって右辺は $\{(\mathbb{R}, \mathcal{B}(\mathbb{R}^1), \mu_{\tilde{\varphi}_n}) : n = 1, 2, \dots\}$ の直和空間上の L^2 空間の掛け算作用素とユニタリ同値である. □

次の定理は補題 1.61 と補題 1.60 から明らかである.

定理 1.77. $L^2(X, \mathcal{B}, d\mu)$ 上の実数値可測関数 $F(x)$ による掛け算作用素のスペクトル射影 $E(\Delta)$ は $\chi_{F^{-1}(\Delta)}(x)$ による掛け算作用素である. Borel 関数 f に対して $f(M_F) = M_{f \circ F}$ である.

$\mathbb{R}$ 上の射影値測度 $E(dx)$ に対して自己共役作用素を $T = \int x E(dx)$ と定義すれば, 定理 1.75 によって T は $L^2(X, \mathcal{B}, \mu)$ 上の掛け算作用素 M_F にユニタリ同値, 定理 1.77 によって $E_T(\Delta)$ は $\chi_{F^{-1}(\Delta)}(x)$ による掛け算作用素にユニタリ同値となる. したがって, **一般に射影値測度は** $L^2(X, \mathcal{B}, \mu)$ **上の実数値可測関数による掛け算作用素の定義するスペクトル射影にユニタリ同値**である.

問題 1.78. $E(dx)$ を $(\mathbb{R}^1, \mathcal{B}(\mathbb{R}^1))$ 上定義された射影値測度, f は $\operatorname{supp} E$ 上有限な値をとる $\mathcal{B}(\mathbb{R}^1)$ 可測関数とする. 次を示せ.

(1) $\sigma(\Phi_E(f)) = \{z \in \mathbb{C} \colon$ 任意の $\varepsilon > 0$ に対して $E(\{x \colon |f(x) - z| < \varepsilon\}) \neq 0\}$.
(2) $z \in \rho(\Phi_E(f))$ に対して, $(\Phi_E(f) - z)^{-1} = \int (f(x) - z)^{-1} E(dx)$ である.

1.3.4 Stone の公式, Helffer–Sjöstrand の公式

Stone の公式, Helffer–Sjöstrand の公式は自己共役作用素 T の関数 $f(T)$ を T のレゾルベントの積分によって表現する公式である.

定理 1.79 (Stone の公式). T を自己共役作用素, $E(\Delta)$ を T のスペクトル射影, $R(z) = (T - z)^{-1}$ をレゾルベントとする. 次が成立する:

(1) f が $\mathbb{R}$ 上の有界な連続関数なら強収束の意味で, f が一様連続ならノルム収束の意味で

$$f(T) = \lim_{\varepsilon \downarrow 0} \frac{1}{2\pi i} \int_{\mathbb{R}} (R(\lambda + i\varepsilon) - R(\lambda - i\varepsilon)) f(\lambda) d\lambda. \tag{1.41}$$

(2) $I = (a, b)$ が開区間のとき, 強収束の意味で

$$\frac{1}{2}(E(I) + E(\overline{I})) = \lim_{\varepsilon \downarrow 0} \frac{1}{2\pi i} \int_a^b (R(\lambda + i\varepsilon) - R(\lambda - i\varepsilon)) d\lambda.$$

証明. 有界な連続関数 f と $\varepsilon > 0$ に対して

$$f_\varepsilon(\mu) = \frac{\varepsilon}{\pi} \int_{\mathbb{R}} \frac{f(\lambda)}{(\mu - \lambda)^2 + \varepsilon^2} d\lambda$$

と定義する. $\|f_\varepsilon\|_\infty \leq \|f\|_\infty$ で

$$\lim_{\varepsilon \to 0} f_\varepsilon(\mu) = f(\mu), \quad \mu \in \mathbb{R} \tag{1.42}$$

が成立する．もし f が一様連続ならこの収束は一様である．スペクトル表現定理によって T は $L^2(X)$ の実数値関数 $F(x)$ による掛け算作用素であるとしてよい．このとき，(1.41) の積分は $f_\varepsilon(F(x))$ による掛け算作用素である．f が有界な連続関数なら $\|f_\varepsilon(F(x))\|_\infty \leq \|f(F(x))\|_\infty$ で，(1.42) によって

$$\lim_{\varepsilon \to 0} f_\varepsilon(F(x)) = f(F(x)), \quad \forall x \in X.$$

f が一様連続ならこれは X 上一様収束である．ゆえに (1) が成立する．同様にして (2) を証明するのは読者に任せる． $\square$

Helffer–Sjöstrand の公式も Stone の公式と並んでよく用いられる．関数の概正則拡張の概念が必要である．準備から始める．ベクトル $x, \xi \in \mathbb{R}^d$ などに対して $\langle x \rangle = (1 + |x|^2)^{\frac{1}{2}}$, $\langle \xi \rangle = (1 + |\xi|^2)^{\frac{1}{2}}$ と定義する．$\sigma \in \mathbb{R}$ に対してシンボルクラス $S^\sigma(\mathbb{R})$ を次に定義する：

$$S^\sigma(\mathbb{R}) = \{f \in C^\infty(\mathbb{R}) : |D^k f(x)| \leq C_k \langle x \rangle^{\sigma-k}, k = 0, 1, \ldots\}.$$

■2 進的単位の分解　以下でもしばしば用いられる $\mathbb{R}$ の 2 進的単位の分解 (dyadic partition of unity) を定義しておこう．

補題 1.80. (1) $1 \leq |x| \leq 2$ のとき $\chi(x) > 0$ を満たす $\chi \in C_0^\infty(1/2 < |x| < 5/2)$ で，

$$\sum_{n=-\infty}^{\infty} \chi(x/2^n) = 1, \quad \forall x \neq 0 \tag{1.43}$$

となるものが存在する．各 $x \in \mathbb{R}$ に対して (1.43) の左辺の 0 とならない項は高々 5 である．

(2) $\chi_0 \in C_0^\infty((-1,1))$ と $\tilde{\chi} \in C_0^\infty(1/8 < |x| < 5/8)$ で

$$\chi_0(x) + \sum_{n=1}^{\infty} \chi_n(x) = 1, \quad \chi_n(x) = \tilde{\chi}(x/2^n), \quad x \in \mathbb{R} \tag{1.44}$$

を満たすものが存在する．各 $x \in \mathbb{R}$ に対して (1.44) の左辺の 0 とならない項は高々 5 である．

証明． $1 \leq |x| \leq 2$ のとき $\tilde{\chi}(x) > 0$ を満たす $\tilde{\chi} \in C_0^\infty((1/2, 5/2))$ を任意にとる．$2^n \leq |x| \leq 2^{n+1}$ のとき，$\tilde{\chi}(x/2^n) > 0$ だから

$$F(x) = \sum_{n=-\infty}^{\infty} \tilde{\chi}(x/2^n) > 0, \quad \text{で} \quad F(2^n x) = F(x), \quad \forall x \neq 0.$$

$\chi(x) = \tilde{\chi}(x)/F(x)$ とおけば (1) が成立する．(1) の χ を用いて，χ_0 を $\chi_0(0) = 1$, $x \neq 0$ のときは $\chi_0(x) = \sum_{n=-\infty}^{-2} \chi(x/2^n)$, $\tilde{\chi}(x) = \chi(4x)$ とすればよい． $\square$

■**概正則拡張** 複素解析の記号：$z = x + iy, \bar{z} = x - iy$ のとき

$$df = \frac{\partial f}{\partial z}dz + \frac{\partial f}{\partial \bar{z}}d\bar{z} \quad \frac{\partial \tilde{f}}{\partial z} = \frac{1}{2}\left(\frac{\partial f}{\partial x} - i\frac{\partial f}{\partial y}\right), \quad \frac{\partial \tilde{f}}{\partial \bar{z}} = \frac{1}{2}\left(\frac{\partial f}{\partial x} + i\frac{\partial f}{\partial y}\right)$$

を用いる．$dz \wedge d\bar{z} = -2idxdy$, $dxdy$ は 2 次元 Lebesgue 測度である．

補題 1.81. $f \in S^{-\sigma}(\mathbb{R})$, $\sigma > 0$ とする．実軸上で $f(x)$ に一致する複素平面上の関数 $\tilde{f} \in C^\infty(\mathbb{C})$ で次を満たすものが存在する：

(1) $\operatorname{supp} \tilde{f}$ は錘状領域 $\{x + iy \in \mathbb{C} : |y| \leq C\langle x\rangle\}$ に含まれる．$\operatorname{supp} f$ がコンパクトなら $\operatorname{supp} \tilde{f}$ もコンパクトである．
(2) 任意の α, β に対して適当な $C_{\alpha\beta}$ が存在して $|\partial_x^\alpha \partial_y^\beta \tilde{f}(z)| \leq C_{\alpha\beta}\langle z\rangle^{-(\sigma+\alpha+\beta)}$．
(3) 任意の $N = 1, 2, \ldots$ に対して適当な C_N が存在して

$$|\partial \tilde{f}/\partial \bar{z}| \leq C_N |\operatorname{Im} z|^N \langle z\rangle^{-(\sigma+N+1)}, \quad z = x + iy \in \mathbb{C}. \tag{1.45}$$

$\tilde{f}$ を f の**概正則拡張**という．

証明．まず，$\operatorname{supp} f \subset \{|x| \leq 1\}$ のときに証明する．$|x| \leq 1/2$ のとき $\rho(x) = 1$ を満たす $\rho \in C_0^\infty(\{|x| < 1\})$ をとる．

$$\tilde{f}(x + iy) = \sum_{n=0}^\infty g_n(x + iy), \quad g_n(x + iy) = f^{(n)}(x)\frac{(iy)^n}{n!}\rho(t_n y),$$

ただし $t_n = 2^{2n}(1 + c_n), \quad c_n = \max_{0 \leq k, j \leq 2n}\|f^{(k)}\|_\infty \|\rho^{(j)}\|_\infty, \quad n = 0, 1, \ldots$

と定義する．明らかに $\tilde{f}(x) = f(x)$, $x \in \mathbb{R}$ である．$\tilde{f} \in C^\infty(\mathbb{R}^2)$ を示そう．

$$\partial_x^\alpha \partial_y^\beta g_n(x, y) = i^\gamma \sum_{\gamma+\delta=\beta} f^{(n+\alpha)}(x) \frac{\beta!}{\gamma!\delta!} \frac{(iy)^{(n-\gamma)}}{(n-\gamma)!} t_n^\delta \rho^{(\delta)}(t_n y).$$

$n \geq \alpha + \beta + 1$ のとき，$n - \gamma \geq \delta + 1$．$\rho^{(\delta)}(t_n y) \neq 0$ のとき，$|y^{(n-\gamma)} t_n^\delta| \leq |y| \leq t_n^{-1}$，したがって，

$$|\partial_x^\alpha \partial_y^\beta g_n| \leq \sum_{\gamma+\delta=\beta} c_n \frac{\beta!}{\gamma!\delta!} t_n^{-1} = c_n t_n^{-1} 2^\beta \leq 2^{-n}.$$

ゆえに $\sum_{n=0}^\infty \partial_x^\alpha \partial_y^\beta g_n$ は一様収束，$\tilde{f} \in C_0^\infty(\{(x, y): |x| < 1, |y| < 1\})$ である．一方，

$$2\frac{\partial \tilde{f}}{\partial \bar{z}} = \sum_{n=0}^\infty \left(f^{(n+1)}(x)\frac{(iy)^n}{n!}(\rho(t_n y) - \rho(t_{n+1} y)) + if^{(n)}(x)\frac{(iy)^n}{n!}t_n \rho'(t_n y)\right).$$

$(2t_{n+1})^{-1} < |y| < t_n^{-1}$ の外では第 n 項 = 0．$(2t_{n+1})^{-1} < |y| < t_n^{-1}$ の上で評価すれば，任意に与えられた N に対して

$$\sum_{n=N+2}^\infty |\text{第 } n \text{ 項}| \leq \sum_{n=N+2}^\infty \frac{c_n |y|^n (1 + t_n)}{n!} \leq \sum_{n=N+2}^\infty |y|^N c_n y^2 (1 + t_n) \leq \sum_{n=N+2}^\infty \frac{2|y|^N}{2^{2n}}.$$

ゆえに $N+2$ 項以降の和 $\leq |y|^N$. 一方, $N+1$ 項までの各項はすべて $|y| < (2t_{N+2})^{-1}$ のとき 0 に等しいから C_N を適当にとればその和は $C_N |y|^N$ で評価される. ゆえに, $|\partial \tilde{f}/\partial \overline{z}(x+iy)| \leq C_N|y|^N$ が, したがって (1.45) が成立する.

一般の場合, (1.44) を用いて $f(x) = \sum_{n=0}^{\infty} f_n(x)$, $f_n(x) = f(x)\chi_n(x)$ とする. このとき, $h_n(x) = f_n(2^n x) = f(2^n x)\tilde{\chi}(x)$ と定義すれば, C_k を n によらない定数として

$$h_n \in C_0^\infty(1/8 < |x| < 5/8), \quad |h_n^{(k)}(x)| \leq C_k 2^{-n\sigma}, \quad k = 0, 1, \ldots$$

が成立する. そこで第 1 段の f が $2^{n\sigma}h_n$ に等しいときの $\tilde{f}$ を $\tilde{h}_n$ と定義して

$$\tilde{f}(x+iy) = \sum_{n=0}^{\infty} \tilde{f}_n(x+iy), \quad \tilde{f}_n(x+iy) = 2^{-n\sigma}\tilde{h}_n\left(\frac{x+iy}{2^n}\right)$$

と定義する. $\tilde{h}_n$ は第 1 段の評価を n に関して一様に満足する. $\tilde{f}(x) = f(x)$ は明らかである. $\operatorname{supp} \tilde{f}_n \subset \{(x,y)\colon 2^{n-3} \leq |x| < 5\cdot 2^{n-3}, |y| < 2^n\}$ だから, $\tilde{f} \in C^\infty(\mathbb{R}^2)$ で, , $\tilde{f}$ の台は $\{x+iy : |y| \leq C\langle x\rangle\}$ に含まれる.

$$|\partial_x^\alpha \partial_y^\beta \tilde{f}_n(x+iy)| = 2^{-n(\alpha+\beta+\sigma)}\left|(\partial_x^\alpha \partial_y^\beta \tilde{h}_n)\left(\frac{x+iy}{2^n}\right)\right| \leq C_{\alpha\beta} 2^{-n(\alpha+\beta+\sigma)}$$

で $\operatorname{supp} \tilde{f}_n$ 上では $2^n C_1 \leq |z| \leq 2^n C_2$ だから (2) が成立する. 任意の N に対して

$$\left|\frac{\partial \tilde{f}_n}{\partial \overline{z}}(z)\right| = \left|2^{-n(1+\sigma)}\frac{\partial \tilde{h}_n}{\partial \overline{z}}\left(\frac{x+iy}{2^n}\right)\right| \leq C_N\left|\frac{y}{2^n}\right|^N 2^{-n(1+\sigma)} \leq C_N |y|^N \langle z\rangle^{-(N+1+\sigma)}.$$

ゆえに (3) も成立する. □

定理 1.82 (**Helffer–Sjöstrand の公式**). $f \in S^{-\sigma}(\mathbb{R})$, $\sigma > 0$, $\tilde{f}$ を f の任意の概正則拡張とする. 任意の自己共役作用素 T に対して

$$f(T) = \frac{i}{2\pi}\int_{\mathbf{C}} (\partial \tilde{f}/\partial \overline{z})(z)R(z)dz \wedge d\overline{z}. \tag{1.46}$$

である. 右辺の Riemann 積分はノルム収束する.

証明. $R(z)$ は $\mathbb{C} \setminus \mathbb{R}$ で正則だから, $(\partial \tilde{f}/\partial \overline{z})(z)R(z)dz \wedge d\overline{z} = -d(\tilde{f}(z)R(z)dz)$. したがって, Stokes の定理を用いれば (1.46) の右辺は

$$\lim_{\varepsilon \downarrow 0} \frac{1}{2\pi i}\int_{|\Im z|>\varepsilon} d(\tilde{f}(z)R(z)dz) = \lim_{\varepsilon \downarrow 0}\frac{1}{2\pi i}\int_{\mathbb{R}}(\tilde{f}(x+i\varepsilon)R(x+i\varepsilon) - \tilde{f}(x-i\varepsilon)R(x-i\varepsilon))dx.$$

Taylor の定理を用いて $\tilde{f}(x\pm i\varepsilon) = f(x)\pm \varepsilon f_1(x)+\varepsilon^2 g_\pm(x,\varepsilon)$, $f_1(x) = \partial_y(\tilde{f}(x+iy))|_{y=0}$, $\varepsilon^2 g_\pm(x,\varepsilon)$ は剰余項と書けば, 被積分関数は

$$\tilde{f}(x+i\varepsilon)R(x+i\varepsilon) - \tilde{f}(x-i\varepsilon)R(x-i\varepsilon) = f(x)(R(x+i\varepsilon) - R(x-i\varepsilon))$$

$$+ \varepsilon f_1(x)(R(x+i\varepsilon) + R(x-i\varepsilon)) + \varepsilon^2(g_+(x,\varepsilon)R(x+i\varepsilon) - g_-(x,\varepsilon)R(x-i\varepsilon)).$$

右辺の第 1 項は Stone の公式と同様にして $f(T)$ を与える．第 2 項は，ユニタリ変換によって T を適当な $L^2(W, d\mu)$ 上の $F(w)$ による掛け算作用素に変換すれば

$$G_\varepsilon(w) = \frac{1}{2\pi i} \int_\mathbb{R} \frac{2\varepsilon f_1(x)(F(w)-x)}{(F(w)-x)^2 + \varepsilon^2} dx$$

による掛け算とユニタリ同値．被積分関数は任意の $w \in W, x \in \mathbb{R}$ に対して $\varepsilon \to 0$ のとき 0 に収束する．またその絶対値は $|f_1(x)| \leq C\langle x\rangle^{-1-\sigma}$ 以下である．ゆえに $|G_\varepsilon(w)| \leq C$ で Lebesgue の収束定理から $\lim G_\varepsilon(w) = 0$．よって，$G_\varepsilon$ による掛け算作用素は 0 に強収束する．第 3 項は $\|R(x \pm i\varepsilon)\| \leq \varepsilon^{-1}$ と評価すれば

$$\left\|\int_\mathbb{R} \varepsilon^2(g_+(x,\varepsilon)R(x+i\varepsilon) - g_-(x,\varepsilon)R(x-i\varepsilon))dx\right\| \leq C\varepsilon \int_\mathbb{R} \langle x\rangle^{-2-\sigma} dx \to 0.$$

これより等式 (1.46) が従う． □

$\mathbb{C}^+ = \{z: \Im z > 0\}$ は複素数上半平面，$\mathbb{C}^- = \{z: \Im z < 0\}$ は下半平面である．

問題 1.83. T, T_0 を $\mathcal{H}$ の自己共役作用素とする．次を示せ．

(1) $(T-z)^{-1} - (T_0-z)^{-1}$ がある $z \in \mathbb{C}^+$（あるいは $\mathbb{C}^-$）に対してコンパクトなことと任意の $z \in \mathbb{C}^+$（あるいは $\mathbb{C}^-$）に対してコンパクトなことは同値である．

(2) $(T-z)^{-1} - (T_0-z)^{-1}$ が任意の $z^\pm \in \mathbb{C}^\pm$ に対してコンパクトなら，任意の $f \in S^{-\sigma}(\mathbb{R}), \sigma > 0$ に対して $f(T) - f(T_0)$ もコンパクトである．

1.3.5 スペクトルの分類

$E(dx)$ を T のスペクトル射影とする．$\mathbb{R}$ 上の測度 $\mu_u(dx) = (E(dx)u, u)$ が点測度となる $u \in \mathcal{H}$ の全体を $\mathcal{H}_p(T)$ と書き $\mathcal{H}$ の T に関する**点スペクトル部分空間**，連続測度となる $u \in \mathcal{H}$ の全体を $\mathcal{H}_c(T)$ と書き $\mathcal{H}$ の T に関する**連続スペクトル部分空間**という．

命題 1.84. (1) $\mathcal{H}_p(T)$ および $\mathcal{H}_c(T)$ は $\mathcal{H}$ の T 不変閉部分空間：

$$(T-z)^{-1}\mathcal{H}_p(T) \subset \mathcal{H}_p(T), \quad (T-z)^{-1}\mathcal{H}_c(T) \subset \mathcal{H}_c(T), \quad z \in \rho(T)$$

で $\mathcal{H}$ は $\mathcal{H}_p(T)$ と $\mathcal{H}_c(T)$ に直交分解する：$\mathcal{H} = \mathcal{H}_p(T) \oplus \mathcal{H}_c(T)$.

(2) $\mathcal{H}_p(T)$ は T の固有ベクトルの張る閉部分空間である．

(3) $\mathcal{H}_p(T) \cap D(T)$ を定義域とする $\mathcal{H}_p(T)$ 上の作用素 $T_p u = Tu$ を T の**点スペクトル部分**，$\mathcal{H}_c(T) \cap D(T)$ を定義域とする $\mathcal{H}_c$ 上の作用素 $T_c u = Tu$ を T の**連続スペクトル部分**という．T_p は $\mathcal{H}_p(T)$ 上自己共役，T_c は $\mathcal{H}_c$ 上自己共役である．

T_p, T_c のスペクトル $\sigma(T_p), \sigma(T_c)$ を T の**点スペクトル**，**連続スペクトル**という．

1 次元 Lebesgue 測度を dx と書く.

$$\mathcal{H}_{sc}(T) = \{u \in \mathcal{H}_c \colon \mu_u(dx) \text{ が } dx \text{ に関して特異}\},$$
$$\mathcal{H}_{ac}(T) = \{u \in \mathcal{H}_c \colon \mu_u(dx) \text{ が } dx \text{ に関して絶対連続}\}$$

をそれぞれ $\mathcal{H}$ の T に関する**特異連続, 絶対連続スペクトル部分空間**という.

命題 1.85. $\mathcal{H}_{sc}(T)$ と $\mathcal{H}_{ac}(T)$ は $\mathcal{H}_c(T)$ の T-不変閉部分空間で $\mathcal{H}_c(T)$ は $\mathcal{H}_{sc}(T)$ と $\mathcal{H}_{ac}(T)$ に直交分解する:$\mathcal{H}_c(T) = \mathcal{H}_{sc}(T) \oplus \mathcal{H}_{ac}(T)$. T の $\mathcal{H}_{sc}(T)$ の部分 T_{sc} は $\mathcal{H}_{sc}(T)$ 上自己共役, $\mathcal{H}_{ac}(T)$ の部分 T_{ac} は $\mathcal{H}_{ac}(T)$ 上自己共役である.

T_{sc}, T_{ac} をそれぞれ T の**特異連続, 絶対連続部分**, $\sigma(T_{sc}), \sigma(T_{ac})$ を T の**特異連続, 絶対連続スペクトル**という. 閉部分空間 $\mathcal{H}_p$ などへの直交射影を $P_p(T)$ などと書く.

問題 1.86. 命題 1.84 および命題 1.85 を証明せよ.

1.4 Fourier 変換

$x = (x_1, \ldots, x_d), \xi = (\xi_1, \ldots, \xi_d) \in \mathbb{R}^d$ の内積 $x_1\xi_1 + \cdots + x_d\xi_d$ を $x\xi$ と書く. **Fourier 解析**は関数を

$$f(x) = \frac{1}{(2\pi)^{d/2}} \int_{\mathbb{R}^d} e^{ix\xi} \hat{f}(\xi) d\xi \tag{1.47}$$

のように指数関数 $\{e^{ix\xi} \colon \xi \in \mathbb{R}^d\}$ の重ね合わせとして表現して解析する数学の手法である. このとき, (1.47) における重み関数 $\hat{f}$ は

$$\hat{f}(\xi) = \frac{1}{(2\pi)^{d/2}} \int_{\mathbb{R}^d} e^{-ix\cdot\xi} f(x) dx \tag{1.48}$$

によって与えられる. 作用素 $\mathcal{F} \colon f \mapsto \hat{f}$ を **Fourier 変換**という. Fourier 変換 $\mathcal{F}$ は微分作用素 $-i\partial/\partial x_j$ を座標 ξ_j に関する掛け算作用素に変換し可換な自己共役作用素系 $(-i\partial/\partial x_1, \ldots, -i\partial/\partial x_d)$ のスペクトル表現を与える. ここでは Fourier 変換の基本事項を述べる.

■**多重指数** 微分記号を $\partial_j = \partial/\partial x_j$, $D_j = -i\partial_j$, $j = 1, \ldots, d$ とも書き, ベクトル記号で $\partial = (\partial_1, \ldots, \partial_d)$, $D = (D_1, \ldots, D_d)$ などと書く.

$$\overline{\mathbb{N}} = \{0, 1, 2, \ldots\} = \mathbb{N} \cup \{0\}$$

で, $\alpha = (\alpha_1, \ldots, \alpha_d) \in \overline{\mathbb{N}}^d$ を**多重指数**という. 多重指数 $\alpha = (\alpha_1, \ldots, \alpha_d)$ に対して $|\alpha| = \alpha_1 + \cdots + \alpha_d$ を α の**長さ**, α の**階乗**を $\alpha! = \alpha_1! \cdots \alpha_d!$ と定義する. 多重指数 α, β に対して**順序と 2 項係数**を

$$\alpha \leq \beta \Leftrightarrow \alpha_1 \leq \beta_1, \ldots, \alpha_d \leq \beta_d, \quad \alpha \leq \beta \text{ のとき} \begin{pmatrix} \beta \\ \alpha \end{pmatrix} = \frac{\beta!}{\alpha!(\beta-\alpha)!},$$

多重指数 α と $x \in \mathbb{R}^d$, $\partial = (\partial_1, \ldots, \partial_d)$, $D = (D_1, \ldots, D_d)$ に対して

$$x^\alpha = x_1^{\alpha_1} \cdots x_d^{\alpha_d}, \quad \partial^\alpha = \partial_1^{\alpha_1} \cdots \partial_d^{\alpha_d}, \quad D^\alpha = D_1^{\alpha_1} \cdots D_d^{\alpha_d}$$

と定義する. 2項公式や Leibniz の公式

$$\partial^\beta (u \cdot v) = \sum_{\alpha \leq \beta} \binom{\beta}{\alpha} \partial^\alpha u \cdot \partial^{\beta-\alpha} v, \quad (x+y)^\beta = \sum_{\alpha \leq \beta} \binom{\beta}{\alpha} x^\alpha y^{\beta-\alpha},$$

などが成立する.

問題 1.87. 任意の正整数 n に対して定数 $C_{1,n}, C_{2,n}$ が存在して

$$C_{1,n} \sum_{|\alpha| \leq n} |x^\alpha| \leq \langle x \rangle^n \leq C_{2,n} \sum_{|\alpha| \leq n} |x^\alpha|, \quad \forall x \in \mathbb{R}^d \tag{1.49}$$

が成立することを示せ.

1.4.1 可積分関数の Fourier 変換と共役 Fourier 変換

可積分関数 f の **Fourier 変換** $\hat{f}(\xi) = (\mathcal{F}f)(\xi)$, **共役 Fourier 変換** $\check{f}(\xi) = (\mathcal{F}^* f)(\xi)$ を

$$\hat{f}(\xi) = \frac{1}{(2\pi)^{d/2}} \int_{\mathbb{R}^d} e^{-ix\cdot\xi} f(x) dx, \quad \check{f}(\xi) = \frac{1}{(2\pi)^{d/2}} \int_{\mathbb{R}^d} e^{ix\cdot\xi} f(x) dx \tag{1.50}$$

と定義する. $\check{f}(\xi) = \hat{f}(-\xi)$ である.

定義 1.88. $\lim_{|\xi| \to \infty} u(\xi) = 0$ を満たす $\mathbb{R}^d$ 上の連続関数の全体を $C_*(\mathbb{R}^d)$ と書く. $C_*(\mathbb{R}^d)$ はノルム $\|u\|_\infty = \sup |u(x)|$ によって Banach 空間である.

定理 1.89 (Riemann–Lebesgue の定理). Fourier 変換 $\mathcal{F}: f \to \hat{f}$, 共役 Fourier 変換 $\mathcal{F}^*: f \to \check{f}$ は $L^1(\mathbb{R}^d)$ から $C_*(\mathbb{R}^d)$ への有界線形作用素で次が成立する:

$$\|\hat{f}\|_\infty = \|\check{f}\|_\infty \leq (2\pi)^{-d/2} \|f\|_1.$$

問題 1.90. Riemann–Lebesgue の定理を証明せよ.

1.4.2 急減少関数の Fourier 変換

可積分関数の空間は微分と Fourier 変換の関係などを議論するには不便である. 急減少関数の空間 $\mathcal{S}(\mathbb{R}^d)$ と Schwartz 超関数の空間 $\mathcal{S}'(\mathbb{R}^d)$ を導入しよう.

1.4 Fourier 変換

■**急減少関数の空間** $\mathcal{S}(\mathbb{R}^d)$ $\mathbb{R}^d$ 上の C^∞ 級関数 u は, $u(x)$ とその任意の導関数 $\partial^\alpha u(x)$ が $|x| \to \infty$ において, どんな $\langle x \rangle^{-n}, n = 0, 1, \ldots$ よりも速く 0 に収束するとき, **急減少**であるという. これは任意の $n = 0, 1, \ldots$ に対して

$$p_n(u) \equiv \sup_{x \in \mathbb{R}^d} \sum_{|\alpha| \leq n} |\langle x \rangle^n \partial^\alpha u(x)| < \infty \tag{1.51}$$

であることと同値である (確かめよ). 急減少関数全体のなす空間を $\mathcal{S}(\mathbb{R}^d)$ と書く.

(1.51) の $p_0(u), p_1(u), \ldots$ は $\mathcal{S}(\mathbb{R}^d)$ 上のノルムの増大列である. $p_0, p_1, \ldots$ を用いて

$$d(u, v) = \sum_{k=0}^\infty 2^{-k} p_k(u-v)(1 + p_k(u-v))^{-1}, \quad u, v \in \mathcal{S}(\mathbb{R}^d) \tag{1.52}$$

と定義する.

問題 1.91. (1.52) の d は $\mathcal{S}(\mathbb{R}^d)$ 上の平行移動不変な距離を定義する, すなわち

$$d(u,v) \geq 0, \quad d(u,v) = 0 \Leftrightarrow u = v, \quad d(u,v) + d(v,w) \geq d(u,w)$$
$$d(u-w, v-w) = d(u,v)$$

が成立することを示せ.

$\mathcal{S}(\mathbb{R}^d)$ **は** (1.52) **の距離** d **をもつ距離空間**と考える. 以下しばしば $\mathcal{S}(\mathbb{R}^d)$ を $\mathcal{S}$ と書く.

問題 1.92. 次の (1), (2), (3) は同値であることを示せ.

(1) 関数列 u_n が距離 d に関して u に収束する.
(2) $k = 0, 1, \ldots$ に対して $\lim_{n \to \infty} p_k(u_n - u) \to 0$.
(3) 任意の k, α に対して $\langle x \rangle^k \partial^\alpha u_n(x)$ が $\langle x \rangle^k \partial^\alpha u(x)$ に一様収束する.

補題 1.93. (1) $k = 0, 1, \ldots, \varepsilon > 0$ に対して $U_{k,\varepsilon} = \{u \colon p_k(u) < \varepsilon\}$ と定義する. $U_{1,\varepsilon} \supset U_{2,\varepsilon} \supset \ldots$ で $\{U_{k,\varepsilon}, k = 0, 1, \ldots, \varepsilon > 0\}$ は $\mathcal{S}$ の 0 の基本近傍系である.

(2) $(\mathcal{S}, d)$ は完備な距離空間である. 可算個のセミノルムを用いて (1.52) のように距離が決められた完備な距離空間を **Fréchet 空間**という.

(3) $\mathcal{S}$ 上の線形写像 T が連続であるためには任意の α, β に対して適当な $C > 0$ と k が存在して, 次が成立することが必要十分である.

$$\sup_{x \in \mathbb{R}^d} |x^\alpha \partial^\beta Tu(x)| \leq C p_k(u), \quad u \in \mathcal{S} \tag{1.53}$$

証明. (1) $U_{1,\varepsilon} \supset U_{2,\varepsilon} \supset \ldots$ は明らかである. $d(u_n, u) \to 0$ なら任意の k に対して $|p_k(u) - p_k(u_n)| \leq p_k(u_n - u) \to 0$ だから, p_k は $\mathcal{S}$ 上連続, したがって, $U_{k,\varepsilon}$ は 0 を含む開集合である. 任意の $\varepsilon > 0$ に対して, n_0 を $2^{-n_0} < \varepsilon/2$ ととれば

$$0 \in U_{n_0, \varepsilon/4} \subset \{u \colon d(u, 0) < \varepsilon\}$$

である. ゆえに (1) が成立する. (2) の証明は読者の演習問題とする.
(3) T は線形で距離 d は平行移動不変だから, T が連続なことと T が 0 で連続なことは同値である. (3) の条件は, 任意の m に対してある n と C_{nm} が存在して

$$|p_m(Tu)| \leq C_{mn}p_n(u) \tag{1.54}$$

が成立することと同値である. (1.54) が成立すれば, 任意の $u \in U_{n,\varepsilon/C_{mn}}$ に対して $Tu \in U_{m,\varepsilon}$, ゆえに T は 0 において連続である. 逆に, T が 0 において連続なら, 任意の m,ε に対してある n,δ が存在して, 任意の $u \in U_{n,\delta}$ に対して $Tu \in U_{m,\varepsilon}$ が成立する. 任意の $u \neq 0$ に対して $\rho > 1$ のとき, $\frac{\delta u}{\rho p_n(u)} \in U_{n,\delta}$. ゆえに, このとき $p_m\left(T\left(\frac{\delta u}{\rho p_n(u)}\right)\right) = \frac{\delta p_m(Tu)}{\rho p_n(u)} < \varepsilon$. ゆえに, (1.54) が $C_{mn} = \varepsilon/\delta$ として成立する. □

定義 1.94 (多項式増大の関数). $\mathbb{R}^d$ 上の C^∞ 関数 f は, 任意の導関数 $\partial^\alpha f$ が無限遠方で高々多項式程度の増大しかしないとき, すなわち, 適当な整数 n_α と定数 C_α が存在して $|\partial^\alpha f(x)| \leq C_\alpha \langle x \rangle^{n_\alpha}$ が満たされるとき, **多項式増大の関数**であるといわれる.

問題 1.95. 多項式増大の関数 $a_\alpha(x)$ を係数とする微分作用素

$$P: u \mapsto Pu = \sum_{|\alpha| \leq n} a_\alpha(x) D^\alpha u$$

は $\mathcal{S}$ 上連続, 特に任意の α に対して $u \mapsto \partial^\alpha u$, $u \mapsto x^\alpha u$ は $\mathcal{S}$ 上連続なことを示せ.

補題 1.96 (Gauss 関数の Fourier 変換). $a^{d/2}$ を $a > 0$ のとき $a^{d/2} > 0$ となる分枝とする. $\Re a > 0$ のとき, 次が成立する:

$$(\mathcal{F}e^{-ax^2/2})(\xi) = a^{-d/2}e^{-\xi^2/2a}. \tag{1.55}$$

証明. $d = 1, a > 0$ とする. $-ix\xi - ax^2/2 = -a(x + i\xi/a)^2/2 - \xi^2/2a$ と書き, Cauchy の積分定理を用いて積分路を変更すれば

$$(\mathcal{F}e^{-ax^2/2})(\xi) = \frac{e^{-\xi^2/2a}}{(2\pi)^{1/2}}\int_\mathbb{R} e^{-a(x+i\xi/a)^2/2}dx = \frac{e^{-\xi^2/2a}}{(2\pi)^{1/2}}\int_\mathbb{R} e^{-ax^2/2}dx = \frac{e^{-\xi^2/2a}}{a^{1/2}}.$$

したがって, (1.55) は $d = 1$ で $a > 0$ のときには成立する, $\xi \in \mathbb{R}$ を固定するとき, (1.55) の両辺は a の右半平面での正則関数である. したがって, 一致の定理によって定理は $\Re a > 0$ のときにも成立する. $d \geq 2$ とする. Fubini の定理と $d = 1$ での結果を用いれば

$$\frac{1}{(2\pi)^{d/2}}\int_{\mathbb{R}^d} e^{-ix\xi - ax^2/2}dx = \prod_{j=1}^d \frac{1}{(2\pi)^{1/2}}\int_\mathbb{R} e^{-ix_j\xi_j - ax_j^2/2}dx_j = a^{-d/2}e^{-\xi^2/2a}$$

である. □

1.4 Fourier 変換

■$\mathcal{S}(\mathbb{R}^d)$ での Fourier 変換, Fourier の反転公式

定理 1.97 (Fourier の反転公式). $\mathcal{F}, \mathcal{F}^*$ は互いに逆な $\mathcal{S}(\mathbb{R}^d)$ の同型作用素, すなわち 1 対 1 かつ上への連続線形作用素である. これより

$$u(x) = \frac{1}{(2\pi)^{d/2}} \int_{\mathbb{R}^d} e^{ix\xi} \hat{u}(\xi) d\xi = \frac{1}{(2\pi)^{d/2}} \int_{\mathbb{R}^d} e^{-ix\xi} \check{u}(\xi) d\xi.$$

これを Fourier の反転公式という. $\mathcal{F}, \mathcal{F}^*$ は微分作用素を掛け算作用素に, 掛け算作用素を微分作用素に変換し, 次が成立する:

$$\mathcal{F}\{x^\alpha u\}(\xi) = (-D_\xi)^\alpha \mathcal{F} u(\xi), \quad \mathcal{F}\{D^\alpha u\}(\xi) = \xi^\alpha \mathcal{F} u(\xi). \tag{1.56}$$

$$\mathcal{F}^*\{x^\alpha u\}(\xi) = D_\xi^\alpha \mathcal{F}^* u(\xi), \quad \mathcal{F}^*\{D^\alpha u\}(\xi) = (-\xi)^\alpha \mathcal{F}^* u(\xi). \tag{1.57}$$

証明. $u \in \mathcal{S}$ のとき, (1.48) の右辺が積分記号下で微分可能で, (1.56) の第 1 式が成り立つのは明らかである. (1.56) の第 2 式を得るには, 部分積分を $|\alpha|$ 回行って

$$\widehat{D^\alpha u}(\xi) = \frac{1}{(2\pi)^{d/2}} \int_{\mathbb{R}^d} e^{-ix\cdot\xi} D^\alpha u(x) dx = \frac{1}{(2\pi)^{d/2}} \int_{\mathbb{R}^d} (-D)^\alpha e^{-ix\cdot\xi} \cdot u(x) dx = \xi^\alpha \hat{u}(\xi)$$

とすればよい. (1.57) の証明も同様である. これから $\xi^\alpha D^\beta \hat{u}(\xi) = \mathcal{F}\{D^\alpha(-x)^\beta u\}(\xi)$. Leibniz の公式を用いれば

$$D^\alpha (-x)^\beta u(x) = (-1)^{|\beta|} \sum_{0 \leq \gamma \leq \alpha} \binom{\alpha}{\gamma} D^\gamma x^\beta \cdot D^{\alpha-\gamma} u(x).$$

(1.49) を用いれば, これから $k = \max(|\alpha|, |\beta| + n + 1)$ に対して

$$|\xi^\alpha D^\beta \hat{u}(\xi)| \leq C \sum_{\gamma \leq \alpha} \int_{\mathbb{R}^d} \langle x \rangle^{|\beta|} |\partial^\gamma u(x)| dx \leq C \int_{\mathbb{R}^d} p_k(u) \langle x \rangle^{-n-1} dx = C_1 p_k(u).$$

ゆえに $\hat{u} \in \mathcal{S}$ で, 補題 1.93 によって, $\mathcal{F}$ は $\mathcal{S}$ 上の連続線形作用素である. $\check{u}(\xi) = \hat{u}(-\xi)$ だから $\mathcal{F}^*$ も $\mathcal{S}$ 上連続である. $\hat{u} \in \mathcal{S}$ だから $\mathcal{F}^*(\mathcal{F}u)(x)$ は

$$\lim_{\varepsilon \downarrow 0} \frac{1}{(2\pi)^{d/2}} \int_{\mathbb{R}^d} e^{ix\cdot\xi - \varepsilon\xi^2/2} \hat{u}(\xi) d\xi = \lim_{\varepsilon \downarrow 0} \frac{1}{(2\pi)^d} \int_{\mathbb{R}^d} \left(\int_{\mathbb{R}^d} e^{i(x-y)\cdot\xi - \varepsilon\xi^2/2} u(y) dy \right) d\xi$$

に等しい. 右辺に Fubini の定理を用いて $d\xi$ で先に積分し, (1.55) を用いれば右辺は

$$\lim_{\varepsilon \downarrow 0} \frac{1}{(2\pi\varepsilon)^{d/2}} \int_{\mathbb{R}^d} e^{-(x-y)^2/2\varepsilon} u(y) dy = \lim_{\varepsilon \downarrow 0} \frac{1}{(2\pi)^{d/2}} \int_{\mathbb{R}^d} e^{-y^2/2} u(x + \sqrt{\varepsilon} y) dy = u(x).$$

したがって, $\mathcal{F}^* \mathcal{F} u = u$ が成立する. 符号を数カ所変更して同様に議論すれば $\mathcal{F} \mathcal{F}^* u = u$. ゆえに $\mathcal{F}$ は $\mathcal{S}$ の同型写像で, $\mathcal{F}^{-1} = \mathcal{F}^*$ である. □

1.4.3 緩増加超関数と Fourier 変換

$\mathcal{S}(\mathbb{R}^d)$ 上の複素数値連続線形汎関数 T を**緩増加超関数**という．緩増加超関数の全体のなす線形空間を $\mathcal{S}'(\mathbb{R}^d)$ と書く．$\mathcal{S}'(\mathbb{R}^d)$ は $\mathcal{S}(\mathbb{R}^d)$ の双対空間である．$T \in \mathcal{S}'(\mathbb{R}^d)$ の $u \in \mathcal{S}(\mathbb{R}^d)$ における値 $T(u)$ を $\langle T, u \rangle$ とも書く．緩増加超関数は **Fourier 超関数**とも呼ばれる．すぐ後でみるように $\mathcal{S}(\mathbb{R}^d)$ 上の Fourier 変換が自然に拡張できる関数の空間だからである．

補題 1.93 (1) によって線形写像 $T: \mathcal{S}(\mathbb{R}^d) \to \mathbb{C}$ が Fourier 超関数であるためには，適当な $C > 0, k > 0$ に対して次が成り立つことが必要十分である：

$$|T(u)| \leq C p_k(u), \quad u \in \mathcal{S}(\mathbb{R}^d). \tag{1.58}$$

$\mathcal{S}(\mathbb{R}^d)$ のときと同様に，しばしば $\mathcal{S}'(\mathbb{R}^d)$ を単に $\mathcal{S}'$ と書く．

問題 1.98. $a \in \mathbb{R}^d$ とする．$u \in \mathcal{S}$ に対して，$\langle \delta_a, u \rangle = u(a)$ と定義する．$\delta_a \in \mathcal{S}'(\mathbb{R}^d)$ であることを示せ．δ_a を a に単位質量をもつ **Dirac のデルタ関数**という．

■**変分法の基本原理**　任意のコンパクト部分集合の上で可積分な $\Omega \subset \mathbb{R}^d$ 上の関数は Ω 上局所可積分といわれる．開集合 Ω 上の局所可積分な関数の空間を $L^1_{\mathrm{loc}}(\Omega)$ と書く．次はよく知られている．

補題 1.99 (変分法の基本原理). $f \in L^1_{\mathrm{loc}}(\Omega)$ とする．任意の $u \in C^\infty_0(\Omega)$ に対して

$$\int_\Omega f(x) u(x) dx = 0$$

が成立すれば，ほとんどすべての $x \in \Omega$ に対して $f(x) = 0$ である．

■**多項式増大な局所可積分関数**　$f \in L^1_{\mathrm{loc}}(\mathbb{R}^d)$ は，適当な定数 $C > 0$ と n に対して，

$$\int_{|x| \leq R} |f(x)| dx \leq C R^n, \quad R \geq 1 \tag{1.59}$$

を満たすとき**多項式増大**であるといわれる．多項式増大な $\mathbb{R}^d$ 上の局所可積分関数の全体を $\mathcal{O}_{L^1}$ と書く．$f \in \mathcal{O}_{L^1}$ のとき，$u \in \mathcal{S}(\mathbb{R}^d)$ に対して

$$T_f(u) = \int_{\mathbb{R}^d} f(x) u(x) dx, \quad u \in \mathcal{S} \tag{1.60}$$

の右辺は絶対収束し T_f は Fourier 超関数を定義する．実際 f が (1.59) を満たせば

$$|T_f(u)| \leq \int_{\mathbb{R}^d} |f(x) u(x)| dx = \int_{|x| \leq 1} |f(x) u(x)| dx + \sum_{k=1}^\infty \int_{2^{k-1} < |x| \leq 2^k} |f(x) u(x)| dx$$

1.4 Fourier 変換

$$\leq p_0(u) \int_{|x|\leq 1} |f(x)|dx + \sum_{k=1}^{\infty} 2^{-2n(k-1)} \cdot \sup_{x\in\mathbb{R}^d} (\langle x\rangle^{2n}|u(x)|) \cdot \int_{|x|\leq 2^k} |f(x)|dx$$

$$\leq Cp_{2n}(u)\sum_{k=0}^{\infty} 2^{-2n(k-1)}2^{nk} \leq C_1 p_{2n}(u)$$

だからである. このとき,

$$\mathcal{O}_{L^1} \ni f \mapsto T_f \in \mathcal{S}'(\mathbb{R}^d) \tag{1.61}$$

は1対1の写像である. $f,g \in \mathcal{O}_{L^1}$ のとき, 任意の $u \in \mathcal{S}$ に対して $T_f(u) = T_g(u)$ であればほとんどすべての x に対して $f(x) = g(x)$ だからである (変分法の基本原理). そこで (1.61) によって $\mathcal{O}_{L^1}$ を $\mathcal{S}'(\mathbb{R}^d)$ に埋め込んで多項式増大な局所可積分関数を Fourier 超関数とみなし T_f を単に f と書く. さらに (1.60) を乱用して, 一般の $T \in \mathcal{S}'$ に対しても

$$T(u) = \langle T, u\rangle = \int T(x)u(x)dx \tag{1.62}$$

のように書くことが多い. もちろん (1.62) の右辺は便宜上の記号にすぎないが便利である.

■**和とスカラー倍, 関数との掛け算** Fourier 超関数の和とスカラー倍を汎関数としての和とスカラー倍として定義する:

$$(aT + bS)(f) = aT(f) + bS(f), \quad a,b \in \mathbb{C},\ T,S \in \mathcal{S}';\ \forall f \in \mathcal{S}.$$

f が多項式増大の C^∞ 関数のとき, $g \to fg$ は $\mathcal{S}$ 上の連続線形写像である. したがって

$$\langle fT, g\rangle = \langle T, fg\rangle, \quad g \in \mathcal{S} \tag{1.63}$$

によって fT を定義すれば $fT \in \mathcal{S}'$ である. $T \in \mathcal{S}'$ と多項式増大の C^∞ 関数 f との積を (1.63) によって定義する.

■**超関数微分あるいは弱微分** 共役作用素を考えることによって $\mathcal{S}(\mathbb{R}^d)$ の連続な線形演算をその双対空間 $\mathcal{S}'(\mathbb{R}^d)$ に拡張することができる. f が多項式増大の C^∞ 関数なら部分積分によって

$$T_{\partial^\alpha f}(u) = \int_{\mathbb{R}^d} \partial^\alpha f(x)u(x)dx = \int_{\mathbb{R}^d} f(x)(-\partial)^\alpha u(x)dx = T_f((-\partial)^\alpha u) \tag{1.64}$$

が成立する. $f \in \mathcal{O}_{L^1}$ のときには f は通常の意味では一般には微分ができないが, このときも (1.64) の右辺の

$$\mathcal{S} \ni u \mapsto T_f((-\partial)^\alpha u) \in \mathbb{C} \tag{1.65}$$

は Fourier 超関数を定義する. そこで, この Fourier 超関数 (1.65) を f の**超関数微分**あるいは**弱微分**と呼んで $\partial^\alpha f$ と書く.

$$\langle \partial^\alpha f, u\rangle = \langle f, (-\partial)^\alpha u\rangle$$

である．より一般に，任意の $T \in \mathcal{S}'$ と任意の α に対して

$$\mathcal{S} \ni u \mapsto T((-\partial)^\alpha u) \in \mathbb{C} \tag{1.66}$$

は Fourier 超関数である．(1.66) を $T \in \mathcal{S}'$ の α 階微分 $\partial^\alpha T$ と定義する：

$$\langle \partial^\alpha T, u \rangle = \langle T, (-\partial)^\alpha u \rangle.$$

(1.64) からこれは関数の微分の超関数への拡張であることがわかる．

問題 1.100 (Leibniz の公式). $\partial_\alpha(fT) = \sum_{0 \leq \beta \leq \alpha} \binom{\alpha}{\beta} \partial^\beta f \cdot \partial^{\alpha-\beta} T$ が任意の $T \in \mathcal{S}'$ と多項式増大の $f \in C^\infty(\mathbb{R}^d)$ に対して成立することを示せ．

■**変数変換** $f, g \in \mathcal{S}(\mathbb{R}^d)$, A が $\mathbb{R}^d$ の正則線形写像のとき，

$$\int_{\mathbb{R}^d} f(Ax)g(x)dx = \int_{\mathbb{R}^d} f(x)|\det A|^{-1} g(A^{-1}x)dx$$

である．そこで，超関数 $T(x) \in \mathcal{S}'(\mathbb{R}^d)$ に対しても変数変換 $T(Ax)$ を

$$\langle T(Ax), g \rangle = \langle T, |\det A|^{-1} g(A^{-1}x) \rangle \tag{1.67}$$

と定義する．任意の直交変換 R に対して $T(Rx) = T(x)$ を満たす T は**球対称な超関数**，$\lambda > 0$ に対して $T(\lambda x) = \lambda^k T(x)$ を満たす T は k **次同次な超関数**といわれる．

■**超関数の収束**

定義 1.101. $T_n \in \mathcal{S}'$, $n = 1, 2, \ldots$, $T \in \mathcal{S}'$ に対して

$$T(f) = \lim_{n \to \infty} T_n(f), \quad \forall f \in \mathcal{S}$$

が成り立つとき，T_n **は** T **に収束する**といい $T_n \xrightarrow{\mathcal{S}'} T$ と書く．

$\mathcal{S}$ は完備な距離空間．したがって Baire の範疇定理を用いた Banach 空間における一様有界性定理の証明と同様にして $\mathcal{S}'$ が点列完備であることがわかる．すなわち，次の定理が成立する．

定理 1.102. $T_n \in \mathcal{S}'$, $n = 1, 2, \ldots$ とする．任意の $u \in \mathcal{S}$ に対して $T_n(u)$ が収束すれば，

$$T(u) = \lim_{n \to \infty} T_n(u)$$

は Fourier 超関数である．$T_n \xrightarrow{\mathcal{S}'} T$ が成立する．

1.4 Fourier 変換

■**Fourier 超関数の Fourier 変換** $f \in L^1(\mathbb{R}^d)$ なら $\hat{f} \in C_*(\mathbb{R}^d)$ で,Fubini の定理によって,任意の $u \in \mathcal{S}$ に対して

$$\begin{aligned} T_{\hat{f}}(u) &= \int_{\mathbb{R}^d} \left(\frac{1}{(2\pi)^{d/2}} \int_{\mathbb{R}^d} e^{-ixy} f(y) dy \right) u(x) dx \\ &= \int_{\mathbb{R}^d} f(y) \left(\frac{1}{(2\pi)^{d/2}} \int_{\mathbb{R}^d} e^{-ixy} u(x) dx \right) dy = T_f(\hat{u}). \end{aligned} \quad (1.68)$$

$u \mapsto \hat{u}$ は $\mathcal{S}$ の同型写像だから,任意の $T \in \mathcal{S}'$ に対して線形写像

$$\mathcal{S} \ni u \mapsto T_f(\hat{u}) \in \mathbb{C}$$

は Fourier 超関数である.そこで,(1.68) を念頭において次のように定義する.

定義 1.103. $T \in \mathcal{S}'$ の Fourier 変換 $\hat{T} = \mathcal{F}T$,共役 Fourier 変換 $\check{T} = \mathcal{F}^* T$ を

$$\hat{T}(u) = T(\hat{u}), \quad \check{T}(u) = T(\check{u}), \quad u \in \mathcal{S}$$

によって定義する.

(1.68) から f が可積分のとき,$\widehat{T_f} = T_{\hat{f}}$,すなわち f の定める超関数 T_f の Fourier 変換は f の Fourier 変換 $\hat{f}$ の定める超関数 $T_{\hat{f}}$ である.これから超関数の Fourier 変換は通常の Fourier 変換の自然な拡張であることがわかる.記号を乱用して超関数に対しても

$$\hat{T}(\xi) = \frac{1}{(2\pi)^{d/2}} \int T(x) e^{-ix\xi} dx, \quad \check{T}(\xi) = \frac{1}{(2\pi)^{d/2}} \int T(x) e^{ix\xi} dx \quad (1.69)$$

と書くことが多い.

問題 1.104. (1) $\widehat{\delta_a}(\xi) = (2\pi)^{-d/2} e^{-i\xi a}$ を示せ.
(2) $T_A(x) = T(Ax)$ と書く.$\widehat{T_A}(\xi) = |\det A|^{-1} \hat{T}({}^t A^{-1} \xi)$.$T$ が球対称なら $\mathcal{F}T$ も球対称,T が $-k$ 次同次なら $\mathcal{F}T$ は $k - d$ 次同次であることを示せ.

定理 1.105 (Fourier の反転公式). (1) $\mathcal{F}, \mathcal{F}^*$ は互いに逆な $\mathcal{S}'(\mathbb{R}^d)$ の同型作用素,すなわち $\mathcal{S}'(\mathbb{R}^d)$ から $\mathcal{S}'(\mathbb{R}^d)$ の上への 1 対 1 で連続な線形写像で,次を満たす:

$$\mathcal{F}^* \mathcal{F} T = \mathcal{F} \mathcal{F}^* T = T, \quad T \in \mathcal{S}'(\mathbb{R}^d). \quad (1.70)$$

(2) $\mathcal{F}, \mathcal{F}^*$ は微分作用素を掛け算作用素に,掛け算作用素を微分作用素に変換する:

$$\mathcal{F}\{x^\alpha T\} = (-D)^\alpha \mathcal{F}T, \quad \mathcal{F}\{D^\alpha T\} = \xi^\alpha \mathcal{F}T. \quad (1.71)$$

$$\mathcal{F}^*\{x^\alpha T\} = D^\alpha \mathcal{F}^* T, \quad \mathcal{F}^*\{D^\alpha T\} = (-\xi)^\alpha \mathcal{F}^* T. \quad (1.72)$$

証明. 任意の $u \in \mathcal{S}$ に対して $\hat{u} \in \mathcal{S}$ だから,$T_n \xrightarrow{\mathcal{S}'} T$ なら,$\widehat{T_n}(u) = T_n(\hat{u}) \to T(\hat{u}) = \hat{T}(u)$.ゆえに,$\widehat{T_n} \xrightarrow{\mathcal{S}'} \hat{T}$.ゆえに $\mathcal{F}: \mathcal{S}' \to \mathcal{S}'$ は連続である.同様に $\mathcal{F}^*$ も $\mathcal{S}'$ 上の連続線形作用素であることがわかる.定理 1.97 から,$T \in \mathcal{S}', u \in \mathcal{S}$ のと

き, $\mathcal{F}^*\mathcal{F}T(u) = \mathcal{F}T(\mathcal{F}^*u) = T(\mathcal{F}\mathcal{F}^*u) = T(u)$. ゆえに, $\mathcal{F}^*\mathcal{F}T = T$. 同様にして $\mathcal{F}\mathcal{F}^*T = T$ が得られる. これから (1) が従う. (1.56), (1.57) を用い, 超関数の微分や掛け算の演習を兼ねて (2) を示すのは読者に任せる. □

例 1.106. Fourier の反転公式から ((1.69) のように記号を乱用して)

$$\frac{1}{(2\pi)^d}\int_{\mathbb{R}^d} e^{i(x-y)\xi}d\xi = \delta(x-y) = \delta_y(x). \tag{1.73}$$

$\Re a > 0$ のとき, $\mathcal{F}(e^{-ax^2/2}) = a^{-d/2}e^{-\xi^2/2a}$ であった (補題 1.96). これが $a = it$ が純虚数ときにも成立することを示そう. $e^{-itx^2/2}$ は可積分ではないが $\mathcal{S}'(\mathbb{R}^d)$ に属するのでその Fourier 変換を考えることができる.

補題 1.107 (Gauss 関数の Fourier 変換). 複号同順で次が成立する. $\pm t > 0$ のとき,

$$(\mathcal{F}e^{-itx^2/2})(\xi) = e^{\mp id\pi/4}|t|^{-\frac{d}{2}}e^{i\xi^2/2t}. \tag{1.74}$$

証明. $\varepsilon > 0$ のとき $e^{-(it+\varepsilon)x^2/2} \in \mathcal{S}$ で, $\varepsilon \downarrow 0$ のとき, $e^{-(it+\varepsilon)x^2/2} \xrightarrow{\mathcal{S}'} e^{-itx^2/2}$, すなわち任意の $u \in \mathcal{S}$ に対して $\langle e^{-(it+\varepsilon)x^2/2}, u\rangle \to \langle e^{-itx^2/2}, u\rangle$ であるのは, 例えば Lebesgue の収束定理によって, 明らかである. $\mathcal{F}: \mathcal{S}' \to \mathcal{S}'$ は連続だから, これより $\mathcal{F}e^{-(it+\varepsilon)x^2/2} \xrightarrow{\mathcal{S}'} \mathcal{F}e^{-itx^2/2}$. $\pm t > 0$ のとき, $\varepsilon \downarrow 0$ において $(it+\varepsilon)^{d/2} \to |t|e^{\pm id\pi/4}$. ゆえに (1.74) は (1.55) から従う. □

■**Parseval–Plancherel の定理** $u \in L^2(\mathbb{R}^d)$ は多項式増大の局所可積分関数, したがって Fourier 超関数である. $\mathcal{F}$ は $L^2(\mathbb{R}^d)$ 上のユニタリ作用素であることを示そう.

定理 1.108 (Parseval–Plancherel の定理). $u \in L^2(\mathbb{R}^d)$ なら $\hat{u} \in L^2(\mathbb{R}^d)$ で, $\mathcal{F}$ は $L^2(\mathbb{R}^d)$ のユニタリ変換, $\mathcal{F}^*$ は $\mathcal{F}$ の共役作用素である.

証明. $u, v \in \mathcal{S}$ とする. Fubini の定理によって

$$\int\left(\frac{1}{(2\pi)^{d/2}}\int e^{-ixy}u(y)dy\right)\overline{v(x)}dx = \int u(y)\overline{\left(\frac{1}{(2\pi)^{d/2}}\int e^{ixy}v(x)dx\right)}dy.$$

$(\mathcal{F}u, v) = (u, \mathcal{F}^*v)$ が成立する. この式で v を $\mathcal{F}v$ で置き換え, $\mathcal{F}^*\mathcal{F}v = v$ を用いれば

$$(\mathcal{F}u, \mathcal{F}v) = (u, v), \quad \|\mathcal{F}u\| = \|u\|, \quad u, v \in \mathcal{S}. \tag{1.75}$$

$\mathcal{S}$ は L^2 の稠密部分空間である (補題 1.122 を参照). $u \in L^2$ に対して, $\lim \|u_n - u\| = 0$ を満たす $u_n \in \mathcal{S}, n = 1, 2, \ldots$ をとれば, 任意の $\varphi \in \mathcal{S}$ に対して

$$|\langle u_n, \varphi\rangle - \langle u, \varphi\rangle| \leq \|u_n - u\|\|\varphi\| \to 0, \tag{1.76}$$

ゆえに $u_n \xrightarrow{\mathcal{S}'} u$. Fourier 変換の連続性によって $\hat{u}_n \xrightarrow{\mathcal{S}'} \hat{u}$ である. 一方, (1.75) から

$$\|\hat{u}_n - \hat{u}_m\| = \|u_n - u_m\| \to 0, \quad n, m \to \infty.$$

1.4 Fourier 変換

$\|\hat{u}_n - \tilde{u}\| \to 0$ を満たす $\tilde{u} \in L^2$ が存在する (Riesz–Fischer の定理). (1.76) と同様にして, このとき $\hat{u}_n \xrightarrow{\mathcal{S}'} \tilde{u}$ だから, $\hat{u} = \tilde{u}$. ゆえに $\hat{u} \in L^2$ で, $\|\hat{u}_n - \hat{u}\| \to 0$. $v \in L^2(\mathbb{R}^d)$ に対しても同様に $\|v_n - v\| \to 0$ となる $v_n \in \mathcal{S}$, $n = 1, 2, \ldots$ をとれば $\hat{v} \in L^2(\mathbb{R}^d)$ で $\|\hat{v}_n - \hat{v}\| \to 0$. ゆえに

$$(\hat{u}, \hat{v}) = \lim(\hat{u}_n, \hat{v}_n) = \lim(u_n, v_n) = (u, , v). \tag{1.77}$$

$\mathcal{F} : L^2 \to L^2$ は L^2 上の等距離作用素である. $\mathcal{F}^*$ も同様である. Fourier の反転公式によって $\mathcal{F}\mathcal{F}^* u = \mathcal{F}^*\mathcal{F} u$. ゆえに $\mathcal{F}$ はユニタリ作用素, $\mathcal{F}^*$ はその共役作用素である. □

■**合成積** $f, g \in L^1(\mathbb{R}^d)$ のとき, Fubini の定理によって

$$\int_{\mathbb{R}^d} \left(\int_{\mathbb{R}^d} |f(x-y)g(y)| dy \right) dx = \int_{\mathbb{R}^d} \left(\int_{\mathbb{R}^d} |f(x-y)g(y)| dx \right) dy = \|f\|_1 \|g\|_1 \tag{1.78}$$

したがって, $\mathbb{R}^d \ni y \mapsto f(x-y)g(y)$ はほとんどすべての $x \in \mathbb{R}^d$ に対して可積分である. 合成積を

$$(f * g)(x) = \int_{\mathbb{R}^d} f(x-y)g(y) dy \tag{1.79}$$

と定義する. (1.78) によって $f * g \in L^1(\mathbb{R}^d)$ で

$$\|f * g\|_1 \leq \|f\|_1 \|g\|_1 \tag{1.80}$$

が成立する. $f, g, h \in L^1(\mathbb{R}^d)$, $a, b \in \mathbb{C}$ のとき, 次は明らかである.

$$f * g = g * f, \quad (af + bg) * h = a(f * h) + b(g * h), \quad (f * g) * h = f * (g * h). \tag{1.81}$$

補題 1.109. (1) $f, g \in \mathcal{S}$ のとき, $f * g \in \mathcal{S}$ で, f あるいは g を固定するとき,

$$\mathcal{S} \ni g \mapsto f * g \in \mathcal{S}, \quad \mathcal{S} \ni f \mapsto f * g \in \mathcal{S}$$

は $\mathcal{S}$ 上の連続線形作用素である.

(2) Fourier 変換は合成積を積に, 積を合成積に変換する:$f, g \in \mathcal{S}$ のとき

$$\mathcal{F}(f * g)(\xi) = (2\pi)^{d/2} \hat{f}(\xi) \hat{g}(\xi), \quad \mathcal{F}(fg)(\xi) = (2\pi)^{-d/2} \hat{f} * \hat{g}(\xi). \tag{1.82}$$

(3) $f, g, h \in \mathcal{S}$ のとき, $\langle f * g, h \rangle = \langle f, \tilde{g} * h \rangle$, ただし $\tilde{g}(x) = g(-x)$ である.

証明. $f, g \in \mathcal{S}$ とする. (1.79) を積分記号下で微分すれば $f * g \in C^\infty(\mathbb{R}^d)$ は明らかである. $\langle x \rangle \leq \sqrt{2} \langle x-y \rangle \langle y \rangle$ だから $|\alpha| \leq n$ のとき,

$$\langle x \rangle^n |\partial^\alpha (f * g)(x)| \leq 2^{n/2} \int_{\mathbb{R}^d} \langle x-y \rangle^n |(\partial^\alpha f)(x-y)| \langle y \rangle^n |g(y)| dy$$
$$\leq 2^{n/2} p_n(f) \int_{\mathbb{R}^d} |\langle y \rangle^n g(y)| dy \leq C_{d,n} p_n(f) p_{n+d+1}(g), \quad C_{d,n} = 2^{n/2} \int \frac{dy}{\langle y \rangle^{d+1}}.$$

したがって, $\mathcal{S} \ni g \mapsto f * g \in \mathcal{S}$ あるいは $\mathcal{S} \ni f \mapsto f * g \in \mathcal{S}$ は連続線形作用素である。残りの主張を証明するのは読者に任せる。 □

補題 1.109 (3) を敷衍して, $T \in \mathcal{S}'$, g に対して, $T * g$ を次で定義する:

$$\langle T * g, h \rangle = \langle T, \tilde{g} * h \rangle, \quad h \in \mathcal{S} \tag{1.83}$$

補題 1.109 によって $T * g \in \mathcal{S}'$ である。これを $T \in \mathcal{S}'$ と $g \in \mathcal{S}$ の**合成積**という.

問題 1.110. $T * g$ は高々多項式増大の C^∞ 関数であることを示せ.

$$(T * g)(x) = \langle T, g(x - \cdot) \rangle = \int_{\mathbb{R}^d} T(y) g(x - y) dy$$

が成立することを示せ.

補題 1.111 (合成積の Fourier 変換). $T \in \mathcal{S}'$, $f \in \mathcal{S}$ に対して, 次が成立する.

$$\widehat{T * f} = (2\pi)^{d/2} \hat{f} \hat{T}, \quad \widehat{fT} = (2\pi)^{-d/2} \hat{f} * \hat{T}. \tag{1.84}$$

証明. Fourier 変換, 合成積の定義, Fourier の反転公式, (1.82) を順次用い, 最後に $\mathcal{F}^* \tilde{f} = \hat{f}$ を用いれば

$$\langle \widehat{T * f}, g \rangle = \langle T * f, \hat{g} \rangle = \langle T, \tilde{f} * \hat{g} \rangle = \langle \hat{T}, \mathcal{F}^*(\tilde{f} * \hat{g}) \rangle = (2\pi)^{d/2} \langle \hat{T}, \hat{f} g \rangle = \langle (2\pi)^{d/2} \hat{f} \hat{T}, g \rangle.$$

ゆえに $\widehat{T * f} = (2\pi)^{d/2} \hat{f} \hat{T}$ である。第 2 式は (1.82) の第 2 式と同様にして第 1 式から示せる。 □

1.4.4 開集合上の超関数

緩増加超関数には無限遠方での増大度に制限があって, 例えば指数関数のように無限遠方で急激に増大する関数は緩増加超関数とはならない。このような増大度に関する制限をなくして一般の超関数を定義しよう。$\Omega \subset \mathbb{R}^d$ を任意の開集合とする.

定義 1.112 (試験関数の空間). $\Omega \subset \mathbb{R}^d$ を開集合, $u_1, u_2, \ldots \in C_0^\infty(\Omega)$ とする。一定のコンパクト集合 $K \subset \Omega$ と $\varphi \in C_0^\infty(\Omega)$ が存在して

$$\operatorname{supp} u_n \subset K, \quad n = 1, 2, \ldots \tag{1.85}$$

$$\text{任意の } \alpha \text{ に対して } \lim_{n \to \infty} \sup_{x \in K} |\partial^\alpha (u_n - \varphi)| = 0 \tag{1.86}$$

が満たされるとき, u_n は $\mathcal{D}(\Omega)$ において φ に収束するといい, $u_n \xrightarrow{\mathcal{D}} \varphi$ と書く. $C_0^\infty(\Omega)$ にこの収束の位相を定めた空間を $\mathcal{D}(\Omega)$ と書く.

定義 1.113 (Ω 上の超関数). $\mathcal{D}(\Omega)$ 上の連続な複素数値線形汎関数 T, すなわち, $u_1, u_2, \ldots \in \mathcal{D}(\Omega)$, $u_n \xrightarrow{\mathcal{D}} 0$ のとき $T(u_n) \to 0$ を満たす線形汎関数を Ω 上の**超関数**という. Ω 上の超関数全体のなす空間を $\mathcal{D}'(\Omega)$ と書く. $T(u) = \langle T, u \rangle$ などと書くのは Fourier 超関数と同様である.

1.4 Fourier 変換

問題 1.114. (1) Ω 上の局所可積分関数 f に対して

$$T_f(\varphi) = \int f(x)\varphi(x)dx, \quad \varphi \in \mathcal{D}(\Omega)$$

と定義する．T_f は Ω の超関数で，$L^1_{\text{loc}}(\Omega) \ni f \mapsto T_f \in \mathcal{D}'(\Omega)$ は 1 対 1 であることを示せ．これによって $f \in L^1_{\text{loc}}(\Omega)$ を Ω 上の超関数とみなす．

(2) $T \in \mathcal{S}'(\mathbb{R}^d)$ のとき，開集合 $\Omega \subset \mathbb{R}^d$ に対して $\mathcal{D}(\Omega) \ni u \to \langle T, u \rangle$ は Ω 上の超関数であることを示せ．これを T の Ω への制限といい，$T|_\Omega$ と書く．

(3) $\Omega = \mathbb{R}^d$ とすれば $T \in \mathcal{S}'(\mathbb{R}^d)$ は $T \in \mathcal{D}'(\mathbb{R}^d)$ でもある．この対応は 1 対 1 であることを示せ．これによって $\mathcal{S}'(\mathbb{R}^d)$ は $\mathcal{D}'(\mathbb{R}^d)$ に埋め込まれる．

$\mathcal{D}'(\Omega)$ おけるベクトル演算 $aT + bS$ や，$T \in \mathcal{D}'(\Omega)$ と $f \in C^\infty(\Omega)$ との積 $fT \in \mathcal{D}'(\Omega)$ が $\mathcal{S}'$ におけると同様に定義される．$T \in \mathcal{D}'(\Omega)$ に対してその導関数 $\partial^\alpha T$ を $\mathcal{S}'(\mathbb{R}^d)$ におけると同様に次で定義する．

$$\langle \partial^\alpha T, u \rangle = (-1)^{|\alpha|} \langle T, \partial^\alpha u \rangle, \quad \forall u \in \mathcal{D}$$

Leibniz の公式などが成立する．超関数の弱収束なども同様に定義する．

$T, S \in \mathcal{D}'(\Omega), U \subset \Omega$ を開集合とする．任意の $\varphi \in C_0^\infty(U)$ に対して

$$\langle T, \varphi \rangle = \langle S, \varphi \rangle$$

が成立するとき，U 上 $T = S$ であるという．

問題 1.115. $\{U_\lambda : \lambda \in \Lambda\}$ を Ω の開集合族とする．任意の $U_\lambda, \lambda \in \Lambda$ 上 $T = S$ であれば $\cup_{\lambda \in \Lambda} U_\lambda$ 上 $T = S$ であることを示せ．

定義 1.116 (超関数の台). T に対して U 上 $T = 0$ となる Ω の最大の開集合 U が存在する．その補集合 $U^c = \Omega \setminus U$ を T の台といい，$\operatorname{supp} T$ と書く．

$T \in \mathcal{D}'(\Omega), \varphi \in C_0^\infty(\Omega)$ は開集合 $U \subset \Omega$ において $\varphi(x) = 1$ を満たすとする．このとき，

$$\langle \varphi T, u \rangle = \langle T, \varphi u \rangle, \quad u \in \mathcal{S}(\mathbb{R}^d)$$

と定義すれば $\varphi T \in \mathcal{S}'(\mathbb{R}^d)$ で，T と φT は U 上で等しい．このように，$T \in \mathcal{D}'(\Omega)$ の局所的な性質は $\mathcal{S}'(\mathbb{R}^d)$ の局所的な性質とまったく同じである．

補題 1.117 (1 点に台をもつ超関数). $T \in \mathcal{D}'(\Omega), \operatorname{supp} T = \{a\}$ とする．このとき，定数 $C_\alpha, |\alpha| \leq N$ が存在して

$$T = \sum_{|\alpha| \leq N} C_\alpha \partial^\alpha \delta_a \quad (\text{有限和}) \tag{1.87}$$

である．ただし δ_a は a に単位質量をもつデルタ関数である．

証明. 平行移動して $0 \in \Omega$, $a = 0$ としてよい. $\kappa = \mathrm{dist}(0, \partial\Omega)$ と定義する. $|x| \leq 1$ のとき, $\chi(x) = 1$ を満たす $\chi \in C_0^\infty(\{x: |x| < 2\})$ をとり $\varepsilon > 0$ に対して $\chi_\varepsilon(x) = \chi(x/\varepsilon)$ とおく. $\varepsilon < \kappa/2$ なら, $\chi_\varepsilon \in C_0^\infty(\Omega)$, $T = \chi_\varepsilon T$ である. $\varepsilon_0 < \kappa/2$ を1つ固定して $T_0 = \chi_{\varepsilon_0} T \in \mathcal{S}'$ と定義する. ある N, 定数 C_N に対して $|T_0(\varphi)| \leq C p_N(\varphi)$ である. $\varepsilon < \varepsilon_0/2$ とする. $T = \chi_\varepsilon T_0$ である. $\varphi \in C_0^\infty(\Omega)$ を Taylor の定理によって $x = 0$ の周りで展開して

$$\varphi(x) = \sum_{|\alpha| \leq N} (\varphi^{(\alpha)}(0)/\alpha!) x^\alpha + \varphi_N(x), \quad \varphi^{(\alpha)}(x) = \partial^\alpha \varphi(x)$$

と書く. 適当な定数 $C_{N\alpha}$ が存在して $|\partial^\alpha \varphi_N(x)| \leq C_{N\alpha} |x|^{N-|\alpha|+1}$, $\forall |\alpha| \leq N$.

$$T(\varphi) = T_0(\chi_\varepsilon \varphi) = \sum_{|\alpha| \leq N} (\varphi^{(\alpha)}(0)/\alpha!) T_0(\chi_\varepsilon x^\alpha) + T_0(\chi_\varepsilon \varphi_N)$$

において $c_\alpha = T_0(\chi_\varepsilon x^\alpha) = T(\chi_\varepsilon x^\alpha)$ は $\varepsilon < \varepsilon_0/2$ によらない定数,

$$|T_0(\chi_\varepsilon \varphi_N)| \leq C_N \sup \sum_{|\alpha| \leq N} |\partial^\alpha(\chi_\varepsilon \varphi_N(x))| \leq C\varepsilon, \quad \forall \varepsilon < \varepsilon_0/2$$

ゆえに, $T_0(\chi_\varepsilon \varphi_N) = 0$. $C_\alpha = (-1)^{|\alpha|} c_\alpha / \alpha!$ とおけば

$$T(\varphi) = \sum_{|\alpha| \leq N} c_\alpha (\varphi^{(\alpha)}(0)/\alpha!) = \langle \sum_{|\alpha| \leq N} C_\alpha \partial^\alpha \delta_0, \varphi \rangle$$

である. □

Fourier 超関数の場合と同様に, 超関数の列 $T_1, T_2, \ldots$ は任意の $\varphi \in \mathcal{D}(\Omega)$ に対して, $\langle T_n \varphi \rangle \to \langle T, \varphi \rangle$ を満たすとき, T に**収束する**といわれ, $T_n \xrightarrow{\mathcal{D}'} T$ と書かれる.

補題 1.118. T を開区間 $I = (a,b)$ 上の超関数とする. $T' = 0$ なら T は定数に等しい. すなわち, 適当な定数 C が存在して次が成立する:

$$T(\varphi) = C \int_a^b \varphi(x) dx, \quad \forall \varphi \in C_0^\infty((a,b)). \tag{1.88}$$

証明. $\int_a^b v(x) dx = 1$ を満たす $v \in C_0^\infty(I)$ を任意に選んで固定する. このとき, 任意の $\varphi \in C_0^\infty(I)$ に対して

$$\psi(x) = \int_b^x \left(\varphi(y) - v(y) \int_a^b \varphi(t) dt \right) dy \in C_0^\infty(I), \quad \psi'(x) = \varphi(x) - v(x) \int_a^b \varphi(t) dt$$

である. ゆえに $T' = 0$ であれば

$$0 = T(\psi') = T(\varphi) - T(v) \int_a^b \varphi(t) dt = T(\varphi) - \langle C, \varphi \rangle, \quad C = T(v).$$

ゆえに $T = C$ である. □

補題 1.119. $f(x) = |x|^{-\mu}$, $0 < \mu < d$ とする.

$$\hat{f}(\xi) = c_{d,\mu}|\xi|^{\mu-d}, \quad c_{d,\mu} = 2^{\frac{d}{2}-\mu}\Gamma(\tfrac{d-\mu}{2})/\Gamma(\tfrac{\mu}{2}). \tag{1.89}$$

証明. まず $\hat{f}$ は原点を除いて連続であることを示そう. $|x| \leq 1$ のとき $\chi(x) = 1$ を満たす $\chi \in C_0^\infty(\mathbb{R}^d)$ をとって,

$$f(x) = \chi(x)f(x) + (1-\chi(x))f(x) \equiv f_1(x) + f_2(x)$$

と分解する. $f_1 \in L^1(\mathbb{R}^d)$ だから $\hat{f}_1$ は連続である. f_2 は C^∞ 級で, $|(-\Delta)^n f_2(x)| \leq C\langle x\rangle^{-\mu-2n}$ だから $\mu + 2n > d$ のとき, $(-\Delta)^n f_2(x)$ は可積分. (1.71) によって

$$|\xi^2|^n \hat{f}_2(\xi) = \mathcal{F}((-\Delta)^n f_2)(\xi) \in C_*(\mathbb{R}^d),$$

$\hat{f}_2$ は $\mathbb{R}^d \setminus \{0\}$ において連続, ゆえに $\hat{f}$ も同様である. f は球対称で $-\mu$ 次同次だから $\hat{f}$ も球対称で $\mu-d$ 次同次, $\hat{f}$ は $\mathbb{R}^d \setminus \{0\}$ において連続だから $\hat{f}(\xi) = C|\xi|^{\mu-d}$, $|\xi| \neq 0$ である. したがって $\hat{f} - C|\xi|^{\mu-d}$ は 1 点 $\{0\}$ に台をもつ超関数. 補題 1.117 によって

$$\hat{f} = C|\xi|^{\mu-d} + \sum_{|\alpha|\leq N} C_\alpha \partial^\alpha \delta_0 \tag{1.90}$$

である. (1.90) の両辺の Fourier 逆変換をとり $\mathcal{F}^*(|\xi|^{\mu-d})$ に前半の議論を用いれば

$$f(x) = C'|x|^{-\mu} + \sum_{|\beta|\leq M} c_\beta \partial^\beta \delta_0 + \sum_{|\alpha|\leq N}(2\pi)^{-d/2}C_\alpha(-ix)^\alpha$$

両辺を無限遠方, 原点の近傍で比較して, $C_\alpha = c_\beta = 0$, したがって $\hat{f}(\xi) = C|\xi|^{\mu-d}$ である. 定数 C を求めよう. $g(x) = e^{-x^2/2}$ として, $\langle \hat{f}, g\rangle = \langle f, \hat{g}\rangle$ に (1.55) を用いれば

$$C\int_{\mathbb{R}^d}|\xi|^{\mu-d}e^{-\xi^2/2}d\xi = \int_{\mathbb{R}^d}e^{-x^2/2}|x|^{-\mu}dx.$$

極座標に直して

$$C\int_0^\infty r^{\mu-1}e^{-r^2/2}dr = \int_0^\infty r^{d-\mu-1}e^{-r^2/2}dr.$$

変数変換 $r^2/2 = t$ を行えば $C2^{\frac{\mu-2}{2}}\Gamma(\tfrac{\mu}{2}) = 2^{\frac{d-\mu-2}{2}}\Gamma(\tfrac{d-\mu}{2})$. (1.89) が従う. □

1.5 L^p 空間

この節では Riesz の表現定理や補間定理などの Lebesgue 空間 $L^p(\mathbb{R}^d)$ についてのいくつかの定理と, 後の章で広く用いられるいくつかの不等式などについて述べる.

1.5.1 Riesz の表現定理

$1 \leq p < \infty$ のとき Lebesgue 空間 L^p 空間の双対空間は再び Lebesgue 空間である.

定理 1.120 (Riesz の表現定理). $(X, \mathcal{B}, \mu)$ を一般の測度空間とする. $1 < p < \infty$ のとき, $L^p(X)$ の双対空間は $L^q(X)$, $1/p + 1/q = 1$ である. すなわち, 関係式
$$\ell(f) = \int_{\mathbb{R}^d} f(x)g(x)d\mu(x), \quad \forall f \in L^p(X)$$
によって $\ell \in L^p(X)^*$ と $g \in L^q(X)$ が 1 対 1 に対応する. $\|g\|_q = \|\ell\|$ が成立する. $(X, \mathcal{B}, \mu)$ が σ 有限であれば, これは $p = 1$ のときも成立する.

■ $C_0^\infty(\mathbb{R}^d)$ の稠密性・軟化子 Parseval–Plancherel の定理の証明でも用いられた次の補題を証明しておく. $B_x(\kappa) = \{y \colon |x - y| < \kappa\}$ は x を中心, 半径 κ の開球, $\Omega \subset \mathbb{R}^d$ に対して $\Omega_\kappa = \cup\{B_x(\kappa) \colon x \in \Omega\}$ は Ω の κ 近傍である. 以下 $L^p(\mathbb{R}^d)$ をしばしば L^p と書く.

補題 1.121 (Friedrichs の軟化子). $\int_{\mathbb{R}^d} j(x)dx = 1$ を満たす $j \in C_0^\infty(\{x \colon |x| < 1\})$ をとり, $0 < \kappa < 1$ に対して Friedrichs の軟化子 J_κ を次で定義する:
$$J_\kappa \varphi = \int_{\mathbb{R}^d} j_\kappa(x - y)\varphi(y)dy, \quad j_\kappa(x) = \kappa^{-d} j(x/\kappa) \tag{1.91}$$

(1) $\varphi \in L^1_{\mathrm{loc}}(\mathbb{R}^d)$ のとき, $J_\kappa \varphi \in C^\infty(\mathbb{R}^d)$ で $\operatorname{supp} J_\kappa \varphi \subset (\operatorname{supp} \varphi)_\kappa$.
(2) $1 \leq p < \infty$ のとき, 任意の $\varphi \in L^p$ に対して $\lim_{\kappa \to 0} \|J_\kappa \varphi - \varphi\|_p = 0$.

証明. (1) (1.91) を積分記号下で微分すれば $J_\kappa \varphi \in C^\infty(\mathbb{R}^d)$ であることがわかる. $\operatorname{dist}(x, \operatorname{supp} \varphi) > \kappa$ であれば, 任意の $y \in \mathbb{R}^d$ に対して $j_\kappa(x - y)\varphi(y) = 0$ だから $J_\kappa \varphi(x) = 0$ である. ゆえに $\operatorname{supp} J_\kappa \varphi \subset (\operatorname{supp} \varphi)_\kappa$ である. (2) Young の不等式 (定理 1.126 参照) によって $\|J_\kappa \varphi\|_p \leq \|\varphi\|_p$ である. $\varphi \in L^p(\mathbb{R}^d)$ とする. Lebesgue 測度の正則性によって任意の $\varepsilon > 0$ に対して $\|\varphi - u\|_p < \varepsilon$ を満たしコンパクト台をもつ連続関数 u が存在する. このとき,
$$\|J_\kappa \varphi - \varphi\|_p \leq \|J_\kappa(\varphi - u)\|_p + \|J_\kappa u - u\|_p + \|u - \varphi\|_p < 2\varepsilon + \|J_\kappa u - u\|_p.$$
u に対して $\operatorname{supp} J_\kappa u \subset (\operatorname{supp} u)_\kappa$, $\lim_{\kappa \to 0} \|J_\kappa u - u\|_\infty = 0$. ゆえに $\lim_{\kappa \to 0} \|J_\kappa u - u\|_p = 0$. よって $\limsup_{\kappa \to 0} \|J_\kappa \varphi - \varphi\|_p \leq 2\varepsilon$. $\varepsilon > 0$ は任意だったから $\lim_{\kappa \to 0} \|J_\kappa \varphi - \varphi\|_p = 0$ である. □

補題 1.122. $1 \leq p < \infty$ のとき, $C_0^\infty(\mathbb{R}^d)$, $\mathcal{S}(\mathbb{R}^d)$ は $L^p(\mathbb{R}^d)$ の稠密部分集合である.

証明. $C_0^\infty(\mathbb{R}^d)$ が L^p で稠密なことを示せばよい. $u \in L^p$, $\varepsilon > 0$ とする. $u_n(x)$ を $|x| < n$ のとき $u_n(x) = u(x)$, $|x| \geq n$ のとき $u_n(x) = 0$ と定義すれば, Lebesgue の収束定理か

ら十分大きな n に対して $\|u_n - u\|_{L^p} < \varepsilon/2$. このような n をとって固定する. Friedricks の軟化子を用いて $u_{n,\kappa}(x) = (j_\kappa * u_n)(x)$, $0 < \kappa < 1$ と定める. $u_{n,\kappa} \in C_0^\infty(\mathbb{R}^d)$ で, 補題 1.121 によって十分小さな $\kappa > 0$ に対して $\|u_{n,\kappa} - u_n\|_{L^p} < \varepsilon/2$, $\|u - u_{n,\kappa}\|_{L^p} < \varepsilon$ である. □

問題 1.123. 任意の $1 \leq p \leq \infty$ に対して $L^p(\mathbb{R}^d) \subset \mathcal{S}'(\mathbb{R}^d)$ で, $\|f_n - f\|_{L^p} \to 0$ なら $f_n \xrightarrow{\mathcal{S}'} f$ であることを示せ.

■**局所 L^p 空間** $\Omega \subset \mathbb{R}^d$ が開集合のとき, 任意のコンパクト集合 $K \subset \Omega$ に対して $u \in L^p(K)$ となる Ω 上の関数 u の全体を $L_{\mathrm{loc}}^p(\Omega)$ と書き, Ω 上の**局所 L^p 空間**という. $u \in L_{\mathrm{loc}}^p(\Omega)$ は u 上の**局所 L^p 関数**と呼ばれる.

■**弱 L^p 空間** 測度空間 $(X, \mathcal{B}, \mu)$ 上の可測関数 u に対して

$$\lambda_u(t) := \mu(\{x \in X : |u(x)| > t\}), \quad t > 0$$

を u の**分布関数**と呼ぶ. $\lambda_u(t)$ は右連続単調減少関数である. $1 \leq p < \infty$ のとき,

$$\|u\|_{p,w} = \left(\sup_{t>0} t^p \lambda_u(t)\right)^{1/p} < \infty$$

を満たす u は**弱 L^p 関数**であるといわれる. 弱 L^p 関数の全体を $L_w^p(X)$ と書き**弱 L^p 空間**という. $u \in L^p(X)$ なら

$$\int |u(x)|^p d\mu = -\int_0^\infty t^p d\lambda_u(t) = p \int_0^\infty t^{p-1} \lambda_u(t) dt \tag{1.92}$$

である. これより任意の $t > 0$ に対して

$$\|u\|_p^p \geq -\int_t^\infty s^p d\lambda_u(s) \geq t^p \lambda_u(t)$$

だから, L^p 関数は弱 L^p 関数で $\|u\|_{p,w} \leq \|u\|_p$ であるが, 逆は必ずしも成立しない. 例えば $\mathbb{R}^d$ 上の関数 $|x|^{-d/p}$ は弱 L^p ではあるが L^p ではない. $\|u\|_{p,w}$ はノルムではないが, **弱 L^p ノルム**と呼ばれる. $L_w^p(X)$ には $\|u\|_{p,w}$ と同値なノルムが存在する (付録 A 参照).

1.5.2 Riesz の補間定理

$(X, \mathcal{M}, \mu)$, $(Y, \mathcal{N}, \nu)$ を測度空間とする. ここでは $(X, \mathcal{M}, \mu)$ 上の可積分な単関数の全体を $\mathrm{Simp}(X)$ と書く. 任意の $u \in \mathrm{Simp}(X)$ を Y 上の可測関数に写す線形作用素 T はある定数 $C > 0$ が存在して

$$\|Tu\|_q \leq C\|u\|_p, \quad u \in \mathrm{Simp}(X) \tag{1.93}$$

を満たすとき (p, q) 型であるといわれる. (p, p) 型作用素は L^p **有界**であるといわれる. 任意の $1 \leq p < \infty$ に対して $\mathrm{Simp}(X)$ は $L^p(X)$ の稠密部分空間だから, T が (p, q) 型であ

れば，T は $L^p(X)$ から $L^q(Y)$ への有界線形作用素に一意的に拡張される．次の補間定理はよく用いられる．証明は定理 A.7，定理 A.10 を参照．

定理 1.124 (Riesz の補間定理). $1 \leq p_0, p_1, q_0, q_1 \leq \infty$, T は (p_i, q_i) 型：

$$\|Tu\|_{q_i} \leq M_i \|u\|_{p_i}, \quad u \in \mathrm{Simp}(X), \quad i = 0, 1$$

とする．このとき，T は任意の $0 < \theta < 1$ に対して (p_θ, q_θ) 型で

$$\|Tu\|_{q_\theta} \leq M_0^{1-\theta} M_1^\theta \|u\|_{p_\theta}, \quad u \in \mathrm{Simp}(X)$$

を満たす．ただし，p_θ, q_θ は次で定められる：

$$\frac{1}{p_\theta} = \frac{1-\theta}{p_0} + \frac{\theta}{p_1}, \quad \frac{1}{q_\theta} = \frac{1-\theta}{q_0} + \frac{\theta}{q_1}.$$

Fourier 変換 $\mathcal{F}$ は $\|\mathcal{F}u\|_2 = \|u\|_2$, $\|\mathcal{F}u\|_\infty \leq (2\pi)^{-d/2} \|u\|_1$ を満たす．Riesz の補間定理を適用して次が得られる．

定理 1.125 (Hausdorff–Young の不等式). $1 \leq p \leq 2 \leq q \leq \infty$, $1/p + 1/q = 1$ のとき，

$$\|\mathcal{F}u\|_q \leq (2\pi)^{d(1/2-1/p)} \|u\|_p, \quad u \in L^p(\mathbb{R}^d).$$

合成積 $f * g$ に対して Minkowski の不等式と Hölder の不等式からそれぞれ

$$\|f * u\|_p \leq \|f\|_p \|u\|_1, \quad \|f * u\|_\infty \leq \|f\|_p \|u\|_{p'}$$

が成立する．ただし，$1/p + 1/p' = 1$ である．したがって，$f \in L^p$ のとき，$T: u \mapsto f * u$ は $(1, p)$ 型かつ (p', ∞) 型である．Riesz の補間定理より次が得られる．

定理 1.126 (Young の不等式). $1 \leq p, q, r \leq \infty$ が $1/p + 1/q = 1 + 1/r$ を満たすとき，

$$\|f * g\|_r \leq \|f\|_p \|g\|_q. \tag{1.94}$$

問題 1.127. 定理 1.126 を証明せよ．

1.5.3 Marcinkiewicz の補間定理

可積分単関数を可測関数に写す作用素 T は，ある定数 $C > 0$ に対して

$$\|Tu\|_{q,w} \leq C \|u\|_p, \quad u \in \mathrm{Simp}(X)$$

を満たすとき，すなわち L^p 空間から弱 L^q 空間への有界写像のとき，**弱 (p,q) 型**といわれる．(p,q) 型なら弱 (p,q) 型である．

1.5 L^p 空間

定理 1.128 (**Marcinkiewicz の補間定理**). T は劣加法的の作用素, すなわち

$$|T(f+g)(x)| \leq |Tf(x)| + |Tg(x)|$$

で, $1 \leq p_i \leq q_i \leq \infty$, $i=0,1$ に対して弱 (p_i, q_i) 型:

$$\|Tf\|_{q_i,w} \leq M_i \|f\|_{p_i}, \quad f \in \mathrm{Simp}(X), \quad i=0,1, q_0 \neq q_1$$

とする. 任意の $0 < \theta < 1$ に対して T は (p_θ, q_θ) 型:

$$\|Tf\|_{q_\theta} \leq M_0^{(1-\theta)} M_1^\theta \|f\|_{p_\theta}, \quad f \in \mathrm{Simp}(X).$$

である. ただし, M は f によらない定数, p_θ, q_θ は次で定められる指数である:

$$\frac{1}{p_\theta} = \frac{1-\theta}{p_0} + \frac{\theta}{p_1}, \quad \frac{1}{q_\theta} = \frac{1-\theta}{q_0} + \frac{\theta}{q_1}.$$

証明. $p_0 = q_0 = 1 < p_1 = q_1 = p$ のときの直接的な証明を与える (実補間定理による一般の場合の証明は付録 A を参照). このとき, $p_\theta = q_\theta$, これを q と書く. $1 < q < p$ である. $t > 0$ が与えられたとき, $f_1(x), f_2(x)$ を次で定義する.

$$f_1(x) = \begin{cases} f(x), & |f(x)| > t \text{ のとき}, \\ 0, & \text{その他のとき}. \end{cases} \quad f_2(x) = f(x) - f_1(x).$$

このとき, $\{y : |Tf(y)| > t\} \subset \{y : |Tf_1(y)| > t/2\} \cup \{y : |Tf_2(y)| > t/2\}$ だから $\lambda_{Tf}(t) \leq \lambda_{Tf_1}(t/2) + \lambda_{Tf_2}(t/2)$. $\lambda_{Tf_1}(t/2)$ を T が弱 $(1,1)$ 型であることを用いて評価し, $\lambda_{Tf_2}(t/2)$ を弱 (p,p) 型であることを用いて評価すれば

$$\lambda_{Tf}(t) \leq \frac{2M_0}{t} \int_{|f|>t} |f(x)| d\mu + \frac{2^p M_1^p}{t^p} \int_{|f| \leq t} |f(x)|^p d\mu.$$

両辺に qt^{q-1} を乗じて t で積分すれば

$$\int_Y |Tf(y)|^q d\nu(y) = q \int_0^\infty t^{q-1} \lambda_{Tf}(t) dt$$
$$\leq q \int_0^\infty t^{q-1} \left(\frac{2M_0}{t} \int_{|f|>t} |f(x)| d\mu \right) dt + q \int_0^\infty t^{q-1} \left(\frac{2^p M_1^p}{t^p} \int_{|f|<t} |f(x)|^p d\mu \right) dt$$

$1 < q < p$ だから, Fubini の定理を用いて

$$\text{第 1 項} = q \int_X \left(2M_0 \int_0^{|f(x)|} t^{q-2} dt \right) |f(x)| d\mu \leq \frac{2M_0 q}{q-1} \int_X |f(x)|^q d\mu,$$

$$\text{第 2 項} = q 2^p M_1^p \int_X \left(\int_{|f(x)|}^\infty t^{q-p-1} dt \right) |f(x)|^p d\mu(x) \leq \frac{q 2^p M_1^p}{p-q} \int_X |f(x)|^q d\mu(x)$$

ゆえに, $\|Tf\|_q \leq M_q \|f\|_q$, $M_q = (2M_0 q/(q-1) + q 2^p M_1^p/(p-q))^{1/q}$ である. □

1.6 いくつかの不等式

以下でしばしば用いられる積分作用素に対する不等式を述べておこう.

1.6.1 Schur の補題

次の Schur の補題は積分作用素が任意の $1 \leq p \leq \infty$ に対して L^p 有界となるための十分条件を与える定理で非常によく用いられる.

定理 1.129 (**Schur の補題**). $(X, d\mu), (Y, d\nu)$ を測度空間, $K(x,y)$ を

$$\sup_{y \in Y} \int_X |K(x,y)| d\mu(x) = M_1 < \infty, \quad \sup_{x \in X} \int_Y |K(x,y)| d\nu(y) = M_2 < \infty$$

を満たす $X \times Y$ の可測関数とする. このとき, 積分作用素

$$Ku(y) = \int_Y K(x,y)u(y)d\nu(y)$$

は任意の $1 \leq p \leq \infty$ に対して L^p 有界で,

$$\|Ku\|_p \leq M_1^{\frac{1}{p}} M_2^{\left(1-\frac{1}{p}\right)} \|u\|_p. \tag{1.95}$$

証明. $p=1, p=\infty$ のときに (1.95) を示す. 一般の場合は Riesz の補間定理から従う.

$$\sup_{x \in X} |Ku(x)| \leq \sup_{x \in X} \int_Y |K(x,y)| d\nu(y) \|u\|_\infty = M_2 \|u\|_\infty,$$

ゆえに $\|Ku\|_\infty \leq M_2 \|u\|_\infty$. Fubini の定理によって

$$\|Ku\|_1 = \int_X |Ku(x)| dx \leq \int_Y \left(\int_X |K(x,y)| d\mu(x) \right) |u(y)| d\nu(y) \leq M_1 \|u\|_1.$$

よって $\|Ku\|_1 \leq M_1 \|u\|_1$ も成立する. □

1.6.2 同次積分核をもつ積分作用素

定理 1.130. $K(x,y)$ は $0 < x, y < \infty$ の関数で

任意の $s > 0$ に対して $K(sx, sy) = s^{-1}K(x,y); \quad \int_0^\infty |K(1,y)| y^{-\frac{1}{p}} dy \equiv A_{K,p} < \infty$

を満たすとする. このとき, 任意の $1 \leq p \leq \infty$ に対して $(0,\infty)$ 上の積分作用素

$$Ku(x) = \int_0^\infty K(x,y)u(y)dy$$

は $L^p((0,\infty), dx)$ 上の有界作用素で $\|Kf\|_p \leq A_{K,p}\|f\|_p$ を満たす.

1.6 いくつかの不等式

証明. $f_y(x) = f(xy)$ を y をパラメータとする x の関数と考える. K の同次性によって

$$\int_0^\infty K(x,y)f(y)dy = \int_0^\infty K(x,xy)f(xy)xdy = \int_0^\infty K(1,y)f_y(x)dy.$$

右辺に Minkowski の不等式を用い, $\|f_y\|_p = y^{-\frac{1}{p}}\|f\|_p$ に注意すれば

$$\|Kf\|_p \leq \int_0^\infty |K(1,y)|\|f_y\|_p dy \leq \int_0^\infty |K(1,y)|y^{-\frac{1}{p}}\|f\|_p dy \leq A_{K,p}\|f\|_p$$

である. □

dy/y は変換 $y \to 1/y$ に関して不変である. したがって, $1/p + 1/q = 1$ のとき, -1 次同次関数 $K(x,y)$ に対して

$$\int_0^\infty |K(1,y)|y^{-\frac{1}{p}}dy = \int_0^\infty |K(1/y,1)|y^{-\frac{1}{p}}dy/y = \int_0^\infty |K(y,1)|y^{-\frac{1}{q}}dy$$

が成立する. ゆえに定理 1.130 の条件は双対作用素 K^* の L^q 有界性のための対応する十分条件と同値である.

定理 1.131 (Nirenberg–Walker の定理). $1 \leq p \leq \infty$, a, b を $a + b > 0$, $a, b < d$ を満たす実数とする. このとき, 積分作用素

$$Ku(x) = \int_{\mathbb{R}^d} K(x,y)u(y)dy, \quad K(x,y) = \frac{1}{|x|^a|x-y|^{d-a-b}|y|^b}$$

が $L^p(\mathbb{R}^d)$ において有界であるためには $a < d/p$, $b < d/q$ であることが必要十分である. ただし, $1/p + 1/q = 1$ である.

証明. まず必要性を証明する. $K \in \mathbf{B}(L^p)$ なら $K^* \in \mathbf{B}(L^q)$, $1/p + 1/q = 1$ である. 単位球の特性関数は任意の $1 \leq p \leq \infty$ に対して $L^p(\mathbb{R}^d)$ に属するから

$$v(x) = \int_{|y|<1} K(x,y)dy \in L^p(\mathbb{R}^d), \quad w(y) = \int_{|x|<1} K(x,y)dx \in L^q(\mathbb{R}^d)$$

でなければならない. このとき, 十分大きな $|x|, |y|$ に対して

$$v(x) \sim C_1|x|^{-d+b}, \quad w(y) \sim C_2|y|^{-d+a}, \quad C_1, C_2 > 0.$$

ゆえに $p(d-b) > d$, $q(d-a) > d$, すなわち, $a < d/p$, $b < d/q$ でなければならない.

次に十分性を示す. $a < d/p$, $b < d/q$ とする. まず $a \geq 0$, $b \geq 0$ と仮定しよう. $|x| \geq |x_j|$, $j = 1, \ldots, d$ だから $|x|^d \geq \prod_{j=1}^d |x_j|$. したがってこのとき,

$$K(x,y) \leq \prod_{j=1}^n \frac{1}{|x_j|^{a/d}|x_j - y_j|^{(d-a-b)/d}|y_j|^{b/d}} \equiv \prod K_j(x_j, y_j),$$

$K_j(x_j, y_j)$ を積分核とする変数 x_j の関数に作用する $\mathbb{R}$ 上の積分作用素を K_j とすれば

$$|Ku(x)| \leq (K_1 \cdots K_d|u|)(x)$$

である．$t, s \in \mathbb{R}$ に対して $L(t,s) = |t|^{-a/d}|t-s|^{-(d-a-b)/d}|s|^{-b/d}$ と定義する．
$$L(t,s) = L(-t,-s), \quad K_j(x_j, y_j) = L(x_j, y_j), \; j = 1, \ldots, d$$
である．t, s が同符号のとき，$L(t,-s) \leq L(t,s)$ だから $u(s)$ が非負値のときのとき，
$$Lu(t) = \int_{\mathbb{R}} L(t,s)u(s)ds \leq \int_0^\infty L(t, \pm s)(u(s) + u(-s))ds, \quad \pm t > 0 \quad \text{(複号同順)}$$
で，$L(t,s)$ は $t, s > 0$ のとき定理 1.130 の条件
$$\int_0^\infty L(1,s)s^{-1/p}ds = \int_0^\infty |1-s|^{(a+b-d)/d}s^{-1/p-b/d}ds < \infty$$
を満たす．ゆえに $L \in \mathbf{B}(L^p(\mathbb{R}))$，したがって $K_j \in \mathbf{B}(L^p(\mathbb{R}))$，$j = 1, \ldots, d$ である．$x = (x'_x), x' = (x_2, \ldots, x_d) \in \mathbb{R}^{d-1}$ と変数を分離して評価すればこれより
$$\int_{\mathbb{R}^d} |K_1 u(x)|^p dx = \int_{\mathbb{R}^{d-1}} \left\{ \int_{\mathbb{R}} \left| \int_{\mathbb{R}} K_1(x_1, y_1) u(y_1, x') dy_1 \right|^p dx_1 \right\} dx'$$
$$\leq C \int_{\mathbb{R}^{d-1}} \left(\int_{\mathbb{R}^1} |u(y_1, x')|^p dy_1 \right) dx' = C \int_{\mathbb{R}^d} |u(x)|^p dx.$$
この評価を帰納的に続ければ
$$\int_{\mathbb{R}^d} |Ku(x)|^p dx \leq \int_{\mathbb{R}^d} |K_1 K_2 \cdots K_d u(x)|^p dx \leq C \int_{\mathbb{R}^d} |K_2 \cdots K_d u(x)|^p dx$$
$$\leq C^2 \int_{\mathbb{R}^d} |K_3 \cdots K_d u(x)|^p dx \leq \cdots \leq C^d \int_{\mathbb{R}^d} |u(x)|^p dx.$$
したがって，定理は $a, b \geq 0$ のときには成立する．そこで $a < 0$ とする．
$$\frac{|x|}{|x-y|} \leq 1 + \frac{|y|}{|x-y|}, \quad (A+B)^\alpha \leq 2^\alpha (A^\alpha + B^\alpha), \quad A, B > 0, \; \alpha \geq 0$$
だから
$$K(x,y) = \left(\frac{|x|}{|x-y|} \right)^{-a} \frac{1}{|x-y|^{d-b}|y|^b} \leq 2^{-a} \left(\frac{1}{|x-y|^{d-b}|y|^b} + \frac{1}{|x-y|^{d-a-b}|y|^{a+b}} \right).$$
仮定から $a + b > 0$，$b > 0$ だから右辺の 2 つの項は定理の条件を $a = 0$，$b > 0$ として満足する積分核．ゆえに定理は $a < 0$ の場合も成立する．$b < 0$ の場合も同様である．□

系 1.132. $1 \leq p \leq \infty$, $1/p + 1/q = 1$, $0 < c$ とする．平面の領域
$$D = \{(a,b) : a + b \geq c, \; a > c - \tfrac{d}{q}, \; b > c - \tfrac{d}{p}\} \tag{1.96}$$
に含まれる任意の点 (a, b) に対して積分作用素
$$Ku(x) = \int_{\mathbb{R}^d} \frac{u(y)dy}{\langle x \rangle^a |x-y|^{d-c} \langle y \rangle^b}$$
は $L^p(\mathbb{R}^d)$ の有界作用素である．

1.6 いくつかの不等式

証明. D を図示すれば, 任意の $(a,b) \in D$ に対して D の境界の直線 $a+b=c$ 上の部分に点 (a',b') を $a'+b'=c$, $a'<d/p$, $b'<d/q$ を満たすように選ぶことができるのは明らかである. このとき, $a', b' \geq 0$ なら

$$\langle x \rangle^a |x-y|^{d-c} \langle y \rangle^b \geq \langle x \rangle^{a'} |x-y|^{d-c} \langle y \rangle^{b'} \geq |x|^{a'} |x-y|^{d-a'-b'} |y|^{b'}$$

だから, 定理 1.131 によって $K \in \mathbf{B}(L^p)$ である. $b'<0$ とする. このとき, $a'>0$ で $|y| \leq 1$ なら $\langle y \rangle^{-b'} \leq 2^{-b'/2}$, $|y| \geq 1$ であれば $|y| \geq \langle y \rangle/\sqrt{2}$ だから,

$$|Ku(x)| \leq \int_{|y| \leq 1} \frac{2^{-b'/2} |u(y)| dy}{\langle x \rangle^{a'} |x-y|^{d-a'-b'}} dy + \int_{|y| \geq 1} \frac{2^{-b'/2} |u(y)| dy}{|x|^{a'} |x-y|^{d-a'-b'} |y|^{b'}}.$$

右辺第 2 項は定理 1.131 から L^p の有界作用素. $a'>0$ だから

$$\sup_{|y| \leq 1} \int_{\mathbb{R}^d} \frac{dx}{\langle x \rangle^{a'} |x-y|^{d-a'-b'}} < \infty, \quad \sup_{x \in \mathbb{R}^d} \int_{|y| \leq 1} \frac{dy}{\langle x \rangle^{a'} |x-y|^{d-a'-b'}} dy < \infty.$$

したがって, 第 1 項も Schur の補題 (定理 1.129) によって L^p の有界作用素である. $a'<0$ のときも同様である. □

1.6.3 Hardy の不等式, Hardy–Littlewood–Sobolev の不等式

補題 1.133 (**Hardy の不等式**)**.** $1 \leq p < \infty$ とする. $f(x) \geq 0$ のとき

(1) 任意の $-\infty < \theta < p-1$ に対して

$$\int_0^\infty \left(\frac{1}{x} \int_0^x f(y) dy \right)^p x^\theta dx \leq \left(\frac{p}{p-1-\theta} \right)^p \int_0^\infty f(x)^p x^\theta dx. \tag{1.97}$$

(2) $\theta > p-1$ のとき,

$$\int_0^\infty \left(\frac{1}{x} \int_x^\infty f(y) dy \right)^p x^\theta dx \leq \left(\frac{p}{\theta+1-p} \right)^p \int_0^\infty f(x)^p x^\theta dx \tag{1.98}$$

証明. $\chi(y \leq x)$ を $0 < y \leq x$ のとき $\chi(y \leq x) = 1$, $x<y$ のとき $\chi(y \leq x) = 0$ を満たす関数,

$$K(x,y) = x^{-1} \chi(y \leq x)(x/y)^{\theta/p}$$

と定義する. $K(x,y)$ は -1 次同次で $-\infty < \theta < p-1$ のとき,

$$\int_0^\infty |K(1,y)| y^{-\frac{1}{p}} dy = \int_0^1 y^{-(\theta+1)/p} dy = \frac{p}{p-\theta-1}$$

ゆえに (1.97) は左辺を以下のように書き換えて定理 1.130 を用いれば得られる:

$$\int_0^\infty \left(\int_0^\infty \frac{1}{x} \left(\frac{x}{y} \right)^{\frac{\theta}{p}} \chi(y \leq x)(f(y) y^{\frac{\theta}{p}}) dy \right)^p dx.$$

$K(x,y) = x^{-1}(x/y)^{\frac{\theta}{p}}\chi(x \leq y)$ と定義すれば同様にして (1.98) が得られる. □

次の Hardy の不等式はしばしば**不確定性原理の不等式**とも呼ばれる. $-i\nabla = p$ とおいて形式的あるいは標語的に $C_d \leq |x||p|$, $C_d = (d-2)/2$ と書けるからである (後述の (1.132) 参照). Σ は $\mathbb{R}^d$ の単位球面, $\Sigma = \{x \in \mathbb{R}^d : |x| = 1\}$ である.

補題 1.134 (Hardy の不等式). $d \geq 3$ とする. このとき

$$\int_{\mathbb{R}^d} \frac{|u(x)|^2}{|x|^2}dx \leq \left(\frac{2}{d-2}\right)^2 \|\nabla u\|_2^2, \quad u \in C_0^1(\mathbb{R}^d). \tag{1.99}$$

証明. 極座標 $x = r\omega$, $r > 0$, $\omega \in \Sigma$ を用いて

$$u(r\omega) = -\int_r^\infty \frac{\partial}{\partial \rho}u(\rho\omega)d\rho = -\int_r^\infty \omega \cdot (\nabla u)(\rho\omega)d\rho$$

と書く. Minkowski の不等式を用いれば

$$\frac{\|u(r\omega)\|_{L^2(\Sigma)}}{r} \leq \frac{1}{r}\int_r^\infty \|(\nabla u)(\rho\omega)\|_{L^2(\Sigma)}d\rho.$$

Hardy の不等式 (1.98) を $\theta = d-1$ として用いれば (1.99) が従う. □

問題 1.135 (不確定性原理の不等式の L^p 版). $p < d$ に対して

$$\int_{\mathbb{R}^d}\left(\frac{|u(x)|}{|x|}\right)^p dx \leq \left(\frac{p}{d-p}\right)^2 \int_{\mathbb{R}^d}|\nabla u(x)|^p dx, \quad \forall u \in C_0^\infty(\mathbb{R}^d)$$

が成立することを示せ.

■Hardy–Littlewood–Sobolev の不等式 $0 < \mu < d$ に対して積分作用素 I_μ を

$$I_\mu f(x) = C(d,\mu)\int_{\mathbb{R}^d}\frac{|f(y)|}{|x-y|^{d-\mu}}dy, \quad C(d,\mu) = \frac{2^{\frac{d}{2}-\mu}\Gamma((d-\mu)/2)}{(\sqrt{2\pi})^d \Gamma(\mu/2)}. \tag{1.100}$$

と定義する. I_μ は $-\mu$ **次分数階微分**と呼ばれる. 補題 1.119, 補題 1.111 によって,

$$I_\mu f(x) = \mathcal{F}^{-1}\left(\frac{\hat{f}(\xi)}{|\xi|^\mu}\right)(x) = |D|^{-\mu}f(x)$$

だからである. ただし最後の等式は定義である.

定理 1.136 (Hardy–Littlewood–Sobolev の不等式). $1/q = 1/p - \mu/d$ を満たす $1 < p, q < \infty$ に対して

$$\|I_\mu f\|_q \leq C_{d,\mu,p}\|f\|_p, \quad f \in L^p(\mathbb{R}^d)$$

が成立する. ただし, $C_{d,\mu,p}$ は d,μ,p のみによる定数である.

1.6 いくつかの不等式

この不等式にはいくつかの証明法が知られている．ここでは Euclid 空間の調和解析における基本概念である**極大不等式**を用いる証明を紹介する．$\Omega \subset \mathbb{R}^d$ の Lebesgue 測度を $m(\Omega)$ と書く．

定義 1.137. $f \in L^1_{loc}(\mathbb{R}^d)$ に対して次を f の**極大関数**という：

$$\mathcal{M}(f)(x) = \sup_r \left(\frac{1}{m(B_x(r))} \int_{B_x(r)} |f(y)| dy \right), \quad B_x(r) = \{y : |x - y| < r\}.$$

定理 1.138 (Hardy–Littlewood–Wiener の極大不等式). $f \in L^p(\mathbb{R}^d)$, $1 \leq p \leq \infty$ に対して，$\mathcal{M}(f)(x) < \infty$, a.e. $x \in \mathbb{R}^d$. 作用素 $\mathcal{M}$ は弱 $(1,1)$ 型，$1 < p < \infty$ に対して (p, p) 型である．すなわち

$$\sup_{\lambda > 0} \lambda \mu(\{y \in \mathbb{R}^d : \mathcal{M}(f)(x) > \lambda\}) \leq C \|f\|_1, \tag{1.101}$$

$$\|\mathcal{M}(f)\|_p \leq C_p \|f\|_p, \quad 1 < p \leq \infty \tag{1.102}$$

が成立する．ただし，C, C_p は f にはよらない定数である．

証明． $\mathcal{M}$ は明らかに (∞, ∞) 型である．Marcinkiewicz の補間定理から弱 $(1,1)$ 型であることを示せばよい．次の **Vitali 型の被覆定理**を用いる．

補題 1.139. $E \subset \mathbb{R}^d$ は可測集合，$\mathcal{B}$ は有界な半径をもつ球の族で $E \subset \bigcup_{B \in \mathcal{B}} B$ とする．このとき，互いに素な $B_1, B_2, \cdots \in \mathcal{B}$ を $\sum m(B_k) > 5^{-d} m(E)$ と選べる．

証明． 球 B の半径を $r(B)$ と書く．B_1 を $r(B_1) > \frac{1}{2} \sup\{r(B), B \in \mathcal{B}\}$ のように任意にとる．$B_1, \ldots, B_n$, $n \geq 1$ がとられたとき，$B_1, \ldots, B_n$ と互いに素な B_{n+1} を

$$r(B_{n+1}) > \frac{1}{2} \sup\{r(B) : B \in \mathcal{B} \text{ は } B_1, \ldots, B_n \text{ と互いに素}\}$$

ととる．このようにして互いに素な球の有限個の，あるいは無限列の $B_1, B_2, \ldots B_N \in \mathcal{B}$ を選ぶ．$\sum m(B_k) = \infty$ なら証明は終了．$\sum m(B_k) < \infty$ とする．B_n^* を半径が 5 倍の B_n の同心球とする．任意に $\mathcal{B}$ に属する球 $B \in \mathcal{B}$ をとるとき，B はある B_n^* に含まれることを示そう．これが示せれば，

$$\sum m(B_k) = 5^{-d} \sum m(B_k^*) \geq 5^{-d} m(E)$$

となって証明は終了する．B は $B_1, B_2, \ldots$ とは異なるとしてよい．
(1) $N < \infty$ の場合：$B_1, B_2, \ldots, B_N$ と互いに素な球は存在しないから，ある n に対して $B_n \cap B \neq \emptyset$ となる．このような最初の n をとれば B は $B_1, \ldots, B_{n-1}$ とは交わらない．したがって，B_n のとり方から $r(B_n) > \frac{1}{2} r(B)$. よって，$B \subset B_n^*$ である．
(2) $N = \infty$ の場合：$\sum m(B_k) < \infty$ だから $r(B_k) \to 0$ $(k \to \infty)$ である．n を $r(B_{n+1}) < \frac{1}{2} r(B)$ を満たす最初の n とする．このとき，B は $B_1, \ldots, B_n$ のいずれかとは

交わる. そうでなければ, $r(B_{n+1}) > \frac{1}{2}r(B)$ となって矛盾だからである. $j = 1, \ldots, n$ のとき, $r(B_j) \geq \frac{1}{2}r(B)$ だから, この場合も B と交わる B_j に対して $B \subset B_j^*$ となる. □

定理 1.138 の証明を続ける. $f \in L^1(\mathbb{R}^d)$, $\alpha > 0$ とする. $E_\alpha = \{x \colon Mf(x) > \alpha\}$ と書く. $x \in E_\alpha$ に対して, x を中心とする球 B_x で

$$\int_{B_x} |f(y)| dy > \alpha m(B_x) \tag{1.103}$$

を満たすものが存在する. $\mathcal{B} = \{B_x : x \in E_\alpha\}$ は E_α を覆う有界な半径をもつ球の族. 補題 1.139 によって, 互いに素な $B_1, B_2, \cdots \in \mathcal{B}$ を $\sum m(B_j) \geq 5^{-d} m(E_\alpha)$ と選ぶことができる. (1.103) において $B_x = B_1, B_2, \ldots$ とおいて加えれば

$$5^{-d} m(E_\alpha) \leq \sum m(B_j) \leq \alpha^{-1} \sum \int_{B_j} |f(y)| dy \leq \alpha^{-1} \int_{\mathbb{R}} |f(y)| dy.$$

したがって, $\mathcal{M}$ は弱 $(1,1)$ 型である. □

定理 1.136 の証明にさらに次の補題を用いる.

補題 1.140. $0 < \mu \leq d$ とする. ある定数 $C > 0$ が存在して

$$\int_{|x-y|<\delta} \frac{|f(y)|}{|x-y|^{d-\mu}} dy \leq C\delta^\mu \mathcal{M}(f)(x), \quad \forall\, \delta > 0. \tag{1.104}$$

証明. $D_j = \{x \colon 2^{-j}\delta \leq |x-y| < 2^{1-j}\delta\}$, $B_j = B_x(2^{-j}\delta)$ と書けば,

$$\begin{aligned}
(1.104)\,\text{の左辺} &= \sum_{j=1}^\infty \int_{D_j} \frac{|f(y)|}{|x-y|^{d-\mu}} dy \leq \sum_{j=1}^\infty \frac{1}{(2^{-j}\delta)^{d-\mu}} \int_{B_{j-1}} |f(y)| dy \\
&= \frac{2^d \omega_d}{d} \sum_{j=1}^\infty \left(\frac{\delta}{2^j}\right)^\mu \frac{1}{|B_{j-1}|} \int_{B_{j-1}} |f(y)| dy \leq \frac{2^d \omega_d}{d(2^\mu - 1)} \delta^\mu \mathcal{M}(f)(x).
\end{aligned}$$

ただし, ω_d は単位球面 Σ の面積である. □

定理 1.136 の証明 $1/p' = 1 - 1/p$ とする. 次の第 1 行の右辺の第 1 項には補題 1.140 を, 第 2 項には Hölder の不等式を適用すれば

$$\begin{aligned}
I_\mu(f)(x) &= C(\mu, d) \left(\int_{B_x(\delta)} \frac{|f(y)|}{|x-y|^{d-\mu}} dy + \int_{\mathbb{R}^d \setminus B_x(\delta)} \frac{|f(y)|}{|x-y|^{d-\mu}} dy \right) \\
&\leq C(\mu, d) \left\{ C\delta^\mu \mathcal{M}(f)(x) + \omega_d^{\frac{1}{p'}} \|f\|_p \left(\int_\delta^\infty r^{d-1-p'(d-\mu)} dr \right)^{\frac{1}{p'}} \right\}.
\end{aligned} \tag{1.105}$$

q の条件から $d - p'(d-\mu) = dp'\left(\frac{1}{p'} - 1 + \frac{\mu}{d}\right) = dp'\left(-\frac{1}{p} + \frac{\mu}{d}\right) = -\frac{dp'}{q} < 0$. ゆえに

$$\left(\int_\delta^\infty r^{d-1-p'(d-\mu)} dr \right)^{\frac{1}{p'}} = \left(\frac{q\delta^{-d\frac{p'}{q}}}{dp'} \right)^{\frac{1}{p'}} = C\delta^{-\frac{d}{q}}.$$

1.7 ベクトル値関数の微分積分・Bochner 積分

これを (1.105) に用いれば，任意の $0 < \delta < \infty$ に対して
$$I_\mu(f)(x) \leq C(\delta^\mu \mathcal{M}(f)(x) + \delta^{-\frac{d}{q}}\|f\|_p).$$
右辺で $\delta > 0$ についての最小値をとれば，$I_\mu(f)(x) \leq C(\mathcal{M}(f)(x))^{1-\frac{p\mu}{d}}\|f\|_p^{\frac{p\mu}{d}}$．この両辺の L^q ノルムをとり，極大不等式を用い $q(1 - \frac{p\mu}{d}) = p$ に注意すれば
$$\|I_\mu(f)\|_q \leq C\|\mathcal{M}(f)\|_p^{p/q}\|f\|_p^{\frac{p\mu}{d}} \leq C\|f\|_p^{p/q}\|f\|_p^{\frac{p\mu}{d}} = C\|f\|_p.$$
これは求める不等式である． □

1.7 ベクトル値関数の微分積分・Bochner 積分

$\mathcal{X}$ を Banach 空間 $\mathcal{X}$ とする．$\mathcal{X}$ に値をとる**ベクトル値関数**に対する可測関数などの概念を導入しよう．$\mathcal{X}$ に値をとる $t \in \mathbb{R}$ の連続関数に対して微分積分学の基本定理が成立する．
$$\frac{d}{dx}\int_a^x f(x)dx = f(x)$$

■**ベクトル値可測関数** $(X, \mathcal{B}, \mu)$ を測度空間とする．$\mathcal{X}$ に値をとる X 上の関数 $\varphi(x)$ は本質的値域が有限集合 $\{a_1, \ldots, a_n\}$ で $E_j = \{x \in \mathcal{X}: \varphi(x) = a_j\}$, $j = 1, \ldots, n$, が可測集合のとき，$\mathcal{X}$ **値単関数**といわれる．このとき，φ は E_j の定義関数 $\chi_{E_j}(x)$ を用いて
$$\varphi(x) = \sum a_j \chi_{E_j}(x), \quad \mu-\text{a.e.}$$
と書ける．単関数 φ は $\mu(\{x \in X: \varphi(x) \neq 0\}) < \infty$ のとき，**可積分**であるといい
$$\int_X \sum a_j \chi_{E_j}(x)d\mu = \sum \mu(E_j)a_j \tag{1.106}$$
と定義する．これは φ の表現の仕方によらず定義される．

定義 1.141. $\mathcal{X}$ 値関数 f は $f(x) = \lim \varphi_n(x)$, μ-a.e.$x \in X$ を満たす単関数列 φ_n が存在するとき，$\mathcal{X}$ 値 $\mathcal{B}$ **強可測**である，任意の $v \in \mathcal{X}^*$ に対して複素数値関数 $t \mapsto (f(t), v) \in \mathbb{C}$ が $\mathcal{B}$-可測であるとき，$\mathcal{B}$ **弱可測**であるといわれる．

以下，$\mathcal{B}$ が何を指すのか明らかなときには，$\mathcal{B}$ を書かない．

定義 1.142. 測度空間 (X, μ) 上の $\mathcal{X}$ 値関数 $x(t)$ は適当な零集合 $B \subset X$ が存在して $\{x(t): t \in X \setminus B\}$ が可分集合となるとき，**ほとんど可分値である**といわれる．

次の Pettis の定理と Bochner の定理の証明は [121] にある．

定理 1.143 (Pettis の定理). (X, μ) 上の $\mathcal{X}$ 値関数 $x(t)$ が強可測であるためには，弱可測でほとんど可分値であることが必要十分である．特に，$\mathcal{X}$ が可分なら強可測であることと弱可測であることは同値である

以下可測とは強可測のことである. $\mathcal{X}$ 値可測関数全体は $\mathbb{C}$ 上のベクトル空間をなす. f が可測であれば, 実数値関数 $\|f(x)\|$ は X 上の可測関数である.

■Bochner 積分

定義 1.144. $\mathcal{X}$ 値可測関数 f はある可積分単関数列 $\{\varphi_n\}$ に対して

$$\lim_{n\to\infty} \int_X \|f(x) - \varphi_n(x)\| d\mu(x) = 0 \tag{1.107}$$

を満たすとき, **Bochner 可積分**といわれる. このとき,

$$\int_X f(x) d\mu(x) = \lim_{n\to\infty} \int_X \varphi_n(x) d\mu(x) \tag{1.108}$$

は (1.107) を満たす φ_n によらず定義される. これを f の **Bochner 積分**という. Bochner 可積分のことを単に可積分といい, Bochner 積分を積分という.

問題 1.145. (1) $\mathbb{R}^n$ 上の $\mathcal{X}$ 値連続関数は Borel 可測であることを示せ.
(2) コンパクトな台をもつ $\mathbb{R}^n$ 上の $\mathcal{X}$ 値連続関数は Bochner 可積分で, その Bochner 積分は Riemann 積分に等しいことを示せ..

定理 1.146 (Bochner の定理). $\mathcal{X}$ 値可測関数 f が可積分であるためには $\|f\|$ が可積分であることが必要十分である.

$T \in \mathbf{B}(\mathcal{X}, \mathcal{Y})$, f が $\mathcal{X}$ 値可積分なら Tf は $\mathcal{Y}$ 値可積分で

$$T\left(\int f(x) d\mu(x)\right) = \int Tf(x) d\mu(x) \tag{1.109}$$

である. また Minkowski の不等式:

$$\left\|\int f(x) d\mu(x)\right\| \leq \int \|f(x)\| d\mu(x)$$

が成り立つなど Bochner 積分は $\mathbb{C}^n$ 値関数の積分と同様の性質をもつ. (1.109) によって, f が可積分なら, 任意の $v \in \mathcal{X}^*$ に対して $\langle f(x), v \rangle$ も可積分で

$$\left\langle \int_X f(x) d\mu(x), v \right\rangle = \int_X \langle f(x), v \rangle d\mu(x)$$

である. f が $\mathbb{R}^m$ 上の $L^p(\mathbb{R}^d)$ 値関数のときなどには, 右辺を Fubini の定理などを用いて計算し, f の積分を求めることが多い.

■ベクトル値 L^p 関数 $1 \leq p < \infty$ に対して X 上の $\mathcal{X}$ 値 L^p 空間あるいは L^∞ 空間を

$$L^p(X, \mathcal{X}) = \{u \colon u \text{ は可測で } \|u\|_{L^p(X,\mathcal{X})} \colon = \int_X \|u(x)\|^p d\mu(x) < \infty\},$$

$$L^\infty(X, \mathcal{X}) = \{u \colon u \text{ は可測で } \|u\|_{L^\infty(X,\mathcal{X})} \colon = \operatorname{ess.sup} \|u(x)\| < \infty\}$$

と定義する．$L^p(X,\mathcal{X})$ は Banach 空間である (**Riesz–Fischer の定理**)．Riesz の表現定理と同様に，Banach 空間値 L^p 空間の双対空間に対して

$$L^p(X,\mathcal{X})^* = L^q(X,\mathcal{X}^*), \quad 1/p + 1/q = 1, \quad 1 \le p < \infty$$

が成立する．特に，$1 \le p,q < \infty$ のとき，

$$L^p(\mathbb{R}^m, L^q(\mathbb{R}^n))^* = L^{p'}(\mathbb{R}^m, L^{q'}(\mathbb{R}^n)), \quad 1/p + 1/p' = 1/q + 1/q' = 1$$

である．$X = \mathbb{R}^n$ のとき，$L^p_{\mathrm{loc}}(\mathbb{R}^n, \mathcal{X})$ で $\mathbb{R}^n$ の任意のコンパクト集合 K 上 $L^p(K, \mathcal{X})$ に属する関数の全体を表すのは複素数値関数に対するのと同様である．

1.8 量子力学の ABC

1.8.1 古典力学の ABC

量子力学は古典力学に基づいている．そこでまず古典力学の説明から始める．この節について詳しいことは，古典力学の教科書，例えば [10] などを参照．

■Hamilton **の運動方程式** 空間 $\mathbb{R}^d$ の中を動く粒子を d 次元粒子という．時間の変数を $t \in \mathbb{R}$ とする．古典力学 (の Hamilton 形式) ではこの粒子の力学的状態をその**位置** $x = (x_1, \ldots, x_d) \in \mathbb{R}^d$ と**運動量** $p = (p_1, \ldots, p_d) \in \mathbb{R}^d$ の組 $(x,p) \in \mathbb{R}^d \times \mathbb{R}^d$ によって表す．$\mathbb{R}^d \times \mathbb{R}^d$ をこの粒子の**相空間** (phase space) と呼ぶ．粒子のエネルギーなどの**物理量**は (x,p) の実数値関数で与えられる．相空間を Ξ と書こう．

この粒子の力学的性質は**ハミルトニアン**と呼ばれるエネルギーを表す (一般には時間 t に依存する) Ξ 上の実数値関数 $H(t,x,p)$ によって特徴づけられ，ハミルトニアンが与えられたとき，粒子の運動は **Hamilton の運動方程式**，あるいは**正準方程式** (canonical equations) と呼ばれる $2d$ 元の連立常微分方程式

$$\frac{dx}{dt} = \frac{\partial H}{\partial p}, \quad \frac{dp}{dt} = -\frac{\partial H}{\partial x} \tag{1.110}$$

によって決定される．ここでベクトル記号を用いて

$$\frac{\partial H}{\partial p} = \left(\frac{\partial H}{\partial p_1}, \ldots, \frac{\partial H}{\partial p_d}\right), \quad \frac{\partial H}{\partial x} = \left(\frac{\partial H}{\partial x_1}, \ldots, \frac{\partial H}{\partial x_d}\right)$$

と書いた．

第 4 章以下では，粒子が時間に依存する外力の場の中にあり，H が t に依存する場合も考えるが，簡単のため，この章ではハミルトニアン H が t によらない場合，いわゆる**自励系**のみを考える．常微分方程式の初期値問題の解の一意存在定理によって，$H(x,p)$ が適当な滑らかさと無限遠方における増大度の仮定を満たせば，任意の初期時刻 s と初期状態 (x_0, p_0) に対して初期条件

$$(x(s), p(s)) = (x_0, p_0) \tag{1.111}$$

を満たす (1.110) の解が $-\infty < t < \infty$ において一意的に存在し，粒子の運動は初期状態によって過去・未来にわたって一意的に決定する．以下では $x(t)$ や $p(t)$ などの時間 t に関する導関数を $\dot{x}(t)$ や $\dot{p}(t)$ などと書くことが多い．

■**Hamilton ベクトル場と正準 2 次形式**　一般に相空間 $\Xi = \mathbb{R}^d \times \mathbb{R}^d$ 上の関数 f に対してベクトル場

$$X_f = \left(\frac{\partial f}{\partial p}, -\frac{\partial f}{\partial x}\right) = \sum_{j=1}^{d}\left(\frac{\partial f}{\partial p_j}\frac{\partial}{\partial x_j} - \frac{\partial f}{\partial x_j}\frac{\partial}{\partial p_j}\right) \tag{1.112}$$

を f の定める **Hamilton ベクトル場**という．$\partial/\partial x_j, \partial/\partial p_k$ は微分幾何学で用いる接ベクトル空間 $T_{(x,p)}\Xi = \mathbb{R}^d \times \mathbb{R}^d$ の第 j, 第 $d+k$ 標準基底ベクトル表す記号である．$T_{(x,p)}\Xi$ のベクトルを (1.112) の右辺のように標準基底を用いて書いたり，第 2 項のようにこの基底による表現ベクトルで表したりするが混乱はないであろう．

$$\Omega = \sum_{j=1}^{d} dx_j \wedge dp_j \tag{1.113}$$

を**正準 2 次形式**という．Ω は Ξ 上の閉 2 次形式 $d\Omega = 0$ で，各点 $(x,p) \in \Xi$ で $T_{(x,p)}\Xi$ 上の非退化の歪対称 2 次形式を定める．これは (x,p) によらないので添字をつけず (1.113) のように書く．Hamilton ベクトル場 X_f は Ω を用いて次のように座標を用いないで特徴づけられる：f が Ξ 上の滑らかな関数のとき

$$T_{(x,p)}\Xi \ni X \mapsto \langle X, df\rangle(x,p) = (Xf)(x,p) \in \mathbb{R}$$

は $T_{(x,p)}\Xi$ 上の線形写像である．したがって，任意の $X \in T_{(x,p)}\Xi$ に対して

$$\Omega(X_f, X) = (Xf)(x,p) \tag{1.114}$$

を満たす $X_f \in T_{(x,p)}\Xi$ が一意的に存在する．X_f が f の定義する Hamilton ベクトル場 (1.112) に等しいことはすぐにわかる．このように，X_f は 2 次形式 Ω によって座標のとり方に無関係に定義される．

■**Poisson 括弧式・正準変換**　X_f, X_g を f, g の定める Hamilton ベクトル場とする．このとき

$$\Omega(X_f, X_g) = X_g f = \sum_{j=1}^{d}\left(\frac{\partial f}{\partial x_j}\frac{\partial g}{\partial p_j} - \frac{\partial f}{\partial p_j}\frac{\partial g}{\partial x_j}\right) \tag{1.115}$$

が成立する．この右辺を $\{f, g\}$ と書いて f, g の **Poisson 括弧式**という．関数 x_j, p_k の Poisson 括弧式は

$$\{x_j, x_k\} = \{p_j, p_k\} = 0, \quad \{x_j, p_k\} = \delta_{jk}, \quad j, k = 1, \ldots, d \tag{1.116}$$

を満たす．(1.116) を満たす関数の組 $(x_1, \ldots, x_d, p_1, \ldots, p_d)$ を**正準共役変数**と呼ぶ．

1.8 量子力学の ABC

命題 1.147. Poisson 括弧式は以下を満たす.
$$\{f,g\} = -\{g,f\}, \quad \{f,f\} = 0, \tag{1.117}$$
$$\{f,\{g,h\}\} + \{g,\{h,f\},\} + \{h,\{f,g\}\} = 0. \tag{1.118}$$

第 2 の方程式 (1.118) を **Jacobi の等式**という.

問題 1.148. (1.117), (1.118) を示せ. (1.118) から次を導け:
$$X_{\{f,g\}} = [X_f, X_g].$$
ここで $[X_f, X_g]$ は X_f と X_g の交換子, $[X_f, X_g]h = X_f(X_g h) - X_g(X_f h)$ である.

定理 1.149. Hamilton の運動方程式 (1.110) は Poisson 括弧式を用いれば
$$\frac{dx_j}{dt} = \{x_j, H\}, \quad \frac{dp_j}{dt} = \{p_j, H\} \quad j = 1, \ldots, d. \tag{1.119}$$

相空間 Ξ の座標変換 $(y,q) = \Phi(x,p)$ は正準 2 次形式を不変に保つとき, すなわち
$$\sum_{j=1} dx_j \wedge dp_j = \sum_{j=1} dy_j \wedge dq_j$$
を満たすとき**正準変換**といわれる. H_f や $\{f,g\}$ は正準 2 次形式 Ω から座標と無関係に定義されていたのだから, このとき, 任意の $j,k = 1, \ldots, d$ に対して
$$X_{y_j} = -\frac{\partial}{\partial q_j}, \quad X_{q_j} = \frac{\partial}{\partial y_j}, \quad \{y_j, y_k\} = \{q_j, q_k\} = 0, \quad \{y_j, q_k\} = \delta_{jk} \tag{1.120}$$
が成り立ち (y,q) も正準座標である. さらに任意の関数 f,g の Poisson 括弧式 $\{f,g\}$ は変数 (x,p) について計算しても, (y,q) に関して計算しても同じである. すなわち, $(y,k) = \Phi(x,p)$ のとき $\tilde{f}(y,q) = f(x,p), \tilde{g}(y,q) = g(x,p)$ とすると,
$$\sum_{j=1}^d \left(\frac{\partial \tilde{f}}{\partial y_j} \frac{\partial \tilde{g}}{\partial q_j} - \frac{\partial \tilde{f}}{\partial q_j} \frac{\partial \tilde{g}}{\partial y_j} \right) = \sum_{j=1}^d \left(\frac{\partial f}{\partial x_j} \frac{\partial g}{\partial p_j} - \frac{\partial f}{\partial p_j} \frac{\partial g}{\partial x_j} \right) \tag{1.121}$$
が成立する. 定理 1.149 に (1.121) を用いれば次がわかる.

定理 1.150. $(y_1, \ldots, y_d, q_1, \ldots, q_d)$ を正準共役変数とする. ハミルトニアン $H(x,p)$ が (y,q) によって $K(y,q)$ と表されるとすれば (1.110) は
$$\frac{dy_j}{dt} = \{y_j, K\}, \quad \frac{dq_j}{dt} = \{q_j, K\} \quad j = 1, \ldots, d \tag{1.122}$$
に変換される.

$(y_1, \ldots, y_d, q_1, \ldots, q_d)$ が正準共役変数であれば $\Omega = \sum dy_j \wedge dq_j$ でなければならない.
$$\Omega(X_{y_j}, X_{y_k}) = \Omega(X_{q_j}, X_{q_k}) = 0, \quad \Omega(X_{y_j}, X_{q_k}) = \delta_{jk}$$
が成り立ち, このような反対称 2 次形式は $\sum dy_j \wedge dq_j$ しかないからである. これから

定理 1.151. Ξ の同型写像 Φ が正準変換であるためには (1.120) が成立することが必要十分である.

■**積分** $(x(t), p(t))$ が方程式 (1.110) に従うとき, 物理量 $f(x, p)$ は方程式

$$\frac{d}{dt} f(x(t), p(t)) = \{f, H\}(x(t), p(t)) \tag{1.123}$$

を満たす. これを $f = H$ に対して適用すると (1.117) によって

$$\frac{d}{dt} H(x(t), p(t)) = 0.$$

したがって, 粒子のエネルギーは時間に依存しない. これを**エネルギー保存の法則**という. エネルギーのように時間に依存しない物理量をその力学系の**積分**という. I が $dI \neq 0$ を満たす積分のとき, I を第 1 変数とする共役正準変数をとることができる. このとき, η を I の共役変数とすれば,

$$\dot{I} = \partial H / \partial \eta = 0$$

だから, H は変数 η を含まない. また I は t に関して定数だから, (1.110) の未知関数は実質 2 つ減って $2d - 2$ 個となる. 力学系は系の対称性に応じて様々な積分をもつことがあり, このようにして正準方程式の未知関数の数を減らすことができることがある.

例えば, $d = 1$ のとき, ハミルトニアンは積分だから方程式は実質的には代数的に解けることになる. すなわち, $\eta(x, p)$ を $dH \wedge d\eta = dx \wedge dp$ を満たすようにとり, $d\eta/dt = -\partial H/\partial I = -1$ を解いて,

$$\eta(x, p) = -t + c, \quad H(x, p) = E$$

から $x(t), p(t)$ を求めればよい. しかし, η を求めるには実質的に (1.110) と等価な 1 階偏微分方程式系を解かねばならないので, この場合は次のようにするのが早道である. H が後述の (1.124) によって与えられているとき, エネルギー保存法則を用いれば

$$\frac{1}{2m} p^2 + V(x) = E.$$

ゆえに $p = \pm \sqrt{2m(E - V(x))}$. $p = m\dot{x}$ だから, これより

$$\dot{x}(t) = \pm \sqrt{2(E - V(x))/m}.$$

これは変数分離形の 1 階微分方程式で

$$t - t_0 = \pm \int_{x_0}^{x} \frac{dx}{\sqrt{2(E - V(x))/m}}.$$

これから x が $x = x(t)$ と求められる.

1.8 量子力学の ABC

■**相流** 時刻 s の粒子状態 $(x(s), p(s))$ に時刻 t の状態 $(x(t), p(t))$ を対応させる写像
$$\Phi(t, s): (x(s), p(s)) \mapsto (x(t), p(t))$$
は相空間 Ξ の微分同型写像を定義する。$\Phi(t, s)$ を (1.110) の定める**相流**という。

定理 1.152. 相流は正準変換である。特に Ξ の体積を変えない写像である (**Liouville の定理**)。

証明. $(x(t), p(t))$ が (1.110) を満たせば正準 2 次形式 $\Omega(t) = \sum dx_j(t) \wedge dp_j(t)$ に対して

$$\frac{d\Omega}{dt} = \sum_{j=1}^{n} d(d\dot{x}_j \wedge dp_j + dx_j \wedge d\dot{p}_j) = \sum_{j=1}^{n} d(dH_{p_j} \wedge dp_j - dx_j \cdots \wedge dH_{x_j})$$

$$= \sum_{j=1,k}^{n} \{(H_{p_j p_k} dp_k + H_{p_j x_k} dx_k) \wedge dp_j - dx_j \cdots \wedge (H_{x_j p_k} dp_k + H_{x_j x_k} dx_k) = 0$$

となるからである。体積要素 $dv = dx_1 \wedge \ldots dx_d \wedge dp_1 \wedge \ldots dp_d = \Omega^d / d!$ である。ゆえに $\Phi(t, s)$ は体積を変えない。 □

Liouville の定理は量子力学の確率保存に対応する。

■**Newton の方程式** 粒子の質量が m で、ポテンシャル V で与えられる**保存力の場** $-(\partial V/\partial x)(x)$ の中にあるとき、この粒子のハミルトニアン H は

$$H(x, p) = \frac{p^2}{2m} + V(x) \qquad (1.124)$$

で与えられる。このとき、正準方程式 (1.110) は **Newton の方程式** $\ddot{x} = -(\partial V/\partial x)$ と同値である。

■**多粒子系の古典力学** n 個の d 次元粒子の系も同様に記述される。粒子系の状態は各粒子 x_j, $j = 1, \ldots, n$ の位置の組 $x = (x_1, \ldots, x_n) \in \mathbb{R}^{nd}$ と運動量 p_j の組 $p = (p_1, \ldots, p_n) \in \mathbb{R}^{nd}$ によって記述され、系の力学的な性質はハミルトニアン $H(x, p)$ によって特徴づけられる。系の運動は Hamilton の運動方程式

$$\frac{dx_j}{dt} = \frac{\partial H}{\partial p_j}, \quad \frac{dp_j}{dt} = -\frac{\partial H}{\partial x_j}, \quad j = 1, \ldots, n \qquad (1.125)$$

によって与えられる。粒子の質量が $m_1, \ldots, m_n$ で、2 粒子間の相互作用がポテンシャル $V_{jk}(x_j - x_k)$ によって与えられる場合にはハミルトニアンは

$$H(x, p) = \sum_{j=1}^{n} \frac{p_j^2}{2m_j} + \sum_{j<k} V_{jk}(x_j - x_k) \qquad (1.126)$$

である。n 粒子系に対しても、1 粒子系と同様に (1.123) などが成立する。3 個の 3 次元粒子 $(d = 3)$ に対して運動方程式 (1.125) は $3 \times 6 = 18$ の未知関数に対する常微分方程式

ですでにきわめて複雑である.このため粒子系に対するいくつかの積分を求めて未知関数を減らし,方程式系を簡単化するのは実用上とくに大切である.

1.8.2 量子力学的状態, 1 粒子の場合

Hilbert 空間の要素 u は $\|u\|=1$ のとき,正規化されているといわれる.量子力学では前節で説明した d 次元古典粒子に対応する粒子の状態を Hilbert 空間 $L^2(\mathbb{R}^d)$ の正規化された関数 u で表す. $L^2(\mathbb{R}^d)$ をこの粒子の状態空間, u を粒子の**波動関数**という.ただし,ある実定数 θ に対して $u=e^{i\theta}v$ を満たす 2 つの波動関数 u,v は同じ状態を表す.すなわち,実定数 θ に対して $u=e^{i\theta}v$ となるとき, $u\sim v$ と定義するとき,粒子の状態は商空間

$$\{u\in L^2(\mathbb{R}^d)\colon \|u\|=1\}/\sim$$

の要素である. $\{u\in L^2(\mathbb{R}^d)\colon \|u\|=1\}/\sim$ の要素を $L^2(\mathbb{R}^d)$ の**単位射線**という.

粒子の**量子力学的物理量**は $\mathcal{H}=L^2(\mathbb{R}^d)$ 上の自己共役作用素である.有限個の物理量 $T_1,\ldots,T_n$ は互いに可換なとき,**同時観測可能**であるという. $E_{(T_1,\ldots,T_n)}$ を $T_1,\ldots,T_n$ のスペクトル射影とする.このとき,状態 $u\in\mathcal{H}, \|u\|=1$, にある粒子を観測すれば, $T_1,\ldots,T_n$ の観測値 $(\lambda_1,\ldots,\lambda_n)$ は結合スペクトル $\mathrm{supp}\,E_{(T_1,\ldots,T_n)}$ の中の 1 点であり,観測値が $\mathbb{R}^n$ の Borel 集合 Δ の中に見いだされる確率は $(E_{(T_1,\ldots,T_d)}(\Delta)u,u)$ である.これを量子力学の**確率的解釈**という.この意味で,波動関数を**確率振幅**とも呼ぶ.量子力学ではこのような確率的解釈しか許されない. $u\in D(|T_j|^{\frac{1}{2}})$ なら,状態 u の粒子の物理量 T_j の期待値は有限で (T_ju,u) である.さらに $u\in D(T_j)$ であれば観測値の分散 $\|T_ju\|^2-|(T_ju,u)|^2$ も定義される.**以下この章では作用素の定義域の問題を無視し,やや形式的に議論する.**

■**位置と運動量を表す物理量**　量子力学では,位置と運動量を表す物理量 $X=(X_1,\ldots,X_d)$ と $P=(P_1,\ldots,P_d)$ が $L^2(\mathbb{R}^d)$ 上の自己共役作用素の組で,**正準交換関係 (CCR)** と呼ばれる関係式を満たすことを要請する.すなわち,古典力学での関係式 (1.116) における Poisson の括弧式 $\{f,g\}$ を作用素の交換子 $(i\hbar)^{-1}[A,B]=(i\hbar)^{-1}(AB-BA)$ で置き換えた関係式

$$[X_j,X_k]=[P_j,P_k]=0,\quad [X_j,P_k]/i\hbar=\delta_{jk}\mathbf{1} \tag{1.127}$$

を満たすことが要請される.ただし, $\hbar=\text{Planck}$ 定数$/2\pi$ は定数である.

$(x_1,\ldots,x_d)$ を $\mathbb{R}^d$ の座標系とするとき, $j=1,\ldots,d$ に対して, $L^2(\mathbb{R}^d)$ 上の座標関数 x_j による掛け算作用素 M_{x_j} を X_j, $\partial u/\partial x_j$ を超関数の意味として偏微分作用素 $-i\hbar\partial/\partial x_j$ を P_j とする:

$$P_ju=-i\hbar\partial u/\partial x_j,\quad D(P_j)=\{u\in L^2(\mathbb{R}^d)\colon \partial u/\partial x_j\in L^2(\mathbb{R}^d)\}.$$

このとき,この $X=(X_1,\ldots,X_d)$ と $P=(P_1,\ldots,P_d)$ は自己共役作用素の組で,これらが CCR(1.127) を満たすのは少なくとも形式的には明らかである. $X=(X_1,\ldots,X_d)$

1.8 量子力学の ABC

を粒子の位置を表す物理量, $P = (P_1, \ldots, P_d)$ を運動量を表す物理量と定める.これらはいずれも同時観測可能である. **von Neumann の定理**によって正準交換関係 (1.127) を満たす有限個の自己共役作用素の組 $\{X_1, \ldots, X_d; P_1, \ldots, P_d\}$ はすべて上に述べた, $L^2(\mathbb{R}^d)$ における座標関数 x_j による掛け算作用素の組 $(X_1, \ldots, X_d)$ と偏微分作用素の組 $(P_1, \ldots, P_d) = (-i\hbar\partial/\partial x_1, \ldots, -i\hbar\partial/\partial x_d)$ にユニタリ同値である (von Nuemann の定理の詳しい定式化と定理の証明については, [87] 定理 VII.14, [89] 定理 XI.84 を参照).

$(X_1, \ldots, X_d)$ のスペクトル射影は

$$E_X(\Delta)u(x) = \chi_\Delta(x)u(x), \quad \Delta \in \mathcal{B}(\mathbb{R}^d) \tag{1.128}$$

(問題 1.72 を参照), したがって, 状態 u にある粒子が $\mathbb{R}^d$ の領域 $\Delta \in \mathcal{B}(\mathbb{R}^d)$ の中に見いだされる確率は $(E_X(\Delta)u, u) = \int_\Delta |u(x)|^2 dx$ である.

$\hbar$ に依存した Fourier 変換 $\mathcal{F}_h$, 共役 Fourier 変換 $\mathcal{F}_h^*$ を

$$\mathcal{F}_h u(\xi) = \frac{1}{(2\pi\hbar)^{d/2}} \int e^{-ix\xi/\hbar} u(x) dx, \quad \mathcal{F}_h^* u(\xi) = \frac{1}{(2\pi\hbar)^{d/2}} \int e^{ix\xi/\hbar} u(x) dx$$

と定義する. $\mathcal{F}_h u(\xi) = \hbar^{-d/2}\mathcal{F}u(\xi/\hbar)$ また $\mathcal{F}_h^* u(\xi) = \hbar^{-d/2}\mathcal{F}^* u(\xi/\hbar)$ である. $\mathcal{F}_h$ も $L^2(\mathbb{R}^d)$ のユニタリ変換, 定理 1.105 によって

$$\mathcal{F}_h P_j \mathcal{F}_h^* = X_j, \quad j = 1, \ldots, d. \tag{1.129}$$

ゆえに, $P = (P_1, \ldots, P_d)$ も $L^2(\mathbb{R}^d)$ 上の可換な自己共役作用素の組である. (1.128), (1.129) により P のスペクトル射影は

$$E_P(\Delta) = \mathcal{F}_h^* E_X(\Delta)\mathcal{F}_h, \quad \forall \Delta \in \mathcal{B}(\mathbb{R}^d). \tag{1.130}$$

したがって状態 u にある粒子の運動量を領域 $\Delta \subset \mathbb{R}^d$ に見いだす確率は

$$(E_P(\Delta)u, u) = \int_\Delta |\hat{u}^h(\xi)|^2 d\xi, \quad \hat{u}^h(\xi) = \mathcal{F}_h u(\xi)$$

である.

位置 X_j と運動量 $P_j = -i\hbar\partial/\partial x_j$ は可換でなく, 量子力学では粒子の位置と運動量を同時に測定することはできない. 実際, $u \in \mathcal{S}(\mathbb{R}^d)$ のとき

$$[X_j, P_j]u = (X_j P_j - P_j X_j)u(x) = i\hbar u(x), \quad j = 1, \ldots, d \tag{1.131}$$

である. $\langle X_j \rangle, \langle P_j \rangle$ を X_j, P_j の状態 u での期待値

$$\langle X_j \rangle = \int_{\mathbb{R}^d} x_j |u(x)|^2 dx, \quad \langle P_j \rangle = \int_{\mathbb{R}^d} \xi_j |\mathcal{F}_h u(\xi)|^2 d\xi$$

とし, $\Delta(X_j) = X_j - \langle X_j \rangle, \Delta(P_j) = P_j - \langle P_j \rangle$ と定義して, (1.131) の X_j を $\Delta(X_j) + \langle X_j \rangle$, P_j を $\Delta(P_j) + \langle P_j \rangle$ で置き換えれば

$$(\Delta(X_j)\Delta(P_j) - \Delta(P_j)\Delta(X_j))u(x) = i\hbar u(x).$$

この両辺の u との内積をとり, Schwarz の不等式を用いれば, 状態 u における X_j, P_j の分散 $\|\Delta(X_j)u\|, \|\Delta(P_j)u\|$ は不等式

$$\hbar \leq 2\|\Delta(X_j)u\|\|\Delta(P_j)u\|. \tag{1.132}$$

を満たすことがわかる. これを **Heisenberg の不確定性原理** という.

■**量子化** 量子力学のほとんどの物理量は対応する古典力学の物理量を「量子化」して得られる. 古典力学の物理量が相空間上の関数 $f(x,p)$ であるとき, 対応する量子力学の物理量は

$f(x,p)$ の変数 x_j, p_j を作用素 $X_j, P_j = -i\hbar\partial/\partial x_j$ で置き換えた作用素 $f(X,P)$

であると定義される. 例えば, 古典粒子のハミルトニアンが

$$H(x,p) = \frac{1}{2m}p^2 + V(x)$$

のとき, 対応する量子力学的な粒子のエネルギーあるいはハミルトニアンは

$$H = -\frac{\hbar^2}{2m}\Delta + V(X), \quad \Delta = \frac{\partial^2}{\partial x_1^2} + \cdots + \frac{\partial^2}{\partial x_d^2} \tag{1.133}$$

である. ただし, この H は形式的な作用素で,「定義域を定めて H から自然な自己共役作用素が一意的に決まるか?」の問題は一般には簡単ではない. このように形式的微分作用素から自己共役作用素を決定する問題を **自己共役問題** という. (1.133) の $V(X)$ は $V(x)$ を乗ずるという掛け算作用素である. 以下, 混乱のおそれがないときには, 関数とその関数による掛け算作用素を同じ記号を用いて表し, 例えば $V(X)$ などを $V(x)$ と書く.

上の例では $H(x,p)$ の x を含む部分と p を含む部分が分離していたので, 上のルール (1.131) にしたがって, 少なくとも形式的には対応する量子力学的なハミルトニアンを問題なく定義できたが, X_j と P_j は可換ではないから, 一般の関数 $f(x,p)$ に対して $f(X,P)$ をどう定義するかは, 形式的にさえ明白ではない. 古典力学的物理量から量子力学的物理量を決定する問題を **量子化問題** という. Weyl 擬微分作用素による量子化の方法を付録 B に述べる.

1.8.3 量子力学的状態, 多粒子の場合

■**Hilbert 空間のテンソル積** $\mathcal{H}_1, \ldots, \mathcal{H}_n$ を Hilbert 空間, $\mathcal{H} = \mathcal{H}_1 \otimes \cdots \otimes \mathcal{H}_n$ をその代数的なテンソル積とする. $\mathcal{H}$ は $u_1 \otimes \cdots \otimes u_n$ の形のベクトルの 1 次結合の全体である. ただし, $u_1 \in \mathcal{H}_1, \ldots, u_n \in \mathcal{H}_n$. $\mathcal{H}$ の内積を $u_1 \otimes \cdots \otimes u_n$ の形の要素どうしに対しては

$$(u_1 \otimes \cdots \otimes u_n, v_1 \otimes \cdots \otimes u_v) = (u_1, v_1)\cdots(u_n, v_n)$$

と定義し, これを線形拡張して一般の要素に対して定義する. これが $\mathcal{H}$ の内積を定義するのは容易に確かめられる. $\mathcal{H}$ のこの内積に関する完備化を $\mathcal{H} = \mathcal{H}_1 \hat{\otimes} \cdots \hat{\otimes} \mathcal{H}_n$ と書き,

1.8 量子力学の ABC

$\mathcal{H}_1,\ldots,\mathcal{H}_n$ の Hilbert 空間としてのテンソル積という．次が成立する：

$$L^2(\mathbb{R}^{d_1})\hat{\otimes}\cdots\hat{\otimes} L^2(\mathbb{R}^{d_n}) = L^2(\mathbb{R}^{d_1+\cdots+d_n}).$$

量子力学的な n 個の d 次元粒子の状態は n 個の $L^2(\mathbb{R}^d)$ のテンソル積 $L^2(\mathbb{R}^{nd})$ の単位射線で表現される．$L^2(\mathbb{R}^{nd})$ の要素を $f(x_1,\ldots,x_n)$, $x_j = (x_{j1},\ldots,x_{jd}) \in \mathbb{R}^d$ のように書く．

■**粒子の統計** 「同一の種類の量子力学的粒子は区別不可能」なのは物理的事実である．このため n 粒子系の波動関数は変数 x_j と x_k の入れ替えで不変であるか，符号を変えるかいずれかでなければならない．前者の規則に従う粒子は **Bose 粒子**，後者の場合は **Fermi 粒子**と呼ばれる．これを**粒子の統計**という．$\mathcal{S}_n$ を n 次対称群，ε_σ を $\sigma \in \mathcal{S}_n$ の符号として

$$L_b^2(\mathbb{R}^{nd}) = \{u \in L^2(\mathbb{R}^{nd}): u(x_{\sigma(1)},\ldots,x_{\sigma(n)}) = u(x_1,\ldots,x_n),\ \forall\, \sigma \in \mathcal{S}_n\},$$
$$L_f^2(\mathbb{R}^{nd}) = \{u \in L^2(\mathbb{R}^{nd}): u(x_{\sigma(1)},\ldots,x_{\sigma(n)}) = \varepsilon_\sigma u(x_1,\ldots,x_n),\ \forall\, \sigma \in \mathcal{S}_n\}$$

と定義する．$L_b^2(\mathbb{R}^{nd})$ あるいは $L_f^2(\mathbb{R}^{nd})$ の要素をそれぞれ**対称波動関数**，あるいは**反対称波動関数**，という．Bose 粒子は対称な，Fermi 粒子は反対称な波動関数で表現されるのである．このような事実にもかかわらず，**この本では粒子の統計を無視**し，n 粒子系の状態を $L^2(\mathbb{R}^{nd})$ の単位射線で表す．この本で扱う問題では統計は問題にならないからである．

■**物理量** 1 粒子の場合と同様に n 粒子系の物理量は Hilbert 空間 $L^2(\mathbb{R}^{nd})$ の自己共役作用素である．第 j 粒子の位置を表す物理量は $x_j = (x_{j1},\ldots,x_{jd})$ の成分 x_{jk} による d 個の掛け算作用素の系 $X_j = (X_{j1},\ldots,X_{jd})$, 運動量は $P_j = (P_{j1},\ldots,P_{jd}) = (-i\hbar\partial/\partial x_{j1},\ldots,i\hbar\partial/\partial x_{jd})$ などである．同様に n 個の古典粒子系のハミルトニアン (1.124) に対応する量子力学的なハミルトニアンは

$$H = -\sum_{j=1}^n \frac{\hbar^2}{2m_j}\Delta_j + \sum_{j<k} V_{jk}(x_j - x_k) \tag{1.134}$$

で与えられる．ただし，Δ_j は変数 x_j に関する d 次元ラプラシアンである．これらの物理量に対する量子力学の確率解釈も 1 粒子のときと同様である．以下しばらくは自己共役問題は棚上げにして，(1.133) や (1.134) によって自己共役作用素が決定されているとして議論をすすめる．

1.8.4 Schrödinger 方程式

量子力学的な n 個の粒子系の状態空間 $L^2(\mathbb{R}^{nd})$ を $\mathcal{H}$, ハミルトニアン (1.134) を H と書く．古典力学と同様に量子力学系の時間発展もハミルトニアン H によって特徴づけられる．これを記述するのに同値な 2 つの流儀がある．**Schrödinger 描像**と **Heisenberg 描像**である．

■Schrödinger 描像と Schrödinger 方程式　Schrödinger 描像では波動関数が時間とともに変化するが物理量は不変で, 粒子系の時刻 t における波動関数 $u(t) \in \mathcal{H}$ は $\mathcal{H}$ 値関数に対する常微分方程式

$$i\hbar \frac{du}{dt} = Hu(t) \tag{1.135}$$

によって決定される, すなわち, 時間 $t = s$ での粒子系の状態が $u_s \in \mathcal{H}$ のとき, 時間 t での状態は方程式 (1.135) の**初期条件** $u(s) = u_s$ を満たす解の時刻 t における値 $u(t)$ で与えられるとするのである. ただし, $u(t)$ が (1.135) の解であるとは, $\mathbb{R} \ni t \mapsto u(t) \in \mathcal{H}$ が連続微分可能, $u(t) \in D(H)$ で (1.135) を満たすことである. (1.135) の形の方程式を一般に **Schrödinger 方程式**という.

$u(t)$ は各 $t \in \mathbb{R}$ に対して $x = (x_1, \ldots, x_n) \in \mathbb{R}^{nd}$ の関数である. $u(t)$ を $x = (x_1, \ldots, x_n) \in \mathbb{R}^{nd}$ の関数と考えて $u(t,x)$ と書き, H の具体的な形 (1.134) を用いれば (1.135) は

$$i\hbar \frac{\partial u}{\partial t} = \left(-\sum_{j=1}^{n} \frac{\hbar^2}{2m_j} \Delta_j + \sum_{j<k} V_{jk}(x_j - x_k) \right) u(t,x) \tag{1.136}$$

と書ける. このように Schrödinger 方程式 (1.135) は $nd + 1$ 変数の複素数値未知関数 $u(t,x)$ に対する偏微分方程式である.

■**解作用素あるいは** propagator　H が $\mathcal{H}$ 上の自己共役作用素のとき, (1.135) あるいは (1.136) に対する初期値問題は, 少なくとも抽象的には次のようにして解くことができる. 次の 2 つの定理においては, $\mathcal{H}$ は一般の Hilbert 空間, H は $\mathcal{H}$ 上の自己共役作用素である.

定理 1.153. $t \in \mathbb{R}$ に対して $U(t) = e^{-itH/\hbar}$ と定義する.

(1) $\{U(t): t \in \mathbb{R}\}$ は強連続ユニタリ群, すなわち $U(t)U(s) = U(t+s)$, $U(0) = \mathbf{1}$ を満たす強連続なユニタリ作用素の族である.

(2) $\varphi \in D(H)$ のとき, $t \mapsto u(t) = U(t)\varphi \in \mathcal{H}$ は C^1 級で $u(0) = \varphi$ を満たす (1.135) の一意的な解である.

証明.　問題 1.74 で後半の一意性を除いて証明した. 一意性を示す. $u(0) = 0$ を満たす C^1 級の解が $u(t) = 0$ のみであることを示せばよい. H は自己共役だから

$$\frac{1}{2}\frac{d}{dt}\|u(t)\|^2 = \Re(\dot{u}(t), u(t)) = \hbar^{-1}\Re(iHu(t), u(t)) = 0, \quad \|u(0)\|^2 = 0.$$

ゆえに $u(t) = 0$ である.　□

定理 1.153 から, H が自己共役であれば, (1.135) は任意の初期状態 $\varphi \in D(H)$ に対して唯一の解をもつ. さらに解作用素 $U(t): D(H) \ni \varphi \mapsto u(t) \in D(H)$ は $\mathcal{H}$ 上の強連続ユニタリ群に一意的に拡張され, 状態空間 $\mathcal{H}$ の任意の φ に対して φ を初期状態とす

1.8 量子力学の ABC

る運動 $U(t)\varphi$ を一意的に決定することがわかる. このとき, 一般の $\varphi \in \mathcal{H}$ に対しては, $U(t)\varphi$ は $\mathcal{H}$ においては微分可能ではないが, 後にみるように, 適当に拡張された意味で (1.135) を満たすことがわかる. $U(t) = \exp(-itH/\hbar)$ をこの量子力学系の**解作用素**あるいは **propagator** と呼ぶ.

■**固有状態** このようにして Schrödinger 描像における時間 t における波動関数は時間 $t = 0$ における波動関数によって一意的に決定され

$$u(t) = e^{-itH/\hbar} u_0, \quad t \in \mathbb{R}$$

で与えられる. $\varphi \in D(H)$ が H の固有値 λ の固有関数 $H\varphi = \lambda\varphi$ のとき, $e^{-itH/\hbar}\varphi = e^{-it\lambda/\hbar}\varphi$. したがって, 時間 t における波動関数 $u(t)$ は φ と同じ状態を記述し, φ は時間の変化に関して不変な状態を記述する. φ はエネルギー λ の**固有状態**であるといわれる. 固有状態は**定常状態**である. また, 後に述べる理由から**束縛状態**とも呼ばれる.

■**Stone の定理** じつは $\mathcal{H}$ 上の任意の強連続ユニタリ群は定理 1.153 のようにして得られることが知られている:

定理 1.154 (**Stone の定理**). $\{U(t) : t \in \mathbb{R}\}$ を $\mathcal{H}$ 上の強連続ユニタリ群とする. 任意の t に対して $U(t) = e^{-itH/\hbar}$ を満たす自己共役作用素 H が一意的に存在する.

Schrödinger 方程式の解の存在問題については第 4 章以下で詳しく解説する.

問題 1.155. 自己共役作用素 H に対して

$$\lim_{n \to \infty} \left(1 + \frac{itH}{n\hbar}\right)^{-n} = e^{-itH/\hbar}, \quad \forall t \in \mathbb{R} \tag{1.137}$$

が強収束の意味で成立することを示せ.

■**Heisenberg 描像** A を物理量, $E_A(\Delta)$ を A のスペクトル射影とする. 状態が Schrödinger 方程式に従って $u(t) = e^{-itH}\varphi$ と変化するとき, 時刻 t において A の観測値が Δ に見いだされる確率は

$$\begin{aligned}(E_A(\Delta)u(t), u(t)) &= (e^{itH/\hbar} E_A(\Delta) e^{-itH/\hbar}\varphi, \varphi) \\ &= (E_{e^{itH/\hbar}Ae^{-itH/\hbar}}(\Delta)\varphi, \varphi) = (E_{A(t)}(\Delta)\varphi, \varphi). \end{aligned} \tag{1.138}$$

ただし, $A(t)$ は次で定義された物理量である:

$$A(t) = e^{itH/\hbar} A e^{-itH/\hbar}, \quad t \in \mathbb{R}. \tag{1.139}$$

したがって, 物理量は時間に関して不変で波動関数が時間とともに $e^{-itH/\hbar}\varphi$ のように変化すると考える Schrödinger 描像のかわりに, 波動関数は時間に関して不変であるが物理量

が時間とともに (1.139) によって変化すると考えても理論は等価である．後者による量子力学の定式化を **Heisenberg 描像**という．(1.139) を t に関して微分すれば

$$\frac{d}{dt}A(t) = \frac{i}{\hbar}\left(He^{itH/\hbar}Ae^{-itH/\hbar} - e^{itH/\hbar}Ae^{-itH/\hbar}H\right) = \frac{1}{i\hbar}(A(t)H - HA(t))$$

したがって，Heisenberg 描像においては物理量は作用素値関数に対する微分方程式

$$\frac{d}{dt}A(t) = (i\hbar)^{-1}[A(t), H] \tag{1.140}$$

に従って時間的に変化する．(1.140) は **Heisenberg 方程式**と呼ばれる．Heisenberg の微分方程式は，形式的には古典力学における物理量の時間変化を記述する方程式 (1.123) の右辺の Poisson 括弧式を交換子 $(i\hbar)^{-1}[A, H]$ で置き換えたものに等しいことを注意しておく．

■**保存量・積分** H と可換な物理量 T は系の**積分**あるいは**保存量**であるといわれる．T が保存量なら (1.137) と Helffer–Sjöstrand の公式から任意の $f \in S^{-\sigma}(\mathbb{R})$, $\sigma > 0$ に対して

$$f(T)e^{-itH/\hbar} = e^{-itH/\hbar}f(T) \tag{1.141}$$

が成立する．この等式は次のように拡張される．

命題 1.156. T が保存量なら任意の Borel 可測関数 f に対して (1.141) が成立する．特に

$$e^{itH/\hbar}E_T(\Delta)e^{-itH/\hbar} = E_T(\Delta), \quad t \in \mathbb{R}, \quad \Delta \in \mathcal{B}(\mathbb{R}) \tag{1.142}$$

が成立する．すなわち，保存量 T の確率分布は時間 t に依存しない．

証明． (1.142) を示せばよい．$e^{-itH/\hbar}$ はユニタリだから，定理 1.73 によって，(1.142) から任意の Borel 関数に対して (1.141) が得られるからである．$t \in \mathbb{R}$ を固定し $\mathcal{A} = \{\Delta \in \mathcal{B}(\mathbb{R}) : e^{itH}E_T(\Delta)e^{-itH} = E_T(\Delta)\}$ と定義する．$\mathcal{A}$ が σ-代数であることを示そう．$E \in \mathcal{A}$ なら E の補集合 $E^c \in \mathcal{A}$，互いに交わらない $A_1, A_2, \cdots \in \mathcal{A}$ に対して $\cup A_n \in \mathcal{A}$ であるのは射影測度の性質から明らかである．また $A, B \in \mathcal{A}$ なら $e^{itH}E_T(A \cap B)e^{-itH} = e^{itH}E_T(A)e^{-itH}e^{itH}E_T(B)e^{-itH} = E_T(A \cap B)$ だから $A, B \in \mathcal{A}$，ゆえに $\mathcal{A}$ は σ-代数である．ゆえに，任意の開区間 (a, b) が $\mathcal{A}$ に属することを示せば証明が終わる．$u \in \mathcal{H}$ を任意に固定する．このとき，$\{\lambda \in \mathbb{R} : \|E_T(\{\lambda\})u\| > 0\}$ は可算集合だから，数列 $a_n \downarrow a, b_n \uparrow b$ を $E_T(\{a_n\})u = E(\{b_n\})u = 0$ を満たすように選べる．Stone の公式 (2) と (1.141) とから，この a_n, b_n に対して

$$e^{itH}E_T((a_n, b_n))e^{-itH}u$$
$$= \lim_{\varepsilon\downarrow 0}\frac{1}{2\pi i}\int_{a_n}^{b_n}e^{itH}((T-\lambda-i\varepsilon)^{-1} - (T-\lambda-i\varepsilon)^{-1})e^{-itH}ud\lambda = E_T((a_n, b_n))$$

が成立する．$(a_1, b_1) \subset (a_2, b_2) \subset \ldots$ で $\cup(a_n, b_n) = (a, b)$ だから，これより単調収束定理によって $e^{itH}E_T((a, b))e^{-itH}u = E_T((a, b))u$．ゆえに $(a, b) \in \mathcal{A}$ である． □

1.8 量子力学の ABC

例 1.157. ハミルトニアンは明らかに保存量である.ハミルトニアンが $H = p^2/2m + V(x)$ で与えられる 1 次元粒子の位置 x と運動量 p に対する Heisenberg 方程式を考える.

$$x(t) = e^{itH/\hbar} x e^{-itH/\hbar}, \quad p(t) = e^{itH/\hbar} p e^{-itH/\hbar}$$

と定義すれば,$(i\hbar)^{-1}[x(t), p(t)] = 1$ が成立する.したがって,Heisenberg 方程式は

$$\dot{x}(t) = (i\hbar)^{-1}[x(t), p(t)^2/2m] = p(t)/m, \quad \dot{p}(t) = (i\hbar)^{-1}[p(t), V(x(t))] = -V'(x(t)).$$

これは形式的には古典力学の運動方程式と同じであるが,作用素値関数に対するこの方程式を解くことは一般にはきわめて困難である.特に非有界作用素に対する Heisenberg の方程式は定義域などの取り扱いが一般にはきわめて面倒で,その取り扱いには十分な注意が必要である.

この本では発見的な議論に用いるほかは Heisenberg 方程式を用いることはない.

次の 2 つの章で具体的に解が書き表せる 2 つの量子力学系について詳しく述べる.

第 2 章

自由 Schrödinger 方程式

この章と次の章では初期値問題の解を初等関数を用いて具体的に求めることができる 2 つの Schrödinger 方程式, すなわち, **自由 Schrödinger 方程式**

$$i\hbar \partial_t u = H_0 u \equiv \frac{1}{2m} \sum_{j=1}^{d} \left(\frac{\hbar}{i} \frac{\partial}{\partial x_j} \right)^2 u \equiv -\frac{\hbar^2}{2m} \Delta u \tag{2.1}$$

と**量子調和振動子**

$$i\hbar \partial_t u = H_{os} u \equiv \left(-\frac{\hbar^2}{2m} \Delta + \frac{1}{2} k x^2 \right) u \tag{2.2}$$

の解の性質を調べる. ここで $m>0$ は粒子の質量, $k>0$ はバネ定数である. H_0 は**自由 Schrödinger 作用素**と呼ばれる. 自由 Schrödinger 方程式は独立な自由粒子の運動を記述し, そのすべての解は無限遠方に分散する粒子の運動を記述する. 一方, 調和振動子は強い引力の影響下にある粒子の運動を記述し, すべての解は力に束縛された粒子の運動を記述する. この 2 つの方程式は分散する粒子と束縛された粒子を記述する方程式の典型的な例で, これらの方程式の解を調べておくことは, これらの運動をあわせて記述する一般の Schrödinger 方程式を解析するのにおおいに参考になる.

この章では自由 Schrödinger 方程式について解説する. 2.1 節, 2.2 節では後の章でも頻繁に用いられる Sobolev 空間とベクトル値関数の Fourier 変換について述べる. この 2 つの節の内容はこの章で必要なこと以上でもある. これらの事項に習熟している読者はこの 2 つの節を読み飛ばされてよい. 2.3 節では自由 Schrödinger 方程式の初期値問題の解を与える公式を求め, 解が $t \to \pm\infty$ において分散することを示す. 2.4 節, 2.5 節は後のための節でもある. 2.4 節では解の定常表現について簡単に触れた. 最後に 2.5 節では H_0 のレゾルベント $(H_0 - z)^{-1}$ の積分表示を求める. この本では Planck 定数や質量の大きさは多くの場合問題にならない. このような場合, 式を簡単にするため, しばしば $\hbar = 1$, $m = 1$ あるいは $m = 1/2$ とする. 時間に依存する問題を考えるときには $m = 1$, そうでない場合は $m = 1/2$ とする場合が多い.

2.1 Sobolev 空間

この節と次の節では自由 Schrödinger 方程式 (2.1) の解を調べるのに必要なことがらを準備する．まず Sobolev 空間を定義してその基本的な性質を述べ，次に Fourier 変換をベクトル値関数に一般化し，ベクトル値 Sobolev 空間を定義する．

2.1.1 Sobolev 空間 $H^s(\mathbb{R}^d)$

$s \geq 0$ が整数のとき，Sobolev 空間 $H^s(\mathbb{R}^d)$ は s 階までの導関数が $L^2(\mathbb{R}^d)$ に属する関数の空間である．$H^s(\mathbb{R}^d)$ を一般の $s \in \mathbb{R}$ に対して定義しその性質を調べよう．

■**重み付き L^2 空間**　$w(x) > 0$ が $\mathbb{R}^d$ 上 Lebesgue 可測のとき, 測度 $w(x)dx$ に関する L^2 空間 $L^2(\mathbb{R}^d, w(x)dx)$ を**重み付き L^2 空間**という．$u \in L^2(\mathbb{R}^d, w(x)dx)$ と $\sqrt{w}u \in L^2(\mathbb{R}^d)$ は同値で, $u \mapsto \sqrt{w}u$ は $L^2(\mathbb{R}^d, w(x)dx)$ から $L^2(\mathbb{R}^d, dx)$ へのユニタリ作用素である．$\sqrt{w}u \in L^2(\mathbb{R}^d)$ であることと u がある $v \in L^2(\mathbb{R}^d)$ によって $u = \sqrt{w}^{-1}v$ と書けることとも同値なので $L^2(\mathbb{R}^d, w(x)dx)$ を $\sqrt{w}^{-1}L^2(\mathbb{R}^d, dx)$ とも書く．特に $s \in \mathbb{R}$ に対して次の記号を区別せずに用いる:

$$L^2_s(\mathbb{R}^d) = L^2(\mathbb{R}^d, \langle x \rangle^{2s} dx) = \langle x \rangle^{-s} L^2(\mathbb{R}^d).$$

補題 2.1（**重み付き L^2 空間の可分性**）．$w(x) > 0$ が $\mathbb{R}^d$ 上 Lebesgue 可測のとき, 重み付き L^2 空間 $L^2(\mathbb{R}^d, w(x)dx)$ は可分である．

証明. $k \in \mathbb{Z}$ に対して $\Omega_n = \{x \in \mathbb{R}^d : 2^k \leq w(x) < 2^{k+1}\}$ と定義する．このとき,

$$2^k \|u\|_{L^2(\Omega_k, dx)} \leq \|u\|_{L^2(\Omega_k, w(x)dx)} \leq 2^{k+1} \|u\|_{L^2(\Omega_k, dx)}, \quad k = 0, \pm 1, \ldots$$

だから任意の k に対して $L^2(\Omega_k, dx) \ni u \mapsto u \in L^2(\Omega_k, w(x)dx)$ は位相同型作用素．ゆえに $L^2(\Omega_k, w(x)dx)$ は可分である．

$$L^2(\mathbb{R}^d, w(x)dx) = \sum_{k=-\infty}^{\infty} \oplus L^2(\Omega_k, w(x)dx)$$

は可算個の可分 Hilbert 空間の直和空間である．ゆえに $L^2(\mathbb{R}^d, w(x)dx)$ も可分である． □

定義 2.2（**Sobolev 空間 $H^s(\mathbb{R}^d)$**）．$s \in \mathbb{R}$ に対して $\mathbb{R}^d$ 上の s 次 **Sobolev 空間** $H^s(\mathbb{R}^d)$ を

$$H^s(\mathbb{R}^d) = \{u \in \mathcal{S}'(\mathbb{R}^d) : \hat{u}(\xi) \in L^2_s(\mathbb{R}^d)\} \tag{2.3}$$

と定義する．$H^s(\mathbb{R}^d)$ の内積を次で定義する:

$$(u, v)_{H^s} = (\hat{u}, \hat{v})_{L^2_s} = \int \hat{u}(\xi) \overline{\hat{v}(\xi)} \langle \xi \rangle^{2s} d\xi. \tag{2.4}$$

命題 2.3.　(1) Sobolev 空間 $H^s(\mathbb{R}^d)$ は内積 (2.4) に関して可分な Hilbert 空間である.
(2) $s < t$ なら $H^t(\mathbb{R}^d) \subset H^s(\mathbb{R}^d)$ で, 埋め込みは連続である：
$$\|u\|_{H^s} \leq \|u\|_{H^t}, \quad s < t.$$

証明. 定義によって $\mathcal{F}H^s(\mathbb{R}^d) = L_s^2(\mathbb{R}^d)$, $(u,v)_{H^s} = (\hat{u}, \hat{v})_{L_s^2}$. Riesz–Fisher の定理によって $L_s^2(\mathbb{R}^d)$ は Hilbert 空間, ゆえに $H^s(\mathbb{R}^d)$ も Hilbert 空間で $\mathcal{F}$ は $H^s(\mathbb{R}^d)$ から $L_s^2(\mathbb{R}^d)$ へのユニタリ変換である. 補題 2.1 によって $H^s(\mathbb{R}^d)$ は可分である. $s < t$ なら $\|\langle x \rangle^s u\| \leq \|\langle x \rangle^t u\|$, $L_t^2(\mathbb{R}^d) \subset L_s^2(\mathbb{R}^d)$ で埋め込みは連続である. したがって $H^t(\mathbb{R}^d) \subset H^s(\mathbb{R}^d)$ で埋め込みは連続である. □

補題 2.4.　任意の $s \in \mathbb{R}$ に対して $\mathcal{S}(\mathbb{R}^d)$ は $H^s(\mathbb{R}^d)$ の稠密部分集合である.

証明.　Fourier 変換 $\mathcal{F}$ は $\mathcal{S}$ の同型写像で, H^s から L_s^2 へのユニタリ変換だから, $\mathcal{S}$ が H^s で稠密なことと L_s^2 で稠密なことは同値である. $C_0^\infty(\mathbb{R}^d) \subset \mathcal{S}(\mathbb{R}^d)$ だから, C_0^∞ が L_s^2 で稠密なことを示せばよい. $u \in L_s^2$, $\varepsilon > 0$ とする. $n = 1, 2, \ldots$, $0 < \kappa < 1$ に対して u_n, $u_{n,\kappa}(x)$ を補題 1.122 の証明の中のように定義する. $u_{n,\kappa} \in C_0^\infty(\{x: |x| < n+1\})$ で, 十分大きな n に対して $\|u_n - u\|_{L_s^2} < \varepsilon/2$, $\kappa \to 0$ のとき,
$$\|u_{n,\kappa} - u_n\|_{L_s^2} \leq (1 + (n+1)^2)^{\max(0,s)} \|u_{n,\kappa} - u_n\|_{L^2} \to 0.$$
ゆえに, 十分小さい $\kappa > 0$ に対して $\|u - u_{n,\kappa}\|_{L_s^2} < \varepsilon$. C_0^∞ は L_s^2 で稠密である. □

定理 2.5（整数階 Sobolev 空間の導関数による特徴づけ）**.** s が正整数のとき,
$$u \in H^s(\mathbb{R}^d) \Leftrightarrow \partial^\alpha u \in L^2(\mathbb{R}^d), \ \forall |\alpha| \leq s$$
ある. ただし, $\partial^\alpha u$ は u の超関数の微分である.
$$(u,v)_{H^s} = \sum_{|\alpha| \leq s} C_{s\alpha}(\partial^\alpha u, \partial^\alpha v), \quad \|u\|_{H^s}^2 = \sum_{|\alpha| \leq s} C_{s\alpha} \|\partial^\alpha u\|_{L^2}^2 \tag{2.5}$$
が成立する. ただし, $C_{s\alpha}$ は 2 項係数 $s!/(\alpha!(s-|\alpha|)!)$ である.

証明. $D = -i\partial$ と書く. 2 項公式によって $\langle \xi \rangle^{2s} = (1 + \xi_1^2 + \cdots + \xi_d^2)^s = \sum_{|\alpha| \leq s} C_{s\alpha} \xi^{2\alpha}$. したがって, 導関数の Fourier 変換の公式 $\xi^\alpha \hat{u} = \widehat{D^\alpha u}$, Parseval–Plancherel の定理によって
$$u \in H^s \Leftrightarrow \langle \xi \rangle^s \hat{u} \in L^2 \Leftrightarrow \xi^\alpha \hat{u} \in L^2, \ \forall |\alpha| \leq s \Leftrightarrow D^\alpha u \in L^2, \ \forall |\alpha| \leq s.$$
$$(u,v)_{H^s} = \sum_{|\alpha| \leq s} C_{s\alpha} \int_{\mathbb{R}^d} \xi^\alpha \hat{u}(\xi) \overline{\xi^\alpha \hat{v}(\xi)} d\xi = \sum_{|\alpha| \leq s} C_{s\alpha}(D^\alpha u, D^\alpha v).$$
定理が成立する. □

定理 2.6（$C_0^\infty \subset H^s$ の稠密性）**.** 任意の $s \in \mathbb{R}$ に対し $C_0^\infty(\mathbb{R}^d) \subset H^s(\mathbb{R}^d)$ は稠密である.

2.1 Sobolev 空間

証明. σ を $s \leq \sigma$ を満たす正整数とする. $\mathcal{S} \subset H^\sigma \subset H^s$, $\|u\|_{H^s} \leq \|u\|_{H^\sigma}$ で $\mathcal{S} \subset H^s$ は稠密 (補題 2.4). ゆえに, 任意の $u \in \mathcal{S}$, $\varepsilon > 0$ に対して $\|u - \varphi\|_{H^\sigma} < \varepsilon$ を満たす $\varphi \in C_0^\infty$ が存在することを示せばよい. $|x| \leq 1$ のとき, $\chi(x) = 1$ を満たす $\chi \in C_0^\infty(\{|x| < 2\})$ をとり, $n = 1, 2, \ldots$ に対して $u_n(x) = \chi(x/n)u(x)$ と定義する. $u_n \in C_0^\infty(\mathbb{R}^d)$ である. Leibniz の公式によって

$$\partial^\alpha(u_n(x) - u(x)) = (\chi(x/n) - 1)\partial^\alpha u(x) + \sum_{0 \neq \beta \leq \alpha} \binom{\alpha}{\beta} n^{-|\beta|}(\partial^\beta \chi)(x/n)\partial^{\alpha-\beta}u(x)$$

したがって, 大きな n に対して $\|u_n(x) - u(x)\|_{H^\sigma} < \varepsilon$ である. □

命題 2.7 (局所化定理). $s \in \mathbb{R}$ とする. $u \in H^s(\mathbb{R}^d)$ であれば, 任意の $\varphi \in C_0^\infty(\mathbb{R}^d)$ に対して, $\varphi(x)u(x) \in H^s(\mathbb{R}^d)$ で φ による掛け算は $H^s(\mathbb{R}^d)$ 上の有界作用素である.

証明. $s \geq 0$ とする. $\mathcal{F}(\varphi u) = (2\pi)^{-d/2}(\hat{\varphi} * \hat{u})$ で $\langle \xi \rangle \leq \sqrt{2}\langle \xi - \eta \rangle \langle \eta \rangle$ だから

$$\langle \xi \rangle^s |\mathcal{F}(\varphi u)(\xi)| \leq \frac{2^{\frac{s}{2}}}{(2\pi)^{\frac{d}{2}}} \int \langle \xi - \eta \rangle^s |\hat{\varphi}(\xi - \eta)| \langle \eta \rangle^s |\hat{u}(\eta)| d\eta.$$

Young の不等式を適用すれば $C_s = 2^{s/2}/(2\pi)^{d/2}$ に対して

$$\|\varphi u\|_{H^s} = \|\langle \xi \rangle^s \mathcal{F}(\varphi u)\|_{L^2} \leq C_s \|\langle \xi \rangle^s \hat{\varphi}\|_{L^1} \|\langle \xi \rangle^s \hat{u}\|_{L^2} \leq C \|u\|_{H^s}.$$

φ による掛け算は $H^s(\mathbb{R}^d)$ の有界作用素である. $s < 0$ のときは, $\langle \xi \rangle^{-1} \leq \sqrt{2}\langle \xi - \eta \rangle \langle \eta \rangle^{-1}$ を用いて同じ議論を繰り返せばよい. □

2.1.2 分数階 Sobolev 空間 $H^s(\mathbb{R}^d)$

定理 2.5 の事実から, 言葉を乱用して, 一般の $s > 0$ に対しても $u \in H^s(\mathbb{R}^d)$ は s 階以下の微分が L^2 に含まれる関数であるということがある. しばしば $H^s(\mathbb{R}^d)$ を単に H^s と書くことがある. 一般の $s > 0$ に対しても $u \in H^s(\mathbb{R}^d)$ であることを Fourier 変換 $\hat{u}$ を使わずに特徴づけ, $H^s(\mathbb{R}^d)$ の座標変換に関する不変性を示そう. のちに開集合上の Sobolev 空間 $H^s(\Omega)$ はこの性質を用いて定義される.

補題 2.8. $0 < \sigma < 1$ とする. d と σ のみによる定数 $C_{d\sigma}$ が存在して次が成立する.

$$\int_{\mathbb{R}^d} |\xi|^{2\sigma} |\hat{u}(\xi)|^2 d\xi = C_{d\sigma} \iint_{\mathbb{R}^d \times \mathbb{R}^d} \frac{|u(x) - u(y)|^2}{|x-y|^{d+2\sigma}} dxdy \tag{2.6}$$

証明. Plancherel の等式を用いる. $|e^{iy\xi} - 1| = 2|\sin(y\xi/2)|$ に注意すると (2.6) の右辺の積分は

$$\int_{\mathbb{R}^d} \left(\int_{\mathbb{R}^d} |u(x) - u(x+y)|^2 dx \right) \frac{dy}{|y|^{d+2\sigma}} = \int_{\mathbb{R}^d} \left(\int_{\mathbb{R}^d} |\sin(y\xi/2)|^2 |\hat{u}(\xi)|^2 d\xi \right) \frac{4dy}{|y|^{d+2\sigma}}$$

に等しい. 積分順序を交換して y を $y/|\xi|$ で置き換え, $\hat{\xi} = \xi/|\xi|$ と書けば右辺は

$$\int_{\mathbb{R}^d} \left(\int_{\mathbb{R}^d} \frac{|2\sin(y\xi/2)|^2}{|y|^{d+2\sigma}} dy \right) |\hat{u}(\xi)|^2 d\xi = \int_{\mathbb{R}^d} \left(\int_{\mathbb{R}^d} \frac{|2\sin(y\hat{\xi}/2)|^2}{|y|^{d+2\sigma}} dy \right) |\xi|^{2\sigma} |\hat{u}(\xi)|^2 d\xi$$

と書き換えられる. ここで右辺の内側の積分は ξ には依存せず定数

$$C_{d\sigma}^{-1} = 2^{2(1-\sigma)} \int_{\mathbb{R}^d} \frac{|\sin y_1|^2}{|y|^{d+2\sigma}} dy \leq 2^{2(1-\sigma)} \int_{\mathbb{R}^d} \frac{\min(1,|y|^2)}{|y|^{d+2\sigma}} dy < \infty$$

に等しい. □

以下, 式を短くするために多変数関数に対しても $\partial^\alpha u(x) = u^{(\alpha)}(x)$ などと書く.

定理 2.9 (分数階 Sobolev 空間). $s = k + \sigma$, $k \geq 0$ は整数, $0 < \sigma < 1$ とする. このとき, $u \in H^s(\mathbb{R}^d)$ であることと

$$\left(\sum_{|\alpha| \leq k} \|u^{(\alpha)}\|^2 + \sum_{|\alpha|=k} \iint_{\mathbb{R}^d \times \mathbb{R}^d} \frac{|u^{(\alpha)}(x) - u^{(\alpha)}(y)|^2}{|x-y|^{d+2\sigma}} dxdy \right)^{1/2} < \infty \quad (2.7)$$

であることは同値で $\|u\|_{H^s}$ と (2.7) は $H^s(\mathbb{R}^d)$ の同値なノルムである.

証明. s, d のみに依存する適当な定数 $C \geq 1$ が存在して

$$C^{-1} \langle \xi \rangle^{2s} \leq \sum_{|\alpha| \leq k} \xi^{2\alpha} + |\xi|^{2\sigma} \sum_{|\alpha|=k} \xi^{2\alpha} \leq C \langle \xi \rangle^{2s}$$

が成立するのは明らかである. (2.6) を用いれば

$$\int_{\mathbb{R}^d} \left(\sum_{|\alpha| \leq k} \xi^{2\alpha} + |\xi|^{2\sigma} \sum_{|\alpha|=k} \xi^{2\alpha} \right) |\hat{u}(\xi)|^2 d\xi$$
$$= \sum_{|\alpha| \leq k} \|D^\alpha u\|^2 + C_{d\sigma} \sum_{|\alpha|=k} \iint_{\mathbb{R}^d \times \mathbb{R}^d} \frac{|D^\alpha u(x) - D^\alpha u(y)|^2}{|x-y|^{d+2\sigma}} dxdy$$

である. ゆえに定理が成立する. □

問題 2.10. f を m 階までの導関数がすべて有界な C^m 級関数とする. 任意の $0 \leq s \leq m$ に対して f による掛け算作用素は $H^s(\mathbb{R}^d)$ の有界作用素であることを示せ.

■**Hadamard の逆関数定理** 次の大域的な逆関数の存在を保証する定理は Hadamard の逆関数定理と呼ばれる. 証明は [28] を参照.

補題 2.11. s を正整数とする. $\varphi\colon \mathbb{R}^d \to \mathbb{R}^d$ は C^s 級で, ある正定数 $\delta > 0$ に対して

$$|\varphi^{(\alpha)}(x)| \leq C_\alpha, \ 1 \leq |\alpha| \leq s; \quad |\det(\partial \varphi / \partial x)(x)| \geq \delta, \quad \forall x \in \mathbb{R}^d \quad (2.8)$$

とする. このとき, φ は微分同型で φ^{-1} も C^s 級. (2.8) が φ を φ^{-1} に替えて成立する.

2.1 Sobolev 空間

■**変数変換に関する不変性** 写像 $\varphi\colon \mathbb{R}^d \to \mathbb{R}^d$ と関数 $u\colon \mathbb{R}^d \to \mathbb{C}$ に対して
$$(\varphi^* u)(x) = u(\varphi(x))$$
と定義する．$\varphi^* u$ は φ による u の**引き戻し**と呼ばれる．

定理 2.12. $s = k + \sigma$, $k \geq 0$ は整数, $0 \leq \sigma < 1$, $\varphi\colon \mathbb{R}^d \to \mathbb{R}^d$ は補題 2.11 の条件を満たす C^{k+1} 級写像とする．このとき，φ^* は $H^s(\mathbb{R}^d)$ の同型写像である．d, s と φ のみによる定数 $C_d \geq 1$ が存在して次が成立する．

$$C_d^{-1} \|u\|_{H^s(\mathbb{R}^d)} \leq \|\varphi^* u\|_{H^s(\mathbb{R}^d)} \leq C_d \|u\|_{H^s(\mathbb{R}^d)}. \tag{2.9}$$

証明. φ^{-1} も φ と同じ性質を満たし，$\varphi^* \circ (\varphi^{-1})^* u = (\varphi^{-1})^* \circ \varphi^* u = u$ だから

$$\|\varphi^* u\|_{H^s(\mathbb{R}^d)} \leq C_d \|u\|_{H^s(\mathbb{R}^d)}, \quad u \in H^s(\mathbb{R}^d) \tag{2.10}$$

を示せばよい．$s = 0$ のときは積分の変数変換公式によって

$$\|\varphi^*(u)\|^2 = \int_{\mathbb{R}^d} |u(\varphi(x))|^2 dx = \int_{\mathbb{R}^d} |u(y)|^2 |\det(\partial \varphi^{-1}/\partial y)| dy \leq \delta^{-1} \|u\|^2.$$

$\varphi = (\varphi_1, \ldots, \varphi_d)$ と書く．合成関数の微分法によって適当な定数 $C_{\alpha\beta\gamma}$ を用いて

$$\partial_x^\alpha \{u(\varphi(x))\} = \sum_{|\beta| \leq |\alpha|} u^{(\beta)}(\varphi(x)) \psi_{\alpha\beta}(x), \tag{2.11}$$

$$\psi_{\alpha\beta}(x) = \sum C_{\alpha\beta\gamma} \prod_{j=1}^{\beta_1} \varphi_1^{(\gamma_j^{(1)})}(x) \cdots \prod_{j=1}^{\beta_d} \varphi_d^{(\gamma_j^{(d)})}(x). \tag{2.12}$$

ただし (2.11) の和は $|\beta| \leq |\alpha|$ を満たすすべての $\beta = (\beta_1, \ldots, \beta_d) \in \overline{\mathbb{N}}^d$ について，(2.12) の和は $\alpha = \gamma_1^{(1)} + \cdots + \gamma_{\beta_d}^{(d)}$, $\gamma_j^{(i)} \neq 0$, $1 \leq j \leq \beta_d$, $1 \leq i \leq \beta_j$ を満たすすべての多重指数 $\gamma = \{\gamma_1^{(1)}, \ldots, \gamma_{\beta_1}^{(1)}, \ldots, \gamma_1^{(d)}, \ldots, \gamma_{\beta_d}^{(d)}\} \in \mathbb{N}^{|\beta|}$ についてとる．これより $|\partial_x^\alpha \{u(\varphi(x))\}| \leq C \sum_{|\beta| \leq |\alpha|} |u^{(\beta)}(\varphi(x))|$, ゆえに

$$\sum_{|\alpha| \leq k} \|(\varphi^* u)^{(\alpha)}\|^2 \leq C \delta^{-1} \sum_{|\alpha| \leq k} \sum_{|\beta| \leq |\alpha|} \|u^{(\beta)}\| \leq C \|u\|_{H^k(\mathbb{R}^d)}^2. \tag{2.13}$$

ゆえに (2.9) は $s = k$ が正整数のときには成立する (実際，このときは φ が $s = k$ として補題 2.11 の条件を満たせば十分である)．

次に $s = k + \sigma$, $0 < \sigma < 1$ とする．この場合，定理は Sobolev 空間の補間定理 (付録 A.1.3) からも従うが，ここでは (2.7) を用いて直接証明する．$|\alpha| = k$ のときの (2.11) の右辺の項の 1 つをとって $u^{(\beta)}(\varphi(x)) = v(x)$, $\psi_{\alpha\beta}(x) = \psi(x)$ と書く．$|\psi(x)| + |\nabla\psi(x)| \leq C$ である．$|x - y| \geq 1$ のときは $|v(x)\psi(x) - v(y)\psi(y)| \leq 2C^2(|v(x)|^2 + |v(y)|^2)$ と評価して対称性に注意すれば

$$\iint_{|x-y| \geq 1} \frac{|v(x)\psi(x) - v(y)\psi(y)|^2}{|x-y|^{d+2\sigma}} dx dy \leq 4C^2 \iint_{|x-y| \geq 1} \frac{|v(x)|^2}{|x-y|^{d+2\sigma}} dx dy.$$

右辺をまず y について積分すれば新たな定数 C を用いて

$$\iint_{|x-y|\geq 1} \frac{|v(x)\psi(x) - v(y)\psi(y)|^2}{|x-y|^{d+2\sigma}} dxdy \leq C\|u^{(\beta)}\|^2. \tag{2.14}$$

$|x-y| \leq 1$ のときは $|v(x)\psi(x) - v(y)\psi(y)| \leq C(|v(x)-v(y)| + |x-y||v(y)|)$ として

$$\iint_{|x-y|\leq 1} \frac{|v(x)\psi(x) - v(y)\psi(y)|^2}{|x-y|^{d+2\sigma}} dxdy$$
$$\leq 2C^2 \iint_{|x-y|\leq 1} \frac{|v(x)-v(y)|^2}{|x-y|^{d+2\sigma}} dxdy + 2C^2 \iint_{|x-y|\leq 1} \frac{|v(y)|^2}{|x-y|^{d-2(1-\sigma)}} dxdy. \tag{2.15}$$

x について先に積分すれば 右辺第 2 項 $\leq C\|v\|^2 \leq C\|u\|_{H^s}^2$. 第 1 項では $\varphi(x) \to x$, $\varphi(y) \to y$ と変数変換する. $|\varphi^{-1}(x) - \varphi^{-1}(y)| \geq C_1|x-y|$ だから, 新たな定数 C を用いて

$$(2.15) \text{ の右辺第 1 項} \leq C \iint_{C_1|x-y|\leq 1} \frac{|u^{(\beta)}(x) - u^{(\beta)}(y)|^2}{|x-y|^{d+2\sigma}} dxdy. \tag{2.16}$$

$|\beta| = k$ のときは定理 2.9 によって (2.16) の右辺 $\leq C\|u\|_{H^s}^2$. $|\beta| \leq k-1$ のときは

$$|u^{(\beta)}(x) - u^{(\beta)}(y)|^2 \leq |x-y|^2 \int_0^1 |\nabla u^{(\beta)}(x+\theta(x-y))|^2 d\theta$$

を代入して Fubini の定理を用いて積分順序を交換し, 次いで $(x,y) \to (x, x-z)$ と積分変数を変換すれば (2.15) の右辺第 2 項と同様にして

$$(2.16) \text{ の右辺} \leq \int_0^1 \left(\iint_{C_1|z|\leq 1} \frac{|\nabla u^{(\beta)}(x+\theta z))|^2}{|z|^{d-2(1-\sigma)}} dxdz \right) d\theta \leq C\|\nabla u^{(\beta)}\|^2 \leq C\|u\|_{H^s}^2.$$

ゆえに (2.11) に従って和をとれば

$$\sum_{|\alpha|=k} \int_{\mathbb{R}^d \times \mathbb{R}^d} \frac{|u^{(\alpha)}(x) - u^{(\alpha)}(y)|^2}{|x-y|^{d+2\sigma}} dxdy \leq C\|u\|_{H^s(\mathbb{R}^d)}^2$$

である. これと (2.13) とをあわせて (2.9) が, したがって定理が一般の $u \in H^s(\mathbb{R}^d)$ に対して成立することがわかる. □

2.1.3 正整数階 Sobolev 空間の関数の微分可能性

s が正整数のとき, $u \in H^s(\mathbb{R}^d)$ はほとんど至るところ通常の意味でも s 階偏微分可能で, 偏導関数は超関数としての偏導関数に等しいことを示そう. 関数の滑らかさについての術語を思い出しておく. 開集合 Ω に対して $\overline{K}$ が Ω のコンパクト部分集合であるとき

2.1 Sobolev 空間

$K \Subset \Omega$ と書く. 開区間 I 上の関数は任意の有界閉部分区間上で絶対連続のとき, **局所絶対連続**といわれる. 開集合 $\Omega \subset \mathbb{R}^d$ 上の関数 f はある $0 < \sigma < 1$ に対して

$$\|f\|_{C^\sigma(\Omega)} = \sup_{x,y \in \Omega, x \neq y} \frac{|f(x) - f(y)|}{|x - y|^\sigma} < \infty \tag{2.17}$$

を満たすとき σ 次 **Hölder 連続**, また任意の $K \Subset \Omega$ に対して

$$\sup_{x,y \in K, x \neq y} \frac{|f(x) - f(y)|}{|x - y|^\sigma} < \infty \tag{2.18}$$

を満たすとき σ 次**局所 Hölder 連続**, あるいは C^σ 級といわれる. $\sigma = 1$ に対して (2.17) (あるいは (2.18)) を満たす関数は (局所)**Lipschitz 連続**といわれる. C^k 級ですべての k 階導関数が σ 次局所 Hölder 連続 $(0 \leq \sigma < 1)$ の関数は $C^{k+\sigma}$ 級であるといわれる.

■H^s **関数の微分可能性：1 次元の場合**　Lebesgue 測度 0 の集合を**零集合**という. s を正整数とする.

定理 2.13. $\mathbb{R}$ の零集合上で $u(x)$ の値を適当に変更すれば,

$$u \in H^s(\mathbb{R}^1) \Leftrightarrow u \text{ は } C^{s-1} \text{ 級}, u^{(s-1)} \text{ は局所絶対連続で } u, u', \ldots, u^{(s)} \in L^2(\mathbb{R}^1).$$

このとき, $u^{(s-1)}$ は $\frac{1}{2}$ 次 Hölder 連続である.

証明. 通常の導関数と超関数微分を区別するため前者を u', 後者を ∂u と書く. u が局所絶対連続のとき, $u' = \partial u$ であるのは部分積分公式

$$\int_{\mathbb{R}} u'(x) \varphi(x) dx = - \int_{\mathbb{R}} u(x) \varphi'(x) dx, \quad \varphi \in C_0^\infty(\mathbb{R})$$

から明らかである. ゆえに $\Leftarrow$ は明らかである. $\Rightarrow$ を示す. まず $u \in H^1(\mathbb{R})$ とする. $\|u_n - u\|_{H^1} \to 0 \ (n \to \infty)$ を満たす $u_n \in C_0^\infty$, $n = 1, 2, \ldots$ が存在する.

$$g_n(x) = u_n'(x) + u_n(x), \quad n = 1, 2, \ldots \tag{2.19}$$

と定義する. $g_n \in C_0^\infty$ で (2.19) を u_n について解けば

$$u_n(x) = e^{-x} \int_{-\infty}^x e^y g_n(y) dy.$$

$n \to \infty$ とする. $\|g_n - (\partial u + u)\|_{L^2} \to 0$, 適当な部分列をとればほとんど至るところ $u_n(x) \to u(x)$ だから

$$u(x) = e^{-x} \int_{-\infty}^x e^y (\partial u(y) + u(y)) dy, \quad \text{a.e. } x \in \mathbb{R}^1. \tag{2.20}$$

$e^y(\partial u(y) + u(y))$ は任意の $a \in \mathbb{R}$ に対して $(-\infty, a]$ 上可積分だから, 零集合上で訂正すれば $u(x)$ は局所絶対連続で, Schwarz の不等式によって

$$|u(x)| \leq \left(\int_{-\infty}^x e^{-2(x-y)} dy \right)^{1/2} (\|\partial u\| + \|u\|) \leq \|u\|_{H^1}. \tag{2.21}$$

(2.20) を微分すれば $u'(x) = \partial u(x)$, a.e. $x \in \mathbb{R}$ である.

$$|u(x) - u(y)| = \left|\int_y^x u'(t)dt\right| \leq \left|\int_y^x |u'(t)|dt\right| \leq |x-y|^{\frac{1}{2}} \|u'\|^{\frac{1}{2}}$$

だから u は $\frac{1}{2}$ 次 Hölder 連続である. $u \in H^2(\mathbb{R}^1)$ は $u, u' \in H^1(\mathbb{R}^1)$ と同値だから, u, u' は絶対連続, ゆえに u は C^1 級で $u, u', u'' \in L^2$ である. $u \in H^s$ なら以上の議論を s 回繰り返せば u は C^{s-1} 級, $u^{(s-1)}$ は絶対連続で $u, \ldots, u^{(s)} \in L^2$ である. □

■H^s 関数の微分可能性：多次元の場合　定理 2.13 を一般次元 $d \geq 2$ に拡張する. $\mathbb{R}^d$ 上の関数 $u(x)$ を, 変数 x を $x = (x', x'') \in \mathbb{R}^n \times \mathbb{R}^{d-n}$, $1 \leq n \leq d-1$ と分割して, パラメータ x'' をもつ x' の関数と考えるときは $u(x) = u_{x''}(x')$, パラメータ x' をもつ x'' の関数と考えるときは $u(x) = u_{x'}(x'')$ と書く. s は正整数とする.

補題 2.14. $u \in H^s(\mathbb{R}^d)$ とする. $\mathbb{R}^{d-n}$ の零集合 N が存在して次が成立する.

任意の $|\beta| \leq s$, $x'' \notin N$ に対して $(\partial_{x''}^\beta u)_{x''} \in H^{s-|\beta|}(\mathbb{R}_{x'}^n)$ で, 任意の $|\alpha| \leq s - |\beta|$ に対して $\partial_{x'}^\alpha (\partial_{x''}^\beta u)_{x''}(x') = (\partial_{x'}^\alpha \partial_{x''}^\beta u)(x', x'')$, a.e. $x \in \mathbb{R}^n$.

変数 x' と x'' の役割を取り替えても同様である. 特に任意の $|\alpha| + |\beta| \leq s$ に対して

$$\partial_{x'}^\alpha(\partial_{x''}^\beta u)_{x''}(x') = \partial_{x''}^\beta(\partial_{x'}^\alpha u)_{x'}(x'') = (\partial_{x'}^\alpha \partial_{x''}^\beta u)(x', x'') \tag{2.22}$$

が $\mathbb{R}^d$ 上でほとんど至るところ成立する.

証明. 定理 2.5 によって $|\beta| \leq s$ を満たす任意の $\beta \in \overline{\mathbb{N}}^{d-n}$ に対して

$$\int_{\mathbb{R}^{d-n}} \Big(\sum_{|\alpha| \leq s-|\beta|} \int_{\mathbb{R}^n} |\partial_{x'}^\alpha \partial_{x''}^\beta u(x', x'')|^2 dx' \Big) dx'' \leq \|u\|_{H^s}^2.$$

したがって, $\mathbb{R}^{d-n}$ の零集合 N_0 が存在して, $x'' \notin N_0$ に対して, $(\partial_{x''}^\beta u)_{x''} \in H^{s-|\beta|}(\mathbb{R}_{x'}^n)$ である. $|\alpha + \beta| \leq s$ のとき, 超関数の微分の定義によって任意の $\varphi \in C_0^\infty(\mathbb{R}^d)$ に対して

$$\langle \partial_{x'}^\alpha \partial_{x''}^\beta u, \varphi \rangle = (-1)^{|\alpha|} \langle \partial_{x''}^\beta u, \partial_{x'}^\alpha \varphi \rangle.$$

$C_0^\infty(\mathbb{R}^d) \subset H^s(\mathbb{R}^d)$ は稠密だからこれは任意の $\varphi \in H^s(\mathbb{R}^d)$ に対して成立する. この左辺と右辺を Fubini の定理を用いて逐次積分として書けば

$$\int_{\mathbb{R}^{d-n}} \left(\int_{\mathbb{R}^n} \partial_{x'}^\alpha \partial_{x''}^\beta u \cdot \varphi dx' \right) dx'' = (-1)^{|\alpha|} \int_{\mathbb{R}^{d-n}} \left(\int_{\mathbb{R}^n} \partial_{x''}^\beta u \cdot \partial_{x'}^\alpha \varphi dx' \right) dx'.$$

特に変数分離型の $\varphi = \varphi_1(x') \otimes \varphi_2(x'')$, $\varphi_1 \in H^s(\mathbb{R}^n)$, $\varphi_2 \in H^s(\mathbb{R}^{d-n})$ をとれば

$$\int_{\mathbb{R}^{d-n}} \langle (\partial_{x'}^\alpha \partial_{x''}^\beta u)(\cdot, x''), \varphi_1 \rangle \varphi_2(x'') dx'' = (-1)^{|\alpha|} \int_{\mathbb{R}^{d-n}} \langle \partial_{x''}^\beta u(\cdot, x''), \partial_{x'}^\alpha \varphi_1 \rangle \varphi_2(x'') dx''.$$

2.1 Sobolev 空間　　　　　　　　　　　　　　　　　　　　　　　　　　　　　　79

したがって, $\varphi_1 \in H^s(\mathbb{R}^n)$ に依存する $\mathbb{R}^{d-n}$ の零集合 N_{φ_1} が存在して任意の $x'' \notin N_{\varphi_1}$ に対して
$$\langle (\partial_{x'}^\alpha \partial_{x''}^\beta u)(\cdot, x''), \varphi_1 \rangle = (-1)^{|\alpha|} \langle (\partial_{x''}^\beta u)(\cdot, x''), \partial_{x'}^\alpha \varphi_1 \rangle \tag{2.23}$$
が成立する. しかし $H^s(\mathbb{R}^n)$ は可分だから (命題 2.3 参照), これより $\mathbb{R}^{d-n}$ の零集合 $\tilde{N}$ が存在して, $x'' \notin \tilde{N}$ のとき, (2.23) が任意の $\varphi_1 \in H^s(\mathbb{R}^n)$ に対して成立することがわかる. ゆえに $N = N_0 \cup \tilde{N}$ とおけば任意の $x'' \notin N$ に対して, $\partial_{x'}^\alpha (\partial_{x''}^\beta u)_{x''}(x') = (\partial_{x'}^\alpha \partial_{x''}^\beta u)(x', x'') = (\partial_{x'}^\alpha \partial_{x''}^\beta u)_{x''}(x')$, a.e. $x' \in \mathbb{R}^n$ である. 残りの命題はこれから明らかである.

□

定理 2.15. $u \in H^s(\mathbb{R}^d)$, $d \geq 2$ とする. $x = (x_1, x') \in \mathbb{R} \times \mathbb{R}^{d-1}$ と書く. $\mathbb{R}^{d-1}$ の零集合 N が存在して次が成立する:任意の $x' \notin N$ に対して x_1 の C^{s-1} 級関数 $u_{x'}(x_1)$ で, $u(x_1, x') = u_{x'}(x_1)$, a.e. $x_1 \in \mathbb{R}^1$ を満たすものがただ 1 つ存在する. このとき, $u_{x'}^{(s-1)}(x_1)$ は絶対連続で, $u_{x'}(x_1), u_{x'}^{(1)}(x_1), \ldots, u_{x'}^{(s)}(x_1) \in L^2(\mathbb{R})$ である. $x = (x_1, x')$ の関数と考えるときは $u_{x'}^{(j)}(x_1)$ を $u^{(j)}(x_1, x')$ と書くことにすると, さらに次が成立する:

(1) $u_{x'}^{(j)}(x_1) = (\partial_{x_1}^j u)_{x'}(x_1)$. $u^{(j)}(x_1, x') \in H^{s-j}(\mathbb{R}^d)$.
(2) ほとんどすべての $x_1 \in \mathbb{R}^1$ に対して $u^{(j)}(x_1, \cdot) \in H^{(s-j)}(\mathbb{R}^{d-1})$.
(3) 任意の $x_1 \in \mathbb{R}$ に対して $u^{(j)}(x_1, \cdot) \in H^{(s-j-1)}(\mathbb{R}^{d-1})$ で, $\mathbb{R} \ni x_1 \to u^{(j)}(x_1, \cdot) \in H^{(s-j-1)}(\mathbb{R}^{d-1})$ は $C^{1/2}$-級である.

以上は変数 x_1 を x_i, $i = 2, \ldots, d$ に変えても同様である.

注意 2.16. $c \in \mathbb{R}$ に対して, $u(c, \cdot) \in H^{s-1}(\mathbb{R}^{d-1})$ を u の平面 $x_1 = c$ への**トレース**という. 定理 2.15 の命題 (3) は次節において精密化される.

証明. 補題 2.14 によって $\mathbb{R}^{d-1}$ の零集合 N が存在して $x' \notin N$ に対して, $u_{x'} \in H^s(\mathbb{R})$ である. したがって定理 2.13 によって, $x' \notin N$ のとき, $u(x_1, x') = u_{x'}(x_1)$, a.e. $x_1 \in \mathbb{R}^1$ を満たす C^{s-1} 級関数 $u_{x'}(x_1)$ がただ 1 つ存在し, $u_{x'}^{(s-1)}(x_1)$ は絶対連続, $u_{x'}(x_1), u_{x'}^{(1)}(x_1), \ldots, u_{x'}^{(s)}(x_1) \in L^2(\mathbb{R})$ である. (1), (2) は補題 2.14 から明らかである.

(3) $j = 0$ の場合を示せばよい. $u^{(j)}(x_1, x') = \partial_{x_1}^j u(x_1, x') \in H^{s-j}(\mathbb{R}^d)$ だから, 一般の場合は $\partial_{x_1}^j u$ を u と考えて $j = 0$ の場合に帰着するからである. 定理の前半の議論を $\{\partial_{x'}^\alpha u: |\alpha| \leq s-1\}$ に適用すれば, $\mathbb{R}^{d-1}$ の零集合 N が存在して任意の $x' \notin N$ に対してすべての $(\partial_{x'}^\alpha u)_{x'}(x_1)$ が絶対連続である. (2.22) によって任意の $|\alpha| \leq s-1$ に対して $\partial_{x'}^\alpha u \in L^2(\mathbb{R}^d)$ である. したがって,
$$\partial_{x'}^\alpha u(a, \cdot) \in L^2(\mathbb{R}^{d-1}), \quad |\alpha| \leq s-1$$
を満たす $a \in \mathbb{R}$ が存在する. $x' \notin N$ に対して, $\partial_{x'}^\alpha u(x_1, x') = (\partial_{x'}^\alpha u)_{x'}(x_1)$ と考えて微分

積分学の基本定理を用いれば

$$\partial_{x'}^{\alpha} u(b, x') - \partial_{x'}^{\alpha} u(a, x') = \int_a^b (\partial_{x'}^{\alpha} u)'_{x'}(x_1) dx_1. \tag{2.24}$$

ゆえに Schwarz の不等式によって

$$|\partial_{x'}^{\alpha} u(b, x') - \partial_{x'}^{\alpha} u(a, x')|^2 \leq |b - a| \int_a^b |(\partial_{x'}^{\alpha} u)'_{x'}(x_1)|^2 dx_1.$$

両辺を $x' \in \mathbb{R}^{d-1}$ で積分する. (2.22) によって $(\partial_{x'}^{\alpha} u)'_{x'}(x_1) = \partial_{x_1} \partial_{x'}^{\alpha} u(x_1, x')$ だから

$$|b - a| \int_{\mathbb{R}^{d-1}} \left(\int_a^b |(\partial_{x'}^{\alpha} u)'_{x'}(x_1)|^2 dx_1 \right) dx' \leq |b - a| \|u\|_{H^s(\mathbb{R}^d)}^2 < \infty.$$

したがって, 任意の $b \in \mathbb{R}$ に対して $u(b, \cdot) \in H^{s-1}(\mathbb{R}^{d-1})$ で

$$C^{-1} \|u(b, \cdot) - u(a, \cdot)\|_{H^{s-1}}^2 \leq \sum_{|\alpha| \leq s-1} \|\partial_{x'}^{\alpha} u(b, \cdot) - \partial_{x'}^{\alpha} u(a, \cdot)\|^2 \leq |b - a| \|u\|_{H^s(\mathbb{R}^d)}^2.$$

$x_1 \mapsto u(x_1, \cdot) \in H^{s-1}(\mathbb{R}^{d-1})$ は $\frac{1}{2}$ 次 Hölder 連続である. □

注意 2.17. 例えば $d = 2, s = 2$ なら, $x_1 \mapsto u(x_1, \cdot) \in H^1(\mathbb{R}^1)$ は Hölder 連続だから (2.21) によって

$$\sup_x |u(b, x) - u(a, x)| \leq \|u(b, \cdot) - u(a, \cdot)\|_{H^1} \leq |b - a|^{1/2} \|u\|_{H^2(\mathbb{R}^2)} \tag{2.25}$$

零集合 $N \subset \mathbb{R}$ に属する a を除けば $u(a, x)$ は, 定理 2.13 のように, x の連続関数としてよいから, (2.25) によって u にほとんど至るところ一致する $\mathbb{R}^2$ の連続関数が存在する. この議論を繰り返せば任意の $u \in H^d(\mathbb{R}^d)$ に対して u にほとんど一致する $\mathbb{R}^d$ 上の連続関数が存在することがわかるが, 次の節でこの事実は $s > d/2$ であれば任意の $u \in H^s(\mathbb{R}^d)$ に対して成立することが示される.

注意 2.18. 定理 2.15 の証明から $1 \leq p \leq \infty$ のとき, 任意の $|\alpha| \leq s$ に対して $\partial^{\alpha} u \in L^p(\mathbb{R}^d)$ を満たす u に対して, 定理 2.15 と類似の定理が成立する. 特に, $\nabla u \in L_{\text{loc}}^1(\mathbb{R}^d)$ ならほとんど至るところ通常の意味での偏微分 $\partial_1 u(x), \ldots, \partial_d u(x)$ が存在する. この事実はのちに補題 4.70 において用いられる.

問題 2.19. 次を示せ. $D_j = -i \partial_j, D = (D_1, \ldots, D_d)$ である.

(1) 微分作用素 $D_j, j = 1, \ldots, d$ は H^s から H^{s-1} への連続写像である.
(2) $H^s = \{u \in H^{s-1} : D_1 u, \ldots, D_d u \in H^{s-1}\}$ が成立する.
(3) 任意の k に対して $H^s = \{u \in H^{s-k} : D^{\alpha} u \in H^{s-k}, |\alpha| \leq k\}$ が成立する.

問題 2.20. $s = 0, 1, \ldots$, $a \in C^s(\mathbb{R}^d)$ 級で $|\partial^{\alpha} a|, |\alpha| \leq s$ は有界とする. このとき, $u \mapsto au$ は任意の $0 \leq \sigma \leq s$ に対して $H^{\sigma}(\mathbb{R}^d)$ の有界作用素であることを示せ.

2.1 Sobolev 空間

補題 2.21. $s = 1, 2, \ldots$ とする. 次が成立する.

(1) $u \in H^s(\mathbb{R}^d)$ とする. 次を満たす $u_0, \ldots, u_d \in H^{s+1}(\mathbb{R}^d)$ が存在する:

$$u = u_0 + D_1 u_1 + \cdots + D_d u_d, \quad \|u\|_{H^s}^2 = \sum_{j=0}^{d} \|u_j\|_{H^{s+1}}^2. \quad (2.26)$$

(2) 任意の $u \in H^{-s}(\mathbb{R}^d)$ に対して次を満たす $\{u_\alpha : |\alpha| \leq s\} \subset L^2(\mathbb{R}^d)$ が存在する:

$$u = \sum_{|\alpha| \leq s} D^\alpha u_\alpha, \quad C_1 \sum_{|\alpha| \leq s} \|u_\alpha\|^2 \leq \|u\|_{H^{-s}}^2 \leq C_2 \sum_{|\alpha| \leq s} \|u_\alpha\|^2 \quad (2.27)$$

ただし C_1, C_2 は u によらない定数である.

証明. $u_0(x) = \mathcal{F}^{-1}(\langle \xi \rangle^{-2} \hat{u})(x)$, $u_j(x) = \mathcal{F}^{-1}(\langle \xi \rangle^{-2} \xi_j \hat{u})(x)$, $j = 1, \ldots, d$ とすれば (1) が成立する. $|\alpha| \leq s$ に対して $u_\alpha = \mathcal{F}^{-1}(\xi^\alpha \langle \xi \rangle^{-2s} \hat{u})$ と定義すれば (2) が成立する. □

2.1.4 Sobolev の埋蔵定理

$s > d/2$ のとき, $u \in H^s(\mathbb{R}^d)$ はほとんど至るところ連続関数に等しい. より一般に次の **Sobolev の埋蔵定理**が成立する.

定理 2.22. $u \in H^s(\mathbb{R}^d)$, $s - d/2 = k + \sigma$, ただし, $k \geq 0$ は整数, $0 < \sigma < 1$ とする. 零集合上で訂正すれば u は $C^{k+\sigma}$ 級で. $x \in \mathbb{R}^d$, u によらない定数 $C > 0$ に対して次が成立する:

$$\sum_{|\alpha| \leq k} |u^{(\alpha)}(x)| + \sup_{0 < |h| < 1} \sum_{|\alpha| = k} \frac{|u^{(\alpha)}(x+h) - u^{(\alpha)}(x)|}{|h|^\sigma} \leq C \|u\|_{H^s}. \quad (2.28)$$

証明. まず $k = 0$ のときに示す. $2s > d$ だから Schwarz の不等式によって

$$(2\pi)^{\frac{d}{2}} |u(x)| \leq \int |\hat{u}(\xi)| d\xi \leq \int \langle \xi \rangle^{-s} \cdot \langle \xi \rangle^s |\hat{u}(\xi)| d\xi \leq \|\langle \xi \rangle^{-s}\|_2 \cdot \|u\|_{H^s}.$$

$|e^{ih\xi} - 1| = 2|\sin(h\xi/2)|$ を $|h||\xi| < 1$ のときは $|h||\xi|$, $|h||\xi| \geq 1$ のときには 2 で評価し, 再び $|\hat{u}(\xi)| = \langle \xi \rangle^{-s} \cdot \langle \xi \rangle^s |\hat{u}(\xi)|$ とおいて Schwarz の不等式を用いれば,

$$(2\pi)^{\frac{d}{2}} |u(x+h) - u(x)| \leq \left| \int (e^{i(x+h)\xi} - e^{ix\xi}) \hat{u}(\xi) d\xi \right| \leq \int |e^{ih\xi} - 1||\hat{u}(\xi)| d\xi$$

$$\leq \int_{|h||\xi| < 1} |h||\xi| |\hat{u}(\xi)| d\xi + 2 \int_{|h||\xi| > 1} |\hat{u}(\xi)| d\xi$$

$$\leq \|u\|_{H^s} \left\{ |h| \left(\int_{|\xi| < |h|^{-1}} |\xi|^2 \langle \xi \rangle^{-2s} d\xi \right)^{\frac{1}{2}} + 2 \left(\int_{|\xi| > |h|^{-1}} \langle \xi \rangle^{-2s} d\xi \right)^{\frac{1}{2}} \right\}.$$

ここで $0 < 2s - d = 2\sigma < 2$ だから, 右辺は $|h| \leq 1$ のとき, $C\|u\|_{H^s}|h|^\sigma$ で評価される. ゆえに $k = 0$ のとき, 定理は成立する. $k \geq 1$ のとき, 定理 2.15 と補題 2.21 によって, $u \in H^s$ と $u, \partial_1 u, \ldots, \partial_d u \in H^{s-1}$ は同値である. ただし, $\partial_j u$ は通常の意味での x_j に関する偏導関数である. したがって, 一般の場合の定理は $k = 0$ の場合から, 帰納的に得られる. □

■Sobolev 空間の L^p 空間への埋蔵定理 $0 < s < d/2$ のとき, $H^s(\mathbb{R}^d)$ は $p > 2$ を満たす適当な $L^p(\mathbb{R}^d)$ 空間に連続的に埋め込まれることを示そう. 複素補間理論 (付録 A.1 節参照) によって $0 < \theta < 1$, $s_0, s_1 \in \mathbb{R}$, $1 \leq p_0, p_1 \leq \infty$ に対して

$$(H^{s_0}(\mathbb{R}^d), H^{s_1}(\mathbb{R}^d))_\theta = H^{(1-\theta)s_0 + \theta s_1}(\mathbb{R}^d), \quad (L^{p_0}, L^{p_1})_\theta = L^p, \quad \frac{1}{p} = \frac{(1-\theta)}{p_0} + \frac{\theta}{p_1}$$

が成立することを用いる.

定理 2.23. $0 < s < d/2$, $1/2 - s/d \leq 1/p \leq 1/2$ とする. このとき, $H^s(\mathbb{R}^d) \subset L^p(\mathbb{R}^d)$ である. u によらない定数 $C_{d,s,p}$ が存在して次が成立する:

$$\|u\|_{L^p} \leq C_{d,s,p}\|u\|_{H^s} \tag{2.29}$$

証明. $H^s(R^d) \subset L^2(\mathbb{R}^d)$ で $\|u\|_{L^2} \leq \|u\|_{H^s}$ だから, 複素補間定理 (定理 A.7) によって $1/p = 1/2 - s/d$ のときに証明すれば十分である. $\hat{u} \in L^2$ で $|\xi|^s \hat{u} \in L^2$ である. したがって, $f = \mathcal{F}^*(|\xi|^s \hat{u})$ とおけば, $\hat{f} \in L^2$, $|\xi|^{-s} \in L^2_{\text{loc}}(\mathbb{R}^d)$ だから次の両辺は局所可積分で $\mathcal{S}'(\mathbb{R}^d)$ において

$$\hat{u}(\xi) = |\xi|^{-s} \hat{f}(\xi)$$

が成立する. ゆえに $u(x) = \mathcal{F}^*(|\xi|^{-s}\hat{f})(x) = I_s f(x)$. Hardy–Littlewood–Sobolev の不等式によって, $u \in L^p(\mathbb{R}^d)$ で $\|u\|_{L^p} \leq C_{d,s,p}\|f\|_{L^2} \leq C'_{d,s,p}\|u\|_{H^s}$ が成立する. □

2.1.5 Sobolev 空間の双対空間

$v \in H^{-s}(\mathbb{R}^d)$ に対して $H^s(\mathbb{R}^d)$ 上の 1 次形式 $\ell_v(u)$ を

$$\ell_v(u) = \int \hat{u}(\xi)\overline{\hat{v}(\xi)}d\xi, \quad u \in H^s(\mathbb{R}^d) \tag{2.30}$$

と定義する. Schwarz の不等式を用いると

$$|\ell_v(u)| \leq \|\langle\xi\rangle^s \hat{u}\|_{L^2}\|\langle\xi\rangle^{-s}\hat{v}\|_{L^2} = \|u\|_{H^s}\|v\|_{H^{-s}}.$$

ゆえに, ℓ_v は $H^s(\mathbb{R}^d)$ 上の連続汎関数, すなわち $\ell_v \in H^s(\mathbb{R}^d)^*$ で,

$$\|\ell_v\|_{(H^s)^*} \leq \|v\|_{H^{-s}}$$

が成立する. $H^s(\mathbb{R}^n)$ 上の任意の連続汎関数 ℓ はこのようにして得られ, $\|\ell_v\|_{(H^s)^*} = \|v\|_{H^{-s}}$ であること, すなわち, $H^s(\mathbb{R}^d)$ の双対空間は $H^{-s}(\mathbb{R}^d)$ に等しいことを示そう.

2.1 Sobolev 空間

定理 2.24. 任意の $\ell \in H^s(\mathbb{R}^d)^*$ に対して $\ell = \ell_v$ を満たす $v \in H^{-s}(\mathbb{R}^d)$ が一意的に存在する．このとき，$\|\ell\|_{(H^s)^*} = \|v\|_{H^{-s}}$ が成立する．

証明． L_s^2 上の汎関数 ℓ^* を $\ell^*(u) = \ell(\mathcal{F}^{-1}u)$ と定義する．$\mathcal{F}^{-1}$ は L_s^2 から H^s へのユニタリ作用素だから，$\ell^* \in (L_s^2)^*$ で，$\|\ell^*\|_{(L_s^2)^*} = \|\ell\|_{(H^s)^*}$ である．ゆえに，Riesz の表現定理によって $\|v^*\|_{L_s^2} = \|\ell\|_{(H^s)^*}$ を満たす $v^* \in L_s^2$ が一意的に存在して

$$\ell^*(u) = (u, v^*)_{L_s^2} = \int u(x)\overline{v^*(x)}\langle x \rangle^{2s} dx, \quad u \in L_s^2(\mathbb{R}^d).$$

$v = \mathcal{F}^{-1}(\langle x \rangle^{2s} v^*)$ と定義する．$\langle x \rangle^{2s} v^*(\xi) = \hat{v}(\xi)$ だから，$v \in H^{-s}(\mathbb{R}^d)$ で

$$\ell(u) = \ell^*(\hat{u}) = \int \hat{u}(\xi)\overline{\hat{v}(\xi)}d\xi = \ell_v(u), \quad u \in H^s(\mathbb{R}^d).$$

$\ell = \ell_v$ で $\|v\|_{H^{-s}} = \|v^*\|_{L_s^2} = \|\ell\|_{(H^s)^*}$ である． $\square$

問題 2.25 (Sobolev の埋蔵定理の双対). $0 < s < d/2$, $1/2 \le 1/p \le 1/2 + s/d$ とする．このとき，$L^p(\mathbb{R}^d) \subset H^{-s}(\mathbb{R}^d)$ で適当な定数 $C_{d,s,p}$ が存在して

$$\|u\|_{H^{-s}} \le C_{d,s,p}\|u\|_{L^p}, \quad u \in L^p(\mathbb{R}^d) \tag{2.31}$$

が成立することを示せ．

2.1.6 開集合上の Sobolev 空間 $H^s(\Omega)$

分数階 Sobolev 空間の特徴づけの定理 2.9 から，任意の開集合 Ω 上の Sobolev 空間を次のように定義するのは自然である．

定義 2.26. $\Omega \subset \mathbb{R}^d$ を任意の開集合，$s \ge 0$ とする．

(1) $s \ge 0$ が整数のときは $\|u\|_{H^s(\Omega)}^2 = \sum_{|\alpha| \le s} \|u^{(\alpha)}\|_{L^2(\Omega)}^2$,

(2) $s = k + \sigma$, $k \ge 0$ は整数，$0 < \sigma < 1$ のときは

$$\|u\|_{H^s(\Omega)}^2 = \sum_{|\alpha| \le k} \|u^{(\alpha)}\|_{L^2(\Omega)}^2 + \sum_{|\alpha|=k} \iint_{\Omega \times \Omega} \frac{|u^{(\alpha)}(x) - u^{(\alpha)}(y)|^2}{|x-y|^{d+2\sigma}} dx dy \tag{2.32}$$

と定義し，$H^s(\Omega) = \{u \in L^2(\Omega) \colon \|u\|_{H^s(\Omega)} < \infty\}$ を Ω 上の s **階 Sobolev 空間**という．

次の命題の証明は読者に任せる．

命題 2.27. (1) $H^s(\Omega)$ は Hilbert 空間である．
(2) $\Omega_1 \subset \Omega_2$ とする．$u \in H^s(\Omega_2)$ なら $u|_{\Omega_1} \in H^s(\Omega_1)$, $H^s(\Omega_2) \ni u \mapsto u|_{\Omega_1} \in H^s(\Omega_1)$ は連続である．

s が正整数のとき, $u \in H^s(\Omega)$ に対して定理 2.15 と同様な性質が局所的に成立するのはその証明からも, あるいは任意の $\varphi \in C_0^\infty(\Omega)$ に対して $\varphi(x)u(x) \in H^s(\mathbb{R}^d)$ となることからも明らかである. 特に, Ω が半空間のとき, 定理 2.15 の証明を繰り返して次が得られる.

補題 2.28. s を正整数, $\mathbb{R}^d_+ = \{x = (x_1, x') \in \mathbb{R} \times \mathbb{R}^{d-1} : x_1 > 0\}$, $u \in H^s(\mathbb{R}^d_+)$ とする. $\mathbb{R}^{d-1}$ の零集合 N が存在して $x' \notin N$ に対して $u(x_1, x')$ に $\mathbb{R}_+$ においてほとんど一致する $x_1 \geq 0$ の C^{s-1} 級関数 $u_{x'}(x_1)$ が存在する. $u_{x'}(x_1)$ も同じ記号を用いて $u(x_1, x')$ と書く. 任意の $x_1 \geq 0$ に対して, $\partial_{x_1}^j u(x_1, \cdot) \in H^{s-j}(\mathbb{R}^{d-1})$, $x_1 \mapsto \partial_{x_1}^j u(x_1, \cdot) \in H^{s-j-1}(\mathbb{R}^{d-1})$ は $x_1 \geq 0$ の $\frac{1}{2}$ 次 Hölder 連続である.

次の補題は Sobolev 空間 $H^s(\Omega)$ の拡張定理, 定理 2.31 の特別な場合である. 定数 $a_1, \ldots, a_s$ を次の Vandermonde 方程式の解とする:

$$\begin{pmatrix} 1 & 1 & \cdots\cdots & 1 \\ -1 & -2 & \cdots\cdots & -s \\ \vdots & \vdots & \ddots\ddots & \vdots \\ (-1)^{s-1} & (-2)^{s-1} & \cdots\cdots & (-s)^{s-1} \end{pmatrix} \begin{pmatrix} a_1 \\ a_2 \\ \vdots \\ a_s \end{pmatrix} = \begin{pmatrix} 1 \\ 1 \\ \vdots \\ 1 \end{pmatrix}. \qquad (2.33)$$

補題 2.29. $\mathbb{R}^d_+ = \{x = (x_1, x') \in \mathbb{R} \times \mathbb{R}^{d-1} : x_1 > 0\}$ とする. s を正整数, $u \in H^s(\mathbb{R}^d_+)$ とする. $\tilde{u} \in L^2(\mathbb{R}^d)$ を, $x_1 \geq 0$ のとき $\tilde{u}(x) = u(x)$, $x_1 < 0$ のとき

$$\tilde{u}(x_1, x') = a_1 u(-x_1, x') + a_2 u(-2x_1, x') + \cdots + a_s u(-sx_1, x') \qquad (2.34)$$

と定義する. このとき, 次が成立する:

(1) $\tilde{u} \in H^s(\mathbb{R}^d)$, $\tilde{u}|_{\mathbb{R}^d_+} = u$ である. $H^s(\mathbb{R}^d_+) = \{u|_{\mathbb{R}^d_+} : u \in H^s(\mathbb{R}^d)\}$ が成立する.

(2) $u \in H^s(\mathbb{R}^d_+)$ によらない定数 $0 < C_1 \leq C_2 < \infty$ が存在して

$$C_1 \|u\|_{H^s(\mathbb{R}^d_+)} \leq \|\tilde{u}\|_{H^s(\mathbb{R}^d)} \leq C_2 \|u\|_{H^s(\mathbb{R}^d_+)}. \qquad (2.35)$$

(3) $0 < \sigma < 1$ とする. $u \in H^{s+\sigma}(\mathbb{R}^d_+)$ によらない定数 C が存在して任意の $|\alpha| = s$ に対して

$$\int_{\mathbb{R}^d \times \mathbb{R}^d} \frac{|\tilde{u}^{(\alpha)}(x) - \tilde{u}^{(\alpha)}(y)|^2}{|x-y|^{d+2\sigma}} dx dy \leq C \int_{\mathbb{R}^d_+ \times \mathbb{R}^d_+} \frac{|u^{(\alpha)}(x) - u^{(\alpha)}(y)|^2}{|x-y|^{d+2\sigma}} dx dy. \qquad (2.36)$$

(4) ある $a \in \partial \mathbb{R}^d_+$, $r > 0$ に対して $\mathrm{supp}\, u \subset B_a(r) \cap \mathbb{R}^d_+$ であれば $\mathrm{supp}\, \tilde{u} \subset B_a(r)$ である.

証明. (1) 補題 2.28 によって $\mathbb{R}^{d-1}$ の零集合 N が存在して, 任意の $x' \notin N$ に対して $(0, \infty) \ni x_1 \mapsto u(x_1, x')$ は $x_1 \geq 0$ 上の C^{s-1} 級関数に拡張され, $j = 0, \ldots, s-1$ に対

2.1 Sobolev 空間

して $x_1 \mapsto \partial_1^j u(x_1, \cdot) \in H^{(s-j-1)}(\mathbb{R}^{d-1})$ は連続であるとしてよい. このとき $\tilde{u}(x_1, x')$ も $x_1 \le 0$ の C^{s-1} 級関数に拡張され, (2.33) によって $0 \le j \le s-1$ に対して

$$\lim_{x_1 \uparrow 0} \partial_1^j \tilde{u}(x_1, x') = \lim_{x_1 \uparrow 0} \sum_{k=1}^{s} (-k)^j a_k (\partial_1^j u)(-kx_1, x') = \partial_1^j u(0, x) = \lim_{x_1 \downarrow 0} \partial_1^j \tilde{u}(x_1, x'),$$

$\tilde{u}(x_1, x')$ は $\mathbb{R}$ 上の C^{s-1} 級関数に拡張される. ゆえに $\varphi \in C_0^\infty(\mathbb{R}^d)$, $|\alpha| \le s$ に対して

$$\langle \tilde{u}, \partial^\alpha \varphi \rangle = (-1)^{|\alpha|} \int_{x_1 > 0} (\partial^\alpha u)(x) \varphi(x) dx + (-1)^{|\alpha|} \int_{x_1 < 0} (\partial^\alpha \tilde{u})(x) \varphi(x) dx.$$

これから (1) が, したがって (2) も成立する. (3) を示す. (2.36) が左辺を $\mathbb{R}_+^d \times \mathbb{R}_+^d$, $\mathbb{R}_-^d \times \mathbb{R}_-^d$, $\mathbb{R}_-^d \times \mathbb{R}_+^d$ あるいは $\mathbb{R}_+^d \times \mathbb{R}_-^d$ 上の積分で置き換えて成立することを示せばよい. $\mathbb{R}_+^d \times \mathbb{R}_+^d$ 上の積分が (2.36) を満たすのは自明である. x と y の入れ替えに関する対称性を考慮すれば $\mathbb{R}_-^d \times \mathbb{R}_-^d$ ならびに $\mathbb{R}_+^d \times \mathbb{R}_-^d$ 上の積分を考えれば十分である. $x_1, y_1 < 0$ のとき,

$$|\partial^\alpha \tilde{u}(x) - \partial^\alpha \tilde{u}(y)|^2 \le C \sum |(\partial^\alpha u)(-jx_1, x') - (\partial^\alpha u)(-jy_1, y')|^2, \quad C = \sum |a_j j^{\alpha_1}|^2$$

と評価して, 各項で $-jx_1 \to x_1$, $-jy_1 \to y_1$ と変数変換すれば $\mathbb{R}_-^d \times \mathbb{R}_-^d$ 上の積分は

$$Cj^{-2} \sum_{j=1}^{s} \iint_{\mathbb{R}_+^d \times \mathbb{R}_+^d} \frac{|u^{(\alpha)}(x_1, x') - u^{(\alpha)}(y_1, y')|^2}{(j^{-2}|x_1 - y_1|^2 + |x' - y'|^2)^{(d+2\sigma)/2}} dx dy$$

$$\le Cj^{-2+d+2\sigma} \iint_{\mathbb{R}_+^d \times \mathbb{R}_+^d} \frac{|u^{(\alpha)}(x) - u^{(\alpha)}(y)|^2}{|x - y|^{d+2\sigma}} dx dy \quad (2.37)$$

と評価できる. $x_1 > 0$, $y_1 < 0$ のとき, $(-1)^k a_1 + \cdots + (-s)^k a_s = 1$ を代入し, (2.37) と同じ定数 C を用いて

$$|u^{(\alpha)}(x) - \tilde{u}^{(\alpha)}(y)|^2 = |\sum (-j)^{\alpha_1} a_j \{u^{(\alpha)}(x_1, x') - u^{(\alpha)}(-jy_1, y')\}|^2$$
$$\le C \sum |u^{(\alpha)}(x_1, x') - u^{(\alpha)}(-jy_1, y')|^2$$

と評価する. これを $\mathbb{R}_+^d \times \mathbb{R}_-^d$ 上での積分の分子に代入し, 各項で $-jy_1 \mapsto y_1$ と変数変換する. $x_1, y_1 > 0$ のとき, 明らかに $|x_1 + (y_1/j)| \ge |x_1 - y_1|$. ゆえに $\mathbb{R}_+^d \times \mathbb{R}_-^d$ 上の積分は

$$Cj^{-1} \iint_{\mathbb{R}_+^d \times \mathbb{R}_+^d} \frac{|u^{(\alpha)}(x) - u^{(\alpha)}(y)|^2}{|x - y|^{d+2\sigma}} dx dy$$

で評価される. (3) の証明が終わった. (4) は明らかである. $\square$

任意の開部分集合 $\Omega_1 \Subset \Omega$ に対して $u \in H^s(\Omega_1)$ となる u の全体を $H_{\mathrm{loc}}^s(\Omega)$ と書き, Ω 上の s 次**局所 Sobolev 空間**という. 命題 2.27 によって $H^s(\Omega) \subset H_{\mathrm{loc}}^s(\Omega)$ である.

$U, V \subset \mathbb{R}^d$ が開集合のとき, $\varphi \colon U \to V$ は 1 対 1 上への写像で, φ, φ^{-1} が C^m 級のとき, C^m 級**微分同型**あるいは C^m 級**微分同相写像**といわれる.

定義 2.30. $m = 1, 2, \ldots$ とする. 領域 Ω の境界を $\partial\Omega$ と書く. 任意の $p \in \partial\Omega$ に対して, p の近傍 U_p と C^m 級微分同相写像 $\varphi_p \colon U_p \to B_0(1)$ で

$$\varphi_p(p) = 0, \quad \varphi_p(U_p \cap \Omega) = B_0(1) \cap \{x \in \mathbb{R}^d : x_d > 0\}, \tag{2.38}$$

を満たすものが存在するとき領域 Ω は C^m 級領域といわれる. C^m 級領域は (2.38) の φ_p が $p \in \partial\Omega$ によらない定数 $C > 0$, C_α, $|\alpha| \leq m$ に対して

$$|\partial^\alpha \varphi_p(x)| \leq C_\alpha, \quad |\det(\partial \varphi_p/\partial)(x)| > C, \quad x \in U_p$$

を満たすとき, 一様に C^m 級の領域と呼ばれる.

定理 2.31 ($H^s(\Omega)$ の拡張定理). Ω を一様に C^m 級の領域とする. このとき, Ω から $\mathbb{R}^d$ 上の拡張作用素 E, すなわち Ω 上の関数 u に対して $\mathbb{R}^d$ 上の関数 Eu で

$$Eu|_\Omega(x) = u(x), \quad \text{a.e. } x \in \Omega, \tag{2.39}$$

任意の $0 \leq s \leq m$ に対して

$$\|u\|_{H^s(\Omega)} \leq \|Eu\|_{H^s(\mathbb{R}^d)} \leq C_{s,\Omega} \|u\|_{H^s(\Omega)} \tag{2.40}$$

を満たすものが存在する. 特に $H^s(\Omega) = \{u|_\Omega : u \in H^s(\mathbb{R}^d)\}$ である.

拡張定理 2.31 によって **Sobolev の埋め込み定理や, トレース定理など** $H^s(\mathbb{R}^d)$ **に属する関数に対して成立する様々な局所的な性質が, 一様に** C^m **級** $(m \geq s)$ **の一般の開集合** Ω **に対して,** $H^s(\Omega)$ **に属する関数に対しても成立すること**がわかる. また次のような大域的な定理も定理 2.31 から導くことができる. 定理 2.31 を認めて次を示そう.

系 2.32. Ω を一様に C^m 級の領域とする.

(1) $0 \leq t \leq s \leq m$ のとき, $H^s(\Omega) \subset H^t(\Omega)$, $\|u\|_{H^t(\Omega)} \leq C \|u\|_{H^s(\Omega)}$ である
(2) $C^\infty(\overline{\Omega}) \cap H^s(\Omega)$ は $H^s(\Omega)$ の稠密部分集合である.

証明. (1) $t \leq s$ のとき, 明らかに $H^s(\mathbb{R}^d) \subset H^t(\mathbb{R}^d)$, $\|u\|_{H^t(\mathbb{R}^d)} \leq \|u\|_{H^s(\mathbb{R}^d)}$ である. ゆえに, (1) は定理 2.31 から従う.
(2) $\mathcal{S}(\mathbb{R}^d) \subset C^\infty(\mathbb{R}^d) \cap H^s(\mathbb{R}^d)$ で $\mathcal{S}(\mathbb{R}^d)$ は $H^s(\mathbb{R}^d)$ において稠密だから, $C^\infty(\mathbb{R}^d) \cap H^s(\mathbb{R}^d)$ も $H^s(\mathbb{R}^d)$ で稠密である. $u \in C^\infty(\mathbb{R}^d) \cap H^s(\mathbb{R}^d)$ なら $u|_\Omega \in C^\infty(\overline{\Omega}) \cap H^s(\Omega)$. 定理 2.31 によって $H^s(\mathbb{R}^d) \ni u \mapsto u|_\Omega \in H^s(\Omega)$ は上への連続写像だから (一般に位相空間 X から Y の上への連続写像は X の稠密な部分集合を Y の稠密な部分集合に写すことを思い出せば), $C^\infty(\overline{\Omega}) \cap H^s(\Omega)$ は $H^s(\Omega)$ で稠密である. □

定理 2.31 の証明に必要な補題を用意しよう.

補題 2.33. Ω を開集合, $s > 0$ とする.

2.1 Sobolev 空間

(1) $u \in H^s(\Omega)$, $\mathrm{dist}(\mathrm{supp}\,u, \partial\Omega) > 0$ とする. $\tilde{u}(x)$ を $u(x)$ の Ω の外部への 0 拡張, すなわち $x \in \Omega$ のとき $\tilde{u}(x) = u(x)$, $x \notin \Omega$ のとき $\tilde{u}(x) = 0$ と定義すれば $\tilde{u} \in H^s(\mathbb{R}^d)$ で $u = \tilde{u}|_\Omega$ である.

(2) $\varphi \in C_0^\infty(\Omega)$ とする. $H^s(\Omega) \ni u \mapsto \varphi u \in H^s(\Omega)$ は連続である.

証明. (1) 明らかに $u = \tilde{u}|_\Omega$ である. $s = k+\sigma$, $k \geq 0$ は整数, $0 \leq \sigma < 1$ とする. $|\alpha| = k$ のとき, $\|\tilde{u}^{(\alpha)}\|_{L^2(\mathbb{R}^d)} = \|u^{(\alpha)}\|_{L^2(\Omega)}$ だから, $\sigma = 0$ のときは成立する. $\sigma > 0$ とする.

$$\iint_{\mathbb{R}^d \times \mathbb{R}^d} \frac{|\tilde{u}^{(\alpha)}(x) - \tilde{u}^{(\alpha)}(y)|^2}{|x-y|^{d+2\sigma}} dxdy$$
$$= \iint_{\Omega \times \Omega} \frac{|u^{(\alpha)}(x) - u^{(\alpha)}(y)|^2}{|x-y|^{d+2\sigma}} dxdy + 2\iint_{\Omega \times \Omega^c} \frac{|u^{(\alpha)}(x)|^2}{|x-y|^{d+2\sigma}} dxdy.$$

$\mathrm{dist}(\mathrm{supp}\,u, \Omega^c) = \delta > 0$ と定義すれば

$$(\text{右辺第 2 項}) \leq 2 \int_\Omega |u^{(\alpha)}(x)|^2 \left(\int_{|x-y| \geq \delta} \frac{dy}{|x-y|^{d+2\sigma}} \right) dx = C\|u^{(\alpha)}\|^2$$

したがって, $\|\tilde{u}\|_{H^s(\mathbb{R}^d)} \leq C\|u\|_{H^s(\Omega)}$ である.

(2) $\mathrm{dist}(\mathrm{supp}\,\varphi, \partial\Omega) = \delta$ とする. $\{B_x(2^{-1}\delta) : x \in \mathrm{supp}\,\varphi\}$ を $\mathrm{supp}\,\varphi$ の開被覆, $\mathcal{U} = \{U_j : j = 1, \ldots, n\}$ をその有限部分開被覆, $\{\psi_j\}$ を $\mathcal{U}$ に付随する $\mathrm{supp}\,\varphi$ の単位の分解とする.

$$\varphi = \sum_{j=1}^n \varphi_j, \quad \varphi_j = \varphi \psi_j, \quad j = 1, \ldots, n$$

である. φ を φ_j に置き換えて示せばよいから, $\mathrm{supp}\,\varphi \subset B_a(2^{-1}\delta) \subset \Omega$, $\mathrm{dist}(a, \partial\Omega) > \delta$ と仮定してよい. s が整数のときは命題は Leibniz の公式から明らかである. $s = k+\sigma$, $k \geq 0$ は整数, $0 < \sigma < 1$ とする. $|\alpha| + |\beta| = k$ のとき

$$\iint_{\Omega \times \Omega} \frac{|\varphi^{(\alpha)}(x)u^{(\beta)}(x) - \varphi^{(\alpha)}(y)u^{(\beta)}(y)|^2}{|x-y|^{d+2\sigma}} dxdy \leq C\|u\|_{H^s(\Omega)} \tag{2.41}$$

を示せばよい. 左辺の分子 $\leq 2(|\varphi^{(\alpha)}(x)||u^{(\beta)}(x) - u^{(\beta)}(y)| + |\varphi^{(\alpha)}(x) - \varphi^{(\alpha)}(y)||u^{(\beta)}(y)|)$ だから次の 2 つを示せば十分である:

$$\iint_{\Omega \times \Omega} \frac{|\varphi^{(\alpha)}(x)|^2 |u^{(\beta)}(x) - u^{(\beta)}(y)|^2}{|x-y|^{d+2\sigma}} dxdy \leq C\|u\|_{H^s(\Omega)}, \tag{2.42}$$

$$\iint_{\Omega \times \Omega} \frac{|\varphi^{(\alpha)}(x) - \varphi^{(\alpha)}(y)|^2 |u^{(\beta)}(y)|^2}{|x-y|^{d+2\sigma}} dxdy \leq C\|u\|_{H^s(\Omega)}. \tag{2.43}$$

まず (2.42) を示す. $\alpha = 0$, $|\beta| = k$ のときは $|\varphi(x)|^2 \leq C$ とすれば

$$(2.42) \text{ の左辺} \leq C^2 \iint_{\Omega \times \Omega} \frac{|u^{(\beta)}(x) - u^{(\beta)}(y)|^2}{|x-y|^{d+2\sigma}} dxdy \leq C\|u\|_{H^s(\Omega)}^2.$$

$\alpha \neq 0$ とする. 積分領域を $|x-y| \geq \frac{\delta}{2}$ の部分と $|x-y| < \frac{\delta}{2}$ の部分に分割する. $|x-y| \geq \frac{\delta}{2}$ では $|u^{(\beta)}(x) - u^{(\beta)}(y)|^2 \leq 2(|u^{(\beta)}(x)|^2 + |u^{(\beta)}(y)|^2)$, $|\partial^\alpha \varphi(x)| \leq C$ と評価し, x と y に関する対称性を用いれば

$$\iint_{\Omega \times \Omega, |x-y| \geq \delta/2} \frac{|\varphi^{(\alpha)}(x)||u^{(\beta)}(x) - u^{(\beta)}(y)|^2}{|x-y|^{d+2\sigma}} dxdy$$
$$\leq 4C \iint_{|x-y| \geq \delta/2} \frac{|u^{(\beta)}(x)|^2}{|x-y|^{d+2\sigma}} dxdy \leq 4C \|u^{(\beta)}\|^2 \int_{|y| \geq \delta/2} \frac{dy}{|y|^{d+2\sigma}} \leq C\|u\|_{H^s(\Omega)}.$$

$x \in \mathrm{supp}\,\varphi$, $|x-y| \leq \delta/2$ のとき, $0 \leq \theta \leq 1$ に対して $\theta x + (1-\theta)y \in B_a(\delta) \subset \Omega$ だから平均値の定理, Schwarz の不等式を用いれば

$$|u^{(\beta)}(x) - u^{(\beta)}(y)|^2 \leq |x-y|^2 \int_0^1 |\nabla u^{(\alpha)}(\theta x + (1-\theta)y)|^2 d\theta.$$

これを代入して $y \to y+x$ と変数変換すれば $|x-y| \leq \delta/2$ 上での積分は

$$\int \left(\iint_{\Omega \times \Omega, |x-y| \leq \delta/2} \frac{|\varphi^{(\alpha)}(x)|^2 |\nabla u^{(\beta)}(\theta x + (1-\theta)y)|^2}{|x-y|^{d+2(\sigma-1)}} dxdy \right) d\theta$$
$$\leq \int \left\{ \int_{|y| \leq \delta/2} \frac{1}{|y|^{d+2(\sigma-1)}} \left(\int_\Omega |\varphi^{(\alpha)}(x)||\nabla u^{(\beta)}(x+\theta y)|^2 dx \right) dy \right\} d\theta$$
$$\leq C\|\nabla u^{(\beta)}\|^2_{L^2(\Omega)} \int_{|y| \leq \delta/2} \frac{dy}{|y|^{d+2(\sigma-1)}} \leq C\|u\|^2_{H^s(\Omega)}.$$

以上をあわせて (2.42) が得られる. (2.43) の証明は省略する. 積分領域を $|x-y| \geq \delta/2$, $|x-y| \leq \delta/2$ の部分に分割し, 左辺の被積分関数の分子を前者の領域では $C|u^{(\beta)}(y)|^2$ で, 後者では $C|x-y|^2|u^{(\beta)}(y)|^2$ で評価して (2.42) の証明の繰り返せばよいからである. □

■**定理 2.31 の証明** $s = 0$ なら例えば $x \notin \Omega$ に対して $u(x) = 0$ と定義すればよい. $s > 0$ とする. Ω は一様に C^m 級の領域だから定義 2.30 において一定の $r > 0$ が存在し, 任意の $p \in \partial\Omega$ に対して $B_p(2r) \subset U_p$ が成立する. そうでなければ

$$|p_n - q_n| = \mathrm{dist}(p_n, \partial U_{p_n}), \ |\varphi_{p_n}(q_n)| = 1, \ n = 1, 2, \ldots, \quad \lim |p_n - q_n| = 0$$

を満たす点列 $p_n \in \partial\Omega$, $q_n \in \partial U_{p_n}$ が存在するが, これは

$$1 = |\varphi_{p_n}(q_n) - \varphi_{p_n}(p_n)| \leq \int_0^1 \|(\partial\varphi_{p_n}/\partial x)(\theta p_n + (1-\theta)q_n)\| d\theta |p_n - q_n|$$

に矛盾するからである. $\partial\Omega$ 上に有限あるいは無限点列 $\{p_n\}$ を

$$|p_j - p_k| \geq r \ (j \neq k), \quad \partial\Omega_r \equiv \{x \in \mathbb{R}^d \colon \mathrm{dist}(x, \partial\Omega) < r\} \Subset \cup B_{p_n}(2r)$$

ととれる. このとき, $\{B_{p_n}(2r)\}$ の交叉数は有限, すなわち $B_{p_k}(2r)$ と交わる $B_{p_n}(2r)$ の数は k によらず一定数 N 以下である. $\partial\Omega_r$ の開被覆 $\{B_{p_n}(2r)\}$ に属する単位の分解

$$\psi(x) = \sum \psi_n(x) = 1, \ x \in \partial\Omega_r, \quad \psi_n \in C_0^\infty(B_{p_n}(2r))$$

2.1 Sobolev 空間

をとって, $x \in \Omega$ に対して $u(x) = \sum \psi_n(x) u(x) + (1 - \psi(x)) u(x) \equiv \sum u_n(x) + u_0(x)$ と定義する．補題 2.33(2) によって $u_0 \in H^s(\Omega)$, $\text{dist}(\text{supp}\, u_0, \partial\Omega) \geq r > 0$ だから，補題 2.33(1) によって u_0 の Ω^c への零拡張 $\tilde{u}_0(x) \in H^s(\mathbb{R}^d)$ である．$n = 1, 2, \ldots$ に対して $u_n^* \equiv u_n \circ \varphi^{-1}$ と定義する．定理 2.12 の証明を繰り返せば

$$u_n^* \in H^s(B_0(1) \cap \mathbb{R}_+^d), \quad \text{dist}(\text{supp}\, u_n^*, \partial B_0(1)) > 0$$

であることがわかる．u_n^* を $B_0(1)$ の外部に零拡張して再び u_n^* と書く．補題 2.33(1) (の証明) によって $u_n^* \in H^s(\mathbb{R}_+^d)$ で $B_0(1) \cap \mathbb{R}_+^d$ にコンパクト台をもつ．u_n^* の補題 2.29 による $\mathbb{R}^d$ への拡張を $\tilde{u}_n^* \in H^s(\mathbb{R}^d)$ と定義する．$\text{supp}\, \tilde{u}_n^* \subset B_0(1)$ である．そこで作用素 E を

$$Eu(x) = \sum \tilde{u}_n(x), \quad \tilde{u}_n(x) = (\varphi_{p_n}^* \tilde{u}_n^*)(x)$$

と定義する．このように定義された E が求める性質を満たすことを確かめるのは読者に任せる． □

定理 2.31 から $H^s(\Omega)$ に対して $H^s(\mathbb{R}^d)$ のときと同様な補間定理が成り立つことがわかる．

定理 2.34 ($H^s(\Omega)$ **の補間定理**). $\Omega \subset \mathbb{R}^d$ を一様に C^m 級の領域とする．任意の $0 \leq s, t \leq m$, $0 \leq \theta \leq 1$ に対して $(H^s(\Omega), H^t(\Omega))_\theta = H^{\theta s + (1-\theta)t}(\Omega)$ で両辺のノルムは同値である．

証明． $\theta s + (1 - \theta) t = r$ と書く．J を $\mathbb{R}^d$ から Ω への制限写像 $Ju = u|_\Omega$, E を定理 2.31 の拡張作用素とする．J は任意の $0 \leq \sigma \leq m$ に対して $H^\sigma(R^d)$ から $H^\sigma(\Omega)$ へのノルム 1 以下の有界作用素，したがって，補間定理によって $J \colon H^r(\mathbb{R}^d) \to (H^s(\Omega), H^t(\Omega))_\theta$ で, $\|J\| \leq 1$ である．一方, 定理 2.9 と定義によって $u \in H^r(\mathbb{R}^d)$ なら $Ju \in H^r(\Omega)$ で, $JEu = u$ だから J は上への写像．ゆえに $H^r(\Omega) \subset (H^s(\Omega), H^t(\Omega))_\theta$ で

$$\|u\|_{(H^s(\Omega), H^t(\Omega))_\theta} \leq \|Eu\|_{(H^s(\mathbb{R}^d), H^t(\mathbb{R}^d))_\theta} = \|Eu\|_{H^r(\mathbb{R}^d)} \leq C \|u\|_{H^r(\Omega)}. \quad (2.44)$$

逆方向の包含関係を示そう．E に補間定理を用いれば $E \colon (H^s(\Omega), H^t(\Omega))_\theta \to H^r(\mathbb{R}^d)$ は有界．$JEu = u$ によって $(H^s(\Omega), H^t(\Omega))_\theta \subset H^r(\Omega)$ で

$$\|u\|_{H^r(\Omega)} = \|JEu\|_{H^r(\Omega)} \leq C \|Eu\|_{H^r(\mathbb{R}^d)} \leq C \|u\|_{(H^s(\Omega), H^t(\Omega))_\theta}. \quad (2.45)$$

ゆえに $(H^s(\Omega), H^t(\Omega))_\theta = H^r(\Omega)$ で, (2.44), (2.45) から両辺のノルムは同値である． □

2.1.7 Sobolev 空間での割り算定理

第 8 章で用いる次の定理はそれ自身興味深いのでここで述べておく．$\mathcal{H}$ は一般の Hilbert 空間, $\mathbb{R}_+ = (0, \infty)$ である．

定理 2.35. $u \in H^s(\mathbb{R}_+, \mathcal{H})$, $s > 1/2$ で $u(0) = 0$ とする．このとき, $u/x \in H^{s-1}(\mathbb{R}_+, \mathcal{H})$ である．$s > 3/2$, $u \in H_0^s(\mathbb{R}_+, \mathcal{H})$ なら, $u/x \in H_0^{s-1}(\mathbb{R}_+, \mathcal{H})$ である．

証明. $\mathcal{H} = \mathbb{C}$ のときに示す．一般のときもまったく同様である．前半部分を示せば十分である．拡張定理と制限写像によって，$u \in H^s(\mathbb{R})$, $u(0) = 0$ のときに，$f(x) = u/x \in H^{s-1}$ であることを示せばよい．u は Hölder 連続だから $f(x) \in L^1(\mathbb{R})$ で $f(x) = \lim_{\varepsilon \downarrow 0} u(x)/(x + i\varepsilon)$ である．$\varepsilon > 0$ のとき，

$$\frac{1}{2\pi}\int_{\mathbb{R}} \frac{e^{-ix\xi}}{x+i\varepsilon}dx = \begin{cases} e^{-\varepsilon\xi}, & \xi > 0, \\ 0, & \xi < 0 \end{cases}$$

だから，Fourier の逆変換公式によって

$$\hat{f}(\xi) = \mathcal{F}\Big(\lim_{\varepsilon \downarrow 0}\frac{u(x)}{x+i\varepsilon}\Big)(\xi) = \lim_{\varepsilon \downarrow 0}\frac{1}{(2\pi)^{\frac{1}{2}}}\int_0^\infty e^{-\varepsilon\eta}\hat{u}(\xi-\eta)d\eta$$

$$= \frac{1}{(2\pi)^{\frac{1}{2}}}\int_{-\infty}^\xi \hat{u}(\eta)d\eta = \frac{-1}{(2\pi)^{\frac{1}{2}}}\int_\xi^\infty \hat{u}(\eta)d\eta$$

である．一般に積分作用素

$$Tu(x) = \int_x^\infty u(y)dy, \quad x > 0; \quad \text{あるいは} \quad \tilde{T}u(x) = \int_{-\infty}^x u(y)dy, \quad x < 0$$

は $L^2_s(\mathbb{R}_+)$ から $L^2_{s-1}(\mathbb{R}_+)$，あるいは $L^2_s((-\infty, 0))$ から $L^2_{s-1}((-\infty, 0))$ へ有界である．実際，$u \in C_0^\infty([0, \infty))$ なら，$Tu(x)$ もそうで，$F(x) = \int_0^x \langle y \rangle^{2s-2}d\eta$ とおけば $|F(x)| \leq C\langle x \rangle^{2s-1}$．したがって

$$\int_0^\infty \langle x \rangle^{2s-2}|Tu(x)|^2 dx = \int_0^\infty F'(x)|Tu(x)|^2 dx = 2\Re\int_0^\infty F(x)Tu(x)\overline{u(x)}dx$$

$$\leq C\Big(\int_0^\infty \langle x \rangle^{2s-2}|Tu(x)|^2 dx\Big)^{\frac{1}{2}}\Big(\int_0^\infty \langle x \rangle^{2s}|u(x)|^2 dx\Big)^{\frac{1}{2}}$$

である．ゆえに

$$\int_0^\infty \langle x \rangle^{2s-2}|Tu(x)|^2 dx \leq C\int_0^\infty \langle x \rangle^{2s}|u(x)|^2 dx.$$

$C_0^\infty(\mathbb{R}_+)$ は $L^2_s(\mathbb{R}_+)$ で稠密だからこれは任意の $u \in L^2_s(\mathbb{R}_+)$ に対して成立する．同様に $\|\langle x \rangle^{s-1}\tilde{T}u\|_{L^2((-\infty,0))} \leq C\|\langle x \rangle^s u\|_{L^2((-\infty,0))}$ が得られる．ゆえに，$\|\langle \xi \rangle^{s-1}\hat{f}\| \leq C\|\langle x \rangle^s \hat{u}\|$ である．定理が成立する． □

2.1.8 Rellich のコンパクト性定理

次は Ascoli–Arzela の定理の Sobolev 空間版で重要である．$\Omega_1 \subset \Omega_2 \subset \mathbb{R}^d$ が開集合，$u \in H^s(\Omega_2)$ のとき，$u|_{\Omega_1} \in H^s(\Omega_1)$ である（命題 2.27）．これによって $u \in H^s(\Omega_2) \subset H^s(\Omega_1)$ と考える．

定理 2.36 (Rellich のコンパクト性定理). $\Omega_1, \Omega_2 \subset \mathbb{R}^d$ は $\Omega_1 \Subset \Omega_2$ を満たす開集合，$s' < s$ とする．このとき，$H^s(\Omega_2)$ の有界集合は $H^{s'}(\Omega_1)$ の相対コンパクト集合である．

2.1 Sobolev 空間

証明. $\Omega_1 \Subset \Omega \subset \Omega_2$ を満たす一様に C^∞ 級の開集合 Ω をとる. このとき, $H^s(\Omega_2)$ の有界集合は $H^s(\Omega)$ の有界集合, $H^s(\Omega)$ の有界集合の定理 2.31 による $H^s(\mathbb{R}^d)$ への拡張は $H^s(\mathbb{R}^d)$ の有界集合だから, $\Omega \subset \mathbb{R}^d$ が有界開集合, $\mathcal{X} \subset H^s(\mathbb{R}^d)$ が有界集合のとき, $\{u|_\Omega : u \in \mathcal{X}\} \subset H^{s'}(\Omega)$ が相対コンパクトであることを示せば十分である. $\overline{\Omega}$ の近傍で $\varphi(x) = 1$ を満たす $\varphi \in C_0^\infty(\mathbb{R}^d)$ を任意にとり

$$Ju(x) = \varphi(x)u(x)$$

と定義する. J が $H^s(\mathbb{R}^d)$ から $H^{s'}(\mathbb{R}^d)$ へのコンパクト作用素であることを示せばよい. $Ju|_\Omega = u|_\Omega$ だからである. $Tu = \langle x \rangle^{s'}(\mathcal{F}J\mathcal{F}^*)\langle x \rangle^{-s}u$ と定義する. $u \mapsto \langle x \rangle^{-s}u$ は $L^2(\mathbb{R}^d) \to L_s^2(\mathbb{R}^d)$ のユニタリ作用素, Fourier 変換 $\mathcal{F}$ は $H^s(\mathbb{R}^d)$ から $L_s^2(\mathbb{R}^d)$ へのユニタリ作用素だから結局, T が $L^2(\mathbb{R}^d)$ のコンパクト作用素であることを示せばよい.

$$Tu(x) = (2\pi)^{-\frac{d}{2}} \int_{\mathbb{R}^d} \langle x \rangle^{s'} \langle y \rangle^{-s} \hat{\varphi}(x-y)u(y)dy$$

である. $|x| \leq 1$ のとき $\chi(x) = 1$, $|x| \geq 2$ のとき $\chi(x) = 0$ を満たす $\chi \in C_0^\infty(\mathbb{R}^d)$ をとって

$$T_n u = (2\pi)^{-\frac{d}{2}} \int_{\mathbb{R}^d} \chi(x/n)\langle x \rangle^{s'} \langle y \rangle^{-s} \hat{\varphi}(x-y)u(y)dy$$

と定義する. 明らかに $\chi(x/n)\langle x \rangle^{s'} \langle y \rangle^{-s} \hat{\varphi}(x-y) \in L^2(\mathbb{R}^d \times \mathbb{R}^d)$, T_n は Hilbert–Schmidt 型, したがってコンパクトである. 一方, $\langle x \rangle^{s'} \langle y \rangle^{-s} \leq C_{s,s'} \langle x \rangle^{s'-s} \langle x-y \rangle^s$ で $|x| \leq n$ のとき, $1 - \chi(x/n) = 0$ だから

$$|(1-\chi(x/n))\langle x \rangle^{s'} \langle y \rangle^{-s} \hat{\varphi}(x-y)| \leq C_{s,s'} \langle n \rangle^{s'-s} \langle x-y \rangle^s |\hat{\varphi}(x-y)|.$$

Young の不等式によって, $n \to \infty$ のとき

$$\|T_n - T\|_{\mathbf{B}(L^2)} \leq (2\pi)^{-\frac{d}{2}} C_{s,s'} \langle n \rangle^{s'-s} \|\langle x \rangle^s \hat{\varphi}\|_{L^1} \to 0.$$

ゆえに T は L^2 のコンパクト作用素である. □

問題 2.37. Ω が滑らかな境界をもつ有界領域とする. $s' < s$ のとき, $H^s(\Omega) \subset H^{s'}(\Omega)$ はコンパクトな埋め込みであることを示せ. (ヒント: 拡張作用素 E を用いて定理 2.36 に帰着せよ.)

定理 2.38. Ω を滑らかな境界をもつ有界領域, $0 < s \leq d/2$ とする. このとき, 任意の $2 \leq p < 2d/(d-2s)$ に対して $H^s(\Omega)$ の有界集合は $L^p(\Omega)$ の相対コンパクト集合である.

証明. $p = 2d/(d-2s')$ とすれば, $0 < s' < s$ である. 定理 2.23 と定理 2.31 によって $H^{s'}(\Omega) \subset L^p(\Omega)$ は連続な埋め込み, 問題 2.37 によって $H^s(\Omega) \subset H^{s'}(\Omega)$ はコンパクトな埋め込みである. 定理が従う. □

2.2 ベクトル値関数の Fourier 変換

ベクトル値関数に対して Fourier 変換を定義する．特に Hilbert 空間に値をとる関数の Fourier 変換を考え，Parseval の定理などを Hilbert 空間値の関数に拡張する．

2.2.1 ベクトル値関数の Fourier 変換

$\mathcal{X}$ が Banach 空間のとき，$u \in L^1(\mathbb{R}^d, \mathcal{X})$ の **Fourier 変換** $\mathcal{F}u(\xi) = \hat{u}(\xi)$ あるいは**共役 Fourier 変換** $\mathcal{F}^*u(\xi) = \check{u}(\xi)$ を複素数値関数に対してと同様に次に定義する：

$$\hat{u}(\xi) = \frac{1}{(2\pi)^{d/2}} \int e^{-ix\xi} u(x) dx, \quad \check{u}(\xi) = \frac{1}{(2\pi)^{d/2}} \int e^{ix\xi} u(x) dx. \tag{2.46}$$

このとき，$\mathcal{F}u(\xi)$ が $|\xi| \to \infty$ において $\|\mathcal{F}u(\xi)\|_\mathcal{X} \to 0$ を満たす $\mathcal{X}$ 値連続関数で

$$\sup_{\xi \in \mathbb{R}^d} \|\mathcal{F}u(\xi)\|_\mathcal{X} \le (2\pi)^{-d/2} \|u\|_{L^1(\mathbb{R}^d, \mathcal{X})}$$

などの性質が成立するのは複素数値関数の Fourier 変換と同様である．

$x \in \mathbb{R}^d$ の $\mathcal{X}$ 値 C^∞ 級関数 u は任意の $n = 0, \ldots,$ 任意の多重指数 α に対して

$$\lim_{|x| \to \infty} \langle x \rangle^n \|\partial_x^\alpha u(x)\|_\mathcal{X} = 0$$

を満たすとき，急減少であるといわれる．急減少関数全体のなす空間を $\mathcal{S}(\mathbb{R}^d, \mathcal{X})$ と書く．

$$p_n(u) = \sum_{|\alpha| \le n} \sup_x \langle x \rangle^n \|\partial_x^\alpha u(x)\|_\mathcal{X}, \quad n = 1, 2, \ldots$$

と定義すると p_n は $\mathcal{S}(\mathbb{R}^d, \mathcal{X})$ のノルムの増加列，$p_1(u) \le p_2(u) \le \ldots,$ である．このとき，複素数値関数のときと同様に

$$d(u, v) = \sum_{n=1}^\infty \frac{1}{2^n} \frac{p_n(u-v)}{1 + p_n(u-v)}$$

は $\mathcal{S}(\mathbb{R}^d, \mathcal{X})$ の距離を定義する．$\mathcal{S}(\mathbb{R}^d, \mathcal{X})$ をこの距離 d によって距離空間と考える．

命題 2.39. (1) $(\mathcal{S}(\mathbb{R}^d, \mathcal{X}), d)$ は完備距離空間である．
(2) $\{u_n\} \in \mathcal{S}(\mathbb{R}^d, \mathcal{X})$ が距離 d に関して u に収束することと，任意の $k = 0, \ldots,$ に対して $p_k(u_n - u) \to 0$ $(n \to \infty)$ を満たすことは同値である．

次も複素数値関数の場合と同様にして示せる．

定理 2.40. $1 \le p < \infty$ のとき，$\mathcal{S}(\mathbb{R}^d, \mathcal{X}) \subset L^p(\mathbb{R}^d, \mathcal{X})$ は稠密で連続な埋め込みである．

定理 2.41. (1) $\mathcal{F}$ は $\mathcal{S}(\mathbb{R}^d, \mathcal{X})$ の位相同型写像で，$\mathcal{F}^* = \mathcal{F}^{-1}$ が成立する．

(2) $\mathcal{F}$ は微分演算を掛け算に, 掛け算を微分演算に変換する:

$$\mathcal{F}(D_x^\alpha u)(\xi) = \xi^\alpha \mathcal{F}u(\xi), \quad \mathcal{F}(x^\alpha u)(\xi) = (-D_\xi)^\alpha \mathcal{F}u(\xi). \tag{2.47}$$

問題 2.42. 命題 2.39, 定理 2.40, 定理 2.41 を証明せよ.

2.2.2 Hilbert 空間値 Fourier 超関数の Fourier 変換

以下, $\mathcal{H}$ を可分 Hilbert 空間とする. $\mathcal{H}$ 値 Fourier 超関数を導入し, その Fourier 変換を定義しよう. 急減少関数 $u \in \mathcal{S}(\mathbb{R}^d, \mathcal{H})$ の (共役) Fourier 変換は一般のベクトル値関数の Fourier 変換の定義に従って (2.46) で定義する.

■$\mathcal{S}(\mathbb{R}^d, \mathcal{H})$ の基底による展開

補題 2.43. $e_1, e_2, \ldots$ を $\mathcal{H}$ の正規直交基底, $u \in \mathcal{S}(\mathbb{R}^d, \mathcal{H})$ とする. $n = 1, 2, \ldots$ に対して $u_n(x) = \sum_{k=1}^n (u(x), e_k)_\mathcal{H} e_k$ と定義する. $u_n \in \mathcal{S}(\mathbb{R}^d, \mathcal{H})$ で, $n \to \infty$ のとき, u_n は $\mathcal{S}(\mathbb{R}^d, \mathcal{H})$ において u に収束する.

証明. 自然数 $s > d/2$ を任意に固定する. 複素数値関数 $\langle x \rangle^m \partial^\alpha (u(x), e_k)$ に定理 2.22 を適用すれば k, u によらない定数 C が存在して

$$\sup_x |\langle x \rangle^m \partial^\alpha (u(x), e_k)|^2 \leq C \sum_{|\beta| \leq s} \int_{\mathbb{R}^d} \langle x \rangle^{2m} |(\partial^{\alpha+\beta} u(x), e_k)|^2 dx.$$

両辺を $|\alpha| \leq m$, $k = 1, 2, \ldots$ について加えると u によらない定数 C_m に対して

$$p_m(u)^2 \leq C_m \sum_{|\alpha| \leq m+s} \sum_{k=1}^\infty \int_{\mathbb{R}^d} \langle x \rangle^{2m} |(\partial^\alpha u(x), e_k)|^2 dx, \quad m = 0, 1, \ldots$$

である. したがって $n = 1, 2, \ldots$ に対して

$$p_m(u - u_n) \leq C_m \int_{\mathbb{R}^d} \langle x \rangle^{2m} \sum_{k=n+1}^\infty |(\partial^\alpha u(x), e_k)|^2 dx.$$

ここで, $\langle x \rangle^{2m} \sum_{k=n+1}^\infty |(\partial^\alpha u(x), e_k)|^2$ は n によらない可積分関数 $\langle x \rangle^{2m} \|\partial^\alpha u(x)\|_\mathcal{H}^2$ で評価され, $n \to \infty$ のとき, 任意の $x \in \mathbb{R}^d$ において 0 に収束する. ゆえに, Lebesgue の収束定理から, 任意の m に対して $p_m(u - u_n) \to 0$ $(n \to \infty)$ である. □

定義 2.44 ($\mathcal{H}$ 値 Fourier 超関数)**.** $(\mathcal{S}(\mathbb{R}^d, \mathcal{H}), d)$ 上の複素数値連続**反線形**汎関数を $\mathcal{H}$ 値 Fourier 超関数といい, その全体を $\mathcal{S}'(\mathbb{R}^d, \mathcal{H})$ と書く.

(1) $F, G \in \mathcal{S}'(\mathbb{R}^d, \mathcal{H})$ のとき, 和 $F + G$ やスカラー倍 αF を反線形汎関数の和やスカラー倍として定義する. これによって $\mathcal{S}'(\mathbb{R}^d, \mathcal{H})$ は $\mathbb{C}$ 上のベクトル空間である.

(2) $F_1, F_2, \ldots, F \in \mathcal{S}'(\mathbb{R}^d, \mathcal{H})$ とする. 任意の $u \in \mathcal{S}(\mathbb{R}^d, \mathcal{H})$ に対して $F_n(u) \to F(u)$ $(n \to \infty)$ が成り立つとき, F_n は F に弱収束するという. 弱収束することを単純に収束するということが多い.

反線形写像 $F : \mathcal{S}(\mathbb{R}^d, \mathcal{H}) \to \mathbb{C}$ が $\mathcal{H}$ 値 Fourier 超関数であるためには, u によらないある定数 $C > 0$ と n が存在して

$$|F(u)| \leq C p_n(u), \quad u \in \mathcal{S}(\mathbb{R}^d, \mathcal{H})$$

が満たされることが必要十分なのは通常の Fourier 超関数の場合の (1.58) と同様である. F が線形ではなく反線形としたのは Hilbert 空間の内積が第 2 成分に関して反線形であることに合わせたためで, これに符合して $F(u)$ を $\langle F, u \rangle$ ではなく, $F(u) = (F, u)$ と書く. $\mathcal{S}, \mathcal{S}'$ はこれまで通り, 通常の複素数値急減少関数, 緩増加超関数の空間である.

f が多項式増大の局所可積分な $\mathcal{H}$ 値関数, すなわち, ある n と $C > 0$ に対して

$$\int_{|x| \leq R} \|f(x)\|_{\mathcal{H}} dx \leq C R^n, \quad R \geq 1$$

を満たす $\mathcal{H}$ 値関数の全体を複素数値関数の場合と同様に $\mathcal{O}_{L^1}(\mathcal{H})$ と書く.

問題 2.45. $f \in \mathcal{O}_{L^1}(\mathcal{H})$ のとき, $u \in \mathcal{S}(\mathbb{R}^d, \mathcal{H})$ に対して

$$F_f(u) = \int_{\mathbb{R}^d} (f(x), u(x))_{\mathcal{H}} dx$$

と定義する. $F_f \in \mathcal{S}'(\mathbb{R}^d, \mathcal{H})$ を示せ. $F_f = F_g$ であれば $f = g$ であることを示せ.

問題 2.45 によって f を F_f と同一視して $\mathcal{O}_{L^1}(\mathcal{H}) \subset \mathcal{S}'(\mathbb{R}^d, \mathcal{H})$ と埋め込む. 任意の $1 \leq p \leq \infty$ に対して $L^p(\mathbb{R}^d, \mathcal{H}) \subset \mathcal{S}'(\mathbb{R}^d, \mathcal{H})$ は連続な埋め込みである.

$u \in \mathcal{S}'(\mathbb{R}^d, \mathcal{H})$ の $f \in \mathcal{S}$ による掛け算などの算法, u に対する微分演算などが第 1 章で述べた複素数値関数に対してと同様に定義され, 同様な性質が成り立つ. これらを詳しく述べて証明することは読者に任せる.

■**正規直交基底による展開** 以下, $\mathbb{R}^d$ の関数, 超関数 u, T などを $u(x), T(x)$ などと (形式的に) 変数を明示して書くこともある. $e \in \mathcal{H}$, $f \in \mathcal{S}' = \mathcal{S}'(\mathbb{R}^d, \mathbb{C})$ に対して, $f(x)e$ を

$$(f(x)e, u) = \langle f, (e, u) \rangle, \quad u \in \mathcal{S}(\mathbb{R}^d, \mathcal{H})$$

と定義する. $f(x)e \in \mathcal{S}'(\mathbb{R}^d, \mathcal{H})$ であることを確かめるのは容易である.

定理 2.46. $e_1, e_2, \ldots$ を $\mathcal{H}$ の正規直交基底とする. $F \in \mathcal{S}'(\mathbb{R}^d, \mathcal{H})$ に対して, $\mathcal{S} = \mathcal{S}(\mathbb{R}^d, \mathbb{C})$ 上の線形汎関数 $F_n, n = 1, 2, \ldots$ を次によって定義する:

$$\langle F_n, u \rangle = (F, \overline{u} e_n), \quad u \in \mathcal{S}, \quad n = 1, 2, \ldots. \tag{2.48}$$

2.2 ベクトル値関数の Fourier 変換

(1) $F_1, F_2, \cdots \in \mathcal{S}'$. 次の右辺は $\mathcal{S}'(\mathbb{R}^d, \mathcal{H})$ において弱収束し

$$F(x) = \sum_{n=1}^{\infty} F_n(x) e_n. \tag{2.49}$$

(2) $F(x)$ を (2.49) のように $e_1, e_2, \ldots$ によって展開する仕方は一意的である.

形式的に $F_n(x) = (F(x), e_n)$, (2.49) を $F(x) = \sum_{n=1}^{\infty}(F(x), e_n) e_n$ と書く.

証明. F_n が線形汎関数であるのは明らかである. $F \in \mathcal{S}'(\mathbb{R}^d, \mathcal{H})$ だから $\mathcal{S}(\mathbb{R}^d, \mathcal{H})$ のセミノルム p_k が存在して ($\mathcal{S} = \mathcal{S}(\mathbb{R}^d, \mathbb{C})$ 上のセミノルムも同じ記号で書く)

$$|\langle F_n, u \rangle| \leq C p_k(\overline{u} e_n) = C p_k(u), \quad u \in \mathcal{S}$$

が成立する. ゆえに $F_n \in \mathcal{S}'$ である. 任意の $u \in \mathcal{S}(\mathbb{R}^d, \mathcal{H})$ に対して

$$\Big(\sum_{n=1}^{N} F_n(x) e_n, u\Big) = \sum_{n=1}^{N} \langle F_n, (e_n, u)_\mathcal{H} \rangle = \Big(F, \sum_{n=1}^{N} (u, e_n)_\mathcal{H} e_n\Big), \quad N = 1, 2, \ldots.$$

$N \to \infty$ のとき, 右辺は補題 2.43 によって (F, u) に収束する. ゆえに $\sum_{n=1}^{N} F_n(x) e_n$ は F に弱収束する. 展開の一意性の証明は読者に任せる. □

■**Fourier 変換** 定理 2.41 から Fourier 変換 $\mathcal{F}$ は $\mathcal{S}(\mathbb{R}^d, \mathcal{H})$ の位相同型写像である. したがって $F \in \mathcal{S}'(\mathbb{R}^d, \mathcal{H})$ のとき,

$$\mathcal{F}F : \mathcal{S}(\mathbb{R}^d, \mathcal{H}) \ni f \mapsto (F, \mathcal{F}^* f) \tag{2.50}$$

は $\mathcal{H}$ 値 Fourier 超関数を定める. $\mathcal{F}F$ を $F \in \mathcal{S}'(\mathbb{R}^d, \mathcal{H})$ **の Fourier 変換**という. $\mathcal{F}F = \hat{F}$ とも書く.

$$(\mathcal{F}F, f) = (F, \mathcal{F}^* f), \quad F \in \mathcal{S}'(\mathbb{R}^d, \mathcal{H}),\ f \in \mathcal{S}(\mathbb{R}^d, \mathcal{H})$$

である. F の反線形性を考慮して複素数値関数のときの定義を修正したのである. 同様にして共役 Fourier 変換 $\mathcal{F}^* F = \check{F}$ を

$$(\mathcal{F}^* F, f) = (F, \mathcal{F}f), \quad F \in \mathcal{S}'(\mathbb{R}^d, \mathcal{H}),\ f \in \mathcal{S}(\mathbb{R}^d, \mathcal{H})$$

によって定義する. $f \in L^1(\mathbb{R}^d, \mathcal{H})$ に対して, (2.50) による Fourier 変換は (2.46) による定義に一致する. すなわち $\mathcal{F}F_f = F_{\mathcal{F}f}$ である. 定理 2.41 が $\mathcal{S}'(\mathbb{R}^d, \mathcal{H})$ 上の Fourier 変換に対しても成立する. 次の定理は $\mathcal{S}'$ 上の Fourier 変換と同様にして示せる.

定理 2.47. (1) $\mathcal{F}, \mathcal{F}^*$ は $\mathcal{S}'(\mathbb{R}^d, \mathcal{H})$ の位相同型写像で Fourier の反転公式が成立する:

$$\mathcal{F}^* \mathcal{F} F = \mathcal{F} \mathcal{F}^* F = F, \quad F \in \mathcal{S}'(\mathbb{R}^d, \mathcal{H}).$$

(2) $\mathcal{F}$ は微分演算を掛け算に, 掛け算を微分演算に変換する:

$$\mathcal{F}(D_x^\alpha u)(\xi) = \xi^\alpha \mathcal{F}u(\xi), \quad \mathcal{F}(x^\alpha u)(\xi) = (-D_\xi)^\alpha \mathcal{F}u(\xi). \tag{2.51}$$

例 2.48. $\mathcal{X}$ を $\mathcal{S}(\mathbb{R}^{d-1}) \subset \mathcal{X} \subset L^1_{\text{loc}}(\mathbb{R}^{d-1})$ を満たす Hilbert 空間で埋め込み写像 $\mathcal{S}(\mathbb{R}^{d-1}) \subset \mathcal{X}$ は連続とする．例えば $\mathcal{X} = L^2(\mathbb{R}^{d-1})$ である．このとき，任意の $u \in \mathcal{S}(\mathbb{R}^d)$ に対して $u(x_1, \cdot) \in \mathcal{S}(\mathbb{R}^1, \mathcal{X})$ で，$x_1 \in \mathbb{R}^1$ の $\mathcal{X}$ 値関数 $u(x_1, \cdot)$ の Fourier 変換は u の x_1 に関する部分 Fourier 変換

$$\mathcal{F}_1 u(\xi_1, x') = (2\pi)^{-1/2} \int_{-\infty}^{\infty} e^{-ix_1\xi_1} u(x_1, x') dx_1 \tag{2.52}$$

に等しい．

問題 2.49. $F(x) \in \mathcal{S}'(\mathbb{R}^d, \mathcal{H})$ を (2.49) のように展開する．次を示せ：

$$\hat{F}(\xi) = \sum_{n=1}^{\infty} \widehat{F_n}(\xi) e_n. \tag{2.53}$$

次の定理の証明は読者のよい演習問題である．

定理 2.50 (Plancherel–Parseval の等式). $u(x)$ を $\mathcal{H}$ 値可測関数，$e_1, e_2, \ldots$ を $\mathcal{H}$ の正規直交基底，$\{u_n(x)\} = \{(u(x), e_n)_{\mathcal{H}}\}$ を $u(x)$ の $\{e_n\}$ に関する Fourier 係数とする．

(1) $u \in L^2(\mathbb{R}^d, \mathcal{H})$ のためには $u_n \in L^2(\mathbb{R}^d)$, $n = 1, 2, \ldots$ が必要十分である．このとき，

$$\int_{\mathbb{R}^d} \|u(x)\|_{\mathcal{H}}^2 dx = \sum_{n=1}^{\infty} \int_{\mathbb{R}^d} |u_n(x)|^2 dx. \tag{2.54}$$

(2) Fourier 変換 $\mathcal{F}$ は $L^2(\mathbb{R}^d, \mathcal{H})$ 上のユニタリ作用素で，

$$\hat{u}(\xi) = \sum_{n=1}^{\infty} \hat{u}_n(\xi) e_n, \quad \int_{\mathbb{R}^d} \|u(x)\|_{\mathcal{H}}^2 dx = \int_{\mathbb{R}^d} \|\hat{u}(\xi)\|_{\mathcal{H}}^2 d\xi. \tag{2.55}$$

2.2.3 ベクトル値 Sobolev 空間

$\mathcal{H}$ を可分な Hilbert 空間とする．$\mathbb{R}^d$ 上の $\mathcal{H}$ 値 Sobolev 空間 $H^s(\mathbb{R}^d, \mathcal{H})$ を通常の Sobolev 空間のときと同様に，Fourier 変換を用いて

$$H^s(\mathbb{R}^d, \mathcal{H}) = \{u \in \mathcal{S}'(\mathbb{R}^d, \mathcal{H}) : \langle \xi \rangle^s \hat{u} \in L^2(\mathbb{R}^d, \mathcal{H})\},$$

$$(u, v)_{H^s} = \int_{\mathbb{R}^d} \langle \xi \rangle^{2s} (\hat{u}(\xi), \hat{v}(\xi))_{\mathcal{H}} d\xi$$

と定義する．$H^s(\mathbb{R}^d, \mathcal{H})$ は内積 $(u, v)_{H^s}$ に関して Hilbert 空間であるのは通常の Sobolev 空間と同様である．

$e_1, e_2, \ldots$ を $\mathcal{H}$ の正規直交基底とする．$u \in H^s(\mathbb{R}^d, \mathcal{H})$ を $u(x) = \sum_{n=1}^{\infty} u_n(x) e_n$, $u_n = (u, e_n)_{\mathcal{H}}$ と表現するとき，(2.53) によって $\hat{u}(\xi) = \sum_{n=1}^{\infty} \hat{u}_n(\xi) e_n$. ゆえに

$$\|u\|_{H^s(\mathbb{R}^d, \mathcal{H})}^2 = \sum_{n=1}^{\infty} \int \langle \xi \rangle^{2s} |\hat{u}_n(\xi)|^2 d\xi = \sum_{n=1}^{\infty} \|u_n\|_{H^s(\mathbb{R}^d, \mathbb{C})}$$

で $u \in H^s(\mathbb{R}^d, \mathcal{H})$ であることと $\sum_{n=1}^\infty \|u_n\|_{H^s}^2 < \infty$ であることは同値である．これから Sobolev の埋め込み定理など，複素数値関数に対して成立する Sobolev 空間の性質が $\mathcal{H}$-値関数に対しても同様に成立することが容易にわかる．特に，

定理 2.51. (1) s が正整数のとき，$u \in H^s(\mathbb{R}^d, \mathcal{H})$ であるためには任意の $|\alpha| \leq s$ に対して $u^{(\alpha)} = \partial^\alpha u \in L^2(\mathbb{R}^d, \mathcal{H})$ であることが必要十分で定数 $C_1, C_2 > 0$ に対して

$$C_1 \|u\|_{H^s(\mathbb{R}^d, \mathcal{H})}^2 \leq \sum_{|\alpha| \leq s} \|u^{(\alpha)}\|_{L^2(\mathbb{R}^d, \mathcal{H})}^2 \leq C_2 \|u\|_{H^s(\mathbb{R}^d, \mathcal{H})}^2. \tag{2.56}$$

(2) $s = k + \sigma$, $k \geq 0$ は整数，$0 < \sigma < 1$ のとき，$u \in H^s(\mathbb{R}^d, \mathcal{H})$ であるためには

$$\left(\|u\|_{H^k(\mathbb{R}^d, \mathcal{H})}^2 + \sum_{|\alpha|=k} \iint_{\mathbb{R}^d \times \mathbb{R}^d} \frac{\|u^{(\alpha)}(x) - u^{(\alpha)}(y)\|^2}{|x-y|^{d+2\sigma}} dx dy \right)^{1/2} < \infty \tag{2.57}$$

となることが必要十分で，このとき (2.57) は $\|u\|_{H^s(\mathbb{R}^d, \mathcal{H})}$ と同値なノルムである．

問題 2.52. (1) 定理 2.51 を証明せよ．
(2) $L^2(\mathbb{R}^d, \mathcal{H})$ の内積に関して $H^s(\mathbb{R}^d, \mathcal{H})^* \simeq H^{-s}(\mathbb{R}^d, \mathcal{H})$ であることを示せ．

$x = (x_1, x') \in \mathbb{R} \times \mathbb{R}^{d-1}$ のとき，その双対座標を $\xi = (\xi_1, \xi') \in \mathbb{R} \times \mathbb{R}^{d-1}$ と書く．

定理 2.53. (1) $s \geq 0$ とする．$u \in H^s(\mathbb{R}^d)$ のためには任意の $0 \leq t \leq s$ に対して $u(x_1, \cdot) \in H^t(\mathbb{R}, H^{s-t}(\mathbb{R}^{d-1}))$ となることが必要十分である．
(2) s が正整数のとき，$u \in H^s(\mathbb{R}^d)$ のためには，任意の整数 $0 \leq j \leq s$ に対して $u(x_1, \cdot) \in H^j(\mathbb{R}, H^{s-j}(\mathbb{R}^{d-1}))$ であることが必要十分である．

証明． $u \in \mathcal{S}$ とする．$\mathcal{F}_1$ を x_1 の $H^{s-t}(\mathbb{R}^{d-1})$ 値関数 $u(x_1, \cdot)$ の Fourier 変換とする．$\langle \xi_1 \rangle \leq \langle \xi \rangle$, $\langle \xi' \rangle \leq \langle \xi \rangle$ だから，$0 \leq t \leq s$ のとき，例 2.48 によって

$$\|u\|_{H^t(\mathbb{R}, H^{s-t}(\mathbb{R}^{d-1}))}^2 = \int_\mathbb{R} \langle \xi_1 \rangle^{2t} \|\mathcal{F}_1 u(\xi_1, \cdot)\|_{H^{s-t}(\mathbb{R}^{d-1})}^2 d\xi_1$$
$$= \int_\mathbb{R} \langle \xi_1 \rangle^{2t} \left(\int_{\mathbb{R}^{d-1}} \langle \xi' \rangle^{2(s-t)} |\hat{u}(\xi_1, \xi')|^2 d\xi' \right) d\xi_1 \leq \int_{\mathbb{R}^d} \langle \xi \rangle^{2s} |\hat{u}(\xi)|^2 d\xi = \|u\|_{H^s(\mathbb{R}^d)}^2.$$

$\mathcal{S}$ は $H^s(\mathbb{R}^d)$ において稠密だからこれは任意の $u \in H^s(\mathbb{R}^d)$ に対して成立する．ゆえに，$H^s(\mathbb{R}^d) \subset H^t(\mathbb{R}, H^{s-t}(\mathbb{R}^{d-1}))$ である．$\langle \xi \rangle^{2s} \leq 2^{2s}(\langle \xi_1 \rangle^{2s} + \langle \xi' \rangle^{2s})$ を用いて上と同様に議論すれば，再び $u \in \mathcal{S}$ のとき

$$\int_{\mathbb{R}^d} \langle \xi \rangle^{2s} |\hat{u}(\xi)|^2 d\xi \leq 2^{2s} \left(\int_{\mathbb{R}^d} \langle \xi_1 \rangle^{2s} |\hat{u}(\xi)|^2 d\xi + \int_{\mathbb{R}^d} \langle \xi' \rangle^{2s} |\hat{u}(\xi)|^2 d\xi \right)$$
$$= 2^{2s} \left(\|u\|_{H^s(\mathbb{R}, L^2(\mathbb{R}^{d-1}))}^2 + \|u\|_{L^2(\mathbb{R}, H^s(\mathbb{R}^{d-1}))}^2 \right). \tag{2.58}$$

$\mathcal{S}$ は共通部分 $H^s(\mathbb{R}, L^2(\mathbb{R}^{d-1})) \cap L^2(\mathbb{R}, H^s(\mathbb{R}^{d-1}))$ において稠密だからから, (2.58) は任意の $u \in H^s(\mathbb{R}, L^2(\mathbb{R}^{d-1})) \cap L^2(\mathbb{R}, H^s(\mathbb{R}^{d-1}))$ に対して成立する. ゆえに逆の関係も成立することがわかる. (2) の証明も同様である. □

2.2.4 トレース定理

$s > d/2$ のとき, $u \in H^s(\mathbb{R}^d)$ は (適当な零集合上で適当に値を取り替えれば) 連続関数, 特に, $d = 1, 1/2 < s \leq 3/2$ のとき, 定数 $C > 0$ が存在して,

$$|u(a)| \leq C\|u\|_{H^s(\mathbb{R})}, \quad |u(a) - u(b)| \leq C|a-b|^{s-\frac{1}{2}}\|u\|_{H^s(\mathbb{R}^1)} \tag{2.59}$$

が成立した (定理 2.22). したがって, $u \in H^s(\mathbb{R})$ に対して $u(a)$ を対応させる線形作用素

$$\gamma(a) \colon H^s(\mathbb{R}^1) \ni u \mapsto u(a) \in \mathbb{C} \tag{2.60}$$

は有界, $\mathbb{R} \ni a \mapsto \gamma(a) \in \mathbf{B}(H^s, \mathbb{C})$ は有界で指数 $s - \frac{1}{2}$ の Hölder 連続な関数である:

$$\|\gamma(a)\|_{\mathbf{B}(H^s, \mathbb{C})} \leq C, \quad \|\gamma(a) - \gamma(b)\|_{\mathbf{B}(H^s, \mathbb{C})} \leq C|a-b|^{s-\frac{1}{2}}. \tag{2.61}$$

$\mathcal{H}$ が Hilbert 空間のとき, 定理 2.22 が $\mathcal{H}$ 値 Sobolev 空間に対しても成立, 特に評価式 (2.61) が $\mathbb{C}$ と $|\cdot|$ を $\mathcal{H}$ と $\|\cdot\|_{\mathcal{H}}$ に置き換えて成立することを確かめるのは容易である. 一方, $s, \sigma \geq 0$ のとき, $H^{s+\sigma}(\mathbb{R}^d) \subset H^\sigma(\mathbb{R}^1, H^s(\mathbb{R}^{d-1}))$ は連続的な埋め込みだから, 以上の $\mathcal{H} = H^s(\mathbb{R}^{d-1})$ として $H^\sigma(\mathbb{R}_1, H^s(\mathbb{R}^{d-1}))$ に適用すれば, 定理 2.15 の (3) を精密化した次の定理が得られる. $\mathbb{R}^d$ 上の関数 u の超平面 $N_a = \{x = (x_1, x'): x_1 = a\}$ への制限 $u|_{x_1 = a}(x')$ を u の N_a への**トレース**といい, $\gamma(a)u(x')$ と書く. $\gamma(a)$ を N_a への**トレース作用素**という. $u \in \mathcal{S}(\mathbb{R}^d)$ なら $u(a, \cdot) \in \mathcal{S}(\mathbb{R}^{d-1})$, $\gamma(a)$ は $\mathcal{S}(\mathbb{R}^d)$ から $\mathcal{S}(\mathbb{R}^{d-1})$ への連続作用素である. 次の定理ではトレース作用素をこの $\gamma(a)$ の連続拡張として定義するが, もちろん定理 2.15 で定義したものと同じものである.

定理 2.54. $1/2 < \sigma \leq 3/2$, $s \geq 0$ とする. このとき, 任意の $a \in \mathbb{R}^1$ に対して $\gamma(a)$ は $H^{s+\sigma}(\mathbb{R}^d)$ から $H^s(\mathbb{R}^{d-1})$ への有界作用素に一意的に拡張される. $\mathbf{B}(H^{s+\sigma}(\mathbb{R}^d), H^s(\mathbb{R}^{d-1}))$-値関数 $\gamma(a)$ は有界で, 指数 $\sigma - \frac{1}{2}$ の Hölder 連続である:

$$\|(\gamma(a) - \gamma(b))u\|_{H^s(\mathbb{R}^{d-1})} \leq C|a-b|^{\sigma-1/2}\|u\|_{H^{s+\sigma}(\mathbb{R}^d)}.$$

$\Omega = \mathbb{R}^d_+ = \{x = (x_1, x'): x_1 > 0\}$ が半空間のとき, $u \in H^s(\Omega)$ は $\tilde{u} \in H^s(\mathbb{R}^d)$ に $\|\tilde{u}\|_{H^s(\mathbb{R}^d)} \leq C\|u\|_{H^s(\Omega)}$ を満たすように拡張される (補題 2.29). したがって定理 2.54 の s, σ に対して $\tilde{u} \in H^{s+\sigma}(\mathbb{R}^d)$ の N_a へのトレース $\gamma(a)\tilde{u} \in H^s(\mathbb{R}^{d-1})$ が定義されるが, $a \geq 0$ のとき $\gamma(a)\tilde{u}$ は u の拡張の仕方 $\tilde{u}$ にはよらない. これは $a > 0$ のときは明らかであるが, $\gamma(a)$ は a に関して Hölder 連続だから,

$$\gamma(+0)\tilde{u} = \lim_{a \downarrow 0} \gamma(a)u \in H^s(\mathbb{R}^{d-1})$$

2.2 ベクトル値関数の Fourier 変換

も $\tilde{u}$ のとり方によらないからである. このとき, $a \mapsto \gamma(a) \in \mathbf{B}(H^{s+\sigma}(\Omega), H^s(\mathbb{R}^{d-1}))$ は $a = 0$ を込めて $\sigma - \frac{1}{2}$ 次 Hölder 連続である. $\gamma(+0)u$ を u の上半平面からの平面 N_0 へのトレースという.

$a \geq 0$ のとき N_a の開部分集合 U に対して $u|_U \equiv \gamma(a)u|_U$ (あるいは $u|_U \equiv \gamma(+0)u|_U$) と定義する. このとき, $\|u|_U\|_{H^s(U)} \leq C\|u\|_{H^{s+\sigma}(\mathbb{R}^d_+)}$ が成立するのは明らかである. さらに, Ω が $U \subset \overline{\Omega}$ を満たす $\mathbb{R}^d_+$ の開部分集合のとき, Ω 上で $u = v$ なら $u|_U = v|_U$ で,

$$\|u|_U\|_{H^s(U)} \leq C\|u\|_{H^{s+\sigma}(\Omega)} \tag{2.62}$$

が成立するのも明らかである. 以上は座標の回転や平行移動に関して不変である. したがって次が成立することわかる.

系 2.55. $\Omega \subset \mathbb{R}^d$ を一様に C^m 級の領域, $H \subset \mathbb{R}^d$ を $d-1$ 次元超平面, U は H の開部分集合で $U \subset \overline{\Omega}$ を満たすとする. このとき, $u \in H^{s+\sigma}(\Omega), s \geq 0, \sigma > 1/2, s + \sigma \leq m$ の U 上へのトレース $u|_U \in H^s(U)$ が定義される:

$$\|u|_U\|_{H^s(U)} \leq C\|u\|_{H^{s+\sigma}(\Omega)}.$$

ただし, C は $u \in H^{s+\sigma}(\Omega)$ はよらない定数である.

Sobolev 空間の座標変換に関する不変性 (定理 2.12) 用いれば, 系 2.55 は開集合 Ω に含まれる滑らかなコンパクト超曲面 U あるいは滑らかな領域の境界の一部となるような超曲面 U へのトレース $u|_U$ に拡張されることがわかる. 結果をこの本で用いる範囲に限定して述べておこう. 定理 2.31 の証明で用いた局所化と変数変換の議論によって次の定理を証明するのは読者に任せる. 一様に C^m 級の領域に対して $C^\infty(\overline{\Omega})$ は $H^s(\Omega), s \leq m$ の稠密部分空間であったことを思い出そう (系 2.32).

定理 2.56. Ω は一様に C^m 級 $(m \geq 1)$ の領域, $\sigma > 1/2$ とする. このとき, $\partial\Omega$ へのトレース: $C^\infty(\overline{\Omega}) \ni u \mapsto u|_{\partial\Omega} \in C^\infty(\partial\Omega)$ は任意のコンパクト集合 $K \subset \partial\Omega$ に対して, $H^\sigma(\Omega)$ から $L^2(K, d\omega)$ への有界作用素に一意的に拡張される. ただし, $d\omega$ は $\partial\Omega$ の面積要素である.

定理 2.56 は $\partial\Omega$ が例えば超平面に近いなど適当な条件を満たせば K を $\partial\Omega$ で置き換えても成立する.

2.2.5 Sobolev 空間 $H^s_0(\Omega)$

Ω は十分大きな m に対して一様に C^m 級の領域とする.

定義 2.57. $s \geq 0$ のとき, $C^\infty_0(\Omega) \subset H^s(\Omega)$ である. $C^\infty_0(\Omega)$ の $H^s(\Omega)$ における閉包を $H^s_0(\Omega)$ と定義する. $s > 0$ のとき, $H^{-s}(\Omega) = H^s_0(\Omega)^*$ と定義する.

$s > 0$ のとき, $C^\infty_0(\Omega) \subset H^s_0(\Omega)$ は稠密で連続な埋め込みだから, $H^{-s}(\Omega) \subset \mathcal{D}'(\Omega)$ である.

命題 2.58. $s \geq 0$ のとき, $H_0^s(\Omega)$ は Ω^c において $u = 0$ を満たす $u \in H^s(\mathbb{R}^d)$ の Ω への制限の全体に等しい.

$$H_0^s(\Omega) = \{u|_\Omega : u \in H^s(\mathbb{R}^d),\ u(x) = 0,\ x \in \Omega^c\} \tag{2.63}$$

(1) $s < 1/2$ のとき, $H_0^s(\Omega) = H^s(\Omega)$ である.
(2) $s = k + \sigma$, $k \geq 0$ は整数, $1/2 < \sigma < 3/2$ のとき,

$$H_0^s(\Omega) = \{u \in H^s(\Omega) : D^\alpha u|_{\partial\Omega} = 0,\ |\alpha| \leq k\} \tag{2.64}$$

証明. $\Omega = \mathbb{R}_+^d$ が上半空間 $x_1 > 0$ のときに示す. 局所化し座標変換を用いて一般の滑らかな領域の場合を半空間の場合に帰着して証明することは読者に任せる. まず $H_0^s(\Omega)$ が (2.63) の右辺に含まれることを示そう. u の Ω の外への零拡張を $\tilde{u}(x)$ と書く. $s \geq 0$ が整数, $u \in H_0^s(\Omega)$ のとき, 任意の $|\alpha| \leq s$ に対して

$$\partial^\alpha \tilde{u} = (\partial^\alpha u)\tilde{\ } \in L^2(\mathbb{R}^d), \quad \text{したがって } \tilde{u} \in H^s(\mathbb{R}^d) \text{ で } \|\tilde{u}\|_{H^s(\mathbb{R}^d)} \leq \|u\|_{H_0^s(\Omega)} \tag{2.65}$$

であることを示せばよい. $C_0^\infty(\Omega) \subset H_0^s(\Omega) \subset H^s(\Omega)$ だから, これから補間定理 (定理 2.34) によって, 任意の $s \geq 0$ に対して

$$\|\tilde{\varphi}\|_{H^s(\mathbb{R}^d)} \leq \|\varphi\|_{H_0^s(\Omega)}, \quad \varphi \in C_0^\infty(\Omega).$$

ゆえに $\varphi_n \in C_0^\infty(\Omega)$ を $\|u - \varphi_n\|_{H^s(\Omega)} \to 0$ を満たすようにとれば, $\tilde{\varphi}_n$ は $H^s(\mathbb{R}^d)$ において収束し, その極限を v とすれば $v \in H^s(\mathbb{R}^d), u = v|_\Omega$, Ω^c において $v(x) = 0$ だからである. (2.65) を示そう. $|\alpha| \leq s$ のとき, 任意の $\psi \in C_0^\infty(\mathbb{R}^d)$ に対して

$$\langle \partial^\alpha \tilde{u}, \psi \rangle = (-1)^{|\alpha|} \langle \tilde{u}, \partial^\alpha \psi \rangle = (-1)^{|\alpha|} \int_\Omega u(x) \partial^\alpha \psi(x) dx$$
$$= \lim_{n \to \infty} (-1)^{|\alpha|} \int_\Omega \varphi_n \partial^\alpha \psi dx = \lim_{n \to \infty} \int_\Omega \partial^\alpha \varphi_n \psi dx = \int_\Omega \partial^\alpha u \psi dx = \langle (\partial^\alpha u)\tilde{\ }, \psi \rangle.$$

したがって (2.65) が成立する. 逆に u が (2.63) の右辺に属するとする. $a > 0$ に対して $u_a(x) = u(x_1 - a, x')$ と定義する. $u_a \in H^s(\mathbb{R}^d)$ で $a \to 0$ のとき,

$$\|u_a - u\|_{H^s(\Omega)} \leq \|u_a - u\|_{H^s(\mathbb{R}^d)} = \int_{\mathbb{R}^d} \langle \xi \rangle^{2s} |(e^{-ia\xi_1} - 1)\hat{u}(\xi)|^2 \to 0.$$

$x_1 < a$ のとき $u_a(x) = 0$ である. $x_1 > a/2$ のときは $\chi_a(x) = 1$, $x_1 < a/3$ のときには $\chi_a(x) = 0$ を満たす $\chi_a(x_1) \in C^\infty(\mathbb{R})$ をとる. このとき, $n \to \infty$ のとき $\|u_a - \varphi_n\|_{H^s(\mathbb{R}^d)} \to 0$ を満たす $\varphi_n \in C_0^\infty(\mathbb{R}^d)$, $n = 1, 2, \ldots$ に対して $\psi_n(x) = \chi_a(x_1)\varphi_n(x)$ と定義すれば $\psi_n \in C_0^\infty(\Omega)$ で問題 2.10 によって

$$\|u_a - \psi_n\|_{H^s(\Omega)} = \|\chi_a(x_1)(u_a - \varphi_n)\|_{H^s(\Omega)} \leq C\|u_a - \varphi_n\|_{H^s(\mathbb{R}^d)} \to 0 \ \ (n \to \infty).$$

ゆえに $u \in H_0^s(\Omega)$ である.

2.2 ベクトル値関数の Fourier 変換

(1) $u \in H^s(\Omega)$, $0 < s < 1/2$, $\tilde{u}$ を u の Ω^c への零拡張とする. $\tilde{u} \in H^s(\mathbb{R}^d)$ であることを示せばよい.

$$\|\tilde{u}\|_{H^s}^2 = \|\tilde{u}\|_{L^2}^2 + \iint_{\Omega \times \Omega} \frac{|u(x) - u(y)|^2}{|x-y|^{d+2s}} dxdy + 2\iint_{x_1 > 0, y_1 < 0} \frac{|u(x)|^2}{|x-y|^{d+2s}} dxdy$$

右辺第 1 項と第 2 項の和は $\|u\|_{H^s(\Omega)}^2$ に等しい. 第 3 項は y に関する積分を実行すると

$$C \int_{\mathbb{R}^{d-1}} \left(\int_{x_1 > 0} \frac{|u(x_1, x')|^2}{|x_1|^{2s}} dx_1 \right) dx'$$

dx_1 についての積分に次の補題 2.59 の (1) を用いればこれは

$$C \int_{\mathbb{R}^{d-1}} \left(\int_\mathbb{R} |\langle \xi_1 \rangle^s \mathcal{F}_1 u(\xi_1, x')|^2 d\xi_1 \right) dx' \leq C\|u\|_{H^s(\mathbb{R}^d)}$$

によって評価される. ゆえに (1) が成立する.

(2) $k = 0$ のときに示せば十分である. (2.64) の左辺が右辺に含まれるのは (2.63) とトレース定理から明らかである. ゆえに, $u \in H^s(\Omega)$, $1/2 < s < 3/2$ が $u(0, x') = 0$ を満たすとき, u の Ω^c への零拡張 $\tilde{u}$ が $H^s(\mathbb{R}^d)$ に属することを示せばよい. $1/2 < s < 1$ のときは (1) の証明を補題 2.59 の (2) を用いて繰り返せばよい. $1 \leq s < 3/2$ のとき, $u(0, x') = 0$ であることから $\partial_j \tilde{u} = \widetilde{\partial_j u}$, したがって (1) の証明から $\partial_j \tilde{u} \in H^{s-1}(\mathbb{R}^d)$, ゆえに $\tilde{u} \in H^s(\mathbb{R}^d)$. (2.63) によって, $u \in H^s_0(\mathbb{R}^d)$ である. □

補題 2.59. (1) $0 < s < 1/2$ とする. $u \in H^s(\mathbb{R})$ に依存しない定数 C が存在して

$$\int_\mathbb{R} \frac{|u(x)|^2}{|x|^{2s}} dx \leq C\|u\|_{H^s}^2. \tag{2.66}$$

(2) $1/2 < s < 3/2$ とする. $u(0) = 0$ を満たす $u \in H^s(\mathbb{R})$ に依存しない定数 C が存在して (2.66) が成立する.

証明. $|x|^{-s} \in L^1_{\text{loc}}$ は $-s$ 次同次関数. その Fourier 変換を $(2\pi)^{1/2} C_s |\xi|^{s-1}$ と書くと,

$$\mathcal{F}\left(\frac{u}{|x|^s}\right)(\xi) = C_s \int_\mathbb{R} \frac{\hat{u}(\eta)}{|\xi - \eta|^{1-s}} d\eta. \tag{2.67}$$

$0 < s < 1/2$ のときは (2.67) の右辺を

$$C_s \int_\mathbb{R} \frac{|\eta|^s \hat{u}(\eta)}{|\eta|^s |\xi - \eta|^{1-s}} d\eta$$

と書く. この右辺の積分核 $K(\xi, \eta) = |\eta|^{-s} |\xi - \eta|^{-1+s}$ は -1 次同次,

$$\int_\mathbb{R} K(1, \eta) |\eta|^{-\frac{1}{2}} d\eta = \int_\mathbb{R} |\eta|^{-s-\frac{1}{2}} |1 - \eta|^{-1+s} d\eta < \infty.$$

したがって，Plancherel の等式と定理 1.130 によって

$$\left\| \frac{u}{|x|^s} \right\| = \left\| \mathcal{F}\left(\frac{u}{|x|^s} \right) \right\| \leq C \||\xi|^s \hat{u}\| \leq C \|u\|_{H^s}$$

である．$1/2 < s < 3/2$ のときは $u(0) = 0$ を用いて (2.67) の右辺を

$$C_s \int_{\mathbb{R}} |\eta|^s \hat{u}(\eta) \left(\frac{1}{|\xi - \eta|^{1-s}} - \frac{1}{|\xi|^{1-s}} \right) \frac{d\eta}{|\eta|^s}.$$

と書けば，$K_1(\xi, \eta) = (|\xi - \eta|^{s-1} - |\xi|^{s-1})|\eta|^{-s}$ も -1 次同次．$1/2 < s < 3/2$ であることと $\eta = 0$ の近傍で $||1 - \eta|^{s-1} - 1| \leq C|\eta|$ であることに注意すれば

$$\int_{\mathbb{R}} K_1(1, \eta)|\eta|^{-\frac{1}{2}} d\eta = \int_{\mathbb{R}} |\eta|^{-s-\frac{1}{2}} ||1-\eta|^{s-1} - 1| d\eta < \infty$$

でもある．ゆえに (2) も成立する． □

問題 2.60. Ω は有界，$s < t$ とする．このとき，埋め込み写像 $H_0^t(\Omega) \ni u \mapsto u \in H_0^s(\Omega)$ はコンパクト作用素であることを示せ．

$\mathbb{R}^d$ の開集合 Ω 上の $\mathcal{H}$ 値 Sobolev 空間も複素数値関数と同様に定義する．特に $H_0^s(\Omega, \mathcal{H})$ は $C_0^\infty(\Omega, \mathcal{H})$ の $H^s(\Omega, \mathcal{H})$ における閉包である．

2.3 自由 Schrödinger 方程式

ほかの粒子からの影響を受けず孤立して自由に運動する量子力学的な d 次元粒子のハミルトニアン H_0 は質量が $m > 0$ のとき，Hilbert 空間 $\mathcal{H} = L^2(\mathbb{R}^d)$ 上の Sobolev 空間 $H^2(\mathbb{R}^d)$ を定義域とする自己共役作用素

$$H_0 u = -\frac{\hbar^2}{2m} \Delta u \tag{2.68}$$

である (次の定理 2.61 参照)．$L^2(\mathbb{R}^d) = \mathcal{H}$ と書く．作用素 H_0 を d 次元**自由 Schrödinger 作用素**と呼ぶ．この粒子の状態の時間的な推移は自由 Schrödinger 方程式 (2.1) によって記述される．この節では方程式 (2.1) の初期値問題を考える．**以下この節では式を簡単にするために** $\hbar = 1$, $m = 1$,

$$D(H_0) = H^2(\mathbb{R}^d), \quad H_0 u = -\frac{1}{2} \Delta u, \quad u \in D(H_0) \tag{2.69}$$

とする．

2.3.1 H_0 の自己共役性とスペクトル

定理 2.61. H_0 は $\mathcal{H}$ の自己共役作用素で $C_0^\infty(\mathbb{R}^d)$ はそのコアである．

$$H_0 = \mathcal{F}^* M_{\xi^2/2} \mathcal{F} \tag{2.70}$$

2.3 自由 Schrödinger 方程式

が成立する．ただし，$M_{\xi^2/2}$ は $\xi^2/2$ による掛け算作用素である．

証明． 掛け算作用素 $M_{\xi^2/2}$ は $\mathcal{H}$ の自己共役作用素，その定義域は重み付き空間 $L_2^2(\mathbb{R}^d)$ に等しい (定理 1.38)．$\mathcal{F}$ は H^2 から L_2^2 へのユニタリ作用素だから

$$D(\mathcal{F}^* M_{\xi^2/2} \mathcal{F}) = H^2(\mathbb{R}^d) = D(H_0).$$

$u \in H^2(\mathbb{R}^d)$ のとき，定理 2.41 によって

$$\mathcal{F}^* M_{\xi^2/2} \mathcal{F} u = -\tfrac{1}{2}\Delta u = H_0 u$$

ゆえに (2.70) が成立する．$\mathcal{F}$ は L^2 のユニタリ作用素だから H_0 も自己共役である．$u \in \mathcal{H}$ が任意の $\varphi \in C_0^\infty(\mathbb{R}^d)$ に対して $(u, (H_0+1)\varphi) = 0$ を満たせば，超関数の意味で

$$(-\Delta/2 + 1)u = 0.$$

両辺を Fourier 変換すれば $(\xi^2/2+1)\hat{u}(\xi) = 0$, $(\xi^2/2+1)^{-1}$ を乗じて $\hat{u} = 0$, $u = 0$ である．ゆえに $(H_0+1)C_0^\infty(\mathbb{R}^d)$ は $L^2(\mathbb{R}^d)$ で稠密，$C_0^\infty(\mathbb{R}^d)$ は H_0 のコアである (定理 1.37)． □

χ_G は集合 G の特性関数，$\mathcal{B}(\mathbb{R}^d)$ は $\mathbb{R}^d$ の Borel 可測集合族，$|\Omega|$ は $\Omega \in \mathcal{B}(\mathbb{R}^d)$ の Lebesgue 測度である．

定理 2.62. H_0 のスペクトルは $[0, \infty)$ でスペクトル射影は次で与えられる：

$$E_0(\Omega) u(x) = \mathcal{F}^*(\chi_{\{\xi^2/2 \in \Omega\}} \hat{u})(x), \quad \text{a.e. } x \in \mathbb{R}^d, \quad \Omega \in \mathcal{B}(\mathbb{R}^1). \tag{2.71}$$

$\mathcal{H} = \mathcal{H}_{ac}(H_0)$, H_0 のスペクトルは絶対連続である．

証明． (2.70) によって $\sigma(H_0) = \sigma(M_{\xi^2/2})$. 定理 1.31 によって $\sigma(M_{\xi^2/2}) = [0, \infty)$ だから，$\sigma(H_0) = [0, \infty)$ である．$M_{\xi^2/2}$ のスペクトル射影 $E_{M_{\xi^2/2}}(\Omega)$ は $\chi_{\{\xi^2/2 \in \Omega\}}$ による掛け算 (定理 1.77)，ゆえに，(2.71) が成立する．$\Omega \in \mathcal{B}(\mathbb{R}^1)$, $|\Omega|=0$ なら $\chi_{\{\xi^2/2 \in \Omega\}}(\xi) = 0$, a.e. $\xi \in \mathbb{R}^d$. ゆえに，$|\Omega|=0$ なら任意の $u \in \mathcal{H}$ に対して $E_0(\Omega) u = 0$. $u \in \mathcal{H}_{ac}(H_0)$, $\mathcal{H} = \mathcal{H}_{ac}(H_0)$. H_0 のスペクトルは絶対連続である． □

問題 2.63. 状態が $u \in L^2(\mathbb{R}^d)$ で記述される自由粒子のエネルギーが区間 $I \subset [0, \infty)$ に見いだされる確率は次で与えられることを示せ：

$$\int_I (2E)^{\frac{d-2}{2}} \left(\int_{S^{d-1}} |\hat{u}(\sqrt{2E}\omega)|^2 d\omega \right) dE.$$

2.3.2 自由 Schrödinger 方程式

(2.68) で定義された自由 Schrödinger 作用素を単に $H_0 = -\tfrac{1}{2}\Delta$ と書く．$\mathcal{H}$ 値関数 $u(t)$ に対する常微分方程式

$$i\frac{du}{dt} = H_0 u = -\frac{1}{2}\Delta u, \quad t \in \mathbb{R} \tag{2.72}$$

を**自由 Schrödinger 方程式**という. 一般の質量 $m > 0$, $\hbar$ を含む方程式 (2.1) の解は (2.72) の解から次のようにして得ることができる.

問題 2.64. $\varphi \in H^2(\mathbb{R}^d)$ とする. $u(t,x)$ が初期条件 $u(0,x) = \varphi(\hbar x/\sqrt{m})$ を満たす (2.1) の解であることと, $v(t,x) = u\left(\frac{t}{\hbar}, \frac{\sqrt{m}x}{\hbar}\right)$ が初期条件 $v(0,x) = \varphi(x)$ を満たす (2.72) の解であることは同値であることを示せ.

$\varphi \in D(H_0)$ のとき, 初期条件 $u(0) = \varphi \in \mathcal{H}$ を満たす方程式 (2.72) の $\mathcal{H}$ 値 C^1 級の解 $u(t)$ は一意的で $u(t) = e^{-itH_0}\varphi$ によって与えられる (定理 1.153). この強連続ユニタリ群

$$U_0(t) = e^{-itH_0}, \quad -\infty < t < \infty \tag{2.73}$$

を**自由 Schrödinger 方程式の解作用素**, あるいは **propagator** と呼ぶ. 以下, この本では $U_0(t)$ はいつでも (2.73) で定義された解作用素である.

注意 2.65. 一般に微分作用素 $P(x,D) = \sum_{|\alpha|\leq n} a_\alpha(x)D^\alpha$ において $D = -i\partial/\partial x$ をベクトル $\xi \in \mathbb{R}^d$ で置き換えて得られる ξ の多項式とその主要部

$$P(x,\xi) = \sum_{|\alpha|\leq n} a_\alpha(x)\xi^\alpha, \quad P_n(x,\xi) = \sum_{|\alpha|=n} a_\alpha(x)\xi^\alpha$$

をそれぞれ $P(x,D)$ の**シンボル**, あるいは**主シンボル**という. 長さ 1 のベクトル ν は $P_n(x,\nu) = 0$ を満たすとき, $P(x,D)$ の x における**特性方向**であるといわれる. $P(x,D)u = 0$ に対する初期値問題 $u|_S = \varphi$ は超曲面 S の各点 x_0 において S の法線方向が $P(x,D)$ の x_0 における特性方向であるとき, **特性初期値問題**といわれる. 特性初期値問題は一般に無限に多くの解をもつ (例えば [37] をみよ). Schrödinger 方程式 (2.1) に対して初期値問題 $u(0,x) = \varphi(x)$ は特性初期値問題で, したがって, 無限に多くの解が存在するが. $u(0,x) = \varphi \in \mathcal{H}$ のとき, $u(t,\cdot)$ が $\mathcal{H}$ 値連続関数となる解は一意的である. このように, 特性初期値問題でも適当な条件を満たす解は一意的に定まる. 偏微分方程式 (2.1) を (2.72) のように $\mathcal{H}$ 値関数に対する常微分方程式として定式化するのは, このように解のクラスを制限するためでもある. これは自由 Schrödinger 方程式だけでなく, 一般の Schrödinger 方程式に対しても同様である.

定理 2.66. $L^2(\mathbb{R}^d)$ 上の強連続ユニタリ群 $U_0(t) = e^{-itH_0}$ はさらに以下の性質を満たす:

(1) $U_0(t)$ は $\mathcal{S}$ の同型写像で, $\varphi \in \mathcal{S}$ のとき, $\mathbb{R} \ni t \mapsto U_0(t)\varphi \in \mathcal{S}$ は C^∞ である.
(2) $U_0(t)$ は $\mathcal{S}'$ の同型写像に拡張される. 拡張された作用素も $U_0(t)$ と書く. $\varphi \in \mathcal{S}'$ のとき, $\mathbb{R} \ni t \mapsto U_0(t)\varphi \in \mathcal{S}'$ は C^∞, $u(t,x) = U_0(t)\varphi(x)$ は $u(0,x) = \varphi(x)$ と (2.1) を超関数の意味で満たす初期値問題の解である. ただし $m = 1/2$, $\hbar = 1$.
(3) $\varphi \in \mathcal{S}'$ とする. 超関数の意味で (2.1) を満たす $u(t,x)$ で, $\mathbb{R} \ni t \mapsto u(t) \in \mathcal{S}'$ が連続, $u(0) = \varphi$ を満たすものは (2) の $u(t,x) = U_0(t)\varphi(x)$ に限る.
(4) 任意の $s \in \mathbb{R}$ にたいし, $U_0(t)$ は H^s 上の強連続ユニタリ群である.

2.3 自由 Schrödinger 方程式

(5) $\varphi \in L^1(\mathbb{R}^d) \cap L^2(\mathbb{R}^d)$ のとき, $u(t,x) = U_0(t)\varphi(x)$ は次で与えられる (複号同順).

$$u(t,x) = e^{\mp i\frac{d\pi}{4}} \left(\frac{1}{2\pi|t|}\right)^{\frac{d}{2}} \int_{\mathbb{R}^d} e^{\frac{i(x-y)^2}{2t}} \varphi(y) dy, \quad \pm t > 0. \tag{2.74}$$

(2.74) は $\varphi \in L^1$ に対しても成立する.

証明. $G(t)$ を $e^{-it|\xi|^2/2}$ による掛け算作用素とする. $\exp(-itM_{\xi^2/2}) = G(t)$(定理 1.77) だから補題 1.111 によって, $\pm t > 0$ のとき,

$$e^{-itH_0}\varphi = \mathcal{F}^* G(t)\mathcal{F}\varphi. \tag{2.75}$$

$G(t)$ は明らかに $\mathcal{S}$ の同型写像, したがって $\mathcal{S}'$ の同型写像でもある, したがって $U_0(t)$ もそうである. $\varphi \in \mathcal{S}$ のとき, $t \mapsto G(t)\varphi$ が $\mathcal{S}$ 値関数として微分可能で

$$i\partial_t G(t)\varphi(\xi) = (\xi^2/2)G(t)\varphi(\xi) = G(t)M_{\xi^2/2}\varphi(\xi) \tag{2.76}$$

を満たすのは容易にわかる. $M_{\xi^2/2}\varphi \in \mathcal{S}$ だから右辺は t で微分可能, ゆえに $G(t)\varphi$ は t について 2 階微分可能で, $i^2\partial_t^2 G(t)\varphi = G(t)M_{\xi^2/2}^2\varphi$. これを繰り返せば, $t \mapsto G(t)\varphi$ が $\mathcal{S}$ 値の C^∞ 級関数であることがわかる. 同様にして $\varphi \in \mathcal{S}'$ のとき $t \mapsto G(t)\varphi$ が $\mathcal{S}'$-値 C^∞ 級関数で, (2.76) を満たすことがわかる. (2.76) を ξ について逆 Fourier 変換すれば

$$\partial_t u(t,x) = \mathcal{F}^*(\xi^2/2)G(t)\mathcal{F}\varphi(\xi) = -(1/2)\Delta u(t,x). \tag{2.77}$$

したがって, $u(t,x)$ は (2.1) の解である.

$u(t,x)$ が (3) の性質を満たすとする. u が方程式 (2.1) を満たすことと $-\Delta\colon \mathcal{S}' \to \mathcal{S}'$ が連続であることから上と同様にして $t \mapsto u(t) \in \mathcal{S}'(\mathbb{R}^d)$ が C^∞ 級であることがわかる. $\hat{u}(t,\xi)$ を $u(t,x)$ の変数 x に関する Fourier 変換とすれば, (2.1) を Fourier 変換して

$$i\partial_t \hat{u}(t,\xi) = (1/2)\xi^2 \hat{u}(t,\xi) \Rightarrow \hat{u}(t,\xi) = e^{-i\frac{t\xi^2}{2}}\hat{\varphi}(\xi) \Rightarrow u(t,x) = U_0(t)\varphi$$

である. $\{G(t)\colon t \in \mathbb{R}\}$ は $L_s^2(\mathbb{R}^d)$ の強連続ユニタリ群でもある. したがって (4) も成立する. (2.75) を具体的に書き表せば

$$e^{-itH_0}\varphi = (2\pi)^{-d/2} \int_{\mathbb{R}^d} e^{ix\xi - it\xi^2/2} \hat{\varphi}(\xi) d\xi = (2\pi)^{-d/2}\{(\mathcal{F}e^{-it|\xi|^2/2}) * \varphi\}(x). \tag{2.78}$$

右辺の $\mathcal{F}e^{-it|\xi|^2/2}$ を (1.55) を用いて計算すれば, (2.74) が得られる. □

Schrödinger 方程式の解作用素の積分核を**基本解**と呼ぶ. (2.74) によって自由 Schrödinger 方程式の基本解が次で与えられることがわかる：

$$E_0(t,x,y) = e^{\mp i\frac{d\pi}{4}} \left(\frac{1}{2\pi|t|}\right)^{\frac{d}{2}} e^{\frac{i(x-y)^2}{2t}}, \quad \pm t > 0. \tag{2.79}$$

■MDFM 分解 $t \neq 0$ に対して掛け算作用素の族 $M(t)$ および相似変換の族 $D(t)$ を

$$M(t)f(x) = e^{\frac{ix^2}{2t}}f(x), \quad D(t)f(x) = |t|^{-\frac{d}{2}}f(x/t)$$

と定義する. $M(t), D(t)$ は L^2 上ユニタリ, 同時に $\mathcal{S}$ および $\mathcal{S}'$ 上の同型写像である.

補題 2.67. $\pm t > 0$ のとき, 任意の $\varphi \in \mathcal{S}'$ に対して等式

$$U_0(t)\varphi = e^{\mp id\pi/4}M(t)D(t)\mathcal{F}M(t)\varphi \tag{2.80}$$

が成立する. (2.80) を $U_0(t)$ の MDFM 分解という.

証明. (2.74) の右辺で $\exp(\frac{i(x-y)^2}{2t}) = \exp(\frac{ix^2}{2t})\exp(-i(x/t)y)\exp(\frac{iy^2}{2t})$ と展開すれば,

$$e^{\pm id\pi/4}U_0(t)\varphi(x) = e^{\frac{ix^2}{2t}}\left(\frac{1}{2\pi|t|}\right)^{\frac{n}{2}}\int_{\mathbb{R}^d}e^{-i(x/t)y}(e^{\frac{iy^2}{2t}}\varphi(y))dy.$$

ゆえに, $M(t), D(t)$ の定義から補題が従う. □

2.3.3 $\mathcal{H}$ における漸近展開

原子は数Å(オングストローム), 電子の質量は約 $9 \times 10^{-28}g$, $\hbar \sim 10^{-27}\text{erg}\cdot\text{sec}$ だから $t\hbar/m \sim 10^{16}t$Å. したがって Å を長さの単位とし, $m = \hbar = 1$ となる (原子) 単位系をとれば 1 秒は 10^{16} のオーダーで, これは "ほとんど無限大" である. したがって, 量子力学では系の $t \to \pm\infty$ における漸近挙動を調べるのが大切である. 正のエネルギーをもつ古典自由粒子は等速直線運動をして無限遠方に飛び去る. 量子的な自由粒子も適当な解釈のもとで同じ性質をもつことを示そう. これをみるのに初期条件 φ が無限遠方で速く減少し, 初期時刻における粒子の存在確率が空間的に局在しているとき, 解 $u(t,x) = (U_0(t)\varphi)(x)$ が $t \to \pm\infty$ において $L^2(\mathbb{R}^n)$ 空間の位相で "漸近展開" できることを示そう. $n \geq 0$ は整数, $\gamma(d) = d\pi/4$ である.

定理 2.68. $\varphi \in \langle x\rangle^{-2(n+1)}L^2(\mathbb{R}^d)$ とする.

$$\left\|U_0(t)\varphi(x) - \sum_{k=0}^{n}\frac{e^{\mp i\gamma(d)}e^{\frac{ix^2}{2t}}i^k}{2^k t^k k!}\left(\frac{1}{|t|}\right)^{\frac{d}{2}}\widehat{x^{2k}\varphi}\left(\frac{x}{t}\right)\right\|$$
$$\leq \left(\frac{1}{2|t|}\right)^{n+1}\frac{\|x^{2(n+1)}\varphi\|}{(n+1)!} \tag{2.81}$$

が任意の $\pm t > 0$ において成立する.

証明. $U_0(t)\varphi = e^{\mp i\gamma(d)}M(t)D(t)\mathcal{F}M(t)\varphi$ の最後の $M(t)$ で $e^{\frac{ix^2}{2t}}$ を

$$e^{\frac{ix^2}{2t}} = \sum_{k=0}^{n}\frac{1}{k!}\left(\frac{ix^2}{2t}\right)^k + \frac{1}{n!}\left(\frac{ix^2}{2t}\right)^{n+1}\int_0^1(1-\theta)^n e^{\frac{ix^2\theta}{2t}}d\theta \tag{2.82}$$

2.3 自由 Schrödinger 方程式

の右辺で置き換える. 右辺の和から (2.81) の左辺のノルム記号の中の和が得られる. $e^{\mp i\gamma(d)}M(t)D(t)\mathcal{F}$ は $\mathcal{H}$ のユニタリ作用素だから, (2.82) から (2.81) の左辺は, Minkowski の不等式を用いて

$$\left\| \frac{1}{n!}\left(\frac{ix^2}{2t}\right)^{n+1}\int_0^1 (1-\theta)^n e^{\frac{ix^2\theta}{2t}}\varphi(x)d\theta \right\| \leq \left(\frac{1}{2|t|}\right)^{n+1}\frac{\|x^{2(n+1)}\varphi\|}{(n+1)!}$$

で評価されることがわかる. □

(2.81) の左辺の和記号の中の第 k 項のノルムは, $(2^k|t|^k k!)^{-1}\|x^{2k}\varphi\|$ に等しい. したがって, (2.81) は $U_0(t)\varphi$ が $L^2(\mathbb{R}^d)$ のノルムのオーダーが $O(t^{-k})$ の項によって "漸近展開" され, 特に $U_0(t)\varphi$ の $t\to\infty$ における $L^2(\mathbb{R}^d)$ での主要項が

$$T_0(t)\varphi(x) = e^{\mp i\gamma(d)}e^{\frac{ix^2}{2t}}|t|^{-\frac{d}{2}}\hat{\varphi}\left(\frac{x}{t}\right), \quad \pm t > 0 \tag{2.83}$$

であることを示している. ただし, この各項は "$t^{-k}\times\{t$ に関係しない関数 $\}$" とはなっていないので通常の意味での t に関する漸近展開というわけではない. 上で "漸近展開" と書いたのはこのことを明示したかったためである.

定理 2.69. $T_0(t)$ は $\mathcal{H}$ のユニタリ作用素である. 任意の $\varphi \in L^2$ に対して

$$\lim_{t\to\pm\infty}\|(U_0(t)-T_0(t))\varphi\|_2 = 0 \tag{2.84}$$

が成立する. 任意の $R > 0$ に対して

$$\lim_{t\to\pm\infty}\int_{|x|<R}|U_0(t)\varphi(x)|^2 dx \to 0. \tag{2.85}$$

証明. $t\neq 0$ のとき, $T_0(t)$ はユニタリで $\|U_0(t)-T_0(t)\|_{\mathbf{B}(L^2)} \leq 2$ である. $\varphi\in L^2_2(\mathbb{R}^d)$ のとき, (2.81) によって $\|(U_0(t)-T_0(t))\varphi\| \leq (1/2|t|)\|x^2\varphi\| \to 0$ $(|t|\to\infty)$ である. $L^2_2(\mathbb{R}^d)$ は L^2 において稠密だから (2.84) が従う. $t\to\pm\infty$ のとき,

$$\int_{|x|<R}|T_0(t)\varphi(x)|^2 dx = \frac{1}{|t|^d}\int_{|x|<R}\left|\hat{\varphi}\left(\frac{x}{|t|}\right)\right|^2 dx = \int_{|x|<R/t}|\hat{\varphi}(x)|^2 dx \to 0.$$

これと (2.84) をあわせて (2.85) が得られる. □

(2.85) から, $t\to\pm\infty$ のとき自由粒子の任意の有界領域における存在確率は 0 に収束し, 粒子は無限遠方に散逸する. この散逸の仕方は規則的で, 古典自由粒子の運動を反映していることが次のようにしてわかる. 初期状態が φ, $\|\varphi\|_2 = 1$ のとき, $|\varphi(x)|^2 dx$, $|\hat{\varphi}(\xi)|^2 d\xi$ はそれぞれ, 時刻 0 において, 粒子を dx に, 粒子の運動量を $d\xi$ に見いだす確率であった. (2.78) から時間 t 後の粒子の運動量の確率分布 $|\hat{u}(t,\xi)|^2 d\xi = |\hat{\varphi}(\xi)|^2 d\xi$ は t に依存しない. これは粒子の運動量が不変であることの反映である. 一方 (2.83), (2.84) から x 空間での確率分布は $t\to\pm\infty$ において

$$\frac{1}{t^d}\left|\hat{\varphi}\left(\frac{x}{t}\right)\right|^2 dx = \left|\hat{\varphi}\left(\frac{x}{t}\right)\right|^2 d\left(\frac{x}{t}\right) = |\hat{\varphi}(\xi)|^2 d\xi, \quad \xi = \frac{x}{t} \tag{2.86}$$

に漸近する．これは時刻 $t = 0$ において原点 $x = 0$ 上に運動量分布 $|\hat{\varphi}(\xi)|^2 d\xi$ をもつ古典力学の自由粒子群をおいたときの，時間 t 後の粒子の位置の確率分布に等しい．このように，量子力学的粒子の運動は古典力学的粒子の運動の様々な性質を保持する．一方，上の議論では古典力学の自由粒子の出発点をすべて 0 にしたが，これを任意に固定された点 a としても同様である．$\varphi(x)$ を $\varphi_a(x) = \varphi(x - a)$ で置き換えて粒子の位置を平行移動しても $\hat{\varphi}_a(\xi) = e^{-ia\xi}\hat{\varphi}(\xi)$ だから $t \to \pm\infty$ における存在確率 (2.86) は不変だからである．このように量子力学的粒子は出発点を忘れる傾向がある．

2.3.4 局所減衰評価

定理 2.68 の (2.81) は解 $u(t,x)$ を全空間で観測して $L^2(\mathbb{R}^d)$ のノルムを用いてみたときの時間 $t \to \infty$ における漸近的な振る舞いを記述したものであるが，展開された各項は t のべき以外にも t に依存した量を含んでいて，t に関する漸近展開というわけにはいかなかった．この小節では無限遠方で十分速く減少する初期条件に対する解 $u(t,x)$ を x が有限な領域において観測したときには，$u(t,x)$ が t^{-1} のべき級数に漸近展開できることを示そう．重み付き L^p 空間

$$\langle x \rangle^s L^p(\mathbb{R}^d) = \{\langle x \rangle^s u : u \in L^p(\mathbb{R}^d)\}, \quad \|u\|_{\langle x \rangle^s L^p} = \|\langle x \rangle^{-s} f\|_{L^p(\mathbb{R}^d)} \qquad (2.87)$$

を用いて，次のように定式化する．$k = 0, 1, \ldots$ に対して

$$B_k^\pm \varphi(x) = \frac{e^{\mp id\pi/4}}{(2\pi)^{d/2}} \frac{i^k}{2^k k!} \int_{\mathbb{R}^n} (x-y)^{2k} \varphi(y) dy$$

と定義する．$B_k^\pm$ は同次 $2k$ 次多項式 $(x-y)^{2k} = \{(x_1 - y_1)^2 + \cdots + (x_d - y_d)^2\}^k$ の定数倍を積分核とする有限次元作用素，特に $B_0^\pm$ は像空間が定数関数からなる 1 次元作用素である：

$$(B_0^\pm \varphi)(x) = (2\pi)^{-\frac{d}{2}} e^{\mp id\pi/4} \int_{\mathbb{R}^d} \varphi(y) dy.$$

問題 2.70. $k = 0, 1, \ldots$ に対して $B_k^\pm \in \mathbf{B}(\langle x \rangle^{-2k} L^1, \langle x \rangle^{2k} L^\infty)$ であることを示せ．

定理 2.71. n を非負整数，$0 \leq \varepsilon < 1$ とする．任意の $\pm t > 0$ に対して n, d, ε のみによる定数 C が存在して次が成立する：

$$\left\| \langle x \rangle^{-2(n+\varepsilon)} \left(U_0(t) - \sum_{k=0}^n \frac{B_k^\pm}{|t|^{\frac{d}{2}} t^k} \right) \varphi \right\|_\infty \leq C|t|^{-(n+\frac{d}{2}+\varepsilon)} \|\langle x \rangle^{2(n+\varepsilon)} \varphi\|_1. \qquad (2.88)$$

証明． $t > 0$ のときに示す．$t < 0$ のときも同様である．B_k^+ を B_k と書く．(2.74) において積分核 $\exp\left(\frac{i(x-y)^2}{2t}\right)$ を展開して

$$\sum_{k=0}^n \frac{1}{k!} \left(\frac{i(x-y)^2}{2t}\right)^k + \frac{1}{(n-1)!} \left(\frac{i(x-y)^2}{2t}\right)^n \int_0^1 (1-\theta)^{n-1} (e^{\frac{i(x-y)^2\theta}{2t}} - 1) d\theta$$

2.3 自由 Schrödinger 方程式

と書く. 実数 a に対して, $|e^{ia} - 1| \leq 2^{1-\varepsilon}|a|^{\varepsilon}$ と評価をすれば

$$\left| u(t,x) - \sum_{k=0}^{n} \frac{1}{t^{\frac{d}{2}+k}}(B_k\varphi)(x) \right| \leq \frac{2^{1-2\varepsilon}}{(2\pi)^{\frac{d}{2}} 2^n n! t^{\frac{d}{2}+n+\varepsilon}} \int_{\mathbb{R}^d} (x-y)^{2(n+\varepsilon)} |\varphi(y)| dy$$

$|x - y| \leq \langle x \rangle \langle y \rangle$ に注意して右辺の積分を $\langle x \rangle^{2(n+\varepsilon)} \|\langle y \rangle^{2(n+\varepsilon)} \varphi\|_1$ で評価すれば, (2.88) が得られる. □

(2.88) で $n = 0$ とすれば, ある $\varepsilon > 0$ に対して $\langle x \rangle^{\varepsilon} \varphi \in L^1$ を満たす φ に対して, 解 $u(t,x) = U_0(t)\varphi(x)$ は任意のコンパクト集合 $K \subset \mathbb{R}^d$ 上一様に

$$u(t,x) = \frac{e^{\mp i\pi d/4}}{|2\pi t|^{\frac{d}{2}}} \int_{\mathbb{R}^d} \varphi(x) dx + O(t^{-\frac{d+\varepsilon}{2}}), \quad t \to \pm\infty$$

を満たす. 主要項は空間的に定数で $t \to \pm\infty$ において $Ct^{-d/2}$ である.

2.3.5 関数空間 $\Sigma(m)$

空間の無限遠方での減衰の速さと関数の滑らかさに同じウエートをおいて関数空間 $\Sigma(m), m = 0, 1, \ldots$ を次のように定義する.

定義 2.72. $|\alpha| + |\beta| \leq m$ を満たす任意の多重指数 α, β に対して $x^{\alpha} \partial^{\beta} u \in L^2(\mathbb{R}^d)$ を満たす関数の全体のなす空間を $\Sigma(m)$ と書く. $u, v \in \Sigma(m)$ に対して

$$(u,v)_{\Sigma(m)} = \sum_{|\alpha|+|\beta|\leq m} \int_{\mathbb{R}^d} x^{\alpha} \partial_x^{\beta} u(x) \overline{x^{\alpha} \partial_x^{\beta} v(x)} dx \tag{2.89}$$

と定義する. $\Sigma(m)$ はこの内積に関して Hilbert 空間である. $\Sigma(-m) = \Sigma(m)^*$ と定義する. ただし, 双対空間は $L^2(\mathbb{R}^d)$ の内積に関してとる.

補題 2.73. (1) $m \geq 0$ のとき, $\mathcal{S}(\mathbb{R}^d) \subset \Sigma(m)$ は稠密で連続な埋め込みである.
(2) $\cdots \subset \Sigma(2) \subset \Sigma(1) \subset \Sigma(0) = L^2(\mathbb{R}^d) \subset \Sigma(-1) \subset \cdots$ で

$$\cap_{-\infty<n<\infty} \Sigma(n) = \mathcal{S}(\mathbb{R}^d), \quad \cup_{-\infty<n<\infty} \Sigma(n) = \mathcal{S}'(\mathbb{R}^d)$$

(3) (1.52) で定義された $\mathcal{S}$ の距離 d の定める位相と次の距離は同値である：

$$\tilde{d}(u-v) = \sum_{n=1}^{\infty} \frac{\|u-v\|_{\Sigma(n)}}{2^{-n}(1+\|u-v\|_{\Sigma(n)})}$$

証明. (1) は Sobolev 空間の場合 (補題 2.4) と同様に証明できるのでここでは省略する. $m < n$ なら $\Sigma(n) \subset \Sigma(m)$, 任意の n に対して $\mathcal{S}(\mathbb{R}^d) \subset \Sigma(n) \subset \mathcal{S}'(\mathbb{R}^d)$ なのは明らかである. ゆえに, $\mathcal{S}(\mathbb{R}^d) \subset \cap_n \Sigma(n), \cup_n \Sigma(n) \subset \mathcal{S}'(\mathbb{R}^d)$ である. 一方, (1.51) で定義された $\mathcal{S}(\mathbb{R}^d)$ のノルム $p_n(u)$ に対して, Sobolev の埋蔵定理から

$$p_n(u) \leq C_k \|u\|_{\Sigma(n+k)}, \quad k > d/2. \tag{2.90}$$

ゆえに $\cap_n \Sigma(n) \subset \mathcal{S}(\mathbb{R}^d)$, したがって $\cap_n \Sigma(n) = \mathcal{S}(\mathbb{R}^d)$ である. また, 補題 1.93 (3) と (2.90) から $T \in \mathcal{S}'(\mathbb{R}^d)$ なら, ある n に対して

$$|T(u)| \leq C p_n(u) \leq C' \|u\|_{\Sigma(n+k)}, \quad k > d/2,$$

ゆえに $T \in \Sigma(-n-k)$, これから $\mathcal{S}'(\mathbb{R}^d) \subset \cup_n \Sigma(n)$, したがって, $\mathcal{S}'(\mathbb{R}^d) = \cup_n \Sigma(n)$ も成立する. Schwarz の不等式によって

$$\|u\|_{\Sigma(n)} \leq C_k p_{n+k}(u), \quad k > d/2. \tag{2.91}$$

これと (2.90) を合わせて d と $\tilde{d}$ は同値であることがわかる. □

問題 2.74. $\mathcal{S}(\mathbb{R}^d)$ 上の線形汎関数 F が $F \in \mathcal{S}'(\mathbb{R}^d)$ であるためにはある m に対して $|F(\varphi)| \leq C \|\varphi\|_{\Sigma(m)}, \varphi \in \mathcal{S}(\mathbb{R}^d)$ を満たすことが必要十分であることを示せ.

$u \in H^{-m}(\mathbb{R}^d)$ は $L^2(\mathbb{R}^d)$ に属する関数の m 階までの導関数の 1 次結合として書き表された. $u \in \Sigma(-m)$ に対して同様の命題を示そう.

命題 2.75. $m \geq 0$ を整数とする. 任意の $u \in \Sigma(-m)$ に対して

$$u(x) = \sum_{|\alpha|+|\beta| \leq m} x^\alpha \partial^\beta u_{\alpha\beta}, \quad C_1 \|u\|_{\Sigma(-m)} \leq \sum \|u_{\alpha\beta}\| \leq C_2 \|u\|_{\Sigma(-m)} \tag{2.92}$$

を満たす $\{u_{\alpha\beta}: |\alpha|+|\beta| \leq s\} \subset L^2(\mathbb{R}^d)$ が存在する. ただし C_1, C_2 は $u \in \Sigma(-m)$ にはよらない定数である.

証明. ほぼ補題 2.21 の (2) の証明の繰り返しである. $L^2(\mathbb{R}^d)$ のコピーの直和空間 $\mathcal{H}(m)$ を $\mathcal{H}(m) = \sum \oplus_{|\alpha|+|\beta| \leq m} L^2(\mathbb{R}^d) = \{\{u_{\alpha\beta}\}: |\alpha|+|\beta| \leq m\}$, $\Sigma(m)$ から $\mathcal{H}(m)$ への作用素 K を $Ku = \{x^\alpha \partial^\beta u\}_{|\alpha|+|\beta| \leq m}$ と定義する. このとき, K は $\Sigma(m)$ から $\mathcal{H}(m)$ への等距離作用素. したがって, $\langle \cdot, \cdot \rangle$ を $\Sigma(-m)$ と $\Sigma(m)$ のカップリングとすれば

$$\langle K^* K u, v \rangle = (Ku, Kv)_{\mathcal{H}(m)} = (u, v)_{\Sigma(m)}.$$

両辺の絶対値の $\{v \in \Sigma(m): \|v\|_{\Sigma(m)} = 1\}$ の上での上限をとれば, Hahn–Banach の定理によって

$$\|K^* K u\|_{\Sigma(-m)} = \|u\|_{\Sigma(m)} \tag{2.93}$$

また, $v \in \Sigma(m)$ が $K^* K$ の像に直交すれば, 任意の $u \in \Sigma(m)$ に直交するから, $v = 0$. したがって $K^* K$ は $\Sigma(m)$ から $\Sigma(-m)$ へのユニタリ作用素である. ゆえに, $u = K^* K v$ とすれば, $Kv = \{x^\alpha \partial^\beta v\} = \{v_{\alpha\beta}\}$ と書くとき $\|\{v_{\alpha\beta}\}\|_{\mathcal{H}(m)} = \|u\|_{\Sigma(-m)}$ で任意の $w \in \Sigma(m)$ に対して

$$\langle u, w \rangle = \langle K^* K v, w \rangle = \langle \{v_{\alpha\beta}\}, Kw \rangle = \left\langle \sum_{|\alpha|+|\beta| \leq m} (-\partial)^\beta x^\alpha v_{\alpha\beta}, w \right\rangle.$$

2.3 自由 Schrödinger 方程式　　　　　　　　　　　　　　　　　　　　111

ゆえに $u = \sum_{|\alpha|+|\beta| \leq m} (-\partial)^\beta x^\alpha v_{\alpha\beta}$. 右辺に Leibniz の公式を用いれば

$$u = \sum_{|\alpha|+|\beta| \leq m} x^\alpha \partial^\beta u_{\alpha\beta}, \quad u_{\alpha\beta} = \sum_{|\alpha+\beta+2\gamma| \leq m} (-1)^{|\beta+\gamma|} \frac{(\alpha+\gamma)!}{\gamma!} v_{(\alpha+\gamma)(\beta+\gamma)}.$$

明らかに $C_1 \|\{v_{\alpha\beta}\}\|_{\mathcal{H}(m)} \leq \|\{u_{\alpha\beta}\}\|_{\mathcal{H}(m)} \leq C_2 \|\{v_{\alpha\beta}\}\|_{\mathcal{H}(m)}$ である. (2.92) が成立する. □

■ $\Sigma(m)$ の $U_0(t)$ 不変性　$U_0(t)\Sigma(m) = \Sigma(m)$ であることを示し, $\|U_0(t)\|_{\mathbf{B}(\Sigma(m))}$ の大きさを評価しよう. $D_j = -i\partial/\partial x_j$, $j = 1, \ldots, d$ であった.

補題 2.76. $u \in \mathcal{S}'(\mathbb{R}^d)$ とする. 任意の $j = 1, \ldots, d$ に対して次が成立する：

$$x_j U_0(t)u = U_0(t)(x_j + tD_j)u, \quad D_j U_0(t)u = U_0(t)D_j u.$$

証明. X_j を x_j による掛け算作用素とする. j を省略する. 定理 1.105 によって, $X\mathcal{F} = \mathcal{F}D$, $X\mathcal{F}^* = -\mathcal{F}^*D$, $D\mathcal{F} = -\mathcal{F}X$, $D\mathcal{F}^* = \mathcal{F}^*X$ が $\mathcal{S}'$ 上で成立する. ゆえに

$$DU_0(t) = D\mathcal{F}^* e^{-itX^2/2}\mathcal{F} = \mathcal{F}^* X e^{-itX^2/2}\mathcal{F} = \mathcal{F}^* e^{-itX^2/2}\mathcal{F}D = U_0(t)D,$$
$$XU_0(t) = -\mathcal{F}^* D e^{-itX^2/2}\mathcal{F} = \mathcal{F}^* e^{-itX^2/2}(-D+tX)\mathcal{F} = U_0(t)(X+tD)$$

がやはり $\mathcal{S}'$ 上の作用素の等式として成立する. □

定理 2.77. $m = 0, 1, \ldots$ に対して, $U_0(t)$ は $\Sigma(m)$ 上の同型写像である. $t \in \mathbb{R}$ や $u \in \Sigma(m)$ によらない定数 C_m が存在して, 次が成立する：

$$\|U_0(t)u\|_{\Sigma(m)} \leq C_m \langle t \rangle^m \|u\|_{\Sigma(m)}. \tag{2.94}$$

証明. 補題 2.76 から

$$x^\alpha D^\beta U_0(t)u = U_0(t)(x+tD)^\alpha D^\beta u.$$

ゆえに $U_0(t)$ は $\Sigma(m)$ 上の有界作用素で (2.94) を満たす. $U_0(-t)$ も同じ性質を満たし, $U_0(t)U_0(-t)\varphi = U_0(-t)U_0(t)\varphi = \varphi$. ゆえに, $U_0(t)$ は $\Sigma(m)$ の同型写像である. □

2.3.6　L^p-L^q 評価と Strichartz の不等式

自由 Schrödinger 方程式の解作用素の L^p 空間の間の写像としての性質を調べよう.

■L^p-L^q 評価　(2.74) の両辺の絶対値をとって評価すれば

$$\|U_0(t)u\|_\infty \leq (2\pi|t|)^{-d/2}\|u\|_1. \tag{2.95}$$

この不等式は自由 Schrödinger の対する**分散型評価** (dispersive estimate) と呼ばれることがある. 一方, $U_0(t)$ は $L^2(\mathbb{R}^d)$ でのユニタリ作用素であったから

$$\|U_0(t)u\|_2 = \|u\|_2.$$

この 2 つの評価を Riesz の補間定理を適用すれば次の重要な定理が得られる.

定理 2.78 (L^p-L^q 評価). $1 \leq q \leq 2 \leq p \leq \infty$, $p^{-1} + q^{-1} = 1$ とする. このとき:

$$\|U_0(t)u\|_p \leq (2\pi|t|)^{-d(1/2-1/p)}\|u\|_q, \quad t \neq 0. \tag{2.96}$$

$U_0(t)$ は L^q, $1 \leq q \leq 2$ からその双対空間 L^p, $p = q/q - 1$ への作用素として有界で,その作用素ノルムは (2.96) のように $t \to \infty$ のとき代数的指数 $|t|^{-d(1/2-1/p)}$ で減衰, $t \to 0$ のときには増大するのである.

■Strichartz の不等式 L^p-L^q 評価から, **Strichartz の不等式**と呼ばれる, $U_0(t)u$ あるいは (t, x) の関数 f に対する作用素

$$(\Gamma f)(t) = \int_0^t U_0(t-s) f(s) ds$$

の (t, x) 空間での評価式が得られる (定理 2.79). この不等式あるいはその変形は線形あるいは非線形 Schrödinger 方程式の解の研究に非常に有効に用いられる (第 6 章参照). 次の定理で φ, u は $x \in \mathbb{R}^d$ の関数, f は $(t, x) \in \mathbb{R} \times \mathbb{R}^d$ の関数である. これまでのように $f(t, x)$ を t の $L^p(\mathbb{R}^d_x)$-値関数と考えるときは変数 x を省略して単に $f(t)$ と書くことが多い.

$$(d, \theta, p) \neq (2, 2, \infty), \quad 0 \leq \frac{2}{\theta} = d\left(\frac{1}{2} - \frac{1}{p}\right) \leq 1 \tag{2.97}$$

を満たす指数 (p, θ) は **Schrödinger 許容指数**といわれる.

定理 2.79 (**Strichartz の不等式**). $(p, \theta), (q, \rho)$ を Schrödinger 許容指数, ρ', q' を ρ, q の双対指数とする. 次の評価式が成立する:

$$\left(\int_{\mathbb{R}} \|U_0(t)\varphi\|_p^\theta dt\right)^{1/\theta} \leq C\|\varphi\|_2. \tag{2.98}$$

$$\left\|\int_{\mathbb{R}} U(s)^* f(s) ds\right\|_2 \leq C\|f\|_{L^{\theta'}(\mathbb{R}, L^{p'}(X))}. \tag{2.99}$$

$$\left(\int_0^T \|\Gamma(t)f\|_p^\theta dt\right)^{1/\theta} \leq C \left(\int_0^T \|f(t)\|_{q'}^{\rho'} \right)^{1/\rho'}. \tag{2.100}$$

ここで $C > 0$ は φ, f や T にはよらない定数である. T を $-T$ と置き換えても同様.

任意の t において $U_0(t)$ は L^2 のユニタリ作用素だから, t を固定して φ を L^2 全体にわたって動かせば, $U_0(t)\varphi$ も L^2 全体を動くから, 一般には初期条件に関する情報 $\varphi \in L^2$ からは $U_0(t)\varphi \in L^2$ であること以上の情報は得られない. 一方, Strichartz の不等式 (2.98) は初期条件 $\varphi \in L^2$ を固定するとき, 解の軌道 $u(t) = U_0(t)\varphi$ はほとんどすべての時刻 $t \in \mathbb{R}$ において L^2 の真の部分空間

$$\cap_{2 \leq p \leq \frac{2n}{n-2}} L^p(\mathbb{R}^d)$$

2.3 自由 Schrödinger 方程式

に属し, $2 \leq p \leq 2n/(n-2)$ のとき, $\|u(t)\|_{L^p}$ は t に関して $L^\theta(\mathbb{R})$ に属する関数程度滑らかで $t \to \pm\infty$ で減衰することを意味する. $K \subset \mathbb{R}^d$ がコンパクトなら $q < p$ のとき $L^p(K) \subset L^q(K)$ で, L^p 関数は L^q 関数より "滑らか" である. したがって解作用素 $U_0(t)$ は (φ に依存する) ほとんどすべての時刻 t において "解の滑らかさをよくする" 性質をもつ. これを $U_0(t)$ の**平滑化作用**あるいは**正則化作用**と呼ぶ. この平滑化作用は初期値に $\varphi \in L^2(\mathbb{R}^d)$ であることのほかは何も仮定しない点で, 後に述べる定理 2.84 での平滑化作用と質的に異なる. のちに $\varphi \in L^2$ のとき, $U_0(t)\varphi$ はほとんどすべての t において Sobolev 空間 $H_{\mathrm{loc}}^{1/2}(\mathbb{R}^d)$ に属し, $U_0(t)$ は Sobolev 空間の意味での微分可能性を $1/2$ 階だけ改良することを証明する (第 8 章参照).

定理 2.79 はより一般的な次の定理の $(X, \mu) = (\mathbb{R}^d, dx)$, $\sigma = d/2$ の場合である. $\sigma > 0$ のとき, $1 \leq p, \theta \leq \infty$ で

$$(\sigma, \theta, p) \neq (1, 2, \infty), \quad 0 \leq \frac{2}{\theta} = 2\sigma\left(\frac{1}{2} - \frac{1}{p}\right) \leq 1 \tag{2.101}$$

を満たす指数 (p, θ) を σ **許容指数**と呼ぶ.

定理 2.80 (Keel–Tao の定理). $(X, d\mu)$ を $L^2(X)$ が可分となる測度空間, $\mathcal{H}$ を可分 Hilbert 空間, $\{U(t) : t \in \mathbb{R}\}$ を適当な定数 $\sigma > 0, C > 0$ に対して

$$\|U(t)u\|_{L^2(X)} \leq C\|u\|_{\mathcal{H}}, \quad t \in \mathbb{R}, \ u \in \mathcal{H}; \tag{2.102}$$

$$\|U(s)U(t)^*v\|_\infty \leq C|t-s|^{-\sigma}\|v\|_1, \quad t \neq s, \ v \in L^1(X) \cap L^2(X) \tag{2.103}$$

を満たす t について強可測な $\mathcal{H}$ から $L^2(X)$ への有界作用素の族とする. このとき, σ 許容指数 (p, θ), (q, ρ) ならびにその双対指数 (p', θ'), (q', ρ') に対して

$$\|U(t)u\|_{L^\theta(\mathbb{R}_t, L^p(X))} \leq C\|u\|_{\mathcal{H}}. \tag{2.104}$$

$$\left\|\int_{\mathbb{R}} U(s)^* f(s) ds\right\|_{\mathcal{H}} \leq C\|f\|_{L^{\theta'}(\mathbb{R}, L^{p'}(X))}. \tag{2.105}$$

$$\left(\int_{-\infty}^{T} \left\|\int_{s<t} U(t)U(s)^* f(s) ds\right\|_p^\theta dt\right)^{1/\theta} \leq C \left(\int_{-\infty}^{T} \|f(t)\|_{q'}^{p'} dt\right)^{1/\rho'} \tag{2.106}$$

が成立する. ただし C は u, f には依存しない定数である. , $\sigma > 1$ で (2.101) での右辺で等式が成り立つとき, すなわち $\theta = 2, p = \frac{2\sigma}{\sigma-1}$ のとき, 定理は $L^p, L^{p'}$ をそれぞれ Lorentz 空間 $L^{p,2}, L^{p',2}$ に置き換えても成立する. (Lorentz 空間については付録 A を参照).

注意 2.81. (1) $L^2(X), \mathcal{H}$ は可分だから, $U(t)$ が強可測の仮定を弱可測としてよい.
(2) (2.102), (2.103) を補間して任意の $2 \leq p \leq \infty$ に対して次が成立としてよい.

$$\|U(s)U(t)^* g\|_p \leq C_p|t-s|^{-2\sigma(1/2-1/p)}\|g\|_{p'} = C_p|t-s|^{-2/\theta}\|g\|_{p'} \tag{2.107}$$

(3) t, x の可積分単関数 $\chi_j(t)$, $\varphi_j(x)$ の積の有限和で表される関数

$$f(t,x) = \sum \chi_j(t)\varphi_j(x) \tag{2.108}$$

の全体を $\mathcal{D}$ と書く. $f \in \mathcal{D}$ に対して $s \mapsto U(s)^*f(s) = \sum \chi_j(s)U(s)^*\varphi_j \in \mathcal{H}$ は可積分で (2.105) の左辺の積分は明らかに定義される. $\mathcal{D} \subset L^{\theta'}(\mathbb{R}, L^{p'}(X))$ は稠密だから任意の $f \in \mathcal{D}$ に対して (2.105) が成り立てば, 任意の $f \in L^{\theta'}(\mathbb{R}, L^{p'}(X))$ に対しても成り立つ. (2.106) に対しても同じ注意が成り立つ.

注意 2.82. $\theta = 2$ の場合, 定理 2.80 は **Keel–Tao の端点 Strichartz 評価**と呼ばれ特に重要であるが, 証明は長いのでこの本では $0 \leq \frac{2}{\theta} = 2\sigma\left(\frac{1}{2} - \frac{1}{p}\right) < 1$ の場合のいわゆる**端点外評価を** $(p, \theta) = (q, \sigma)$ **のときに証明するにとどめる**. また (2.106) も $p = q$, $\theta = \sigma$ のときにしか証明しない. 端点評価を含めた一般の場合の証明は例えば [100] を参照.

■**定理 2.80 の証明** $\theta = \infty$ のとき, 定理は明らかである. $2 < \theta < \infty$ とする. $\mathcal{X} = L^{\theta'}(\mathbb{R}, L^{p'}(\mathbb{R}^d))$ と定義する. $1 \leq \theta' \leq 2$, $\max(1, \frac{2\sigma}{\sigma+1}) \leq p' \leq 2$, $\mathcal{X}^* = L^{\theta}(\mathbb{R}, L^p)$ である. (2.108) の形の関数全体を $\mathcal{D}$ とする. $\mathcal{D} \subset \mathcal{X}$ は稠密である. 初めに (2.105) を示す. $f \in \mathcal{D}$ とする.

$$\left\| \int_\mathbb{R} U(t)^*f(t)dt \right\|^2 = \left(\int_\mathbb{R} U(t)^*f(t)dt, \int_\mathbb{R} U(s)^*f(s)ds \right)$$
$$= \iint_\mathbb{R} (U(t)^*f(t), U(s)^*f(s))dtds = \iint_{\mathbb{R}\times\mathbb{R}} (U(s)U(t)^*f(t), f(s))dsdt. \tag{2.109}$$

(2.109) の右辺の被積分関数を Hölder の不等式, 次いで (2.107) を用いて

$$\|U(s)U(t)^*f(t)\|_p \|f(s)\|_{p'} \leq |t-s|^{-2/\theta} \|f(t)\|_{p'} \|f(s)\|_{p'}$$

で評価し, 2 重積分を累次積分に直して s 積分に関して Hölder の不等式を用いれば

$$(2.109) \text{ の右辺} \leq \int_\mathbb{R} \left(\int_\mathbb{R} \frac{\|f(t)\|_{p'}}{|t-s|^{\frac{2}{\theta}}} dt \right) \|f(s)\|_{p'} ds$$
$$\leq \left\{ \int_\mathbb{R} \left(\int_\mathbb{R} \frac{\|f(t)\|_{p'}}{|t-s|^{\frac{2}{\theta}}} dt \right)^\theta ds \right\}^{\frac{1}{\theta}} \left(\int_\mathbb{R} \|f(s)\|_{p'}^{\theta'} ds \right)^{\frac{1}{\theta'}}. \tag{2.110}$$

$0 < 2/\theta < 1$, $1/\theta = 1/\theta' - (1-2/\theta)$ に注意すれば Hardy–Littlewood–Sobolev の不等式によって (2.110) の右辺 $\leq C\|f\|_{L^{\theta'}(\mathbb{R}, L^{p'}(X))}^2$. ゆえに (2.105) が成立する. 次に (2.104) を示す. $u \in \mathcal{H}$, $f \in \mathcal{D}$ のとき, $(U(t)u, f(t))_{L^2} = (u, U(t)^*f(t))_\mathcal{H}$. (2.105) を用いると

$$\left| \int_\mathbb{R} (U(t)u, f(t))dt \right| \leq \|u\| \left\| \int_\mathbb{R} U(t)^*f(t)dt \right\| \leq C\|u\|\|f\|_\mathcal{X}.$$

Hahn–Banach の定理によって (2.104) が従う. 最後に (2.106) を $(p, \theta) = (q, \sigma)$ のときに示そう. $\chi_t(s)$ を区間 $(-\infty, t]$ の定義関数として, $f_t(s) = \chi_t(s)f(t)$ と書き,

$$(\Gamma f)(t) = \int_{s<t} U(t)U(s)^*f(s)ds = \int_\mathbb{R} U(t)U(s)^*f_t(s)ds$$

2.3 自由 Schrödinger 方程式

と定義する．Minkowski の不等式と (2.107) を用い，次いで明らかな不等式 $\|f_t(s)\| \leq \|f_T(s)\|$ を用いて評価すれば

$$\left(\int_0^T \left\|(\Gamma f)(t)\right\|_p^\theta dt\right)^{\frac{1}{\theta}} = \left(\int_{-\infty}^T \left(\int_{\mathbb{R}} \|U(t)U(s)^* f_t(s)\|_p ds\right)^\theta dt\right)^{\frac{1}{\theta}}$$

$$\leq C \left(\int_{-\infty}^T \left(\int_{\mathbb{R}} \frac{\|f_t(s)\|_{p'}}{|t-s|^{2/\theta}} ds\right)^\theta dt\right)^{\frac{1}{\theta}} \leq C \left(\int_{-\infty}^T \left(\int \frac{\|f_T(s)\|_{p'}}{|t-s|^{2/\theta}} ds\right)^\theta dt\right)^{\frac{1}{\theta}}.$$

右辺は Hardy–Littlewood–Sobolev の不等式を用いて

$$C \left(\int_{\mathbb{R}} \|f_T(s)\|_{p'}^{\theta'}\right)^{\frac{1}{\theta'}} = C \left(\int_{-\infty}^T \|f(s)\|_{p'}^{\theta'}\right)^{\frac{1}{\theta'}}$$

によって評価される．これが求める評価であった． □

問題 2.83. (θ, p), $p \neq 2$ を許容指数とする．次の不等式を示せ．

$$\left(\int_{\mathbb{R}} |t|^{-2} \|\mathcal{F}(e^{\frac{ix^2}{2t}}u)\|_p^\theta dt\right)^{\frac{1}{\theta}} \leq C\|u\|_2$$

2.3.7 無限遠で減衰する初期値をもつ解の滑らかさ

まず初期関数 φ が $\langle x\rangle^s \varphi \in L^2(\mathbb{R}^d)$ を満たし，無限遠方で L^2 関数よりも速く減衰するとき，自由 Schrödinger 方程式の解は $U_0(t)\varphi \in H^s_{\mathrm{loc}}(\mathbb{R}^d)$ を満たし任意の $t > 0$ において初期値よりも s 階だけ滑らかになることを示そう．

定理 2.84. $s = 0, 1, \ldots$ とする．任意の $t \neq 0$ に対して $\langle x\rangle^{-s} U_0(t)\langle x\rangle^{-s}$ は $L^2(\mathbb{R}^d)$ から $H^s(\mathbb{R}^d)$ への有界作用素で，$|\alpha| = s$ のとき，次が成立する：

$$\|\langle x\rangle^{-s} D^\alpha U_0(t)\varphi\| \leq C_\sigma |t|^{-[(s+1)/2]} \|\langle x\rangle^s \varphi\|, \quad |t| \geq 1. \tag{2.111}$$

証明． $|\alpha| = s$ とする．一般に合成関数 $f(\varphi(x))$ の微分に対して

$$\partial^\alpha \{f(\varphi(x))\} = \sum_{k=1}^{|\alpha|} \sum_{\beta_1 + \cdots + \beta_k = \alpha} C_{k,\beta_1,\ldots,\beta_k} f^{(k)}(\varphi(x)) \varphi^{(\beta_1)}(x) \cdots \varphi^{(\beta_k)}(x) \tag{2.112}$$

が成立する．したがって，適当な l 次同次多項式 $P_{l,\alpha}$ を用いて

$$\partial_x^\alpha e^{\frac{i(x-y)^2}{2t}} = e^{\frac{i(x-y)^2}{2t}} \sum_{k=[\frac{s+1}{2}]}^s i^k t^{-k} P_{2k-s,\alpha}(x-y). \tag{2.113}$$

$u \in \mathcal{S}(\mathbb{R}^d)$ のとき，(2.74) を積分記号化で微分し，(2.113) を用いれば定理 2.84 が直ちに得られる．詳しくは読者に任せてよいだろう． □

問題 2.85. $t \neq 0$ のとき，$U_0(t)$ はどんな $s \in \mathbb{R} \setminus \{0\}$ に対しても $L^2_s(\mathbb{R}^d)$ で有界でないことを示せ．

2.4 解作用素の定常表現

ここまで自由 Schrödinger 方程式の解の性質を解の具体的な積分核を用いた表現式 (2.74) から導いてきた. 一方, (1.136) のように相互作用のある粒子系を記述する Schrödinger 方程式の解を (2.74) のように具体的な積分核を用いて表現することは一般にはほとんど不可能である. このようなとき, 解作用素をハミルトニアンのレゾルベントを用いて表現することが有効な場合がある.

■**レゾルベント** $(H-z)^{-1}$ **の解作用素** e^{-itH} **による表現** 正の実軸, 負の実軸の特性関数を複号同順で

$$\chi_{\pm}(t) = \begin{cases} 1, & \pm t \geq 0 \\ 0, & \pm t < 0 \end{cases} \tag{2.114}$$

と書く. H を一般の Hilbert 空間 $\mathcal{H}$ の自己共役作用素とする.

補題 2.86. $\varepsilon > 0$ とする. 任意の $u \in \mathcal{H}$ に対して $f(t) = \chi_{\pm}(t)e^{\mp\varepsilon t}e^{-itH}u$ は $\mathbb{R}$ 上の $\mathcal{H}$ 値可積分かつ 2 乗可積分関数である. 次が成立する:

$$\int_{\mathbb{R}} \chi_{\pm}(t) e^{-it(H-\lambda \mp i\varepsilon)} u\, dt = \mp i(H - (\lambda \pm i\varepsilon))^{-1} u, \quad \lambda \in \mathbb{R}. \tag{2.115}$$

証明. $\{e^{-itH} : t \in \mathbb{R}\}$ は強連続ユニタリ群, したがって $\varepsilon > 0$ のとき, $u \in \mathcal{H}$ に対して,

$$\int_{\mathbb{R}} \|\chi_{\pm}(t) e^{\mp\varepsilon t} e^{-itH} u\| dt = \frac{\|u\|}{\varepsilon}, \quad \int \|\chi_{\pm}(t) e^{\mp\varepsilon t} e^{-itH} u\|^2 dt = \frac{\|u\|^2}{2\varepsilon}.$$

したがって, f は可積分かつ 2 乗可積分である. H のスペクトル射影 $E(d\mu)$ を用いて

$$(e^{-itH}u, v) = \int e^{-it\mu}(E(d\mu)u, v), \quad u, v \in \mathcal{H}.$$

$(E(d\mu)u, v)$ は全変動有限な符号付き測度, (2.115) の左辺は絶対収束するから, Fubini の定理を用いて積分順序を交換すれば

$$\left(\int_{\mathbb{R}} \chi_+(t) e^{-it(H-\lambda-i\varepsilon)} u\, dt, v\right) = \int_0^{\infty} (e^{-it(H-\lambda-i\varepsilon)} u, v) dt$$
$$= \int_0^{\infty} \left(\int_{\mathbb{R}} e^{-it(\mu-\lambda-i\varepsilon)} (E(d\mu)u, v)\right) dt = \int_{\mathbb{R}} \left(\int_0^{\infty} e^{-it(\mu-\lambda-i\varepsilon)} dt\right) (E(d\mu)u, v)$$
$$= -i \int_{\mathbb{R}} \frac{(E(d\mu)u, v)}{\mu - \lambda - i\varepsilon} = -i((H - \lambda - i\varepsilon)^{-1}u, v).$$

したがって, (2.115) が成立する. $\chi_-(t)$ の場合も同様である. □

■**解作用素の定常表現** (2.115) によって,任意の $u \in \mathcal{H}$, $\varepsilon > 0$ に対して $(H - (\lambda \pm i\varepsilon))^{-1}u$ は $\lambda \in \mathbb{R}$ の $\mathcal{H}$ 値 2 乗可積分関数である. $\mathcal{H}$ 値 2 乗可積分関数に対する Fourier の反転公式によって次が従う.

補題 2.87. 任意の $u \in \mathcal{H}$, $\varepsilon > 0$ に対して右辺は $L^2(\mathbb{R}_t, \mathcal{H})$ において強収束し

$$\chi_\pm(t)e^{-it(H \mp i\varepsilon)}u = \lim_{N \to \infty} \frac{\mp i}{2\pi} \int_{-N}^{N} e^{-i\lambda t}(H - (\lambda \pm i\varepsilon))^{-1}u\, d\lambda \tag{2.116}$$

がほとんどすべての $t \in \mathbb{R}$ において成立する.

(2.116) は少なくとも形式的には等式

$$e^{-itH}u = \frac{\mp i}{2\pi} \int_{\mathbb{R}} e^{-i\lambda t} R(\lambda \pm i0) u\, d\lambda, \quad \pm t > 0 \tag{2.117}$$

が成立することを示している. ただし,

$$R(\lambda \pm i0) = (H - (\lambda \pm i0))^{-1} = \lim_{\varepsilon \downarrow 0}(H - (\lambda \pm i\varepsilon))^{-1} \tag{2.118}$$

は**レゾルベント** $(H - z)^{-1}$ **の実軸への境界値**である. 解作用素 e^{-itH} をレゾルベント境界値で表現する等式 (2.117) を**解作用素の定常表現**という. 例えば,$H = -\Delta + V$ のとき,$(H - (\lambda \pm i0))^{-1}u = f$ は時間に依存しない,すなわち定常的な Schrödinger 方程式

$$-\Delta f + Vf - \lambda f = u$$

の適当な条件を満たす解であり,(2.117) はその解を用いて $e^{-itH}u$ を表現する公式だからである.

(2.117) から明らかなように,解 $e^{-itH}u$ の性質を定常表現を用いて調べる方法が有効なのは (2.117) においてレゾルベントの実軸への境界値 $\lim_{\varepsilon \downarrow 0}(H - (\lambda \pm i\varepsilon))^{-1}$ が存在する場合であるが,H は自己共役作用素で $\emptyset \ne \sigma(H) \subset \mathbb{R}$ だから,一般には極限 (2.118) はもちろん $\mathbf{B}(\mathcal{H})$ には存在しない. しかし V が $|x| \to \infty$ において十分速く 0 に減衰する場合などにはこの極限が適当な意味で収束し,定常表現公式 (2.117) を用いてここまでに述べた局所減衰定理,L^p-L^q 評価や Strichartz の不等式などを相互作用をもつ Schrödinger 方程式に対して導くことができる. この定常理論による解析の方法については**スムース理論**や**極限吸収原理**などとともに第 8 章の散乱理論の章で解説することにして,ここではこのような解の解析の方法があることを指摘するにとどめよう.

2.5 レゾルベントの積分表示

この節では $m = 1/2$, $\hbar = 1$ として,自由 Schrödinger 作用素 $H_0 = -\Delta$ のレゾルベント $(H_0 - z)^{-1}$ の積分核を求めてその性質を調べる.

パラメータを $z = \lambda^2$ と変換して

$$G_0(\lambda) = (-\Delta - \lambda^2)^{-1}, \quad \lambda \in \mathbb{C}^+$$

と定義する．λ が上半平面をくまなく動くとき，$z = \lambda^2$ は H_0 のレゾルベント集合 $\mathbb{C} \setminus [0, \infty)$ をくまなく動き，$\varepsilon \downarrow 0$ のとき，$z = (\lambda + i\varepsilon)^2$ は $\lambda > 0$ なら上半平面から，$\lambda < 0$ なら下半平面から正の実軸の点 λ^2 に近づく．

空間 $\mathbb{R}^d$ の次元をはっきりさせるために，$G_0(\lambda)$ に添字 d を加えて $G_{0d}(\lambda)$ と書こう．$G_{0d}(\lambda) = \mathcal{F}^*(M_{p^2} - \lambda^2)^{-1}\mathcal{F}$ だから，$G_{0d}(\lambda)$ は合成積作用素

$$G_{0d}(\lambda)u(x) = \int_{\mathbb{R}^d} G_{0d}(\lambda, x-y)u(y)dy, \quad \Im\lambda > 0 \tag{2.119}$$

で合成積核 $G_{0d}(\lambda, x)$ は (超関数の意味の) Fourier 逆変換によって

$$G_{0d}(\lambda, x) = \frac{1}{(2\pi)^d}\int_{\mathbb{R}^d} \frac{e^{ipx}dp}{p^2 - \lambda^2} \tag{2.120}$$

で与えられる．右辺が $G_{0d}(\lambda, x)$ の性質がより明らかになるように書き換えよう．

問題 2.88. (添字 d を省略する) J を変数変換 $x \to \frac{\hbar}{\sqrt{2m}}x$ に伴うユニタリ作用素 $Ju(x) = \left(\frac{\hbar}{\sqrt{2m}}\right)^{\frac{d}{2}} u\left(\frac{\hbar}{\sqrt{2m}}x\right)$ とする．等式

$$\left(-\frac{\hbar^2}{2m}\Delta - \lambda^2\right)^{-1} = \frac{2m}{\hbar^2}\left(-\Delta - \frac{2m\lambda^2}{\hbar^2}\right)^{-1} = J^*\left(-\Delta - \lambda^2\right)^{-1}J$$

を用いて，$\left(-\frac{\hbar^2}{2m}\Delta - \lambda^2\right)^{-1}$ の合成積核 $G_{0,m,\hbar}(\lambda, x)$ が $G_0(\lambda, x)$ から

$$G_{0,m,\hbar}(\lambda, x) = \frac{2m}{\hbar^2}G_0\left(\frac{\sqrt{2m}}{\hbar}\lambda, x\right) = \left(\frac{\sqrt{2m}}{\hbar}\right)^d G_0\left(\lambda, \frac{\sqrt{2m}}{\hbar}x\right) \tag{2.121}$$

として得られることを示せ．

$d = 1$ であれば，$(p^2 - \lambda^2)^{-1}$ は可積分で，(2.120) は留数定理によって直ちに計算でき次が得られる．

定理 2.89. $\Im\lambda > 0$ に対して $G_{01}(\lambda, x) = \dfrac{i}{2\lambda}e^{i\lambda|x|}$ が成立する．

問題 2.90. 留数定理を用いて，定理 2.89 を証明せよ．

$d \geq 2$ のときには，$G_{0d}(\lambda, x)$ は以下の積分表示 (2.122), (2.123) をもつ．

定理 2.91. $z^{\frac{1}{2}}$ を $z > 0$ のとき $z^{\frac{1}{2}} > 0$ となる分枝とする．上半平面の関数 $H_d(z)$ を

$$H_d(z) = \frac{e^{iz}}{2(2\pi)^{\frac{d-1}{2}}\Gamma\left(\frac{d-1}{2}\right)z^{d-2}}\int_0^\infty e^{-t}t^{\frac{d-3}{2}}\left(\frac{t}{2} - iz\right)^{\frac{d-3}{2}}dt \tag{2.122}$$

2.5 レゾルベントの積分表示

と定義する．このとき，$\Im \lambda > 0$ に対して，

$$G_{0d}(\lambda, x) = \lambda^{d-2} H_d(\lambda |x|) \tag{2.123}$$

が成立する．$H_d(z), G_{0d}(\lambda, x)$ は次の性質を満たす：

(1) $H_d(z)$ は $\mathbb{C}^+$ 上の正則関数で，$\overline{\mathbb{C}^+} \setminus \{0\}$ 上で連続である．
(2) $d \geq 3$ が奇数のとき，$H_d(z)$ は指数多項式に類似で次のように表される：

$$H_d(z) = \frac{e^{iz}}{z^{d-2}}(C_0 + \cdots + C_{\frac{d-3}{2}} z^{\frac{d-3}{2}}), \tag{2.124}$$

$$C_j = \frac{(-i)^j (d-3-j)!}{2^{d-1-j} \pi^{\frac{d-1}{2}} j! (\frac{d-3}{2} - j)!}, \quad j = 0, \ldots, (d-3)/2.$$

特に，$d = 3$ のときは簡単な形で

$$G_{0d}(\lambda, x) = \frac{e^{i\lambda |x|}}{4\pi |x|}. \tag{2.125}$$

(3) d が偶数のとき，$H_d(z)$ は j 次導関数が $z \to \infty$ において $|a^{(j)}(z)| \leq C_j |z|^{-j}$, $j = 0, 1, \ldots$ を満たす $a(z)$ を用いて次のように表される：

$$H_d(z) = \frac{e^{iz}}{z^{\frac{d-1}{2}}} a(z), \quad |z| > 1 \text{ のとき}. \tag{2.126}$$

また j 次導関数が $z \to 0$ において $|b^{(j)}(z)| \leq \begin{cases} C_j, & j \leq d-3, \\ C(1 + |\log |z||), & j = d-2, \\ C|z|^{d-2-j}, & j \geq d-1 \end{cases}$

を満たす $b(z)$ を用いて次のようにも表される：

$$H_d(z) = \frac{e^{iz}}{z^{(d-2)}} b(z), \quad |z| < 1 \text{ のとき}. \tag{2.127}$$

(4) $\lambda \in \mathbb{C}^+$ が純虚数なら，任意の $x \in \mathbb{R}^d$ に対して $G_{0d}(\lambda, x) > 0$ である．

証明． (2.122), (2.123) によって与えられる関数を $\widetilde{G}_{0d}(\lambda, x)$ と書く．まず $G_{0d}(\lambda, x) = \widetilde{G}_{0d}(\lambda, x)$ を示そう．$\lambda \in \mathbb{C}^+$ が純虚数のときに示せばよい．実際 u, v がコンパクト台をもつ連続関数のとき，$\mathbb{C}^+ \ni \lambda \mapsto (G_{0d}(\lambda)u, v) = ((H_0 - \lambda^2)^{-1}u, v) \in \mathbb{C}$ は正則，一方

$$\mathbb{C}^+ \ni \lambda \mapsto \int_{\mathbb{R}^d \times \mathbb{R}^d} \widetilde{G}_{0d}(\lambda, x-y) u(x) \overline{v(x)} dy dx \in \mathbb{C} \tag{2.128}$$

も $\lambda \in \mathbb{C}^+$ の正則関数 (以下の問題 2.93 参照)，したがって，$\lambda \in \mathbb{C}^+$ が純虚数のとき $G_{0d}(\lambda, x) = \widetilde{G}_{0d}(\lambda, x)$ なら一致の定理によって，任意の $\lambda \in \overline{\mathbb{C}^+}$ に対して

$$(G_{0d}(\lambda)u, v) = \int_{\mathbb{R}^d \times \mathbb{R}^d} \widetilde{G}_{0d}(\lambda, x-y) u(y) \overline{v(x)} dy dx.$$

ゆえに $\widetilde{G}_{0d}(\lambda, x-y)$ が $G_{0d}(\lambda)$ の積分核であることがわかる．$\lambda > 0$ として $G_{0d}(i\lambda, x)$ を計算しよう．

補題 2.92. $p = (p_1, p_\perp) \in \mathbb{R} \times \mathbb{R}^{d-1}$, $p_\perp = (p_2, \ldots, p_d)$ と書く. $\lambda > 0$ のとき,

$$G_{0d}(i\lambda, x) = \frac{1}{2(2\pi)^{d-1}} \int_{\mathbb{R}^{d-1}} \frac{e^{-(p_\perp^2 + \lambda)|x|} dp_\perp}{p_\perp^2 + \lambda^2} = K_0(i\lambda, x) \quad (2.129)$$

が成立する. ただし右辺は $K_0(i\kappa, x)$ の定義である.

証明. $(p^2 + \lambda^2)^{-1}$ は球対称だから, $G_{0d}(i\lambda, x)$ は球対称な Fourier 超関数である. $u \in \mathcal{S}$ が球対称で $r > 0$ の関数 $v(r)$ を用いて $u(x) = v(|x|)$ と書けるとする. このとき $\varepsilon \to +0$ において $e^{-\varepsilon p^2}(p^2 + \lambda^2)^{-1} \xrightarrow{S'} (p^2 + \lambda^2)^{-1}$ だから, 次の積分で p 空間の p_1 方向を x の方向にとって積分順序を交換すれば,

$$\begin{aligned}
\langle G_{0d}(i\lambda, x), u \rangle &= \lim_{\varepsilon \to 0} \frac{1}{(2\pi)^d} \int_{\mathbb{R}^d} \left(\int_{\mathbb{R}^d} \frac{e^{ipx - \varepsilon p^2} dp}{p^2 + \lambda^2} \right) u(x) dx \\
&= \lim_{\varepsilon \to 0} \frac{1}{(2\pi)^d} \int_{\mathbb{R}^d} \frac{e^{-\varepsilon p^2}}{p^2 + \lambda^2} \left(\int_{\mathbb{R}^d} e^{ip_1|x|} u(x) dx \right) dp \\
&= \lim_{\varepsilon \to 0} \frac{1}{(2\pi)^d} \int_{\mathbb{R}^d} \frac{e^{-\varepsilon p^2}}{p^2 + \lambda^2} \left(\omega_{d-1} \int_0^\infty e^{ip_1 r} v(r) r^{d-1} dr \right) dp. \quad (2.130)
\end{aligned}$$

ω_{d-1} は $d-1$ 次元球面の面積である. (2.130) の右辺の括弧内の積分を $g(p_1)$ とする. $|g(p_1)| \leq \|u\|_1$ で, $(ip_1)^{-1} \frac{d}{dr} e^{ip_1 r} = e^{ip_1 r}$ を用いて $d-1$ 回部分積分をほどこせば,

$$|g(p_1)| = \left| \frac{i^{d-1} \omega_{d-1}}{p_1^{d-1}} \int_0^\infty e^{ip_1 r} (v(r) r^{d-1})^{d-1} dr \right| \leq \frac{C}{|p_1|^{d-1}}$$

でもあるから $|g(p_1)| \leq C \langle p_1 \rangle^{-d+1}$. ゆえに (2.130) において極限移項が可能で, あらためて減衰項 $e^{-\varepsilon p_\perp^2}$ を導入して積分順序を入れ替えれば

$$\begin{aligned}
\langle G_{0d}(i\lambda, x), u \rangle &= \frac{1}{(2\pi)^d} \int_{\mathbb{R}^d} \frac{g(p_1)}{p^2 + \lambda^2} dp = \lim_{\varepsilon \to 0} \frac{1}{(2\pi)^d} \int_{\mathbb{R}^d} \frac{g(p_1) e^{-\varepsilon p_\perp^2}}{p^2 + \lambda^2} dp \\
&= \lim_{\varepsilon \to 0} \int_{\mathbb{R}^d} \left(\frac{1}{(2\pi)^d} \int_{\mathbb{R}^d} \frac{e^{ip_1|x| - \varepsilon p_\perp^2} dp}{p^2 + \lambda^2} \right) u(x) dx. \quad (2.131)
\end{aligned}$$

$G_{0d}(i\lambda, x)$ は球対称だからこれは一般の $u \in \mathcal{S}$ に対して成立する. (2.131) の右辺の括弧の中の積分を $K_\varepsilon(i\lambda, x)$ と書く. p_1 についての積分を実行すれば留数定理を用いて

$$K_\varepsilon(i\lambda, x) = \frac{1}{2(2\pi)^{d-1}} \int_{\mathbb{R}^{d-1}} \frac{e^{-(p_\perp^2 + \lambda^2)^{\frac{1}{2}}|x| - \varepsilon p_\perp^2} dp_\perp}{(p_\perp^2 + \lambda^2)^{\frac{1}{2}}}. \quad (2.132)$$

$x \neq 0$ のとき, 明らかに $\lim_{\varepsilon \to 0} K_\varepsilon(i\lambda, x) = K_0(i\lambda, x)$. 一方, 分子では $e^{-(p_\perp^2 + \lambda^2)^{\frac{1}{2}}|x|} \geq e^{(|p_\perp| + \lambda)|x|/\sqrt{2}}$ と, 分母では $d \geq 3$ のときは $(p_\perp^2 + \lambda^2)^{\frac{1}{2}} \geq |p_\perp|$, $d = 2$ のときは

2.5 レゾルベントの積分表示　　　　　　　　　　　　　　　　　　　　　　　　121

$(p_\perp^2 + \lambda^2)^{\frac{1}{2}} \geq \lambda$ と評価すれば, $x \neq 0$ のとき,

$$|K_\varepsilon(i\lambda, x)| \leq \begin{cases} \dfrac{e^{-\lambda|x|/\sqrt{2}}}{2(2\pi)^{d-1}} \displaystyle\int_{\mathbb{R}^{d-1}} \dfrac{e^{-|p_\perp||x|/\sqrt{2}}}{|p_\perp|} dp_\perp = C_d \dfrac{e^{-\lambda|x|/\sqrt{2}}}{|x|^{d-2}}, & d \geq 3, \\ \dfrac{e^{-\lambda|x|/\sqrt{2}}}{4\pi\lambda} \displaystyle\int_{\mathbb{R}} e^{-|p||x|/\sqrt{2}} dp \leq \dfrac{Ce^{-\lambda|x|/\sqrt{2}}}{\lambda|x|}, & d = 2. \end{cases}$$

右辺はいずれも $x \in \mathbb{R}^d$ の可積分関数だから, Lebesgue の収束定理によって, (2.131) から

$$\langle G_{0d}(i\lambda, x), u \rangle = \lim_{\varepsilon \downarrow 0} \langle K_\varepsilon(i\lambda, x), u \rangle = \langle K_0(i\lambda, x), u \rangle. \tag{2.133}$$

すなわち, $G_{0d}(i\lambda, x) = K_0(i\lambda, x)$ であることがわかる. □

(2.129) に極座標を用い, $r = \rho^{\frac{1}{2}}(\rho + 2\lambda)^{\frac{1}{2}}$ と変数変換すれば, $rdr = (\rho + \lambda)d\rho$ だから

$$G_{0d}(i\lambda, x) = \frac{1}{2(2\pi)^{d-1}} \int_{\mathbb{S}^{d-2}} d\omega \int_0^\infty \frac{r^{d-2} e^{-(r^2+\lambda^2)^{\frac{1}{2}}|x|} dr}{(r^2+\lambda^2)^{\frac{1}{2}}}$$

$$= \frac{1}{2(2\pi)^{d-1}} \frac{2\pi^{\frac{d-1}{2}}}{\Gamma(\frac{d-1}{2})} \int_0^\infty \rho^{\frac{d-3}{2}} (\rho+2\lambda)^{\frac{d-3}{2}} e^{-(\rho+\lambda)|x|} d\rho.$$

最後に $\rho = t/|x|$ と変数変換し, 整理すれば

$$G_{0d}(i\lambda, x) = \frac{e^{-\lambda|x|}}{2(2\pi)^{\frac{d-1}{2}} \Gamma\left(\frac{d-1}{2}\right) |x|^{d-2}} \int_0^\infty e^{-t} t^{\frac{d-3}{2}} \left(\frac{t}{2} + \lambda|x|\right)^{\frac{d-3}{2}} dt. \tag{2.134}$$

$\lambda > 0$ のとき, $G_{0d}(i\lambda, x) = (i\lambda)^{d-2} H_d(i\lambda|x|)$ が成立, したがって任意の $\lambda \in \mathbb{C}$ に対して, $G_{0d}(\lambda, x) = \lambda^{d-2} H_d(\lambda|x|)$ が成立する.

$d \geq 3$ を奇数とする. このとき, $(d-3)/2 \geq 0$ は整数だから

$$b(z) = D_d \int_0^\infty e^{-t} t^{\frac{d-3}{2}} \left(\frac{t}{2} - iz\right)^{\frac{d-3}{2}} dt, \quad D_d = \frac{1}{2(2\pi)^{\frac{d-1}{2}} \Gamma\left(\frac{d-1}{2}\right)} \tag{2.135}$$

と定義すれば, $b(z)$ は z の $(d-3)/2$ 次の多項式で $H_d(z) = e^{iz} z^{2-d} b(z)$ が成立する. $\left(\frac{t}{2} - iz\right)^{\frac{d-3}{2}}$ を展開し, 積分を計算して $b(z)$ の z^j 係数を計算すれば (2) が得られる. 特に, $d \geq 3$ が奇数のとき, $H_d(z)$ は $z \neq 0$ の正則関数である. d が偶数のときも $H_d(z)$ が $\mathbb{C}^+$ 上の正則関数であることは例えば Morera の定理を用いて示すことができる. d が偶数のときにこれを問題 2.93 に従って詳しく証明すること, ならびに $H_d(z)$ が $\overline{\mathbb{C}^+} \setminus \{0\}$ 上の連続関数であることを示すのは読者に任せる.

(3) を示す. d を偶数とする. $|z| > 1$, $\Im z > 0$ のとき,

$$a(z) = e^{\frac{(3-d)\pi}{4}} D_d \int_0^\infty e^{-t} t^{\frac{d-3}{2}} \left(\frac{it}{2z} + 1\right)^{\frac{d-3}{2}} dt \tag{2.136}$$

と定義する．$H(z) = e^{iz}z^{-\frac{d-1}{2}}a(z)$ が成立するのは明らかである．$\Im z > 0$ のとき $\Re(i/2z) > 0$, したがって $\frac{1}{2}\left(\left|\frac{t}{2z}\right| + 1\right) \leq \left|\frac{it}{2z} + 1\right| \leq \left|\frac{t}{2z}\right| + 1$. ゆえに, $j = 0, 1, 2, \ldots$ のとき,

$$\left|\left(\frac{\partial}{\partial z}\right)^j \left(\frac{it}{2z} + 1\right)^{\frac{d-3}{2}}\right| = \left|z^{-j} \sum_{k=1}^{j} C_{jk} \left(\frac{t}{z}\right)^k \left(\frac{it}{2z} + 1\right)^{\frac{d-3}{2}-k}\right|$$

$$\leq C|z|^{-j}\left(\left|\frac{t}{2z}\right| + 1\right)^{\frac{d-3}{2}} \leq C|z|^{-j} \begin{cases} (t+1)^{\frac{d-3}{2}}, & d \geq 4 \text{ のとき}, \\ 1, & d = 2 \text{ のとき}. \end{cases} \quad (2.137)$$

(2.136) を積分記号下で微分し, (2.137) を用いれば $|a^{(j)}(z)| \leq C_j|z|^{-j}$ が成立することがわかる．次に $|z| \leq 1, \Im z > 0$ とする．$b(z)$ を (2.135) によって定義する．$H_d(z) = e^{iz}z^{2-d}b(z)$ が成立する．積分記号下で微分して

$$b^{(j)}(z) = D_d(-i)^j \int_0^\infty e^{-t}t^{\frac{d-3}{2}}\left(\frac{t}{2} - iz\right)^{\frac{d-3}{2}-j} dt$$

である．$\Re(-iz) > 0$ だから, $\frac{1}{2}\left(\frac{t}{2} + |z|\right) \leq \left|\frac{t}{2} - iz\right| \leq \frac{t}{2} + |z|$, したがって,

$$|b^{(j)}(z)| \leq C\left(\int_0^{|z|} + \int_{|z|}^1 + \int_1^\infty\right) e^{-t}t^{\frac{d-3}{2}}(t + |z|)^{\frac{d-3}{2}-j}dt. \quad (2.138)$$

各区間の上で

$$e^{-t}t^{\frac{d-3}{2}}(t + |z|)^{\frac{d-3}{2}-j} \leq \begin{cases} t^{\frac{d-3}{2}}|z|^{\frac{d-3}{2}-j}, & 0 < t < |z|, \\ t^{d-3-j}, & |z| < t < 1, \\ e^{-t}t^{d-3-j}, & 1 < t \end{cases}$$

と評価し積分を実行すれば (2.138) の右辺の $(0, |z|)$ 上の積分は $C|z|^{d-2-j}$ で, $(1, \infty)$ の積分は定数で, $(|z|, 1)$ 上の積分は $j \leq d-3$ のときは定数で, $j = d-2$ のときは $|\log|z||$ で, $j \geq d-1$ のときは $C|z|^{d-2-j}$ で評価される．あわせて $b^{(j)}(z)$ が求める評価を満たすことがわかる．

(4) は (2.122), (2.123) から明らかである． $\square$

問題 2.93. u, v をコンパクト台をもつ連続関数, $G_{0d}(\lambda, x)$ を (2.123) の右辺の関数とする．$\mathbb{C}^+$ の任意の滑らかな閉曲線 Γ に対して

$$\int_\Gamma \left(\int_{\mathbb{R}^d \times \mathbb{R}^d} G_{0d}(\lambda, x-y)u(y)\overline{v(x)}dydx\right)d\lambda = 0$$

を示し, (2.128) が $\lambda \in \mathbb{C}^+$ の正則関数であることを示せ．

次は $G_{0d}(\lambda, x)$ の d に関する漸化式である．$G_{0d}(\lambda, r) = G_{0d}(\lambda, x)$, $r = |x|$ によって $r > 0, \lambda \in \overline{\mathbb{C}}^+$ の関数 $G_{0d}(\lambda, r)$ を定義する．

2.5 レゾルベントの積分表示

定理 2.94. $d \geq 3$ のとき, $\partial_\lambda G_{0d}(\lambda, r) = (\lambda/2\pi) G_{0(d-2)}(\lambda, r)$ が成立する.

証明. $d \geq 4$ のときに示す. $d = 3$ のときはより簡単である. 微分すれば

$$e^{-i\lambda r} \cdot \frac{d}{d\lambda} \left(e^{i\lambda r} \int_0^\infty e^{-t} t^{\frac{d-3}{2}} \left(\frac{t}{2} - i\lambda r \right)^{\frac{d-3}{2}} dt \right) \qquad (2.139)$$

$$= ir \left\{ \int_0^\infty e^{-t} t^{\frac{d-3}{2}} \left(\frac{t}{2} - i\lambda r \right)^{\frac{d-3}{2}} dt - \left(\frac{d-3}{2} \right) \int_0^\infty e^{-t} t^{\frac{d-3}{2}} \left(\frac{t}{2} - i\lambda r \right)^{\frac{d-5}{2}} dt \right\}$$

中括弧の中の第 1 の積分は部分積分によって

$$\left(\frac{d-3}{2} \right) \int_0^\infty e^{-t} t^{\frac{d-5}{2}} \left(\frac{t}{2} - i\lambda r \right)^{\frac{d-5}{2}} \left(\frac{t}{2} - i\lambda r + \frac{t}{2} \right) dt$$

に等しい. これと第 2 項を加えれば (2.139) は

$$\lambda r^2 \left(\frac{d-3}{2} \right) \int_0^\infty e^{-t} t^{-\frac{d-5}{2}} \left(\frac{t}{2} - i\lambda r \right)^{\frac{d-5}{2}} dt$$

に等しいことがわかる. (2.123) を思い出し定数を比較すれば定理が得られる. □

注意 2.95. $\lambda^2 \in \mathbb{C}^+$ のとき, レゾルベントの表現式

$$G_0(\lambda) = -i \int_0^\infty e^{-itH_0 + it\lambda^2} dt$$

を用いれば, $G_{0d}(\lambda, |x|)$ は e^{-itH_0} の積分核 (2.74) から

$$G_{0d}(\lambda, |x|) = -i \left(\frac{1}{2\pi it} \right)^{\frac{d}{2}} \int_0^\infty e^{\frac{ix^2}{2t} + it\lambda^2} dt \qquad (2.140)$$

として得られる. 右辺を λ で微分すれば

$$-i(2it\lambda) \left(\frac{1}{2\pi it} \right)^{\frac{d}{2}} \int_0^\infty e^{\frac{ix^2}{2t} + it\lambda^2} dt = (\lambda/2\pi) G_{0(d-2)}(\lambda, |x|).$$

定理 2.94 が再び得られる. 表現式 (2.122), (2.123) は (2.140) からも導くことができる.

第3章

調和振動子

この章では量子力学的な調和振動子

$$i\hbar\partial_t u = \tilde{H}_{os} u, \quad \tilde{H}_{os} = -\frac{\hbar^2}{2m}\Delta + \frac{1}{2}kx^2 \tag{3.1}$$

の解の性質を調べる.調和振動子のハミルトニアン $\tilde{H}_{os}$ のスペクトルは固有値のみからなり,任意の初期状態 φ に対して (3.1) の解は

$$\lim_{R\to\infty} \sup_{t\in\mathbb{R}} \int_{|x|>R} |u(t,x)|^2 dx = 0$$

を満たすことが示される.これは方程式 (3.1) の記述する粒子が未来永劫にわたって有限領域にとどまる,いわゆる**束縛状態**にあることを意味し,$t \to \pm\infty$ において無限遠方に分散する粒子を記述する自由 Schrödinger 方程式と際だって相違する.このため調和振動子は,束縛状態を記述する Schrödinger 方程式を理解するためのモデルとしてしばしば用いられる.調和振動子の解も具体的に書き表せる.変数変換 $x \to \left(\frac{\hbar^2}{mk}\right)^{1/4} x$ によって,$\tilde{H}_{os}$ は $\hbar\sqrt{\frac{k}{m}}\left(-\frac{1}{2}\Delta + \frac{1}{2}x^2\right)$ にユニタリ変換され,時間変数の変換 $t \to \sqrt{\frac{m}{k}}t$ とあわせて新たな未知関数

$$\tilde{u}(t,x) = \left(\frac{\hbar^2}{mk}\right)^{d/8} u\left(\sqrt{\frac{m}{k}}t, \left(\frac{\hbar^2}{mk}\right)^{1/4} x\right)$$

を導入すれば,(3.1) は正規化された Schrödinger 方程式

$$i\partial_t \tilde{u} = H_{os}\tilde{u}, \quad H_{os} = -\frac{1}{2}\Delta + \frac{1}{2}x^2, \tag{3.2}$$

に変換される.この章では式を簡単にするためハミルトニアン H_{os} ならびに方程式 (3.2) を取り扱う.この章でも $\mathcal{H} = L^2(\mathbb{R}^d)$,内積 (u,v),ノルム $\|u\|$ は $L^2(\mathbb{R}^d)$ の内積,ノルムである.

3.1 自己共役性とスペクトル

作用素 H_{os} を Hilbert 空間 $\mathcal{H}$ 上の自己共役作用素として実現することから始める．第 4 章の一般的な方法を適用することもできるが，ここでは調和振動子に特有な性質を用いる．次元 $d=1$ のときから始める．

$$H_{os} = -\frac{1}{2}\frac{d^2}{dx^2} + \frac{1}{2}x^2 \tag{3.3}$$

である．$P=-id/dx$, Q **を座標関数** x **による掛け算作用素**とし，作用素の定義域についてはまずは深く考えず，**しばらくは現れるすべての作用素の定義域は** $\mathcal{S}(\mathbb{R})$ とする．このとき，$du/dx=u'$ と書いて部分積分を行えば

$$(H_{os}u,v) = \tfrac{1}{2}(u',v') + \tfrac{1}{2}(xu,xv) = \tfrac{1}{2}(Pu,Pv) + \tfrac{1}{2}(Qu,Qv).$$

したがって，H_{os} は非負対称作用素である．H_{os} に完全正規直交系からなる固有関数系が存在することを示して H_{os} が $\mathcal{H}$ 上の本質的に自己共役な作用素であることを示そう．

■**生成・消滅演算子と固有関数の完全系**

$$J = \frac{1}{\sqrt{2}}(Q+iP), \quad J^\dagger = \frac{1}{\sqrt{2}}(Q-iP)$$

と定義する．明らかに $J, J^\dagger$ は $\mathcal{S}(\mathbb{R})$ から $\mathcal{S}(\mathbb{R})$ への連続な作用素で，$(Ju,v)=(u,J^\dagger v)$, $u,v \in \mathcal{S}(\mathbb{R})$, $J^\dagger$ **は形式的には** J **の共役作用素**である (共役作用素 J^* とは定義域が異なるので区別するために $J^\dagger$ と書く)．$J^\dagger, J$ は以下に述べる理由で**昇降演算子**，あるいは**生成・消滅作用素**と呼ばれる．作用素 T, S に対して

$$[T,S] = TS - ST$$

は T, S の**交換子 (commutator)** であった．交換子に積の微分の公式と同様な公式

$$[T,AB] = [T,A]B + A[T,B]$$

が成り立つことを注意しておこう．

補題 3.1. $u \in \mathcal{S}(\mathbb{R})$ に対して次の等式が成立する：

$$[J, J^\dagger]u = u, \tag{3.4}$$

$$H_{os}u = (J^\dagger J + \tfrac{1}{2})u, \tag{3.5}$$

$$[H_{os}, J]u = -Ju, \quad [H_{os}, J^\dagger]u = J^\dagger u. \tag{3.6}$$

証明． 定義に従って計算すると

$$J^\dagger J u = \frac{1}{2}\left(x - \frac{d}{dx}\right)\cdot\left(x + \frac{d}{dx}\right)u = H_{os}u - \frac{1}{2}u,$$

$$JJ^\dagger u = \frac{1}{2}\left(x + \frac{d}{dx}\right)\cdot\left(x - \frac{d}{dx}\right)u = H_{os}u + \frac{1}{2}u$$

したがって (3.5), (3.4) が成り立つ. (3.4) と (3.5) から,

$$[H_{os}, J] = [J^\dagger J, J] = [J^\dagger, J]J = -J, \quad [H_{os}, J^\dagger] = [J^\dagger J, J^\dagger] = J^\dagger[J, J^\dagger] = J^\dagger.$$

(3.6) が成立する. □

(3.5) によって, 実は $H_{os} \geq 1/2$ である. 実際

$$(H_{os}u, u) = \|Ju\|^2 + \frac{1}{2}\|u\|^2 \geq \frac{1}{2}\|u\|^2. \quad u \in \mathcal{S}. \tag{3.7}$$

一方, 方程式 $Ju = \frac{1}{\sqrt{2}}\left(\frac{du}{dx} + xu\right) = 0$ には $\mathcal{S}(\mathbb{R})$ に属する解 $u_0(x) = Ce^{-x^2/2}$ が存在する. このとき,

$$H_{os}u_0 = \frac{1}{2}u_0. \tag{3.8}$$

ゆえに $1/2$ は H_{os} のスペクトルの下端で, H_{os} の最低固有値である. 定数 C を $\|u_0\| = 1$ となるように選んで

$$u_0(x) = \pi^{-1/4}e^{-x^2/2} \tag{3.9}$$

と定義する. 最低固有値に属する固有関数 $u_0(x)$ は調和振動子の**基底状態**と呼ばれる. $u_0(x)$ は Gauss 関数で無限遠方で急激に減少する関数である.

$$(J^\dagger)^n u_0 = u_n, \quad n = 0, 1, 2, \ldots \tag{3.10}$$

と定義する. $u_n \in \mathcal{S}(\mathbb{R})$, $|u_n(x)| \leq C_n \langle x \rangle^n e^{-x^2/2}$, $n = 0, 1, 2, \ldots$ である.

補題 3.2. $\{u_n, n = 0, 1, 2, \ldots\}$ は次の性質を満たす関数系である:

$$H_{os}u_n = (n + \tfrac{1}{2})u_n, \tag{3.11}$$

$$J^\dagger u_n = u_{n+1}, \quad Ju_n = nu_{n-1}, \quad m < n \text{ なら } J^n u_m = 0, \tag{3.12}$$

$$\|u_n\|^2 = n!, \quad m \neq n \text{ なら } (u_m, u_n) = 0. \tag{3.13}$$

証明. $J^\dagger \mathcal{S} \subset \mathcal{S}$ だから $u_n \in \mathcal{S}$ である. (3.11) を示す. $n = 0$ のときは明らかである. n まで成立とする. (3.6) と帰納法の仮定から

$$H_{os}u_{n+1} = H_{os}J^\dagger u_n = [H_{os}, J^\dagger]u_n + J^\dagger H_{os} u_n$$
$$= J^\dagger u_n + (n + \tfrac{1}{2})J^\dagger u_n = (n + \tfrac{3}{2})u_{n+1}.$$

したがって, (3.11) は任意の n に対して成立する. (3.12) の第 1 式は定義である. 第 2 式は $n = 0$ のときは明白. n まで成立とすれば (3.4) より

$$Ju_{n+1} = JJ^\dagger u_n = J^\dagger Ju_n + [J, J^\dagger]u_n = nJ^\dagger u_{n-1} + u_n = (n+1)u_n.$$

3.1 自己共役性とスペクトル

ゆえに第 2 式が成立する. 第 3 式は第 2 式から明らかである. (3.12) の第 2 式から $J^n u_n = n! u_0$ である. ゆえに

$$(u_n, u_n) = ((J^\dagger)^n u_0, u_n) = (u_0, J^n u_n) = n!(u_0, u_0) = n!.$$

$m < n$ のとき (3.12) から $(u_n, u_m) = (u_0, J^n u_m) = 0$. ゆえに (3.13) も成立する. □

補題 3.2 によって, u_0 に $J^\dagger$ を次々に作用させることによって, H_{os} の固有値が 1 だけ大きい固有関数 $u_1, u_2, \cdots$ が次々に得られ, これらは直交系である. 逆に固有関数に J を作用させると, 固有値が 1 だけ小さい固有関数が得られる. $u_n(x)$ をよく知られた関数によって表現しよう. 掛け算作用素 M を $Mu = e^{-x^2/2} u$ と定義すれば,

$$MJ^\dagger M^{-1} u(x) = e^{-x^2/2} J^\dagger (e^{x^2/2} u(x)) = -\frac{1}{\sqrt{2}} \frac{d}{dx} u(x),$$

$$e^{-x^2/2}(J^\dagger)^n(e^{x^2/2} u(x)) = (MJ^\dagger M^{-1})^n u(x) = \left(-\frac{1}{\sqrt{2}} \frac{d}{dx}\right)^n u(x). \quad (3.14)$$

(3.14) に $u(x) = \pi^{-1/4} e^{-x^2}$ を代入すれば, $e^{x^2/2} u(x) = u_0(x)$ だから (3.14) によって

$$u_n = e^{x^2/2} \left(-\frac{1}{\sqrt{2}} \frac{d}{dx}\right)^n \frac{e^{-x^2}}{\pi^{1/4}} = \left(\frac{1}{2^n \sqrt{\pi}}\right)^{1/2} e^{-x^2/2} \cdot e^{x^2} \left(-\frac{d}{dx}\right)^n e^{-x^2}. \quad (3.15)$$

定義 3.3. $n = 0, 1, \ldots$ に対して

$$H_n(x) = e^{x^2} \left(-\frac{d}{dx}\right)^n e^{-x^2}, \quad h_n(x) = e^{-x^2/2} H_n(x) \quad (3.16)$$

と定義する. $H_n(x)$ は **Hermite 多項式**, $h_n(x)$ は **Hermite 関数**と呼ばれる.

(3.15) によって $u_n(x)$ は Hermite 関数の定数倍である. 正規化して

$$\Omega_n(x) = \frac{u_n}{\sqrt{n!}} = \left(\frac{1}{n! 2^n \sqrt{\pi}}\right)^{1/2} h_n(x), \quad n = 0, 1, \ldots \quad (3.17)$$

と定義する.

定理 3.4. $\{\Omega_n(x)\}$ は H_{os} の固有値 $n + \frac{1}{2}$ に属する固有関数からなる $L^2(\mathbb{R})$ の完全正規直交系である:

$$H_{os} \Omega_n = (n + \tfrac{1}{2}) \Omega_n, \quad (\Omega_n, \Omega_m) = \delta_{nm}, \quad m, n = 0, 1, \ldots. \quad (3.18)$$

$n = 0, 1, \ldots$ に対して次が成り立つ:

$$J^\dagger \Omega_n = \sqrt{n+1} \, \Omega_{n+1}, \quad J \Omega_n = \sqrt{n} \, \Omega_{n-1}. \quad (3.19)$$

証明. 補題 3.2 によって Ω_n は H_{os} の固有値 $n + \frac{1}{2}$ に属する固有関数の正規直交系である. $\{\Omega_n\}$ が完全系であることを示そう. $f \in L^2(\mathbb{R})$ が $(\Omega_n, f) = 0, n = 0, 1, \ldots$ を満たせば $f = 0$ であることを示せばよい. このとき

$$(h_n, f) = \int_\mathbb{R} h_n(x) \overline{f(x)} dx = 0, \quad n = 0, 1, \ldots.$$

両辺に $t^n/n!$ を乗じて $n=1,2,\ldots$ に関して和をとれば

$$\sum_{n=0}^{\infty}\int_{\mathbb{R}}\frac{h_n(x)}{n!}t^n\overline{f(x)}dx=0, \quad t\in\mathbb{C}. \tag{3.20}$$

(3.17) によって $\|h_n(x)\|=\sqrt{n!}2^{n/2}\pi^{1/4}$ だから, Schwarz の不等式によって

$$\sum_{n=0}^{\infty}\int_{\mathbb{R}}\frac{|h_n(x)|}{n!}|t^n|\|f(x)|dx\le \pi^{1/4}\|f\|\sum_{n=0}^{\infty}\frac{2^{n/2}|t|^n}{\sqrt{n!}}<\infty.$$

ゆえに (3.20) で和と積分の順序の交換ができて

$$\int_{\mathbb{R}}\left(\sum_{n=0}^{\infty}\frac{h_n(x)}{n!}t^n\right)\overline{f(x)}dx=0, \quad t\in\mathbb{C} \tag{3.21}$$

である. $h_n(x)$ に (3.16) を代入すれば (3.21) の $(\cdots)$ の中の関数は

$$e^{x^2/2}\sum_{n=0}^{\infty}(-t)^n\frac{1}{n!}\left(\frac{d}{dx}\right)^n e^{-x^2} = e^{x^2/2}\sum_{n=0}^{\infty}(-t)^n\frac{1}{n!}\left(\frac{d}{dt}\right)^n e^{-(x+t)^2}\Big|_{t=0}$$
$$= e^{x^2/2-(x-t)^2} = e^{-t^2+2tx-x^2/2}. \tag{3.22}$$

(3.21) の $(\cdots)$ の中身を (3.22) で置き換えれば

$$e^{-t^2}\int_{\mathbb{R}}e^{2xt}e^{-x^2/2}\overline{f(x)}dx=0, \quad t\in\mathbb{C}.$$

$t=is/2$, $s\in\mathbb{R}$ とおけば, これから任意の $s\in\mathbb{R}$ に対して $(\mathcal{F}e^{-x^2/2}\overline{f})(s)=0$. Fourier の反転公式によってほとんど至るところ $e^{-x^2/2}f(x)=0$, $f(x)=0$ である. □

注意 3.5. (3.22) から Hermite 多項式 $H_n(x)$ は t の整関数 e^{-t^2+2tx} の $t=0$ の周りでの Taylor 級数の t^n の係数であることがわかる. このため e^{-t^2+2tx} は **Hermite 多項式系の母関数**と呼ばれる.

定理 3.6. (1) H_{os} は $\mathcal{S}(\mathbb{R})$ 上本質的に自己共役である. H_{os} の閉包を $[H_{os}]$ と書く. $D([H_{os}])=\Sigma(2)$ で

$$[H_{os}]u=-\frac{1}{2}\frac{d^2u}{dx^2}+\frac{1}{2}x^2u, \quad u\in\Sigma(2). \tag{3.23}$$

(2) $[H_{os}]$ のスペクトルは単純固有値のみからなり

$$\sigma([H_{os}])=\{n+\tfrac{1}{2}:n=0,1,\ldots\}, \quad [H_{os}]\Omega_n=(n+\tfrac{1}{2})\Omega_n. \tag{3.24}$$

(3) $D([H_{os}]^k)=\Sigma(2k)$, $k=1,2,\ldots$ である.
(4) $z\in\rho([H_{os}])$ に対して, $([H_{os}]-z)^{-1}$ はコンパクト作用素である.

3.1 自己共役性とスペクトル

証明. $\{\Omega_0, \Omega_1, \ldots\} \subset \mathcal{S}$ は $L^2(\mathbb{R})$ の完全正規直交系で $H_{os}\Omega_n = (n+\frac{1}{2})\Omega_n \in \mathcal{S}$. ゆえに $\mathcal{S}$ の H_{os} による像は $L^2(\mathbb{R})$ で稠密である. よって H_{os} は $\mathcal{S}(\mathbb{R})$ 上, 本質的に自己共役である. 定義域に関する主張を除けば (1),(2) はこれから明らかである. 補題 2.73 から, 任意の $k = 0, 1, \ldots$ に対して $\mathcal{S} \subset \Sigma(k)$ は稠密であった. $u \in \Sigma(2)$ とする. $u_n \in \mathcal{S}(\mathbb{R})$ を $n \to \infty$ のとき, $\|u_n - u\|_{\Sigma(2)} \to 0$ ととれば, $H_{os}u_n \xrightarrow{L^2} -(1/2)u'' + (1/2)x^2 u$, ゆえに $\Sigma(2) \subset D([H_{os}])$ で, (3.23) が成立する. $u \in \Sigma(4)$ なら (3.23) から $[H_{os}]u \in \Sigma(2) \subset D([H_{os}])$ である. ゆえに $u \in D([H_{os}]^2)$ である. これを繰り返せば, $\Sigma(2k) \subset D([H_{os}]^k)$ がわかる. 逆向きの包含関係 $D([H_{os}]^k) \subset \Sigma(2k)$ を示そう. まず $k=1$ とする.

$$Q = \frac{1}{\sqrt{2}}(J + J^\dagger), \quad iP = \frac{d}{dx} = \frac{1}{\sqrt{2}}(J - J^\dagger)$$

だから, (3.19) を用いれば,

$$Q^4 \Omega_n = 4^{-1}(J + J^\dagger)^4 \Omega_n = \sum_{j=-2}^{2} c_{nj} \Omega_{n+2j}, \quad |c_{nj}| \leq 3(n+4)^2/2. \tag{3.25}$$

$$(iP)^4 \Omega_n = 4^{-1}(J - J^\dagger)^4 \Omega_n = \sum_{j=-2}^{2} c'_{nj} \Omega_{n+2j}, \quad |c'_{nj}| \leq 3(n+4)^2/2. \tag{3.26}$$

$$\|Q^2 \Omega_n\|^2 = (Q^4 \Omega_n, \Omega_n) = c_{n0} \leq 3(n+4)^2/2. \tag{3.27}$$

$$\|P^2 \Omega_n\|^2 = (P^4 \Omega_n, \Omega_n) = c'_{n0} \leq 3(n+4)^2/2. \tag{3.28}$$

$$(Q^2 \Omega_n, Q^2 \Omega_m) = (Q^4 \Omega_n, \Omega_m) = 0, \quad |n - m| > 5. \tag{3.29}$$

$$(P^2 \Omega_n, P^2 \Omega_m) = (P^4 \Omega_n, \Omega_m) = 0, \quad |n - m| > 5. \tag{3.30}$$

である. $u \in \mathcal{S}(\mathbb{R})$ のとき, 任意の $k = 1, 2, \ldots$ に対して

$$(n + \tfrac{1}{2})^k |(u, \Omega_n)| = |(u, H_{os}^k \Omega_n)| = |(H_{os}^k u, \Omega_n)| \leq \|H_{os}^k u\|, \quad n = 1, 2, \ldots.$$

したがって, 任意の k に対して $|(u, \Omega_n)| \leq (n + \tfrac{1}{2})^{-k} \|H_{os}^k u\|$, $n = 0, 1, \ldots$. $k \geq 6$ ととれば (3.27) によって

$$\sum_{n=0}^{\infty} \|(u, \Omega_n) Q^2 \Omega_n\| \leq C_k \sum_{n=0}^{\infty} \langle n \rangle^{-k}(n+4) < \infty.$$

ゆえに $\sum_n (u, \Omega_n) Q^2 \Omega_n$ は L^2 において収束し, (3.29) から

$$\|Q^2 u\|^2 = \sum_n \sum_{|m-n| \leq 4} (u, \Omega_n)(\Omega_m, u)(Q^2 \Omega_n, Q^2 \Omega_m).$$

$|(u, \Omega_n)(\Omega_m, u)(Q^2 \Omega_n, Q^2 \Omega_m)| \leq \frac{1}{2}(|(u, \Omega_n)|^2 \|Q^2 \Omega_n\|^2 + |(u, \Omega_m)|^2 \|Q^2 \Omega_m\|^2)$ と評価し和が (n, m) に関して対称なことを用いれば (3.27) から

$$\|Q^2 u\|^2 \leq 9 \sum_{n=0}^{\infty} |(u, \Omega_n)|^2 \|Q^2 \Omega_n\|^2 \leq \tfrac{27}{2} \sum_{n=0}^{\infty} |(u, \Omega_n)|^2 (n+4)^2$$

$$= \tfrac{27}{2}\sum_{n=0}^{\infty}|(u,(H_{os}+\tfrac{7}{2})\Omega_n)|^2 = \tfrac{27}{2}\|(H_{os}+\tfrac{7}{2})u\|^2 \leq 27(\|H_{os}u\|^2+\|\tfrac{7}{2}u\|^2)$$

$\mathcal{S}$ は $[H_{os}]$ のコアだから、これから $u \in D([H_{os}])$ なら $Q^2u \in L^2$ である. (3.28), (3.30) なども用いればまったく同様にして, $u \in D([H_{os}])$ なら $P^2u \in L^2$, $QPu \in L^2$ であることもわかる. ゆえに $D([H_{os}]) \subset \Sigma(2)$. 以上の議論が $k=2,\ldots$ に対しても適用でき, (3) が成り立つのを確かめるのは読者に任せる. (4) を示す. $E(dx)$ を $[H_{os}]$ のスペクトル射影とすれば

$$([H_{os}]-z)^{-1}E((-\infty,N)) = \sum_{n=0}^{N-1}(n+\tfrac{1}{2}-z)^{-1}|\Omega_n\rangle\langle\Omega_n|$$

は有限次元作用素で, $N \to \infty$ のとき

$$\|([H_{os}]-z)^{-1} - ([H_{os}]-z)^{-1}E((-\infty,N))\| \leq (N-\Re z)^{-1} \to 0$$

である. ゆえに $([H_{os}]-z)^{-1}$ はコンパクト作用素である. □

以下では $[H_{os}]$ を単に H_{os} と書き (1 次元) 調和振動子のハミルトニアンと呼ぶ.

■d **次元調和振動子** d 個の独立な 1 次元調和振動子の系は $L^2(\mathbb{R}^d)$ の上の作用素

$$H_{os} = -\tfrac{1}{2}\Delta + \tfrac{1}{2}x^2 = \left(-\tfrac{1}{2}\tfrac{\partial^2}{\partial x_1^2} + \tfrac{1}{2}x_1^2\right) + \cdots + \left(-\tfrac{1}{2}\tfrac{\partial^2}{\partial x_d^2} + \tfrac{1}{2}x_d^2\right) \tag{3.31}$$

によって記述される. これを d 次元調和振動子という. 前項の結果を一般次元に拡張することは容易である. $k=1,\ldots,d$ に対して

$$Q_k u(x) = x_k u(x), \quad P_k u(x) = \tfrac{1}{i}\tfrac{\partial}{\partial x_k}u(x), \tag{3.32}$$

$$J_k = \tfrac{1}{\sqrt{2}}(Q_k + iP_k), \quad J_k^\dagger = \tfrac{1}{\sqrt{2}}(Q_k - iP_k), \tag{3.33}$$

と定義する. 定理 3.6 は次のように一般次元に拡張される. $\underline{n} = (n_1,\ldots,n_d) \in \overline{\mathbb{N}}^d$ に対して

$$\Omega_{\underline{n}}(x) = \Omega_{n_1}(x_1)\cdots\Omega_{n_d}(x_d)$$

と定義する.

定理 3.7. (1) d 次元調和振動子 H_{os} は $\mathcal{S}(\mathbb{R}^d)$ 上本質的に自己共役である. H_{os} の閉包を $[H_{os}]$ と書く. $D([H_{os}]) = \Sigma(2)$ で

$$[H_{os}]u(x) = -\tfrac{1}{2}\Delta u(x) + \tfrac{1}{2}x^2 u(x), \quad u \in \Sigma(2). \tag{3.34}$$

(2) $\{\Omega_{\underline{n}}: \underline{n} \in \overline{\mathbb{N}}^d\}$ は $[H_{os}]$ の固有値 $|\underline{n}|+\tfrac{d}{2}$ の固有関数系:

$$[H_{os}]\Omega_{\underline{n}} = (|\underline{n}|+\tfrac{d}{2})\Omega_{\underline{n}}$$

3.1 自己共役性とスペクトル

で $\mathcal{H}$ の完全正規直交基底である. $[\mathcal{H}_{os}]$ のスペクトルは固有値からなり,

$$\sigma([\mathcal{H}_{os}]) = \{n + \tfrac{d}{2} : n = 0, 1, \dots\},$$

固有値 $n + \tfrac{d}{2}$ の多重度は $(n+d-1)!/n!(d-1)!$ である.
(3) $k = 1, \dots, d$ に対して次が成立する:

$$J_k^\dagger \Omega_{n_1,\dots,n_k,\dots,n_d} = \sqrt{n_k+1}\,\Omega_{n_1,\dots,n_k+1,\dots,n_d}, \tag{3.35}$$
$$J_k \Omega_{n_1,\dots,n_k,\dots,n_d} = \sqrt{n_k}\,\Omega_{n_1,\dots,n_k-1,\dots,n_d}. \tag{3.36}$$

(4) $k = 1, 2, \dots$ に対して $D([H_{os}]^k) = \Sigma(2k)$ が成り立つ.
(5) $z \in \rho([H_{os}])$ に対して, $([H_{os}] - z)^{-1}$ はコンパクト作用素である.

証明. $\{\Omega_{\underline{n}} : \underline{n} \in \overline{\mathbb{N}}^d\}$ が $\Omega_{\underline{n}}(x)$ が $[H_{os}]\Omega_{\underline{n}} = (|\underline{n}| + \tfrac{d}{2})\Omega_{\underline{n}}$ を満たす正規直交系で, (3.35), (3.36) を満たすことは定理 3.6 から明らかである. 完全であることを次元に関する帰納法で示そう. $d = 1$ のときは定理 3.6 によって $\{\Omega_n\}$ は完全である. $d-1$ 次元まで正しいとする. $f \in L^2(\mathbb{R}^d)$ が $\{\Omega_{\underline{n}} : \underline{n} \in \overline{\mathbb{N}}^d\}$ と直交するとする. このとき, $k = 0, 1, \dots$ に対して

$$\tilde{f}_k(x_1, \dots, x_{d-1}) = \int_{\mathbb{R}} f(x_1, x_2, \dots, x_{d-1}, x_d) \Omega_k(x_d) dx_d$$

と定義すれば, Schwarz の不等式によって $\tilde{f}_k \in L^2(\mathbb{R}^{d-1})$ で, $d=1$ のとき $\{\Omega_n\}$ が完全であることから $\mathbb{R}^d$ 上でほとんど至るところ

$$f(x_1, \dots, x_{d-1}, x_d) = \sum_{k=0}^{\infty} \tilde{f}_k(x_1, \dots, x_{d-1})\Omega_k(x_d) \tag{3.37}$$

である. 仮定から $\tilde{f}_k$ は任意の $(n_1, \dots, n_{d-1}) \in \overline{\mathbb{N}}^{d-1}$ に対して $\Omega_{n_1}(x_1) \cdots \Omega_{n_{d-1}}(x_{d-1})$ と直交する. ゆえに, 帰納法の仮定から, ほとんど至るところ $\tilde{f}_k(x_1, \dots, x_{d-1}) = 0$, $k = 0, 1, \dots$. ゆえに (3.37) から $f = 0$, したがって $\{\Omega_{\underline{n}}(x) : \underline{n} \in \overline{\mathbb{N}}^d\}$ は完全である. 固有値 $n + \tfrac{d}{2}$ の多重度は n を d 個の非負整数の和に分解する仕方の数 $\binom{n+d-1}{d-1}$ に等しい. (2) が示された. (1) は (2) を用いて 1 次元のときと同様に示せる. 1 次元と同様にして (3),(4),(5) を示すのは読者に任せる. □

1 次元のときと同様に $[H_{os}]$ を再び H_{os} と書く.

系 3.8. $\cap_{n=0}^{\infty} D(H_{os}^n) = \mathcal{S}(\mathbb{R}^d)$ で, H_{os} は $\mathcal{S}(\mathbb{R}^d)$ の同型写像である.

証明. 補題 2.73(2) と定理 3.7(4) から $\cap_{n=0}^{\infty} D(H_{os}^n) = \cap_{n=0}^{\infty} \Sigma(2n) = \mathcal{S}(\mathbb{R}^d)$ である. $(H_{os}u, u) \geq (d/2)\|u\|^2$ だから H_{os} は $\mathcal{S}(\mathbb{R}^d)$ 上 1 対 1. $H_{os}D(H_{os}^{n+1}) = D(H_{os}^n)$, $n = 0, 1, \dots$ だから上への写像である. 補題 2.73(3) によって H_{os}, H_{os}^{-1} は $\mathcal{S}(\mathbb{R}^d)$ 上連続である. □

変数 x_k に関する 1 次元調和振動子 $H_{os,k}$, $k = 1, \ldots, d$ は d 変数 $x = (x_1, \ldots, x_d)$ の関数 u の第 k 変数に作用する作用素とみなすことができる：

$$D(H_{os,k}) = \{u \in L^2(\mathbb{R}^d) : x_k^\alpha (\partial/\partial x_k)^\beta u \in L^2(\mathbb{R}^d),\ 0 \leq \alpha + \beta \leq 2\}, \tag{3.38}$$

$$H_{os,k} u(x) = \left(-\frac{1}{2} \frac{\partial^2}{\partial x_k^2} + \frac{1}{2} x_k^2 \right) u \tag{3.39}$$

とするのである．この $L^2(\mathbb{R}^d)$ の上の作用素 $H_{os,k}$ を第 k 変数に作用することを強調して

$$\mathbf{1} \otimes \cdots \otimes \mathbf{1} \otimes H_{os,k} \otimes \mathbf{1} \otimes \cdots \otimes \mathbf{1}$$

とも書くが，簡単のためここでは単に $H_{os,k}$ と書く．次は d 次元振動子が独立な d 個の 1 次元振動子の系を記述するハミルトニアンでもあることの表現である．

補題 3.9. $H_{os,1}, \ldots, H_{os,d}$ は $L^2(\mathbb{R}^d)$ 上の可換な自己共役作用素の族で次が成立する：

$$H_{os} = H_{os,1} + \cdots + H_{os,d} \tag{3.40}$$

証明． $D(H_{os}) = D(H_{os,1}) \cap \cdots \cap D(H_{os,d})$ を示せばよい．$\subset$ は明らかである．$\supset$ を示す．$u \in D(H_{os,1}) \cap \cdots \cap D(H_{os,d})$ とする．このとき，任意の j に対して $x_j P_j u \in L^2$ なのは明らか，任意に j, k に対して $2|x_j x_k u| \leq (x_j^2 + x_k^2)|u|$ だから $x_j x_k u \in L^2$, Fourier 変換して微分を掛け算に変換して Plancherel の定理を用いれば同様に $P_j P_k u \in L^2$ である．ゆえに，$j \neq k$ に対して，$x_j P_k u \in L^2(\mathbb{R}^d)$ であることを示せばよい．x_k に関する Fourier 変換を $\hat{u}$ と書けば，Plancherel の定理によって

$$\|x_j P_k u\| = \|x_j \xi_k \hat{u}\| \leq \frac{1}{2}\|(x_j^2 + \xi_k^2)\hat{u}\| \leq \frac{1}{2}(\|x_j^2 \hat{u}\| + \|\xi_k^2 \hat{u}\|) = \frac{1}{2}(\|x_j^2 u\| + \|P_k^2 u\|)$$

ゆえに $x_j P_k u \in L^2$ である． □

3.2 調和振動子の時間発展

d 次元調和振動子 (3.2) の初期値問題

$$i\partial_t u = H_{os} u = \left(-\frac{1}{2}\Delta + \frac{1}{2}x^2 \right) u, \quad u(0, x) = \varphi(x) \tag{3.41}$$

の解の振る舞いを調べよう．

3.2.1 束縛状態

$\Omega_{\underline{n}}$ は H_{os} の固有値 $\lambda_{\underline{n}} = |\underline{n}| + \frac{d}{2}$ の固有関数だから，$\varphi(x) = \Omega_{\underline{n}}(x)$ のとき，(3.41) の解は

$$u_{\underline{n}}(t) = e^{-itH_{os}} \Omega_{\underline{n}} = e^{-i\lambda_{\underline{n}} t} \Omega_{\underline{n}} \tag{3.42}$$

3.2 調和振動子の時間発展

で与えられる. $u_{\underline{n}}(t)$ は任意の t において $\Omega_{\underline{n}}$ と絶対値 1 の定数 $e^{-i\lambda_{\underline{n}}t}$ しか違わないのだから $u_{\underline{n}}(t)$ は $\Omega_{\underline{n}}$ と同じ状態を表す波動関数である. 固有関数は**固有状態**とも呼ばれる. このように固有状態は時間的に不変な状態, すなわち**定常状態**を記述する. (3.17) から各固有関数 $\Omega_{\underline{n}}(x)$ は無限遠方 $|x| \to \infty$ において

$$|\Omega_{\underline{n}}(x)| \leq C_{\underline{n}} \langle x \rangle^{|\underline{n}|} e^{-x^2/2}$$

のように急激に減少し, $\Omega_{\underline{n}}(x)$ の記述する粒子の存在確率は原点, すなわち束縛力 $x^2/2$ の源付近に局在する. すなわち粒子は力の源に束縛された**束縛状態**である.

$\{\Omega_{\underline{n}}(x): \underline{n} \in \overline{\mathbb{N}}^d\}$ は $\mathcal{H}$ の完全正規直交基底だから一般の波動関数 $\varphi \in L^2(\mathbb{R}^d)$ は

$$\varphi(x) = \sum_{\underline{n}} c_{\underline{n}} \Omega_{\underline{n}}(x), \quad c_{\underline{n}} = (\varphi, \Omega_{\underline{n}}) \tag{3.43}$$

と展開される. これを H_{os} に伴う φ の**固有関数展開**という. φ が (3.43) と展開されるとき,

$$e^{-itH_{os}}\varphi(x) = \sum_{\underline{n}} c_{\underline{n}} e^{-it\lambda_{\underline{n}}} \Omega_{\underline{n}}(x). \tag{3.44}$$

特に, $\lambda_{\underline{n}} = |\underline{n}| + \frac{d}{2}$ だから,

$$e^{-i2k\pi H_{os}}\varphi(x) = (-1)^{kd}\varphi(x)$$

となり, 任意の φ に対して $e^{-itH_{os}}\varphi$ は t の周期 4π の周期関数 (量子力学の状態としては 2π 周期の周期関数) である. しかし, 解が (3.43) のように固有状態の重ね合わせで書けるからといって解の挙動がよくわかったということにはならないことに注意しよう. 実際 2 つの異なった固有状態 $\Omega_{\underline{n}}, \Omega_{\underline{m}}$ の重ね合わせ $a\Omega_{\underline{n}} + b\Omega_{\underline{m}}$ はもはや定常状態ではなく, 重ね合わせの個数が増加するにつれて状態の時間的な変化は複雑さをますからである. 解の性質を知るためには, 違った角度からの解析も必要なのである.

■**スペクトルと時間発展** 次に述べるように, ハミルトニアンのスペクトルが点スペクトルのみからなるとき, 粒子の運動は "有限次元的" で, 空間的に "束縛され", 解の振る舞いはハミルトニアンのスペクトルが絶対連続な自由 Schrödinger 方程式の解のそれと大きく異なる. 次の定理は後に述べる Ruelle 型定理の一部である.

定理 3.10. H を一般の Hilbert 空間 $\mathcal{H}$ 上の自己共役作用素で, $\sigma(H) = \sigma_p(H)$ とする. このとき, 任意の $u \in \mathcal{H}$ に対して, $\{e^{-itH}u: t \in \mathbb{R}\}$ は $\mathcal{H}$ の相対コンパクト集合である.

証明. $\{\varphi_1, \varphi_2, \ldots\}$ を H の固有ベクトルからなる $\mathcal{H}$ の完全正規直交系, $H\varphi_n = \lambda_n \varphi_n$, $n = 1, 2, \ldots$ とする. $u(t) = e^{-itH}u$ と書く. $\{u(t): t \in \mathbb{R}\}$ が全有界であることを示す.

$$u(t) = \sum_{n=1}^{\infty} e^{-it\lambda_n} c_n \varphi_n, \quad c_n = (u, \varphi_n), \quad n = 1, 2, \ldots$$

である．任意に $\varepsilon > 0$ をとる．N を $\sum_{n \geq N+1}^{\infty} |c_n|^2 < (\varepsilon/2)^2$ となるようにとれば

$$\sup_{t \in \mathbb{R}} \|u(t) - \sum_{n=1}^{N} c_n e^{-it\lambda_n} \varphi_n\| < \varepsilon/2. \tag{3.45}$$

である．各 n に対して $\{c_n e^{-it\lambda_n} \varphi_n : t \in \mathbb{R}\}$ は単位円周 $\mathbb{S}^1$ と位相同型だからコンパクト，その N 個の直積の連続写像による像である $T_N = \{\sum_{n=1}^{n_0} c_n e^{-it\lambda_n} \varphi_n\}$ もコンパクト．ゆえに有限個の半径 $\varepsilon/2$ の開球 $B_1, \ldots, B_l$ が存在して

$$T_N \subset \cup_{n=1}^{l} B_n$$

このとき，B_n の半径 2 倍の同心球を $2B_n$ と書けば (3.45) によって $\{u(t) : t \in \mathbb{R}\} \subset \cup_{n=1}^{l} 2B_n$ である．ゆえに $\{u(t) : t \in \mathbb{R}\}$ は全有界，すなわち相対コンパクトである． □

定理 3.11. H を $L^2(\mathbb{R}^d)$ 上の自己共役作用素で $\sigma(H) = \sigma_p(H)$，$u \in L^2(\mathbb{R}^d)$ とする．このとき，任意 $\varepsilon > 0$ に対して $R > 0$ が存在し

$$\sup_{t \in \mathbb{R}} \int_{|x|>R} |e^{-itH}u(x)|^2 dx < \varepsilon, \quad \sup_{t \in \mathbb{R}} \int_{|\xi|>R} |\mathcal{F}e^{-itH}u(\xi)|^2 d\xi < \varepsilon. \tag{3.46}$$

すなわち，任意の初期状態に対して粒子の遠方での存在確率，あるいは運動量の大きい領域での存在確率は時間 t に関して一様に小さい．

証明． 定理 3.10 によって $\{e^{-itH}u : t \in \mathbb{R}\}$ は $\mathcal{H}$ の相対コンパクト集合である．

$$F_R u(x) = \chi_{\{x : |x|>R\}}(x) u(x), \quad \hat{F}_R u(x) = \mathcal{F}^* F_R \mathcal{F} u(x)$$

とする．F_R，$\hat{F}_R$ は，$R \to \infty$ のとき，0 に強収束する有界作用素の族，したがって同等連続で 0 に各点収束する写像の族である．ゆえに任意の相対コンパクト集合上，特に $\{e^{-itH}u : t \in \mathbb{R}\}$ 上 0 に一様収束する．(3.46) が成立する． □

3.2.2 基本解

調和振動子の基本解を求めよう．次の (3.47) は **Meher の公式**と呼ばれる．

定理 3.12. $n \in \mathbb{Z}$ とする．$n\pi < t < (n+1)\pi$ のとき，$e^{-itH_{os}}$ は積分核

$$E_{os}(t,x,y) = \frac{e^{-id(\frac{n}{2}+\frac{1}{4})\pi}}{(2\pi|\sin t|)^{\frac{d}{2}}} \exp\left(\frac{i((\cos t)(x^2+y^2) - 2xy)}{2\sin t}\right) \tag{3.47}$$

をもつ積分作用素，$t = n\pi$ のときは

$$E_{os}(n\pi, x, y) = e^{-ind\pi/2} \delta(x - (-1)^n y) \tag{3.48}$$

を超関数核としてもつ作用素である．

3.2 調和振動子の時間発展

t が 0 に十分近いとき, $\sin t \sim t$, $\cos t \sim 1$ だから, 調和振動子の基本解 $E_{os}(t,x,y)$ は自由 Schrödinger 方程式の基本解 $E_0(t,x,y)$((2.79) 参照) にきわめて近い. 一方, 調和振動子の基本解はほぼ 2π 周期的: $E_{os}(t+2n\pi,x,y) = (-1)^n E_{os}(t,x,y)$ で, $t=0$ の近く以外では $E_{os}(t,x,y)$ は $E_0(t,x,y)$ とはまったく異なる挙動も示す. 特に $t=n\pi$ のときに $E_{os}(t,x,y)$ はデルタ関数的で $e^{-itH_{os}}$ は $t=2n\pi$ **のとき恒等作用素と, $t=(2n+1)\pi$ の時空間反転と同値**:

$$e^{-2n\pi i H_{os}} u = (-1)^{nd} u(x), \quad e^{-(2n+1)\pi i H_{os}} u = (-1)^{d(n+1)} i^d u(-x),$$

また, **半整数時間** $t=(2n+\frac{1}{2})\pi$ **のとき Fourier 変換と, $t=(2n+\frac{3}{2})\pi$ のとき共役 Fourier 変換と同値**である:

$$e^{-(2n+\frac{1}{2})\pi i H_{os}} u(x) = (-1)^{nd}(-i)^d \mathcal{F}u(x), \quad e^{-(2n+\frac{3}{2})\pi i H_{os}} u(x) = (-1)^{(n+1)d} \mathcal{F}^* u(x).$$

定理 3.12 の証明. 補題 3.9 によって $H_{os} = H_{os,1} + \cdots + H_{os,d}$ で $H_{os,1}, \ldots, H_{os,d}$ は可換. ゆえに $e^{-itH_{os}} = e^{-itH_{os,1}} \cdots e^{-itH_{os,d}}$ で (3.47) の右辺は

$$\prod_{j=1}^{d} \frac{e^{-i(\frac{n}{2}+\frac{1}{4})\pi}}{(2\pi|\sin t|)^{\frac{1}{2}}} \exp\left(\frac{i((\cos t)(x_j^2+y_j^2) - 2x_j y_j)}{2\sin t}\right)$$

に等しいから, 定理は $d=1$ のときに示せば十分である. $d=1$ とし, $t \in \mathbb{R}$ を固定する.

$$E_N(t,x,y) = \sum_{n=0}^{N} e^{-it(n+\frac{1}{2})} \Omega_n(x) \Omega_n(y), \quad N=0,1,\ldots$$

と定義する. (3.44) によって, $E_N(t,x,y)$ は $N \to \infty$ のとき, $\mathcal{S}'(\mathbb{R} \times \mathbb{R})$ において収束し, その極限を $E_{os}(t,x,y) = \lim_{N\to\infty} E_N(t,x,y)$ とおけば, 任意の $u,v \in \mathcal{S}(\mathbb{R}^d)$ に対して

$$(e^{-itH_{os}} u, v) = \int_{\mathbb{R}\times\mathbb{R}} E_{os}(t,x,y) u(y) v(x) dy dx$$

を満たす. (3.16), (3.17) を用いて Ω_n を書き直せば

$$E_N(t,x,y) = e^{-it/2} \sum_{n=0}^{N} e^{-itn} \frac{e^{-(x^2+y^2)/2}}{2^n n! \sqrt{\pi}} H_n(x) H_n(y) = e^{-it/2} e^{(x^2+y^2)/2} F_N(t,x,y),$$

$$F_N(t,x,y) = \sum_{n=0}^{N} \frac{e^{-itn}}{2^n n! \sqrt{\pi}} (\partial_x \partial_y)^n e^{-(x^2+y^2)}. \tag{3.49}$$

$\mathcal{F}_{x,y}\left((\partial_x \partial_y)^n e^{-(x^2+y^2)}\right)(\xi,\eta) = \frac{1}{2}(-\xi\eta)^n e^{-(\xi^2+\eta^2)/4}$ だから,

$$\widehat{F}_N(t,\xi,\eta) = \sum_{n=0}^{N} \frac{e^{-itn}}{2^n n! 2\sqrt{\pi}} (-\xi\eta)^n e^{-(\xi^2+\eta^2)/4}, \quad |\widehat{F}_N(t,\xi,\eta)| \le \frac{1}{2\sqrt{\pi}} e^{-(|\xi|-|\eta|)^2/4}.$$

したがって Lebesgue の収束定理によって $N \to \infty$ のとき,
$$\widehat{F}_N(t,\xi,\eta) \xrightarrow{\mathcal{S}'} \frac{1}{2\sqrt{\pi}} \exp\left(\frac{-(\xi^2+\eta^2+2\xi\eta e^{-it})}{4}\right).$$

よって, $F_N(t,x,y)$ は $N \to \infty$ のとき, $\mathcal{S}'(\mathbb{R}^1 \times \mathbb{R}^1)$ において
$$F(t,x,y) = \frac{1}{2\pi} \int_{\mathbb{R}^2} \frac{1}{2\sqrt{\pi}} e^{i(x\xi+y\eta)-(\xi^2+\eta^2+2\xi\eta e^{-it})/4} d\xi d\eta \tag{3.50}$$

に, $E_N(t,x,y)$ は $\mathcal{D}'(\mathbb{R}^1 \times \mathbb{R}^1)$ において $e^{-it/2}e^{(x^2+y^2)/2}F(t,x,y)$ に収束する. 一方 $E_N(t,x,y) \xrightarrow{\mathcal{S}'} E_{os}(t,x,y)$ であったから, 結局
$$E_{os}(t,x,y) = e^{-it/2}e^{(x^2+y^2)/2}\frac{1}{2\pi} \int_{\mathbb{R}^2} \frac{1}{2\sqrt{\pi}} e^{i(x\xi+y\eta)-(\xi^2+\eta^2+2\xi\eta e^{-it})/4} d\xi d\eta$$

が成立する. (3.50) の右辺は $\mathcal{S}'(\mathbb{R}^2)$ における Fourier 変換の意味であるが, $\cos t \neq 0$ なら $|e^{-(\xi^2+\eta^2+2\xi\eta e^{-it})/4}| \leq e^{-(\cos^2(t/2))(\xi^2+\eta^2)/2}$ だから積分は絶対収束し, $F(t,x,y)$ は (t,x,y) について C^∞ 級である.

$$\xi^2 + \eta^2 + 2\xi\eta e^{-it} = (\xi + e^{-it}\eta)^2 + \eta^2(1-e^{-2it})$$

として, ξ に関する積分路を $\xi \to \xi - e^{-it}\eta$ と変更し, 最初に $d\xi$ について積分すれば
$$F(t,x,y) = \frac{1}{2\pi} \int_{\mathbb{R}^2} \frac{1}{2\sqrt{\pi}} e^{ix\xi+i\eta(y-xe^{-it})-(\xi^2+\eta^2(1-e^{-2it}))/4} d\xi d\eta$$
$$= e^{-x^2} \frac{1}{2\pi} \int_{\mathbb{R}} e^{i\eta(y-e^{-it}x)-(1-e^{-2it})\eta^2/4} d\eta.$$

$t \neq n\pi$ なら $\Re(1-e^{-2it}) > 0$. (1.55) によって
$$F(t,x,y) = \frac{e^{-x^2}}{\sqrt{(1-e^{-2it})\pi}} e^{\frac{-(e^{-it}x-y)^2}{1-e^{-2it}}}$$

ここで $n\pi < t < (n+1)\pi$ における $\sqrt{1-e^{-2it}}$ の分枝は $t = (n+\frac{1}{2})\pi$ のとき $\sqrt{1-e^{-2it}} = \sqrt{2}$ を満たし t に関して連続な分枝である. これは
$$1 - e^{-2it} = 2ie^{-it}\sin t = \begin{cases} 2|\sin t|e^{-i(t-(2n-\frac{1}{2})\pi)}, & (2n-1)\pi < t < 2n\pi, \\ 2|\sin t|e^{-i(t-(2n+\frac{1}{2})\pi)}, & 2n\pi < t < (2n+1)\pi \end{cases}$$

と表して $t = (2n \pm \frac{1}{2})\pi$ のとき, $e^{-i(t\mp\frac{1}{2}\pi)} = 1$ となることに注意すれば
$$\sqrt{1-e^{-2it}} = \sqrt{2|\sin t|} \begin{cases} e^{-i(\frac{t}{2}-n\pi+\frac{\pi}{4})}, & (2n-1)\pi < t < 2n\pi, \\ e^{-i(\frac{t}{2}-n\pi-\frac{\pi}{4})}, & 2n\pi < t < (2n+1)\pi. \end{cases}$$

と求められる. これをまとめて書けば, $n\pi < t < (n+1)\pi$ のとき,
$$\sqrt{1-e^{-2it}} = \sqrt{2|\sin t|} e^{-i(\frac{t}{2}-\frac{\pi}{4}-\frac{n\pi}{2})} \tag{3.51}$$

3.2 調和振動子の時間発展

ゆえに, $n\pi < t < (n+1)\pi$ のときは

$$E(t,x,y) = \frac{1}{\sqrt{2\pi|\sin t|}} e^{-i(\frac{\pi}{4}+\frac{n\pi}{2})} e^{-(x^2-y^2)/2} e^{-(e^{-it}x-y)^2/(1-e^{-2it})}$$

である. これは (3.47) に等しい. $t = n\pi$ なら (3.50) の右辺で

$$\xi + (-1)^n \eta = 2\alpha, \quad \xi - (-1)^n \eta = 2\beta$$

と変数変換すれば

$$\begin{aligned}F(t,x,y) &= \frac{1}{2\pi} \int_{\mathbb{R}^2} \frac{1}{\sqrt{\pi}} e^{i(x+(-1)^n y)\alpha + i(x-(-1)^n y)\beta - \alpha^2} d\alpha d\beta \\ &= e^{-(x+(-1)^n y)^2/4} \delta(x-(-1)^n y) = e^{-(x^2+y^2)/2} \delta(x-(-1)^n y)\end{aligned}$$

したがって, $E(n\pi, x, y) = e^{-in\pi/2} \delta(x - (-1)^n y)$ である. □

問題 3.13. $\mathcal{H}$ を一般の Hilbert 空間, H を $\mathcal{H}$ の自己共役作用素とする. 次を示せ.
(1) e^{-itH} は $D(H^n)$ のグラフノルムに関して, $D(H^n)$ 上の強連続ユニタリ群である.
(2) 任意の $\varphi \in D(H^n)$ に対して $\mathbb{R} \ni t \mapsto e^{-itH}\varphi \in D(H^{n-1})$ は C^1 級である.

定理 3.14. 調和振動子の解作用素 $U_{os}(t) = e^{-itH_{os}}$ は次の性質を満足する:
(1) $U_{os}(t)$ は $\mathcal{S}$ の同型写像. $\varphi \in \mathcal{S}$ のとき, $\mathbb{R} \ni t \mapsto U_{os}(t)\varphi \in \mathcal{S}$ は C^∞ 級である.
(2) $U_{os}(t)$ は $\mathcal{S}'$ の同型写像に拡張される. 拡張された作用素も $U_{os}(t)$ と書く. $\varphi \in \mathcal{S}'$ のとき, $\mathbb{R} \ni t \mapsto U_{os}(t)\varphi \in \mathcal{S}'$ は C^∞ 級である. $u(t,x) = U_{os}(t)\varphi(x)$ は初期値問題 (3.41) を超関数の意味で満足する.
(3) $\varphi \in \mathcal{S}'$ に対して, 初期値問題 (3.41) の解で $\mathbb{R} \ni t \mapsto u(t) \in \mathcal{S}'$ が連続となるものは一意的で, $u(t,x) = U_{os}(t)\varphi(x)$ で与えられる.
(4) 任意の $k \in \mathbb{N}$ にたいし, $U_{os}(t)$ は $\Sigma(2k)$ 上の強連続で一様有界な作用素の 1 パラメータ群である. 任意の $\varphi \in \Sigma(2k)$ に対して $\mathbb{R} \ni t \mapsto U_{os}(t) \in \Sigma(2(k-1))$ は C^1 級である.

証明. 定理 3.7 (4) によって $D(H_{os}^k) = \Sigma(2k)$ で, $D(H_{os}^k)$ のグラフノルムと $\Sigma(2k)$ のノルムは同値である. したがって, 問題 3.13 から (4) が成立することがわかる. $\mathcal{S} = \cap_{k=1}^\infty \Sigma(2k)$ で, $\mathcal{S}$ の位相はノルムの族 $\{\|u\|_{\Sigma(2k)} \colon k = 0, 1, \dots\}$ の定める位相と同値だから (補題 2.73, (3) 参照), (4) から (1) が従う. (2) を (1) から双対的に示すのは読者に任せる. (3) を示す. $H_{os} \colon \mathcal{S} \to \mathcal{S}$ は連続だから, 自由 Schrödinger 方程式の場合と同様に, $\mathbb{R} \ni t \mapsto u(t) \in \mathcal{S}'$ が連続な解は自動的に $\mathcal{S}'$ 値 C^∞ である (定理 2.66(3) の証明をみよ). $u(t)$ が $u(0) = 0$ を満たす $\mathcal{S}'$ 値 C^∞ の解とする. 任意の $f \in \mathcal{S}$ に対して

$$i\frac{d}{dt}\langle u(t), \overline{U_{os}(t)f}\rangle = \langle H_{os}u(t), \overline{U_{os}(t)f}\rangle - \langle u(t), \overline{H_{os}U_{os}(t)f}\rangle = 0$$

したがって、任意の $t \in \mathbb{R}$ に対して $\langle u(t), \overline{U_{os}(t)f} \rangle = 0$. $U_{os}(t)$ は $\mathcal{S}$ の同型写像だから、これより $u(t) = 0$ が従う. ゆえに解は一意的で, (2) によって $u(t,x) = U_{os}(t)\varphi(x)$ でなければならない. □

■**MDFM 分解** 自由 Schrödinger 方程式に対する $MDFM$ 分解 (補題 2.67 を参照) と同様に $e^{-itH_{os}}$ の分解が成立する：今の場合は $\{\tilde{M}(t)\}, \{\tilde{D}(t)\}$ を

$$\tilde{M}(t)f(x) = e^{\frac{ix^2}{2\tan t}}f(x), \quad \tilde{D}(t)f(x) = |\sin t|^{-\frac{d}{2}} f\left(\frac{x}{\sin t}\right)$$

と定義する. $t \notin \pi\mathbb{Z}$ のとき, $\tilde{M}(t), \tilde{D}(t)$ が L^2 上のユニタリ作用素であるばかりでなく $\mathcal{S}$ および $\mathcal{S}'$ の同型写像であるのも自由 Schrödinger 方程式の場合と同様である. 次の補題の証明は省略する. (3.47) を用いて補題 2.67 と同様である.

補題 3.15. $n\pi < t < (n+1)\pi$, $n \in \mathbb{Z}$ のとき, $\tilde{\gamma}(n) = d\left(\frac{n}{2} + \frac{1}{4}\right)\pi$ とする.

$$U_{os}(t) = e^{-i\tilde{\gamma}(n)} \tilde{M}(t) \tilde{D}(t) \mathcal{F} \tilde{M}(t) \tag{3.52}$$

が $\mathcal{S}'$ 上の作用素の等式として成立する.

3.3 L^p-L^q 評価と時間有限 Strichartz 不等式

初期時間において空間的に局在する調和振動子の解は時間について周期的で時間に関して一様に空間的に局在していて, 自由 Schrödinger 方程式の場合のように $t \to \pm\infty$ において空間の無限遠方に分散することはない. しかし, $t \notin \pi\mathbb{Z}$ であれば調和振動子の解作用素 $U_{os}(t) = e^{-itH_{os}}$ に対しても以下の形で L^p-L^q が成立する.

■L^p-L^q **評価**

定理 3.16. $1 \le q \le 2 \le p \le \infty$, $p^{-1} + q^{-1} = 1$ とする. このとき：

$$\|U_{os}(t)u\|_p \le (2\pi|\sin t|)^{-d(1/2-1/p)} \|u\|_q, \quad t \notin \pi\mathbb{Z}. \tag{3.53}$$

証明. 定理 2.78 とほとんど同様である. 詳しくは読者に任せる. □

定理 3.16 は定理 2.78 と違って, $t \to \pm\infty$ における減衰を表現するものではもちろんなく, 短時間における調和振動子の粒子の拡散が自由粒子のそれと同様であることを示すものである. 量子力学的粒子の短時間での拡散は無限遠方で x^2 程度に増大する滑らかなポテンシャルや空間的に穏やかな不連続性しかもたないポテンシャルによっては影響を受けないが, 例えば x^4 のように, x^2 のオーダーを超えて急激に増大するポテンシャルもつ Schrödinger 作用素 H を右辺もつ Schrödinger 方程式の基本解 $E(t,x,y)$ の振る舞いは今の場合とまったく異なることが後に示される (第 6 章参照).

3.3　L^p-L^q 評価と時間有限 Strichartz 不等式

■**時間有限 Strichartz の不等式**　自由 Schrödinger 方程式に対する Strichartz の不等式，定理 2.79 は定理 2.80 でみたように L^p-L^q 評価 (2.96) の帰結であった．一方，(3.53) によって $0 < |t| < \pi/2$ に対しては調和振動子に対しても (2.96) が (定数を取りかえて) 成立する．このことから，有限時間に限れば調和振動子に対しても同様な不等式が成立することが以下のように示せる．指数 (θ, p), $(d, \theta, p) \neq (2, 2, \infty)$ は (2.97) の条件：$0 \leq \frac{2}{\theta} = d\left(\frac{1}{2} - \frac{1}{p}\right) \leq 1$ を満たすとき，(Schrödinger) **許容指数**であるといわれた．

$$\Gamma u(t) = \int_0^t U_{os}(t-s)u(s)ds \tag{3.54}$$

と定義する．

定理 3.17. (θ, p), (σ, q) を許容指数，σ', q' などはそれぞれ σ, q などの双対指数とする．任意の $T > 0$ に対して，T, φ, f に依存しない定数 C が存在して次が成立する：

$$\left(\int_0^T \|U_{os}(t)u\|_p^\theta dt\right)^{\frac{1}{\theta}} \leq C(1+T)^{\frac{1}{\theta}} \|u\|_2, \tag{3.55}$$

$$\left\|\int_0^T U_{os}(t)^* f(t) ds\right\|_{\mathcal{H}} \leq C(1+T)^{\frac{1}{\theta}} \|f\|_{L^{\theta'}([0,T], L^{p'})}, \tag{3.56}$$

$$\left(\int_{0<t<T} \|\Gamma f(t)\|_p^\theta dt\right)^{\frac{1}{\theta}} \leq C(1+T)^{\left(\frac{1}{\theta} + \frac{1}{\sigma}\right)} \left(\int_0^T \|f(t)\|_{q'}^{\sigma'} dt\right)^{\frac{1}{\sigma'}}. \tag{3.57}$$

T を $-T$ と置き換えても同様である．

証明．定理 2.80 の証明と同様に，ここでも端点を除外し，$(\sigma, q) = (p, \theta)$ の場合に限定する．定理 2.80 の証明を f の台を $[0, \pi/2]$ に制限して繰り返せば，定理 3.17 が $0 < T \leq \pi/2$ のときには成立することがわかる．$T > \pi/2$ のとき，$T = N\pi/2 + \tau$, $N \in \mathbb{N}$, $0 < \tau \leq \pi/2$, $t_j = j\pi/2$, $j = 0, 1, \ldots, N$ と書く．

$$\int_0^T \|U_{os}(t)u\|_p^\theta dt \leq \sum_{j=1}^N \int_{t_{j-1}}^{t_j} \|U_{os}(t)u\|_p^\theta dt + \int_{t_N}^T \|U_{os}(t)u\|_p^\theta dt \tag{3.58}$$

である．右辺の第 j 項は $U_{os}(t)u = U_{os}(t - t_{j-1})U_{os}(t_{j-1})u$ と書いて $0 < T \leq \pi/2$ のときの (3.55) を用いれば

$$\int_{t_{j-1}}^{t_j} \|U_{os}(t)u\|_p^\theta dt = \int_0^{\pi/2} \|U_{os}(t)U_{os}(t_{j-1})u\|_p^\theta dt \leq C\|U_{os}(t_{j-1})u\|_2^\theta = C\|u\|_2^\theta$$

と評価される．ここで C は j にはよらない定数である．ゆえに

$$\int_0^T \|U_{os}(t)u\|_p^\theta dt \leq C(N+1)\|u\|_2^\theta \leq C(1+T)\|u\|_2^\theta.$$

(3.55) が従う. (3.56) が (3.55) から双対的に得られるのは定理 2.80 の証明と同様である. (3.57) を示す. $t_{j-1} < t \leq t_j$ のとき $\Gamma f(t)$ を

$$\int_0^{t_{j-1}} U_{os}(t-s)f(s)ds + \int_{t_{j-1}}^t U_{os}(t-s)f(s)ds \equiv \Gamma_1 f(t) + \Gamma_2 f(t)$$

と分割する. $\Gamma_1 f(t) = U_{os}(t)\left(\int_0^{t_{j-1}} U_{os}(-s)f(s)ds\right) \equiv U_{os}(t)f_j$ と書いて (3.55) と (3.56) を用いれば

$$\left(\int_{t_{j-1}}^{t_j} \|\Gamma_1 f(t)\|_p^\theta dt\right)^{1/\theta} \leq C\|f_{j-1}\|_2 \leq Cj^{1/\sigma}\left(\int_0^{t_j} \|f(t)\|_{q'}^{\sigma'} dt\right)^{1/\sigma'}. \qquad (3.59)$$

$s \to s + t_{j-1}$ と変数変換すれば $\Gamma_2 f(t+t_{j-1}) = \int_0^t U_{os}(t-s)f(s+t_{j-1})ds$. したがって $0 < T \leq \pi/2$ のときの (3.57) を用いれば

$$\left(\int_{t_{j-1}}^{t_j} \left\|\Gamma_2 f(t)ds\right\|_p^\theta dt\right)^{1/\theta} = \left(\int_0^{t_1} \left\|\Gamma_2 f(t+t_{j-1})\right\|_p^\theta dt\right)^{1/\theta} \leq C\left(\int_{t_{j-1}}^{t_j} \|f(t)\|_{q'}^{\sigma'} dt\right)^{1/\sigma'}$$

これと (3.59) をあわせて

$$\left(\int_{t_{j-1}}^{t_j} \|\Gamma f(t)\|_p^\theta\right)^{1/\theta} \leq Cj^{1/\sigma}\left(\int_0^{t_j} \|f(t)\|_{q'}^{\sigma'} dt\right)^{1/\sigma'}, \quad j=1,\ldots,N. \qquad (3.60)$$

$N\pi/2 \leq t \leq T$ においても (3.60) と同様な不等式が成立する. これと (3.60) を $1 \leq j \leq N$ について加えれば (3.57) が従う. □

3.4 一様磁場の中の電子の運動

一様な磁場の中の電子の運動は適当な変換によって調和振動子の運動に変換されることを示そう. 3 次元空間 $\mathbb{R}^3$ の x_3 軸方向の大きさ B の一様な磁場 $(0,0,B)$ の中にある質量 m, 電荷 $-e < 0$ の荷電粒子の運動を考える.

3.4.1 一様磁場の中の古典荷電粒子

まず古典粒子の運動を考える. 一般に磁場のポテンシャルが $A = (A_1(x), A_2(x), A_3(x))$ で与えられるとき, 磁場 $B = (B_1(x), B_2(x), B_3(x))$ は 1 次形式 $\omega = A_1 dx_1 + A_2 dx_2 + A_3 dx_3$ の外微分

$$d\omega = B_1 dx_2 \wedge dx_3 + B_2 dx_3 \wedge dx_1 + B_3 dx_1 \wedge dx_2$$

の係数として

$$(B_1, B_2, B_3) = (\partial_2 A_3 - \partial_3 A_2, \partial_3 A_1 - \partial_1 A_3, \partial_1 A_2 - \partial_2 A_1)$$

3.4 一様磁場の中の電子の運動

で与えられる.したがって $(B_1, B_2, B_3) = (0, 0, B)$ とするには $A = (-Bx_2/2, Bx_1/2, 0)$ とすればよい.このとき,古典粒子のハミルトニアンは

$$H = \frac{1}{2m}\left\{\left(p_1 - \frac{eBx_2}{2}\right)^2 + \left(p_2 + \frac{eBx_1}{2}\right)^2 + p_3^2\right\} \tag{3.61}$$

で,Hamilton の運動方程式は,速度ベクトル $v = (v_1, v_2, v_3)$ を

$$v_1 = \frac{1}{m}\left(p_1 - \frac{eBx_2}{2}\right), \quad v_2 = \frac{1}{m}\left(p_2 + \frac{eBx_1}{2}\right), \quad v_3 = \frac{p_3}{m}$$

と定義すれば次に同値である.

$$\frac{d}{dt}\begin{pmatrix}x_1\\x_2\\x_3\end{pmatrix} = \begin{pmatrix}v_1\\v_2\\v_3\end{pmatrix}, \quad \frac{d}{dt}\begin{pmatrix}v_1\\v_2\\v_3\end{pmatrix} = \frac{Be}{m}\begin{pmatrix}0 & -1 & 0\\1 & 0 & 0\\0 & 0 & 0\end{pmatrix}\begin{pmatrix}v_1\\v_2\\v_3\end{pmatrix}.$$

これから,運動方程式は (x_1, x_2) 成分に対する方程式

$$\frac{d}{dt}\begin{pmatrix}x_1\\x_2\end{pmatrix} = \begin{pmatrix}v_1\\v_2\end{pmatrix}, \quad \frac{d}{dt}\begin{pmatrix}v_1\\v_2\end{pmatrix} = \frac{Be}{m}T\begin{pmatrix}v_1\\v_2\end{pmatrix}, \quad T = \begin{pmatrix}0 & -1\\1 & 0\end{pmatrix} \tag{3.62}$$

と磁場の方向へ方程式

$$\dot{x}_3 = v_3, \quad \dot{v}_3 = 0 \tag{3.63}$$

に分離する.(3.63) によって磁場は磁場方向の運動に影響せず,x_3 方向への粒子の運動は等速直線運動である.特に,時刻 $t = 0$ に平面 $x_3 = 0$ にあって,初期速度の x_3 成分が 0 の粒子は平面 $x_3 = 0$ 内にとどまる.

そこで (x_1, x_2) の運動を求めよう.以下この段落では $x = (x_1, x_2)$, $v = (v_1, v_2)$ である.運動方程式 (3.62) の初期条件 $x(0) = a$, $v(0) = k$ を満たす解はまず第 2 の方程式を

$$v(t) = e^{t\left(\frac{Be}{m}\right)T}k$$

と解いて,第 1 の方程式の右辺にこれを代入して積分すれば T は正則行列だから

$$x(t) = a + \int_0^t e^{s\left(\frac{Be}{m}\right)T} k\, ds = a + \frac{m}{Be}\left(e^{\frac{Bet}{m}T} - \mathbf{1}\right)T^{-1}k$$

である.ここで $e^{\theta T} = R(\theta)$ は回転角 θ の回転,

$$R(\theta) = \begin{pmatrix}\cos\theta & -\sin\theta\\ \sin\theta & \cos\theta\end{pmatrix}, \quad -T^{-1} = \begin{pmatrix}0 & -1\\1 & 0\end{pmatrix} = R(\pi/2) \tag{3.64}$$

である.したがって,粒子は中心 $a + (m/Be)R(\pi/2)k$, 半径 $(m/Be)|k|$ の円周上を角速度 Be/m で回転する回転運動を行う.粒子の速度の大きさ $|k|$ は一定で,運動エネルギーは保存される.

x_3 方向の等速直線運動と (x_1, x_2) 平面での回転速度一定の回転運動を合成すれば,粒子は一般に磁場の方向への螺旋運動を行うことがわかる.これを定磁場中の荷電粒子の**サイクロトロン運動**という.

■正準変換による1次元調和振動子への変換　相空間 $T^*\mathbb{R}^2$ の2つの正準変換 $(x_1, x_2, p_1, p_2) \mapsto (y_1, y_2, q_1, q_2) \mapsto (z_1, z_2, k_1, k_2)$ を

$$(x_1, x_2, p_1, p_2) = (y_1, y_2, q_1 + eBy_2/2, q_2 + eBy_1/2), \tag{3.65}$$
$$(y_1, y_2, q_1, q_2) = (z_1 - k_2/eB, z_2 - k_1/eB, k_1, k_2) \tag{3.66}$$

によって定義する．この正準変換によってハミルトニアン (3.61) の (x_1, x_2) の運動に関する2次元の部分は

$$\frac{1}{2m}\left\{\left(p_1 - \frac{eBx_2}{2}\right)^2 + \left(p_2 + \frac{eBx_1}{2}\right)^2\right\}$$
$$= \frac{1}{2m}\left(q_1^2 + (q_2 + eBy_1)^2\right) = \frac{1}{2m}\left(k_1^2 + e^2B^2z_1^2\right)$$

と変換される．右辺は正準座標 (z_1, k_1) に関する1次元調和振動子のハミルトニアンで，変数 (z_2, k_2) を含まない．したがって，z_2, k_2 は運動の定数である．このように定磁場に直交する成分の運動は1次元調和振動子の運動に帰着することがわかる．

3.4.2　一様磁場の中の電子の運動

次に (x_1, x_2) 平面に閉じこめられた2次元的な電子がこの平面に垂直な強さ B をもつ磁場の中にあるときの運動を考えよう．古典粒子と同様に，このとき z 方向の運動は自由粒子のそれと同様で3次元空間での運動はこの2つの運動の合成として得られるからである．

電子は前小節のハミルトニアン (3.61) を量子化して得られる Schrödinger 方程式

$$i\hbar\frac{\partial u}{\partial t} = \frac{1}{2m}\left\{\left(\frac{\hbar}{i}\frac{\partial}{\partial x_1} - \frac{eB}{2}x_2\right)^2 + \left(\frac{\hbar}{i}\frac{\partial}{\partial x_2} + \frac{eB}{2}x_1\right)^2\right\}u \tag{3.67}$$

に従う．方程式 (3.67) が適当なユニタリ変換で調和振動子の方程式に変換されることを示そう．$\hbar = 1$ とする．作用素 H_{mag} を次で定義する：

$$H_{\mathrm{mag}}u = \frac{1}{2m}\left\{\left(\frac{1}{i}\frac{\partial}{\partial x_1} - \frac{eB}{2}x_2\right)^2 + \left(\frac{1}{i}\frac{\partial}{\partial x_2} + \frac{eB}{2}x_1\right)^2\right\}u, \quad D(H_{\mathrm{mag}}) = \mathcal{S}(\mathbb{R}^2).$$

定理 3.18. H_{mag} は $\mathcal{S}$ 上本質的に自己共役である．その閉包を再び H_{mag} と書く．

(1) $\sigma(H_{\mathrm{mag}}) = \{\frac{eB}{m}\left(n+\frac{1}{2}\right) : n = 0, 1, \dots\}$ で $\frac{eB}{m}\left(n+\frac{1}{2}\right)$ は H_{mag} の多重度無限大の固有値である．

(2) H_{mag} のレゾルベント $(H_{\mathrm{mag}} - z)^{-1}$ はコンパクト作用素ではない．

証明． H_{mag} が $\mathcal{H} = L^2(\mathbb{R}^2)$ における下に有界な対称作用素であるのは明らかである．$P_1 = -i\partial/\partial x_1$, $P_2 = -i\partial/\partial x_2$ を運動量作用素とする．方程式 (3.65) ならびに (3.66) に

3.4 一様磁場の中の電子の運動

よって定義される線形正準変換に対応する $L^2(\mathbb{R}^2)$ のユニタリ変換はそれぞれ掛け算作用素 $e^{ieBx_1x_2/2}$ ならびに Fourier 空間での掛け算作用素

$$e^{iP_1P_2/eB} = \mathcal{F}^* e^{i\xi\eta/eB}\mathcal{F}$$

によって与えられ, これらはいずれも $\mathcal{S}$ の同型写像でもある. このとき, $u \in \mathcal{S}$ に対して

$$e^{-iP_1P_2/eB}e^{-ieBx_1x_2/2}H_{\text{mag}}e^{ieBx_1x_2/2}e^{iP_1P_2/eB}u = \frac{1}{2m}\left(-\frac{\partial^2}{\partial x_1^2} + e^2B^2x_1^2\right)u \quad (3.68)$$

を確かめるのは簡単である (問題 3.21 参照). 右辺に現れた x_1 変数に関する 1 次元調和振動子を H_{os}^B と書く. H_{os}^B は $L^2(\mathbb{R}^1)$ 上の自己共役作用素で $\mathcal{S}$ はその核である. H_{os}^B を (x_1, x_2) の関数に作用する $L^2(\mathbb{R}^2)$ 上の作用素と考えたとき, それを $H_{os}^B \otimes \mathbf{1}$ と書く.

$$(H_{os}^B \otimes \mathbf{1})u(x_1, x_2) = \frac{1}{2m}\left(-\frac{\partial^2}{\partial x_1^2} + e^2B^2x_1^2\right)u(x_1, x_2)$$

$$D(H_{os}^B \otimes \mathbf{1}) = \left\{u \in L^2(\mathbb{R}^2) \colon x_1^2 u, \frac{\partial^2 u}{\partial x_1^2}, x_1\frac{\partial u}{\partial x_1} \in L^2(\mathbb{R}^2)\right\}$$

とするのである. スペクトル表現定理によって, H_{os}^B を適当な $L^2(X, d\mu)$ 上の掛け算作用素にユニタリ変換してみれば, $H_{os}^B \otimes \mathbf{1}$ が自己共役であるのは明らかである. また $\mathcal{S}(\mathbb{R})$ が H_{os}^B の核であることから $\mathcal{S}(\mathbb{R}^2)$ が $H_{os}^B \otimes \mathbf{1}$ の核, すなわち $H_{os}^B \otimes \mathbf{1}$ は $\mathcal{S}(\mathbb{R})$ 上本質的に自己共役である. ゆえに H_{mag} も同様で, その閉包は

$$[H_{\text{mag}}] = e^{ieBx_1x_2/2}e^{iP_1P_2/eB}(H_{os}^B \otimes I)e^{-iP_1P_2/eB}e^{-ieBx_1x_2/2}$$

で与えられる. H_{os}^B は第 3 章の冒頭に注意したように座標変換 $x_1 \to x_1/\sqrt{eB}$ によって $\frac{eB}{m}H_{os}$ とユニタリ同値であった. したがって,

$$\sigma(H_{os}^B) = \left\{\frac{eB}{m}(n + \tfrac{1}{2}) \colon n = 0, 1, \ldots\right\},$$

$\Omega_n^B(x_1) = (eB)^{\frac{1}{4}}\Omega_n(\sqrt{eB}x_1)$ が対応する固有関数の完全正規直交基底である. $z \neq eB(n+\tfrac{1}{2})$, $n = 0, 1, \ldots$ なら $(H_{os}^B - z)^{-1} \otimes \mathbf{1}$ は有界で, $H_{os}^B \otimes \mathbf{1}$ のレゾルベントである. ゆえに $\sigma([H_{\text{mag}}]) = \sigma(H_{os}^B)$ である. 一方, 任意の $v(x_2) \in L^2(\mathbb{R})$ に対して

$$(H_{os}^B \otimes I)\Omega_n^B(x_1) \otimes v(x_2) = \frac{eB}{m}(n+\tfrac{1}{2})\Omega_n^B(x_1) \otimes v(x_2),$$

ゆえに, $\sqrt{2}eB(n+\tfrac{1}{2})$ は $H_{os}^B \otimes \mathbf{1}$ の, したがって $[H_{\text{mag}}]$ の多重度無限大の固有値である. これから $(H_{\text{mag}} - z)^{-1}$ はコンパクト作用素ではありえない. コンパクト作用素の固有空間は有限次元だからである. □

極座標を (r, θ), $x_1 = r\cos\theta, x_2 = r\sin\theta$ として作用素 L を次で定義する:

$$L = \frac{eB}{2i}(x_1\partial_2 - x_2\partial_1) = \frac{eB}{2i}\frac{\partial}{\partial \theta}, \quad (3.69)$$

$$D(L) = \{u \in L^2(\mathbb{R}^2) \colon \partial u/\partial\theta \in L^2(\mathbb{R}^2)\}. \quad (3.70)$$

補題 3.19. L は $L^2(\mathbb{R}^2)$ 上自己共役で, $\mathcal{S}$ は L のコア, $\Sigma(2) \subset D(L)$ である. $R(\theta)$ を角度 θ の回転 (3.64) とするとき,

$$(e^{-itL}u)(x) = u(R(-eBt/2)x). \tag{3.71}$$

証明. $\Sigma = \mathbb{S}$ を単位円周とする. 極座標を用いて $Tu(r,\theta) = \sqrt{r}u(r\cos\theta, r\sin\theta)$ と定義すれば, T は $L^2(\mathbb{R}^2)$ から $L^2((0,\infty) \times \Sigma)$ 上へのユニタリ作用素である. $u \in \mathcal{S}$ のとき,

$$TLu(r,\theta) = \left(\mathbf{1} \otimes \frac{eB}{2i}\frac{\partial}{\partial \theta}\right)Tu(r,\theta)$$

である. $-i\partial/\partial\theta$ は $H^1(\Sigma)$ を定義域として $L^2(\Sigma)$ 上の自己共役作用素, $C^\infty(\Sigma)$ はその核である. したがって, $u(r,\theta)$ に作用する作用素 $\mathbf{1} \otimes (-i\partial/\partial\theta)$ は $L^2((0,\infty) \times \Sigma)$ 上自己共役, TS はその核である. ゆえに, L は $\mathcal{S}$ 上本質的に自己共役, その定義域は (3.70) で与えられる. $\Sigma(2) \subset D(L)$ は明白である. $W(t)u(x) = u(R(-eBt/2)x)$ と定義すれば, W は強連続ユニタリ群, $W(t)$ の生成作用素が $-iL$ であることは $(dW/dt)u|_{t=0}$ を求めてみればわかる. □

バネ定数 $e^2B^2/4$ の 2 次元の調和振動子を

$$H_{os}(B) = -\frac{1}{2}\Delta + \frac{e^2B^2}{4}(x_1{}^2 + x_2{}^2)$$

と書く (H_{os}^B と混同しないように注意. $H_{os}(B)$ は $(eB/\sqrt{2})H_{os}(1)$ とユニタリ同値であった). (3.67) の解作用素は $e^{-itH_{os}(B)}$ と e^{-itL} の合成であることを示そう.

定理 3.20. $H_{os}(B)$ と L は可換な自己共役作用素で, $H_\mathrm{mag} = H_{os}(B) + L$ である.

$$e^{-itH_\mathrm{mag}} = e^{-itH_{os}(B)}e^{-itL} \tag{3.72}$$

証明. $e^{-itH_{os}(B)}$ と e^{-itL} が可換なのはそれぞれの表示式 (3.47), (3.71) から明らかである. これより, $H_{os}(B), L$ のレゾルベントも可換, ゆえに $H_{os}(B)$ と L は可換である.

$$U_{os}(t) = e^{-itH_{os}(B)}e^{-itL}$$

と定義する. $e^{-itH_{os}(B)}, e^{-itL}$ は可換だから $U_{os}(t)$ は強連続ユニタリ群, したがって $U_{os}(t) = e^{-itH}$ となる自己共役作用素 H が存在する. $\mathcal{S}$ は $e^{-itH_{os}(B)}, e^{-itL}$ 不変. $u \in \mathcal{S}$ なら

$$i\frac{d}{dt}U_{os}(t)u|_{t=0} = (H_{os}(B)u + Lu) = H_\mathrm{mag}u$$

ゆえに $\mathcal{S}$ は H の核で (問題 3.22 参照) $\mathcal{S}$ 上 $Hu = H_\mathrm{mag}u$. H_mag も自己共役であるからこれより, $H_\mathrm{mag} = H$, ゆえに (3.72) が成立する. □

$e^{-itH_{os}(B)}, e^{-isL}, -\infty < t, s < \infty$ は可換だから,(3.72) はより一般的に

$$e^{-i(t-s)H_\mathrm{mag}} = e^{-itL}e^{-i(t-s)H_{os}(B)}e^{-isL} \tag{3.73}$$

と書け, e^{-itL} は z 軸の周りの回転であった. したがって (3.73) は H_mag の定める運動が e^{-itL} の定める回転座標系において調和振動子の運動として記述されることを表している

3.4 一様磁場の中の電子の運動

問題 3.21. $\mathcal{S}(\mathbb{R}^2)$ 上で等式 (3.68) が成立することを確かめよ.

問題 3.22 (Nelson の定理). T をヒルベルト空間 $\mathcal{H}$ の自己共役作用素, $\mathcal{D}$ は $\mathcal{H}$ の稠密線形部分空間で $\mathcal{D} \subset D(T)$ とする. $e^{-itT}\mathcal{D} \subset \mathcal{D}$ なら $\mathcal{D}$ は T の核である. これを示せ. (ヒント: $((T \pm i)u, \varphi) = 0$ であれば $(e^{-itT}u, \varphi) = e^{\mp t}(u, \varphi)$ となることを用いよ).

第 4 章

自己共役問題

第 4 章と第 5 章では磁場と電場のポテンシャル $A(t,x) = (A_1(t,x), \ldots, A_d(t,x))$, $V(t,x)$ をもつ Schrödinger 方程式の初期値問題

$$i\frac{\partial u}{\partial t} = \frac{1}{2}\sum_{j=1}^{d}\left(\frac{1}{i}\frac{\partial}{\partial x_j} - A_j(t,x)\right)^2 u + V(t,x)u, \quad t \in \mathbb{R}, \; x \in \mathbb{R}^d; \quad (4.1)$$

$$u(s,x) = \varphi(x), \quad x \in \mathbb{R}^d \quad (4.2)$$

の解の存在と一意性の問題を考察する. $A_1(t,x), \ldots, A_d(t,x), V(t,x)$ は (t,x) の実数値 Lebesgue 可測関数である. t を固定するとき, x の関数 $A_j(t,x), \ldots, x$ の関数 $A_j(t,x)$, $V(t,x)$ が定義する $L^2(\mathbb{R}^d_x)$ 上の掛け算作用素を $A_j(t)$, $j=1,\ldots,d$, $V(t)$ と書き, 方程式 (4.1) の右辺の作用素を

$$H(t) = -\frac{1}{2}\nabla^2_{A(t)} + V(t), \quad \nabla_{A(t)} = \nabla - iA(t) \quad (4.3)$$

と書く. 第 4 章ではおもに A, V が t によらない場合を考える. このとき問題は作用素 $H = H(t)$ の Hilbert 空間 $\mathcal{H} = L^2(\mathbb{R}^d)$ における**自己共役性の問題と本質的に同値**であることを示し, H が自然な自己共役作用素を一意的に決めるための十分条件を述べる. 解の存在と一意性の問題は時間 t に関して局所的であるから, 適当な開区間 (a,b) 上の t に対して考えれば十分である.

4.1 初期値問題の一般論

まず $A(t,x), V(t,x)$ が時間に依存する一般の場合に, 初期値問題に関する一般的なことがらを議論する. 次を仮定する.

仮定 4.1. 任意の $t \in \mathbb{R}$ に対して, $A(t,\cdot) \in L^4_{\mathrm{loc}}$, $\mathrm{div}_x A(t,\cdot) \in L^2_{\mathrm{loc}}$, $V(t,\cdot) \in L^2_{\mathrm{loc}}$ で, 任意のコンパクト集合 $K \subset \mathbb{R}^d$ に対して次は t の連続関数である:

$$t \mapsto A(t,\cdot) \in L^4(K), \quad t \mapsto V(t,\cdot), \; \mathrm{div}_x A(t,\cdot), \in L^2(K).$$

4.1 初期値問題の一般論

ここで $\text{div}_x A = \sum_{j=1}^{d} \partial A_j/\partial x_j$ で $\partial A_j/\partial x_j$ は超関数微分である．ベクトル記号を用いて $\sum_{j=1}^{d} A_j(t,x) \partial u/\partial x_j = A(t) \cdot \nabla u$ と書く．

■**解の定義・解作用素** この章ではもっぱら Hilbert 空間 $\mathcal{H} = L^2(\mathbb{R}^d)$ において議論するので，Hilbert 空間の内積と適合するように，$f \in L^1_{\text{loc}}(\Omega)$ の定義する超関数 T_f と $\varphi \in \mathcal{D}(\Omega)$ に対して，

$$\langle T_f, \varphi \rangle = \int_\Omega f(x) \overline{\varphi(x)} dx$$

と定義し，しばしば $\langle T_f, \varphi \rangle = (f, \varphi)$ と書く．$\|u\|$ は依然として $L^2(\mathbb{R}^d)$ のノルムである．

補題 4.2. $A(t,x)$, $V(t,x)$ は仮定 4.1 を満たすとする．$u(t,x)$ が $\mathcal{H}$ 値連続関数のとき

$$-\tfrac{1}{2}\nabla^2_{A(t)} u + V(t)u = -\tfrac{1}{2}\Delta u + iA(t) \cdot \nabla u + \tfrac{1}{2}(i\text{div}_x A(t) + A(t)^2)u + V(t)u \quad (4.4)$$

は t の $\mathcal{D}'(\mathbb{R}^d)$ 値連続関数である．ただし，(4.4) の右辺は左辺の定義で，$A(t) \cdot \nabla u$ は次で定義された超関数である：

$$\langle A(t) \cdot \nabla u, \varphi \rangle = -\langle u, A(t) \cdot \nabla \varphi + (\text{div}_x A(t))\varphi \rangle, \quad \varphi \in \mathcal{D}(\mathbb{R}^d). \quad (4.5)$$

証明． $\Delta_x \colon \mathcal{D}'(\mathbb{R}^d) \to \mathcal{D}'(\mathbb{R}^d)$ は連続だから $-\tfrac{1}{2}\Delta u$ は t の $\mathcal{D}'(\mathbb{R}^d)$ 値連続関数．仮定 4.1 によって，$\tfrac{1}{2}(i\text{div}_x A(t) + A(t)^2)u + V(t)u$ は，任意の $K \Subset \mathbb{R}^d$ に対して t の $L^1(K)$ 値連続，したがって $\mathcal{D}'(\mathbb{R}^d)$ 値連続関数である．$\varphi \in \mathcal{D}(\mathbb{R}^d)$ に対して $A(t) \cdot \nabla \varphi + (\text{div}_x A(t))\varphi$ は $L^2(\mathbb{R}^d)$ 値連続関数だから，$A(t) \cdot \nabla u$ も $\mathcal{D}'(\mathbb{R}^d)$ 値連続である． □

$u(t,x)$ が (4.1) の解であることを，量子力学の要請にも従い，次のように定義する：

定義 4.3. $(t,x) \in \mathbb{R} \times \mathbb{R}^d$ の関数 $u(t,x)$ は以下の条件を満たすとき，**方程式** (4.1) **の解**であるという：

(i) u は t の $\mathcal{H}$ 値連続関数で，$\|u(t, \cdot)\|$ は $t \in \mathbb{R}$ によらない定数である，
(ii) 関数 $u(t,x)$ は $\mathbb{R}^{d+1}$ における超関数の意味で方程式 (4.1) を満足する．

自由 Schrödinger 方程式や調和振動子に対して第 2 章，第 3 章で求めた $u(t,x) = U_0(t)\varphi(x)$, $u(t,x) = U_{os}(t)\varphi(x)$ は，任意の初期関数 $\varphi \in \mathcal{H}$ に対して定義 4.3 の意味でそれぞれの方程式の解である．これらの場合，解作用素 $U(t) = U_0(t)$ あるいは $U(t) = U_{os}(t)$ は $\varphi \in \mathcal{S}'(\mathbb{R}^d)$ に対しても定義され，$u(t,x) = U(t)\varphi(x)$ は超関数の意味で方程式を満足した．このように，A および V が滑らかで解の意味が明らかな場合には，定義 4.3 にもかかわらず，しばしばより一般な解を考えることがある．

定義 4.4. 任意の時間 s と関数 $\varphi \in \mathcal{H}$ に対して，初期値問題 (4.1), (4.2) に定義 4.3 の意味での解が一意的に存在するとする．このとき，時間 s におけるデータ $u(s)$ を時間 t におけるデータ $u(t)$ に写像する作用素の族：

$$U(t,s) \colon \mathcal{H} \ni u(s) \mapsto u(t) \in \mathcal{H}, \quad -\infty < t, s < \infty \quad (4.6)$$

は以下の性質を満たす．

(a) 任意の t, s に対して $U(t,s)$ は $\mathcal{H}$ のユニタリ作用素である.
(b) $\mathbb{R}^2 \ni (t,s) \mapsto U(t,s) \in \mathbf{B}(\mathcal{H})$ は強連続である.
(c) 任意の $t, s, r \in \mathbb{R}$ に対して $U(t,s)U(s,r) = U(t,r)$, $U(t,t) = I$.
(d) $\varphi \in \mathcal{H}$ のとき, $u(t,x) = (U(t,s)\varphi)(x)$ は (4.1) を超関数の意味で満足する.

この $U(t,s)$ を (4.1) の **$\mathcal{H}$ 上の解作用素**と呼ぶ.

問題 4.5. $U(t,s)$ が定義 4.4 の性質 (a), (b), (c), (d) を満たすことを示せ.

A, V が x について強い特異性をもつとき, 定義 4.3 の意味での解が存在するような初期値 φ を $L^2(\mathbb{R}^d)$ 全体とすることができない場合がある. このため, (d) での φ の範囲を狭めて, 解作用素の定義を一般化しておく. $\mathcal{D}$ を $\mathcal{H}$ の稠密な線形部分空間とする.

定義 4.6. 定義 4.4 の (a), (b), (c) を満たす $\mathcal{H}$ 上の作用素の族 $\{U(t,s)\}$ は (d) のかわりに次の (d′) を満たすとき, (4.1) の **$\mathcal{D}$ 上の解作用素**といわれる:

(d′) 任意の $t, s \in \mathbb{R}$ に対して $U(t,s)\mathcal{D} = \mathcal{D}$, 任意の $\varphi \in \mathcal{D}$ に対して $u(t,x) = (U(t,s)\varphi)(x)$ は (4.1) を超関数の意味で満たす

初期値問題 (4.1), (4.2) が任意の $\varphi \in \mathcal{D}$ に対して定義 4.3 の意味での解を一意的にもち, 任意の $t \in \mathbb{R}$ に対して $u(t) \in \mathcal{D}$ とすれば, (4.6) によって, $U(t,s)$ が $\mathcal{D}$ 上で定義できる. このとき, $\mathcal{D}$ が $\mathcal{H}$ において稠密であれば, 定義 4.3 の (i) によって $U(t,s)$ は $\mathcal{H}$ 上のユニタリ作用素に拡張され, (4.1) の $\mathcal{D}$ 上の解作用素を定義する.

量子力学では解作用素 $\{U(t,s)\}$ が系の運動を記述する. このため, 解作用素の存在と一意性が個々の解のそれより強調されることが多い.

以下, この章では $A(t,x) = A(x)$, $V(t,x) = V(x)$ **は t に依存しないとする**. このとき, $u(t,x)$ が (4.1) の解なら, $v(t,x) = u(t+s, x)$ は $v(0,x) = u(s,x)$ を満たす解である. ゆえに, 解作用素 $U(t,s)$ は $t-s$ にしか依存せず, $U(t) = U(t,0)$ は定義 4.4 の (c) によって

$$U(t)U(s) = U(t+s, s)U(s,0) = U(t+s, 0) = U(t+s)$$

を満たす. ゆえに $U(t)$ は強連続なユニタリ群で, 一意的な自己共役作用素 H によって

$$U(t) = \exp(-itH), \quad t \in \mathbb{R}$$

と書き表される (定理 1.154). この作用素 H と (4.4) の定める微分作用素

$$Lu = -\tfrac{1}{2}\Delta u + iA(x)\cdot\nabla u + \tfrac{1}{2}(i\mathrm{div}_x A(x) + A(x)^2)u + V(x)u \tag{4.7}$$

との関係を調べよう. 以下しばしば変数 x を省略する. またこの章では**断らない限り, A, V は仮定 4.1 に対応する条件**

$$A \in L^4_{\mathrm{loc}}(\mathbb{R}^d), \quad \mathrm{div}_x A \in L^2_{\mathrm{loc}}(\mathbb{R}^d), \quad V \in L^2_{\mathrm{loc}}(\mathbb{R}^d) \tag{4.8}$$

を満たすと仮定する. また, $A(x)\cdot\nabla u$ は (4.5) のように解釈する.

4.2 最小作用素と最大作用素

L を (4.7) によって定義された形式的微分作用素とする．仮定 (4.8) によって $u \in C_0^\infty(\mathbb{R}^d)$ なら $Lu \in L^2(\mathbb{R}^d)$，$u \in \mathcal{H}$ なら $Lu \in \mathcal{D}'(\mathbb{R}^d)$ である．

定義 4.7. 次で定義された $L_{\min}$ を L の**最小作用素**，$L_{\max}$ を L の**最大作用素**という：

$$D(L_{\min}) = C_0^\infty(\mathbb{R}^d), \quad L_{\min}u = Lu. \tag{4.9}$$
$$D(L_{\max}) = \{u \in \mathcal{H} : Lu \in \mathcal{H}\}, \quad L_{\max}u = Lu. \tag{4.10}$$

$L_{\min}$ を最小作用素，$L_{\max}$ を最大作用素と呼ぶ理由は明らかであろう．

補題 4.8. (1) $L_{\min}$ は稠密な定義域をもつ $\mathcal{H}$ の対称作用素で $L_{\min}^* = L_{\max}$ を満たす．特に，$L_{\max}$ は閉作用素である．

(2) $L_{\min}$ が本質的に自己共役なら $L_{\max}$ は自己共役で $L_{\max} = [L_{\min}]$ である．可閉作用素 T に対して $[T]$ は T の閉包であった．

証明． $u, \varphi \in C_0^\infty(\mathbb{R}^d)$ のとき，

$$\begin{aligned}(Lu,\varphi) &= (-\tfrac{1}{2}\Delta u + iA\cdot\nabla u + \tfrac{i}{2}(\mathrm{div}A)u + \tfrac{1}{2}A^2u + Vu, \varphi) \\ &= (u, -\tfrac{1}{2}\Delta\varphi + i\mathrm{div}(A\varphi) - \tfrac{i}{2}(\mathrm{div}A)\varphi + \tfrac{1}{2}A^2\varphi + V\varphi) = (u, L\varphi).\end{aligned} \tag{4.11}$$

ゆえに，$L_{\min}$ は $\mathcal{H}$ の対称作用素である．左辺を $Lu \in \mathcal{D}'(\mathbb{R}^d)$ と $\varphi \in \mathcal{D}$ のカップリングと考えれば，補題 4.2 によって，(4.11) は $u \in \mathcal{H}$，$\varphi \in C_0^\infty(\mathbb{R}^d)$ に対しても成立する．$u \in D(L_{\max})$ なら $Lu \in \mathcal{H}$ だから，(4.11) から $u \in D(L_{\min}^*)$ で $L_{\min}^* u = Lu = L_{\max}u$，また逆に，$u \in D(L_{\min}^*)$ なら $Lu \in \mathcal{H}$ となって，$u \in D(L_{\max})$．ゆえに $L_{\min}^* = L_{\max}$ である．ゆえに (1) が成立する．(2) は (1) から明らかである． □

のちに A, V が条件 (4.8) に加えて $V(x) \geq -C\langle x\rangle^2$ を満たせば $L_{\min}$ は本質的に自己共役であることを示す (定理 4.153)．$a \in \mathbb{R}$ のとき，$a^\pm = \max(\pm a, 0)$ であった．

■**自己共役拡張と解作用素の対応** 条件 (4.8) を仮定する．$\mathcal{D} \subset \mathcal{H}$ を稠密部分空間とする．

定理 4.9. (1) 方程式 (4.1) の $\mathcal{D}$ 上の解作用素 $U(t)$ は $\mathcal{H}$ 上の解作用素でもある．

(2) (4.1) の $\mathcal{H}$ 上の解作用素全体と $L_{\min}$ の自己共役拡張全体は 1 対 1 に対応する．

(3) (4.1) が $\mathcal{H}$ 上の解作用素 $U(t)$ を一意的に生成することと $L_{\min}$ が本質的に自己共役であることは同値である．このとき，$U(t) = e^{-it[L_{\min}]}$ が成立する．

証明． (1) $u \in \mathcal{D}'(\mathbb{R}^{d+1})$ と $\psi \in C_0^\infty(\mathbb{R}^{d+1})$ のカップリングを

$$\langle u, \psi\rangle = \int_{\mathbb{R}^{d+1}} u(t,x)\overline{\psi(t,x)}dxdt$$

と書く．$\varphi \in \mathcal{H}$, $u(t) = U(t)\varphi$ とする．$\varphi_n \in \mathcal{D}$ を $\|\varphi_n - \varphi\| \to 0$ $(n \to \infty)$ ととり，$u_n(t) = U(t)\varphi_n$ と定義する．$U(t)$ はユニタリだから $\|u_n(t) - u(t)\| = \|\varphi_n - \varphi\| \to 0$ $(t \in \mathbb{R}$ に関して一様) である．$u_n(t,x)$ は超関数の意味で (4.1) を満たすから，

$$\langle u, i\partial_t \psi \rangle = \lim \langle u_n, i\partial_t \psi \rangle = \lim \langle u_n, L\psi \rangle = \langle u, L\psi \rangle, \quad \psi \in C_0^\infty(\mathbb{R}^{d+1})$$

したがって $u(t) = U(t)\varphi$ は (4.1) をみたし $U(t)$ は $\mathcal{H}$ 上の解作用素でもある．
(2) $U(t)$ を (4.1) の $\mathcal{H}$ 上の任意の解作用素とする．このとき，一意的に自己共役作用素 H が存在して $U(t) = e^{-itH}$ である．任意の $\varphi \in D(H)$ に対して，$u(t) = U(t)\varphi \in C^1(\mathbb{R}, \mathcal{H})$ は (4.1) を満たすから $Lu(t) = i\partial_t u = Hu(t) \in C(\mathbb{R}, \mathcal{H})$ である．$t = 0$ とおけば，$L\varphi = H\varphi \in \mathcal{H}$. ゆえに $\varphi \in D(L_{\max})$ で $H \subset L_{\max}$, よって $[L_{\min}] = L_{\max}^* \subset H$ である．したがって，H は $L_{\min}$ の自己共役拡張である．逆に，H を $L_{\min}$ の任意の自己共役拡張とする．$L_{\min}^* = L_{\max}$ だから $H \subset L_{\max}$ である．$\varphi \in D(H)$ に対して，$u(t) = e^{-itH}\varphi(x) \in C^1(\mathbb{R}, \mathcal{H}) \cap C(\mathbb{R}, D(H))$ で

$$i\partial_t u = Hu(t) = L_{\max} u(t) = Lu \in C(\mathbb{R}, \mathcal{H}). \tag{4.12}$$

したがって，u は (4.1) を満足し，e^{-itH} は (4.1) の $D(H)$ 上の，したがって (1) によって $\mathcal{H}$ 上の解作用素である．ゆえに $L_{\min}$ の自己共役拡張全体と (4.1) の $\mathcal{H}$ 上の解作用素の全体は 1 対 1 に対応する．(3) はこれより直ちに従う． $\square$

注意 4.10. 証明からわかるように，定理 4.9 の主張 (1) は L が条件 $\psi \in C_0^\infty(\mathbb{R}^d) \Rightarrow L\psi \in L^2(\mathbb{R}^d)$ を満たせば成立する．したがって，$\mathcal{D}$ 上の解作用素という概念が必要なのは，例えば $A \notin L_{\mathrm{loc}}^4$ であったり，$V \notin L_{\mathrm{loc}}^2$ であったりなど，A, V がこの条件を満たさないほど強い特異性をもつ場合だけである．

4.3 対称作用素の拡張

量子力学の観測量は，例えば上の L のように，定義域が特定されてない形式的な対称作用素として与えられることが多い．このような作用素から適当な自己共役作用素を実現するのに，最も一般に用いられる方法は最小作用素の自己共役拡張を考える方法である．まず対称作用素の自己共役拡張に関する抽象論を復習する．

4.3.1 不足指数・不足空間

T が対称作用素なら T の閉包 $[T]$ も対称作用素で $[T]^* = T^*$ であった (第 1 章参照)．T の拡張である対称閉作用素 S が存在すれば

$$T \subset [T] \subset S \subset S^* \subset [T]^* = T^*$$

したがって，S は T^* の制限，特に $D(S) \subset D(T^*)$ である．

4.3 対称作用素の拡張

定義 4.11. $(\mathcal{H}_+, \mathcal{H}_-) = (\mathrm{Ker}(T^* - i), \mathrm{Ker}(T^* + i))$, $(n_+, n_-) = (\dim \mathcal{H}_+, \dim \mathcal{H}_-)$ をそれぞれ対称作用素 T の**不足空間**, **不足指数**という.

$\dim \mathrm{Ker}(T^* - z)$ は z が複素上・下半平面 $\mathbb{C}^\pm$ を動くとき一定, したがって $n_\pm$ に等しいことを示そう.

補題 4.12. T を $\mathcal{H}$ 上の稠密な定義域をもつ閉対称作用素とする. このとき:

(1) $z \notin \mathbb{R}$ のとき, $T - z$ は 1 対 1, $T - z$ の値域 $R(T - z)$ は $\mathcal{H}$ の閉部分空間である.
(2) z が $\mathbb{C}^\pm$ を動くとき, $\mathrm{codim}\, R(T - z) = \dim \mathrm{Ker}(T^* - \bar{z})$ は一定である.

証明. (1) は命題 1.36 で示した. (1) から $\mathrm{Ker}(T^* - \bar{z})^\perp = R(T - z)$, $\mathrm{codim}\, R(T - z) = \dim \mathrm{Ker}(T^* - \bar{z})$ である. $\Im z > 0$, $|\zeta| < \Im z$ のとき,

$$\mathrm{Ker}(T^* - (z + \zeta)) \cap \mathrm{Ker}(T^* - z)^\perp = 0 \tag{4.13}$$

であることを示そう. $v \in \mathrm{Ker}(T^* - z)^\perp$ なら, ある $u \in D(T)$ に対して $v = (T - \bar{z})u$, このとき, (1.16) によって $|\Im z| \|u\| \leq \|v\|$ である. さらに $v \in \mathrm{Ker}(T^* - (z+\zeta))$ でもあれば, $0 = ((T^* - (z + \zeta))v, u) = (v, (T - (\bar{z} + \bar{\zeta}))u) = \|v\|^2 - \zeta(v, u)$. よって, $\|v\| \leq |\zeta| \|u\|$. あわせて $|\Im z| \|u\| \leq |\zeta| \|u\|$. ゆえに $|\zeta| < \Im z$ なら $u = v = 0$. したがって (4.13) が成立する. 一般に, Hilbert 空間の閉部分空間 M, N に対して

$$\dim N > \dim M \text{ なら } N \cap M^\perp \neq \{0\} \tag{4.14}$$

である. (4.14) を認めれば, (4.13) によって $\Im z > 0$, $|\zeta| < \Im z$ のとき

$$\dim \mathrm{Ker}(T^* - (z + \zeta)) \leq \dim \mathrm{Ker}(T^* - z), \tag{4.15}$$

すなわち, 任意の $z \in \mathbb{C}^+$ に対して, z を中心とし, 実軸に接する開円板に属する w に対して, $\dim \mathrm{Ker}(T^* - w) \leq \dim \mathrm{Ker}(T^* - z)$ が成立する. これより, 中心を上方に移動して実軸に接する大きな円板を次々と作っていくことによって, $\dim \mathrm{Ker}(T^* - z)$ が $\mathbb{C}^+$ で一定であることがわかる. $\mathbb{C}^-$ でも同様である. (4.14) を示そう. P を N への直交射影とする. $\dim N > \dim M$ なら PM は N の真の部分空間だから,

$$u \in N \text{ で } u \perp PM, \quad u \neq 0$$

となる u が存在する. $N = P\mathcal{H}$ はもちろん $(1 - P)\mathcal{H}$ に直交するから u は $(1 - P)M$ にも直交する. ゆえに $u \in M^\perp$. よって, $N \cap M^\perp \neq \{0\}$ である. □

4.3.2 対称作用素の閉対称拡張

T を稠密な定義域をもつ閉対称作用素とする. $T \subset S$ を満たす閉対称作用素 S をすべて求めよう. このとき, $D(S)$ は $D(T^*)$ の線形部分空間である. $D(T^*)$ に

$$(u, v)_* = (T^* u, T^* v) + (u, v) \tag{4.16}$$

と内積を定義する. T^* は閉作用素だから $D(T^*)$ はこの内積で Hilbert 空間である.

補題 4.13 ($D(T^*)$ **の構造**). $D(T), \mathcal{H}_+, \mathcal{H}_-$ は内積 $(\cdot,\cdot)_*$ に関して互いに直交する $D(T^*)$ の閉部分空間で次が成立する:

$$D(T^*) = D(T) \oplus \mathcal{H}_+ \oplus \mathcal{H}_- . \tag{4.17}$$

証明. $u \in D(T), v_\pm \in \mathcal{H}_\pm$ なら, $T^*u = Tu, T^*v_\pm = \pm iv_\pm$ だから

$$(u, v_\pm)_* = (Tu, \pm iv_\pm) + (u, v_\pm) = (u, \pm iT^*v_\pm) + (u, v_\pm) = -(u, v_\pm) + (u, v_\pm) = 0,$$
$$(v_+, v_-)_* = (iv_+, -iv_-) + (v_+, v_-) = 0.$$

したがって $D(T), \mathcal{H}_+, \mathcal{H}_-$ は互いに直交する. (4.17) の $\supset$ は明らかである. $\subset$ を示す. $u \in D(T^*)$ に対して $(T^* + i)u$ を $\mathcal{H}$ の直交分解 $\mathcal{H} = \mathcal{H}_+^\perp \oplus \mathcal{H}_+ = R(T + i) \oplus \mathcal{H}_+$ に従って

$$(T^* + i)u = (T + i)u_0 + u_+, \quad u_0 \in D(T), u_+ \in \mathcal{H}_+$$

と書く. 右辺を $(T + i)u_0 + u_+ = (T^* + i)\left(u_0 + \frac{1}{2i}u_+\right)$ と書き換えれば

$$u - u_0 - \frac{1}{2i}u_+ \in \operatorname{Ker}(T^* + i) = \mathcal{H}_-.$$

ゆえに $D(T^*) \subset D(T) \oplus \mathcal{H}_+ \oplus \mathcal{H}_-$ である. $\square$

定理 4.14 (**閉対称拡張の特徴づけ**). 稠密な定義域をもつ閉対称作用素 T の閉対称拡張 S の全体は $\mathcal{H}_+$ から $\mathcal{H}_-$ への部分等距離作用素 U の全体と次の関係で 1 対 1 に対応する:

$$D(S) = \{u_0 + u_+ + Uu_+ : u_0 \in D(T), u_+ \in D(U)\}, \tag{4.18}$$
$$S(u_0 + u_+ + Uu_+) = Tu_0 + iu_+ - iUu_+. \tag{4.19}$$

証明. まず T の閉対称拡張 S に対して, (4.18), (4.19) を満たす部分等距離作用素 $U: \mathcal{H}_+ \to \mathcal{H}_-$ が存在することを示そう. $D(T) \subset D(S) \subset D(T^*)$ である. $u \in D(S)$ を

$$u = u_0 + u_+ + u_-, \quad u_0 \in D(T), u_+ \in \mathcal{H}_+, u_- \in \mathcal{H}_- \tag{4.20}$$

と (4.17) に従って分解すれば, $u_+ + u_- \in D(S)$ だから

$$D(S) = D(T) \oplus \{D(S) \cap (\mathcal{H}_+ \oplus \mathcal{H}_-)\}.$$

$D(S) \cap (\mathcal{H}_+ \oplus \mathcal{H}_-)$ は $\mathcal{H}_+ \oplus \mathcal{H}_-$ の部分空間である. $v \in D(S)$ を同様に $v = v_0 + v_+ + v_-$ と分解し, $(Su, v) = (u, Sv)$ に代入すれば

$$(Tu_0 + iu_+ - iu_-, v_0 + v_+ + v_-) = (u_0 + u_+ + u_-, Tv_0 + iv_+ - iv_-). \tag{4.21}$$

これより, $(u_+, v_+) = (u_-, v_-)$, 特に, $\|u_+\|^2 = \|u_-\|^2$, $u_+ = 0$ なら $u_- = 0$ でなければならない. したがって, $D(S) \cap (\mathcal{H}_+ \oplus \mathcal{H}_-)$ は $\mathcal{H}_+$ から $\mathcal{H}_-$ への $\|Uu_+\| = \|u_+\|$ を満た

4.3 対称作用素の拡張

す線形作用素 U のグラフである. $D(U)$ は閉部分空間であることを示そう. $n \to \infty$ のとき, $D(U) \ni u_{+n} \to u_+$ とする. このとき, Uu_{+n} は収束列. その極限を v_- と書けば

$$u_{+n} + Uu_{+n} \to u_+ + v_-, \quad S(u_{+n} + Uu_{+n}) = iu_{+n} - iUu_{+n} \to iu_+ - iv_-.$$

S は閉作用素だから, これより $u_+ + v_- \in D(S) \cap (\mathcal{H}_+ \oplus \mathcal{H}_-)$. ゆえに $u_+ \in D(U)$, $v_- = Uu_+$, $D(U)$ は $\mathcal{H}_+$ の閉部分空間, U は部分等距離作用素である.

逆に U が $\mathcal{H}_+$ から $\mathcal{H}_-$ への部分等距離作用素のとき, S を (4.18), (4.19) によって定義すれば, S が T の対称拡張であるのは上の議論を逆にたどって容易に確かめられる. S が閉であることを示そう. $G(S)$ を S のグラフ ((1.8) 参照),

$$G(S) \ni (u_{0n} + u_{+n} + Uu_{+n}, Tu_{0n} + iu_{+n} - iUu_{+n}) \to (u, v) \quad (n \to \infty)$$

とする. このとき, $(T+i)u_{0n} + 2iu_{+n} \to v + iu$, $(T-i)u_{0n} - 2iUu_{+n} \to v - iu$ である. ここで $(T \pm i)u_{0n} \in \mathcal{H}_\pm^\perp$, $u_{+n} \in \mathcal{H}_+$, $Uu_{+n} \in \mathcal{H}_-$. したがって, $u_{0n}, Tu_{0n}, u_{+n}, Uu_{+n}$ はいずれも収束列である. $u_{0n} \to u_0$, $u_{+n} \to u_+$ とすれば, T は閉作用素だったから $u_0 \in D(T)$, $u_+ \in \mathcal{H}_+$ で $(u,v) = (u_0 + u_+ + Uu_+, Tu_0 + iu_+ - iUu_+)$. ゆえに, $(u,v) \in G(S)$, S は閉作用素である. □

定理 4.15 (von Neumann). T を $\mathcal{H}$ 上の稠密な定義域をもつ閉対称作用素とする. T が自己共役拡張をもつためには $n_+ = n_-$ であることが必要十分である. このとき, T の自己共役拡張 S の全体は $\mathcal{H}_+ = \mathrm{Ker}\,(T^* - i)$ から $\mathcal{H}_- = \mathrm{Ker}(T^* + i)$ へのユニタリ作用素 U の全体と (4.18), (4.19) の関係で 1 対 1 に対応する. 稠密な定義域をもつ対称作用素 T が本質的に自己共役であるためには T の不足指数が $(0,0)$ であることが必要十分である (定理 1.37 を参照).

証明. 定理 4.14 において

$$(S+i)(u_0+u_++Uu_+) = (T+i)u_0+2iu_+, \quad (S-i)(u_0+u_++Uu_+) = (T-i)u_0-2iUu_+.$$

S が自己共役であるためには $R(S \pm i) = \mathcal{H}$ であることが, したがって $D(U) = \mathcal{H}_+$ で $R(U) = \mathcal{H}_-$ であることが必要十分, すなわち $U \colon \mathcal{H}_+ \to \mathcal{H}_-$ がユニタリ作用素であることが必要十分である. これより定理の残りの命題は明らかである. □

■下に有界な対称作用素の不足指数

補題 4.16. T を稠密な定義域をもつ対称作用素で, 下に有界, ある定数 C が存在して

$$(Tu, u) \geq -C(u, u), \quad u \in D(T)$$

とする. このとき, $\lambda > C$ に対して, $n_+ = n_- = \dim \mathrm{Ker}(T^* + \lambda)$, T が本質的に自己共役であるためにはある $\lambda > C$ に対して $\mathrm{Ker}\,(T^* + \lambda) = 0$ であることが必要十分である.

証明. $C = 0$ として一般性を失わない. $\lambda > 0$ のとき, $n_+ = n_- = \dim \mathrm{Ker}(T^* + \lambda)$ を示せばよい. 補題 4.12 の証明と同様にして, $\lambda > 0$, $|z| < \lambda$ のとき,

$$\mathrm{Ker}(T^* + (\lambda + z)) \cap \mathrm{Ker}(T^* + \lambda)^\perp = \{0\}, \tag{4.22}$$

を示せばよい. $((T + \lambda)u, u) \geq \lambda \|u\|^2$ を用いて, これを示すのは読者に任せる. □

問題 4.17. 補題 4.12 の証明をまねて (4.22) を示し, 補題 4.16 の証明を完成せよ.

問題 4.18. 次の対称作用素 L の不足指数を求めよ.
(1) $\mathcal{H} = L^2(\mathbb{R})$, $Lu = -u''$, $D(L) = C_0^\infty(\mathbb{R})$.
(2) $\mathcal{H} = L^2((0, \infty))$, $Lu = -u''$, $D(L) = C_0^\infty((0, \infty))$.

補題 4.8 によって, 前節の $L_{\min}$ は $L_{\min}^* = L_{\max}$ を満たすから, $L_{\min}$ が本質的に自己共役であるためには $(L \pm i): L^2(\mathbb{R}^d) \to \mathcal{D}'$ が 1 対 1 であること, すなわち, 偏微分方程式 $(L \pm i)u = 0$ の $u \in L^2(\mathbb{R}^d)$ を満たす解が 0 に限ることが必要十分である.

4.4 直線上の Schrödinger 作用素

有限あるいは無限開区間 (a, b) 上の Schrödinger 作用素

$$Lu = -u'' + V(x)u$$

の Hilbert 空間 $\mathcal{H} = L^2((a, b))$ における自己共役作用素としての実現を考えよう. 記述を簡単にするため再び $m = \frac{1}{2}$ とした. $L^2((a, b))$ などを簡単のために $L^2(a, b)$ などと書く.

$$V \text{ は実数値関数で } V \in L^2_{\mathrm{loc}}(a, b)$$

と仮定する. 最小作用素:

$$L_{\min} u = -u'' + V(x)u, \quad u \in D(L_{\min}) = C_0^\infty(a, b)$$

は $\mathcal{H}$ 上の稠密な定義域をもつ対称作用素である. $L_{\min}$ の閉包 $[L_{\min}]$ を L_0 と書く. L_0 の自己共役拡張を求めて自己共役作用素を構成しよう. 以下にみるように, この場合, von Neumann の定理をそのまま用いるのは実用的ではない. 最大作用素 $L_{\max} = L_0^*$ を適当な境界条件によって制限して L_0 の自己共役拡張を構成する.

注意 4.19. 1 次元 Schrödinger 作用素においては磁場のポテンシャルを考える必要はない. A が実連続関数なら, 作用素 $L = -(d/dx - iA(x))^2 + V(x)$ は**ゲージ変換**と呼ばれる $\mathcal{H}$ のユニタリ作用素 $Gu(x) = e^{i\int_c^x A(y)dy} u(x)$ によって

$$G^*\{-(d/dx - iA(x))^2 + V(x)\}Gu = -u'' + V(x)u$$

と変換され A は消去されるからである. 1 次元空間では磁場は存在しないのである.

4.4　直線上の Schrödinger 作用素

定義 4.20. a が有限で任意の $a < c < b$ に対して $V \in L^2(a,c)$ のとき, a は L の**正則境界点**, そうでないとき, a は L の**特異境界点**といわれる. b についても同様である.

■**補間定理**　次の 2 つの補題を頻繁に用いる. $\|u\|_{L^2(a,b)}$ を単に $\|u\|$ と書く. 次の補題は $s = 2$ のときの定理 2.13 の精密化で $\|u''\|_p$ の前の $\varepsilon > 0$ が任意に小さくとれることが要点である.

補題 4.21.　(1) $u \in L^1(a,b)$, $u'' \in L^1(a,b)$ とする. u は C^1 級, u' は絶対連続で u'' は u' の通常の意味での導関数である.

(2) $u \in L^p(a,b)$, $u'' \in L^p(a,b)$, $1 \leq p \leq \infty$ とする. a,b による $\varepsilon_0 > 0$ が存在して

$$\|u'\|_p \leq \varepsilon \|u''\|_p + \frac{36}{\varepsilon} \|u\|_p, \quad 0 < \forall \varepsilon < \varepsilon_0. \tag{4.23}$$

$$\sup_{a < x < b} |u'(x)| \leq \varepsilon \|u''\|_p + 9\varepsilon^{-(p+1)/(p-1)} \|u\|_p, \quad 0 < \forall \varepsilon < \varepsilon_0. \tag{4.24}$$

証明. (1) $v(x) = \int_a^x u''(t) dt$ と定義する. v は絶対連続でほとんど至るところ $v'(x) = u''(x)$, 絶対連続関数に対して通常の微分と超関数微分は一致するから $(v - u')' = 0$, 超関数微分 $w'(x) = 0$ なら $w(x)$ は定数だから (補題 1.118), $u'(x) = v(x) + $ 定数. ゆえに $u'(x)$ は絶対連続, u は C^1 級, $u''(x)$ は通常の意味での u' の導関数である.

(2) $L^p_{\text{loc}} \subset L^1_{\text{loc}}$ だから, この場合も (1) が成立する. (a,b) を長さが $\varepsilon/2 \leq l \leq \varepsilon$ を満たす区間に分割する. その 1 つを $I = (\alpha, \beta)$, $l = \beta - \alpha$ とする. I を 3 等分し,

$$I_1 = (\alpha, \alpha + l/3), \quad I_2 = (\alpha + l/3, \beta - l/3), \quad I_3 = (\beta - l/3, \beta)$$

と定める. $x_1 \in I_1$, $x_3 \in I_3$ のとき, 平均値の定理によって,

$$\frac{u(x_3) - u(x_1)}{x_3 - x_1} = u'(y) \tag{4.25}$$

を満たす $y \in I$ が存在する. そこで任意の $x_1 \in I_1$, $x_3 \in I_3$ に対し (4.25) を満たす $y \in I$ をとり, $u'(x)$, $x \in I$ を $u'(x) = u'(y) + \int_y^x u''(z) dz$ と書けば, 任意の $x \in I$ に対して

$$|u'(x)| \leq |u'(y)| + \left|\int_y^x u''(z) dz\right| \leq \frac{3}{l}(|u(x_1)| + |u(x_3)|) + \int_\alpha^\beta |u''(z)| dz.$$

両辺を $x_1 \in I_1$, $x_3 \in I_3$ について積分して $(l/3)^2$ で除し, Hölder の不等式を用いると

$$|u'(x)| \leq \int_\alpha^\beta |u''(x)| dx + \frac{9}{l^2} \int_\alpha^\beta |u(x)| \leq l^{1/q} \|u''\|_p + 9l^{-2+1/q} \|u\|_p. \tag{4.26}$$

ただし $\|u\|_p = \|u\|_{L^p(I)}$, $1/p + 1/q = 1$ である. (4.26) で $l = \varepsilon^q$ とおけば (4.24) が得られる. (4.26) の両辺の $L^p(I)$ ノルムをとり p 乗すれば

$$\|u'\|_p^p \leq (l\|u''\|_p + 9l^{-1}\|u\|_p)^p \leq 2^p(l^p \|u''\|_p^p + 9^p l^{-p} \|u\|_p^p).$$

両辺の小区間 I について和をとり $1/p$ 乗する。$a, b \geq 0$ のとき $(a+b)^{1/p} \leq a^{1/p} + b^{1/p}$ だから

$$\|u\|_{L^p(a,b)} \leq 2l\|u''\|_{L^p(a,b)} + 18l^{-1}\|u\|_{L^p(a,b)}$$

l を $\varepsilon/2$ に置き換えれば (4.23) が得られる。 □

問題 4.22. (a,b) が有界区間のとき、$|u(x)| \leq |u(y)| + \int_a^b |u'(t)|dt$ を用いて

$$\sup_{x \in (a,b)} |u(x)| \leq \varepsilon\|u'\| + \varepsilon^{-1}\|u\|$$

が任意の $0 < \varepsilon < \sqrt{b-a}$ に対して成立することを補題 4.21 の証明をまねて示せ。

■**正則性定理**　コンパクトな台をもつ $u \in H^2(a,b)$ の全体を $H^2_{\text{comp}}(a,b)$ と書く。

補題 4.23.　(1) $H^2_{\text{comp}}(a,b) \subset D(L_0)$ である。
(2) L_0 の共役作用素 L_0^* は最大作用素 $L_{\max}$ に等しい：

$$D(L_0^*) = \{u \in L^2 : -u'' + Vu \in L^2(a,b)\}, \quad L_0^* u = -u'' + Vu.$$

(3) $D(L_0^*) \subset H^2_{\text{loc}}(a,b)$、特に $u \in D(L_0^*)$ は (a,b) 上 C^1 級、u' は（局所）絶対連続である。任意の $J = (c,d)$, $a < c < d < b$ に対して定数 $C > 0$ が存在して

$$\|u\|_{H^2(J)} \leq C(\|Lu\| + \|u\|) \leq C\|u\|_{D(L_0^*)}, \quad \forall u \in D(L_0^*). \tag{4.27}$$

a が L の正則境界点であれば、(4.27) は $J = (a,c)$ として、a も b も L の正則境界点であれば $J = (a,b)$ として成立する。b が L の正則境界点のときも同様である。

証明. (1) $u \in H^2_{\text{comp}}(a,b)$ に対して、台が一定の有界閉区間 $[c,d] \subset (a,b)$ に含まれる関数列 $u_n \in C_0^\infty(a,b)$ で $\|u_n - u\|_{H^2(a,b)} \to 0$ となるものが存在する（補題 1.122 の証明を参照）。このとき、補題 4.21 を用いれば $L^2(a,b)$ において $u_n \to u$, $-u_n'' + Vu_n \to -u'' + Vu$、したがって $u \in D(L_0)$ である。(2) $L_0^* = L_{\max}$ の証明は省略する。$\mathbb{R}^d$ のときと同様だからである。
(3) $u \in D(L_0^*)$ とする。$V \in L^2_{\text{loc}}$, $Lu \in L^2(a,b)$ だから、$u'' = Vu - Lu \in L^1(J)$。補題 4.21 によって u' は絶対連続、ゆえに $Vu \in L^2(J)$, $u \in H^2(J)$ である。$\|u\| = \|u\|_{L^2(J)}$, $\|u\|_\infty = \|u\|_{L^\infty(J)}$ と書く。(4.24) によって、任意に小さい $\varepsilon > 0$ に対して

$$\|u''\| \leq \|Lu\| + \|V\|\|u\|_\infty \leq \|Lu\| + \|V\|(\varepsilon\|u''\| + C_\varepsilon\|u\|)$$

ゆえに、$\|u''\|_{L^2(J)} \leq 2\|Lu\|_{L^2(J)} + C\|u\|_{L^2(J)}$. (4.27) が成立する。$a$ あるいは b が正則境界点なら上の議論で $J = (a,c)$ あるいは $J = (c,b)$ とできるのは明らかである。 □

注意 4.24. $u \in L^2_{\text{loc}}$, $-u'' + Vu \in L^2_{\text{loc}}$ ならば、$u \in H^2_{\text{loc}}$ で任意の $J = (c,d)$, $a < c < d < b$ に対して (4.27) が成立する。これは補題 4.23 の証明から明らかである。

4.4 直線上の Schrödinger 作用素

定義 4.25. $[u, v](x) = u(x)v'(x) - u'(x)v(x)$ を u, v の**ロンスキアン**と呼ぶ.

次の補題はよく用いられる. $[u, v]' = 0$, a.e. x を確かめてこれを証明するのは読者に任せる.

補題 4.26. $u, v \in H^2_{\mathrm{loc}}$ がいずれも方程式 $Lu = \zeta u$ の解であれば $[u, v]$ は定数である.

4.4.1 L_0 の不足指数, 極限円と極限点

V は実数値だから $L_0^* \overline{u} = \overline{L_0^* u}$, ゆえに, $u \in \mathrm{Ker}\,(L_0^* - \zeta)$ と $\overline{u} \in \mathrm{Ker}\,(L_0^* - \overline{\zeta})$ は同値である. $u \mapsto \overline{u}$ は 1 対 1 だから, これより

$$L_0 \text{ の不足指数は } n_+ = n_- \text{ を満たし, } L_0 \text{ は自己共役拡張をもつ}$$

ことがわかる. L_0 の不足指数を求めよう. $S(\zeta), \zeta \in \mathbb{C}$ を次で定義する:

$$S(\zeta) = \{u \in L^2_{\mathrm{loc}}(a, b) \colon -u'' + Vu = \zeta u\}.$$

以下, $\dim S(\zeta)$ などは $\dim_{\mathbb{C}} S(\zeta)$ の意味である.

補題 4.27. (1) $u \in S(\zeta)$ なら $u \in H^2_{\mathrm{loc}}(a, b)$. $\dim S(\zeta) = 2$ である.
(2) $\mathrm{Ker}\,(L_0^* \mp i) \subset S(\pm i)$. L_0 の不足指数は $0 \le n_\pm \le 2$ を満たす.

証明. 注意 4.24 によって $u \in S(\zeta)$ なら $u \in H^2_{\mathrm{loc}}$ である. 初期値問題の解の存在と一意性から $\dim S(\zeta) = 2$ である. 補題 4.23 から $\mathrm{Ker}\,(L_0^* \mp i) \subset S(\pm i)$. ゆえに $0 \le n_\pm \le 2$. □

■境界点の分離 $a < c < b$ に対して

$$N_{<c}(\zeta) = L^2(a, c) \cap S(\zeta), \ N_{>c}(\zeta) = L^2(c, b) \cap S(\zeta);$$
$$n_{<c}(\zeta) = \dim N_{<c}(\zeta), \ n_{>c}(\zeta) = \dim N_{>c}(\zeta)$$

と定義する. 微分作用素 L を区間 (a, c) で考えたものを $L_{<c}$, $L_{<c}$ の定義する $L^2(a, c)$ 上の最小作用素の閉包を $L_{<c0}$ と書く. 同様に $L_{>c}$ は L を区間 (c, b) で考えたもの, $L_{>c0}$ は $L_{>c}$ の定義する $L^2(c, b)$ 上の最小作用素の閉包である.

補題 4.28. (1) $N_{<c}(\zeta) = \mathrm{Ker}\,(L^*_{<c0} - \zeta), N_{>c}(\zeta) = \mathrm{Ker}\,(L^*_{>c0} - \zeta)$ である. $n_{<c}(\zeta)$ あるいは $n_{>c}(\zeta)$ は ζ が上半平面あるいは下半平面を動くとき一定である.
(2) $n_{<c}(\zeta), n_{>c}(\zeta)$ は c には依存しない. $n_{<c}(\zeta) = n_<(\zeta), n_{>c}(\zeta) = n_>(\zeta)$ と書く.
(3) a が L の正則境界点なら, $N_{<c}(\zeta) \subset H^2(a, c)$, $n_<(\zeta) = 2$ である. b が L の正則境界点なら $N_{>c}(\zeta) \subset H^2(c, b)$, $n_>(\zeta) = 2$ である.

証明. (1) 補題 4.23 の (2) によって $u \in N_{<c}(\zeta)$ なら $u \in D(L^*_{<c0})$, $u \in N_{>c}(\zeta)$ なら $u \in D(L^*_{>c0})$ だから (1) の前半が従う. 後半は前半と補題 4.12 から得られる.
(2) は補題 4.27 から明らかである.

(3) a を L の正則境界点とする. 補題 4.23 の (3) によって $u \in S(\zeta)$ なら $u \in H^2(a,c)$, 特に $u \in L^2(a,c)$, $n_< = 2$ である. b が正則境界点のときも同様である. □

補題 4.29. 任意の $\zeta \notin \mathbb{R}$ に対して $n_<(\zeta) \geq 1$, $n_>(\zeta) \geq 1$ である.

証明. $a < c < b$ をパラメータにもつ $S(\zeta)$ 上の 2 次形式 $H_c(u,v)$ を

$$H_c(u,v) = \left(\frac{1}{2i\Im\zeta} \begin{pmatrix} 0 & -1 \\ 1 & 0 \end{pmatrix} \begin{pmatrix} u(c) \\ u'(c) \end{pmatrix}, \begin{pmatrix} v(c) \\ v'(c) \end{pmatrix} \right)_{\mathbb{C}^2} = \frac{1}{2i\Im\zeta}[u,\overline{v}](c)$$

と定義する. $\overline{v}Lu - u\overline{Lv} = \overline{v}''u - \overline{v}u''$ だから部分積分によって

$$\frac{1}{2i\Im\zeta} \int_d^c (\overline{v}Lu - u\overline{Lv})dx = H_c(u,v) - H_d(u,v), \quad u,v \in S(\zeta).$$

$u = v \in S(\zeta)$ のときは $Lu = \zeta u$ を代入すれば, $d < c$ のとき

$$H_c(u,u) - H_d(u,u) = \int_d^c |u(x)|^2 dx > 0. \tag{4.28}$$

ゆえに, H_c は c が増加するとき, 真に増加する 2 次形式である. 任意に $S(\zeta)$ の基底 $\{\varphi,\psi\}$ をとる. $u \in S(\zeta)$ は一意的に

$$u = \alpha\varphi + \beta\psi$$

と表される. $u(x) = \alpha\varphi + \beta\psi$ が $N_{>c}(\zeta)$ に含まれるかどうか, あるいは $H_c(u,u) \leq 0$ かどうかは, α と β との比にしかよらない. そこで $\overline{\mathbb{C}} = \mathbb{C} \cup \{\infty\}$ は Riemann 球, $\alpha = \infty$ のとき $\alpha\varphi + \psi$ は φ を表すとして,

$$D_-^\zeta(c) = \{\alpha \in \overline{\mathbb{C}} : H_c(\alpha\varphi + \psi, \alpha\varphi + \psi) \leq 0\}$$

と定義する. $H_c(u,u) = (\Im\zeta)^{-1}\Im\{u(c)\overline{u'(c)}\} = (|u'(c)|^2/\Im\zeta)\Im[u(c)/u'(c)]$, したがって,

$$H_c(\alpha\varphi + \psi, \alpha\varphi + \psi) = \frac{|u'(c)|^2}{\Im\zeta} \cdot \Im\left(\frac{\alpha\varphi(c) + \psi(c)}{\alpha\varphi'(c) + \psi'(c)} \right).$$

ゆえに, 複素関数論における 1 次変換の円対円対応によって, $D_-^\zeta(c)$ は c とともに減少する $\overline{\mathbb{C}}$ の空ではない閉円板で, その半径は $r_c = |[\varphi,\overline{\varphi}](c)|^{-1}$ である (問題 4.30 参照). ゆえに $D_-^\zeta(b) \equiv \cap_{a<c<b}D_-^\zeta(c) \neq \emptyset$ で, $D_-^\zeta(b)$ は閉円板であるか 1 点であるかいずれかである. $u = \alpha\varphi + \psi$, $\alpha \in D_-^\zeta(b)$ なら, (4.28) によって任意の c に対して

$$\int_d^c |u(x)|^2 dx = H_c(u,u) - H_d(u,u) \leq -H_d(u,u).$$

したがって, $c \uparrow b$ として $u \in L^2(d,b)$, ゆえに $u \in N_{>c}(\zeta)$ である. もし, $D_-^\zeta(b)$ が円板, したがって 2 点以上を含むなら, $N_{>c}(\zeta)$ は線形空間だから $\varphi,\psi \in N_{>c}(\zeta)$, したがって $n_{>c}(\zeta) = 2$ である. 一方, $D_-^\zeta(b)$ が 1 点 $\{\alpha\}$ なら, $c \to b$ のとき, $|[\varphi,\overline{\varphi}](c)| = r_c^{-1} \to \infty$

4.4 直線上の Schrödinger 作用素

だから (4.28) によって $\varphi \notin N_{>c}(\zeta)$ である. ゆえに $n_{>c}(\zeta) = 1$ で, $\alpha\varphi + \psi$ は $\alpha \in D_{-}^{\zeta}(b)$ のときに限って $N_{>c}(\zeta)$ に属する. いずれにせよ $n_{>c}(\zeta) \geq 1$ である. 同様にして $n_{<c}(\zeta) \geq 1$ である. □

問題 4.30. 複素平面の円
$$C = \left\{z : \Im\left(\frac{az+b}{cz+d}\right) = 0\right\}, \quad \det\begin{pmatrix} a & b \\ c & d \end{pmatrix} = 1$$
の半径は $1/|a\bar{c} - \bar{a}c|$ に等しいことを示せ.

■極限円と極限点

補題 4.31. $n_>(\zeta), n_<(\zeta)$ は $\zeta \in \mathbb{C}$ によらない. 特にある $\zeta \in \mathbb{C}$ に対して $-u'' + V(x)u = \zeta u$ のすべての解が $L^2(c, b)$ に属せば, 任意の $\zeta \in \mathbb{C}$ に対して同じことが成立する. (a, c) においても同様である.

証明. $n_>(\zeta)$ に対して証明する. $n_<(\zeta)$ に対する証明も同様である. $n_>(\zeta) = 1$ あるいは $n_>(\zeta) = 2$ だから,「特に」以下を示せばよい. これは V が b の近傍で下に有界であれば, 補題 4.16, 補題 4.28 から明らかである. 一般の場合に示そう. ある ζ に対して $S(\zeta) \subset N_{>c}(\zeta)$ なら, 任意の $\lambda \in \mathbb{C}$ に対して $S(\lambda) \subset N_{>c}(\lambda)$ であることを示す. $a < \theta < b$ を固定し, $\varphi_\theta, \psi_\theta$ を $-u'' + Vu = \zeta u$ の初期条件

$$\varphi_\theta(\theta) = 1, \ \varphi'_\theta(\theta) = 0; \quad \psi_\theta(\theta) = 0, \ \psi'_\theta(\theta) = 1 \tag{4.29}$$

を満たす解とする. $\{\varphi_\theta, \psi_\theta\}$ は $S(\zeta)$ の基底で, 仮定から $\varphi_\theta, \psi_\theta \in N_{>c}(\zeta)$ である.

$$K(x, y) = \psi_\theta(x)\varphi_\theta(y) - \psi_\theta(y)\varphi_\theta(x)$$

と定義する. $[\varphi_\theta, \psi_\theta](x)$ が x によらないことから

$$K(x, x) = 0, \quad K_x(x, x) = 1, \quad K_{xx}(x, y) - (V(x) - \zeta)K(x, y) = 0; \tag{4.30}$$
$$K_y(x, x) = -1, \quad K_{yy}(x, y) - (V(y) - \zeta)K(x, y) = 0 \tag{4.31}$$

が満たされる. そこで, $c < d < b$ を任意にとり, $f \in L^2_{\text{loc}}$ に対して

$$v(x) = Tf(x) = \int_d^x K(x, y)f(y)dy \tag{4.32}$$

と定義する. (4.30) によって $v(x) = Tf(x)$ は初期条件 $v(d) = v'(d) = 0$ を満たす方程式

$$v''(x) - (V(x) - \zeta)v(x) = f(x) \tag{4.33}$$

の解である. 逆に $v(d) = v'(d) = 0$ を満たす (4.33) の解 v は $v = Tf$ を満たす. そこで

$$v = Tf \Leftrightarrow v \text{ は } v(d) = v'(d) = 0 \text{ を満たす (4.33) の解}$$

であることを示そう．実際，$v \in H^2_{\text{loc}}(a,b)$ が $v(d) = v'(d) = 0$ を満たせば部分積分によって

$$\int_d^x K(x,y)v''(y)dy = K(x,x)v'(x) - K(x,d)v'(d) - \int_d^x K_y(x,y)v'(y)dy$$

$$= -K_y(x,x)v(x) + K_y(x,d)v(d) + \int_d^x K_{yy}(x,y)v(y)dy$$

$$= v(x) + \int_d^x K(x,y)\{(V(y) - \zeta)\}v(y)dy$$

が成立する．したがって v がさらに (4.33) も満たせば

$$Tf(x) = \int_d^x K(x,y)f(y)dy = \int_d^x K(x,y)\{v''(y) - (V(y) - \zeta)v(y)\}dy = v(x)$$

となるからである．$u \in S(\lambda)$ なら u は

$$u'' - (V(x) - \zeta)u = -(\lambda - \zeta)u \in L^2_{\text{loc}}$$

を満たす．したがって，$C_0(d), C_1(d)$ を

$$u(d) = C_0(d)\varphi_\theta(d) + C_1(d)\psi_\theta(d), \quad u'(d) = C_0(d)\varphi'_\theta(d) + C_1(d)\psi'_\theta()$$

を満たすようにとり $v_0 = C_0(d)\varphi_\theta + C_1(d)\psi_\theta$ と定義すれば $w = u - v_0$ は初期条件 $w(d) = w'(d) = 0$ を満たす方程式 $w'' - (V(x) - \zeta)w = -(\lambda - \zeta)u$ の解．したがって，u は

$$u(x) = v_0(x) + (\zeta - \lambda)Tu(x) \tag{4.34}$$

を満たす．仮定から $\varphi_\theta, \psi_\theta \in L^2(c,b)$ だから，任意の $a < d < b$ に対して $v_0 \in L^2(d,b)$ で T は $L^2(d,b)$ 上の Hilbert–Schmidt 作用素．T の作用素ノルムは $d \to b$ のとき，

$$\|T\|^2_{\mathbf{B}(L^2(d,b))} \le \iint_{d<y<x<b} |K(x,y)|^2 dy dx \le \|\varphi_\theta\|^2_{L^2(d,b)} \|\psi_\theta\|^2_{L^2(d,b)} \to 0$$

を満たす．そこで d を $|\lambda - \zeta|\|\varphi_\theta\|_{L^2(d,b)}\|\psi_\theta\|_{L^2(d,b)} = \gamma < 1$ となるように b に十分近くとる．このとき，$(\lambda - \zeta)T$ は任意の $d < b' < b$ に対して $L^2(d,b')$ 上の Hilbert–Schmidt 作用素で $L^2(d,b')$ における作用素ノルムは一様に γ 以下，したがって，$L^2(d,b')$ において

$$(1 + (\lambda - \zeta)T)^{-1} \text{ が存在し，} \|(1 + (\lambda - \zeta)T)^{-1}\|_{\mathbf{B}(L^2(d,b'))} \le (1-\gamma)^{-1}$$

である．方程式 (4.34) はもちろん $x \in (d,b')$ においても成立し，$v_0 \in L^2(d,b')$, $u \in L^2(d,b')$ である．ゆえに $L^2(d,b')$ において $u = (1 + (\lambda - \zeta)T)^{-1} v_0$．よって，

$$\int_d^{b'} |u(x)|^2 dx \le \|(1 + (\lambda - \zeta)T)^{-1} v_0\|^2_{L^2(d,b')} \le \left(\frac{\|v_0\|_{L^2(d,b)}}{1-\gamma}\right)^2.$$

右辺は b によらないから，$b' \to b$ として単調収束定理を用いれば $u \in L^2(d,b)$ である．□

補題 4.31 によって，以下では $n_<(\zeta), n_>(\zeta)$ から変数 ζ をも省略することがある．次の定義は補題 4.29 の証明から自然である．

4.4 直線上の Schrödinger 作用素

定義 4.32. $n_< = 1$ のとき, L は $x = a$ で**極限点**, $n_< = 2$ のとき, **極限円**であるという. 同様に $n_> = 1$ のとき, L は $x = b$ で**極限点**, $n_> = 2$ のとき, **極限円**であるという.

補題 4.28 によって, 端点 a あるいは b が L の正則境界点なら, L は a あるいは b で極限円である.

定理 4.33. (1) L が $x = a$ でも $x = b$ でも極限点なら L_0 は自己共役である.
(2) L が一方の端点で極限点, 他方で極限円なら $n_\pm = 1$ である.
(3) L が $x = a$ でも $x = b$ でも極限円なら $n_\pm = 2$ である.

証明. (2), (3) は明らかである. (1) を示せばよい. L が $x = b$ で極限点のとき, $D^\zeta_-(b) = \{\alpha\}$ は 1 点で, この α に対してのみ $\alpha\varphi + \psi \in N_{>c}(\zeta)$ となる. 一方, $x = a$ で極限点となるのは $D^\zeta_+(x) = \{\alpha \in \overline{\mathbb{C}} : H_x(\alpha\varphi + \psi, \alpha\varphi + \psi) \geq 0\}$ とおくとき, $\cap_{a<x<b} D^\zeta_+(x) = \{\alpha'\}$ が 1 点となる場合で, この α' に限って $\alpha'\varphi + \psi \in N_{<c}(\zeta)$ である. H_x は狭義単調増大の 2 次形式であるから, $\cap_{a<x<b} D^\zeta_+(x)$ と $\cap_{a<x<b} D^\zeta_-(x)$ は明らかに共通点をもたない. ゆえに (1) が成立する. □

4.4.2 自己共役拡張

定理 4.33 の (1) の場合, $L_{\min}$ は $\mathcal{H} = L^2(a,b)$ 上本質的に自己共役, L_0 が $L_{\min}$ の唯一の自己共役拡張である. その他の場合の $L_0 = [L_{\min}]$ の自己共役拡張を求めよう. von Neumann の定理を用いて自己共役拡張を決定するのは, $Lu = \pm iu$ の解を求めなければならないので実用的ではない. a, b における境界条件を用いて自己共役拡張を求める方法を考えよう.

■**境界値** Dunford–Schwartz([20]) に従って次のように定義する.

定義 4.34. $D(L_0^*)$ 上のグラフノルムに関して連続な線形汎関数 A で $u \in D(L_0)$ に対して $A(u) = 0$ を満たすものを L の**境界値**と呼ぶ. L の境界値の全体を $\mathcal{B}(L)$ と書く.

L の境界値は $D(L_0^*)/D(L_0)$ 上の連続線形汎関数である. $\dim(D(L_0^*)/D(L_0)) \leq 4$ だから, $D(L_0^*)/D(L_0)$ 上の線形汎関数はすべて連続である.

補題 4.35. L が a でも b でも極限点なら $\mathcal{B}(L) = \{0\}$, a, b のいずれか一方で極限点, ほかの一方で極限円なら $\dim \mathcal{B}(L) = 2$, a でも b でも極限円なら $\dim \mathcal{B}(L) = 4$ である.

証明. 補題 4.13 から $D(L_0^*)/D(L_0) \simeq \mathcal{H}_+ \oplus \mathcal{H}_-$. 補題は定理 4.33 から従う. □

以下この節では h は (a,b) 上の C^∞ 級の関数で,
$$a \text{ の近傍で } h(x) = 1, b \text{ の近傍で } h(x) = 0 \tag{4.35}$$
を満たすものである.

補題 4.36. $u \in D(L_0^*)$ なら $hu \in D(L_0^*)$, $(1-h)u \in D(L_0^*)$ で次が成立する：

$$\|hu\|_{D(L_0^*)} + \|(1-h)u\|_{D(L_0^*)} \leq C\|u\|_{D(L_0^*)}, \quad u \in D(L_0^*). \tag{4.36}$$

証明. 補題 4.23 を用いる．$h', h'' \in C_0^\infty(a,b)$ だから，(4.27) から $u \in D(L_0^*)$ のとき

$$-(hu)'' + V(hu) = hL_0^* u - 2h'u' - h''u \in L^2(a,b). \tag{4.37}$$

ゆえに補題 4.23(2) によって $hu \in D(L_0^*)$, (4.27) によって $\|hu\|_{D(L_0^*)} \leq C\|u\|_{D(L_0^*)}$ である．$(1-h)u$ に対しても同様である． □

■境界値の局所化

定義 4.37. $A \in \mathcal{B}(L)$ は a の近傍で $u(x) = 0$ を満たす任意の $u \in D(L_0^*)$ に対して $A(u) = 0$ となるとき, a **における境界値**と呼ばれる．L の a における境界値の全体を $\mathcal{B}_a(L)$ と書く．b **における境界値**と $\mathcal{B}_b(L)$ を同様に定義する．

補題 4.38. $\mathcal{B}_a(L), \mathcal{B}_b(L)$ は $\mathcal{B}(L)$ の部分空間で $\mathcal{B}(L) = \mathcal{B}_a(L) \dotplus \mathcal{B}_b(L)$ (直和) である．

証明. $\mathcal{B}_a(L), \mathcal{B}_b(L)$ が $\mathcal{B}(L)$ の部分空間であることは明らかである．(4.35) を満たす h をとる．a の近傍で $(1-h)u = 0$, b の近傍で $hu = 0$ だから，$A \in \mathcal{B}_a(L) \cap \mathcal{B}_b(L)$ なら，任意の $u \in D(L_0^*)$ に対して $A(u) = A((1-h)u) + A(hu) = 0$, ゆえに $A = 0$, $\mathcal{B}_a(L) \cap \mathcal{B}_b(L) = 0$ である．$A \in \mathcal{B}(L)$ のとき，

$$A_a(u) = A(hu), \quad A_b(u) = A((1-h)u)$$

と定義する．$A_a \in \mathcal{B}_a(L)$ である．$u \in D(L_0^*)$ が a の近傍で 0 なら $hu \in H^2_{\mathrm{comp}}(a,b)$, 補題 4.23 によって $u \in D(L_0)$, したがって $A_a(u) = 0$ となるからである．同様に $A_b \in \mathcal{B}_b(L)$ である．明らかに $A = A_a + A_b$, ゆえに $\mathcal{B}(L) = \mathcal{B}_a(L) \dotplus \mathcal{B}_b(L)$ である． □

補題 4.39. 任意の c に対して $\mathcal{B}_a(L)$ と $\mathcal{B}_a(L_{<c})$ は同型, $\mathcal{B}_b(L)$ と $\mathcal{B}_b(L_{>c})$ は同型である．したがって，$\mathcal{B}_a(L)$ あるいは $\mathcal{B}_b(L)$ は a あるいは b の近傍での V の振る舞いのみによって定まる．

証明. $\mathcal{B}_a(L)$ と $\mathcal{B}_a(L_{<c})$ が同型なことを示す．ほかの場合も同様である．h を $[c,b)$ の近傍で $h = 0$ を満たすようにとって固定する．$u \in D(L_{<c0}^*)$ なら，(4.36) によって $-\frac{1}{2}(hu)'' + V(hu) \in L^2(a,c)$. そこで hu を (c,b) 上で 0 と拡張してそれを再び hu と書く．このとき，$hu \in D(L_0^*)$ であるが，$u \in D(L_{<c0})$ なら $hu \in D(L_0)$ である．実際，$u_n \in C_0^\infty(a,c)$ を $\|u_n - u\|_{L^2(a,c)} \to 0$, $\|Lu_n - Lu\|_{L^2(a,c)} \to 0$ ととれば，明らかに $\|hu_n - hu\|_{L^2(a,b)} \to 0$. $h' \in C_0^\infty(a,c)$ に注意すれば (4.27) によって

$$\|L(hu_n) - L(hu)\|_{L^2(a,b)} \leq \|h(Lu_n - Lu)\|_{L^2(a,c)} + \|2h'(u' - u_n')\| + \|h''(u - u_n)\| \to 0$$

だからである．そこで $A \in \mathcal{B}_a(L)$ に対して，$hu \in D(L_0^*)$ を上のように定義して

$$B(u) = A(hu), \quad \forall u \in D(L_{<c0}^*) \tag{4.38}$$

4.4 直線上の Schrödinger 作用素

と定義すれば, 任意の $u \in D(L_{<c0})$ に対して $B(u) = 0$. したがって, $B \in \mathcal{B}_a(L_{<c})$ である.

写像 $\mathcal{L}: \mathcal{B}_a(L) \to \mathcal{B}_a(L_{<c})$ を (4.38) によって $\mathcal{L}(A) = B$ と定義する. $\mathcal{L}$ は同型写像であることを示そう. $u \in D(L_0^*)$ に対して u の (a,c) への制限を $u|_{(a,c)}$ と書けば, $u|_{(a,c)} \in D(L_{<c0}^*)$ で, hu は $hu|_{(a,c)}$ を (c,b) 上 0 として (a,b) に拡張したものである. ゆえに, $B = \mathcal{L}(A) = 0$ なら任意の $u \in D(L_0^*)$ に対して

$$0 = B(u|_{(a,c)}) = A(hu) = A(u).$$

ゆえに $\mathcal{L}$ は 1 対 1 である. 次に $\mathcal{L}$ が上への写像であることを示そう. 任意に $B \in \mathcal{B}_a(L_{<c})$ をとる. a の近傍で 1, $[c,b)$ の近傍で 0 となる $h_1 \in C^\infty$ を $h_1 h = h_1$ となるようにとる. このとき,

$$u \in D(L_0^*) \Rightarrow h_1 u \in D(L_{<c0}^*), \quad u \in D(L_0) \Rightarrow h_1 u \in D(L_{<c0})$$

だから, $A(u) = B(h_1 u)$ と定義すれば, $A \in \mathcal{B}_a(L)$ で, $A(hu) = B(h_1 hu) = B(h_1 u) = B(u)$. ゆえに写像 $\mathcal{L}$ は同型写像である. □

■**極限値の構成 1, 正則境界点の場合** a が L の正則境界点なら, 補題 4.23 によって, 任意の $a < c < b$ に対して $u \in D(L_0^*)$ は $H^2(a,c)$ に含まれ, (4.27) が $J = (a,c)$ として成立する. したがってトレース定理によって

$$A_{a0}(u) = u(a), \quad A_{a1}(u) = u'(a), \quad u \in D(L_0^*) \tag{4.39}$$

は $D(L_0^*)$ 上の連続汎関数. 一方, 同じ (4.27) とトレース定理から, $u \in D(L_0)$ なら $u(a) = u'(a) = 0$. したがって, A_{a0}, A_{a1} は L の境界値である. この A_{a0}, A_{a1} は 1 次独立である. $u_0(a) = 1, u_0'(a) = 0, u_1(a) = 0, u_1'(a) = 1$ を満たす $u_0, u_1 \in D(L_0^*)$ が存在し,

$$A_{ai}(u_j) = \delta_{ij}, \quad i,j = 1,2$$

となるからである. 同様にして, b が L の正則境界点なら,

$$A_{b0}(u) = u(b), \quad A_{b1}(u) = u'(b), \quad u \in D(L_0^*) \tag{4.40}$$

は L の 1 次独立な境界値である.

定義 4.40. $A(\overline{u}) = \overline{A(u)}$ を満たす境界値 A は**実**であるといわれる. 任意の境界値 A に対して

$$A_R(u) = \frac{1}{2}\left(A(u) + \overline{A(\overline{u})}\right), \quad A_I(u) = \frac{1}{2i}\left(A(u) - \overline{A(\overline{u})}\right)$$

は実の境界値で, $A(u) = A_R(u) + iA_I(u)$ である. A_R, A_I は A の**実部**, **虚部**と呼ばれる.

a あるいは b が正則境界点のとき, A_{a0}, A_{a1} あるいは A_{b0}, A_{b1} は実の境界値である.

■ 境界値の構成 2, 特異境界点の場合

補題 4.41. 任意の $u, v \in D(L_0^*)$ に対して,極限
$$[u, \overline{v}](a) \equiv \lim_{x \downarrow a}[u, \overline{v}](x), \quad [u, \overline{v}](b) \equiv \lim_{x \uparrow b}[u, \overline{v}](x)$$
が存在する. $[u, \overline{v}](a)$ あるいは $[u, \overline{v}](b)$ は u, v の a あるいは b の近傍における振る舞いにしかよらない. さらに次の性質を満足する:

(1) $[u, \overline{v}](a), [u, \overline{v}](b)$ は $D(L_0^*)$ 上の連続な歪対称 2 次形式で次が成立する:
$$(L_0^* u, v) - (u, L_0^* v) = [u, \overline{v}](b) - [u, \overline{v}](a). \tag{4.41}$$

(2) u, v の一方が $D(L_0)$ に含まれるとき, $[u, \overline{v}](a) = [u, \overline{v}](b) = 0$ である.

(3) 任意の $w \in D(L_0^*)$ に対して,
$$A_w(u) = [u, \overline{hw}](a), \quad B_w(u) = [u, \overline{(1-h)w}](b) \tag{4.42}$$

と定義すれば, $A_w \in \mathcal{B}_a(L), B_w \in \mathcal{B}_b(L)$ である. この A_w, B_w は (4.35) を満たす h のとり方によらない. w が実数値関数であれば A_w, B_w は実境界値である.

証明. $u, v \in D(L_0^*)$ とする. 部分積分すれば,任意の $a < c < d < b$ に対して
$$\int_c^d (Lu(x)\overline{v(x)} - u(x)\overline{Lv(x)})dx = [u, \overline{v}](d) - [u, \overline{v}](c). \tag{4.43}$$
ここで $Lu, Lv \in L^2(a, b)$ だから極限 $\lim_{c \downarrow a}[u, v](c), \lim_{d \uparrow b}[u, v](d)$ が存在し (4.41) が成立する. これらが a あるいは b の近傍での u, v にしか依存しないのは明らかである. すでにみたように $u \in D(L_0^*)$ なら, $hu, (1-h)u \in D(L_0^*), \tilde{h} = 1 - h$ と書くと (4.43) から
$$|[u, \overline{v}](a)| = |(L_0^*(hu), hv)_{L^2} - (hu, L_0^*(hv))_{L^2}| \leq C\|u\|_{D(L_0^*)}\|v\|_{D(L_0^*)} \tag{4.44}$$
$$|[u, \overline{v}](b)| = |(L_0^*(\tilde{h}u), \tilde{h}v)_{L^2} - (\tilde{h}u, L_0^*(\tilde{h}v))_{L^2}| \leq C\|u\|_{D(L_0^*)}\|v\|_{D(L_0^*)} \tag{4.45}$$
だから $[u, \overline{v}](a), [u, \overline{v}](b)$ は $D(L_0^*)$ 上の連続な歪対称 2 次形式である. $u \in C_0^\infty(a, b)$ あるいは $v \in C_0^\infty(a, b)$ なら $[u, \overline{v}](a) = [u, \overline{v}](b) = 0$. $u \in D(L_0)$ なら $u_n \in C_0^\infty(a, b)$ を $\|u - u_n\|_{D(L_0^*)} \to 0$ となるようにとれる. したがって, (4.44), (4.45) によって, u, v の一方が $D(L_0)$ に含まれるときは $[u, \overline{v}](a) = [u, \overline{v}](b) = 0$. (3) は (1), (2) から明らかである. □

次の補題によって補題 4.41 の逆が成り立つ.

補題 4.42. 任意の $A_a \in \mathcal{B}_a(L)$ あるいは $A_b \in \mathcal{B}_b(L)$ は適当な $w \in D(L_0^*)$ を用いて
$$A_a(u) = \lim_{c \to a}(u(c)\overline{w'(c)} - u'(c)\overline{w(c)}) = [u, \overline{w}](a), \tag{4.46}$$
$$A_b(u) = \lim_{c \to b}(u'(c)\overline{w(c)} - u(c)\overline{w'(c)}) = -[u, \overline{w}](b) \tag{4.47}$$
と与えられる. A が実境界値のときは, $w \in D(L_0^*)$ を実数値関数としてとれる.

4.4 直線上の Schrödinger 作用素

証明. $A \in \mathcal{B}_a(L)$ とする. A は $D(L_0^*)$ 上の連続線形汎関数だから, Riesz の表現定理から適当な $v \in D(L_0^*)$ が存在して

$$A(u) = (u, v) + (L_0^* u, L_0^* v), \quad u \in D(L_0^*).$$

ここで, $u \in D(L_0)$ のとき, $A(u) = 0$, $L_0^* u = L_0 u$ だから, $-L_0^* v = w$ とおけば

$$(L_0 u, w) = (u, v), \quad u \in D(L_0).$$

ゆえに $w \in D(L_0^*)$ で, $v = L_0^* w$ である. よって

$$A(u) = (u, L_0^* w) - (L_0^* u, w), \quad u \in D(L_0^*).$$

(4.35) を満たす h に対して, $A(u) = A(hu)$ だから, この式の右辺の u に hu を代入して部分積分し, h が b の近傍で 0 であることを用いれば

$$A(u) = \lim_{c \to a, d \to b} \int_c^d (-hu(x)\overline{w''(x)} + (hu)''(x)\overline{w(x)}) dx = \lim_{c \to a}(u(c)\overline{w'(c)} - u'(c)\overline{w(c)}).$$

したがって (4.46) が成立する. $w \in D(L_0^*)$ のとき, 実部 $w_R \in D(L_0^*)$, 虚部 $w_I \in D(L_0^*)$ だから, 補題 4.41 によって $[u, w_R](a), [u, w_I](a)$ は a における L の実境界値で, $A(u) = [u, w_R](a) - i[u, w_I](a)$ が成立する. ゆえに, A が実境界値なら $A(u) = [u, w_R](a)$ でなければならない. ゆえに w として実数値関数がとれる. $A \in \mathcal{B}_b(L)$ のときも同様である. □

このようにして, L の境界値は (4.39) や (4.40) のようにしてある $w \in D(L_0^*)$ を用いて

$$\mathcal{B}_a(L) = \{A_{a,w} : A_{a,w}(u) = [u, \overline{w}](a), \ w \in D(L_0^*)\}, \quad (4.48)$$
$$\mathcal{B}_b(L) = \{A_{b,w} : A_{b,w}(u) = -[u, \overline{w}](b), \ w \in D(L_0^*)\} \quad (4.49)$$

で与えられることがわかる. ここで, 実の境界値は実数値関数に対応する.

注意 4.43. (4.48) や (4.49) は見かけほど単純ではない. $w \in D(L_0)$ なら, $A_{a,w} = 0, A_{b,w} = 0$ であるから, $A_{a,w} \neq 0$ あるいは $A_{b,w} \neq 0$ とするためには $w \in D(L_0^*) \setminus D(L_0)$ とせねばならない. 補題 4.13 からわかるように, a あるいは b が特異境界点のときこのような w を見つけるのは一般にはそれほど簡単ではない.

補題 4.44. L が a で極限点なら $\mathcal{B}_a(L) = \{0\}$, 極限円なら $\dim \mathcal{B}_a(L) = 2$ である. 同じことが b においても成立する.

証明. $a < c < b$ とする. c は $L_{<c}$ の正則境界点だから (4.40) の A_{b0}, A_{b1} において $b = c$ としたものは $\mathcal{B}_c(L_{<c})$ の 1 次独立な境界値である. $w, u \in D(L_{<c0}^*)$ は $x = c$ において C^1 級だから, (4.47) で $b = c$ とおけば, 任意の $A \in \mathcal{B}_c(L_c)$ が

$$A(u) = u'(c)\overline{w(c)} - u(c)\overline{w'(c)} = \overline{w(c)} A_{c1}(u) - \overline{w'(c)} A_{c0}(u)$$

のように A_{c0} と A_{c1} の 1 次結合となることがわかる．ゆえに $\{A_{c0}, A_{c1}\}$ は $\mathcal{B}_c(L_c)$ の基底，$\dim \mathcal{B}_c(L_c) = 2$ である．これより，補題 4.35 によって，L が a において極限点であれば $\mathcal{B}_a(L) = \{0\}$，極限円であれば $\dim \mathcal{B}_a(L) = 2$ である． □

補題 4.45. L が a で極限点なら任意の $u, v \in D(L_0^*)$ に対して $[u, \overline{v}](a) = 0$, b で極限点なら $[u, \overline{v}](b) = 0$ である．

証明． 補題 4.41 によって，$v \in D(L_0^*)$ を任意に固定するとき，$u \mapsto [u, \overline{v}](a)$ は L の a における境界値である．ゆえに L が a で極限点なら補題 4.44 によって $[u, \overline{v}](a) = 0$ である．$[u, \overline{v}](b)$ についても同様である． □

■ **自己共役境界条件**

補題 4.46. L が a で極限円とする．1 次独立な実境界値 $A_0, A_1 \in \mathcal{B}_a(L)$ が存在して，

$$[u, \overline{v}](a) = A_0(u)\overline{A_1(v)} - A_1(u)\overline{A_0(v)}, \quad u, v \in D(L_0^*) \tag{4.50}$$

が成立する．L が b で極限円のときも同様である．

証明． 補題 4.44 によって $\dim \mathcal{B}_a(L) = 2$ である．$\mathcal{B}_a(L)$ の基底 A_1, A_2 を実の境界値にとれる．実際，任意に $A \in \mathcal{B}_a(L) \setminus \{0\}$ をとるとき，その実部 A_R, 虚部 A_I が 1 次独立なら，これらをとればよい．そうでないときにはどちらか 0 でないものをとり (A_R としよう)，これに 1 次独立な $B \in \mathcal{B}_a(L)$ をとる．B の実部あるいは虚部のいずれかは A_R と 1 次独立だから，いずれの場合にも実の基底 A_0, A_1 がとれる．実数値関数 $\varphi_0, \varphi_1 \in D(L_0^*)$ を $A_j(\varphi_k) = \delta_{jk}$ を満たすようにとることができる．このとき，

$$[\varphi_j, \varphi_k](a) = c_{jk}, \quad 0 \leq j, k \leq 1$$

とすれば，$c_{jk} = [\varphi_j, \varphi_k](a)$ は実数で $c_{00} = c_{11} = 0$, $c_{01} = -c_{10}$ である．

$$[\varphi_j, \varphi_k](a) = c_{01} A_0(\varphi_j) A_1(\varphi_k) + c_{10} A_1(\varphi_j) A_0(\varphi_k), \quad j, k = 0, 1$$

が成立する．これから任意の $u, v \in D(L_0^*)$ に対して

$$[u, \overline{v}](a) = c_{01} A_0(u)\overline{A_1(v)} + c_{10} A_1(u)\overline{A_0(v)}$$

が成立することがわかる．両辺は $D(L_0^*)$ 上の歪対称 2 次形式で，A_0, A_1 は $D(L_0)$ 上では 0, $[u, \overline{v}](a)$ は u, v のいずれかが $D(L_0)$ に属すれば 0 だからである．$c_{01} A_0$ をあらためて A_0 と置き換えれば (4.50) となる． □

a が L の正則境界点であれば，(4.50) は，(4.39) で定義された A_{a0}, A_{a1} を用いて $A_0 = A_{a0}, A_1 = A_{a1}$ として成立する．次は補題 4.46 から明らかである．

補題 4.47. L が a においても，b においても極限円であれば，1 次独立な実境界値 $A_0, A_1 \in \mathcal{B}_a(L), B_0, B_1 \in \mathcal{B}_b(L)$ が存在して，

$$[u, \overline{v}](a) = A_0(u)\overline{A_1(v)} - A_1(u)\overline{A_0(v)}, \tag{4.51}$$

4.4 直線上の Schrödinger 作用素

$$[u,\overline{v}](b) = B_0(u)\overline{B_1(v)} - B_1(u)\overline{B_0(v)}. \tag{4.52}$$

定理 4.48. L は a で極限点, b で極限円, $A_0, A_1 \in \mathcal{B}_b(L)$ は 1 次独立な実境界値で

$$[u,\overline{v}](b) = A_0(u)\overline{A_1(v)} - A_1(u)\overline{A_0(v)} \tag{4.53}$$

とする.このとき, $\theta \in [0, 2\pi)$ に対して, L_0^* の

$$\mathcal{D}_\theta = \{u \in D(L_0^*) : A_0(u)\cos\theta - A_1(u)\sin\theta = 0\}$$

への制限 L_θ は L_0 の自己共役拡張である. 逆に, L_0 の任意の自己共役拡張はこのようにして得られる. L が a で極限円, b で極限点の場合も同様である.

証明. $n_+ = n_- = 1$ だから, 定理 4.14, 定理 4.15 によって L_0 の自己共役拡張 S に対して

$$D(L_0) \subset D(S) \subset D(L_0^*), \quad \dim(D(S)/D(L_0)) = 1.$$

またこれを満たす L_0 の対称閉拡張 S は定理 4.15 の証明によって自己共役である. $D(L_0^*)$ の部分空間 $\mathcal{D}$ で $\dim \mathcal{D}/D(L_0) = 1$ となるものは適当な複素数の組 $(\alpha, \beta) \neq (0,0)$ を用いて

$$\mathcal{D}_{\alpha,\beta} = \{u \in D(L_0^*) : \alpha A_0(u) - \beta A_1(u) = 0\}$$

のように与えられる. したがって, $\mathcal{D}_{\alpha,\beta}$ への L_0^* の制限を $L_{\alpha,\beta}$ と書くとき, L_0 の自己共役拡張の全体は $L_{\alpha,\beta}$ が対称作用素となる $L_{\alpha,\beta}$ の全体に等しい. (4.53) によって, $u, v \in \mathcal{D}_{\alpha,\beta}$ に対して, $(L_0^* u, v) = (u, L_0^* v)$ となるためには $A_0(u)\overline{A_1(v)} - A_1(u)\overline{A_0(v)} = 0$ であることが必要十分, このためには $\alpha/\beta \in \mathbb{R}$ となることが必要十分である. これより定理が従う. □

定理 4.49. L は a で極限点, b は L の正則境界点とする. このとき, L_θ を L_0^* の

$$D(L_\theta) = \{u \in D(L_0^*) : u(b)\cos\theta - u'(b)\sin\theta = 0\}, \tag{4.54}$$

への制限とすれば, L_0 の自己共役拡張の全体は $\{L_\theta: , 0 \leq \theta < 2\pi\}$ に等しい. a が L の正則境界点, L が b で極限点のときも同様である.

証明. (4.40) の $A_{b0}(u) = u(b)$, $A_{b1}(u) = u'(b)$ は $\mathcal{B}_b(L)$ の基底で, $[u,\overline{v}](b) = A_{b0}(u)\overline{A_{b1}(v)} - A_{b1}(u)\overline{A_{b0}(v)}$ である. ゆえに, 定理は定理 4.48 から直ちに従う. □

L が a でも b でも極限円の場合は $\dim D(L_0^*)/D(L_0) = 4$ である. 定理 4.48 の証明と同様にして, L_0 の自己共役拡張は L_0^* の $\dim \mathcal{D}/D(L_0) = 2$ となる $D(L_0^*)$ の部分空間 $\mathcal{D}$ への制限で対称作用素となるもので, このためには $u, v \in \mathcal{D}$ に対して $[u,v](b) - [u,v](a) = 0$ となることが必要十分である. $\dim \mathcal{D}/D(L_0) = 2$ を満たす部分空間 $\mathcal{D}$ は補題 4.47 の実境界値 A_0, A_1, B_0, B_1 の 1 次独立な 1 次結合 ℓ_1, ℓ_2 を用いて

$$\mathcal{D} = \{u \in D(L_0^*) : \ell_1(u) = \ell_2(u) = 0\}$$

と与えられる．このような条件のうち，$\ell_a \in \mathcal{B}_a(L)$ と $\ell_b \in \mathcal{B}_b(L)$ を用いて
$$\ell_a(u) = \alpha_0 A_0(u) + \alpha_1 A_1(u) = 0, \quad \ell_b(u) = \beta_0 B_0(u) + \beta_1 B_1(u) = 0$$
の形で与えられるものは**分離型境界条件**と呼ばれる．定理 4.48 の証明から次が得られる．

定理 4.50. L が a でも b でも極限円で，a における 1 次独立な実境界値 A_0, A_1, b における 1 次独立な実境界値 B_0, B_1 が存在して，(4.51), (4.52) が成立するとする．このとき，L_0 の自己共役拡張を与える分離型境界条件は適当な実数 $\theta, \tau \in [0, 2\pi)$ によって
$$A_0(u)\cos\theta - A_1(u)\sin\theta = 0, \quad B_0(u)\cos\tau - B_1(u)\sin\tau = 0$$
と与えられる．

a, b が L の正則境界点のとき，次の 2 つの分離型境界条件
$$u(a) = u(b) = 0, \quad u'(a) = u'(b) = 0$$
はそれぞれ **Dirichlet 境界条件**, **Neumann 境界条件**と呼ばれる．

4.4.3 極限点・極限円のための条件

$V \in L^2_{\text{loc}}(a, b)$ のとき，$L = -(d/dx)^2 + V(x)$ が $x = a$ あるいは $x = b$ において極限点あるいは極限円となるための十分条件を与えよう．

■**無限遠の場合** まず $b = \infty$ において極限点となるための十分条件を与える．次の定理の条件を満たす $Q(x)$ の典型的な例は $Q(x) = Cx^2\{\log(1+x^2)\}^\beta$, $C > 0, \beta \leq 1$ は定数，である．

定理 4.51. $Q(x) > 0$ は C^1 級で適当な定数 $C, R > 0$ に対して 2 条件：
$$\int_R^\infty Q(x)^{-1/2} dx = \infty, \quad \text{任意の } x > R \text{ に対して}, |Q'(x)| \leq CQ(x)^{3/2}$$
を満たすとする．十分大きなすべての x に対して，$V(x) \geq -Q(x)$ なら L は $x = \infty$ において極限点である．

証明． ∞ で極限円として矛盾を導こう．$\varphi_\theta, \psi_\theta$ を初期条件 (4.29) を満たす $Lu = 0$ の解とする．$\varphi_\theta, \psi_\theta \in L^2(c, \infty)$ である (これ以降，添字 θ を省略する)．$\varphi(x)\psi'(x) - \varphi'(x)\psi(x) = 1$ だから，Schwarz の不等式によって
$$\infty = \int_R^\infty \frac{dx}{\sqrt{Q(x)}} = \int_R^\infty \frac{|\varphi(x)\psi'(x) - \varphi'(x)\psi(x)|dx}{\sqrt{Q(x)}}$$
$$\leq \|\varphi\|_2 \left(\int_R^\infty \frac{|\psi'(x)|^2}{Q(x)} dx\right)^{1/2} + \|\psi\|_2 \left(\int_R^\infty \frac{|\varphi'(x)|^2}{Q(x)} dx\right)^{1/2}.$$
したがって，定理は次の補題から従う．L が $x = \infty$ で極限円であれば $\varphi, \psi \in L^2(C, \infty)$ だからである． □

4.4 直線上の Schrödinger 作用素

補題 4.52. Q, V は定理 4.51 の条件を満たすとする. $u \in L^2(c, \infty)$ が $Lu = 0$ を満たせば

$$\int_R^\infty \frac{|u'(x)|^2}{Q(x)} dx < \infty.\tag{4.55}$$

証明. V は実数値だから, u が $Lu = 0$ を満たせば, u の実部, 虚部のいずれも同じ方程式を満たす. したがって, u は実数値としてよい. $d > R$ に対して

$$N(d) = \int_R^d u(x)^2 dx, \quad I(d) = \int_R^d \frac{u'(x)^2}{Q(x)} dx$$

とおく. 任意の $d > R$ に対して $N(d) \leq \|u\|^2_{L^2(R,\infty)} \equiv N < \infty$ である. $I(d)$ の被積分関数を $(u'/Q)u'$ と書いて部分積分し, $u'' = Vu$ を用いると

$$I(d) = \left.\frac{u'(x)u(x)}{Q(x)}\right|_R^d - \int_R^d \frac{V(x)u(x)^2}{Q(x)} dx + \int_R^d \frac{Q'(x)u'(x)u(x)}{Q(x)^2} dx.$$

仮定によって $V/Q \geq -1, |Q'|/Q^2 \leq CQ^{-1/2}$ だから

$$\int_R^d \frac{V(x)u(x)^2}{Q(x)} dx \geq -\int_R^d u(x)^2 dx = -N(d) \geq -N,$$

$$\int_R^d \frac{|Q'(x)u'(x)u(x)|}{Q(x)^2} dx \leq C\int_R^d \frac{|u'(x)u(x)|}{Q(x)^{1/2}} dx \leq CI(d)^{1/2}N^{1/2}.$$

ゆえに, $d \to \infty$ のとき, $I(d) \to \infty$ とすれば

$$\left.\frac{u'(x)u(x)}{Q(x)}\right|_R^d \geq I(d) - N - CI(d)^{1/2}N^{1/2} \to \infty$$

となり, 十分大きなすべての x に対して $u'(x)$ と $u(x)$ は同符号でなければならない. このとき, 明らかに $u \in L^2(c, \infty)$ となることはできない. これは矛盾である. したがって, $I(d)$ は有界である. □

次の定理によって, 定理 4.51 の条件の無限遠方での条件は極限点であるためのほぼ最良であることがわかる.

定理 4.53. V は C^2 級で, 十分大きな R に対して次を満たすとする:$R < x < \infty$ のとき, $V(x) < 0, |V''||V|^{-\frac{3}{2}}, |V'|^2|V|^{-\frac{5}{2}} \in L^1(R, \infty)$, さらに

$$\int_R^\infty \frac{dx}{\sqrt{|V(x)|}} < \infty.\tag{4.56}$$

このとき, L は ∞ において極限円である. $-\infty$ においても同様である.

証明. $-u'' + Vu = 0$ の解がすべて $u \in L^2(R, \infty)$ を満たすことを示せばよい. $R = 0$ として一般性を失わない. 独立変数および未知関数の変換

$$y(x) = \int_0^x \sqrt{|V(t)|} dt, \quad u(x) = \frac{w(y(x))}{(-V(x))^{1/4}}\tag{4.57}$$

を行う. $x \mapsto y(x)$ は $y(0) = 0$ を満たす $[0, \infty)$ の C^3 級同型写像である.

$$\int_0^\infty |u(x)|^2 dx = \int_0^\infty \frac{|w(y(x))|^2}{\sqrt{-V(x)}} dx$$

だから仮定 (4.56) によって, $w(y)$ が $(0, \infty)$ 上有界であることを示せばよい. w は

$$\frac{d^2 w}{dy^2} + w + W(y)w = 0, \quad W(y) = \frac{V''(x)}{4V(x)^2} - \frac{5V'(x)^2}{16V(x)^3} \quad (4.58)$$

を満たす (問題 4.54). ここで, $|W(y)|dy = |W(y(x))||V(x)|^{1/2}dx$ だから, 仮定によって $W \in L^1(0, \infty, dy)$ である. w が任意の有界区間上で有界なのは明らかだから, $w(y)$ が十分大きな $R > 0$ に対して (R, ∞) 上で有界なことを示せばよい. (4.58) の $w(R) = \alpha, w'(R) = \beta$ を満たす解は積分方程式

$$w(y) = \alpha \cos(y - R) + \beta \sin(y - R) - \int_R^y \sin(y - z)W(z)w(z)dz \quad (4.59)$$

の解である. 任意の $d > R$ に対して $w \in L^\infty(R, d)$ である, そこで, $L^\infty(R, d)$ 上の積分作用素 K_R を

$$K_R w(y) = \int_R^y \sin(y - z)W(z)w(z)dz,$$

$u_0(y) = \alpha \cos(y - R) + \beta \sin(y - R)$ と定義し, (4.59) を

$$(1 + K_R)w = u_0$$

書く. 任意の $d > R$ に対して

$$\|K_R w\|_{L^\infty(R,d)} \le \|W\|_{L^1(R,d)} \|w\|_{L^\infty(R,d)} \le \|W\|_{L^1(R,\infty)} \|w\|_{L^\infty(R,d)}.$$

したがって K_R は $L^\infty(R, d)$ の有界作用素, $R > 0$ が十分大きければ $d > R$ に関して一様に $\|K_R\|_{\mathbf{B}(L^\infty(R,d))} < 1/2$, したがって, 任意の $d \ge R$ に対して

$$\|w\|_{L^\infty(R,d)} = \|(1 + K_R)^{-1} u_0\|_{L^\infty(R,d)} \le 2\|u_0\|_{L^\infty(R,d)} \le 2(\alpha^2 + \beta^2)^{1/2}$$

である. ゆえに (4.59) の任意の解は (R, ∞) 上有界である. □

問題 4.54. u が $-u'' + Vu = 0$ を満たすことと w が (4.58) を満たすことは同値であることを示せ.

定理 4.51, 定理 4.53 によって, $L = -d^2/dx^2 - cx^\alpha$, $c > 0$ は $x = \infty$ において, $\alpha \le 2$ ならば極限点, $\alpha > 2$ ならば極限円, 負の方向への増大指数 2 は臨界値である.

注意 4.55. (1) 変数変換 (4.57) は定常 WKB 法と呼ばれる変換で, 定常 Schrödinger 方程式に対して第 6 章で解説する WKB 法に対応するものである.
(2) 定理 4.51 あるいは定理 4.53 における V の条件とハミルトニアン $p^2 + V(x)$ に従う

4.4 直線上の Schrödinger 作用素

古典粒子の運動との間には関係がある．エネルギー $E > 0$ の古典粒子 (質量 1/2) はエネルギー保存則によって $(dx/dt)^2 = E - V(x)$ を満たすから，もし V が定理 4.53 の (4.56) を満たすとすると，$t = 0$ に $x = x_0 > 0$ を正の方向に出発した粒子は有限時間

$$\tau = \int_{x_0}^{\infty} \frac{dx}{\sqrt{E - V(x)}}$$

の間に無限遠方に到達してしまう．さらに $E \to \infty$ のとき $\tau \to 0$ である．したがって，任意に固定した $T > 0$ に対して，時間 $0 < t < T$ の間の粒子の運動を，どのように大きなエネルギーをもつ粒子に対しても定めるためには，粒子が無限遠方からどのように跳ね返ってくるかをあらかじめ指定しなければならない．これに対応して Schrödinger 方程式の解を決めるには無限遠方で適当な境界条件を課さなければならない．このとき，解は境界条件によって異なってくるがこの境界条件は無限遠方にあるため "有限の領域では見えない"．これが Schrödinger 方程式に (L^2 の枠組みの中で考えても) 解が無限に多く存在する直観的な説明である．一方，次元が 2 以上の空間で強い磁場が働くと ($d = 1$ では磁場は働かない)，磁場によって粒子の直線運動は強く曲げられて (3.4 節参照) 粒子の無限遠方に逃げる速度が抑えられるため，$V(x) < -C\langle x\rangle^{2+\varepsilon}$ であっても無限遠への有限時間到達が禁じられることがある．このようなとき，解は一意的に決定され $L_{\min}$ は本質的に自己共役になる ([45] 参照)．事情は原点の特異点に関しても同様である．

■**有限な点の場合** 次に有限の点 a の場合を考えよう．$a = 0$ とし任意に小さい $c > 0$ に対して区間 $(0, c)$ を含む区間で考えれば十分である．

定理 4.56. $L = -d^2/dx^2 + V(x)$ は $x = 0$ の近傍において

(1) $V(x) \geq \frac{3}{4}x^{-2}$ であれば，$x = 0$ において極限点，
(2) $0 < k < \frac{3}{4}$ に対して $|V(x)| \leq kx^{-2}$ であれば，$x = 0$ において極限円である．

証明. (1) $V_0(x) = \frac{3}{4}x^{-2}$ とする．このとき，$u = x^\lambda$ に対して

$$-u''(x) + V_0(x)u(x) = \{-\lambda(\lambda - 1) + \tfrac{3}{4}\}x^{\lambda - 2}. \tag{4.60}$$

したがって，$u(x) = Ax^{-1/2} + Bx^{3/2}$ が $-u'' + V_0 u = 0$ の一般解．初期条件 $u(c) = 0$，$u'(c) = -1$ を満たす解は

$$u(x) = \tfrac{1}{2}(xc)^{-1/2}(c^2 - x^2) > 0, \quad 0 < x < c$$

で $u \notin L^2(0, c)$ である．$V(x) \geq V_0(x) = \frac{3}{4}x^{-2}$ とし，v を初期値問題

$$-v'' + V(x)v = 0, \quad v(c) = 0, \quad v'(c) = -2$$

の解とする．$0 < x < c$ において $v(x) \geq u(x)$ であることを示そう．これが示せれば $v \notin L^2(0, c)$，したがって L は 0 において極限点であることがわかる．

$$b_0 = \inf\{0 < b < c: b \leq \forall x < c \text{ において } u'(x) > v'(x), v(x) > u(x)\} \tag{4.61}$$

と定義する．$u(c) = v(c)$ で $u'(c) > v'(c)$ だから，$b < c$ が c に十分近ければ b は右辺の集合に属し，$\{\cdots\}$ は空ではない．$b_0 = 0$ を示せばよい．$b_0 > 0$ とする．このとき，$u'(b_0) = v'(b_0)$ か $v(b_0) = u(b_0)$ が成立せねばならない．ところが，$u(c) = v(c) = 0$ で，$b_0 < x < c$ で $u'(x) > v'(x)$ だから $u(b_0) < v(b_0)$．一方，$b_0 < x < c$ で $v(x) > u(x) > 0$ だから $V(x)v(x) \geq V_0(x)u(x)$，したがって

$$u'(b_0) = -1 - \int_{b_0}^c u''(x)dx = -1 - \int_{b_0}^c V_0(x)u(x)dx > -2 - \int_{b_0}^c V(x)v(x)dx = v'(b_0).$$

これは矛盾である．ゆえに $b_0 = 0$ である．

(2) $0 < k < \frac{3}{4}$，$V_1(x) = kx^{-2}$ とする．(4.60) と同様にして

$$-u'' + V_1(x)u = 0 \tag{4.62}$$

の一般解は $u(x) = Ax^{\lambda_+} + Bx^{\lambda_-}$，$\lambda_\pm = \frac{1}{2} \pm \left(\frac{1}{4} + k\right)^{1/2}$．$k < \frac{3}{4}$ だから $\lambda_\pm > -\frac{1}{2}$，(4.62) の解はすべて $L^2(0,c)$ に含まれる．$|V(x)| \leq V_1(x)$ のとき，$Lv = 0$ の解 v はすべて $L^1(0,c)$ に含まれることを示そう．$Lv = 0$ の解 v に対して初期条件

$$u(c) = |v(c)| + 1, \quad u'(c) = -|v'(c)| - 1$$

を満たす (4.62) の解を u とする．$|v(x)| \leq u(x)$ を示せば十分である．再び

$$b_0 = \inf\{0 < b < c:\ b \leq x < c \text{ において } u(x) > |v(x)|,\ u'(x) < -|v'(x)|\}$$

と定義する．ここでも $b < c$ が c に十分近ければ b は右辺の集合に含まれ，$\{\cdots\}$ は空ではない．$b_0 > 0$ とすれば $u(b_0) = |v(b_0)|$，あるいは $u'(b_0) = -|v'(b_0)|$ が成立せねばならないが，$u(b_0) = |v(b_0)|$ が起こりえないのは前と同様である．実際

$$u(b_0) = u(c) - \int_{b_0}^c u'(x)dx \geq |v(c)| + 1 + \int_{b_0}^c |v'(x)|dx$$

$$\geq |v(c)| + 1 + \left|\int_{b_0}^c v'(x)dx\right| = |v(c)| + 1 + |v(b_0) - v(c)| \geq 1 + |v(b_0)| > |v(b_0)|$$

また，$u'(b_0) = -|v'(b_0)|$ も起きない．

$$u'(b_0) = -|v'(c)| - 1 - \int_{b_0}^c u''(x)dx = -|v'(c)| - 1 - \int_{b_0}^c V_1(x)u(x)dx$$

$$< -|v'(c)| - \int_{b_0}^c |V(x)v(x)|dx < -|v'(c)| - \left|\int_{b_0}^c v''(x)dx\right| \leq -|v'(b_0)|$$

だからである．したがって $b_0 = 0$ で $|v(x)| \leq u(x)$ が成立する．□

4.5 摂動論の方法・Kato–Rellich の定理

原子や分子を記述するハミルトニアンは (1.134) のように自由 Schrödinger 作用素の摂動として与えられることが多い．(本質的) 自己共役作用素 A の摂動 $A + B$ が再び (本質

4.5 摂動論の方法・Kato–Rellich の定理

的) 自己共役となるための十分条件を与える **Kato–Rellich の定理**は摂動論において基本的である. $\mathcal{H}, \mathcal{K}$ を Hilbert 空間とする.

4.5.1 Kato–Rellich の定理

定義 4.57. A は $\mathcal{H}$ 上の閉作用素, B は $\mathcal{H}$ から $\mathcal{K}$ への作用素とする. $D(A) \subset D(B)$ で適当な定数 $a, b \geq 0$ に対して

$$\|Bu\| \leq a\|Au\| + b\|u\|, \quad u \in D(A) \tag{4.63}$$

が満たされるとき, B は A **有界**であるといわれる. ある b が存在して (4.63) の成立するような定数 a の下限を B の A **限界**という.

次の定理のコア (あるいは核) については定義 1.33 を参照.

定理 4.58 (Kato–Rellich の定理). A を $\mathcal{H}$ の自己共役作用素, B を対称作用素とする. B が A 有界で A 限界が 1 より小さければ, $A + B$ は自己共役である. このとき, $\mathcal{D}$ が A のコアなら, $\mathcal{D}$ は $A + B$ のコアでもある.

証明. $A + B$ は明らかに対称である. $\pm\lambda > 0$ のとき, $i\lambda \in \rho(A)$ である. $R(i\lambda) = (A - i\lambda)^{-1}$ と書く. $\|AR(i\lambda)\| \leq 1$, $\|R(i\lambda)\| \leq 1/|\lambda|$ が成立する. $D(A) \subset D(B)$ だから

$$A + B - i\lambda = (1 + BR(i\lambda))(A - i\lambda)$$

が成立する. ここで, B の A 限界 < 1 だから, 定数 $a < 1$ と $b > 0$ が存在して,

$$\|BR(i\lambda)u\| \leq a\|AR(i\lambda)u\| + b\|R(i\lambda)u\| \leq (a + b|\lambda|^{-1})\|u\|.$$

ゆえに十分大きな $|\lambda|$ に対して $\|BR(i\lambda)\| < 1$ となり, $1 + BR(i\lambda)$ は $\mathcal{H}$ の同型写像である. したがって $A + B - i\lambda$ は $D(A + B) = D(A)$ から $\mathcal{H}$ への 1 対 1 上への写像, よって $A + B$ は自己共役作用素である. $\mathcal{D}$ が A のコアなら, $(A - i\lambda)\mathcal{D}$ は稠密. ゆえに $(A + B - i\lambda)\mathcal{D}$ も稠密となり, $\mathcal{D}$ が $A + B$ のコアでもあることがわかる. □

定義域をきちんと知ることは作用素の様々な性質を知るのにきわめて役に立つ. 定理 4.58 では定義域に対して $D(A + B) = D(A)$ が成立する. この定理が応用されるのは $D(A)$ がある程度きちんと特徴づけられている場合が多く, この場合には $D(A + B)$ の定義域も同程度きちんとわかることになる. これは Kato–Rellich の定理の利点の一つである.

■ A **コンパクト作用素**

定義 4.59. A は $\mathcal{H}$ 上の閉作用素, B は $\mathcal{H}$ から $\mathcal{K}$ への作用素とする. $\rho(A) \neq \emptyset$ で, ある $z \in \rho(A)$ に対して $B(A - z)^{-1}$ がコンパクト作用素となるとき, B は A **コンパクト**であるといわれる.

問題 4.60. $B(A-z)^{-1}$ がある $z \in \rho(A)$ に対してコンパクト作用素であることと,任意の $z \in \rho(A)$ に対してコンパクト作用素であることは同値であることを示せ.

補題 4.61. A を稠密な定義域をもつ閉作用素とする.B が A コンパクトなら,A 有界で B の A 限界は 0 である.

証明. $B(A-z)^{-1}$ はコンパクトだから,任意の $\varepsilon > 0$ に対して,$\|R\| < \varepsilon$ を満たす有界作用素 R と有限次元作用素 F が存在して

$$B(A-z)^{-1} = F + R, \quad F = \sum_{j=1}^{n} |\varphi_j\rangle\langle\psi_j|$$

となる.$D(A)$ は $\mathcal{H}$ で稠密であるから $\psi_1, \ldots, \psi_n$ を $D(A)$ の要素で近似し,R を必要なら取り替えて,$\psi_1, \ldots, \psi_n \in D(A)$ としてよい.このとき,任意の $u \in D(A)$ に対して

$$\|Bu\| = \Big\|\sum_{j=1}^{n} |\varphi_j\rangle\langle\psi_j|(A-z)u\rangle + R(A-z)u\Big\|$$

$$\leq \sum_{j=1}^{n} \|\varphi_j\| |\langle (A-\overline{z})\psi_j | u\rangle| + \|R\| \|(A-z)u\|$$

$$\leq \Big(\sum_{j=1}^{n} \|\varphi_j\| \|(A-\overline{z})\psi_j\| + |z|\|R\|\Big)\|u\| + \varepsilon\|Au\|.$$

したがって,B は A 有界で,B の A 限界は 0 である. □

補題 4.61 と定理 4.58 から次は明らかである.

定理 4.62. A を $\mathcal{H}$ 上の自己共役作用素,B を対称作用素とする.B が A コンパクトなら,$A+B$ は自己共役,A のコアは $A+B$ のコアでもある.

4.5.2 原子・分子のハミルトニアンの自己共役性

混乱が起きる危険のないときには,関数 f による掛け算作用素 M_f を単に f と書く.原子や電子など質量 $m_1, \ldots, m_N$ の N 個の量子力学的粒子を記述するハミルトニアンは $\hbar = 1$ とするとき,$\mathcal{H} = L^2(\mathbb{R}^{3N})$ 上の次の形の偏微分作用素

$$H = -\sum_{j=1}^{N} \frac{\Delta_j}{2m_j} + \sum_{j<k} V_{jk}(x_j - x_k) \tag{4.64}$$

で与えられる ((1.134) 参照).ただし,$x_1, \ldots, x_N \in \mathbb{R}^3$ で Δ_j は変数 $x_j \in \mathbb{R}^3$ に関する 3 次元ラプラシアン,粒子 j と k の間の相互作用を記述するポテンシャル V_{jk} は $\mathbb{R}^3$ 上の実可測関数で,粒子が原子核や電子であれば $V_{jk}(x_j - x_k)$ はクーロンポテンシャル

$$V_{jk}(x_j - x_k) = \frac{Z_j Z_k e^2}{|x_j - x_k|}$$

4.5 摂動論の方法・Kato–Rellich の定理

である．ただし $Z_j e, Z_k e$ はこれらの粒子の電荷を表す定数である．Kato–Rellich の定理 4.58 を用いて加藤敏夫によって証明された次の定理は量子力学の具体的なモデルに対する数学的な研究の端緒を開いた歴史的な定理である．クーロンポテンシャルが次の定理の条件を満たすことは明らかであろう．

定理 4.63. 各 $j < k$ に対して V_{jk} は $V_{jk}^{(1)} \in L^2(\mathbb{R}^3)$ と $V_{jk}^{(2)} \in L^\infty(\mathbb{R}^3)$ を用いて $V_{jk} = V_{jk}^{(1)} + V_{jk}^{(2)}$ と書けるとする．このとき (4.64) によって定義された $\mathcal{H} = L^2(\mathbb{R}^{3N})$ 上の作用素 H は定義域を $D(H) = H^2(\mathbb{R}^{3N})$ として自己共役，$C_0^\infty(\mathbb{R}^{3N})$ は H のコアである．

証明のために次の補題を用意する．

補題 4.64. $H_0 = -\Delta$ を 3 次元自由 Schrödinger 作用素，$V \in L^2(\mathbb{R}^3)$ とする．掛け算作用素 V は $\mathcal{H} = L^2(\mathbb{R}^3)$ 上，H_0 コンパクトである．

証明． 定理 2.91 によって，$V(H_0 + k^2)^{-1}$, $k > 0$ は $K(x,y) = V(x) e^{-k|x-y|}/4\pi|x-y|$ を積分核にもつ積分作用素である．Fubini の定理を用いれば
$$\int_{\mathbb{R}^6} |K(x,y)|^2 dx dy = \|V\|_2^2 \cdot \frac{1}{16\pi^2} \int_{\mathbb{R}^3} \frac{e^{-2k|x|}}{|x|^2} dx = \frac{\|V\|_2^2}{8k\pi} < \infty$$
ゆえに，$V(H_0 + k^2)^{-1}$ は Hilbert–Schmidt 型，よってコンパクトである． $\square$

補題 4.65. 正則線形変換 $A\colon \mathbb{R}^d \to \mathbb{R}^d$ の引き起こす L^2 のユニタリ変換を
$$(U_A u)(x) = |\det A|^{-1/2} u(Ax),$$
$P = (P_1, \ldots, P_d) = (-i\partial_1, \ldots, -i\partial_d)$ (縦ベクトル) を運動量作用素とする．このとき，
$$U_A P_j U_A^{-1} = ({}^t A^{-1} P)_j, \quad j = 1, \ldots, d \tag{4.65}$$
が (定義域を込めて) $L^2(\mathbb{R}^d)$ 上の作用素の間の等式として成立する．

証明． $A = (a_{jk})$, $|\det A|^{-1/2} = J_A$ とする．$u \in \mathcal{S}(\mathbb{R}^d)$ に対して
$$\partial_k[U_A u](x) = J_A \partial_k\{u(Ax)\} = J_A \Big(\sum_j a_{jk} \partial_j u\Big)(Ax) = \Big[U_A \sum_j a_{jk} \partial_j u\Big](x),$$
したがって，$P_k U_A u = U_A ({}^t AP)_k u$, $k = 1, \ldots, d$ が成立する．A を A^{-1} で，k を j で取り替えれば (4.65) が $\mathcal{S}$ 上で成立することがわかる．$\mathcal{S}$ は P_j, $j = 1, \ldots, d$ のコアで，$U_A \mathcal{S} = \mathcal{S}$．ゆえに (4.65) は $L^2(\mathbb{R}^d)$ 上の作用素に対する等式として成立する． $\square$

■定理 4.63 の証明． $H_0 = -\sum_{j=1}^N \Delta_j/2m_j$, $D(H_0) = H^2(\mathbb{R}^{3N})$ と定義する．H_0 は $\mathcal{H} = L^2(\mathbb{R}^{3N})$ 上の自己共役作用素で C_0^∞ は H_0 のコアであった．$x' = (x_3, \ldots, x_N) \in \mathbb{R}^{3(N-2)}$ として $(x_1, \ldots, x_n) = (x_1, x_2, x')$ と書く．$\mathbb{R}^{3N}$ の座標変換を
$$(x, y, x') = \Big(x_2 - x_1, \frac{m_1 x_1 + m_2 x_2}{m_1 + m_2}, x'\Big), \quad v(x, y, x') = u(x_1, x_2, x')$$

と定義する．この変換のヤコビアンは 1，したがって

$$\int |V_{12}^{(1)}(x_1-x_2)u(x_1,x_2,x')|^2 dx_1 dx_2 dx' = \int |V_{12}^{(1)}(x)v(x,y,x')|^2 dxdydx', \quad (4.66)$$

$x, y \in \mathbb{R}^3$ に関するラプラシアンを Δ_x, Δ_y と書けば (4.65) によって

$$H_0 = -\frac{1}{2m}\Delta_x - \frac{1}{2M}\Delta_y - \sum_{j=3}^{N} \frac{1}{2m_j}\Delta_j \quad (4.67)$$

である．ただし $m = m_1 m_2/(m_1+m_2)$, $M = m_1 + m_2$ は m_1, m_2 の換算質量および全質量である．変数 $(y, x') \in \mathbb{R}^{3(N-1)}$ を固定して，変数 $x \in \mathbb{R}^3$ についての補題 4.64 と補題 4.61 を用いれば，任意の $\varepsilon > 0$ に対して定数 $C_\varepsilon > 0$ が存在して

$$\int_{\mathbb{R}^3} |V_{12}^{(1)}(x)v(x,y,x')|^2 dx \leq \varepsilon^2 \int_{\mathbb{R}^3} \left|-\left(\frac{1}{2m}\Delta_x v\right)(x,y,x')\right|^2 dx + C_\varepsilon^2 \int_{\mathbb{R}^3} |v(x,y,x')|^2 dx.$$

これを $dydx'$ について積分すれば

$$(4.66) \leq \varepsilon^2 \int_{\mathbb{R}^3} \left|-\left(\frac{1}{2m}\Delta_x v\right)(x,y,x')\right|^2 dxdydx' + C_\varepsilon^2 \int_{\mathbb{R}^3} |v(x,y,x')|^2 dxdydx'. \quad (4.68)$$

Plancherel の等式を用いて (4.68) の右辺第 1 項の積分を

$$\int_{\mathbb{R}^{3N}} \left|\frac{1}{2m}\xi^2 \hat{v}(\xi,\eta,\xi')\right|^2 d\xi d\eta d\xi' \leq \int_{\mathbb{R}^{3N}} \left|\left(\frac{1}{2m}\xi^2 + \frac{1}{2M}\eta^2 + \sum_{j=3}^{N}\frac{\xi_j^2}{2m_j}\right)\hat{v}(\xi,\eta,\xi')\right|^2 d\xi d\eta d\xi'$$

$$= \int_{\mathbb{R}^{3N}} \left|\left(-\frac{1}{2m}\Delta_x - \frac{1}{2M}\Delta_y - \sum_{j=3}^{N}\frac{1}{2m_j}\Delta_j\right)v(x,y,x')\right|^2 dxdydx'$$

と評価する．これらをあわせて，座標を元に戻せば

$$\|V_{12}^{(1)}(x_1-x_2)u\|_{\mathcal{H}} \leq \varepsilon\|H_0 u\|_{\mathcal{H}} + C_\varepsilon\|u\|_{\mathcal{H}}.$$

$V_{12}^{(2)}(x_1-x_2)$ は有界だから，これから $V_{12}(x_1-x_2)$ が H_0 有界で，H_0 限界が 0 であることがわかる．(1,2) をほかの対 (j,k) に変えても同様である．ゆえに $V = \sum_{j<k} V(x_j-x_k)$ は H_0 有界で V の H_0 限界は 0. 定理 4.63 は Kato–Rellich の定理 4.58 から従う． □

4.5.3　L^p 評価, Sobolev 空間 $W^{k,p}(\Omega)$

以下の議論で必要になるいくつかの不等式を用意しておこう．$\Omega \subset \mathbb{R}^d$ を開集合とする．$k = 0, 1, \ldots, 1 \leq p \leq \infty$ のとき，任意の $|\alpha| \leq k$ に対して $\partial^\alpha u \in L^p(\Omega)$ を満たす u の全体を $W^{k,p}(\Omega)$ と定義し，これも Sobolev 空間と呼ぶ．$u \in W^{k,p}(\Omega)$ のノルムを

$$\|u\|_{W^{k,p}(\Omega)} = \left(\sum_{|\alpha|\leq k} \|\partial^\alpha u\|_{L^p(\Omega)}^p\right)^{\frac{1}{p}} \quad (4.69)$$

4.5 摂動論の方法・Kato–Rellich の定理

と定義する．もちろん $\partial^\alpha u$ は u の超関数微分である．

問題 4.66. $(W^{k,p}(\Omega), \|u\|_{W^{k,p}(\Omega)})$ は Banach 空間であることを示せ．Ω が一様に C^k 級の領域のとき，系 2.32 の証明をくりかえして $C^k(\overline{\Omega}) \cap W^{k,p}(\Omega)$ が $W^{k,p}(\Omega)$ において調密であることを示せ．

■**Sobolev の埋蔵定理** Ω を有界な凸領域とする．

補題 4.67. $u \in W^{1,1}(\Omega)$ に対して

$$|u(x) - u_\Omega| \leq \frac{(\operatorname{diam} \Omega)^d}{d|\Omega|} \int_\Omega \frac{|\nabla u(y)|}{|x-y|^{d-1}} dy \qquad (4.70)$$

が成立する．ここで u_Ω は u の Ω 上での平均値である：

$$u_\Omega = \frac{1}{|\Omega|} \int_\Omega u(x) dx.$$

証明 $C^1(\overline{\Omega})$ は $W^{1,1}(\Omega)$ において稠密だから，$u \in C^1(\overline{\Omega})$ に対して (4.70) を示せばよい．x, y を線分で結んで $u((1-t)x + ty)$ を t で微分して $0 \leq t \leq 1$ 上積分すれば $\omega = (x-y)/|x-y|$ と書くとき

$$u(x) - u(y) = \int_0^1 \nabla u((1-t)x + ty) \cdot (x-y) dt = \int_0^{|x-y|} \nabla u(x - t\omega) \cdot \omega dt.$$

両辺を $y \in \Omega$ について平均して

$$u(x) - u_\Omega = \frac{1}{|\Omega|} \int_\Omega \left(\int_0^{|x-y|} \nabla u(x - t\omega) \omega dt \right) dy, \quad \omega = (x-y)/|x-y|.$$

$\mathbb{R}^d$ 上の関数 $w(x)$ を $x \in \Omega$ のとき $w(x) = |\nabla u(x)|$，$x \notin \Omega$ のとき $w(x) = 0$ と定義する．$\delta = \operatorname{diam} \Omega$ と書く．$\Omega \subset B_x(\delta)$ だから，これより $\sigma = y/|y|$，単位球面を Σ と書くとき，

$$|u(x) - u_\Omega| \leq \frac{1}{|\Omega|} \int_{B_x(\delta)} \left(\int_0^\infty w(x - t\omega) dt \right) dy = \frac{1}{|\Omega|} \int_{|y|<\delta} \left(\int_0^\infty w(x - t\sigma) dt \right) dy.$$

積分順序を変え，極座標 $y = r\sigma, r > 0$ を導入すれば

$$\text{右辺} = \frac{1}{|\Omega|} \int_0^\infty \left(\int_{\sigma \in \Sigma} \int_0^\delta w(x + t\sigma) r^{d-1} dr d\sigma \right) dt$$
$$= \frac{\delta^d}{d|\Omega|} \int_0^\infty \int_{\sigma \in \Sigma} w(x + t\sigma) d\sigma dt = \frac{\delta^d}{d|\Omega|} \int_\Omega \frac{|\nabla u(y)|}{|x-y|^{d-1}} dy. \qquad \square$$

定理 4.68. Ω は $(\operatorname{diam} \Omega)^d/|\Omega| \leq C$ を満たす凸領域，$k = 0, 1, \ldots$ とする．このとき，$1/q = 1/p - k/d$ を満たす $1 \leq p < q \leq \infty$ に対して

$$\|u\|_{L^q(\Omega)} \leq C \sum_{0 \leq |\alpha| \leq k} |\Omega|^{-\frac{k-|\alpha|}{d}} \|D^\alpha u\|_{L^p(\Omega)}. \qquad (4.71)$$

証明. $1/q_j = 1/p - (k-j)/d$, $j = 1, \ldots, k$ と定義する. $1/q_j = 1/q_{j-1} - 1/d$ である. (4.70) の両辺の $L^q(\Omega)$ ノルムをとり右辺に Hardy–Littlewood–Sobolev の不等式を用い, $|u_\Omega|$ に Hölder の不等式を用いれば,

$$\|u\|_{L^q(\Omega)} \leq |u_\Omega| |\Omega|^{1/q} + C\|\nabla u\|_{L^{q_1}(\Omega)} \leq \|u\|_{L^{q_1}(\Omega)} |\Omega|^{-1/d} + C\|\nabla u\|_{L^{q_1}(\Omega)}.$$

q を q_1 に置き換えて議論を繰り返せば

$$\text{右辺} \leq \|u\|_{L^{q_2}(\Omega)} |\Omega|^{-2/d} + 2C\|\nabla u\|_{L^{q_2}(\Omega)} |\Omega|^{-1/d} + C^2\|\nabla^2 u\|_{L^{q_2}(\Omega)}.$$

これを k 回繰り返せば適用すればよい. □

■**Riesz 変換** $j = 1, \ldots, n$ に対して次で定義された作用素 R_j:

$$R_j u(x) = \frac{1}{(2\pi)^{n/2}} \int e^{ix\xi} \frac{\xi_j}{i|\xi|} \hat{u}(\xi) \tag{4.72}$$

は **Riesz 変換**と呼ばれる. しばしば $R_j = -iD_j/|D|$ と書く. R_j は特異積分作用素で任意の $1 < p < \infty$ に対して L^p 上の有界作用素である.

$$\|R_j u\|_p \leq C_{dp} \|u\|_p, \quad u \in L^p(\mathbb{R}^d), \tag{4.73}$$

ここで C_{dp} は次元 d と p による定数で, p が $1 < p < \infty$ のコンパクト集合上を動くとき一様にとれる (例えば E. Stein の教科書 [101] 第 3 章参照). $u \in \mathcal{S}$ のとき, 次が成立する:

$$\partial_j^2 u = R_j^2 (-\Delta) u. \tag{4.74}$$

■H^1 **関数の切断** $\Omega \subset \mathbb{R}^d$ を開集合とする. $u \in H^1(\Omega)$ のとき, $|u|$ などが再び $H^1(\Omega)$ に属することを示そう.

補題 4.69. $u \in H^1(\Omega)$ とする.

(1) $|u| \in H^1(\Omega)$ で, $j = 1, \ldots, d$ に対して

$$|\partial_j |u(x)|| \leq |\partial_j u(x)|, \quad j = 1, \ldots, d, \quad \text{a.e. } x \in \Omega. \tag{4.75}$$

(2) $u \in H^1(\Omega)$ が実数値関数のとき, ほとんど至るところ次が成立する:

$$\nabla |u(x)| = \begin{cases} \nabla u(x), & u(x) > 0 \text{ のとき}, \\ 0, & u(x) = 0 \text{ のとき}, \\ -\nabla u(x), & u(x) < 0 \text{ のとき}. \end{cases} \tag{4.76}$$

$$\nabla u^{\pm}(x) = \begin{cases} \pm \nabla u(x), & \pm u(x) > 0 \text{ のとき}, \\ 0, & \pm u(x) \leq 0 \text{ のとき}. \end{cases} \tag{4.77}$$

$$|\partial_j |u|(x)| = |\partial_j u_j(x)|, \; j = 1, \ldots, d. \tag{4.78}$$

4.5 摂動論の方法・Kato–Rellich の定理

証明. $x = (x_1, x') \in \mathbb{R} \times \mathbb{R}^{d-1}$ と書く. u は, ほとんどすべての x' に対して, x_1 に関して任意の有界区間上絶対連続, したがって, $|u|$ も同様である. e_j を第 j 基本単位ベクトルとする.

$$h^{-1}||u(x+he_j)| - |u(x)|| \leq h^{-1}|u(x+he_j) - u(x)|, \quad h > 0, \ j = 1, \ldots, d$$

だから, u も $|u|$ も x_j に関して偏微分可能な点 x において, $|\partial_j|u(x)|| \leq |\partial_j u(x)|$. (4.75) が成立する. 特に, $|u| \in H^1(\Omega)$ である. u を実数値とする. $\varepsilon > 0$ に対して $u_\varepsilon(x) = (u(x)^2 + \varepsilon^2)^{1/2}$ と定義すれば $|u_\varepsilon - |u|| = \varepsilon^2((u^2 + \varepsilon^2)^{1/2} + |u|)^{-1} \leq \varepsilon$. $\varepsilon \to 0$ のとき, $u_\varepsilon(x)$ は $|u(x)|$ に一様収束, したがって ∇u_ε は $\nabla|u|$ に超関数の意味で収束する. 一方,

$$|\nabla u_\varepsilon(x)| = \left|\frac{u(x)\nabla u(x)}{u_\varepsilon(x)}\right| \leq |\nabla u(x)|$$

で $\varepsilon \to 0$ のとき, $\nabla u_\varepsilon(x) = (u(x)/u_\varepsilon(x))\nabla u(x)$ は (4.76) の右辺に各点収束する. ゆえに ∇u_ε は (4.76) の右辺に $L^2(\Omega)$ において収束, したがって $\|\nabla u_\varepsilon - \nabla|u|\| \to 0$ で (4.76) が成立する. $u^\pm = (|u| \pm u)/2$ だから (4.77) も成立する. $u(x) = u^+(x) - u^-(x)$ だから (4.76), (4.77) によって $u(x) = 0$ のときほとんど至るところ $\nabla u(x) = 0$ でもある. ゆえに (4.78) も成立する. □

補題 4.70. $\Omega \subset \mathbb{R}^d$ を開集合, $A = (A_1, \ldots, A_d) \in [L^2_{\text{loc}}(\Omega)]^d$ は実数値とする. $u \in L^2(\Omega)$, $\nabla_A u \in L^2(\Omega)$ なら $\nabla|u| \in L^2(\Omega)$ で

$$|\nabla|u(x)|| \leq |\nabla_A u(x)|, \quad \text{a.e. } x \in \Omega. \tag{4.79}$$

証明. $u, \nabla_A u \in L^2(\Omega)$ だから, $\nabla u \in L^1_{\text{loc}}(\Omega)$. したがって, $u, |u|$ はほとんど至るところ x に関して偏微分可能で, A は実数値だから

$$2|u|\nabla|u| = \nabla|u|^2 = 2\Re(\overline{u} \cdot \nabla u) = 2\Re(\overline{u} \cdot \nabla_A u).$$

ゆえに, (4.79) が成立する. 特に $\nabla_A u \in L^2(\Omega)$ なら $\nabla|u| \in L^2(\Omega)$ である. □

■**補間定理** 補題 4.21 を多次元空間に拡張しておく.

補題 4.71. $\Omega \subset \mathbb{R}^d$ を開集合, $\Omega_1 \Subset \Omega$, $1 \leq p \leq \infty$ とする. このとき, 十分小さい任意の $\varepsilon > 0$ に対して $C_\varepsilon > 0$ が存在して, 任意の $u \in W^{2,p}(\Omega)$

$$\|\nabla u\|_{L^p(\Omega_1)} \leq \varepsilon \sum_{j=1}^d \|\partial_j^2 u\|_{L^p(\Omega)} + C_\varepsilon \|u\|_{L^p(\Omega)} \tag{4.80}$$

が成立する. $1 < p < \infty$ なら

$$\|\nabla u\|_{L^p(\Omega_1)} \leq \varepsilon \|\Delta u\|_{L^p(\Omega)} + C_\varepsilon \|u\|_{L^p(\Omega)}. \tag{4.81}$$

証明. Ω_1 を各辺が座標軸に平行で Ω に含まれる有限個の立方体で覆えば, (4.80) を $\Omega_1 = I \times Q$ が立方体のときに示せばよい. ただし Q は $\mathbb{R}^{d-1}$ の立方体である. 注意 2.18 によってほとんどすべての $x' = (x_2, \ldots, x_d) \in Q$ に対して $u(x_1, x'), \partial_1 u(x_1, x') \in L^p(I)$ である. したがって補題 4.21 を変数 $x_1 \in I$ の関数 $u(x_1, x')$ に適用すれば, 任意の $\varepsilon > 0$ に対して

$$\int_\Omega |\partial_1 u(x_1, x')|^p dx \leq \varepsilon^p \int_\Omega |\partial_1^2 u(x_1, x')|^p dx + C_\varepsilon^p \int_\Omega |u(x_1, x')|^p dx.$$

同じことを変数 $x_2, \ldots, x_d$ について行い和をとれば

$$\sum_{j=1}^d \|\partial_j u\|_{L^p(\Omega)} \leq \varepsilon \sum_{j=1}^d \|\partial_j^2 u\|_{L^p(\Omega)} + C_\varepsilon \|u\|_{L^p(\Omega)},$$

したがって (4.80) が成立する. $1 < p < \infty$ であれば (4.74) ならびに (4.73) によって (4.81) は (4.80) から従う. □

■**Gagliardo–Nirenberg の不等式** コンパクトな台をもつ有界可測関数全体の集合を $L^\infty_{\mathrm{comp}}(\mathbb{R}^d)$ と書く. 次が成立する:

補題 4.72 (Gagliardo-Nirenberg). $1 < p < \infty$ とする. 次元 d と p による定数 C^*_{dp} が存在して, $\Delta u \in L^p(\mathbb{R}^d)$ を満たす任意の $u \in L^\infty_{\mathrm{comp}}(\mathbb{R}^d)$ に対して

$$\|\nabla u\|_{2p}^2 \leq C^*_{dp} \|u\|_\infty \|\Delta u\|_p \tag{4.82}$$

が成立する. $4/3 \leq p \leq 4$ のとき, C^*_{dp} は p によらずにとれる.

証明. まず $u \in C_0^\infty(\mathbb{R}^d)$ とする. このとき, $0 < \varepsilon < 1, j = 1, \ldots, d$ に対して

$$\partial_j(u\{\overline{\partial_j u}(|\partial_j u|^2 + \varepsilon^2)^{p-1}\}) - |\partial_j u|^2(|\partial_j u| + \varepsilon^2)^{p-1}$$
$$= u\{(\overline{\partial_j^2 u}(|\partial_j u|^2 + \varepsilon^2)^{p-1} + (p-1)\overline{\partial_j u}(\partial_j^2 u \cdot \overline{\partial_j u} + \partial_j u \cdot \overline{\partial_j^2 u})(|\partial_j u|^2 + \varepsilon^2)^{p-2}\}$$

である. | 右辺 | $\leq (2p-1)|u||\partial_j^2 u|(|\partial_j u|^2 + \varepsilon^2)^{p-1}$ として両辺を $\mathbb{R}^d$ 上積分すれば

$$\int_{\mathbb{R}^d} |\partial_j u|^2 (|\partial_j u|^2 + \varepsilon^2)^{p-1} dx \leq (2p-1)\|u\|_\infty \int_{\mathbb{R}^d} |\partial_j^2 u|(|\partial_j u|^2 + \varepsilon^2)^{p-1} dx.$$

両辺で $\varepsilon \to 0$ とし単調収束定理を用いた後で右辺に Hölder の不等式を用いると

$$\|\partial_j u\|_{2p}^{2p} \leq (2p-1)\|u\|_\infty \int_{\mathbb{R}^d} |\partial_j^2 u||\partial_j u|^{2(p-1)} dx \leq (2p-1)\|u\|_\infty \|\partial_j^2 u\|_p \|\partial_j u\|_{2p}^{2(p-1)}.$$

両辺を $\|\partial_j u\|_{2p}^{2(p-1)}$ で除して $\|\partial_j u\|_{2p}^2 \leq (2p-1)\|u\|_\infty \|\partial_j^2 u\|_p$. 右辺で $\|\partial_j^2 u\|_p = \|R_j^2(-\Delta)u\|_p \leq C_{pd}\|\Delta u\|_p$ として両辺を j について加えれば,

$$\|\nabla u\|_{2p}^2 = \|\sum |\partial_j u|^2\|_p \leq \sum \|\partial_j u\|_{2p}^2 \leq d(2p-1)C_{dp}\|u\|_\infty \|\Delta u\|_p.$$

4.5 摂動論の方法・Kato–Rellich の定理　　　　　　　　　　　　　　　　　　　181

したがって, (4.82) は $u \in C_0^\infty(\mathbb{R}^d)$ に対しては成立する. ここで C_{dp} は $1 < p < \infty$ のコンパクト区間上一様にとれるから, $C_{dp}^* = C_{dp}d(2p-1)$ もそうである. $u \in L_{\mathrm{comp}}^\infty(\mathbb{R}^d)$ のとき, 軟化子 J_ε を用いて $u_\varepsilon = J_\varepsilon * u$ と定義すれば, $u_\varepsilon \in C_0^\infty$, $\|u_\varepsilon\|_\infty \leq \|u\|_\infty$. ゆえに,

$$\|\nabla u_\varepsilon\|_{2p}^2 \leq C_{dp}^*\|u_\varepsilon\|_\infty \|\Delta u_\varepsilon\|_p \leq C_{dp}^*\|u\|_\infty\|\Delta u_\varepsilon\|_p.$$

$\varepsilon \downarrow 0$ とする. 仮定から $\Delta u \in L^p$ だから, $\|\Delta u_\varepsilon - \Delta u\|_p = \|J_\varepsilon * \Delta u - \Delta u\|_p \to 0$. ゆえに $\nabla u_\varepsilon \to \nabla u \in L^{2p}$ で $\|\nabla u\|_{2p}^2 \leq C_{dp}^*\|u\|_\infty\|\Delta u\|_p$ が成立する. □

4.5.4 L^p 正則性定理

$\Omega \subset \mathbb{R}^d$ を開集合, A は実 C^1 級関数, $1 \leq p \leq \infty$ とする.

定理 4.73. $u \in L_{\mathrm{loc}}^p(\Omega), \nabla_A^2 u \in L_{\mathrm{loc}}^p(\Omega)$ とする. このとき, $\nabla u \in L_{\mathrm{loc}}^p(\Omega)$ である. $1 < p < \infty$ なら $u \in W_{\mathrm{loc}}^{2,p}(\Omega)$ である.

証明. $\nabla u \in L_{\mathrm{loc}}^p(\Omega)$ を示す. これが示せれば $\Delta u \in L_{\mathrm{loc}}^p(\Omega)$. $1 < p < \infty$ なら (4.73) によって $u \in W_{\mathrm{loc}}^{2,p}(\Omega)$ である. 任意の $a \in \Omega$, 十分小さい $\varepsilon > 0$ に対して $\nabla u \in L^p(B_a(\varepsilon))$ を示せばよい. $p = 1$ のときに示す. $p > 1$ のときはより易しい. $\nabla_A^2 u = f$ と定義する. $\chi \in C_0^\infty(\Omega)$ のとき, $\nabla_A^2(\chi u)$ を 2 通りに

$$\nabla_A^2(\chi u) = \Delta(\chi u) - 2i\nabla(A\chi u) + i(\nabla \cdot A)\chi u - A^2\chi u$$
$$= [\nabla_A^2, \chi]u + \chi f = 2\nabla \cdot ((\nabla\chi)u) - 2i(A \cdot \nabla\chi)u - (\Delta\chi)u + \chi f$$

と計算して, 1 行目と 2 行目の右辺を等しいとおいて $\Delta(\chi u)$ について解けば,

$$\Delta(\chi u) = 2\nabla\{(\overline{\nabla}_A\chi)u\} - \{\overline{\nabla}_A^2\chi\}u + \chi f, \quad \overline{\nabla}_A = \nabla + iA. \tag{4.83}$$

したがって, Δ の基本解 $G_0(x) = -(\Gamma(d-2)/(4\pi)^{\frac{d-1}{2}}\Gamma(\frac{d-1}{2}))|x|^{-(d-2)}$ を用いて

$$\chi(x)u(x) = 2\int_{\mathbb{R}^d}(\nabla_x G_0)(x-y)(\overline{\nabla}_A\chi)u(y)dy$$
$$-\int_{\mathbb{R}^d}G_0(x-y)\{\overline{\nabla}_A^2\chi\}u(y)dy + \int_{\mathbb{R}^d}G_0(x-y)\chi(y)f(y)dy = Su + Tu + Wf \tag{4.84}$$

となる. S, T, W の定義は明らかだろう. $\varepsilon > 0$ を $(d+3)\varepsilon < \mathrm{dist}(\partial\Omega, a)$ を満たすようにとり, $1 \leq j \leq d+2$ に対して $x \in B_a(j\varepsilon)$ のとき $\chi_j(x) = 1$ を満たす $\chi_j \in C_0^\infty(B_a((j+1)\varepsilon))$ をとり, S, T, W の χ を χ_j で置き換え S_j, T_j, W_j を定義する. (4.84) によって

$$\chi_{j-1}u = S_{j-1}u + T_{j-1}u(x) + W_{j-1}f, \quad 2 \leq j \leq d+2 \tag{4.85}$$

が成立する. $\chi_{j-1}\chi_j = \chi_{j-1}$ を用いて右辺を書き換えれば

$$\chi_{j-1}u = S_{j-1}(\chi_j u) + T_{j-1}(\chi_j u) + W_{j-1}(\chi_j f), \quad j = 2, \ldots, d+2 \tag{4.86}$$

が成立する．$|\nabla G_0(x)| \leq C_d |x|^{-(d-1)}$ で $\overline{\nabla}_A \chi_{d+2}$ などは $B_a((d+1)\varepsilon))$ の中に台をもつから $u, f \in L^1_{\text{loc}}(\Omega)$ のとき，$T_{d+2}u, W_{d+2}f \in W^{1,1}(\Omega)$．Hardy–Littlewood–Sobolev の不等式によって $S_{d+2}u \in L^{p_1}(\Omega)$, $p_1 = d/d - 1$．したがって

$$\chi_{d+2}u = S_{d+2}u + T_{d+2}u + W_{d+2}f \in L^{p_1}(\Omega) + W^{1,1}(\Omega), \quad p_1 = d/d - 1 \quad (4.87)$$

である．(4.86) で $j = d+2$ とし $\chi_{d+2}u$ に (4.87) を代入する．Hardy–Littlewood–Sobolev の不等式によって

$$S_{d+1}: L^{p_1} + W^{1,1} \to L^{p_2} + W^{1,1}, \quad p_2 = d/d - 2.$$

一方，$T_{d+1}: L^{p_1}(\Omega) + W^{1,1} \to W^{1,1}$ だから

$$\chi_{d+1}u = S_{d+1}(\chi_{d+2}u) + T_{d+1}(\chi_{d+2}u) + W_{d+1}(\chi_{d+2}f) \in L^{p_2}(\Omega) + W^{1,1}(\Omega).$$

これをさらに $d - 3$ 回繰り返せば $\chi_4 u \in L^d(\Omega) + W^{1,1}(\Omega)$，さらに繰り返して $\chi_3 u$ は任意の $1 \leq p < \infty$ に対して $\chi_3 u \in L^p(\Omega) + W^{1,1}(\Omega)$ を満たすことがわかる．任意の $1 \leq p < \infty$ に対して $u \in L^p(\Omega)$ であれば $S_2 u$ は任意の $\alpha < 1$ に対して α 次 Hölder 連続，u が α 次 Hölder 連続なら $S_1 u$ は C^1 級である．結局 $u \in W^{1,1}(B_a(\varepsilon))$ である． □

4.5.5 Stummel 型ポテンシャル

H_0 を $\mathcal{H} = L^2(\mathbb{R}^d)$ の自由 Schrödinger 作用素とする．H_0 限界が 0 となるポテンシャルの族を与えよう．

定義 4.74. $\mathbb{R}^d$ 上の複素数値関数 $V(x)$ は次を満たすとき **Stummel 型**といわれる：

$$\lim_{r \to 0} \sup_{x \in \mathbb{R}^d} \int_{|x-y| < r} \frac{|V(y)|^2}{|x-y|^{d-4}} dy = 0, \quad (4.88)$$

ただし，$d = 4$ のときは分母の $|y|^{d-4}$ を $(\log |y|)^{-1}$ で，$d \leq 3$ のときは 1 で置き換える．

Stummel 型ポテンシャルの全体はベクトル空間をなす．$V(x)$ が Stummel 型なら $V \in L^2_{\text{loc}}(\mathbb{R}^d)$ である．

問題 4.75. 定理 4.63 の V_{jk}, $1 \leq j < k \leq N$ に対して，$V(x) = \sum_{j<k} V_{jk}(x_j - x_k)$, $x = (x_1, \ldots, x_N) \in \mathbb{R}^{3N}$ は $\mathbb{R}^{3N}$ 上 Stummel 型であることを示せ．

問題 4.76. $1 \leq d \leq 3$ のときは $p = 2$, $d \geq 4$ のときには $p > d/2$ とする．次を示せ．

(1) $\lim_{r \to 0} \sup_{x \in \mathbb{R}^d} \int_{|x-y| < r} |V(y)|^p dy = 0$ を満たす V は Stummel 型である．
(2) $V \in L^p(\mathbb{R}^d)$ なら V は Stummel 型である．
(3) $|x|^{-\alpha}$ が Stummel 型となる α を決定せよ．

4.5 摂動論の方法・Kato–Rellich の定理

■$(H_0+k^2)^{-2}$ の積分核 $(H_0+k^2)^{-2}$ の積分核に対する評価が必要である.

補題 4.77. $k>0$ とする. 次の性質を満たす球対称正値関数 $Q(x,k)$ が存在して

$$(H_0+k^2)^{-2}u(x) = \int_{\mathbb{R}^d} Q(x-y,k)u(y)dy.$$

が成立する. ただし, $C>0$ は適当な定数である:

(1) 任意の $x \in \mathbb{R}^d$, $k>0$ に対して $Q(x,k) = k^{d-4}Q(kx,1)$.
(2) $|x| \geq 1$ のとき, $Q(x,1) \leq Ce^{-|x|}|x|^{\frac{3-d}{2}}$ を満たす.
(3) $|x| < 1$ のとき, $Q(x,1) \leq C \begin{cases} |x|^{4-d}, & d \geq 5 \text{ のとき}, \\ \langle \log|x| \rangle, & d = 4 \text{ のとき}, \\ 1, & d \leq 3 \text{ のとき}. \end{cases}$

証明. $(H_0-\lambda^2)^{-2} = (2\lambda)^{-1}(d/d\lambda)(H_0-\lambda^2)^{-1}$ である. $d \geq 3$ のとき, $(d/d\lambda)G_{0d}(r,\lambda) = (\lambda/2\pi)G_{0(d-2)}(r,\lambda)$ だから (定理 2.94 参照), $(H_0+k^2)^{-2}$ の合成積核は

$$Q(x,k) = \frac{1}{4\pi}G_{0(d-2)}(|x|,ik), \quad x \in \mathbb{R}^d$$

である. これより補題は $d \geq 3$ のときは定理 2.91 から, $d=1$ のときは定理 2.89 を微分した表現式から得られる. $d=2$ のときは, $|x| < 1$ では

$$Q(x,k) = \frac{1}{(2\pi)^d}\int \frac{e^{ixp}}{(p^2+k^2)^2}dp \tag{4.89}$$

を用い, $|x|>1$ では (2.123) を k で微分して定理 2.91 の (3) を用いればよい. □

補題 4.78. $V(x)$ が Stummel 型のとき, 掛け算作用素 V は次を満たす:

$$\lim_{k\to\infty}\|(-\Delta+k^2)^{-2}|V|^2\|_{\mathbf{B}(L^\infty)} = \lim_{k\to\infty}\||V|^2(-\Delta+k^2)^{-2}\|_{\mathbf{B}(L^1)} = 0. \tag{4.90}$$

証明. 積分作用素 K の積分核 $K(x,y)$ が非負のとき,

$$\|K\|_{\mathbf{B}(L^\infty)} = \|K^*\|_{\mathbf{B}(L^1)} = \text{ess.sup}_x \int K(x,y)dy \tag{4.91}$$

である. 実際 $L^\infty = (L^1)^*$ だから, sup を $u \geq 0, v \geq 0$, $\|u\|_\infty = 1$, $\|v\|_1 = 1$ を満たす $u \in L^\infty$, $v \in L^1$ に関する上限とすると

$$\|K\|_{\mathbf{B}(L^\infty)} = \sup \int \left(\int K(x,y)u(y)dy\right)v(x)dx = \sup \int u(y)\left(\int K(x,y)v(x)dx\right)dy$$

で右辺は $\|K^*\|_{\mathbf{B}(L^1)}$ に等しい. 右辺の u に関する上限は $u(y) \equiv 1$ で達成され

$$\text{右辺} = \sup_{\{v\geq 0, \|v\|_1=1\}} \int \left(\int K(x,y)dy\right)v(x)dx = \text{ess.sup}_x \int K(x,y)dy.$$

(4.91) が成立する. (4.90) を $d \geq 5$ のときに証明する. $d \leq 4$ の場合も同様である. (4.91) によって

$$\lim_{k\to\infty}\sup_{x}\int_{\mathbb{R}^d}Q(x-y,k)|V(y)|^2 dy = \lim_{k\to\infty}\sup_{y}\int_{\mathbb{R}^d}|V(x)|^2 Q(x-y,k)dx = 0 \quad (4.92)$$

を示せばよい. 任意に $\varepsilon > 0$ が与えられたとき, $0 < \delta < 1$ を

$$\sup_{y\in\mathbb{R}^d}\int_{|x-y|\leq\delta}\frac{|V(x)|^2}{|x-y|^{d-4}} < \varepsilon \quad (4.93)$$

のようにとる. このとき, $k > 1/\delta$ を満たす任意の k に対して補題 4.77 (1), (3) によって

$$\int_{|x-y|<1/k}|V(x)|^2 Q(x-y,k)dx \leq \int_{|x-y|<1/k}\frac{|V(x)|^2}{|x-y|^{d-4}}dx < \varepsilon, \quad \forall y \in \mathbb{R}^d. \quad (4.94)$$

C_y を y を中心とする単位立方体, $L = \sup_y \int_{C_y} |V(x)|^2 dx$ と定義する. $k|x| \geq 1$ のとき, 補題 4.77(2) から $|Q(x,k)| = k^{d-4}|Q(kx,1)| \leq Ck^{d-4}e^{-k|x|}$,

$$\int_{1/k\leq|x-y|<1}|V(x)|^2 Q(x-y,k)dx \leq Ck^{d-4}e^{-k\delta}L, \quad \forall y \in \mathbb{R}^d. \quad (4.95)$$

$\mathbb{R}^d$ を $\mathbb{Z}^d$ の点を中心とする単位立方体の和に分割する. $x \in Q_q$ なら $|x-y| \geq |q-y| - \sqrt{n}/2$. したがって $k \geq 1$ のとき $e^{-k|x-y|} \leq e^{-\frac{k}{2}}e^{\sqrt{n}/2}e^{-|q-y|/2}$ と評価すれば

$$\int_{|x-y|\geq 1}|V(x)|^2 Q(x-y,k)dx \leq Ck^{d-4}\int_{|x-y|\geq 1}|V(x)|^2 e^{-k|x-y|}dx$$
$$\leq Ck^{d-4}e^{-\frac{k}{2}}e^{\sqrt{n}/2}L\sum_{q\in\mathbb{Z}^d}e^{-\frac{|q-y|}{2}} = C_1 k^{-4}e^{-\frac{k}{2}}L. \quad (4.96)$$

(4.93), (4.95), (4.96) から (4.92) が, したがって補題が成立する. □

■Stummel 型ポテンシャルの H_0 有界性

定理 4.79. V を Stummel 型とする. V は H_0 有界で V の H_0 限界は 0 である. V が実数値なら, $H = H_0 + V$, $D(H) = D(H_0)$ は自己共役, H_0 のコアは H のコアである.

証明. V に対して (4.92) が成立する. $\Omega = \{z \in \mathbb{C}: 0 < \Re z < 1\}$ とする. $k > 0$ と $z \in \overline{\Omega}$ の作用素値関数 $F(z,k)$ を次で定義する:有界な台をもつ単関数 χ, ψ に対して

$$(F(z,k)\chi,\psi) = \int_N Q(x-y,k)|V(y)|^{2z}\chi(y)|V(x)|^{2(1-z)}\overline{\psi(x)}dydx.$$

ただし, $N = \{(x,y): V(x)V(y) \neq 0\}$ である. $(F(z,k)\chi,\psi)$ は $\overline{\Omega}$ 上有界で連続, $z \in \Omega$ について正則である. 有界で連続なことは, $||V(y)|^{2z}|V(x)|^{2(1-z)}| \leq |V(x)|^2 + |V(y)|^2$ から, (4.92) によって, 直ちにわかる. $m = 1, 2, \ldots$ に対して $\chi_m(x) = \chi_{\{x: \frac{1}{m} < |V(x)| \leq m\}}$ と定義し, V を $V_m(x) = \chi_m(x)V(x)$ で置き換え

$$(F_m(z,k)\chi,\psi) = \int Q(x-y,k)|V_m(y)|^{2z}\chi(y)|V_m(x)|^{2(1-z)}\overline{\psi(x)}dydx$$

4.5 摂動論の方法・Kato–Rellich の定理

と定義する. $(F_m(z,k)\chi, \psi)$ は $z \in \Omega$ の正則関数で, $m \to \infty$ のとき z に関して一様に $(F(z,k)\chi, \psi)$ に収束する. したがって, $(F(z,k)\chi, \psi)$ も z について正則である. 補題 4.78 によって, $k \to \infty$ のとき

$$\sup_{\tau \in \mathbb{R}} \|F(i\tau, k)\|_{\mathbf{B}(L^1)} = \||V|^2 Q(k)\|_{\mathbf{B}(L^1)} \to 0, \tag{4.97}$$

$$\sup_{\tau \in \mathbb{R}} \|F(1+i\tau, k)\|_{\mathbf{B}(L^\infty)} = \|Q(k)|V|^2\|_{\mathbf{B}(L^\infty)} \to 0, \tag{4.98}$$

ゆえに, 複素補間定理 (付録 A 参照) から $\|F(1/2, k)\|_{\mathbf{B}(L^2)} \to 0$ である. $T(k) = |V|(-\Delta + k^2)^{-1}$ と定義する. χ, ψ が有界な台をもつ単関数のとき,

$$\|T(k)\|_{\mathbf{B}(L^2)}^2 = \sup_{\|\chi\|=1} \sup_{\|\psi\|=1} |(T(k)\chi, \psi)|^2 = \sup_{\|\chi\|=1} \sup_{\|\psi\|=1} |(\chi, (-\Delta+k^2)^{-1}|V|\psi)|^2$$
$$= \sup_{\|\psi\|=1} \|(-\Delta+k^2)^{-1}|V|\psi\|^2 = \sup_{\|\psi\|=1} (|V|(-\Delta+k^2)^{-2}|V|\psi, \psi)| = \|F(1,k)\|_{\mathbf{B}(L^2)}.$$

したがって, $\lim_{k \to \infty} \|T(k)\|_{\mathbf{B}(L^2)} = 0$, ゆえに V は H_0 有界で, H_0 限界は 0 である. 残りの主張は Kato–Rellich の定理 4.58 から従う. □

のちに定理 4.79 は H_0 を仮定 4.1 を満たすベクトルポテンシャル A をもつ作用素 $-\frac{1}{2}\nabla_A^2$ に置き換えても成立することを示す (定理 4.153 を参照).

4.5.6 $L_{\text{loc}}^{d/2}$ 型ポテンシャルの $-\Delta$ 有界性

次元の高い空間についての次の定理の条件は Stummel 型の条件よりも確かめやすい. $B_x(r)$ は中心 x, 半径 r の開球である. 次の定義は球 $B_x(r)$ を立方体 $Q_x(r)$ に変えても同値である. また積分の絶対連続性によって $L_{\text{loc},\infty}^p(\mathbb{R}^d) \subset L_{\text{loc},u}^p(\mathbb{R}^d)$ である.

定義 4.80. $1 \le p \le \infty$ に対して

$$L_{\text{loc},u}^p(\mathbb{R}^d) = \{u \in L_{\text{loc}}^p(\mathbb{R}^d): \lim_{r \to 0} \sup_{x \in \mathbb{R}^d} \|u\|_{L^p(B_x(r))} = 0\}, \tag{4.99}$$

$$L_{\text{loc},\infty}^p(\mathbb{R}^d) = \{u \in L_{\text{loc}}^p(\mathbb{R}^d): \lim_{|x| \to \infty} \|u\|_{L^p(B_x(1))} = 0\}. \tag{4.100}$$

定理 4.81. (1) $V \in \begin{cases} L_{\text{loc},u}^{\frac{d}{2}}(\mathbb{R}^d), & d \ge 5, \\ L_{\text{loc},u}^p(\mathbb{R}^4), \ p > 2, & d = 4, \\ L_{\text{loc},u}^2(\mathbb{R}^d), & 1 \le d \le 3 \end{cases}$ なら V は $-\Delta$ 有界で, $-\Delta$ 限界は 0 である.

(2) V が (1) を $L_{\text{loc},u}^p(\mathbb{R}^d)$ を $L_{\text{loc},\infty}^p(\mathbb{R}^d)$ に置き換えて満たせば, V は $-\Delta$ コンパクトである.

証明. $1 \le d \le 4$ のとき, V は Stummel 型である. $d \ge 5$ のときにのみ証明する. $1/p = 1/2 - 2/d$ とする. (4.71) によって Ω を一辺が δ の立方体とすれば

$$\|u\|_{L^p(\Omega)} \le C(\|u\|_{L^2(\Omega)}\delta^{-2} + \|\nabla u\|_{L^2(\Omega)}\delta^{-1} + \sum \|\partial_j\partial_j u\|_{L^2(\Omega)}). \tag{4.101}$$

が成立する．$q \in \mathbb{Z}^d$ に対して $C_{\delta q}$ を δq を中心とする一辺 δ の立方体とする．積分を分解し，Hölder の不等式，次に (4.101) を用い，第 3, 4 段階では Plancherel の定理と Schwarz の不等式を用いると，$C(V, \delta) = \sup_{q \in \mathbb{Z}^d} \|V\|^2_{L^{\frac{d}{2}}(C_{\delta q})}$ とおくとき，

$$\begin{aligned}
\|Vu\|^2 &= \sum_{q \in \mathbb{Z}^d} \int_{C_{\delta q}} |V(x)|^2 |u(x)|^2 dx \leq \sum_{q \in \mathbb{Z}^d} \|V\|^2_{L^{\frac{d}{2}}(C_{\delta q})} \|u\|^2_{L^p(C_{\delta q})} \\
&\leq CC(V, \delta) \sum_{q \in \mathbb{Z}^d} (\delta^{-4} \|u\|^2_{L^2(C_{\delta q})} + \delta^{-2} \|\nabla u\|^2_{L^2(C_{\delta q})} + \sum_{j,k} \|\partial_j \partial_k u\|^2_{L^2(C_{\delta q})}) \\
&\leq CC(V, d)(\delta^{-4} \|u\|^2 + \delta^{-2} \|\nabla u\|^2 + \|\Delta u\|^2) \leq CC(V, \delta)(\delta^{-4} \|u\|^2 + \|\Delta u\|^2).
\end{aligned} \tag{4.102}$$

$\delta \to 0$ のとき，$C(V, \delta) \to 0$．ゆえに V は $-\Delta$ 有界で，$-\Delta$ 限界は 0 である．
(2) $\lim_{|x| \to \infty} \|V\|_{L^{d/2}(B_x(1))} = 0$ とする．このとき，$\sup_{x \in \mathbb{R}^d} \|V - V_n\|_{L^{\frac{d}{2}}(B_x(1))} \to 0$ を満たす関数列 $V_n \in C_0^\infty(\mathbb{R}^d)$ が存在する．(4.102) によって，このとき $\|(V_n - V)(-\Delta + 1)^{-1}\|_{\mathbf{B}(L^2)} \to 0$．$V_n(H_0 + 1)^{-1}$ は Rellich のコンパクト性定理によって，コンパクト作用素，ゆえに V は $-\Delta$ コンパクトである． $\square$

4.6 加藤の不等式と正値 L^2_{loc} ポテンシャル

ポテンシャルが何らかの意味で有界でないと Kato–Rellich の定理などの摂動論的な手法で自己共役問題を取り扱うことはできない．この節では，下に有界なスカラーポテンシャル $V \in L^2_{\text{loc}}(\mathbb{R}^d)$ をもつ Schrödinger 作用素 $L = -\nabla_A^2 + V$ が V **の正の方向の大きさの制限なしに本質的に自己共役**であることを**加藤の不等式**を用いた非摂動論的な方法で示す．

4.6.1 加藤の不等式

加藤の不等式は自己共役性の問題以外でも広く用いられる 2 階楕円型微分作用素に関する不等式である．複素数 u に対して**符号** $\text{sign } u$ を $u \neq 0$ のときは $\text{sign } u = u/|u|$，$u = 0$ のときは $\text{sign } u = 0$ と定義する．

定理 4.82 (加藤の不等式). $\Omega \subset \mathbb{R}^d$ は開集合，$1 \leq j, k \leq d$ に対して $a_{jk}(x)$，$A_j(x)$ は実 C^1 級，$\{a_{jk}(x)\}$ は各 $x \in \Omega$ に対して正値対称行列とする．このとき，$u \in L^1_{\text{loc}}(\Omega)$ が

$$Lu = \sum_{j,k=1}^d (\partial_j - iA_j(x)) a_{jk}(x)(\partial_k - iA_k(x)) u \in L^1_{\text{loc}}(\Omega) \tag{4.103}$$

を満たせば，超関数の不等式の意味で

$$L_0 |u| \geq \Re\{(\text{sign } \bar{u}) Lu\} \tag{4.104}$$

4.6 加藤の不等式と正値 L^2_{loc} ポテンシャル

が成立する, ただし, L_0 は (4.103) の右辺で $A_j(x) = 0, j = 1, \ldots, d$ とおいたものである.

(4.104) は両辺の差が正の超関数, したがって Borel 測度であるという意味である. $u \in L^1_{\text{loc}}$ なら $|u| \in L^1_{\text{loc}}$, $a_{jk} \in C^1$ だから (4.104) の左辺は超関数として意味があり, sign $\bar{u}$ は有界, $Lu \in L^1_{\text{loc}}$ だから右辺 $\in L^1_{\text{loc}}$, したがって両辺とも超関数とみなせることを注意しておく. 一般の場合の証明は長いので $a_{jk}(x) = \delta_{jk}$ **の場合に限って**, すなわち, $Lu = \nabla_A^2 u$, $L_0 = \Delta$ のときに証明する. 一般の場合の証明は加藤の論文 [56] を参照.

補題 4.83. $u, Lu \in L^1_{\text{loc}}(\Omega)$ とする. $u_\varepsilon = \sqrt{|u|^2 + \varepsilon^2}, \varepsilon > 0$ に対して

$$\Delta u_\varepsilon \geq \Re\{(\bar{u}/u_\varepsilon)Lu\}. \tag{4.105}$$

証明. (1) まず $u \in C^2$ の場合に (4.105) を示そう. $u_\varepsilon^2 = u\bar{u} + \varepsilon^2$ を微分すれば

$$u_\varepsilon \nabla u_\varepsilon = \Re(\bar{u}\nabla_A u), \quad u_\varepsilon \Delta u_\varepsilon + |\nabla u_\varepsilon|^2 = \Re(\bar{u}\nabla_A^2 u) + |\nabla_A u|^2.$$

第 1 式から $|u_\varepsilon||\nabla u_\varepsilon| \leq |u||\nabla_A u|$. $|u| \leq |u_\varepsilon|$ だから $|\nabla u_\varepsilon| \leq |\nabla_A u|$. これを第 2 式に用いれば, $u_\varepsilon \Delta u_\varepsilon \geq \Re(\bar{u}\nabla_A^2 u)$, ゆえに, この場合は (4.105) が成り立つ. 定理 4.73 の結果を思い出しておこう.

$$u \in L^1_{\text{loc}}(\Omega), Lu \in L^1_{\text{loc}}(\Omega) \Rightarrow \nabla u \in L^1_{\text{loc}}(\Omega) \tag{4.106}$$

(2) 次に, u がコンパクトな台 $\subset \Omega$ をもつ場合. このとき, $u, Lu \in L^1$, (4.106) によって $\nabla u \in L^1$, さらに $Lu = \Delta u - 2iA\nabla u - i(\text{div}A)u + A^2 u \in L^1$ だから $\Delta u \in L^1$ である. J_ρ を軟化子として $u^\rho = J_\rho u$ と定義する. $\rho > 0$ が十分小さければ, $u^\rho \in C^\infty_0(\Omega)$ で $\rho \to 0$ のとき, $\|u^\rho - u\|_{L^1}, \|\nabla(u^\rho - u)\|_{L^1}, \|\Delta(u^\rho - u)\|_{L^1} \to 0$, ゆえに

$$Lu^\rho = -\Delta u^\rho - 2iA\nabla u^\rho - i(\text{div}A)u^\rho + A^2 u^\rho \xrightarrow{L^1} Lu \tag{4.107}$$

である. (1) の場合の結果から u^ρ に対しては

$$\Delta(u_\varepsilon^\rho)(x) \geq \Re((\overline{u^\rho(x)}/u_\varepsilon^\rho(x))Lu^\rho(x)). \tag{4.108}$$

$\varepsilon > 0$ を固定して $\rho \to 0$ とする. $|u_\varepsilon^\rho - u_\varepsilon| \leq ||u^\rho| - |u|| \leq |u^\rho - u|$ だから,

$$\|u_\varepsilon^\rho - u_\varepsilon\|_{L^1} \to 0.$$

ゆえに, $\Delta(u_\varepsilon^\rho) \xrightarrow{\mathcal{D}'(\Omega)} \Delta(u_\varepsilon)$, また, 適当な部分列 $\rho_n \to 0$ をとれば, ほとんど至るところ $u_\varepsilon^{\rho_n}(x) \to u_\varepsilon(x)$, ゆえに $\overline{u^{\rho_n}(x)}/u_\varepsilon^{\rho_n}(x) \to \overline{u(x)}/u_\varepsilon(x)$. $|\overline{u^{\rho_n}}/u_\varepsilon^{\rho_n}| \leq 1$ だから, (4.107) とあわせて Lebesgue の収束定理を用いれば

$$\Re((\overline{u^{\rho_n}}/u_\varepsilon^{\rho_n})Lu^{\rho_n}) \xrightarrow{L^1} \Re((\bar{u}/u_\varepsilon)Lu).$$

よって, (4.108) で $\rho = \rho_n \to 0$ として (4.105) が得られる.
(3) 一般の場合. 任意の $\varphi \in C_0^\infty(\Omega)$ に対して, $\varphi u \in L^1(\Omega)$. (4.106) から,

$$L(\varphi u) = \nabla_A^2(\varphi u) = \varphi L u + 2\nabla\varphi \cdot \nabla_A u + (\Delta\varphi)u \in L^1(\Omega)$$

したがって, (2) によって φu に対して (4.105) が成立する. $\overline{G} \subset \Omega$ がコンパクトとなる任意の開集合 G に対して, $\overline{G}$ の近傍上で $\varphi(x) = 1$ となる $\varphi \in C_0^\infty(\Omega)$ をとって考えれば, (4.105) が G 上で成立する. G は任意だから, 結局 (4.105) が Ω 上で成立する. □

定理 4.82 の証明. (4.105) において $\varepsilon \to 0$ とする. Lebesgue の収束定理から右辺は L^1_{loc} において $\Re((\overline{u(x)}/u(x))Lu(x))$ に収束する. 一方, $||u_\varepsilon| - |u|| \le \varepsilon$ だから, u_ε は $|u|$ に一様収束, ゆえに左辺 $\Delta u_\varepsilon \xrightarrow{D'} \Delta|u|$ である. よって, (4.104) が成立する. □

4.6.2 正値 L^2_{loc} ポテンシャルをもつ Schrödinger 作用素

定理 4.84. A, V は実数値で $A \in C^1, V \in L^2_{\text{loc}}$ とする. ある $C > 0$ に対して $V(x) \ge -C$ が成立すれば $L_{\min}$ は本質的に自己共役で, その自己共役拡張は $L_{\max}$ に等しい. 特に

$$D([L_{\min}]) = \{u \in L^2(\mathbb{R}^d): -\nabla_A^2 u + V(x)u \in L^2(\mathbb{R}^d)\}.$$

定理 4.84 では V には不連続性に関する仮定 $V \in L^2_{\text{loc}}$ と下に有界であること以外に, その大きさについては何も仮定されていない. また A は C^1 級であること以外に何も仮定されていないことに注意しよう.

証明. $L^*_{\min} = L_{\max}$ である (補題 4.8 を参照). したがって, $\lambda > C + 1$ のとき, $u \in L^2$ が超関数の意味で $Lu = -\lambda u$ を満たせば $u = 0$ であることを示せばよい. $V \in L^2_{\text{loc}}$ だから, このとき, $\nabla_A^2 u = (V + \lambda)u \in L^1_{\text{loc}}$, したがって, 加藤の不等式 (4.104) によって

$$\Delta|u| \ge \Re\{(\text{sign }\overline{u})\nabla_A^2 u\} = \Re\{(\text{sign }\overline{u})(Vu + \lambda u)\} \ge |u|,$$

ゆえに $(-\Delta + 1)|u| \le 0$ である. $(-\Delta + 1)^{-1}$ は $\mathcal{S}$ 上連続で積分核 $G_0(x - y, i)$ は正だから (定理 2.91), 任意の $\varphi \in \mathcal{S}, \varphi \ge 0$ に対して $(-\Delta + 1)^{-1}\varphi \in \mathcal{S}$ で $(-\Delta + 1)^{-1}\varphi \ge 0$, したがって, $\langle |u|, \varphi \rangle = \langle (-\Delta + 1)|u|, (-\Delta + 1)^{-1}\varphi \rangle \le 0$. ゆえに, $u = 0$ である. □

4.7 対称 2 次形式

V の不連続性が強く, $V \notin L^2_{\text{loc}}$ であると $L = -\nabla_A^2 + V$ を $C_0^\infty(\mathbb{R}^d)$ 上で定義することはできない. したがって, $L_{\min}$ から出発して Schrödinger 作用素を構成するここまでの方法は使うことができない. このような場合でも, $V \in L^1_{\text{loc}}$ で V が適当な意味で下に有界であれば L から決まる双 1 次形式

$$\int (\nabla_A u(x)\overline{\nabla_A v(x)} + V(x)u(x)\overline{v(x)})dx, \quad u, v \in C_0^\infty$$

を用いて自然な自己共役作用素を定義することができることを示そう.

4.7 対称 2 次形式

4.7.1 双 1 次形式

2 次形式の抽象論から始める. 以下この節の議論はおおむね加藤の教科書 [54] に従う. $\mathcal{H}$ を Hilbert 空間, $\mathcal{D}$ をその線形部分空間とする.

定義 4.85. $\mathcal{D} \times \mathcal{D}$ 上の u に関して線形, v に関して反線形な複素数値関数 $q(u,v)$, すなわち $u,v,w \in \mathcal{D}, \alpha, \beta \in \mathbb{C}$ に対して

$$q(\alpha u + \beta v, w) = \alpha q(u,w) + \beta q(v,w), \quad q(w, \alpha u + \beta v) = \overline{\alpha} q(w,u) + \overline{\beta} q(w,v),$$

を満たす関数 q を $\mathcal{D}$ を**定義域**とする**双 1 次形式**あるいは **2 次形式**という. $\mathcal{D} = D(q)$, $q(u) = q(u,u)$ と書く. 双 1 次形式, 2 次形式を単に**形式** とも呼ぶ.

定義 4.86. (a) $D(q) \subset D(\tilde{q})$ で, 任意の $u, v \in D(q)$ に対して, $q(u,v) = \tilde{q}(u,v)$ が満たされるとき, $\tilde{q}$ は q の**拡張**, q は $\tilde{q}$ の ($D(q)$ への) **制限**という.
(b) 形式 q_1, q_2 の**和形式** $q = q_1 + q_2$, 形式 q の**スカラー倍** αq を以下で定義する：

$$q(u,v) = q_1(u,v) + q_2(u,v), \quad u,v \in D(q) = D(q_1) \cap D(q_2),$$
$$(\alpha q)(u,v) = \alpha q(u,v), \quad u,v \in D(\alpha q) = D(q).$$

(c) 全空間を定義域とする形式 $\mathbf{1}(u,v) \equiv (u,v)$ を**単位形式**, $0(u,v) = 0$ を**零形式**という. しばしば形式 $\alpha \mathbf{1}$ を α と書く.

定義 4.87. 双 1 次形式 q に対して, 次の q^* を q の**双対形式**という.

$$q^*(u,v) = \overline{q(v,u)}, \quad D(q^*) = D(q).$$

(1) $q = q^*$ を満たすとき, q は**対称**である, あるいは**対称形式**であるといわれる.
(2) $\Re q = (q + q^*)/2, \Im q = (q - q^*)/2i$ を q の**実部, 虚部**という.

問題 4.88. (1) $\Re q, \Im q$ は対称形式であることを示せ.
(2) $\Re\{q(u)\} = (\Re q)(u), \Im\{q(u)\} = (\Im q)(u)$ を示せ.
(3) $\Re\{q(u,v)\} = (\Re q)(u,v) \Leftrightarrow q(u,v) = q(v,u) \Leftrightarrow \Im\{q(u,v)\} = (\Im q)(u,v)$ を示せ.

問題 4.88 からわかるように, 一般には $\Re\{q(u,v)\} \neq (\Re q)(u,v), \Im\{q(u,v)\} \neq (\Im q)(u,v)$ なので注意が必要である.

定義 4.89. 対称形式 q は適当な定数 γ に対して

$$q(u) \geq \gamma \|u\|^2, \quad u \in D(q) \tag{4.109}$$

を満たすとき, **下に有界**であるといわれる. (4.109) が成り立つことを $q \geq \gamma$ と書く. (4.109) を満たす γ の最大値を $\inf q$ と書き, q の**下限**という. $\inf q \geq 0$ のとき, q は**非負**, あるいは**非負形式**; $\inf q > 0$ のとき, q は**正値**, あるいは**正値形式**といわれる. q が上に有界であることも同様に定義する. 上にも下にも有界な形式は**有界形式**といわれる.

次の命題の証明は読者に任せる.

命題 4.90.　(1) q を非負形式とする. Schwarz の不等式, 三角不等式が成立する:
$$|q(u,v)| \leq \sqrt{q(u)}\sqrt{q(v)}, \quad \sqrt{q(u+v)} \leq \sqrt{q(u)} + \sqrt{q(v)}. \tag{4.110}$$

(2) q が正値形式なら $q(u,v)$ は $D(q)$ 上の内積である.

q が正値形式のとき, $D(q)$ 上に内積, ノルムを
$$(u,v)_q = q(u,v), \quad \|u\|_q = \sqrt{q(u,u)}$$
と定義する. この内積空間を $\mathcal{H}_q$ と書く.

4.7.2　閉形式, 可閉形式

以下では, **下に有界な対称形式のみを考える**. そこで q を下に有界な対称形式とする.

定義 4.91.　(1) $u \in \mathcal{H}$, $u_n \in D(q)$, $n = 1, 2, \ldots$ とする.
$$n, m \to \infty \text{ のとき}, \quad q(u_n - u_m) \to 0, \quad \|u_n - u\| \to 0$$
のとき u_n は u に q **収束する** といい, $u_n \xrightarrow{q} u$ $(n \to \infty)$ と書く.

(2) $u_n \xrightarrow{q} u$ なら $u \in D(q)$ で, $q(u_n - u) \to 0$ が成立するとき, q は**閉形式**といわれる.

(3) $\tilde{q} \supset q$ を満たす閉形式 $\tilde{q}$ が存在するとき, q は**可閉形式**といわれる. このとき, $q \subset \tilde{q}$ を満たす閉形式のうちで最小の定義域をもつものが存在する. これを q の**閉包**といい $[q]$ と書く.

(4) q を閉形式, $\mathcal{D} \subset D(q)$ とする. $[q|_{\mathcal{D}}] = q$ となるとき, $\mathcal{D}$ は q の**コア**あるいは**核**であるという.

問題 4.92.　$u_n \xrightarrow{q} u$ なら任意の $\alpha \in \mathbb{R}$ に対して $u_n \xrightarrow{q+\alpha} u$ であることを示せ.

問題 4.93.　可閉形式 q に対して $q \subset \tilde{q}$ を満たす閉形式 $\tilde{q}$ のうちで最小の定義域をもつものが存在することを示せ.

次の命題の証明は読者の演習問題とする.

命題 4.94.　(1) q が閉形式であることと任意の $\alpha \in \mathbb{R}$ に対して $q + \alpha$ が閉形式であることは同値である.

(2) q が閉形式であることと, 十分大きな $\alpha > 0$ に対して $D(q)$ が内積 $(u,v)_{q+\alpha} = q(u,v) + \alpha(u,v)$ に関して Hilbert 空間であることは同値である.

問題 4.95.　命題 4.94 を証明せよ.

命題 4.96.　$u_n \xrightarrow{q} u$, $v_n \xrightarrow{q} v$ なら, $\lim q(u_n, v_n)$ が存在する. このとき, もし q が閉形式なら, $\lim q(u_n, v_n) = q(u,v)$ である.

4.7 対称 2 次形式

証明. 十分大きな $\alpha > 0$ をとって q のかわりに $q+\alpha$ を考えれば, $q \geq 1$ としてよい. このとき, $q(u,v) = (u,v)_q$ は $D(q)$ 上の内積である. $m, n \to \infty$ のとき, $|\|u_n\|_q - \|u_m\|_q| \leq \|u_n - u_m\|_q \to 0$, ゆえに $\|u_n\|_q$ は有界で,

$$|q(u_n, v_n) - q(u_m, v_m)| \leq |q(u_n, v_n - v_m)| + |q(u_n - u_m, v_m)|$$
$$\leq \|u_n\|_q \|v_n - v_m\|_q + \|u_n - u_m\|_q \|v_m\|_q \to 0. \quad (4.111)$$

これより $\lim q(u_n, v_n)$ が存在することがわかる. q が閉形式なら, $u, v \in D(q)$ で $\|u_n - u\|_q \to 0, \|v_n - v\|_q \to 0$. ゆえに上式で $u_m = u, v_m = v$ とおけば $\lim q(u_n, v_n) = q(u,v)$ である. □

■ **閉包の特徴づけ**

命題 4.97. (1) "q が可閉 $\Leftrightarrow u_n \xrightarrow{q} 0$ なら $q(u_n) \to 0$" である.
(2) q が可閉のとき, q の閉包の定義域は

$$D([q]) = \{ u \in \mathcal{H} : u_n \xrightarrow{q} u \text{ となる点列 } u_n \in D(q) \text{ が存在する } \} \quad (4.112)$$

で与えられる. $u, v \in D([q])$ のとき, 極限 $\lim q(u_n, v_n)$ は $u_n \xrightarrow{q} u, v_n \xrightarrow{q} v$ を満たす点列 u_n, v_n のとり方によらず定まり $[q](u,v) = \lim q(u_n, v_n)$ が成立する.

証明. 十分大きな定数を加えて, $q \geq 1$ と仮定して一般性を失わない. q が可閉形式, $u_n \xrightarrow{q} 0$ とする. このとき, q の閉拡張を q_1 とすれば $u_n \xrightarrow{q_1} 0$ だから $q_1(u_n) \to 0$, ゆえに $q(u_n) \to 0$ である. 逆に "$u_n \xrightarrow{q} 0 \Rightarrow q(u_n) \to 0$" とする. 命題の残りを示すには, (4.112) の右辺を $\mathcal{D}(\tilde{q})$ とするとき, 任意の $u, v \in \mathcal{D}(\tilde{q})$ に対して

$$\tilde{q}(u,v) = \lim q(u_n, v_n) \quad (4.113)$$

が $u_n \xrightarrow{q} u, v_n \xrightarrow{q} v$ を満たす u_n, v_n のとり方によらず定まり, (4.113) によって定義された $\mathcal{D}(\tilde{q})$ を定義域とする形式 $\tilde{q}$ が閉であることを示せばよい.

(1) 命題 4.96 によって $\lim q(u_n, v_n)$ が存在する. $u'_n \xrightarrow{q} u$, $v'_n \xrightarrow{q} v$ でもあれば, 三角不等式によって $u_n - u'_n \xrightarrow{q} 0, v_n - v'_n \xrightarrow{q} 0$. したがって, (4.111) と同様にして $|q(u_n, v_n) - q(u'_n, v'_n)| \to 0$. ゆえに $\tilde{q}(u_n, v_n)$ は u_n, v_n によらずに定義される. 明らかに $\tilde{q}$ は $\tilde{q} \geq 1$ を満たす対称形式で $q \subset \tilde{q}$ である.

(2) $\mathcal{H}_{\tilde{q}}$ が Hilbert 空間であることを示す. まず $u \in \mathcal{D}(\tilde{q})$ のとき, $u_1, u_2, \cdots \in D(q)$ を $u_n \xrightarrow{q} u$ を満たすようにとれば, $\tilde{q}(u_n - u) \to 0$ $(n \to \infty)$, 特に $\mathcal{H}_q$ は $\mathcal{H}_{\tilde{q}}$ で稠密であるであることを示そう. 実際, 任意の $\varepsilon > 0$ に対して, ある n_0 が存在し, $n, m \geq n_0$ のとき $q(u_n - u_m) < \varepsilon$ で, $m \to \infty$ のとき $u_n - u_m \xrightarrow{q} u_n - u$ だから, $n \geq n_0$ のとき $\tilde{q}(u_n - u) = \lim_{m \to \infty} q(u_n - u_m) \leq \varepsilon$ となるからである.

(3) そこで, v_n を $\mathcal{H}_{\tilde{q}}$ の Cauchy 列としよう. $\|v_v - u_n\|_{\tilde{q}} < 1/n$ を満たす $u_n \in \mathcal{H}_q$, $n = 1, 2, \ldots$ が存在する. このとき, $m, n \to \infty$ において,

$$\|u_n - u_m\| \leq \|u_n - u_m\|_q \leq \|u_n - v_n\|_{\tilde{q}} + \|v_n - v_m\|_{\tilde{q}} + \|v_m - u_m\|_{\tilde{q}} \to 0.$$

したがって, $u = \lim u_n$ が存在し, $u_n \xrightarrow{q} u$, ゆえに $u \in \mathcal{D}(\tilde{q})$ で, (2) によって $\tilde{q}(u_n - u) \to 0$. これから
$$\|v_n - u\|_{\tilde{q}} \leq \|u_n - u\|_{\tilde{q}} + \|u_n - v_n\|_{\tilde{q}} \to 0.$$
ゆえに, $\mathcal{H}_{\tilde{q}}$ は Hilbert 空間, q は可閉形式, $\tilde{q} = [q]$ である. □

定理 4.98. q が可閉形式で $D(q) = \mathcal{H}$ なら q は有界である.

証明. $D(q) = \mathcal{H}$ なら $q \subset \tilde{q}$ を満たす任意の $\tilde{q}$ に対して $\tilde{q} = q$. したがって q は閉形式である. $q(u) \geq \|u\|^2$ と仮定してよい. $\mathcal{H}_q = D(q)$ は Hilbert 空間で, $\|u_n - u\|_{\mathcal{H}} \to 0$, $\|u_n - v\|_q \to 0$ なら $u = v$ だから $\mathcal{H} \ni u \mapsto u \in \mathcal{H}_q$ は閉作用素である. ゆえに閉グラフ定理によって $\|u\|_{\mathcal{H}_q} \leq C\|u\|_{\mathcal{H}}$, したがって $|q(u)| \leq C\|u\|^2$ である. □

4.7.3 第1表現定理

下に有界な閉2次形式と下に有界な自己共役作用素の間には自然な1対1対応があることを示そう.

■ **対称作用素の定める閉形式**

定理 4.99. T を下に有界な対称作用素とする. このとき, $D(T)$ を定義域とする2次形式
$$q_T(u, v) = (Tu, v), \quad u, v \in D(q_T) = D(T)$$
は可閉形式である. $[q_T]$ を T **の定める閉形式**と呼ぶ. $D([q_T])$ を T の **form-domain** という.

証明. $T \geq 1$ と仮定してよい. $q_T = q$ と書く. $q(u) \geq \|u\|^2$ である. $u_n \xrightarrow{q} 0$ とする. 任意の $\varepsilon > 0$ に対してある n_0 が存在して $n, m \geq n_0$ のとき, $\|u_n - u_m\|_q \leq \varepsilon$ が成立する. このとき, $\|u_n\|_q$ は有界, $\|u_n\|_q \leq M$ とすれば Schwarz の不等式によって,
$$q(u_n, u_n) \leq |q(u_n - u_m, u_n)| + |(u_m, Tu_n)| \leq M\varepsilon + \|u_m\|\|Tu_n\|, \quad n, m \geq n_0.$$
$m \to \infty$ とすれば, $\|u_m\| \to 0$ だから, $n \geq n_0$ のとき $q(u_n, u_n) \leq M\varepsilon$. ゆえに, $q(u_n) \to 0$, q は可閉形式である. □

命題 4.100. T_0 を下に有界な対称作用素, T をその閉包とする. T_0 の定める閉形式は T の定める閉形式に等しい.

証明. $T_0 \geq 1$, したがって $T \geq 1$ と仮定してよい. $u, v \in D(T)$ とする. $u_n, v_n \in D(T_0)$, $n = 1, 2, \ldots$ で, $n \to \infty$ のとき
$$\|u_n - u\| + \|T_0 u_n - Tu\| \to 0, \quad \|v_n - v\| + \|T_0 v_n - Tv\| \to 0$$
を満たすものが存在する. このとき, $n, m \to \infty$ において
$$q_{T_0}(u_n - u_m) = (T_0(u_n - u_m), u_n - u_m) \to 0, \quad q_{T_0}(v_n - v_m) = (T_0(v_n - v_m), v_n - v_m) \to 0$$

4.7 対称2次形式

だから, $u \in D([q_{T_0}])$, $v \in D([q_{T_0}])$ で命題 4.97 によって

$$[q_{T_0}](u,v) = \lim q_{T_0}(u_n, v_n) = \lim(T_0 u_n, v_n) = (Tu, v) = q_T(u,v).$$

$[q_{T_0}]$ は閉形式だから, これより $[q_T] \subset [q_{T_0}]$. $[q_{T_0}] \subset [q_T]$ は明らかだから, $[q_{T_0}] = [q_T]$ である. □

問題 4.101. $T_0 = -\Delta$, $D(T_0) = C_0^\infty(\mathbb{R}^d)$ と定義する. T_0 の閉包は自由 Schrödinger 作用素 H_0 である. T_0 あるいは H_0 の定める閉形式 q_0 は

$$D(q_0) = H^1(\mathbb{R}^d), \quad q_0(u) = \int_{\mathbb{R}^d} |\nabla u(x)|^2 dx \tag{4.114}$$

であることを示せ. q_0 を **Dirichlet 形式**という. $u \neq 0$ なら $q_0(u) > 0$ であるが, q_0 は正値ではないことも示せ.

定理 4.102. (1) $q_1, \ldots, q_l$ が閉形式なら $q_1 + \cdots + q_l$ も閉形式である.
 (2) $q_1, \ldots, q_l$ が可閉形式なら $q_1 + \cdots + q_l$ も可閉形式で, $[q_1 + \cdots + q_l] \subset [q_1] + \cdots + [q_l]$.

証明. $q = q_1 + \cdots + q_l$ と書く. $q_j \geq 1$ としてよい. $u_n \xrightarrow{q} u$ $(n \to \infty)$ とする. このとき, $u_n \xrightarrow{q_j} u$, $j = 1, \ldots, l$. ゆえに, q_j がすべて閉形式なら, $u \in D(q_j)$, $q_j(u_n - u) \to 0$, $j = 1, \ldots, l$. ゆえに $u \in D(q)$ で $q(u_n - u) \to 0$. q も閉形式である. $q_1, \ldots, q_l$ を可閉形式とする. (1) から $[q_1] + \cdots + [q_l]$ は閉形式で, $q \subset [q_1] + \cdots + [q_l]$. ゆえに q は可閉形式で, $[q] \subset [q_1] + \cdots + [q_l]$ である. □

定義 4.103. $V(x)$ を実可測関数とする.

$$q_V(u,v) = \int_{\mathbb{R}^d} V(x) u(x) \overline{v(x)} dx, \quad u, v \in D(q_V) = \{u \in L^2 : |V|^{1/2} u \in L^2\}$$

を V の定める 2 次形式という.

問題 4.104. q_V をほとんど至るところ有限な非負可測関数 $V \geq 0$ の定める 2 次形式, q_0 を Dirichlet 形式とする. 次を示せ.

(1) q_V は稠密な定義域をもつ非負閉 2 次形式である.
(2) さらに $V \in L^1_{\mathrm{loc}}(\mathbb{R}^d)$ であれば $C_0^\infty(\mathbb{R}^d)$ は閉 2 次形式 $q = q_0 + q_V$ のコアである.

■第 1 表現定理

定理 4.105. q を稠密な定義域をもつ下に有界な閉 2 次形式とする. このとき,

$$D(T) \subset D(q) で, 任意の u \in D(T), v \in D(q) に対して q(u,v) = (Tu, v) \tag{4.115}$$

を満たす自己共役作用素 T が一意的に存在する. さらに次が成立する:

(1) $D(T)$ は q のコア, すなわち, $[q|_{D(T)}] = q$ である.

(2) $u \in D(T)$ のためには $u \in D(q)$ で,ある $w \in \mathcal{H}$ が存在して

$$任意の v \in D(q) に対して q(u,v) = (w,v) \tag{4.116}$$

となることが必要十分で,このとき $Tu = w$ である.

この T を q **の定める自己共役作用素**といい T_q と書く.

証明. $q \geq 1$ と仮定してよい.まず,(4.115) を満たす自己共役作用素 T は存在すれば一意であることを示そう.実際,このとき,$q(u,u) = (Tu,u) \geq \|u\|^2$, $u \in D(T)$. ゆえに,T は $\mathcal{H}$ の上への作用素で (4.115) から

$$q(T^{-1}u, v) = (u, v), \quad u \in \mathcal{H}, \quad v \in D(q). \tag{4.117}$$

ゆえに,T, S が (4.115) を満たす 2 つの自己共役作用素であれば,任意の $u \in \mathcal{H}$, $v \in D(q)$ に対して $q(T^{-1}u, v) = q(S^{-1}u, v)$, $T^{-1}u = S^{-1}u$. ゆえに $T = S$ である.

(4.115) を満たす T が存在することを示す.このために (4.117) を満たす $T^{-1} = A$ を Riesz の表現定理を用いて構成しよう.q は閉形式だから $\mathcal{H}_q = D(q)$ は内積 $(u,v)_q = q(u,v)$ によって Hilbert 空間である.$\|u\| \leq \|u\|_q$ だから,$\mathcal{H}_q \subset \mathcal{H}$ は稠密で連続な埋め込みである.$u \in \mathcal{H}$ に対して $\mathcal{H}_q$ 上の線形汎関数 l_u を

$$l_u(v) = (u, v), \quad v \in \mathcal{H}_q$$

と定義する.$|l_u(v)| \leq \|u\|\|v\| \leq \|u\|\|v\|_q$ だから l_u は $\|l_u\|_{\mathcal{H}_q^*} \leq \|u\|$ を満たす $\mathcal{H}_q$ 上の連続線形汎関数である.Riesz の表現定理によって $Au \in \mathcal{H}_q$ が一意的に存在して

$$l_u(v) = (u, v) = (Au, v)_q = q(Au, v), \quad v \in \mathcal{H}_q \tag{4.118}$$

が成立する.このとき,$\|Au\|_q = \|l_u\| \leq \|u\|$, A は $\|A\|_{\mathbf{B}(\mathcal{H}, \mathcal{H}_q)} \leq 1$ を満たす線形作用素である.$\mathcal{H}_q \subset \mathcal{H}$ と埋め込んで A を $\mathcal{H}$ 上の作用素と考える.$\|Au\| \leq \|Au\|_q \leq \|u\|$ である.$Au = 0$ なら,任意の $v \in \mathcal{H}_q$ に対して $(u, v) = 0$, $\mathcal{H}_q \subset \mathcal{H}$ は稠密だから $u = 0$. ゆえに A は可逆である.$T = A^{-1}$ と定義する.このとき,$D(T) = R(A) \subset \mathcal{H}_q = D(q)$ で (4.118) から (4.117),したがって (4.115) が満たされる.(4.115) を満たす T が一意的に存在することがわかった.

(4.118) から性質 (2) が従うのは明らかである.$v \in \mathcal{H}_q$ が内積 $(u,v)_q$ に関して $D(T)$ と直交すれば,(4.118) から,任意の $u \in \mathcal{H}$ に対して $(Au, v)_q = (u, v) = 0$, ゆえに $v = 0$. したがって $D(T)$ は $\mathcal{H}_q$ の稠密部分空間,よって q のコアである.また,$\mathcal{H}_q \subset \mathcal{H}$ は稠密で連続な埋め込みだから $D(T) \subset \mathcal{H}$ は稠密である.最後に T は自己共役であることを示そう.T は有界作用素 A の逆だから閉作用素である.$u, v \in D(T)$ のとき,

$$(Tu, v) = q(u, v) = \overline{q(v, u)} = \overline{(Tv, u)} = (u, Tv),$$

したがって,T は閉対称,$T \geq 1$ で,$R(T) = D(A) = \mathcal{H}$. ゆえに T は自己共役である.□

4.7 対称 2 次形式

系 4.106. q を稠密な定義域をもつ下に有界な閉 2 次形式とする. このとき：

(1) q は T_q の定める閉 2 次形式に等しい.
(2) $\mathcal{D}$ を q のコアとする. $D(S) \subset D(q)$ を満たす線形作用素 S に対して

$$q(u,v) = (Su, v), \quad u \in D(S), \, v \in \mathcal{D} \qquad (4.119)$$

が成立すれば, $S \subset T_q$ である.

(3) 下に有界な自己共役作用素と閉 2 次形式は対応 $T_q \leftrightarrow q$ によって 1 対 1 に対応する.

証明. (1) は $D(T_q)$ が q のコアであることから明らかである. (2) $\mathcal{D}$ は q のコアだから (4.119) は任意の $v \in D(q)$ に対して成立する. したがって, (4.116) から $u \in D(T_q)$, $Su = T_q u$, ゆえに $S \subset T_q$ である. (3) T が下に有界な自己共役作用素のとき, T が $[q_T]$ の定める自己共役作用素であることを示せばよい. $u \in D(T)$ のとき, 任意の $v \in D(T)$ に対して $(Tu, v) = [q_T](u, v)$ である. 定義によって $D(T)$ は $[q_T]$ のコアである. ゆえに, $[q_T]$ の定める自己共役作用素を S とすれば, (2) によって $T \subset S$ である. 自己共役作用素は真の自己共役拡張をもたないから $T = S$ である. □

2 次形式による自己共役作用素の定義は, 得られる作用素が下に有界なものに限られるという制約はあるが, きわめて便利で, 比較的簡単である. また, 作用素の定義域を決定することは一般にむずかしいが, それに比べれば, 2 次形式の定義域は求めやすい.

例 4.107. $[a,b]$ を有界区間, $\mathcal{H} = L^2(a,b)$, $\alpha, \beta \in \mathbb{R}$ とする. $\mathcal{H}$ 上の 2 次形式 q を

$$q(u,v) = \int_a^b u'(x)\overline{v'(x)}dx + \beta u(b)\overline{v(b)} + \alpha u(a)\overline{v(a)}, \quad D(q) = H^1(a,b) \qquad (4.120)$$

と定義する. このとき, q は下に有界な閉 2 次形式で, q の定める自己共役作用素 T は,

$$Tu = -u'', \, u \in D(T) = \{u \in H^2(a,b) : u'(b) = -\beta u(b), \, u'(a) = \alpha u(a)\}$$

で与えられる.

証明. $H^1(a,b)$ などを H^1 などと書く. $\varepsilon > 0$ に対して $[a,b]$ 上の折れ線関数 χ を $a \leq x \leq a + \varepsilon$ のとき $\chi(x) = 1 - \varepsilon^{-1}(x-a)$, $a + \varepsilon \leq x \leq b$ のとき $\chi(x) = 0$ と定義する. Schwarz の不等式を用いれば, 任意の $0 < \varepsilon < \sqrt{b-a}$ に対して

$$|u(a)| = \left|\int_a^{a+\varepsilon}(u'(x)\chi(x) - \varepsilon^{-1}u(x))dx\right| \leq \varepsilon^{1/2}\|u'\|_2 + \varepsilon^{-1/2}\|u\|_2; \qquad (4.121)$$

同様に $|u(b)| \leq \varepsilon^{1/2}\|u'\|_2 + \varepsilon^{-1/2}\|u\|_2$. これより適当な定数 $C > 0$ に対して

$$q(u) = \|u'\|_2^2 + \alpha|u(a)|^2 + \beta|u(b)|^2 \geq \tfrac{1}{2}\|u\|_{H^1}^2 - C\|u\|_2^2, \quad u \in H^1. \qquad (4.122)$$

$u_n \xrightarrow{q} u$ なら, (4.122) によって, $u_n \xrightarrow{H^1} u$, したがって $u \in D(q)$. (4.121) によって $u_n(a) \to u(a)$, $u_n(b) \to u(b)$. ゆえに $\lim q(u_n - u) = 0$, q は下に有界な閉 2 次形式である.

$u \in D(T)$, $Tu = w$ とする. $u \in D(q) = H^1$ で
$$q(u,v) = (w,v), \quad v \in H^1 \tag{4.123}$$
を満たさねばならない. (4.123) で $v \in C_0^\infty((a,b)) \subset H^1$ とすれば, 部分積分によって
$$q(u,v) = -(u,v'') = (-u'',v), \quad v \in C_0^\infty((a,b)).$$
右辺の u'' は超関数微分である. ゆえに, $-u'' = w \in L^2$, したがって補題 4.21 によって $u \in H^2$ で $w = Tu = -u''$. これを (4.123) に代入し, 左辺で部分積分すれば任意の $v \in H^1$ に対して
$$q(u,v) = -(u'',v) + (\beta u(b) + u'(b))\overline{v(b)} + (\alpha u(a) - u'(a))\overline{v(a)} = -(u'',v), \tag{4.124}$$
ゆえに, $(\beta u(b) + u'(b))\overline{v(b)} + (\alpha u(a) - u'(a))\overline{v(a)} = 0$. $v(a) = 0$, $v(b) = 1$ となる $v \in H^1$, 例えば 1 次関数をとれば $\beta u(b) + u'(b) = 0$; $v(a) = 1$, $v(b) = 0$ となる $v \in H^1$ をとれば $\alpha u(a) - u'(a) = 0$. ゆえに u は $u'(b) = -\beta u(b)$, $u'(a) = \alpha u(a)$ を満たさねばならない. 逆に $u \in H^2$ が $u'(b) = -\beta u(b)$, $u'(a) = \alpha u(a)$ を満たせば (4.124) から任意の $v \in H^1$ に対して $q(u,v) = (-u'',v)$, したがって, $u \in D(T)$ で $Tu = -u''$ である. □

問題 4.108. $V \in L_{\mathrm{loc}}^1(\mathbb{R}^d)$ とする. 問題 4.104 の $q = q_0 + q_V$ の定める自己共役作用素 H は $-\Delta u$ を超関数の意味として次で与えられることを示せ (定理 4.128 参照).
$$D(H) = \{u \in H^1(\mathbb{R}^d) : \sqrt{V}u \in L^2(\mathbb{R}^d), -\Delta u + Vu \in L^2\}, \quad Hu = -\Delta u + Vu.$$

■下に有界な閉 2 次形式についての注意

定理 4.109. q を稠密な定義域をもつ下に有界な閉 2 次形式とする. $u_n \in D(q)$, $n = 1, 2, \ldots$ で $\{q(u_n)\}$ は有界, $n \to \infty$ のとき $\|u_n - u\| \to 0$ とする. このとき, $u \in D(q)$, $q(u) \leq \underline{\lim} q(u_n)$ である.

証明. $q(u) \geq \|u\|^2$ としてよい. T を q の決める自己共役作用素とする. $R(T) = \mathcal{H}$ である. $\{u_n\}$ は Hilbert 空間 $\mathcal{H}_q$ の有界列. $\{u_n\}$ の任意の部分列は $\mathcal{H}_q$ において弱収束する部分列 $\{u_{n_j}\}$ をもつ. 弱極限を $\tilde{u}$ と書けば, 任意の $v \in D(T)$ に対して
$$(\tilde{u}, Tv) = q(\tilde{u}, v) = \lim q(u_{n_j}, v) = \lim(u_{n_j}, Tv) = (u, Tv).$$
ゆえに弱収束する部分列の弱極限は部分列によらず u に等しい. したがって, $u \in D(q)$ で, u_n 自身が u に弱収束する. $q(u_n - u) = q(u_n) - 2\Re q(u_n, u) + q(u) \geq 0$ の両辺の $n \to \infty$ における下極限をとれば, $\underline{\lim} q(u_n) \geq q(u)$ が従う. □

■**Friedrichs 拡張** T を稠密な定義域をもつ下に有界な対称作用素とする. 閉 2 次形式 $[q_T]$ の定める自己共役作用素を T の **Friedrichs 拡張**という. この本では T の Friedrichs 拡張 T_F と書く.
$$(Tu, v) = q_T(u,v) = [q_T](u,v), \quad u, v \in D(T)$$

4.7 対称 2 次形式

だから系 4.106 によって T_F は実際に T の拡張である．

定理 4.110. T を下に有界な対称作用素, T_F を T の Friedrichs 拡張とする．このとき：

(1) T が自己共役であれば, $T_F = T$ である．
(2) T_e を T の下に有界な任意の自己共役拡張とする．$q_T \subset q_e$ を満たす下に有界な閉 2 次形式 q_e が存在して T_e は q_e によって決定される．
(3) T_F は T の下に有界な自己共役拡張のうち最小の form-domain をもつものである．
(4) T の下に有界な自己共役拡張 T_e が $D(T_e) \subset D([q_T])$ を満たせば $T_e = T_F$ である．

証明． (1) 自己共役作用素は真の自己共役拡張をもたないから $T = T_F$ である．(2) T_e を T の下に有界な自己共役拡張，q_e を T_e の定める閉 2 次形式とする．

$$q_T(u,v) = (Tu,v) = (T_e u, v) = q_e(u,v), \quad u, v \in D(T) \tag{4.125}$$

である．系 4.106 から $T_e = T_{q_e}$, (4.125) によって $q_T \subset q_e$ である．(3) は (2) から明らかである．(4) q_e を T_e の定める閉 2 次形式とする．$D(T_e)$ は q_e のコアである．(2) によって $[q_T] \subset q_e$ である．ゆえに $D(T_e) \subset D([q_T])$ なら $D(T_e)$ は $[q_T]$ のコアでもあり

$$[q_T](u,v) = (T_e u, v) = q_e(u,v), \quad u, v \in D(T)$$

は任意の $u, v \in D(T_e)$ に対して拡張される．ゆえに $q_e \subset [q_T]$, よって $q_e = [q_T]$. T_e は q_e の定める自己共役作用素だから, $T_e = T_F$ である．□

次の定理も自己共役作用素をつくるのによく用いられる．

定理 4.111. S を稠密な定義域をもつ閉作用素とする．このとき，S^*S は自己共役作用素, $D(S^*S)$ は S のコアである．

証明． 2 次形式 q を $D(q) = D(S), u, v \in D(S)$ に対して $q(u,v) = (Su, Sv)$ と定義する．明らかに $q(u) \geq 0$ である．$u_n \xrightarrow{q} u$ なら, $q(u_n - u_m) = \|Su_n - Su_m\|^2 \to 0$, $u_n \to u$. S は閉作用素だから $u \in D(S)$ で $\|Su_n - Su\|^2 = q(u_n - u) \to 0$. ゆえに q は非負閉 2 次形式で，ある集合が q のコアであることと S のコアであることとは同値である．q の定める自己共役作用素を T とする．$D(T)$ は S のコアで，

$$q(u,v) = (Su, Sv) = (Tu, v), \quad u \in D(T), \ v \in D(q) = D(S) \tag{4.126}$$

が成立する．(4.126) から，$u \in D(T)$ なら $Su \in D(S^*)$ で $S^*Su = Tu$, ゆえに $T \subset S^*S$ である．S^*S は明らかに対称, T は自己共役だから, $T = T^* \supset (S^*S)^* \supset S^*S$. ゆえに $T = S^*S$ である．□

■ 2 次形式の和の定める自己共役作用素　$D(T) \cap D(S)$ が稠密でないような場合にでも，$D([q_T]) \cap D([q_S])$ が稠密であることは多く，このような場合，$[q_T] + [q_S]$ の定める自己共役作用素を $T + S$ のかわりに用いることがある．

定理 4.112. T, S は下に有界な自己共役作用素, $D([q_T]) \cap D([q_S])$ は稠密とする. 下に有界な閉 2 次形式 $[q_T] + [q_S]$ の定める自己共役作用素を $T \dotplus S$ と書く.

(1) $T + S \subset T \dotplus S$ である.
(2) $T + S$ が本質的に自己共役なら $[T + S] = T \dotplus S$ である.

証明. $[q_T] + [q_S]$ が下に有界な閉 2 次形式であることはすでに確かめた.
(1) $u \in D(T) \cap D(S)$ とする. 任意の $v \in D([q_T] + [q_S]) = D([q_T]) \cap D([q_S])$ に対して
$$((T+S)u, v) = (Tu, v) + (Su, v) = [q_T](u, v) + [q_S](u, v) = ([q_T] + [q_S])(u, v)$$
が成立する. ゆえに $u \in D(T\dotplus S)$, $(T + S)u = (T\dotplus S)u$ である. (2) (1) によって $[T + S] \subset T \dotplus S$. $[T + S]$ が自己共役なら等号が成立する (定理 4.110(1) の証明参照). □

定理 4.112 のとき, $D(T) \cap D(S)$ が稠密なら $T + S$ の Friedrichs 拡張 $(T + S)_F$ も $T \dotplus S$ も定義できるが, **一般には** $(T + S)_F = T \dotplus S$ **とはならない**. 次はその例である.

問題 4.113. q_1, q_2 を例 4.107 の (4.120) において (α, β) を $(\alpha_1, \beta_1), (\alpha_2, \beta_2)$ で置き換えて定義される $L^2(a, b)$ 上の閉 2 次形式, $T_1 = T_{q_1}, T_2 = T_{q_2}, T = T_1 + T_2, S = T_1 \dotplus T_2$ とする. $\alpha_1 \neq \alpha_2, \beta_1 \neq \beta_2$ のとき, 次を示せ.
$$D(T) = H^2 \cap H_0^1, \quad Tu = -2u''.$$
$$D(S) = \{u \in H^2 : (\beta_1 + \beta_2)u(b) = -2u'(b), \ (\alpha_1 + \alpha_2)u(a) = 2u'(a)\}, \quad Su = -2u''.$$

[略解] $\alpha_1 \neq \alpha_2, \beta_1 \neq \beta_2$ であれば, 例 4.107 で述べたことから
$$D(T) = D(T_1) \cap D(T_2) = \{u \in H^2 : u(a) = u(b) = u'(a) = u'(b) = 0\} = H_0^2(a, b).$$
したがって $[q_T]$ は $H_0^2(a, b)$ 上定義された 2 次形式 $2(u', v')$ の閉包. これから $D(T) = H^2 \cap H_0^1, Tu = -2u''$ である. 一方, $D([q_1 + q_2]) = H^1$ で
$$(q_1 + q_2)(u, v) = 2(u', v') + (\beta_1 + \beta_2)u(b)\overline{v(b)} + (\alpha_1 + \alpha_2)u(a)\overline{v(a)}.$$
これから例 4.107 を用いて S の表現が得られる. □

4.7.4 第 2 表現定理

加藤の教科書 [54] に従って, 次の定理を 2 次形式の第 2 表現定理と呼ぶ.

定理 4.114. q を稠密な定義域をもつ非負閉 2 次形式, $T = T_q$ とする. このとき,

(1) $D(q) = D(T^{1/2}), u, v \in D(q)$ に対して $q(u, v) = (T^{1/2}u, T^{1/2}v)$ である.
(2) $\mathcal{D} \subset D(q)$ が q のコアであることと $D(T^{1/2})$ のコアであることは同値である.

証明. $u, v \in D(T)$ のとき, $q(u, v) = (Tu, v) = (T^{1/2}u, T^{1/2}v)$ である. $u \in D(q)$ とする. $D(T)$ は q のコアだから, $u_n \xrightarrow{q} u$ を満たす点列 $u_n \in D(T)$ が存在する. このとき,
$$\|T^{1/2}(u_n - u_m)\|^2 = q(u_n - u_m) \to 0, \quad \|u_n - u\| \to 0.$$

4.7 対称 2 次形式   **199**

$T^{1/2}$ は閉作用素だから,これより $u \in D(T^{1/2})$, $\|T^{1/2}(u_n - u)\| \to 0$, ゆえに

$$D(q) \subset D(T^{1/2}), \quad \|T^{1/2}u\|^2 = \lim \|T^{1/2}u_n\|^2 = \lim q(u_n) = q(u)$$

である.逆に $u \in D(T^{1/2})$ とする.$D(T)$ は $D(T^{1/2})$ のコアだから,$\|T^{1/2}(u_n - u)\| + \|u_n - u\| \to 0$ を満たす $u_n \in D(T)$ が存在する.このとき,

$$q(u_n - u_m) = (T(u_n - u_m), u_n - u_m) = \|T^{1/2}(u_n - u_m)\|^2 \to 0.$$

q は閉形式だから $u \in D(q)$,

$$q(u) = \lim q(u_n) = \lim \|T^{1/2}u_n\|^2 = \|T^{1/2}u\|^2$$

である.ゆえに (1) が成立する.(2) は (1) から明らかである.   □

4.7.5 2 次形式の大小比較

2 次形式あるいは自己共役作用素の間の大小関係を定義しよう.

定義 4.115. (1) q_1, q_2 を下に有界な 2 次形式とする.$D(q_1) \subset D(q_2)$ で任意の $u \in D(q_1)$ に対して,$q_1(u) \geq q_2(u)$ が成立するとき,$q_1 \geq q_2$ であるという.
(2) H_1, H_2 を下に有界な自己共役作用素とする.H_1, H_2 の定める閉 2 次形式に対して $[q_{H_1}] \geq [q_{H_2}]$ が成立するとき,$H_1 \geq H_2$ と定義する.
(3) 下に有界な自己共役作用素 T に対して,$\inf T$ を次で定義する:

$$\inf T = \inf\{(Tu, u) \colon u \in D(T), \|u\| = 1\}.$$

問題 4.116. H_1, H_2 を $D(H_1) \subset D(H_2)$ を満たす下に有界な自己共役作用素とする.$H_1 \geq H_2$ であることと任意の $u \in D(H_1)$ に対して $(H_1 u, u) \geq (H_2 u, u)$ が成立することは同値であることを示せ.

定義 4.115 の (2) において,$D([q_{H_1}]) \subset D([q_{H_2}])$ であっても,$D(H_1) \subset D(H_2)$ とは限らない.このときにも,$H_1 \geq H_2$ を (2) で定義するのである.

問題 4.117. 下に有界な自己共役作用素 T に対して $\inf T = \inf q_T = \inf[q_T] = \inf \sigma(T)$ を示せ.

下に有界な自己共役作用素の間の大小とそのレゾルベントの大小の関係は正の実数とその逆数の大小関係と同様であることを示そう.

定理 4.118. H_1, H_2 を下に有界な自己共役作用素,$\inf H_1 = \gamma_1$, $\inf H_2 = \gamma_2$ とする.

(1) $H_1 \geq H_2$ なら $\gamma_1 \geq \gamma_2$.任意の $\zeta < \gamma_2$ に対して $(H_1 - \zeta)^{-1} \leq (H_2 - \zeta)^{-1}$.
(2) ある $\zeta < \min(\gamma_1, \gamma_2)$ に対して $(H_1 - \zeta)^{-1} \leq (H_2 - \zeta)^{-1}$ なら,$H_1 \geq H_2$ である.

証明. (1) $q_1 = [q_{H_1}]$, $q_2 = [q_{H_2}]$ とする. $H_1 \geq H_2$ なら明らかに $\gamma_1 \geq \gamma_2$ である. 一般に下に有界な自己共役作用素 T に対して, $\zeta < \inf T = \gamma_T$ なら, $\zeta \in \rho(T)$ で $\|(T-\zeta)^{-1}\| \leq (\gamma_T - \zeta)^{-1}$ である (第1章参照). したがって, $H_j - \zeta$ を H_j と置き換えれば, $H_1 \geq H_2 \geq \delta > 0$ なら $H_1^{-1} \leq H_2^{-1}$ であることを示せばよい. このとき, $D(q_1) \subset D(q_2)$ である. 任意に $u \in \mathcal{H}$ をとる. $v_1 = H_1^{-1}u$, $v_2 = H_2^{-1}u$ とおく. $v_1 \in D(H_1) \subset D(q_1) \subset D(q_2)$, $v_2 \in D(H_2) \subset D(q_2)$ である. Schwarz の不等式により

$$0 \leq (H_1^{-1}u, u)^2 = (v_1, H_2 v_2)^2 = q_2(v_1, v_2)^2$$
$$\leq q_2(v_1)q_2(v_2) \leq q_1(v_1)q_2(v_2) = (H_1^{-1}u, u)(H_2^{-1}u, u).$$

したがって, $(H_1^{-1}u, u) \leq (H_2^{-1}u, u)$, 問題 4.116 によって $H_1^{-1} \leq H_2^{-1}$ である.

(2) $H_1 - \zeta \to H_1$ などと置き換えれば, $H_1, H_2 \geq \delta > 0$ のとき, $H_1^{-1} \leq H_2^{-1}$ なら $H_1 \geq H_2$ であることを示せばよい. $H_1^{-1} + n^{-1} \leq H_2^{-1} + n^{-1}$ に (1) を適用すれば

$$(H_2^{-1} + n^{-1})^{-1} \leq (H_1^{-1} + n^{-1})^{-1}$$

左辺あるいは右辺はそれぞれ $H_2(1 + n^{-1}H_2)^{-1}$, $H_1(1 + n^{-1}H_1)^{-1}$ に等しい. $u \in D(q_1) = D(H_1^{1/2})$ とする. $u_n = (1 + n^{-1}H_2)^{-1}u$, $n = 1, 2, \ldots$ とおく. $u_n \in D(H_2)$ で $n \to \infty$ のとき $\|u_n - u\| \to 0$, さらに

$$q_2(u_n) = (H_2 u_n, u_n) \leq (H_2 u_n, (1 + n^{-1}H_2)u_n) = (H_2(1 + n^{-1}H_2)^{-1}u, u)$$
$$\leq (H_1(1 + n^{-1}H_1)^{-1}u, u) = \|(1 + n^{-1}H_1)^{-1/2}H_1^{1/2}u\|^2 \leq \|H_1^{1/2}u\|^2 = q_1(u).$$

したがって, $q_2(u_n)$ は有界である. 定理 4.109 によって

$$u \in D(q_2), \quad q_2(u) \leq \underline{\lim} q_2(u_n) \leq q_1(u)$$

が従う. ゆえに $q_2 \leq q_1$ である. □

次の定理は特に $\alpha = 1/2$ の場合がよく用いられる. 次の補題を用いる.

補題 4.119. A は自己共役作用素で, ある $\delta > 0$ に対して, $A \geq \delta > 0$ とする. このとき, 任意の $0 < \alpha < 1$ に対して

$$A^{-\alpha} = \frac{\sin \pi \alpha}{\alpha} \int_0^\infty \lambda^{-\alpha} (A + \lambda)^{-1} d\lambda. \tag{4.127}$$

問題 4.120. (1) $0 < \alpha < 1$ のとき, $\int_0^\infty \lambda^{-\alpha}(\lambda + 1)^{-1} d\lambda = \alpha/\sin \pi \alpha$ を示せ.
(2) A をスペクトル分解して補題 4.119 を証明せよ.

定理 4.121. A, B を自己共役作用素, $0 \leq A \leq B$ とする. 任意の $0 < \alpha < 1$ に対して, $0 \leq A^\alpha \leq B^\alpha$ が成立する.

証明. 定理 4.118 によって, 任意の $\varepsilon, \lambda > 0$ に対して $(B + \lambda + \varepsilon)^{-1} \leq (A + \lambda + \varepsilon)^{-1}$. したがって, (4.127) によって, 任意の $u \in \mathcal{H}$ に対して

4.7 対称2次形式

$$((B+\varepsilon)^{-\alpha}u,u) = \frac{\sin\pi\alpha}{\alpha}\int_0^\infty \lambda^{-\alpha}((B+\lambda+\varepsilon)^{-1}u,u)d\lambda$$

$$\leq \frac{\sin\pi\alpha}{\alpha}\int_0^\infty \lambda^{-\alpha}((A+\lambda+\varepsilon)^{-1}u,u)d\lambda = ((A+\varepsilon)^{-\alpha}u,u), \quad (4.128)$$

$(B+\varepsilon)^{-\alpha} \leq (A+\varepsilon)^{-\alpha}$ である. 再び 定理 4.118 によって, $0 \leq (A+\varepsilon)^\alpha \leq (B+\varepsilon)^\alpha$. ゆえに, $D(B^{\alpha/2}) \subset D(A^{\alpha/2})$ で

$$\|(A+\varepsilon)^{\alpha/2}u\|^2 \leq \|(B+\varepsilon)^{\alpha/2}u\|^2, \quad u \in D(B^{\alpha/2}).$$

$\varepsilon \to 0$ とすれば $\|A^{\alpha/2}u\|^2 \leq \|B^{\alpha/2}u\|^2$, ゆえに, $0 \leq A^\alpha \leq B^\alpha$ が成立する. □

問題 4.122. 定理 2.91 と (4.127) を用いて $(-\Delta+1)^{-\frac{1}{2}}$ の合成積核 $G_1(x)$ は正値で適当な正の定数 $c, C > 0$ に対して $0 < G_1(x) \leq Ce^{-c|x|}|x|^{1-d}$ を満たすことを示せ.

4.7.6 2次形式の摂動

作用素の摂動に関する Kato–Rellich の定理に対応する 2 次形式の摂動についての定理を述べよう. Schrödinger 作用素の構成に Kato–Rellich の定理と同様に重要である.

定義 4.123. (1) q を Hilbert 空間 $\mathcal{H}$ 上の下に有界な 2 次形式, q' を 2 次形式とする. $D(q) \subset D(q')$ で, ある定数 $a, b \geq 0$ が存在して

$$|q'(u)| \leq aq(u) + b\|u\|^2, \quad u \in D(q) \tag{4.129}$$

が成立するとき, q' は q **有界**であるといわれる. ある b が存在して (4.129) が成り立つような a 全体の集合の下限を q' の q **限界**といい, $\|q'\|_q$ と書く.

(2) T を下に有界な対称作用素, S を対称作用素とする. S は 2 次形式 $[q_S]$ が $[q_T]$ 有界のとき T **形式有界**であるといわれる. $[q_S]$ の $[q_T]$ 限界を S の T **形式限界**という.

問題 4.124. q' が q 有界であれば, 任意の定数 α に対し, q' は $(q+\alpha)$ 有界で, $\|q'\|_q = \|q'\|_{q+\alpha}$ であることを示せ.

定理 4.125. q は下に有界, q' は q 有界, $\|q'\|_q < 1$ とする. このとき, 次が成立する：

(1) $q + q'$ も下に有界な 2 次形式である.
(2) q が閉形式であることと $q + q'$ が閉形式であることは同値である.
(3) q が可閉なことと $q + q'$ が可閉なことは同値で, このとき, $D([q]) = D([q+q'])$.

証明. $q(u) \geq \|u\|^2$ と仮定してよい. $\|q'\|_q < 1$ だから, ある $0 \leq a < 1, b \in \mathbb{R}$ に対して

$$(1-a)q(u) - b\|u\|^2 \leq (q+q')(u) \leq (1+a)q(u) + b\|u\|^2.$$

したがって, $C > 0$ を十分大きくとれば, 適当な定数 $\alpha, \beta \geq 1$ に対して

$$(1-a)q(u) + \alpha\|u\|^2 \leq (q+q'+C)(u) \leq (1+a)q(u) + \beta\|u\|^2. \tag{4.130}$$

したがって, $q+q'$ は正値, 特に下に有界である. (4.130) によって $u_n \xrightarrow{q} u$ は $u_n \xrightarrow{q+q'} u$ と同値, $q(u_n - u) \to 0$ は $(q + q' + C)(u_n - u) \to 0$ と同値である. ゆえに q が閉 (あるいは可閉) であることと $q+q'$ が閉 (あるいは可閉) であることは同値である. 命題 4.97 の (2) も用いれば $D([q]) = D([q+q'])$ が従う. □

4.8　2 次形式の理論による Schrödinger 作用素の構成

前節で述べた 2 次形式の理論を応用して強い不連続性をもつ A, V に対して Schrödinger 作用素

$$L = -\nabla_A \cdot G\nabla_A + V = -\sum_{jk=1}^{d} (\partial_j - A_j(x))g_{jk}(x)(\partial_k - A_k(x)) + V(x) \quad (4.131)$$

を Hilbert 空間 $L^2(\mathbb{R}^d)$ における自己共役作用素として実現しよう. 以下ではいつでも次を仮定し, これを明示しない場合もある.

仮定 4.126.　(1) $G(x) = (g_{jk}(x))$, $x \in \mathbb{R}^d$ は正値な d 次 Hermite 行列で $g_{jk}(x)$, $j, k = 1, \ldots, k$ は可測関数, $G(x)$ の最小固有値を $\lambda(x)$, 最大固有値を $\Lambda(x)$ とするとき, $\lambda(x)^{-1}$, $\Lambda(x) \in L^\infty_{\mathrm{loc}}(\mathbb{R}^d)$ である.
(2) $V \in L^1_{\mathrm{loc}}(\mathbb{R}^d)$, $A = (A_1, \ldots, A_d) \in (L^2_{\mathrm{loc}}(\mathbb{R}^d))^d$ である.

4.8.1　Hamilton 2 次形式

まずは (4.131) で定義された, 一般的な計量をもつ空間 $\mathbb{R}^d$ 上の Schrödinger 作用素 L を考えるが, すぐに平坦な計量のみを考えることにするので, はじめから以下の $G(x)$ は単位行列 $\mathbf{1}$ であるとして読み進めても差し支えない. L に対応する $L^2(\mathbb{R}^d)$ 上の 2 次形式を考えよう.

■閉 Hamilton 2 次形式　$C_0^\infty(\mathbb{R}^d)$ を定義域とする $\mathcal{H} = L^2(\mathbb{R}^d)$ 上の 2 次形式

$$q_0(u,v) = \int (\nabla_A u(x) \cdot G(x)\overline{\nabla_A v(x)} + V(x)u(x)\overline{v(x)})dx \quad (4.132)$$

を考える. $q_0(u,v)$ が対称で, V が下に有界なら q_0 も下に有界であるのは明らかである. (4.132) の形の 2 次形式を **Hamilton 2 次形式** と呼ぶ.

定理 4.127.　A, V, G は仮定 4.126 を満たすとする. さらに V は下に有界, $V \geq -C > -\infty$ と仮定する. このとき, 次が成立する:

(1) $q_0(u,v)$ は可閉形式である. q_0 の閉包を $q = [q_0]$ と定義する.

$$D(q) \subset \{u \in L^2 : \sqrt{G}\nabla_A u \in L^2, \ |V|^{1/2}u \in L^2\}. \quad (4.133)$$

4.8 2次形式の理論による Schrödinger 作用素の構成

任意の $u,v \in D(q)$ に対して $q(u,v)$ は (4.132) の右辺で与えられる.

(2) $D(\tilde{q}) = \{u \in L^2 : \sqrt{G}\nabla_A u \in L^2, |V|^{1/2}u \in L^2\}$ を定義域とし, $u,v \in D(\tilde{q})$ に対して $\tilde{q}(u,v)$ を (4.132) の右辺で定義すれば, $\tilde{q}$ は閉2次形式で $q \subset \tilde{q}$ である.

(3) ある定数 $C > 0$ に対して,

$$\|G(x)\| \leq C\langle x\rangle^2(|V(x)| + 1), \quad x \in \mathbb{R}^d \tag{4.134}$$

が成立すれば, $q = \tilde{q}$, すなわち $C_0^\infty(\mathbb{R}^d)$ は $\tilde{q}$ のコアである. ただし, $\|G(x)\|$ は $G(x)$ をユニタリ空間 $\mathbb{C}^d$ 上の線形作用素と考えたときの作用素ノルムである.

証明. $V(x) \geq 1$ として一般性を失わない. $C_0^\infty(\mathbb{R}^d) \subset D(\tilde{q})$ だから $\tilde{q}$ が閉2次形式であることを示せば (1) と (2) が従う. $\tilde{q}$ が閉であることを示す.

$$\tilde{q}(u,u) = \|\sqrt{G}\nabla_A u\|^2 + \|\sqrt{V}u\|^2$$

である. $u_n \in D(\tilde{q})$, $u_n \xrightarrow{\tilde{q}} u$ とする. $\|\sqrt{G}\nabla_A(u_n - u_m)\| \to 0$, $\|\sqrt{V}(u_n - u_m)\| \to 0$. ゆえに

$$\|\sqrt{G}\nabla_A u_n - v\| \to 0, \quad \|\sqrt{V}u_n - w\| \to 0 \quad (n \to \infty) \tag{4.135}$$

を満たす $v,w \in L^2$ が存在する. このとき, $L^2_{\text{loc}}(\mathbb{R}^d)$ において $\nabla_A u_n - G^{-1/2}v \to 0$, また $\|u_n - V^{-1/2}w\| \to 0$. 一方, $\|u_n - u\| \to 0$ だから $\nabla_A u_n \xrightarrow{\mathcal{D}'} \nabla_A u$, ゆえに, $G^{-1/2}v = \nabla_A u$, $V^{-1/2}w = u$. よって

$$v = \sqrt{G}\nabla_A u \in L^2, \quad w = \sqrt{V}u \in L^2.$$

ゆえに $u \in D(\tilde{q})$ で, (4.135) によって $\tilde{q}(u_n - u) \to 0$. ゆえに $\tilde{q}$ は閉形式である.

(3) $u \in D(\tilde{q})$ とする. $u_n \xrightarrow{\tilde{q}} u$ を満たす $u_n \in C_0^\infty$ が存在することを示す.
(第1段) まず, u はコンパクトな台をもつと仮定してよいことを示そう. $\chi \in C_0^\infty$ を

$$0 \leq \chi(x) \leq 1, \quad |x| \leq 1 \text{ のとき } \chi(x) = 1, \quad |x| \geq 2 \text{ のとき } \chi(x) = 0 \tag{4.136}$$

を満たすようにとって, $\chi_j(x) = \chi(x/j)$, $u_j(x) = \chi_j(x)u(x), j = 1, 2, \ldots$ と定義する. $j \to \infty$ のとき, Lebesgue の収束定理から, $\|u_j - u\| \to 0$, $\|\sqrt{V}(u_j - u)\| \to 0$. また

$$\|\sqrt{G}\nabla_A(u_j - u)\| \leq \|(1-\chi_j)\sqrt{G}\nabla_A u\| + j^{-1}\|\sqrt{G}(\nabla\chi)(x/j)u\| \tag{4.137}$$

の右辺第1項は Lebesgue の収束定理から $j \to \infty$ において 0 に収束する. $(\nabla\chi)(x/j) \neq 0$ なら $j \leq |x| \leq 2j$ である. したがって, 仮定 (4.134) が成立すれば, $j^{-1}|\sqrt{G/V}(\nabla\chi)(x/j)| \leq 2C_2|(\nabla\chi)(x/j)|$. ゆえに

$$j^{-1}\|\sqrt{G}(\nabla\chi)(x/j)u\| \leq j^{-1}\|\sqrt{G/V}(\nabla\chi)(x/j)\|\|\sqrt{V}u\|_{L^2(j \leq |x| \leq 2j)} \to 0.$$

ゆえに $u_j \in D(\tilde{q})$ で $\tilde{q}(u_j - u) \to 0$. u はコンパクト台をもつとしてよい.
(第2段) u はさらに有界であるとしてよいことを示そう. u はコンパクト台をもつとして

$$u_\varepsilon(x) = \frac{u(x)}{1 + \varepsilon^2|u(x)|^2}, \quad \varepsilon > 0 \tag{4.138}$$

と定義する．$\|u_\varepsilon\|_\infty \leq (2\varepsilon)^{-1}$ である．$|V(x)|^{1/2}|u(x) - u_\varepsilon(x)| \leq |V(x)|^{1/2}|u(x)|$ で，$\varepsilon \to 0$ のとき，ほとんど至るところ $|V(x)|^{1/2}(u(x) - u_\varepsilon(x)) \to 0$. したがって，Lebesgue の収束定理によって $\||V|^{1/2}(u_\varepsilon - u)\| \to 0$, よって $\|u_\varepsilon - u\| \to 0$ でもある．

$$|\sqrt{G}\nabla_A u_\varepsilon - \sqrt{G}\nabla_A u| = \left|\frac{\sqrt{G}\nabla_A u \cdot \varepsilon^2 |u|^2}{1+\varepsilon^2|u|^2} + \frac{u \cdot \varepsilon^2 2\Re(\sqrt{G}\nabla_A u \cdot \overline{u})}{(1+\varepsilon^2|u(x)|^2)^2}\right| \quad (4.139)$$

$$\leq 3|\sqrt{G}\nabla_A u| \cdot \frac{\varepsilon^2|u|^2}{1+\varepsilon^2|u|^2} \leq 3|\sqrt{G}\nabla_A u| \in L^2(\mathbb{R}^d)$$

で，第 1 列の右辺は $\varepsilon \to 0$ においてほとんど至るところ 0 に収束するから，

$$\lim_{\varepsilon \to 0} \|\sqrt{G}\nabla_A u_\varepsilon - \sqrt{G}\nabla_A u\| = 0.$$

ゆえに $\tilde{q}(u_\varepsilon - u) \to 0$, したがって，$u$ はさらに有界と仮定してよい．
(第 3 段) u は有界でコンパクトな台をもつと仮定する．このとき，$Au \in L^2$, ゆえに $\nabla u \in L^2$, $u \in H^1(\mathbb{R}^d)$ である．軟化子 J_ε を用いて $u_\varepsilon(x) = (J_\varepsilon * u)(x)$, $0 < \varepsilon < 1$, と定義する．$u_\varepsilon \in C_0^\infty(R^d)$ で，ある定数 M, R が存在して

$$|u_\varepsilon(x)| \leq M, \ |x| \geq R \ \text{のとき} \ u_\varepsilon(x) = 0, \ \lim_{\varepsilon \to 0} u_\varepsilon(x) = u(x), \ \text{a.e.} \ x \in \mathbb{R}^d$$

である．ゆえに，Lebesgue の収束定理によって

$$\lim_{\varepsilon \to 0} \|\sqrt{V}(u_\varepsilon - u)\| = 0, \quad \lim_{\varepsilon \to 0} \|Au_\varepsilon - Au\| = 0,$$

また $\|\sqrt{G}\nabla(u_\varepsilon - u)\| \leq C\|\nabla(u_\varepsilon - u)\| = \|J_\varepsilon * \nabla u - \nabla u\| \to 0$. あわせて $\tilde{q}(u_\varepsilon - u) \to 0$ である．ゆえに C_0^∞ は $\tilde{q}$ のコア，したがって，$q = \tilde{q}$ である． $\square$

■**Hamilton 2 次形式の定める自己共役作用素** 条件 (4.134) が満たされるとき，定理 4.127 で定義された閉 2 次形式 q の定める自己共役作用素が L の (1 つの) 自己共役実現を与えることを示そう．$\nabla_A u \in L^2_{\mathrm{loc}}$, $|V|^{\frac{1}{2}}u \in L^2_{\mathrm{loc}}$ なら，$Vu \in L^1_{\mathrm{loc}}$ で

$$Lu = -\nabla_A \cdot G\nabla_A u + Vu = -\nabla \cdot G\nabla_A u + iA \cdot G\nabla_A u + Vu$$

は超関数として定義されることに注意しよう．

定理 4.128. 定理 4.127 の条件と (4.134) が成立とする．このとき，閉 2 次形式 q の定める自己共役作用素 H は

$$D(H) = \{u \colon \sqrt{G}\nabla_A u, |V|^{1/2}u \in L^2, Lu \in L^2\}, \quad Hu = Lu, \quad u \in D(H) \quad (4.140)$$

で与えられる．もし $\|G(x)\| \leq C\langle x\rangle^2$ であれば

$$D(H) = \{u \colon \nabla_A u, |V|^{1/2}u \in L^2_{\mathrm{loc}}, Lu \in L^2\} \quad (4.141)$$

でもある．

4.8 2次形式の理論による Schrödinger 作用素の構成

証明. $V(x) \geq 1$ と仮定してよい. $C_0^\infty(\mathbb{R}^d)$ は $q = \tilde{q}$ のコアだから, $u \in D(H)$ のためには $u \in D(\tilde{q})$ で, 任意の $v \in C_0^\infty$ に対して

$$(G\nabla_A u, \nabla_A v) + (\sqrt{V}u, \sqrt{V}v) = (w, v)$$

を満たす $w \in L^2$ が存在すること, すなわち $Lu = -\nabla_A \cdot G\nabla_A u + Vu = w \in L^2$ となることが必要十分で, このとき, $Hu = Lu$ である. したがって (4.140) が成立する. $\|G(x)\| \leq C\langle x\rangle^2$ のとき, (4.141) が成立することを示そう. (4.140) の右辺を $\mathcal{D}_0$, (4.141) 右辺を $\mathcal{D}$ と書く. $\mathcal{D}_0 \subset \mathcal{D}$ は明らかである. $\mathcal{D} \subset \mathcal{D}_0$ を示す. 前半の証明から $\mathcal{D} \subset D(\tilde{q})$ を示せばよい. $u \in \mathcal{D}$, $\zeta \in C_0^\infty(\mathbb{R}^d)$ とする. このとき, $\sqrt{G}\nabla_A(\zeta u) = \sqrt{G}(\zeta\nabla_A u + (\nabla\zeta)u) \in L^2$, $|V|^{1/2}\zeta u \in L^2(\mathbb{R}^d)$, したがって $\zeta u \in D(\tilde{q})$ で

$$L(\zeta u) = \zeta f - \nabla\zeta \cdot G\nabla_A u - \nabla_A \cdot (G(\nabla\zeta)u)$$

が成立する. 定理 4.127 によって $u_n \xrightarrow{\tilde{q}} \zeta u$ を満たす $u_n \in C_0^\infty(\mathbb{R}^d)$ が存在する. このとき,

$$(G\nabla_A(\zeta u), \nabla_A u_n) + (V\zeta u, u_n) = (\zeta f, u_n) - (\nabla\zeta \cdot G\nabla_A u, u_n) + (G(\nabla\zeta)u, \nabla_A u_n)$$

において $n \to \infty$ とすれば

$$\|\sqrt{G}\nabla_A(\zeta u)\|^2 + \|V^{1/2}\zeta u\|^2 = (\zeta f, \zeta u) - (\nabla\zeta \cdot G\nabla_A u, \zeta u) + (G(\nabla\zeta)u, \nabla_A(\zeta u)).$$

$(\nabla\zeta \cdot G\nabla_A u, \zeta u) = (G\nabla_A(\zeta u), (\nabla\zeta)u) - (G(\nabla\zeta)u, (\nabla\zeta)u)$ と書き換え両辺の実部をとれば

$$\|\sqrt{G}\nabla_A(\zeta u)\|^2 + \|V^{1/2}\zeta u\|^2 = \Re(\zeta f, \zeta u) + \|\sqrt{G}(\nabla\zeta)u\|^2. \tag{4.142}$$

$|x| \leq 1$ のとき $\chi(x) = 1$, $|x| \geq 2$ のとき $\chi(x) = 0$ を満たす $\chi \in C_0^\infty(\mathbb{R}^d)$ をとって, $\chi_n(x) = \chi(x/n)$ と定義し, (4.142) の ζ を χ_n で置き換えて $n \to \infty$ とする. このとき, 仮定を用いると

$$\|\sqrt{G}(\nabla\chi_n)u\|^2 \leq n^{-2}\|\nabla\chi\|_\infty^2 \int_{n<|x|<2n} \|G(x)\||u(x)|^2 dx \to 0.$$

$\|\chi_n\sqrt{G}\nabla_A u\| \leq \|\sqrt{G}\nabla_A(\chi_n u)\| + \|\sqrt{G}(\nabla\chi_n)u\|$ だから Fatou の補題を用いれば (4.142) から

$$\|\sqrt{G}\nabla_A u\|^2 + \|V^{1/2}u\|^2 \leq \|f\|\|u\|.$$

$V^{1/2}u \in L^2$, $\sqrt{G}\nabla_A u \in L^2$ が従う. したがって $u \in D(\tilde{q})$ である. □

4.8.2 加藤型ポテンシャル

前項で取り扱った $L = -\nabla_A^2 + V$ の V は正の方向には $V \in L^1_{\mathrm{loc}}$ でほぼ制限なしであったが, 負の方向には下に有界で強く制約されていた. 以下の 4 つの小節では定理 4.127

や定理 4.128 の q に q 形式有界な下に有界でないポテンシャルを付け加えて自己共役な Schrödinger 作用素することによってこの制約を緩和する. 以下 **Hamilton 2 次形式で** はいつも $G(x) = 1$ とする.

定義 4.129. 次を満たす $\mathbb{R}^d$ 上の実数値関数 V を**加藤型ポテンシャル**と呼ぶ.

$$\lim_{r \to 0} \sup_{x \in \mathbb{R}^d} \int_{|x-y|<r} \frac{|V(y)|}{|x-y|^{d-2}} dy = 0. \tag{4.143}$$

ただし, $d = 2$ のときは $|y|^{d-2}$ を $(\log|y|)^{-1}$ で, $d = 1$ のときは 1 で置き換える.

- V_1, V_2 が加藤型, a_1, a_2 が実数値有界関数なら $a_1 V_1 + a_2 V_2$ も加藤型である.
- V が加藤型なら, $V \in L^1_{\text{loc}}(\mathbb{R}^d)$ で $\sup_{x \in \mathbb{R}^d} \int_{|y-x| \le 1} |V(y)| dy < \infty$ である.

問題 4.130. $d \ge 2$ とする. 次を示せ.

(1) ある $p > d/2$ に対して $\lim_{r \to 0} \sup_{x \in \mathbb{R}^d} \int_{|x-y|<r} |V(y)|^p dy = 0$ なら V は加藤型.

(2) $c|x|^{-\alpha}$ は $0 \le \alpha < 2$ のときは加藤型, $\alpha \ge 2$ のときは加藤型でない. ただし $c \ne 0$.

次の定理を証明するのがこの項の目的である.

定理 4.131. $|A| \in L^2_{\text{loc}}(\mathbb{R}^d)$, $V_1 \in L^1_{\text{loc}}(\mathbb{R}^d)$, V_1 は下に有界, V_2 は加藤型とする. $L^2(\mathbb{R}^d)$ の 2 次形式 $q_0(u)$ を

$$q_0(u) = \int_{\mathbb{R}^d} (|\nabla_A u|^2 + (V_1 + V_2)|u|^2) dx, \quad D(q_0) = C_0^\infty(\mathbb{R}^d)$$

と定義する.

(1) q_0 は下に有界な可閉形式で, 閉包 $q = [q_0]$ の定義域は次で与えられる：

$$D(q) = \{u \in L^2 : \nabla_A u \in L^2, |V_1|^{1/2} u \in L^2\}.$$

(2) q の定める自己共役作用素を H とする. H は次で与えられる：

$$D(H) = \{u \in L^2 : \nabla_A u \in L^2_{\text{loc}} \ V_1 u \in L^1_{\text{loc}}, -\nabla_A^2 u + V_1 u + V_2 u \in L^2\}, \tag{4.144}$$

$$Hu = -\nabla_A^2 u + V_1 u + V_2 u, \quad u \in D(H). \tag{4.145}$$

証明のために 2 つの補題を用意する.

補題 4.132. V が加藤型であれば $k \to \infty$ のとき,

$$\|(-\Delta + k^2)^{-1}|V|\|_{\mathbf{B}(L^\infty)} = \||V|(-\Delta + k^2)^{-1}\|_{\mathbf{B}(L^1)} \to 0. \tag{4.146}$$

証明. $k > 0$ のとき, $(-\Delta + k^2)^{-1}$ の合成積核 $G_0(x, ik)$ は正値 (定理 2.91, (4) 参照) であることを用いれば補題 4.78 の証明のようにして

$$\|(-\Delta + k^2)^{-1}|V|\|_{\mathbf{B}(L^\infty)} = \sup_x \int |V(y)| G_0(x - y, ik) dy \tag{4.147}$$

4.8 2次形式の理論による Schrödinger 作用素の構成

で, (4.146) の等式が成立することがわかる. これを用いて補題を証明することは読者に任せる. □

問題 4.133. $G_0(x, ik)$ に対する評価 (2.126), (2.127) を用い, 補題 4.78 の証明の議論を繰り返して補題 4.132 に詳しい証明を与えよ.

補題 4.132 の逆の命題が成り立ち, V が加藤型であることと (4.146) が成り立つことが同値であることが知られているがここでは詳しくは述べない ([14] 参照).

$A \in L^2_{\text{loc}}$ とする. $\Omega \subset \mathbb{R}^d$ が開集合のとき Hilbert 空間 $H^1_A(\Omega)$ を

$$H^1_A(\Omega) = \{u \in L^2(\Omega), \nabla_A u \in L^2(\Omega)\},$$
$$(u, v)_{H^1_A(\Omega)} = (u, v)_{L^2(\Omega)} + (\nabla_A u, \nabla_A v)_{L^2(\Omega)}$$

と定義する. $H^1_A = H^1_A(\mathbb{R}^d)$ とも書く. 定理 4.127 によって $C_0^\infty(\mathbb{R}^d)$ は $H^1_A(\mathbb{R}^d)$ において稠密, $C_0^\infty(\Omega)$ の $H^1_A(\Omega)$ における閉包を $H^1_{0,A}(\Omega)$ と書く. 2次形式

$$q_A(u, v) = (\nabla_A u, \nabla_A v), \quad D(q_A) = H^1_A$$

は $L^2(\mathbb{R}^d)$ の非負閉形式, $C_0^\infty(\mathbb{R}^d)$ はそのコアである.

定理 4.134. $A \in L^2_{\text{loc}}(\mathbb{R}^d)$, V を加藤型とする. このとき, V の定める 2次形式は q_A 有界で q_A 形式限界 0 である. すなわち, 任意の $\varepsilon > 0$ に対して, 定数 $M_\varepsilon > 0$ が存在して

$$\int |V(x)||u(x)|^2 dx \leq \varepsilon \|\nabla_A u\|^2 + M_\varepsilon \|u\|^2, \quad u \in H^1_A. \tag{4.148}$$

証明. まず $A = 0$ とする. 定理 4.79 の証明のように $\Omega = \{z \in \mathbb{C}: 0 < \Re z < 1\}$ とし, 各 $k > 0$ に対して $\overline{\Omega}$ 上の作用素族 $F(z, k)$ を

$$F(z, k) = |V|^{(1-z)}(-\Delta + k^2)^{-1}|V|^z$$

と定義する. $N = \{(x, y) \in \mathbb{R}^d \times \mathbb{R}^d: V(x)V(y) \neq 0\}$ とする. 可積分単関数 χ, ψ に対し

$$(F(z, k)\chi, \psi) = \int_N G(x - y, ik)|V(y)|^z \chi(y)|V(x)|^{(1-z)}\overline{\psi(x)}dydx,$$

は $z \in \Omega$ の正則関数, $\overline{\Omega}$ において有界, 連続である. 補題 4.132 によって, $k \to \infty$ のとき

$$\sup_{\tau \in \mathbb{R}} \|F(i\tau, k)\|_{\mathbf{B}(L^1)} = \||V|(-\Delta + k^2)^{-1}\|_{\mathbf{B}(L^1)} \to 0,$$
$$\sup_{\tau \in \mathbb{R}} \|F(1 + i\tau, k)\|_{\mathbf{B}(L^\infty)} = \|(-\Delta + k^2)^{-1}|V|\|_{\mathbf{B}(L^\infty)} \to 0.$$

ゆえに複素補間定理 (定理 A.13 参照) によって $F(1/2, k)$ は L^2 の有界作用素に拡張され, $\lim_{k \to \infty} \|F(1/2, k)\|_{\mathbf{B}(L^2)} = 0$ を満たす. $|V|^{1/2}\chi \in L^2$ だから,

$$(F(1/2, k)\chi, \chi) = (|V|^{1/2}(-\Delta + k^2)^{-1}|V|^{1/2}\chi, \chi) = \|(-\Delta + k^2)^{-1/2}|V|^{1/2}\chi\|^2.$$

これから $T(k) = (-\Delta + k^2)^{-1/2}|V|^{1/2}$ が L^2 の有界作用素に拡張され、$k \to \infty$ のとき、$\|T(k)\|_{\mathbf{B}(L^2)} \to 0$ を満たすことがわかる.

$$|(|V|^{1/2}(-\Delta + k^2)^{-1/2}\chi, \psi)| = |(\chi, (-\Delta + k^2)^{-1/2}|V|^{1/2}\psi)| \leq \|T(k)\|_{\mathbf{B}(L^2)}\|\chi\|\|\psi\|$$

だから、$|V|^{1/2}(-\Delta + k^2)^{-1/2}$ も L^2 の有界作用素に拡張され、

$$\lim_{k \to \infty} \||V|^{1/2}(-\Delta + k^2)^{-1/2}\|_{\mathbf{B}(L^2)} = 0.$$

ゆえに定理 4.134 は $A = 0$ のときには成立する.

次に一般の場合を考える. まず、$u \in H^1(\mathbb{R}^d)$ なら $|u| \in H^1(\mathbb{R}^d)$、(4.148) の左辺は u を $|u|$ に替えても変わらないから、$A = 0$ のとき (4.148) は、u を $|u|$ で置き換えて成立することに注意する. $A \in L^2_{\text{loc}}$ のとき、補題 4.70 によって $u \in H^1_A$ なら $|u| \in H^1(\mathbb{R}^d)$ で、$|\nabla|u|| \leq |\nabla_A u|$. ゆえに、$u \in H^1_A$ のとき、

$$\int |V(x)||u(x)|^2 dx \leq \varepsilon \|\nabla|u|\|^2 + M_\varepsilon \|u\|^2 \leq \varepsilon q_A(u) + M_\varepsilon \|u\|^2.$$

よって定理は一般に成立する. □

定理 4.131 の証明. $V_1 \geq 0$ としてよい. このとき、(4.148) によって任意の $u \in H^1_A$ に対して

$$\int |V_2(x)||u(x)|^2 dx \leq \varepsilon \|\nabla_A u\|^2 + (V_1 u, u) + M_\varepsilon \|u\|^2. \tag{4.149}$$

よって、(1) は定理 4.127 と定理 4.125 の帰結である. 定理 4.128 の証明を少し修正して (2) を証明することは読者に任せる. □

問題 4.135. 定理 4.131 の (2) の証明を完成せよ.

4.8.3 $L^{d/2}_{\text{loc}}$ ポテンシャルの q_A 形式有界性

$d \geq 3$ のとき、$V \in L^{\frac{d}{2}}(\mathbb{R}^d)$ は必ずしも加藤型ではない. 例えば

$$V(x) = \frac{e^{-|x|}}{|x|^2(1+|\log|x||)} \in L^{d/2}(\mathbb{R}^d), \quad d \geq 3$$

はその例である. しかし、以下に示すように $V \in L^{\frac{d}{2}}(\mathbb{R}^d)$ の定義する 2 次形式は $-\Delta$ 形式有界で形式限界 0 である. 4.5.6 項と同様に、V が加藤型であるかどうかより次の定理の L^p 的な条件の方が確かめやすいため、次の定理もよく用いられる.

定義 4.80 で定義された空間 $L^p_{\text{loc},u}, L^p_{\text{loc},\infty}$ を用いる. $d = 1$ のとき、$V \in L^1_{\text{loc},u}(\mathbb{R}^1)$ なら V は加藤型、$d = 2$ のとき、ある $p > 1$ に対して $V \in L^p_{\text{loc},u}(\mathbb{R}^2)$ なら加藤型であることを確かめるのは容易である. そこで、次の定理では $d \geq 3$ と仮定する.

定理 4.136. $d \geq 3$, $A \in L^2_{\text{loc}}(\mathbb{R}^d)$ とする.

(1) $V \in L^{\frac{d}{2}}_{\mathrm{loc},u}(\mathbb{R}^d)$ なら V は q_A 形式有界で, q_A 形式限界は 0 である.
(2) $V \in L^{\frac{d}{2}}_{\mathrm{loc},\infty}(\mathbb{R}^d)$, 特に $V \in L^{\frac{d}{2}}(\mathbb{R}^d)$ なら $|V|^{1/2}(-\nabla_A^2+1)^{-1/2}$ は $L^2(\mathbb{R}^d)$ のコンパクト作用素である.

証明. $d \geq 5$ のとき, 定理は定理 4.81 と定理 4.121 から従う. $d = 3, 4$ のときは $|V|^{\frac{1}{2}} \in L^d_{\mathrm{loc},u}$ あるいは $|V|^{\frac{1}{2}} \in L^d_{\mathrm{loc},\infty}$ であることから定理 4.81 の証明, 特に (4.102) の証明を $1/p = 1/2 - 1/d$ とし, (4.71) を $k = 1$ として用いて繰り返せば

$$\||V|^{\frac{1}{2}}u\|^2 \leq C \sup_{q \in \mathbb{Z}^d} \|V\|_{L^{\frac{d}{2}}(C_{q\delta})}(\|\nabla u\|^2 + \delta^{-2}\|u\|^2), \quad u \in H^1(\mathbb{R}^d). \tag{4.150}$$

ゆえに $\delta > 0$ を十分小さくとれば,

$$\||V|^{1/2}u\|^2 \leq \varepsilon\|\nabla u\|^2 + C_\varepsilon\|u\|^2.$$

(4.150) で u を $|u|$ で置き換え, $|\nabla|u|| \leq |\nabla_A u|$ を用いれば (1) が得られる.
(2) の証明も定理 4.81 の証明とほとんど同様である. 省略する. □

4.8.4 -2 次同次ポテンシャル

$L^{d/2}_{\mathrm{loc}}$ にも含まれないポテンシャル $c|x|^{-2}$ をもつ Schrödinger 作用素の自己共役性を Hardy の不等式を用いて調べよう. 引き続き $A = (A_1, \ldots, A_d) \in [L^2_{\mathrm{loc}}(\mathbb{R}^d)]^d$ と仮定する.
$d \geq 5$ のとき $|x|^{-2} \in L^2_{\mathrm{loc}}(\mathbb{R}^d)$, $d \geq 3$ なら $|x|^{-2} \in L^1_{\mathrm{loc}}(\mathbb{R}^d)$. したがって, $c \geq 0$ のときは

- $d \geq 5$ なら, $-\nabla_A^2 + c|x|^{-2}$ は $C_0^\infty(\mathbb{R}^d)$ 上本質的に自己共役 (定理 4.84),
- $d \geq 3$ なら, $q(u) = \|\nabla_A u\|^2 + (c|x|^{-2}u, u)$ は自然な定義域上閉 2 次形式である (定理 4.128).

このことから $H = -\nabla_A^2 + c|x|^{-2}$, $c \geq 0$ を $d \geq 5$ では $H|_{C_0^\infty}$ の閉包として, $d \geq 3$ では q の定める自己共役作用素として定義するのが通常である. もちろん, これらは $d \geq 5$ においては一致する (定理 4.110 参照).
$d \leq 2$ のときは原点を含む任意の開集合 O に対して $|x|^{-2} \notin L^1(O)$ である. このため, 原点を除いた開集合上の $C_0^\infty(\mathbb{R}^d \setminus \{0\})$ において $-\nabla_A^2 + c|x|^{-2}$ を定義し, その適当な自己共役拡張をとらなければならない. これは後述する $-\Delta|_{C_0^\infty(\mathbb{R}^2 \setminus \{0\})}$ の自己共役拡張問題と同様である (4.12 節 参照).
そこで, $d \geq 3$ で $c < 0$ とする. このとき, $c > -(d-2)^2/4$ なら $-\nabla_A^2 + c|x|^{-2}$ に 2 次形式の理論を用いることができる.

$$q_c^0(u) = \int_{\mathbb{R}^3} \left(|\nabla_A u(x)|^2 + c\frac{|u(x)|^2}{|x|^2}\right) dx, \quad D(q_c^0) = C_0^\infty(\mathbb{R}^d) \tag{4.151}$$

と定義する.

定理 4.137. $A \in L^2_{\mathrm{loc}}(\mathbb{R}^d)$, $d \geq 3$, $c > -\frac{(d-2)^2}{4}$ とする. このとき,

(1) q_c^0 は $L^2(\mathbb{R}^d)$ 上の非負可閉 2 次形式である.
(2) 閉包 $q_c = [q_c^0]$ の定義域は H_A^1 に等しく, $u \in H_A^1$ に対して $q_c(u)$ は (4.151) の右辺で与えられる.
(3) q_c の定める自己共役作用素を H_c とすると

$$H_c u = -\nabla_A^2 u + \frac{c}{|x|^2} u, \quad D(H_c) = \left\{ u \in H_A^1 : -\nabla_A^2 u + \frac{c}{|x|^2} u \in L^2(\mathbb{R}^d) \right\}.$$

証明. $c \geq 0$ なら定理は定理 4.128 から従う. $c < 0$ とする. このとき, Hardy の不等式ならびに補題 4.70 によって $\int c|x|^{-2}|u(x)|^2 dx$ は $\|\nabla_A u\|^2$ 有界で $\|\nabla_A u\|^2$ 限界は < 1 である. ゆえに, 定理の (1), (2) は定理 4.125 から得られる. 定理 4.131 の (2) の証明と同様な (3) の証明は省略する (問題 4.135 参照). □

c が Hardy の不等式の臨界値 $c = -(d-2)^2/4$ に等しいときには次の命題 4.139 が成立する. 補題を 1 つ用意する. $d \geq 3$ のとき, $C_0^\infty(\mathbb{R}^d \setminus \{0\})$ は $H^1(\mathbb{R}^d)$ において稠密だったことを思い出そう (より一般な補題 9.21 を参照).

補題 4.138. $A \in L^2_{\mathrm{loc}}(\mathbb{R}^d)$, $d \geq 3$ とする. $C_0^\infty(\mathbb{R}^d \setminus \{0\})$ は H_A^1 において稠密である.

証明. $u \in H_A^1$ とする. $\|u - u_n\|_{H_A^1} \to 0$ を満たす $u_n \in C_0^\infty(\mathbb{R}^d \setminus \{0\})$ が存在することを示せばよい. まず, ある $\varepsilon > 0$ が存在して $\mathrm{supp}\, u \cap B_0(\varepsilon) = \emptyset$ と仮定してよいことを示そう. $|x| \leq 1$ の近傍において $\chi(x) = 1$ を満たす $\chi \in C_0^\infty(B_0(2))$ をとり, $n = 1, 2, \ldots$ に対して $\chi_n(x) = \chi(nx)$, $u_n(x) = (1 - \chi_n(x))u(x)$ と定義する. $\mathrm{supp}\, u_n \cap B_0(1/n) = \emptyset$, $\nabla \mathrm{supp}\, u_n \subset \{x : 1/n \leq |x| < 2/n\}$ である.

$$\|\nabla_A(u - u_n)\| = \|\chi_n \nabla_A u\| + \|(\nabla \chi_n) u\|$$

$n \to \infty$ のとき, 第 1 項が 0 に収束するのは明らかである. 一方, $|\nabla |u|| \leq |\nabla_A u|$ によって $u \in L^p(\mathbb{R}^d)$, $1/p = 1/2 - 1/d$. $\|\nabla \chi_n\|_d = \|\nabla \chi\|_d$ だから

$$\|(\nabla \chi_n) u\| \leq \|\nabla \chi_n\|_d \|u\|_{L^p(1/n < |x| < 2/n)} \to 0$$

である. ゆえにある $\varepsilon > 0$ に対して $\mathrm{supp}\, u \cap B_0(\varepsilon) = \emptyset$ と仮定してよい. こうなれば後は定理 4.127 の (3) の証明の第 2 段以降を繰り返せばよい. 詳細は省略する. □

命題 4.139. $d \geq 3$, $|A| \in L^2_{\mathrm{loc}}$ とする. $L^2(\mathbb{R}^d)$ 上の 2 次形式 $q(u, v)$ を次で定義する.

$$q(u) = \int_{\mathbb{R}^d} \left(|\nabla_A u(x)|^2 - \frac{(d-2)^2}{2} \frac{|u(x)|^2}{|x|^2} \right) dx, \quad u \in D(q) = H_A^1.$$

q は非負可閉 2 次形式, q の閉包 $[q]$ の定める自己共役作用素は非負対称作用素

$$Tu = \left(-\nabla_A^2 - \frac{(d-2)^2}{4|x|^2} \right) u, \quad u \in D(T) = C_0^\infty(\mathbb{R}^d \setminus \{0\})$$

の Friedrichs 拡張に等しい.

4.8 2次形式の理論による Schrödinger 作用素の構成

証明. T は稠密な定義域をもつ対称作用素で，Hardy の不等式と補題 4.70 によって非負である．q の $D(T)$ への制限 q^0 は q_T に等しい．したがって q^0 は可閉で $[q^0] = [q_T]$ が成立する．$q \subset [q_T]$ を示そう．これが示せれば q は可閉で $[q] \subset [q_T]$，明らかに $[q_T] = [q^0] \subset [q]$ だから，$[q] = [q_T]$ となって証明が終わる．$D(T) = \mathcal{D}$ と書こう．$u \in D(q) = H_A^1$ とする．$\mathcal{D}$ は H_A^1 において稠密だから（補題 4.138 参照），$\|\nabla_A(u_n - u)\| \to 0$ を満たす $u_n \in \mathcal{D}$ が存在する．このとき，Hardy の不等式によって $u_n \xrightarrow{q^0} u$，また $q(u_n) \to q(u)$ である．ゆえに，$H_A^1 \subset D([q^0]) = D([q_T])$ で $[q_T](u) = \lim q^0(u_n) = q(u)$，したがって $q \subset [q_T]$ である． □

命題 4.140. $c < -\frac{(d-2)^2}{4}$ とする．$L^2(\mathbb{R}^d)$ 上の下に有界な自己共役作用素で

$$Hu = -\Delta u + \frac{c}{|x|^2}u, \quad \forall u \in C_0^\infty(\mathbb{R}^d \setminus \{0\}) \tag{4.152}$$

を満たすものは存在しない．

証明. $\mathcal{D} = C_0^\infty(\mathbb{R}^d \setminus \{0\})$ と書く．$D(H_0^c) = \mathcal{D}$，$u \in \mathcal{D}$ のとき，$H_0^c u =$ (4.152) の右辺と定義する（$d = 3, 4$ のとき H_0^c は $c = 0$ のときでも本質的自己共役ではない．後述の 1 点相互作用の項を参照）．H_0^c は，任意の定数 $\alpha > 0$ に対して変数変換 $x \to x/\alpha$ によって，$\alpha^2(-\Delta + c|x|^{-2})$ とユニタリ同値である．したがって，H_0^c は非負であるか，下に有界でないかのいずれかである．Hardy の不等式 (1.99) の定数 $\frac{(d-2)^2}{4}$ は最良の定数でこれをより小さい数で置き換えては一般の $u \in H^1(\mathbb{R}^d)$ に対しては成立しない．$\mathcal{D}$ は $H^1(\mathbb{R}^d)$ で稠密で，$-|x|^{-2}$ は $-\Delta$ 形式有界だから，これから $c < -\frac{(d-2)^2}{4}$ のとき，$(H_0^c u, u) < 0$ となる $u \in \mathcal{D}$ が存在する．したがって，H_0^c の自己共役拡張はすべて下に非有界である． □

量子力学の物質の安定性を保障するためにはハミルトニアンすなわちエネルギーが下に有界であることが必要である．したがって，$c < -\frac{(d-2)^2}{4}$ に対して (4.152) を満たすようなハミルトニアンは通常は考えないことになる．

4.8.5 $L_w^{\frac{d}{2}}$ 型ポテンシャル

■**-2 次同次ポテンシャルの和** $d \geq 3$ とする．$-\nabla_A^2 + c|x|^{-2}$ は $c \geq -\frac{(d-2)^2}{4}$ のときに限って，下に有界な自己共役作用素として実現可能である．このようなポテンシャルの和をもつ Schrödinger 作用素を考えよう．$j \neq k$ のとき，$a_j \neq a_k$ として

$$H_N = -\nabla_A^2 + V_N(x), \quad V_N(x) = \sum_{j=1}^N \frac{Z_j}{|x - a_j|^2}, \tag{4.153}$$

H_N に対応する 2 次形式を

$$q_N(u) = \int_{\mathbb{R}^d}(|\nabla_A u(x)|^2 + V_N(x)|u(x)|^2)dx, \quad D(q_N) = H_A^1 \tag{4.154}$$

と定義する．次の定理が成立する．

定理 4.141. $d \geq 3$, $|A| \in L^2_{\text{loc}}(\mathbb{R}^d)$ とする. $\gamma = \min_{1 \leq j \leq N} \dfrac{4Z_j}{(d-2)^2} > -1$ なら $q_N(u)$ は下に有界な閉 2 次形式である.

証明. 定理 4.128 によってすべての j に対して $Z_j < 0$, したがって $-1 < \gamma < 0$ のときに示せばよい. 補題 4.70 と定理 4.125 によってある定数 C に対して

$$|(V_N u, u)| \leq |\gamma| \|\nabla u\|^2 + C\|u\|^2, \quad u \in H^1(\mathbb{R}^d)$$

が成立することを示せば十分である. 次の補題を用いる.

補題 4.142 (IMS 分解定理). $j = 1, \ldots, n$ に対して $\varphi_j \in C^\infty(\mathbb{R}^d)$ は実数値で $\varphi_1(x)^2 + \cdots + \varphi_n(x)^2 \equiv 1$ を満たすとする. このとき,

$$-\sum_{j=1}^n \varphi_j \Delta(\varphi_j u) = -\Delta u + \sum_{j=1}^n |\nabla \varphi_j|^2 u. \tag{4.155}$$

$$\sum_{j=1}^n \|\nabla(\varphi_j u)\|^2 = \|\nabla u\|^2 + \sum_{j=1}^n \|(\nabla \varphi_j) u\|^2. \tag{4.156}$$

証明. $[A, B] = AB - BA$ を交換子とする. $\varphi_j, (\nabla \varphi), (\Delta \varphi)$ を (関数ではなく) それぞれの関数による掛け算作用素とすれば

$$\varphi_j \Delta \varphi_j = \begin{cases} \varphi_j^2 \Delta + \varphi_j [\Delta, \varphi_j] = \varphi_j^2 \Delta + 2\varphi_j (\nabla \varphi_j) \nabla + \varphi_j (\Delta \varphi_j), \\ \Delta \varphi_j^2 - [\Delta, \varphi_j] \varphi_j = \Delta \varphi_j^2 - 2(\nabla \varphi_j) \nabla \varphi_j - \varphi_j (\Delta \varphi_j). \end{cases} \tag{4.157}$$

(4.157) の右辺を加えて 2 で除し, $j = 1, \ldots, n$ について加え, $(\nabla \varphi_j) \nabla \varphi_j = (\nabla \varphi_j)^2 \nabla + \varphi_j (\nabla \varphi_j) \nabla$ と書き換えれば

$$\sum_{j=1}^n \varphi_j \Delta \varphi_j = \Delta + \sum_{j=1}^n (\varphi_j (\nabla \varphi_j) \nabla - (\nabla \varphi_j) \nabla \varphi_j) = \Delta - \sum_{j=1}^n |\nabla \varphi_j|^2.$$

(4.155) と u の内積を取り部分積分を実行すれば (4.156) が従う. □

定理 4.141 の証明の続き. 実数値関数 $\varphi_1, \ldots, \varphi_N \in C_0^\infty(\mathbb{R}^d)$, $\varphi_{N+1} \in C^\infty(\mathbb{R}^d)$ を

$$\varphi_1(x)^2 + \cdots + \varphi_{N+1}(x)^2 = 1, \quad a_j \text{ の近傍で } \varphi_j(x) = 1, \ j = 1, \ldots, N$$

となるようにとる. $\varphi_j(x)(V_N(x) - Z_j|x - a_j|^{-2})$, $j = 1, \ldots, N$ および $\varphi_{N+1} V_N(x)$ は有界だから Hardy の不等式によって

$$\int |V_N(x)||u(x)|^2 dx = \sum_{j=1}^{N+1} \int |V_N(x)||\varphi_j(x) u(x)|^2 dx$$

$$\leq \sum_{j=1}^N \int \frac{|Z_j||\varphi_j(x) u(x)|^2}{|x - a_j|^2} dx + C\|u\|^2 \leq \gamma \sum_{j=1}^N \|\nabla(\varphi_j u)\|^2 + C\|u\|^2$$

4.8 2次形式の理論による Schrödinger 作用素の構成

である. (4.156) を用いれば右辺は $\gamma\|\nabla u\|^2 + C\|u\|^2$ で評価される. □

$V_N(x)$ において例えば $a_2,\ldots,a_N$ がすべて a_1 に近づけばその極限においては

$$V_{N,\infty}(x) = \frac{Z_1 + \cdots + Z_N}{|x-a_1|}$$

となる. $Z_1 + \cdots + Z_N < -(d-2)^2/4$ のとき, $-\Delta + V_{N,\infty}$ は下に非有界であるから, 定理 4.141 が $a_j \neq a_k$ である限り $a_1,\ldots,a_N$ によらないのはやや驚きである. 一方, $A=0$ のとき, H_N は変数変換 $x \to x/R$ によって

$$H_{N,R} = R^2(-\nabla^2 + R^{-2}V_N(x/R)), \quad R^{-2}V_N(x/R) = \sum_{j=1}^{N} \frac{Z_j}{|x - Ra_j|^2} \tag{4.158}$$

にユニタリ同値である. これから, H_N が下に有界か否かは $\min|a_j - a_k|$ の大きさにはよらないから, 定理 4.141 はまったく当然の結果でもある.

問題 4.143. $Z_1 + \cdots + Z_N > c_d, n=1,2,\ldots$ に対して $\{a_{1n},\cdots,a_{Nn}\}$ を $j \neq k$ のとき $a_{jn} \neq a_{kn}$ を満たす N 個の点の組, $n \to \infty$ のとき, $a_{nj} \to a$, $j=1,\ldots,N$ とする. $\inf \sigma(H_N) \to -\infty$ を示せ.

■ $L^{d/2,w}_{\mathrm{loc}}$ **ポテンシャル** スケール変換 $x \mapsto Rx$ に関して $c|x|^{-2}$ と同様な不変性をもつポテンシャルのクラスを導入して以上の結果を一般化しよう. 弱 L^p 空間 $L^p_w(\Omega)$ の (擬) ノルムを

$$\|u\|_{L^p_w(\Omega)} = \sup_{t>0} t\, |\{x \in \Omega : |u(x)| > t\}|^{\frac{1}{p}}$$

と定義した. $r > 0$ によらずに

$$\||c|x|^{-2}\|_{L^{d/2}_w(B_0(r))} = c\omega_d^{2/d}$$

である. $V_R(x) = R^{d/p}V(Rx)$ に対して

$$\|V_R\|_{L^p_w(B_a(r))} = \|V\|_{L^p_w(B_{Ra}(Rr))}, \quad \forall R,r > 0 \tag{4.159}$$

のスケール変換則がある.

$$V_{\leq -N}(x) = \begin{cases} V(x), & V(x) \leq -N, \\ 0, & V(x) > -N \end{cases}$$

と定義する. 次の補題は $V \leq 0$ の場合に述べるが, $V_{\leq -N}$ を $V(x)\chi_{|V|\geq N}(x)$ に置き換えれば一般の場合にも成立する.

補題 4.144. $V \in L^{d/2}_{w,\mathrm{loc}}(\mathbb{R}^d)$ で $V \leq 0$ とする.

$$c_V \equiv \lim_{N \to \infty} \lim_{r \to 0} \sup_{a \in \mathbb{R}^d} \|V_{\leq -N}\|_{L^{d/2}_w(B_a(r))} < \infty \tag{4.160}$$

であれば、掛け算作用素 V は $-\Delta$ 形式有界である．次元のみによる定数 γ_d が存在して，任意の $\varepsilon > 0$ に対して

$$\int_{\mathbb{R}^d} |V(x)||u(x)|^2 \leq \gamma_d(c_V + \varepsilon)\|\nabla u\|^2 + C_\varepsilon \|u\|^2, \quad u \in C_0^\infty(\mathbb{R}^d) \tag{4.161}$$

が成立する．ただし C_ε は u にはよらない定数である．

証明． $\varepsilon > 0$ とする．$N, r > 0$ が存在して，

$$\sup_{a \in \mathbb{R}^d} \|V_{\leq -N}\|_{L_w^{d/2}(B_a(r))} < c_V + \varepsilon$$

である．$V(x) = V_{\leq -N}(x) + (V(x) - V_{\leq -N}(x))$ と分解すれば $-N \leq V(x) - V_{\leq -N}(x) \leq 0$ だから，C_ε を $C_\varepsilon + N$ で置き換えれば，$V = V_{\leq -N}$ と仮定して差し支えない．(4.159) によって

$$\|V_R\|_{L_w^{d/2}(B_a(r))} = \|V\|_{L_w^{d/2}(B_{Ra}(Rr))}, \quad V_R(x) = R^2 V(Rx)$$

で変数変換 $x \to Rx$ に伴うユニタリ変換を $U_R u(x) = R^{d/2} u(Rx)$ とすれば

$$\||V|^{\frac{1}{2}} u\|^2 \leq \gamma \|\nabla u\|^2 + C\|u\|^2 \Leftrightarrow \|U_R |V|^{\frac{1}{2}} U_R^* u\|^2 \leq \gamma \|U_R \nabla U_R^* u\|^2 + C\|u\|^2$$
$$\Leftrightarrow \||V_R|^{\frac{1}{2}} u\|^2 \leq \gamma \|\nabla u\|^2 + CR^2 \|u\|^2.$$

したがって，(4.161) が $c_V + \varepsilon$ を $C_V = \sup_a \|V\|_{L_w^{d/2}(B_a(1))}$ で置き換えて成立することを示せばよい．関数をその導関数を用いて表現する，次の補題を用いる．$|\Sigma|$ は単位球面の面積である．

補題 4.145. $\rho \in C_0^\infty(B_0(2\varepsilon))$ は $|x| \leq \varepsilon$ において $\rho(x) = 1$ を満たすとする．このとき，

$$u(x) = \frac{1}{|\Sigma|} \int_{\mathbb{R}^d} \frac{x-y}{|x-y|^d} \left((\nabla \rho)(y-a)u(y) + \rho(y-a)(\nabla u)(y)\right) dy \tag{4.162}$$

証明． $d\sigma(\omega)$ を Σ の面積要素とする．このとき，$x \in B_a(\varepsilon)$ に対して

$$u(x) = \rho(x-a)u(x) = -\int_0^\infty \frac{d}{dt}\rho(x+t\omega-a)u(x+t\omega)dt$$

が任意の $\omega \in \Sigma$ に対して成立する．被積分関数の微分を実行し，両辺の $\omega \in \Sigma$ に関する平均値をとる．右辺は

$$-\frac{1}{|\Sigma|} \int_\Sigma \left(\int_0^\infty \{\omega \cdot (\nabla \rho)(y-a)u(y) + \rho(y-a)\omega \cdot (\nabla u)(y)\}|_{y=x+t\omega} dt\right) d\sigma(\omega).$$

右辺で $y = x + t\omega$ を x を原点にした y の極座標表示と考えると (4.162) が得られる． □

補題 4.144 の証明の続き $\omega_{d-1} = c_d$ と書く．ただし $\omega_{d-1} = |\Sigma|$ は $d-1$ 次元単位球面 Σ の面積である．Lorentz 空間での Hölder の不等式 (定理 A.35 参照) によって

$$\int_{|x-a|<1} |V(x)||u(x)|^2 dx \leq \|V\|_{L_w^{d/2}(B_a(1))} \|u\|^2_{L^{\frac{2d}{d-2},2}(B_a(1))}. \tag{4.163}$$

補題 4.145 を $\varepsilon = 1$ として用いれば

$$|u(x)| \leq \frac{1}{|\Sigma|} \int_{|y-a|<2} \left(\|\nabla \rho\|_\infty \frac{|u(y)|}{|x-y|^{d-1}} + \|\rho\|_\infty \frac{|\nabla u(y)|}{|x-y|^{d-1}} \right) dy.$$

$F = |x-y|^{1-d} \in L_w^{\frac{d}{d-1}}$ だから, Lorentz 空間での Young の不等式 (定理 A.35 参照. あるいは Hardy–Littlewood–Sobolev の不等式) を用いれば,

$$\|u\|_{L^{\frac{2d}{d-2},2}(B_a(1))} \leq \frac{6Cd}{d-2} (\|\nabla u\|_{L^2(B_a(2))} + \|u\|_{L^2(B_a(2))}), \tag{4.164}$$

ただし, $C = c_d \|F\|_{L_w^{\frac{d}{d-1}}} (\|\rho\|_\infty + \|\nabla \rho\|_\infty)$ である. (4.163), (4.164) によって

$$\int_{B_1(a)} |V(x)||u(x)|^2 dx \leq 2 \left(\frac{6Cd}{d-2} \right)^2 C_V (\|\nabla u\|_{L^2(B_a(2))}^2 + \|u\|_{L^2(B_a(2))}^2).$$

両辺を $a \in \mathbb{R}^d$ について積分し, $|B_0(1)|$ で割り算すれば

$$\int_{\mathbb{R}^d} |V(x)||u(x)|^2 dx \leq \gamma_d C_V (\|\nabla u\|_{L^2}^2 + \|u\|_{L^2}^2)$$

が成立することがわかる. ただし $\gamma_d = 2^{d+1}(6Cd/(d-2))^2$ である. □

定理 4.146. $d \geq 3$, γ_d は補題 4.144 の定数とする. $|A| \in L_{\mathrm{loc}}^2$, $V = V_1 + V_2$, $V_1 \in L_{\mathrm{loc}}^1$ は下に有界, $V_2 \in L_w^{d/2}(\mathbb{R}^d)$ は $V_2 \leq 0$ で (4.160) で定義された c_V は $c_V \gamma_d < 1$ を満たすとする. このとき, 2 次形式

$$q(u) = \int_{\mathbb{R}^d} (|\nabla_A u(x)|^2 + V(x)|u(x)|^2) dx,$$
$$D(q) = \{u \in L^2 \colon \nabla_A u \in L^2, \ |V_1|^{1/2} u \in L^2\}$$

は下に有界な閉 2 次形式で $C_0^\infty(\mathbb{R}^d)$ は q のコアである. q の定める自己共役作用素 H は次で与えられる:

$$D(H) = \{u \in L^2 \colon \nabla_A u \in L_{\mathrm{loc}}^2, Vu \in L_{\mathrm{loc}}^1, \ -\nabla_A^2 u + Vu \in L^2\},$$
$$Hu = -\nabla_A^2 u + Vu. \tag{4.165}$$

証明. 補題 4.144 を定理 4.134 のかわりに用いて定理 4.131 の証明を繰り返せばよい. □

4.9 2次形式, 最大作用素と解作用素との関係

形式的な微分作用素 $Lu = -\nabla_A^2 + V$ から 2 次形式によって定義された自己共役作用素と最大作用素あるいは Schrödinger 方程式

$$i\partial_t u = (-\nabla_A^2 + V)u \tag{4.166}$$

の解作用素との間の関係を調べよう.

4.9.1　2次形式と Schrödinger 方程式

この項では A, V は c_0 を定理 4.146 の $C_0 \gamma_d < 1$ を満たす定数として

$$A \in L^2_{\text{loc}}(\mathbb{R}^d),\ V = V_1 + V_2 \text{で} V_1 \geq 0,\ V_1 \in L^1_{\text{loc}}(\mathbb{R}^d),\ V_2 \leq 0, \tag{4.167}$$

$$V_2 \text{は加藤型であるか}\ \lim_{N\to\infty}\lim_{r\to 0}\sup_{a\in\mathbb{R}^d} \|V_{\leq -N}\|_{L^{d/2}_w(B_a(r))} < c_0 \tag{4.168}$$

と仮定する. $q(u) = \|\nabla_A u\|^2 + (Vu, u)$ は定理 4.131 あるいは定理 4.146 で定義された閉 2 次形式, H は q の定める自己共役作用素である. (4.167) で $V_2 \leq 0$ としたのは新たな仮定ではない. V_2 の正の部分は V_1 に組み入れてしまえるからである.

定理 4.147. H を q の定める自己共役作用素とする. このとき, e^{-itH} は定義 4.6 の意味で $D(H)$ 上の解作用素でもあり, $D(q) = D(|H|^{\frac{1}{2}})$ 上の解作用素でもある.

証明. 定数を加えて $q \geq 1$ と仮定してよい. $C_0^\infty(\mathbb{R}^d)$ は q のコア, 任意の $t \in \mathbb{R}$ に対して $e^{-itH}D(H) = D(H)$, $e^{-itH}D(q) = D(q)$ である. $\varphi \in D(H)$ とする. $u(t) = e^{-itH}\varphi$ は t の $\mathcal{H}$ 値 C^1 級関数で各 $t \in \mathbb{R}$ において

$$iu_t = Hu(t) = -\nabla_A^2 u(t) + Vu(t)$$

を満たし, 両辺は t の $\mathcal{H}$ 値連続関数である. ゆえに e^{-itH} は $D(H)$ 上の解作用素である. このとき, $v \in C_0^\infty(\mathbb{R}^{d+1})$ に対して $v(t) = v(t, \cdot)$ と書けば

$$i(u_t(t), v(t)) = (\nabla_A u(t), \nabla_A v(t)) + (V^{1/2}u(t), |V|^{1/2}v(t)), \quad t \in \mathbb{R}. \tag{4.169}$$

ただし, $V^{1/2} = |V|^{1/2}\text{sign}\,V$ と定義した. $u(t)$ は $D(q)$ 値連続関数でもあるから $\nabla_A u(t)$, $V^{1/2}u(t)$ は $\mathcal{H}$ 連続関数, $\nabla_A v(t), |V|^{1/2}v(t)$ ももちろん $\mathcal{H}$ 値連続関数である. (4.169) の両辺を t に関して積分して左辺で t に関して部分積分すれば

$$-i\int_\mathbb{R}(u(t), v_t(t))dt = \int_\mathbb{R}\{(\nabla_A u(t), \nabla_A v(t)) + (V^{1/2}u(t), |V|^{1/2}v(t))\}dt \tag{4.170}$$

が成立する. そこで, $\varphi \in D(q)$ とする. $D(H)$ は q のコアだから関数列 $\varphi_n \in D(H)$ を $q(\varphi_n - \varphi) \to 0$ のようにとれる. $u_n(t) = e^{-itH}\varphi_n$ と定義して, (4.170) の u に u_n を代入し, $n \to \infty$ とする. このとき, t について一様に $q(u_n(t) - u(t)) \to 0$. ゆえに, (4.170) は $\varphi \in D(q)$ に対する $u(t, x) = e^{-itH}\varphi(x)$ に対しても成立し, $u(t, x)$ は超関数の意味で $iu_t = (-\nabla_A^2 + V)u$ を満足する. ゆえに e^{-itH} は $D(q)$ 上の解作用素でもある. □

(4.167) の仮定の下では一般の $\varphi \in L^2$ に対して $(-\nabla_A^2 + V)\varphi$ に超関数としての意味を与えることは困難で, $u(t) = e^{-itH}\varphi$ に対して方程式 (4.166) を超関数の意味で考えるのは無理であるが, この場合でも $e^{-itH}\varphi$ は $D(H)$ 上の解の列の極限ではある.

4.9.2 最大作用素と解作用素

$A \in L^4_{\text{loc}}(\mathbb{R}^d)$, $\text{div} A \in L^2_{\text{loc}}(\mathbb{R}^d)$ とする. このとき, $V \in L^2_{\text{loc}}$ であれば, $L^2(\mathbb{R}^d)$ の任意の稠密部分空間 $\mathcal{D}$ に対して, Schrödinger 方程式の $\mathcal{D}$ 上の解作用素は $\mathcal{H}$ 上の解作用素で, $\mathcal{H}$ 上の解作用素は $L_{\min}$ の自己共役拡張と 1 対 1 に対応していた. したがって, $\mathcal{H}$ 上の解作用素が一意的に存在するためには $L_{\min}$ は本質的に自己共役であることが必要十分, このとき $L_{\min}$ の自己共役拡張は最大作用素 $L_{\max}$ に等しかった (定理 4.9 参照).

A は上の条件を満たすが $V \in L^1_{\text{loc}}(\mathbb{R}^d)$ のときには Vu が超関数として意味をもつように付加条件をつけて最大作用素 $L_{\max}$ を

$$D(L_{\max}) = \{u \in L^2 : Vu \in L^1_{\text{loc}}, -\nabla_A^2 u + Vu \in L^2\}. \tag{4.171}$$

として $L_{\max} u = -\nabla_A^2 u + Vu$ と定義しよう. このとき, 次が成立する.

定理 4.148. $A \in L^4_{\text{loc}}(\mathbb{R}^d)$, $\nabla \cdot A \in L^2_{\text{loc}}(\mathbb{R}^d)$, $V \in L^1_{\text{loc}}(\mathbb{R}^d)$ と仮定する. H を $\mathcal{H} = L^2(\mathbb{R}^d)$ の自己共役作用素とする. 強連続ユニタリ群 e^{-itH} が

$$\varphi \in D(H) \text{ のとき } Ve^{-itH}\varphi \in L^1_{\text{loc}} \text{ をみたす (4.166) の } D(H) \text{ 上の解作用素} \tag{4.172}$$

であるためには $H \subset L_{\max}$ となることが必要十分である. もし, $L_{\max}$ が自己共役であれば, このような解作用素 e^{-itH} は一意的で $H = L_{\max}$ に限る.

証明. $H \subset L_{\max}$ のとき, e^{-itH} が (4.172) を満たすのは明らかである. 必要なことを示そう. e^{-itH} が (4.172) を満たすとする. $\varphi \in D(H)$ に対して $u(t) = e^{-itH}\varphi$ とすると $\mathbb{R}^{d+1}$ の超関数の意味で

$$i\partial_t u(t, x) = -\nabla_A^2 u(t, x) + V(x)u(t, x).$$

仮定から任意の $t \in \mathbb{R}$ において $V(x)u(t, x) \in L^1_{\text{loc}}(\mathbb{R}^d)$ である. 一方, $i\partial_t u(t) = Hu(t)$ で, この右辺は $\mathcal{H}$ 値連続関数だから, $-\nabla_A^2 u(t, x) + V(x)u(t, x)$ もそうである. よって, $u(t) \in D(L_{\max})$ で, $Hu(t) = L_{\max}u(t)$. ゆえに $H \subset L_{\max}$ である. 最後の主張は, 自己共役作用素は真の拡張をもたないことから明らかである. □

■**最大作用素の自己共役性** A, V_2 が (4.167) より少しよい性質を満たせば $L_{\max}$ は自己共役であることを示そう. V_2 が Stummel 型なら加藤型だから, 定理 4.131 が $L = -\nabla_A^2 + V$ に対して成立することを注意しておく.

定理 4.149. A は C^1 級, $V_1 \in L^1_{\text{loc}}(\mathbb{R}^d)$ は下に有界, $V_2 \leq 0$ は Stummel 型あるいは定理 4.81 の条件を満たすとする. このとき, (4.171) のように定義された $L = -\nabla_A^2 + V_1 + V_2$ の最大作用素 $L_{\max}$ は自己共役で L の生成する閉 2 次形式 $q(u, v) = (\nabla_A u, \nabla_A v) + (Vu, v)$ の定める自己共役作用素 H (定理 4.131 参照) に等しい.

証明. $V_1 \geq 0$ と仮定して一般性を失わない. (4.165) によって, $H \subset L_{\max}$ である. 逆の包含関係を示す. $u \in D(L_{\max})$ なら $u \in D(H)$ であることを示せばよい. H は下に有界な自己共役作用素だから十分大きい任意の $c > 0$ に対して $H + c^2$ は上への作用素である. ゆえに

$$(H + c^2)v = (L_{\max} + c^2)u$$

を満たす $v \in D(H)$ が存在する. $w = u - v$ と定義する. $H \subset L_{\max}$ だから, $w \in D(L_{\max})$ で $(L_{\max} + c^2)w = 0$. ゆえに, $\nabla_A^2 w = Vw + c^2w \in L_{\mathrm{loc}}^1$. $A \in C^1$ に注意して加藤の不等式 (4.104) を用いれば, $V_1 \geq 0$ によって, 超関数の意味で $\Delta|w| \geq (V + c^2)|w| \geq (V_2 + c^2)|w|$. ゆえに

$$-V_2|w| \geq (-\Delta + c^2)|w|.$$

この両辺は $\mathcal{S}'(\mathbb{R}^d)$ に属する. $(-\Delta + c^2)^{-1}$ は無限遠方で指数関数のように減少する正値な関数による合成積作用素 (定理 2.91 参照) で $\mathcal{S}'$ の正値性を保存する同型写像. ゆえに

$$|w| \leq -(-\Delta + c^2)^{-1}V_2|w|. \tag{4.173}$$

ここで $w \in L^2$, V_2 は $-\Delta$ 有界だから $(-\Delta + c^2)^{-1}V_2$ は $L^2(\mathbb{R}^d)$ の有界作用素. したがって (4.173) は $\mathbb{R}^d$ のほとんどすべての x において成立する不等式である. ゆえに

$$\|w\| \leq \|(-\Delta + c^2)^{-1}V_2\|_{\mathbf{B}(L^2)}\|w\|$$

$c > 0$ を十分大きくとれば $\|(-\Delta + c^2)^{-1}V_2\|_{\mathbf{B}(L^2)} < 1$, $w = 0$, $u = v \in D(H)$ である. □

4.10 熱核とレゾルベント, Diamagnetic 不等式

磁場のポテンシャル $A \in L_{\mathrm{loc}}^2$ とスカラーポテンシャル $V \in L_{\mathrm{loc}}^1$, $V \geq 0$ に対して定理 4.128 で定義された Schrödinger 作用素を

$$H_{A,V} = -\nabla_A^2 + V(x)$$

と書く. 定理 4.149 によって $A \in C^1$ なら $H_{A,V}$ は最大作用素にも等しい. $H_{A,V} \geq 0$ で熱方程式の初期値問題

$$\partial_t u = -H_{A,V}u, \quad u(0) = \varphi \in L^2(\mathbb{R}^d)$$

の $u(t, \cdot) \in L^2(\mathbb{R}^d)$, $t > 0$ を満たす解は $u(t, x) = e^{-tH_{A,V}}\varphi(x)$, $t > 0$ で与えられる.

$$H_{0,V} = H_{A=0,V}, \quad H_{0,V_0} = H_{A=0,V=V_0}$$

と書く. 次の不等式は広く応用される. $H_0 = H_{0,0}$ は自由 Schrödinger 作用素である.

補題 4.150 (Diamagnetic 不等式). $A \in L_{\mathrm{loc}}^2$, $V_0, V \in L_{\mathrm{loc}}^1$ は $V(x) \geq V_0(x) \geq 0$ を満たすとする. このとき, 任意の $\varphi \in L^2(\mathbb{R}^d)$ に対して次が成立する:

4.10 熱核とレゾルベント, Diamagnetic 不等式

(1) ほとんど至るところ, $|e^{-tH_{A,V}}\varphi(x)| \leq e^{-tH_{0,V}}|\varphi|(x) \leq e^{-tH_{0,V_0}}|\varphi|(x)$.
(2) 任意の $t > 0$ に対して, $e^{-tH_{A,V}}\varphi \in L^{\infty}(\mathbb{R}^d)$.
(3) $0 < \gamma \leq 1, \gamma > 0$ のとき, ほとんど至るところ

$$|(H_{A,V} + c^2)^{-\gamma}\varphi(x)| \leq \{(H_{0,V} + c^2)^{-\gamma}|\varphi|\}(x) \leq \{(H_{0,V_0} + c^2)^{-\gamma}|\varphi|\}(x). \tag{4.174}$$

(4) 掛け算作用素 W が H_0 有界 (形式有界) なら, W は H 有界 (形式有界) である.

■**Lie–Trotter–Kato の公式** 補題 4.150 の証明に次の形の積公式を用いる. 次の定理の証明はここではしない ([62] を参照. $l = 2$ の場合の証明は [87] にもある).

補題 4.151 (増田・加藤の積公式). $q_1, \ldots, q_l$ を Hilbert 空間 $\mathcal{H}$ 上の下に有界な閉 2 次形式で, $D(q_1) \cap \cdots \cap D(q_l)$ は稠密とする. $q_1, \ldots, q_l$ の定める自己共役作用素を $T_1, \ldots, T_l$, $q = q_1 + \cdots + q_l$ の定める自己共役作用素を T とする. このとき, $\mathcal{H}$ における強収束の意味で

$$e^{-tH} = \lim_{n \to \infty} (e^{-tH_1/n} \cdots e^{-tH_l/n})^n. \tag{4.175}$$

(4.175) は A, B が正方行列の場合の積公式 (**Lie の公式**)

$$e^{A+B} = \lim_{n \to \infty} (e^{A/n}e^{B/n})^n \tag{4.176}$$

の一般化である. 公式 (4.176) は一般の Banach 空間の C_0-半群の生成作用素の和に対して拡張され **Lie–Trotter–Kato の積公式**と呼ばれている ([87] を参照).

■**補題 4.150 の証明** $T_{0j}, T_j, j = 1, \ldots, d, V$ および V_0 をそれぞれ非負閉 2 次形式

$$q_{0j}(u) = \|\partial_j u\|^2, \quad q_j(u) = \|(\partial_j - iA_j(x))u\|^2, \quad j = 1, \ldots, d,$$
$$q_V(u) = \|\sqrt{V}u\|^2, \quad q_{0V}(u) = \|\sqrt{V_0}u\|^2$$

の定める自己共役作用素とする. このとき $H_{A,V}, H_{0,V}, H_{0,V_0}$ はそれぞれ和形式

$$\sum_{j=1}^d q_j(u) + q_V(u), \quad \sum_{j=1}^d q_{0j}(u) + q_V(u), \quad \sum_{j=1}^d q_{0j}(u) + q_{V_0}(u)$$

の定める自己共役作用素である. したがって補題 4.151 によって任意の $\varphi \in L^2$ に対して

$$e^{-tH_{A,V}}\varphi(x) = \lim_{n \to \infty}(e^{-\frac{t}{n}T_1} \cdots e^{-\frac{t}{n}T_d}e^{-\frac{t}{n}V})^n\varphi(x), \tag{4.177}$$

$$e^{-tH_{0,V}}\varphi(x) = \lim_{n \to \infty}(e^{-\frac{t}{n}T_{01}} \cdots e^{-\frac{t}{n}T_{0d}}e^{-\frac{t}{n}V})^n\varphi(x), \tag{4.178}$$

$$e^{-tH_{0,V_0}}\varphi(x) = \lim_{n \to \infty}(e^{-\frac{t}{n}T_{01}} \cdots e^{-\frac{t}{n}T_{0d}}e^{-\frac{t}{n}V_0})^n\varphi(x). \tag{4.179}$$

が L^2 の強収束の意味で成立する. 熱方程式の解の公式によって, $t > 0$ のとき,

$$e^{-tT_{0j}}\varphi(x) = (4\pi t)^{-1/2}\int_{\mathbb{R}} e^{-(x_j-s)^2/4t}\varphi(x_1, \ldots, s, \ldots, x_d)ds, \quad s \text{ は第 } j \text{ 変数}.$$

したがって, $|e^{-tT_{0j}}\varphi(x)| \le e^{-tT_{0j}}|\varphi|(x)$ である. $G_j(x) = \int_0^{x_j} A_j(x_1,\ldots,s,\ldots,x_d)ds$ と定義する. e^{-iG_j} は L^2 のユニタリ作用素で $T_j = e^{iG_j}T_{0j}e^{-iG_j}$, $e^{-tT_j} = e^{iG_j}e^{-tT_{0j}}e^{-iG_j}$ が成立する. これより

$$|e^{-tT_j}\varphi(x)| \le (e^{-tT_{0j}}|\varphi|)(x), \quad j=1,\ldots,d, \quad x \in \mathbb{R}^d. \tag{4.180}$$

(4.180) を用いて (4.177), (4.178), (4.179) の右辺を比較すれば (1) が得られる. $K_t(x) = (4\pi t)^{-d/2}e^{-x^2/4t}$ とおくと

$$\|e^{-tH_{A,V}}\varphi\|_\infty \le \|e^{-tH_{0,0}}\varphi(x)\|_\infty \le \|K_t\|_2\|\varphi\|_2 = 2^{-\frac{d}{2}}(2\pi t)^{-\frac{d}{4}}\|\varphi\|_2$$

したがって (2) が成立する. $0 < \gamma \le 1$ のとき

$$(H_{A,V}+c^2)^{-\gamma}\varphi = \Gamma(\gamma)^{-1}\int_0^\infty t^{\gamma-1}e^{-t(H_{A,V}+c^2)}\varphi dt.$$

これと $(H_{0,V}+c^2)^{-\gamma}$, $(H_{0,V_0}+c^2)^{-\gamma}$ に対応する式に (1) を用いれば (3) が得られる. (4) は (3) から明らかである. □

4.11 本質的自己共役性再論・Leinfelder–Simader の定理

2 次形式の理論を援用して再び最小作用素 $L_{\min}$ の本質的自己共役性の問題を考え, 定理 4.84 を一般化しよう. A, V は仮定 4.1 のように

$$A \in L^4_{\text{loc}}, \quad \nabla \cdot A \in L^2_{\text{loc}}, \quad V \in L^2_{\text{loc}} \tag{4.181}$$

を満たすとする. このとき, $L^*_{\min} = L_{\max}$,

$$L_{\max}u = -\nabla^2_A u + Vu, \quad u \in D(L_{\max}) = \{u \in L^2 : -\nabla^2_A u + Vu \in L^2\}$$

であった. $L^\infty_{\text{comp}}(\mathbb{R}^d)$ はコンパクトな台をもつ本質的に有界な関数の全体である.

補題 4.152. $u \in L^\infty_{\text{comp}}(\mathbb{R}^d)$, $A \in L^4_{\text{loc}}(\mathbb{R}^d)$ とする.

$$\nabla u \in L^2(\mathbb{R}^d), \quad -\Delta u + 2iA\cdot\nabla u \in L^2(\mathbb{R}^d)$$

ならば, $\Delta u \in L^2(\mathbb{R}^d)$, $\nabla u \in L^4(\mathbb{R}^d)$ である.

証明. $\nabla u \in L^4$ を示せば十分である. このとき, $A\cdot\nabla u \in L^2$, したがって $\Delta u \in L^2$ だからである. $\Omega = \text{supp } u$, $g = -\Delta u + 2iA\cdot\nabla u$ と定義する. 仮定から $g \in L^2$, $\text{supp } g \subset \Omega$ である. $\nabla u \in L^r$, $2 \le r \le 4$ と仮定しよう. このとき, $\Delta u = -g + 2iA\cdot\nabla u$ に Hölder の不等式を用いれば

$$\|\Delta u\|_p \le 2\|A\|_4\|\nabla u\|_r + \|g\|_p, \quad \frac{1}{p} = \frac{1}{4} + \frac{1}{r}. \tag{4.182}$$

4.11 本質的自己共役性再論・Leinfelder–Simader の定理

このとき, $4/3 \leq p \leq 2$ である. 一方, Hölder の不等式, ならびに Gagliardo–Nirenberg の不等式 (4.82) によって, 任意の $4/3 \leq p \leq 2$, $\varepsilon > 0$ に対して

$$\|g\|_p \leq |\Omega|^{(2-p)/2p} \|g\|_2 \leq \max(1, |\Omega|) \|g\|_2 \equiv C_1, \tag{4.183}$$

$$\|\nabla u\|_{2p} \leq \varepsilon^{-1} C_2 \|u\|_\infty + \varepsilon \|\Delta u\|_p, \quad C_2 = \max\{C_{dp}^*/2 \colon 4/3 \leq p \leq 2\}. \tag{4.184}$$

したがって, (4.182) を (4.184) の右辺に代入し, (4.183) を用いれば, 任意の $\varepsilon > 0$ に対して

$$\|\nabla u\|_{2p} \leq \varepsilon^{-1} C_2 \|u\|_\infty + \varepsilon \|g\|_p + 2\varepsilon \|A\|_4 \|\nabla u\|_r \leq C(\varepsilon) + 2\varepsilon \|A\|_4 \|\nabla u\|_r. \tag{4.185}$$

ここで $C(\varepsilon) = \varepsilon^{-1} C_2 \|u\|_\infty + \varepsilon C_1$ である. ゆえに $r^* = 2p$ と書けば

$$\|\nabla u\|_{r^*} \leq C(\varepsilon) + 2\varepsilon \|A\|_4 \|\nabla u\|_r, \quad \frac{1}{r^*} = \frac{1}{2}\left(\frac{1}{4} + \frac{1}{r}\right), \tag{4.186}$$

で $2 \leq r < 4$ なら $r < r^* < 4$ である. 仮定から $\nabla u \in L^2(\Omega)$. したがって, $r_1, r_2, \ldots$ を

$$r_1 = 2, \ n \geq 2 \text{ のとき } \frac{1}{r_{n+1}} = \frac{1}{2}\left(\frac{1}{4} + \frac{1}{r_n}\right)$$

と定めれば, $r_1 < r_2 < \cdots < 4$, $\lim_{n \to \infty} r_n = 4$ で, (4.186) によって

$$\|\nabla u\|_{r_{n+1}} \leq C(\varepsilon) + 2\varepsilon \|A\|_{L^4(\Omega)} \|\nabla u\|_{r_n}, \quad n = 1, 2, \ldots. \tag{4.187}$$

一方, $\operatorname{supp} \nabla u \subset \Omega$ だから, Hölder の不等式によって,

$$\|\nabla u\|_{r_n} \leq |\Omega|^{\frac{1}{r_n} - \frac{1}{r_{n+1}}} \|\nabla u\|_{r_{n+1}} \leq \max(1, |\Omega|) \|\nabla u\|_{r_{n+1}}.$$

したがって, $\varepsilon > 0$ を $2\varepsilon \max(1, |\Omega|) \|A\|_{L^4(\Omega)} \leq 1/2$ ととれば, $\|\nabla u\|_{r_n} \leq 2C(\varepsilon)$, $n = 2, \ldots$. $n \to \infty$ として Fatou の補題を用いれば, これより $\|\nabla u\|_4 \leq 2C(\varepsilon)$, $\nabla u \in L^4$ が従う. □

定理 4.153 (Leinfelder–Simader の定理). A, V は条件 (4.181) を満たすとする. さらに $V = V_1 + V_2$ で

- $V_1 \in L^2_{\mathrm{loc}}(\mathbb{R}^d)$ で, ある定数 C に対して $V_1 \geq -C\langle x \rangle^2$,
- V_2 は Stummel 型であるか, あるいは定理 4.81 の条件を満たす

と仮定する. このとき, $L = -\nabla_A^2 u + Vu$ の最小作用素 $L_{\min}$ は本質的に自己共役, その自己共役拡張は $L_{\max}$ に等しい.

証明. [第 1 段] $V_1 \geq -C$, $V_2 = 0$ の場合. $V_1 \geq 1$ として一般性を失わない. 定理 4.127 によって $D(q) = \{u \in L^2 \colon \nabla_A u \in L^2, \sqrt{V_1} u \in L^2\}$ を定義域とする 2 次形式

$$q(u, v) = \int \{\nabla_A u(x) \overline{\nabla_A v(x)} + V_1(x) u(x) \overline{v(x)}\} dx$$

は正値閉対称, $C_0^\infty(\mathbb{R}^d)$ は q のコアである. q の定める自己共役作用素を T とする. 部分積分によって任意の $u, v \in C_0^\infty(\mathbb{R}^d)$ に対して $q(u,v) = (L_{\min}u, v)$ が成立する. $C_0^\infty(\mathbb{R}^d)$ は q のコアだから, これより

$$q(u,v) = (L_{\min}u, v), \quad u \in C_0^\infty(\mathbb{R}^d), \ v \in D(q).$$

ゆえに, $C_0^\infty(\mathbb{R}^d) \subset D(T)$, $L_{\min} \subset T$ である. $C_0^\infty(\mathbb{R}^d)$ が T のコアであることを段階的に証明しよう. これが示せれば $[L_{\min}] = T$, したがって $L_{\min}$ は本質的に自己共役で $T = L_{\min}^* = L_{\max}$ であることがわかってこの場合の証明が終わる.

(i) まず $D(T) \cap L^\infty$ は T のコアであることを示す. $u \in D(T)$ のとき, $e^{-tT}u \to u$, $Te^{-tT}u \to Tu$ $(t \downarrow 0)$. 補題 4.150(2) によって $t > 0$ のとき, $e^{-tT}u \in L^\infty \cap D(T)$. ゆえに $D(T) \cap L^\infty$ は T のコアである.

(ii) 次に $L_{\text{comp}}^\infty \cap D(T)$ は T のコアであることを示そう:$u \in D(T) \cap L^\infty$, $\varphi \in C_0^\infty$ とする. 明らかに $\varphi u \in D(q) \cap L_{\text{comp}}^\infty$ で, $v \in C_0^\infty$ のとき, 部分積分によって

$$\begin{aligned}
q(\varphi u, v) &= (\nabla_A(\varphi u), \nabla_A v) + (V u, \varphi v) \\
&= (\nabla_A u, \nabla_A(\varphi v)) + (V u, \varphi v) - (2(\nabla\varphi)\nabla_A u + (\Delta\varphi)u, v) \\
&= (Tu, \varphi v) - (2(\nabla\varphi)\nabla_A u + (\Delta\varphi)u, v) = (\varphi Tu - 2(\nabla\varphi)\nabla_A u - (\Delta\varphi)u, v).
\end{aligned}$$

ゆえに $\varphi u \in D(T)$ で,

$$T(\varphi u) = \varphi Tu - 2\nabla\varphi \cdot \nabla_A u - (\Delta\varphi)u. \tag{4.188}$$

$|x| \leq 1$ のとき, $\varphi(x) = 1$ を満たす $\varphi \in C_0^\infty$ をとり, $\varphi_n(x) = \varphi(x/n)$, $u_n = \varphi_n u$ と定義する. $u_n \in D(T) \cap L_{\text{comp}}^\infty$ で, $n \to \infty$ のとき $u_n \to u$, (4.188) によって

$$\|Tu_n - Tu\| \leq \|(1-\varphi_n)Tu\| + 2n^{-1}\|\nabla\varphi(x/n)\nabla_A u\| + n^{-2}\|(\Delta\varphi)(x/n)u\| \to 0.$$

したがって, $L_{\text{comp}}^\infty \cap D(T)$ は T のコアである.

(iii) 最後に $C_0^\infty(\mathbb{R}^d)$ が T のコアであることを示す. $u \in L_{\text{comp}}^\infty \cap D(T)$ とする. $Au \in L^2$ かつ $\nabla_A u \in L^2$, ゆえに

$$\nabla u \in L^2 \tag{4.189}$$

である. $-\Delta u$ を超関数の意味にとれば, 任意の $v \in C^\infty(\mathbb{R}^d)$ に対して

$$q(u,v) = (-\Delta u + 2iA \cdot \nabla u + (-i\nabla \cdot A + A^2 + V)u, v) = (Tu, v).$$

したがって,

$$Tu = -\Delta u + 2iA \cdot \nabla u + (-i\nabla \cdot A + A^2 + V)u \in L^2. \tag{4.190}$$

$(-i\nabla \cdot A + A^2 + V)u \in L^2$ だから

$$-\Delta u + 2iA \cdot \nabla u \in L^2 \tag{4.191}$$

4.11 本質的自己共役性再論・Leinfelder–Simader の定理

でもある. (4.189), (4.191) によって, $\Delta u \in L^2$, $\nabla u \in L^4$ である (補題 4.152 参照). そこで軟化子 J_ε を用いて, $u_\varepsilon = J_\varepsilon u$, $0 < \varepsilon < 1$ と定義する. $u_\varepsilon \in C_0^\infty(\mathbb{R}^d)$ で, 一定のコンパクト集合 K が存在して, $\varepsilon_j \to 0$ を適当な部分列とするとき

$$\operatorname{supp} u_\varepsilon \subset K, \quad \|u_\varepsilon\|_\infty \leq \|u\|_\infty, \quad u_{\varepsilon_j}(x) \to u(x) \quad \text{a.e.} x \in \mathbb{R}^d, \qquad (4.192)$$

$$\lim_{\varepsilon \to 0}(\|u_\varepsilon - u\| + \|\nabla u_\varepsilon - \nabla u\|_4 + \|\Delta u_\varepsilon - \Delta u\|) = 0. \qquad (4.193)$$

(4.192) によって $\|(-i\nabla \cdot A + A^2 + V)u_{\varepsilon_j} - (-i\nabla \cdot A + A^2 + V)u\| \to 0$. (4.193) によって $\|2iA \cdot \nabla u_\varepsilon - 2iA \cdot \nabla u\| \to 0$. したがって $\|Tu_{\varepsilon_j} - Tu\| \to 0$. C_0^∞ は T のコアである.
[第 2 段] $V_1 \geq -C$ で $V_2 \neq 0$ の場合. $H_0 = -\Delta$ と書く. $T = -\nabla_A^2 + V_1$ を第 1 段で定義された自己共役作用素とする. 補題 4.150 の (4.174) によって $u \in L^2(\mathbb{R}^d)$ のとき

$$|V_2(x)(T + c^2)^{-1}u(x)| \leq |V_2(x)|\{(H_0 + c^2)^{-1}|u|\}(x), \quad \text{a.e. } x \in \mathbb{R}^d, \ c > 0.$$

定理 4.79, 定理 4.81 によって, V_2 は H_0 有界で, $\lim_{c \to \infty} \|V_2(H_0 + c^2)^{-1}\| = 0$, ゆえに

$$\|V_2(T + c^2)^{-1}\|_{\mathbf{B}(L^2)} \leq \|V_2(H_0 + c^2)^{-1}\|_{\mathbf{B}(L^2)} \to 0 \quad (c \to \infty). \qquad (4.194)$$

したがって, 定理はこの場合, Kato–Rellich の定理から従う.
[第 3 段] $V_1 \geq -C\langle x \rangle^2$, $V_2 = 0$ の場合. $R(L_{\min} \pm i) \subset L^2$ が稠密であることを示せばよい. $f \perp R(L_{\min} \pm i)$, $f \in L^2$ とする. $f = 0$ を示す.

$$V_{1n}(x) = \max(V_1(x), -C\langle n \rangle^2), \quad n = 1, 2, \ldots$$

と定義する. ただし, C は定理の仮定に現れた定数である. 下に有界な V_{1n} に対して第 1 段によって定まる自己共役作用素 $-\nabla_A^2 + V_{1n}$ を H_n とする. C_0^∞ は H_n のコアだから, $\varphi_n \in C_0^\infty$ で $\|(H_n \pm i)\varphi_n - f\| \leq n^{-1}$, $n = 1, 2, \ldots$ を満たすものが存在する. このとき, $\|(H_n \pm i)\varphi_n\| \leq C_1 \equiv \|f\| + 1$, ゆえに

$$\|\varphi_n\| \leq C_1, \quad \|H_n \varphi_n\| \leq 2C_1, \quad n = 1, 2 \ldots \qquad (4.195)$$

である. $|x| \leq 1/2$ のとき $\chi(x) = 1$, $|x| \geq 1$ のとき $\chi(x) = 0$ を満たす $\chi \in C_0^\infty$ をとり $\chi_n(x) = \chi(x/n)$ とおく. 次が成立する:

$$\|f\|^2 = \lim(\chi_n f, (H_n \pm i)\varphi_n) = \lim(f, \chi_n(H_n \pm i)\varphi_n).$$

また, $|x| \leq n$ なら $V(x) \geq -C\langle n \rangle^2$ だから, $\chi_n(x)V_{1n}(x) = \chi_n(x)V_1(x)$, ゆえに

$$\chi_n(H_n \pm i)\varphi_n = \chi_n(L_{\min} \pm i)\varphi_n = (L_{\min} \pm i)(\chi_n \varphi_n) + 2\nabla \chi_n \cdot \nabla_A \varphi_n + (\Delta \chi_n)\varphi_n.$$

仮定から右辺の第 1 項は f と直交する. また (4.195) の第 1 の評価を用いれば $|(f, (\Delta \chi_n)\varphi_n)| \leq C_1 n^{-2} \|\Delta \chi\|_\infty \|f\| \to 0$. したがって,

$$\|f\|^2 = \lim_{n \to \infty}(f, 2\nabla \chi_n \cdot \nabla_A \varphi_n) \qquad (4.196)$$

である．一方，$V_{1n}(x) + C\langle n\rangle^2 \geq 0$ だから

$$\|\nabla_A \varphi_n\|^2 \leq (H_n \varphi_n, \varphi_n) + C\langle n\rangle^2 \|\varphi_n\|^2 \leq C_1^2(2 + C\langle n\rangle^2), \quad n=1,2,\ldots. \quad (4.197)$$

ゆえに $|\nabla \chi_n(x)| \leq n^{-1}\|\nabla \chi\|_\infty$ とあわせて $\|\nabla \chi_n \cdot \nabla_A \varphi_n\| \leq C_2$ である．ここで，$|x| \leq n/2$ なら $\nabla \chi_n(x) = 0$ だから，(4.196) の右辺に Schwarz の不等式を用いて

$$\|f\|^2 \leq \lim_{n\to\infty} 2\|\nabla \chi_n \nabla_A \varphi_n\|\|f\|_{L^2(|x|\geq n/2)} = 0, \quad (4.198)$$

よって，$f = 0$．この場合も定理が成立する．

[第4段] 一般の場合，すなわち第3段で $V_2 \neq 0$ の場合．第3段のように $f \perp R(L_{\min} \pm i)$ のとき $f = 0$ であることを示せばよい．$H_n = -\nabla_A^2 + V_{1n} + V_2$ を第2段で定義された自己共役作用素とする．第3段と同様にして $\|(H_n \pm i)\varphi_n - f\| \leq n^{-1}$, $n = 1, 2, \ldots$ を満たす $\varphi_n \in C_0^\infty$ が存在し，(4.195), (4.196) が成立することがわかる．したがって，$\|\nabla_A \varphi_n\| \leq Cn$ を示せば (4.198) のようにして証明が終わる．

$$T_n = -\nabla_A^2 + V_{1n} + C\langle n\rangle^2 = H_n + C\langle n\rangle^2 - V_2$$

と定義する．$V_{1n} + C\langle n\rangle^2 \geq 0$ だから，(4.194) によって，n によらない定数 $C_0 > 0$ が存在し，任意の $\varphi \in C_0^\infty(\mathbb{R}^d)$ に対して

$$\|V_2 \varphi\| \leq \tfrac{1}{2}\|T_n \varphi\| + C_0 \|\varphi\|.$$

$\|T_n \varphi\| \leq \|H_n \varphi\| + C\langle n\rangle^2\|\varphi\| + \|V_2 \varphi\|$ だから，これより $\|V_2 \varphi\| \leq \|H_n \varphi\| + C\langle n\rangle^2\|\varphi\| + 2C_0\|\varphi\|$．したがって，

$$\begin{aligned}\|\nabla_A \varphi\|^2 &\leq (T_n \varphi, \varphi) = (H_n \varphi, \varphi) + C\langle n\rangle^2\|\varphi\|^2 - (V_2 \varphi, \varphi) \\ &\leq (\|H_n\varphi\| + C\langle n\rangle^2\|\varphi\| + \|V_2\varphi\|)\|\varphi\| \leq 2(\|H_n\varphi\| + C\langle n\rangle^2\|\varphi\| + C_0\|\varphi\|)\|\varphi\|\end{aligned} \quad (4.199)$$

が得られる．(4.199) を φ_n に対して適用し，(4.195) を用いれば $\|\nabla_A \varphi_n\| \leq Cn$ が従う． □

注意 4.154. $A = 0$ のとき，$L_{\min}$ の本質的自己共役性のために，無限遠での条件 $V_2(x) \geq -Cx^2$ はほとんど必要であった (1次元空間における定理4.53参照)．$d \geq 2$ で $A \neq 0$ のときは状況が異なる．$D_j = -i\partial_j - A_j$, $j = 1, \ldots, d$ とおけば，

$$i[D_j, D_k] = (D_j D_k - D_k D_j) = B_{jk}(x), (B_{jk}) = (\partial A_j/\partial x_k - \partial A_k/\partial x_j) \text{ は磁場.}$$

したがって，$(B_{jk}u, u) = 2\Im(D_j u, D_k u)$，これより

$$\|Du\|^2 \geq d^{-1}\sum_{jk}\|D_j u\|\|D_k u\| \geq (2d)^{-1}\sum_{jk}|(B_{ij}u, u)|. \quad (4.200)$$

(これも diamagnetic 不等式と呼ぶ)．これから，$|B(x)|$ が無限遠で急激に増大すると V の負の部分が H の運動量部分 D^2 によって打ち消され，$V(x)$ が $-C|x|^{2+\varepsilon}$ のように減

少しても $L_{\min}$ は本質的に自己共役となりえることが予想される．実際，V が $|B(x)|$ $+V(x)\geq -C\langle x\rangle^{-2}$, $|B(x)|=\left(\sum_{j<k}|B_{jk}(x)|^2\right)^{1/2}$ を満たせば $L_{\min}$ は本質的に自己共役であることが岩塚明 [45] によって証明されている (著者と相場大祐の論文 [9] も参照)．ただしこれらの論文での証明で不等式 (4.200) が直接的に使われているわけではない．

4.12 Krein–Birman–Vishik 理論

T を $D(T)$ が稠密な下に有界な閉対称作用素，$q=[q_T]$ を T の定める閉 2 次形式とする．T の下に有界な自己共役拡張 T_e が定める閉 2 次形式 q_e は q の拡張である (定理 4.110 の (2)) が，q の拡張である下に有界な閉 2 次形式の定める自己共役作用素がすべて T の拡張となるわけではない (問題 4.113 参照)．一般には $q_1\subset q_2$ から $D(T_1)$ と $D(T_2)$ の間の関係をいうことは単純ではない．

この節では，Krein–Birman–Vishik 理論を解説する．これはある定数 $r>0$ に対して $T\geq\gamma>0$ を満たす閉対称作用素に対して，T の下に有界な自己共役拡張 T_e を定める閉 2 次形式 q_e を

- T の不足指数 $n=n_+=n_-$ が有限であるか，あるいは T_e が非負

の場合に特徴づける理論である．これによって，特に $T_e\geq 0$ を満たす T の自己共役拡張のすべてを 2 次形式を用いて特徴づけることができる．γ^{-1} を乗ずることによって

$$T\geq 1 \tag{4.201}$$

として一般性を失わない．以下, (4.201) を仮定する．ほぼ Alonso–Simon[8] に従う．

T_F を T の Friedrichs 拡張，すなわち q の定める自己共役作用素とする．(4.201) によって $T_F\geq 1$，したがって T_F は可逆で

$$\|T_F^{-1}\|\leq 1, \quad T_F\subset T^*, \text{ ゆえに } T^*T_F^{-1}=\mathbf{1} \tag{4.202}$$

である．$\mathcal{E}\cap\mathcal{F}=\{0\}$ を満たす $\mathcal{H}$ の部分空間 $\mathcal{E}$, $\mathcal{F}$ の直和を $\mathcal{E}\dotplus\mathcal{F}$ と書く．

$$\mathcal{N}=\operatorname{Ker}T^*$$

と定義する．$\dim\mathcal{N}=n$ (T の不足指数) である．$\mathcal{N}$ は閉部分空間だから Hilbert 空間とみなせる．以下，$\mathcal{N}$ 上の**下に有界な閉 2 次形式 r を考えるが** r **の定義域** $D(r)$ **は必ずしも** $\mathcal{N}$ **において稠密とは仮定しない**．$\mathcal{M}=\overline{D(r)}$ と定義する．r **の定める自己共役作用素とは** r **が** $\mathcal{M}$ **上に定義する自己共役作用素のこと**とする．

補題 4.155. $D(q)\cap\mathcal{N}=\{0\}$ で $D(T^*)=D(T_F)\dotplus\mathcal{N}$ である．

証明． $u\in D(q)\cap\mathcal{N}$ とする．$u_n\in D(T)$, $n=1,2,\ldots$ を $u_n\xrightarrow{q}u$ $(n\to\infty)$ ととる．$q(u_n,u)=(Tu_n,u)=(u_n,T^*u)=0$ である．したがって

$$\|u\|^2\leq q(u,u)=\lim|q(u,u)-q(u_n,u)|\leq\lim q(u-u_n)^{1/2}q(u)^{1/2}=0.$$

ゆえに $u = 0$, $D(q) \cap \mathcal{N} = \{0\}$, $D(T_F) \cap \mathcal{N} = \{0\}$, $D(T_F) \dotplus \mathcal{N} \subset D(T^*)$ である. $u \in D(T^*)$ に対して, $v = u - T_F^{-1}T^*u$ と定義すれば, $T^*v = T^*u - T^*T_F^{-1}T^*u = 0$. したがって, $u = T_F^{-1}T^*u + v \in D(T_F) \dotplus \mathcal{N}$, ゆえに $D(T^*) = D(T_F) \dotplus \mathcal{N}$ である. □

$\mathcal{N}$ 上の任意の閉 2 次形式 r に対して, $\mathcal{H}$ 上の 2 次形式 q^r を

$$q^r(u\dotplus v, \tilde{u}\dotplus \tilde{v}) = q(u,\tilde{u}) + r(v,\tilde{v}), \quad D(q^r) \equiv D(q) \dotplus D(r) \tag{4.203}$$

と定義する. 以下, 混乱のおそれがないときには $u \dotplus v \in D(q) \dotplus D(r)$ を単に $u + v$ と書く.

命題 4.156. $r \geq 0$ あるいは $\dim \mathcal{N} < \infty$ とする. q^r は稠密な定義域をもつ下に有界な閉 2 次形式である. q^r の定める自己共役作用素を T_r と書く. T_r は T の拡張である.

証明. q^r が稠密な定義域をもつ双 1 次形式であるのは明らかである.

(i) まず, q^r が下に有界な閉 2 次形式であることを認めて, q^r の定める自己共役作用素 T_r が T の拡張であることを示そう. $u \in D(T)$ とする. 任意の $x \in D(r)$ に対して $(Tu,x) = (u,T^*x) = 0$, ゆえに任意の $v = w \dotplus x \in D(q^r) = D(q) \dotplus D(r)$ に対して

$$q^r(u,v) = q(u,w) = (Tu,w) = (Tu,v).$$

よって, $u \in D(T_r)$ で $T_r u = Tu$. したがって, T_r は T の拡張である. 次に q^r が下に有界な閉 2 次形式であることを示そう.

(ii) $r \geq 0$ の場合. 明らかに $q^r \geq 0$ である. 閉形式であることを示す. $u \dotplus v \in D(q) \dotplus D(r)$ のとき,

$$q^r(u+v) + \|u+v\|^2 = q(u) + r(v) + \|u+v\|^2 \geq \|u\|^2 + \|u+v\|^2 \geq \|v\|^2/2$$

である. $u_n \dotplus v_n \xrightarrow{q^r} w$ とする. 上式で $u = u_n - u_m$, $v = v_n - v_m$ とすれば $n,m \to \infty$ のとき, 左辺 $\to 0$ だから, $q(u_n - u_m) \to 0$, $r(v_n - v_m) \to 0$, $\|u_n - u_m\| \to 0$, $\|v_n - v_m\| \to 0$ である. $\lim u_n = \tilde{u}$, $\lim v_n = \tilde{v}$ と定義する. $w = \tilde{u} + \tilde{v}$ である. q, r は閉 2 次形式だから, $\tilde{u} \in D(q)$, $\tilde{v} \in D(r)$ で $\lim q(u_n - \tilde{u}) = 0$, $\lim r(v_n - \tilde{v}) = 0$. ゆえに $w \in D(q^r)$ で $\lim q^r(u_n + v_n - w) = 0$, q^r は閉 2 次形式である.

(iii) $\dim \mathcal{N} < \infty$ の場合. 有限次元部分空間は閉, 有限次元空間上の 2 次形式は連続だから, $D(r) = \mathcal{M}$ で, ある $b > 0$ に対して $|r(v)| \leq b\|v\|^2$ である. q^r が下に有界でないとする. このとき, 次を満たす点列 $u_n \in D(q)$, $v_n \in \mathcal{M}$ が存在する:

$$\|v_n\| = 1, \quad -n\|u_n + v_n\|^2 \geq q^r(u_n + v_n), \quad n = 1, 2, \ldots.$$

このとき, $0 \geq -n\|u_n + v_n\|^2 \geq q^r(u_n + v_n) = q(u_n) - r(v_n) \geq -b$. ゆえに, $\|u_n + v_n\| \to 0$ で $q(u_n)$ は有界, $q(u_n) \leq b$ である. $\mathcal{M}$ の単位球はコンパクトだから, 収束部分列 $v_{n'}$ が存在する. $v_{n'} \to v \in \mathcal{M}$ とすれば $\|v\| = 1$ で, $u_{n'} \to -v$. $q(u_{n'})$ は有界だから, 定理 4.109 によって $-v \in D(q)$. ゆえに $v \in D(q) \cap \mathcal{M} = \{0\}$. これは $\|v\| = 1$ に矛盾する. ゆえに, q^r は下に有界である.

4.12 Krein–Birman–Vishik 理論

次に q^r が閉であることを示す. $u_n \dotplus v_n \xrightarrow{q^r} w$ とする. q^r は下に有界だから $q^r(u_n + v_n)$ は収束列である (命題 4.96). このとき, v_n は有界である. そうでなければ $\|v_{n'}\| \to \infty$ となる部分列をとるとき, $\tilde{u}_{n'} = u_{n'}\|v_{n'}\|^{-1}$, $\tilde{v}_{n'} = v_{n'}\|v_{n'}\|^{-1}$ とおくと,

$$\|\tilde{v}_{n'}\| = 1, \quad q^r(\tilde{u}_{n'} + \tilde{v}_{n'}) = q(\tilde{u}_{n'}) + r(\tilde{v}_{n'}) \to 0, \quad \tilde{u}_{n'} + \tilde{v}_{n'} \to 0.$$

$|r(\tilde{v}_{n'})| \leq b$ だから, $q(\tilde{u}_{n'})$ は有界列である. これは (iii) の前半のように矛盾を生ずる. ゆえに $\|v_n\|$ は有界である. v_n の任意の収束部分列 $v_{n'}$ をとり, 極限を $v \in \mathcal{M}$ とする. このとき, $u_{n'} \to u \equiv w - v$ である. $q(u_{n'} - u_{m'}) + r(v_{n'} - v_{m'}) \to 0$ で, r は連続だから $q(u_{n'} - u_{m'}) \to 0$. q は閉 2 次形式だからこれより, $u \in D(q)$ で $q(u_{n'} - u) \to 0$. ゆえに, $w \in D(q^r)$ で $q^r(u_{n'} + v_{n'} - w) \to 0$ である. w の $D(q) \dotplus \mathcal{M}$ への分解は一意的だから, 上の極限 u, v は収束部分列 $v_{n'}$ のとり方によらない. ゆえに, v_n, u_n 自身が $v \in \mathcal{M}$, $u \in D(q)$ に収束する. ゆえに q^r は閉 2 次形式である. □

命題 4.156 の逆を示そう. $q_e \geq 0$ の場合から始める.

補題 4.157. $T_e \geq 0$ を T の自己共役拡張, q_e を T_e の定める閉 2 次形式とする. $q \subset q_e$ で次が成立する:

$$q_e(u, v) = 0, \quad u \in D(q), \quad v \in D(q_e) \cap \mathcal{N}. \tag{4.204}$$

証明. $q \subset q_e$ は定理 4.110 で示した. $u \in D(q)$, $v \in D(q_e) \cap \mathcal{N}$ とする. $u_n \in D(T) \subset D(T_e)$ を $u_n \xrightarrow{q} u$ ととれば, $q(u_n - u) = q_e(u_n - u) \to 0$. ゆえに, $q_e(u, v) = \lim q_e(u_n, v) = \lim(T_e u_n, v) = \lim(Tu_n, v) = \lim(u_n, T^*v) = 0$ である. □

命題 4.158. $T_e \geq 0$ を T の自己共役拡張, q_e を T_e の定める閉 2 次形式とする. このとき, $\mathcal{N}$ 上の非負閉 2 次形式 r が一意的に存在して $q_e = q^r = q \dotplus r$ が成立する. r は

$$r(u, v) = q_e(u, v), \quad u, v \in D(r) = \mathcal{N} \cap D(q_e) \tag{4.205}$$

で与えられる.

証明. r を (4.205) で定義する. $r \geq 0$ は明らかである. $w_n \xrightarrow{r} w$ とする. $\mathcal{N}$ は閉部分空間だから, $w \in \mathcal{N}$. r の定義から $w_n \xrightarrow{q_e} w$. q_e は閉形式だから, $w \in D(q_e)$ で $q_e(w_n - w) \to 0$. ゆえに $w \in D(r)$ で $r(w_n - w) \to 0$, r は非負閉 2 次形式である. $q_e = q^r$ であることを示そう.

$u \in D(T_e) \subset D(T^*)$ を補題 4.155 の直和分解に従って $u = v \dotplus w \in D(T_F) \dotplus \mathcal{N}$ と書けば, $w = u - v \in D(T_e) + D(T_F) \subset D(q_e)$, ゆえに, $w \in \mathcal{N} \cap D(q_e) = D(r)$. $\tilde{u} \in D(T_e)$ も同様に $\tilde{u} = \tilde{v} \dotplus \tilde{w} \in D(T_F) \dotplus D(r)$ と書けば, 補題 4.157 によって $q_e(v, \tilde{w}) = q_e(w, \tilde{v}) = 0$, ゆえに

$$q_e(u, \tilde{u}) = q_e(v, \tilde{v}) + q_e(w, \tilde{w}) = q(v, \tilde{v}) + r(w, \tilde{w}) = q^r(u, \tilde{u}),$$

したがって, $D(T_e)$ 上では $q_e = q^r$ である. $D(T_e)$ は q_e のコアで, 命題 4.156 によって q^r は閉形式だから, これより $q_e \subset q^r$. 明らかに $D(q^r) \subset D(q_e)$ だから $q_e = q^r$ である.

$q_e = q^r$ となる r が $D(q_e)$ 上では (4.205) で与えられるのは明らかである. □

次に,$\dim \mathcal{N} < \infty$ のときは T のすべての自己共役拡張が q^r で定められることを示そう.

補題 4.159. $D(T_F) = D(T) \dotplus T_F^{-1} \mathcal{N}, \quad D(T^*) = D(T) \dotplus T_F^{-1} \mathcal{N} \dotplus \mathcal{N}$ が成立する.

証明. $T \geq 1$ によって $R(T)$ は閉部分空間,$R(T) = \mathcal{N}^\perp$ である. $u \in D(T) \cap T_F^{-1} \mathcal{N}$ なら,

$$Tu = T_F u \in \mathcal{N} = R(T)^\perp, \quad \text{したがって} \quad Tu = 0, \quad u = 0, \quad D(T) \cap T_F^{-1} \mathcal{N} = \{0\}$$

である. $u \in D(T_F)$ に対して $T_F u = Tv + w \in R(T) \oplus \mathcal{N}$ となる $v \in D(T)$ と $w \in \mathcal{N}$ をとれば,$T_F(u - v) = w$. ゆえに $u = v + T_F^{-1} w$, $D(T_F) \subset D(T) + T_F^{-1} \mathcal{N}$, よって $D(T_F) = D(T) \dotplus T_F^{-1} \mathcal{N}$ である. 補題 4.155 によって第 2 式は第 1 式から従う. □

命題 4.160. $\dim \mathcal{N} < \infty$ とする. T の任意の自己共役拡張 T_e は下に有界で,$\mathcal{N}$ 上の閉 2 次形式 r を用いて $T_e = T_r$ と表される. この r は T_e によって一意的に定まる.

証明. 一般に,線形空間 $\mathcal{X}$ が部分空間の直和 $\mathcal{X} = \mathcal{A} \dotplus \mathcal{B}$ であるとき,$\mathcal{L} \cap \mathcal{B} = \{0\}$ を満たす部分空間 $\mathcal{L}$ の次元は $\dim \mathcal{L} \leq \dim \mathcal{A}$ である. $u \in \mathcal{L}$ を $u = u_\mathcal{A} + u_\mathcal{B} \in \mathcal{A} \dotplus \mathcal{B}$ と書くとき,$u_\mathcal{A} = 0$ なら $u \in \mathcal{L} \cap \mathcal{B} = \{0\}$, $\mathcal{L} \ni u \mapsto u_\mathcal{A} \in \mathcal{A}$ は 1 対 1 の線形写像だからである. $\dim \mathcal{N} = m < \infty$ とする. 補題 4.159 によって $\dim(T_F^{-1} \mathcal{N} \dotplus \mathcal{N}) = 2m$ である. T_e が下に有界でないとすれば,$\dim E_{T_e}((-\infty, 0)) = \infty$, 十分大きな $\lambda > 0$ に対して,

$$\dim E_{T_e}((-\lambda, 0)) \mathcal{H} \geq 2m + 1, \quad E_{T_e}((-\lambda, 0)) \mathcal{H} \subset D(T_e) \subset D(T^*).$$

ゆえに,補題 4.159 の第 2 式によって,$D(T) \cap E_{T_e}((-\lambda, 0)) \mathcal{H} \neq \{0\}$. 一方,$u \in D(T) \cap E_{T_e}((-\lambda, 0)) \mathcal{H}$ に対して $\|u\|^2 \leq (Tu, u) = (T_e u, u) \leq 0$, これは矛盾である. ゆえに T_e は下に有界でなければならない. $\mathcal{N}$ 上の 2 次形式 r を (4.205) によって定義すれば,$\mathcal{N}$ は有限次元だから r は連続で,命題 4.156 によって q^r は下に有界な閉 2 次形式である. ゆえに命題 4.158 の証明と同様にして $q_e = q^r$ である. □

命題 4.156, 命題 4.158 および命題 4.160 をまとめて次の定理が得られる.

定理 4.161. $T \geq 1$ を $\mathcal{H}$ 上の閉対称作用素,$\mathcal{N} = \mathrm{Ker}\,(T^*)$ とする. $\mathcal{N}$ 上の下に有界な閉 2 次形式 r に対して (4.203) によって $\mathcal{H}$ 上の 2 次形式 q^r を定義する.

(1) $r \geq 0$ のとき,q^r は非負閉 2 次形式である. q^r の定める自己共役作用素を T_r とすれば,T の非負自己共役拡張全体と $\mathcal{N}$ 上の非負 2 次形式全体が $r \leftrightarrow T_r$ の対応によって 1 対 1 に対応する.

(2) $\dim \mathcal{N} < \infty$ であれば,T の自己共役拡張はすべて下に有界である. 任意の r に対して q^r は下に有界な閉 2 次形式で T の自己共役拡張全体と $\mathcal{N}$ 上の (有限次元) 2 次形式全体が $r \leftrightarrow T_r$ の対応によって 1 対 1 に対応する.

T を γT, $\gamma > 0$ で置き換えれば,定理 4.161 は条件 $T \geq 1$ を $T \geq \gamma > 0$ で置き換えて

4.12 Krein–Birman–Vishik 理論

成立する. また定数 C を加えて T, r を $T+C, r+C$ に置き換えても成立する. これはすでに注意したことである.

■**Krein 拡張** 定義 4.115 に従って $\mathcal{N}$ 上の非負 2 次形式全体の集合 $\mathcal{Q}_+$ に順序関係を

$$r \leq \rho \Leftrightarrow D(\rho) \subset D(r) \text{ で } u \in D(\rho) \text{ のとき}, r(u) \leq \rho(u)$$

と定義する. $\mathcal{Q}_+$ の最大元 $r_{\max}$, 最小元 $r_{\min}$ は

$$r_{\max}(u) = 0, \quad u \in D(r_{\max}) = \{0\},$$
$$r_{\min}(u) = 0, \quad u \in D(r_{\min}) = \mathcal{N}$$

で与えられる. $T_{r_{\max}} = T_F$, $q^{r_{\max}} = q(= [q_T])$ が成立するのは明らかである. $T_{r_{\min}}$ を T の **Krein 拡張**といい, T_K と書く.

定理 4.162. (1) $r, \rho \in \mathcal{Q}_+$ に対して $T_r \leq T_\rho$ と $r \leq \rho$ は同値である.
(2) T の非負自己共役拡張全体は $q^{r_{\min}} \leq q_e \leq q^{r_{\max}}$ を満たす非負閉 2 次形式 q_e の定める自己共役作用素 T_e の全体に等しい.

証明. (1) は q^r の定義 (4.203) から明らかである. T_e が T の非負自己共役拡張なら, 定理 4.161 によってある $r \in \mathcal{Q}_+$ によって $T_e = T_r$ と表される. $r_{\min} \leq r \leq r_{\max}$ だから $q^{r_{\min}} \leq q_e \leq q^{r_{\max}}$ である. 逆に $q^{r_{\min}} \leq q_e \leq q^{r_{\max}}$ とする. このとき

$$D(q^{r_{\max}}) = D(q) \subset D(q_e) \subset D(q^{r_{\min}}) = D(q) \dotplus \mathcal{N},$$
$$q^{r_{\min}}(u) \leq q_e(u), \quad u \in D(q_e); \quad q_e(u) \leq q^{r_{\max}}(u), \quad u \in D(q).$$

したがって, $u \in D(q), v \in \mathcal{N} \cap D(q_e)$ のとき, 任意の $\lambda \in \mathbb{C}$ に対して

$$q(u) = q^{r_{\min}}(u + \lambda v) \leq q_e(u + \lambda v) = q_e(u) + 2\Re\{q_e(u, \lambda v)\} + |\lambda|^2 q_e(v)$$

が成立する. ここで $u \in D(q)$ のとき, $q^{r_{\min}}(u) = q^{r_{\max}}(u) = q(u)$ だから $q_e(u) = q(u)$, 任意の $\lambda \in \mathbb{C}$ に対して $0 \leq 2\Re\{q_e(u, \lambda v)\} + |\lambda|^2 q_e(v)$, したがって, $q_e(u, v) = 0, q_e(v) \geq 0$ でなければならない. ゆえに, $u, v \in D(r) = \mathcal{N} \cap D(q_e)$ に対して $r(u, v) = q_e(u, v)$ と定義すれば, r は $\mathcal{N}$ 上の非負閉 2 次形式で $q_e = q^r$, ゆえに $T_e = T_r$ で, T_e は T の非負自己共役拡張である. □

■**T_r の定義域** 定理 4.161 の定める T の自己共役拡張 T_r の定義域 $D(T_r)$ は次で与えられる.

定理 4.163. r を $\mathcal{N}$ 上の閉 2 次形式で, r は非負であるか $\dim \mathcal{N} < \infty$ であるかいずれかとする. r の定める ($\mathcal{M} = \overline{D(r)}$ 上の) 自己共役作用素を B とする. このとき

$$D(T_r) = \{u + T_F^{-1}(Bv + w) + v \colon u \in D(T), v \in D(B), w \in \mathcal{N} \cap D(B)^\perp\}, \quad (4.206)$$
$$T_r(u + T_F^{-1}(Bv + w) + v) = Tu + Bv + w. \quad (4.207)$$

例 4.164. $r = r_{\min}$ のとき, $D(B) = \mathcal{N}$, $B = 0$ だから, Krein 拡張 T_K は次で与えられる.

$$D(T_K) = \{u + v : u \in D(T),\ v \in \mathcal{N}\} = D(T) \dotplus \mathcal{N}, \quad T_K(u+v) = Tu. \quad (4.208)$$

一方, $r = r_{\max}$ のときは $D(B) = \{0\}$ だから

$$D(T_F) = D(T) \dotplus T_F^{-1}\mathcal{N}, \quad T_F(u + T_F^{-1}w) = Tu + w.$$

これは補題 4.159 と一致する.

■**定理 4.163 の証明.** $T \subset T_r \subset T^*$ から (4.207) は明らかである. (4.206) を示す. 引き続き $q = [q_T]$ と書く. (4.206) の右辺を $\mathcal{Y}$ と書く. まず, $\mathcal{Y} \subset D(T_r)$ を示そう. $D(T) \subset D(T_r)$ だから, $v \in D(B)$, $w \in \mathcal{N} \cap D(B)^\perp$ のとき $T_F^{-1}(Bv + w) + v \in D(T_r)$ を示せばよい. $T_F^{-1}(Bv + w) \in D(q)$ だから, 任意の $u \dotplus \eta \in D(q_r) = D(q) \dotplus D(r)$ に対して

$$q^r(T_F^{-1}(Bv+w) \dotplus v, u \dotplus \eta) = q(T_F^{-1}(Bv+w), u) + r(v, \eta)$$
$$= (Bv+w, u) + (Bv, \eta) = (Bv+w, u+\eta) - (w, u) = (Bv+w, u+\eta).$$

ここで, 最後のステップで $w \perp D(B)$ で $D(B)$ が r のコアであることから $w \perp D(r)$ であることを用いた. これより, $T_F^{-1}(Bv+w) + v \in D(T_r)$, ゆえに $\mathcal{Y} \subset D(T_r)$ である.

$D(T_r) \subset \mathcal{Y}$ を示そう. $T^*|_\mathcal{Y}$ が T の対称拡張の中の極大元であることを示せばよい. T_r は自己共役, したがって T の極大な対称拡張で, 前半部で示したように $T^*|_\mathcal{Y} \subset T_r$ だから, このとき $T^*|_\mathcal{Y} = T_r$ とならねばならないからである. $\langle v, w \rangle, \langle v', w' \rangle \in \mathcal{N} \times \mathcal{N}$ に対して

$$\omega(\langle v, w \rangle, \langle v', w' \rangle) = (v, w') - (w, v')$$

と定義する. ω は $\mathcal{N} \times \mathcal{N}$ 上の反対称双 1 次形式である. 任意の $x, y \in \mathcal{V}$ に対して $\omega(x, y) = 0$ を満たす $\mathcal{N} \times \mathcal{N}$ の部分空間 $\mathcal{V}$ は **isotropic** である, 極大な isotropic 部分空間は**ラグランジアン**であるということにする. $D(T) \subset \mathcal{X} \subset D(T^*) = D(T) \dotplus T_F^{-1}\mathcal{N} \dotplus \mathcal{N}$ を満たす線形部分空間 $\mathcal{X}$ に対して $\mathcal{N} \times \mathcal{N}$ の線形部分空間 $\Gamma(\mathcal{X})$ を

$$\Gamma(\mathcal{X}) = \{\langle v, w \rangle \in \mathcal{N} \times \mathcal{N} : T_F^{-1}v + w \in \mathcal{X}\}, \quad (4.209)$$

と定義する. 明らかに $\mathcal{X}$ と $\Gamma(\mathcal{X})$ は $\mathcal{X} = \{u + T_F^{-1}v + w : u \in D(T),\ \langle v, w \rangle \in \Gamma(\mathcal{X})\}$ によって 1 対 2 に対応する. ゆえに定理は次の補題から従う. □

補題 4.165. (1) $T^*|_\mathcal{X}$ が対称であることと $\Gamma(\mathcal{X})$ が isotropic であることは同値.
(2) $T^*|_\mathcal{X}$ が T の極大対称拡張であることと $\Gamma(\mathcal{X})$ がラグランジアンであることは同値.
(3) r が $\mathcal{N}$ 上の 2 次形式のとき, 次はラグランジアン部分空間:

$$\Gamma(r) = \{\langle Bv + w, v \rangle : v \in D(B),\ w \in \mathcal{N} \cap D(B)^\perp\}.$$

4.12 Krein–Birman–Vishik 理論

証明. $u, u' \in D(T)$, $\langle v, w \rangle, \langle v', w' \rangle \in \mathcal{N} \times \mathcal{N}$ とする. $T^* T_F^{-1} u = u$ を用いると

$$(T^*(u + T_F^{-1}v + w), u' + T_F^{-1}v' + w') - (u + T_F^{-1}v + w, T^*(u' + T_F^{-1}v' + w'))$$
$$= (Tu + v, u' + T_F^{-1}v' + w') - (u + T_F^{-1}v + w, Tu' + v'). \quad (4.210)$$

この右辺で $(Tu, u' + T_F^{-1}v' + w') = (u, T^*(u' + T_F^{-1}v' + w')) = (u, Tu' + v')$ だから

$$(4.210) \text{ の右辺} = (v, u' + T_F^{-1}v' + w') - (T_F^{-1}v + w, Tu' + v'). \quad (4.211)$$

さらに $(T_F^{-1}v + w, Tu') = (v, u')$ を用い, T_F^{-1} が自己共役であることを用いれば

$$(4.211) \text{ の右辺} = (v, T_F^{-1}v' + w') - (T_F^{-1}v + w, v') = (v, w') - (w, v').$$

ゆえに, $T^*|_{\mathcal{X}}$ が対称あるいは極大対称であることと, $\Gamma(\mathcal{X})$ が isotropic あるいはラグランジアンであることは同値である. (1), (2) が示された.
(3) を示す. $v, v' \in D(B)$, $w, w' \in \mathcal{N} \cap D(B)^\perp$ とする. B は $\mathcal{M}(= \overline{D(r)} = \overline{D(B)})$ において自己共役だから $(Bv + w, v') = (v, Bv' + w')$. ゆえに $\Gamma(r)$ は isotropic である. $\Gamma(r)$ がラグランジアンであることを示す. $\mathcal{M}^\perp$ などを $\mathcal{N}$ の部分空間としての直交補空間とする. ω に関して $\Gamma(r)$ と直交する $\langle w, v \rangle \in \mathcal{N} \times \mathcal{N}$, すなわち任意の $v' \in D(B)$, $w' \in D(B)^\perp = \mathcal{M}^\perp$ に対して

$$0 = \omega(\langle w, v \rangle, \langle Bv' + w', v' \rangle) = (w, v') - (v, Bv' + w'). \quad (4.212)$$

を満たす $\langle w, v \rangle \in \mathcal{N} \times \mathcal{N}$ は $\Gamma(r)$ に含まれることを示せばよい. (4.212) において $v' = 0$ とすれば, 任意の $w' \in \mathcal{M}^\perp$ に対して $(v, w') = 0$. ゆえに $v \in \mathcal{M}^{\perp\perp} = \mathcal{M}$. これを (4.212) に代入すれば,

$$(v, Bv') = (w, v'), \quad v' \in D(B).$$

$\mathcal{N}$ における $\mathcal{M}$ への直交射影を P と書けば, これから $\mathcal{M}$ において

$$(v, Bv') = (Pw, v'), \quad v' \in D(B).$$

ゆえに $v \in D(B)$ で $Bv = Pw$, したがって w は $w = Bv + w''$, $w'' \in \mathcal{M}^\perp = \mathcal{N} \cap D(B)^\perp$ と書ける. よって, $\langle w, v \rangle \in \Gamma(r)$ である. $\square$

4.12.1 1 点相互作用

この節の結果を標語的に $-\Delta + \alpha \delta(x)$ と書かれる 1 点相互作用のハミルトニアンの定義に応用しよう. $\mathcal{H} = L^2(\mathbb{R}^3)$ 上の作用素 T_0 を

$$D(T_0) = C_0^\infty(\mathbb{R}^3 \setminus \{0\}), \quad T_0 u(x) = -\Delta u,$$

と定義する. T_0 は非負対称作用素である. T を T_0 の閉包, T の定める閉 2 次形式を q, q の定める自己共役作用素 T_F とする. 次が成立する. $\Omega = \mathbb{R}^3 \setminus \{0\}$ とする.

補題 4.166. (1) T, T_F の定義域 $D(T), D(T_F)$ は

$$D(T) = H_0^2(\Omega) = \{u \in H^2(\mathbb{R}^3) : u(0) = 0\}, \quad D(T_F) = H^2(\mathbb{R}^3). \quad (4.213)$$

$u \in D(T)$ のとき, $Tu = -\Delta u$; $u \in D(T_F)$ のとき, $T_F u = -\Delta u$ である.
(2) q の定義域は $D(q) = H^1(\mathbb{R}^3)$, $u \in D(q)$ のとき, $q(u) = \|\nabla u\|^2$ である.

証明. ノルム $\|u\|_{L^2(\mathbb{R}^3)} + \|\Delta u\|_{L^2(\mathbb{R}^3)}$ と $\|u\|^2_{H^2(\mathbb{R}^3)}$ は同値, $-\Delta$ は $H_0^2(\Omega)$ から $L^2(\Omega) = L^2(\mathbb{R}^d)$ へ連続だから, $D(T)$ は $C_0^\infty(\Omega)$ の $H^2(\mathbb{R}^3)$ における閉包 $H_0^2(\Omega)$ に等しく, $Tu = -\Delta u$ である. $H_0^2(\Omega)$ は $H^2(\mathbb{R}^d)$ の閉部分空間, 通常のカップリングによって $H^2(\mathbb{R}^d)^* = H^{-2}(\mathbb{R}^d)$ とするとき,

$$\varphi \in H_0^2(\Omega)^\perp \equiv \{\varphi \in H^{-2}(\mathbb{R}^3) : \langle \varphi, u \rangle = 0, \ u \in H_0^2(\Omega)\}$$

とすれば, $\mathrm{supp}\,\varphi = \{0\}$. 超関数の局所構造定理から $\varphi(x)$ は 0 に台をもつ Dirac 測度 $\delta(x)$ の導関数の有限 1 次結合 $\varphi(x) = \sum C_\alpha \delta^{(\alpha)}(x)$ である. 両辺の Fourier 変換を比較すれば, $\varphi \in H^{-2}(\mathbb{R}^3)$ のためには $\varphi(x) = C\delta(x)$. 逆に $\delta(x) \in H_0^2(\Omega)^\perp$ は明らかだから $H_0^2(\Omega) = \{\delta\}^\perp$. ゆえに

$$H_0^2(\Omega) = \{u \in H^2 : \langle \delta, u \rangle = u(0) = 0\}$$

である. (4.213) の第 1 式が成立する. $D(q_T) = H_0^2(\Omega)$, $q_T(u,v) = (\nabla u, \nabla v)$ で $q = [q_T]$. ノルム $\sqrt{\|\nabla u\|^2 + \|u\|^2} = \|u\|_{H^1}$ で $H_0^2(\Omega)$ は $H^1(\mathbb{R}^3)$ において稠密である. ゆえに $D(q) = H^1(\mathbb{R}^3)$, $q(u) = \|\nabla u\|^2$ である. T_F に関する命題は定理 4.105 から明らかである. □

定理 4.163 を適用して, T の自己共役拡張を求めよう. $\lambda > 0$ として $T + \lambda \geq \lambda$ を考えよう. $\lambda > 0$ に対して関数 $\mathcal{G}_\lambda$ と関数空間 $\mathcal{D}_\lambda$ を次に定義する:

$$\mathcal{G}_\lambda(x) = \frac{e^{-\sqrt{\lambda}|x|}}{4\pi|x|} \in L^2(\mathbb{R}^3), \quad \mathcal{D}_\lambda = \{u + \alpha \mathcal{G}_\lambda : u \in H^2(\mathbb{R}^3), \ \alpha \in \mathbb{C}\}. \quad (4.214)$$

補題 4.167. (1) $\mathrm{Ker}(T^* + \lambda) = \{C \mathcal{G}_\lambda : C \in \mathbb{C}\}$ である. 右辺を $\mathcal{N}_\lambda$ と書く.
(2) $\mathcal{D}_\lambda$ は $\lambda > 0$ に依存しない.
(3) $D(T^*) = \mathcal{D}_\lambda$ で $u + \alpha \mathcal{G}_\lambda \in \mathcal{D}_\lambda$ に対して $T^*(u + \alpha \mathcal{G}_\lambda) = -\Delta u - \alpha \lambda \mathcal{G}_\lambda$.

証明. (1) $u \in \mathrm{Ker}((T + \lambda)^*)$ とする. 任意の $\varphi \in C_0^\infty(\Omega)$ に対して $(u, (-\Delta + \lambda)\varphi) = 0$, ゆえに超関数の意味で Ω 上 $(-\Delta + \lambda)u = 0$, ゆえに $\mathrm{supp}(-\Delta + \lambda)u \subset \{0\}$, 再び超関数の構造定理から $(-\Delta + \lambda)u = \sum C_\alpha \partial^\alpha \delta(x)$, ただし, 和は有限和. $u \in L^2$ だから, 両辺は $H^{-2}(\mathbb{R}^3)$ に属する. ゆえに $(-\Delta + \lambda)u = C\delta(x)$. これを Fourier 変換を用いて解けば

$$u(x) = \frac{C}{(2\pi)^3} \int_{\mathbb{R}^3} \frac{e^{ix\xi}}{\xi^2 + \lambda} d\xi = C \mathcal{G}_\lambda(x). \quad (4.215)$$

4.12 Krein–Birman–Vishik 理論

したがって, $\text{Ker}\,((T+\lambda)^*) \subset \mathcal{N}_\lambda$ である. 上の計算を逆にたどれば $(-\Delta+\lambda)\mathcal{G}_\lambda = \delta(x)$. ゆえに任意の $v \in C_0^\infty(\Omega)$ に対して

$$\langle (T+\lambda)v, \mathcal{G}_\lambda \rangle = \langle v, (-\Delta+\lambda)\mathcal{G}_\lambda \rangle = \langle v, \delta \rangle = v(0) = 0$$

したがって $(T+\lambda)^* \mathcal{G}_\lambda = 0$. $\text{Ker}\,((T+\lambda)^*) = \mathcal{N}_\lambda$ である.

(2) $\lambda, \mu > 0$ のとき, $\mathcal{G}_\lambda(x) - \mathcal{G}_\mu(x) = \frac{1}{4\pi}\int_{\sqrt{\lambda}}^{\sqrt{\mu}} e^{-\theta|x|} d\theta \in H^2(\mathbb{R}^3)$. したがって $\mathcal{D}_\lambda$ は $\lambda > 0$ によらない.

(3) 補題 4.155 によって $D(T^*) = D((T+\lambda)^*) = D((T+\lambda)_F) \dotplus \mathcal{N}_\lambda = D(T_F) + \mathcal{N}_\lambda = H^2(\mathbb{R}^3) + \mathcal{N}_\lambda = \mathcal{D}_\lambda$ である. これからも $\mathcal{D}_\lambda$ が $\lambda > 0$ によらないことがわかる. $T_F \subset T^*$ だから残りの命題は明らかである. □

以下では $\lambda = 1$ として, λ を省略する. 特に $\mathcal{G} = \mathcal{G}_1$ である.

定理 4.168. T の自己共役拡張の全体は $\{T_F, T_K, T_\alpha : \alpha \in \mathbb{R} \setminus \{0\}\}$ である. ここで T_F は Friedrichs 拡張, T_K は Krein 拡張;

$$D(T_K) = \{u + C\mathcal{G} : u \in H_0^2(\Omega),\ C \in \mathbb{C}\},\ T_K(u + C\mathcal{G}) = -\Delta u - C\mathcal{G}, \quad (4.216)$$

$\alpha \in \mathbb{R} \setminus \{0\}$ のとき, $\mathcal{G}_{1\alpha}(x) = 2e^{-|x|}/\alpha|x|$ とおけば

$$D(T_\alpha) = \{u + u(0)\mathcal{G}_{1\alpha}(x) : u \in H^2(\mathbb{R}^3)\},\ T_\alpha u(x) = -\Delta u - u(0)\mathcal{G}_{1\alpha}(x). \quad (4.217)$$

このとき, $\alpha \leq \beta$ なら $T_\alpha \leq T_\beta \leq T_F$, $\alpha > 0$ に対して $T_K \leq T_\alpha$ が成立する. T_K は T の最小の非負自己共役拡張である.

証明. $\dim \mathcal{N} = 1$ だから, 定理 4.161, 定理 4.162 によって, 正値閉対称作用素 $T+1$ の自己共役拡張 $T_e + 1$ はすべて下に有界で $\mathcal{N}$ 上の 2 次形式 r を用いて $T_e + 1 = T_r + 1$ と与えられる. r の最大元 $r_{\max}$ は $D(r_{\max}) = \{0\}$ で与えられ, $T_{r_{\max}} = T_F$ である. これ以外の r はある $\alpha \in \mathbb{R}$ に対して

$$r_\alpha(u) = \alpha \|u\|^2 \tag{4.218}$$

で与えられる. $\alpha = 0$ のとき, $r_0 = 0$ で $T_{r_0} = T_K$, T_K が (4.216) で与えられるのは (4.208) から明らかである. q^{r_α} の生成する自己共役作用素を T_α と書く. $\alpha \leq \beta$ なら明らかに $q^{r_\alpha} \leq q^{r_\beta} < q$, $T_\alpha \leq T_\beta \leq T_F$, $\alpha > 0$ なら $T_K \leq T_\alpha$ なのは明らかである. $\alpha \neq 0$ とする. $r = \alpha\|u\|^2$ の定める $\mathcal{N}$ 上の自己共役作用素を B_α とすれば $D(B_\alpha) = \mathcal{N}$, $B_\alpha \mathcal{G} = \alpha \mathcal{G}$ である. ゆえに定理 4.163 によって T_α の定義域は次で与えられる:

$$D(T_\alpha) = \{u + \alpha C(T_F + 1)^{-1}\mathcal{G} + C\mathcal{G} : u \in H_0^2(\Omega),\ C \in \mathbb{C}\} \tag{4.219}$$

ここで $(T_F + \lambda)^{-1}\mathcal{G}(x) = (-\Delta + \lambda)^{-2}\delta = -(d/d\lambda)(-\Delta + \lambda)^{-1}\delta = -(d/d\lambda)\mathcal{G}_\lambda$ によって

$$(T_F + 1)^{-1}\mathcal{G}(x) = e^{-|x|}/8\pi \in H^2(\mathbb{R}^3).$$

したがって, $v \in H_0^2(\Omega)$ に対して, $u(x) = v(x) + C\alpha e^{-|x|}/8\pi$ とおけば, $u \in H^2(\mathbb{R}^3)$. 両辺の $x \to 0$ での極限値を考えれば Sobolev の埋蔵定理から u は連続関数だからで,

$C\alpha = 8\pi u(0)$, $C\mathcal{G}(x) = (2u(0)/\alpha)e^{-|x|}/|x|$. したがって, (4.219) の右辺を D_α と書けば $D(T_\alpha) \subset D_\alpha$ が成立する. 一方, 任意の $u \in H^2(\mathbb{R}^3)$ に対して $C = 8\pi u(0)/\alpha$ と定めれば, (4.213) の第 2 の等式によって $u(x) - (C\alpha/8\pi)e^{-|x|} \in H_0^2(\Omega)$. したがって, $D_\alpha \subset D(T_\alpha)$, ゆえに $D_\alpha = D(T_\alpha)$ である. (4.217) の方程式は $T_\alpha \subset T^*$ より明らかである. □

4.13 部分波展開

$V(x)$ が $|x|$ の関数のとき $H = -\Delta + V(x)$ と球面上のラプラシアン $-\Delta_\Sigma$ は可換で, H は $-\Delta_\Sigma$ の固有空間上の作用素に分解される. このとき, 各々の固有空間は $L^2((0,\infty), dr)$ の直和にユニタリ同型, 固有空間上 H は適当な常微分作用素の直和にユニタリ同型である. このようにして $H = -\Delta + V(x)$ の自己共役性やスペクトル問題などを常微分作用素の族の解析に帰着することができる. $-\Delta_\Sigma$ は**全角運動量作用素**, この分解は H の**部分波展開**と呼ばれる. この節では部分波展開について解説する.

4.13.1 Δ の極座標表示

$G = \sum G_{jk}(x) dx_j dx_k$ が $\mathbb{R}^d$ 上の Riemann 計量のとき, G に関する Laplace–Beltrami 作用素は

$$\Delta u = \sum_{jk} \frac{1}{\sqrt{G}} \frac{\partial}{\partial x_j}\left(\sqrt{G} G^{jk} \frac{\partial u}{\partial x_k}\right)$$

で与えられる. ただし

$$G = \det G, \quad (G^{jk}(x)) = (G_{jk}(x))^{-1}$$

である. $G = dx_1^2 + \cdots + dx_d^2$ を Euclid 計量, $g = (g_{jk})$ を G によって誘導された単位球面の Riemann 計量とすれば, 極座標 $x = r\omega, r > 0, \omega \in \Sigma$ を用いるとき $dx^2 = dr^2 + r^2 \sum_{ij} g_{ij} d\omega_i d\omega_j$ であるから座標 (r, w) に関して G_{jk} は

$$(G_{jk}) = \begin{pmatrix} 1 & 0 \\ 0 & r^2(g_{ij}) \end{pmatrix}, \quad (G^{jk}) = \begin{pmatrix} 1 & 0 \\ 0 & r^{-2}(g^{ij}) \end{pmatrix}$$

したがって, $\sqrt{\det G} = r^{d-1}\sqrt{\det g}$. 計量 g に関する球面 Σ 上の Laplace–Beltrami 作用素を Δ_Σ と書けば

$$\Delta u = \frac{1}{r^{d-1}} \frac{\partial}{\partial r}\left(r^{d-1} \frac{\partial u}{\partial r}\right) + \frac{\Delta_\Sigma u}{r^2} = \frac{\partial^2 u}{\partial r^2} + \frac{d-1}{r} \frac{\partial u}{\partial r} + \frac{\Delta_\Sigma u}{r^2} \quad (4.220)$$

である. $d = 2, d = 3$ のとき, Σ の座標をそれぞれ

$$\mathbb{S}^1 = \{(\cos\theta, \sin\theta) \colon 0 \leq \theta < 2\pi\},$$
$$\mathbb{S}^2 = \{(\sin\theta\cos\varphi, \sin\theta\sin\varphi, \cos\theta) \colon 0 \leq \theta < \pi, 0 \leq \varphi < 2\pi\}$$

4.13 部分波展開

となるようにとれば,
$$dx^2 = dr^2 + r^2 d\theta^2, \quad dx^2 = dr^2 + r^2(d\theta^2 + \sin^2\theta d\varphi^2).$$
したがって Δ の極座標による表示はそれぞれ次のようになる：
$$\Delta u = \frac{\partial^2 u}{\partial r^2} + \frac{1}{r}\frac{\partial u}{\partial r} + \frac{1}{r^2}\frac{\partial^2 u}{\partial \theta^2}, \tag{4.221}$$
$$\Delta u = \frac{\partial^2 u}{\partial r^2} + \frac{2}{r}\frac{\partial u}{\partial r} + \frac{1}{r^2\sin\theta}\frac{\partial}{\partial \theta}\left(\sin\theta\frac{\partial u}{\partial \theta}\right) + \frac{1}{r^2\sin^2\theta}\frac{\partial^2 u}{\partial \varphi^2}. \tag{4.222}$$

4.13.2 球面調和関数

全角運動量すなわち,球面上の Laplace–Beltrami 作用素 Δ_Σ の固有値・固有関数を求めよう. n 次同次多項式 $P(x)$ は $\Delta P(x) = 0$ を満たすとき, n **次調和多項式**, n 次調和多項式の単位球面 $\Sigma = \mathbb{S}^{d-1}$ への制限 $Y(\omega)$ を n **次球面調和関数**という. n 次調和多項式のなすベクトル空間を $\tilde{\mathcal{H}}_n$, n 次球面調和関数のなすベクトル空間を $\mathcal{H}_n$ と書く.

命題 4.169. $Y_m \in \mathcal{H}_m$, $Y_n \in \mathcal{H}_n$, $n \neq m$ なら $(Y_n, Y_m)_{L^2(\Sigma)} = 0$ である.

証明. $Y_m(\omega) = P_m(\omega)$, $Y_n(\omega) = P_n(\omega)$, $P_m \in \tilde{\mathcal{H}}_m$, $P_n \in \tilde{\mathcal{H}}_n$ とする. $\partial/\partial \nu$ を Σ の外向き法線方向微分とすれば Green の公式によって
$$0 = \int_{|x|\leq 1}(P_n\Delta P_m - P_m\Delta P_n)dx = \int_\Sigma \left(P_n\frac{\partial P_m}{\partial \nu} - P_m\frac{\partial P_n}{\partial \nu}\right)d\sigma(\omega). \tag{4.223}$$
P_m は m 次同次だから, Euler の公式によって $\omega = (\omega_1, \ldots, \omega_d) \in \Sigma$ のとき
$$\frac{\partial P_m}{\partial \nu}(\omega) = \sum \omega_j \frac{\partial P_m}{\partial x_j}(\omega) = mP_m(\omega) = mY_m(\omega).$$
ゆえに (4.223) の右辺 $= (m-n)(Y_n, Y_m)_{L^2(\Sigma)}$. $n \neq m$ なら $(Y_n, Y_m)_{L^2(\Sigma)} = 0$. □

命題 4.170. Y_n は $-\Delta_\Sigma$ の固有値 $n(n+d-2)$ の固有関数である.
$$-\Delta_\Sigma Y_n = n(n+d-2)Y_n, \quad Y_n \in \mathcal{H}_n. \tag{4.224}$$

証明. $Y_n(\omega) = P_n(\omega)$, $P_n \in \tilde{\mathcal{H}}_n$ とする. $\tilde{Y}_n(x) = |x|^{-n}P_n(x)$, $x \in \mathbb{R}^d$ を $Y_n(\omega)$ の $\mathbb{R}^d$ への 0 次同次関数としての拡張とする. (4.220) によって
$$\Delta_\Sigma Y_n(\omega) = (\Delta_x \tilde{Y}_n)(\omega) \tag{4.225}$$
である. Leibniz の公式を用い, 次いで右辺の第 1 項に (4.220) を, 第 2 項に Euler の公式を用いれば
$$\Delta_x \tilde{Y}_n = \Delta(|x|^{-n}P_n) = P_n\Delta(|x|^{-n}) + 2\nabla|x|^{-n}\cdot\nabla P_n = -n(n+d-2)|x|^{-n-2}P_n.$$
$x = \omega$ とおけば (4.224) が得られる. □

■**球面調和関数の完全性, $\mathcal{H}_n$ の次元** 以上によって $\mathcal{H}_n$, $n = 0, 1, \ldots$ は固有値 $\lambda_n = n(n+d-2)$ に属する $-\Delta_\Sigma$ の固有関数からなる互いに直交する $L^2(\Sigma)$ の部分空間であることがわかった. 実際 $\mathcal{H}_n$ は $-\Delta_\Sigma$ の λ_n に属する固有空間で $\sum \oplus \mathcal{H}_n = L^2(\Sigma)$ となることを示そう.

定理 4.171. (1) $L^2(\Sigma)$ は $\mathcal{H}_0, \mathcal{H}_1, \ldots$ の直和: $L^2(\Sigma) = \sum_{n=0}^{\infty} \oplus \mathcal{H}_n$ である.

(2) $\dim \mathcal{H}_0 = 1$, $\dim \mathcal{H}_1 = d$, $n \geq 2$ のとき,
$$\dim \mathcal{H}_n = \binom{d+n-1}{d-1} - \binom{d+n-3}{d-1} \equiv d_n.$$

(3) $-\Delta_\Sigma$ は $C^\infty(\Sigma)$ 上本質的に自己共役, 非負である.

証明. $\mathcal{P}_n$ を n 次同次多項式のなす複素ベクトル空間とする. $P, Q \in \mathcal{P}_n$ に対して
$$(P, Q) = P(\partial_x)\overline{Q(x)}$$
と定義する. ただし $P(\partial_x)$ は $P(x) = \sum_{|\alpha|=n} a_\alpha x^\alpha$ の x を ∂_x で置き換えて得られる n 次同次の微分作用素 $P(\partial_x) = \sum_{|\alpha|=n} a_\alpha \partial_x^\alpha$ である. このとき, (P, Q) は $\mathcal{P}_n$ 上の内積である. (P, Q) が $\mathcal{P}_n$ 上の双 1 次形式であるのは明らかであるが, $P(x) = \sum_{|\alpha|=n} a_\alpha x^\alpha$ のとき,
$$(P, P) = \sum_{|\alpha|=n} |a_\alpha|^2 \alpha! \geq 0, \quad (P, P) = 0 \text{ なら } P = 0$$
が成立するからである. $|x|^2 \mathcal{P}_{n-2} = \{|x|^2 Q_{n-2} : Q_{n-2} \in \mathcal{P}_{n-2}\}$ と定義する.
$$P \in \mathcal{P}_n, Q = |x|^2 Q_{n-2} \in |x|^2 \mathcal{P}_{n-2} \text{ のとき, } (Q, P) = (Q_{n-2}, \Delta P)$$
が成立する. したがって, $P \in \tilde{\mathcal{H}}_n$ なら任意の $Q \in |x|^2 \mathcal{P}_{n-2}$ に対して $(Q, P) = 0$, 逆に $P \in \mathcal{P}_n$ が任意の任意の $Q \in |x|^2 \mathcal{P}_{n-2}$ に対して $(Q, P) = 0$ なら, 任意の $Q_{n-2} \in \mathcal{P}_{n-2}$ に対して $(Q_{n-2}, \Delta P) = 0$, したがって $\Delta P = 0$, $P \in \tilde{\mathcal{H}}_n$ である. これより
$$\tilde{\mathcal{H}}_n = (|x|^2 \mathcal{P}_{n-2})^\perp, \quad \mathcal{P}_n = \tilde{\mathcal{H}}_n \oplus |x|^2 \mathcal{P}_{n-2}, \quad n \geq 2$$
である, これを繰り返せば, 1 次以下の関数はすべて調和であるから n が偶数であるか, 奇数であるかによって
$$\mathcal{P}_n = \begin{cases} \tilde{\mathcal{H}}_n \oplus |x|^2 \tilde{\mathcal{H}}_{n-2} \oplus \cdots \oplus |x|^{n-2} \tilde{\mathcal{H}}_2 \oplus |x|^n \tilde{\mathcal{H}}_0, & n \text{ が偶数}, \\ \tilde{\mathcal{H}}_n \oplus |x|^2 \tilde{\mathcal{H}}_{n-2} \oplus \cdots \oplus |x|^{n-3} \tilde{\mathcal{H}}_3 \oplus |x|^{n-1} \tilde{\mathcal{H}}_1, & n \text{ が奇数} \end{cases}$$
が成立する. これよりいずれの場合も任意の多項式が Σ 上では球面調和関数の 1 次結合に等しいことがわかる. Weierstrass の定理によって多項式全体は任意のコンパクト集合上連続関数の空間で稠密, したがって $L^2(\Sigma)$ でも稠密である. ゆえに球面調和関数の 1 次結合の全体は $L^2(\Sigma)$ において稠密, (1) が成立する. またこれより
$$\dim \mathcal{H}_n = \dim \tilde{\mathcal{H}}_n = \dim \mathcal{P}_n - \dim \mathcal{P}_{n-2} = \binom{d+n-1}{d-1} - \binom{d+n-3}{d-1}, \quad n \geq 2$$

4.13 部分波展開

である．$\dim \mathcal{H}_0 = 1$, $\dim \mathcal{H}_1 = d$ は明らかである．Y_n は解析的，特に C^∞ 級である．(1) によって，Δ_Σ は $\{Y_n\}$ の張る線形部分空間の上で本質的に自己共役である．よって $C^\infty(\Sigma)$ 上でも本質的に自己共役である． □

例 4.172. (1) $d = 2$ のとき，$d_0 = 1$, $n \geq 1, \ldots$ に対して $d_n = 2$. ゆえに n 次調和多項式，$n \geq 1$ の空間 $\tilde{\mathcal{H}}_n$ は 2 次元で $z^n = (x + iy)^n$, $\bar{z}^n = (x - iy)^n$ によって張られる．これらの円周 $\mathbb{S}^1$ への制限は $e^{in\theta}, e^{-in\theta}$ で $-\Delta_\Sigma = -\partial^2/\partial\theta^2$ の固有値 n^2 の固有関数である．これは $n = 0$ のときも正しい．定理 4.171 によって $\{e^{in\theta}, e^{-in\theta} : n = 0, 1, \ldots\}$ は $L^2(\mathbb{S}^1, d\theta)$ の完全直交系である．1 次結合をとって $\{\sin n\theta, \cos n\theta : n = 0, 1, \ldots\}$ を考えても同じことである．

(2) $d = 3$ のとき，$-\Delta_{\mathbb{S}^2} u = \lambda u$ を解いて固有関数を直接的に求めてみよう．$u(\theta, \varphi) = v(\theta) w(\varphi)$ を変数分離型の固有関数とすれば

$$-\frac{\sin\theta}{v(\theta)} \frac{\partial}{\partial\theta}\left(\sin\theta \frac{\partial v}{\partial\theta}\right) - \lambda \sin^2\theta = \frac{1}{w(\varphi)} \frac{\partial^2 w}{\partial\varphi^2}. \tag{4.226}$$

ゆえに両辺は定数で，$w''(\varphi) = Cw(\varphi)$. この解が 2π 周期的であるためには $C = -m^2$, $m = 0, 1, \ldots$ でなければならない．このとき A_m, B_m を定数として

$$w(x) = A_m e^{im\varphi} + B_m e^{-im\varphi},$$

(4.226) によって $v(\theta)$ は次を満たす：

$$-\frac{1}{\sin\theta} \frac{\partial}{\partial\theta}\left(\sin\theta \frac{\partial v}{\partial\theta}\right) + \frac{m^2}{\sin^2\theta} v(\theta) = \lambda v(\theta). \tag{4.227}$$

$z = \cos\theta$ が $0 \leq \theta \leq \pi$ で狭義単調減少で，$[0, \pi]$ を $[-1, 1]$ の上に写すことに注意して，$z \in [-1, 1]$ の関数 $P(z)$ を $v(\theta) = P(z)$ と定義すれば，

$$\int_{-1}^{1} |P(z)|^2 dz = \int_{0}^{\pi} |v(\theta)|^2 \sin\theta \, d\theta$$

したがって，$v \mapsto P(z)$ は $L^2([0, \pi], \sin\theta \, d\theta)$ から $L^2([-1, 1], dz)$ へのユニタリ作用素である．また $v'(\theta) = -\sin\theta P'(z)$ であるから，$v(\theta)$ が (4.227) を満たすことと $P(z)$ が

$$-((1 - z^2)P'(z))' + m^2(1 - z^2)^{-1} P(z) = \lambda P(z) \tag{4.228}$$

を満たすことは同値である．$m = 0$ のとき，(4.228) は **Legendre の微分方程式**である．Legendre の微分方程式の固有値が $\lambda_n = n(n + 1)$, 固有関数は **Legendre の多項式**

$$P_n(z) = \frac{1}{2^n n!} \frac{d^n}{dz^n}(z^2 - 1)^n, \quad n = 0, 1, \ldots$$

で与えられることはよく知られている (例えば [15] を参照)．$\{P_n(z) : n = 0, 1, \ldots\}$ が $L^2([-1, 1], dz)$ の直交関数系であることは容易に確かめられる．$P_n(z)$ は $L^2([-1, 1], dz)$

において多項式系 $\{1, z, z^2, \ldots\}$ を Gram–Schmidt の方法で直交化したものを $P_n(1) = 1$ となるように正規化したものである．これより，$\{P_n(\cos\theta) : n = 0, 1, \ldots\}$ は $L^2([0, \pi], \sin\theta\, d\theta)$ の完全な直交関数系であることがわかる．

$m = 1, 2, \ldots$ のとき，(4.228) は **Legendre の同伴微分方程式**で **Legendre の同伴関数**

$$P_n^m(z) = (1 - z^2)^{m/2} \frac{d^m}{dz^m} P_n(z), \quad n = m, m+1, \ldots$$

が固有値 $\lambda_n = n(n+1)$ の直交固有関数系であることも容易に確かめられる．このようにして $-\Delta_{\mathbb{S}^2}$ の固有値 $n(n+1)$ の $2n+1$ 個の 1 次独立な固有関数の系

$$P_n(\cos\theta), \quad P_n^m(\cos\theta) e^{im\varphi}, \quad P_n^m(\cos\theta) e^{-im\varphi}, \quad m = 1, 2, \ldots, n$$

が得られる．定理 4.171 により，これは $-\Delta_{\mathbb{S}^2}$ の固有値 $n(n+1)$ の固有空間の基底である．

問題 4.173. (1) $\{P_n^m(z) : n = m, m+1, \ldots\}$ が (4.228) の固有値 $\lambda_n = n(n+1)$ の直交固有関数系であることを確かめよ．
(2) $(1 - 2zt + t^2)^{-1/2} = \sum_{n=0}^{\infty} P_n(z) t^n$，すなわち $(1 - 2zt + t^2)^{-1/2}$ が $\{P_n(z)\}$ の母関数であることを示せ．

4.13.3 部分波展開

この項では空間の次元を $d \geq 3$ と仮定する．極座標を用いて，$(Uu)(r, \omega) = u(r\omega)$ と定義する．U は Hilbert 空間 $L^2(\mathbb{R}^d)$ から $L^2((0, \infty), L^2(\Sigma), r^{d-1} dr)$ へのユニタリ作用素である．以下，$u(x)$ とその極座標表示 $u(r\omega)$ をしばしば同一視して $L^2(\mathbb{R}^d) = L^2((0, \infty), L^2(\Sigma), r^{d-1} dr)$ とみなす．

$\{Y_{nm} : m = 1, \ldots, d_n\}$ を固有空間 $\mathcal{H}_n \subset L^2(\Sigma)$ の任意の正規直交基底とする．このとき $\{Y_{nm} : n = 0, 1, \ldots; m = 1, \ldots, d_n\}$ は $L^2(\Sigma)$ の完全正規直交系で，任意の $\varphi \in L^2(\Sigma)$ は

$$\varphi = \sum_{n=0}^{\infty} \sum_{m=1}^{d_n} (\varphi, Y_{nm}) Y_{nm}, \quad \|\varphi\|_{L^2(\Sigma)}^2 = \sum_{n=0}^{\infty} \sum_{m=1}^{d_n} |(\varphi, Y_{nm})|^2 \qquad (4.229)$$

と展開できる．以下では，簡単ために

$$\sum_{n,m} = \sum_{n=0}^{\infty} \sum_{m=1}^{d_n}$$

と書き，$(f \otimes Y_{nm})(r, \omega) = f(r) Y_{nm}(\omega)$ と定義する．(4.229) に伴って，任意の $u \in L^2(\mathbb{R}^d)$ は $\tilde{u}_{nm}(r) = (u, Y_{nm})_{L^2(\Sigma)}$ とおくとき，

$$u(r\omega) = \sum_{n,m} \tilde{u}_{nm}(r) Y_{nm}(\omega), \quad \|u\|_{L^2(\mathbb{R}^d)}^2 = \sum_{n,m} \int_0^{\infty} |\tilde{u}_{nm}(r)|^2 r^{d-1} dr \qquad (4.230)$$

4.13 部分波展開

と直交分解し，これによって $L^2(\mathbb{R}^d)$ は直和に分解する：

$$L^2(\mathbb{R}^d) \simeq \sum_{n,m} \oplus \tilde{L}_{nm}, \quad \tilde{L}_{nm} = L^2((0,\infty), r^{d-1}dr) \otimes \mathbb{C}Y_{nm}. \tag{4.231}$$

ただし，$\mathbb{C}Y_{nm}$ は Y_{nm} の張る $L^2(\Sigma)$ の 1 次元部分空間である．自由 Schrödinger 作用素 $H_0 = -\Delta$ は (4.220) によって部分空間 $\tilde{L}_{nm}$ 上では常微分作用素によって

$$-\Delta(f \otimes Y_{nm}) = \tilde{H}_{0n}f \otimes Y_{nm}, \quad \tilde{H}_{0n}f = -\frac{d^2 f}{dr^2} - \frac{d-1}{r}\frac{df}{dr} + \frac{n(n+d-2)f}{r^2} \tag{4.232}$$

と表現される．$Y_{nm}(\omega)$ を忘れる作用素

$$\tilde{L}_{nm} \ni f(r)Y_{nm}(\omega) \mapsto f(r) \in L^2((0,\infty), r^{d-1}dr)$$

はもちろんユニタリ．さらに測度 $r^{d-1}dr$ を dr に変換する作用素

$$L^2((0,\infty), r^{d-1}dr) \ni f(r) \mapsto r^{(d-1)/2}f(r) \in L^2((0,\infty), dr)$$

もユニタリで，$n = 0, 1, \ldots$ に対して次が成立する：

$$r^{\frac{d-1}{2}}\tilde{H}_{0n}r^{-\frac{d-1}{2}}f = -\frac{d^2 f}{dr^2} + \left(\frac{(d-1)(d-3)}{4r^2} + \frac{n(n+d-2)}{r^2}\right)f \equiv H_{0n}f. \tag{4.233}$$

$L^2(\mathbb{R}^+) = L^2((0,\infty), dr)$ と書き，$\hat{\mathcal{H}} = \sum_{n,m} L^2(\mathbb{R}^+)$，$L^2(\mathbb{R}^d)$ から $\hat{\mathcal{H}}$ への作用素 J を

$$J: L^2(\mathbb{R}^d) \ni u \mapsto \{J_{nm}u(r)\}_{nm} \in \hat{\mathcal{H}}, \quad J_{nm}u(r) = r^{\frac{d-1}{2}}(u(r\omega), Y_{nm}(\omega))_{L^2(\Sigma)}$$

と定義する．J はユニタリ作用素である．$L^2(\mathbb{R}^+)$ 上の作用素 H_{0n}，$n = 0, 1, \ldots$ を定義域を $D(H_{n0}) = \{u \in L^2(\mathbb{R}^+) : H_{n0}u \in L^2(\mathbb{R}^+)\}$ と定めて (4.233) によって定義する．

定理 4.174 ($-\Delta$ の部分波展開)． (1) H_{0n} は $d \geq 4$ のとき，任意の $n \geq 0$ に対して，$d = 3$ のとき，任意の $n \geq 1$ に対して $C_0^\infty(\mathbb{R}^+)$ 上本質的に自己共役である．自己共役拡張を再び H_{0n} と書く．
(2) $d = 3$ のとき，H_{00} を $D(H_{00}) = H^2(\mathbb{R}^+) \cap H_0^1(\mathbb{R}^+)$ $H_{00}f = -f''$ と定義する．H_{00} は $L^2(\mathbb{R}^+)$ 上自己共役である．
(3) $L^2(\mathbb{R}^d)$ 上の自由 Schrödinger 作用素 $H_0 = -\Delta$ に対して $u \in D(H_0)$ であるためには任意の n,m に対して $J_{nm}u \in D(H_{0n})$ で $\sum_{n,m}\|H_{0n}J_{nm}u\|^2 < \infty$ が成立することが必要十分で H_0 はユニタリ変換 J によって $L^2((0,\infty), dr)$ 上の常微分作用素 H_{n0} の直和に変換される：

$$J(-\Delta)J^* = \sum_{n,m} \oplus H_{0n}. \tag{4.234}$$

証明. (1) は定理 4.51, 定理 4.56 によって, (2) は定理 4.55 によって明らかである.
(3) $J_{nm}C_0^\infty(\mathbb{R}^d)$ は任意の $n \geq 0$, $m = 0, \ldots, d_n$ に対して H_{nm} のコアである. これは $d = 3$, H_{00} の場合を除けば (1) から従う. $C_0^\infty(\mathbb{R}^+) \subset J_{nm}C_0^\infty(\mathbb{R}^d)$ だからである. 一方, $J_{00}C_0^\infty(\mathbb{R}^3) \subset D(H_{00})$ は明らかである. そこで $D(\tilde{H}_{00}) = J_{00}C_0^\infty(\mathbb{R}^3)$, $\tilde{H}_{00}f(r) = -f''(r)$ と定義すれば $\tilde{H}_{00} \subset H_{00}$. ところが $(H_0 + 1)C_0^\infty(\mathbb{R}^3) \subset L^2(\mathbb{R}^3)$ は稠密である. したがって $(\tilde{H}_{00} + 1)J_{00}C_0^\infty(\mathbb{R}^3)$ も稠密, ゆえに H_{00} は $\tilde{H}_{00}$ の閉包に等しい. 一方, (4.232) によって $u \in C_0^\infty(\mathbb{R}^d)$ のとき,

$$\|H_0 u\|^2 = \sum_{n,m} \|H_{0n}u_{nm}\|^2_{L^2(\mathbb{R}^+)}.$$

これより, 両辺の閉包をとれば, $u \in D(H_0)$ であるためには任意の n, m に対して $u_{nm} \in D(H_{0n})$ が成立し, $\sum_{n,m} \|H_{0n}u_{nm}\|^2_{L^2(\mathbb{R}^+)} < \infty$ となることが必要十分, ゆえに閉作用素の直和の定義 (問題 1.43 参照) から (3) が成立する. $\square$

等式 (4.234) を書き換えれば

$$(-\Delta u)(r\omega) = \sum_{n=1}^\infty \sum_{m=1}^{d_n} r^{\frac{d-1}{2}}(H_{0n}u_{nm})(r) \otimes Y_{nm}(\omega), \quad u_{nm}(r) = r^{-\frac{d-1}{2}}(u, Y_{nm}).$$

この方が部分波展開らしくみえるかもしれない.

$V(r)$ が $r > 0$ の可測関数のとき, $\mathbb{R}^d$ 上の球対称な関数 $V(|x|)$ を記号を乱用して $V(x) = V(|x|)$ と書く. $\mathbb{R}^d$ 上の形式的微分作用素 $H = -\Delta + V(x)$ に対して, $(0, \infty)$ 上の常微分作用素 H_n, $n = 0, 1, \ldots$ を

$$H_n = H_{0n} + V(r) \tag{4.235}$$

と定義する. 次の定理は定理 4.174 と同様にして得られる. 詳しい証明は読者に任せる.

定理 4.175. $V(r)$ は $(0, \infty)$ 上連続で, ある定数 C が存在して, 十分大きな r に対して $V(r) \geq -Cr^2$, $r = 0$ の近傍において $V(r) = o(r^{-2})$ を満たすとする. このとき, $H = -\Delta + V$ は $C_0^\infty(\mathbb{R}^d)$ 上本質的に自己共役, 任意の n, m に対して H_n は $J_{nm}C_0^\infty(\mathbb{R}^d)$ 上で本質的に自己共役である. これらの作用素の閉包を同じ記号で書けば,

$$JHJ^* = \sum_{n,m} \oplus H_n$$

が成立する.

注意 4.176. $\mathbb{R}^d \setminus \{0\} = \Omega$ と書く. 定理 4.174 の証明から $d \geq 4$ のとき, 定理 4.175 の H は $C_0^\infty(\Omega)$ 上本質的自己共役, $d = 3$ のときは H_0 は $C_0^\infty((0, \infty))$ 上で本質的自己共役でははなく, H の不足指数は $(1, 1)$ である.

第5章

固有値と固有関数

Schrödinger 作用素の固有関数は**固有状態**と呼ばれ量子力学系の定常状態を記述する. 固有値はこの固有状態のエネルギーである. 量子力学系は必ず固有状態として観測されるから, 固有値や固有関数の性質を調べることは, 原子や分子の様々な性質を調べるのにきわめて重要である. この章では Schrödinger 作用素の固有値と固有関数の基本的な性質について, ほとんどの場合 $A = 0$ の場合に制限して述べる. これらの性質は強い磁場の存在によって大きく変化するが, これについて述べる余裕はない.

5.1 本質的スペクトルと離散スペクトル

この節では, 自己共役作用素の**本質的スペクトル**と**離散スペクトル**を定義し, Schrödinger 作用素の本質的スペクトルの位置を特定する方法について述べる. スペクトルのこの分類は第1章で述べた分類より大まかで, 本質的スペクトルは相対コンパクトな摂動に関して安定であるという著しい安定性をもつ (定理 5.8). H を Hilbert 空間 $\mathcal{H}$ の自己共役作用素, $E_H(\Delta)$ を H のスペクトル射影とする.

定義 5.1. H の**本質的スペクトル** $\sigma_{\mathrm{ess}}(H)$, **離散スペクトル** $\sigma_{\mathrm{d}}(H)$ を

$$\sigma_{\mathrm{ess}}(H) = \{\lambda \in \sigma(H) : 任意の \varepsilon > 0 に対して \ \dim E_H((\lambda - \varepsilon, \lambda + \varepsilon))\mathcal{H} = \infty\}$$
$$\sigma_{\mathrm{d}}(H) = \{\lambda \in \sigma(H) : ある \varepsilon > 0 に対して \ 1 \leq \dim E_H((\lambda - \varepsilon, \lambda + \varepsilon))\mathcal{H} < \infty\}$$

と定義する. $\sigma = \sigma_{\mathrm{ess}}(H) \cup \sigma_{\mathrm{d}}(H)$ は $\sigma(H)$ の互いに素な部分集合への分解である.

問題 5.2. $\sigma_c(H) \subset \sigma_{\mathrm{ess}}(H)$, $\sigma_{\mathrm{d}}(H) \subset \sigma_p(H)$ を示せ.

例 5.3. $\mathcal{H} = L^2(\mathbb{R}^d)$ とする. 自由 Schrödinger 作用素 $H_0 = -\Delta$ のスペクトル $[0, \infty)$ は本質的スペクトル, 調和振動子 $H_{os} = -\frac{1}{2}\Delta + \frac{1}{2}x^2$ のスペクトル $\{\frac{d}{2}, \frac{d}{2} + 1, \dots\}$ は離散スペクトルである. 実際, 第2章で述べたように $\sigma(H_0) = [0, \infty)$ で, 任意の $\lambda \geq 0, \varepsilon > 0$ に対して,

$$\dim E_{H_0}((\lambda - \varepsilon, \lambda + \varepsilon))\mathcal{H} = \dim L^2(\{\xi : \xi^2 \in (\lambda - \varepsilon, \lambda + \varepsilon)\}) = \infty.$$

したがって $\sigma(H_0) = \sigma_{\mathrm{ess}}(H_0)$. 第 3 章で学んだように

$$\sigma(H_{os}) = \{n + \tfrac{d}{2} : n = 0, 1, \dots\}$$

で $n + \tfrac{d}{2}$ の多重度は $(n+d-1)!/(n-1)!d!$. したがって, $\sigma(H_{os}) = \sigma_d(H_{os})$ である.

次の定理 5.4 の条件 (5.1) を満たす列 $\{u_n\}$ は (H, λ) に対する **Weyl 列**と呼ばれる.

$$u_n \rightharpoonup u$$

で u_n が $n \to \infty$ において u に弱収束することを表す.

定理 5.4 (Weyl 列による特徴づけ). $\lambda \in \sigma_{\mathrm{ess}}(H)$ であるためには

$$u_n \in D(H), \quad \|u_n\| = 1, \quad u_n \rightharpoonup 0, \quad \|(H - \lambda)u_n\| \to 0 \tag{5.1}$$

を満たす列 $\{u_n\}$ が存在することが必要十分である.

証明. $(\lambda - \varepsilon, \lambda + \varepsilon) = I_{\lambda,\varepsilon}$ と書く. $\lambda \in \sigma_{\mathrm{ess}}(H)$ とする. $\dim E_H(\{\lambda\}) = \infty$ なら, 任意の正規直交列 $\{u_n : n = 1, 2, \dots\} \subset E_H(\{\lambda\})\mathcal{H}$ が (5.1) を満たす. $\dim E_H(\{\lambda\}) < \infty$ なら, 0 に収束する単調減少列 $\varepsilon_1 > \varepsilon_2 > \cdots > 0$ で

$$E_H(I_{\lambda,\varepsilon_1})\mathcal{H} \supsetneq E_H(I_{\lambda,\varepsilon_2})\mathcal{H} \supsetneq \cdots$$

を満たすものが存在する. そうでなければ, ある $\varepsilon_0 > 0$ が存在して, 任意の $0 < \varepsilon < \varepsilon_0$ に対して $E_H(I_{\lambda,\varepsilon}) = E_H(I_{\lambda,\varepsilon_0})$, $\dim E_H(I_{\lambda,\varepsilon})\mathcal{H} = \infty$. これは $\varepsilon_n \to 0$ を満たす単調減少列に対して $s\text{-}\lim E_H(I_{\lambda,\varepsilon_n}) = E_H(\{\lambda\})$ であることに矛盾する. このとき, $u_1, u_2, \dots$ を $\|u_n\| = 1$, $u_n \in E_H(I_{\lambda,\varepsilon_n} \setminus I_{\lambda,\varepsilon_{n+1}})$, $n = 1, 2, \dots$ ととれば, $\{u_n\}$ が Weyl 列なのは明らかである. 逆に, $\{u_n\}$ を Weyl 列とする. このとき, $\lambda \in \rho(H)$ なら

$$1 = \|u_n\| \leq \|(H - \lambda)^{-1}\| \|(H - \lambda)u_n\| \to 0 \quad (n \to \infty)$$

となって矛盾, $\lambda \in \sigma(H)$ である. $\lambda \in \sigma_d(H)$ としても矛盾が生ずることを示そう. 実際, このとき, ある $\varepsilon > 0$ に対して $\dim E_H(I_{\lambda,\varepsilon})\mathcal{H} = m < \infty$. $\varphi_1, \dots, \varphi_m$ を $E_H(I_{\lambda,\varepsilon})\mathcal{H}$ の正規直交基底とすれば, $u_n \rightharpoonup 0$ であることから

$$\|E_H(I_{\lambda,\varepsilon})u_n\|^2 = \sum_{j=1}^m |(u_n, \varphi_j)|^2 \to 0, \quad \|E_H(\mathbb{R} \setminus I_{\lambda,\varepsilon})u_n\|^2 \to 1 \quad (n \to \infty).$$

$\|(H - \lambda)u_n\|^2 \geq \varepsilon^2 \|E_H(\mathbb{R} \setminus I_{\lambda,\varepsilon})u_n\|^2$ において $n \to \infty$ とすれば, これから $0 \geq \varepsilon^2$ となって矛盾である. ゆえに $\lambda \in \sigma_{\mathrm{ess}}(H)$ である. □

問題 5.5. T を $\mathcal{H}$ の閉作用素とする. レゾルベント $(T - z)^{-1}$ はある $z \in \rho(T)$ に対してコンパクト作用素であれば任意の $z \in \rho(T)$ に対してコンパクト作用素であることを示せ.

5.1 本質的スペクトルと離散スペクトル

定理 5.6 (レゾルベントがコンパクトな作用素のスペクトル). ある $z \notin \mathbb{R}$ に対して (したがって任意の $z \notin \mathbb{R}$ に対して) $(H-z)^{-1} \in \mathbf{B}_\infty(\mathcal{H})$ なら $\sigma(H) = \sigma_d(H)$, $\sigma_{\mathrm{ess}}(H) = \emptyset$.

証明. $\lambda \in \sigma_{\mathrm{ess}}(H)$, $\{u_n\}$ を (H,λ) に対する Weyl 列とする. $\|(H-\lambda)u_n\| \to 0$ だから

$$\|(H-z)^{-1}u_n - (\lambda-z)^{-1}u_n\| = \|(H-z)^{-1}(\lambda-z)^{-1}(H-\lambda)u_n\| \to 0 \quad (5.2)$$

しかし, $u_n \rightharpoonup 0$, $(H-z)^{-1}$ はコンパクトだから $\|(H-z)^{-1}u_n\| \to 0$. したがって, (5.2) によって $(\lambda-z)^{-1}u_n \to 0$ でなければならない. これは $\|u_n\| = 1$ に矛盾する. ゆえに $\sigma_{\mathrm{ess}}(H) = \emptyset$, $\sigma(H) = \sigma_d(H)$ でなければならない. □

系 5.7. H を自己共役作用素とする. $\mathcal{H}$ の部分集合 $\{u : \|u\| + \|Hu\| \le 1\}$ が相対コンパクトなら H のスペクトルは離散的である: $\sigma(H) = \sigma_d(H)$.

証明. $\{u : \|u\| + \|Hu\| \le 1\} = \mathcal{E}$ と定義する. 任意の定数 C に対して $C\mathcal{E}$ は相対コンパクトである. $\|u\| \le 1$ なら $\|(H-z)^{-1}u\| \le \|(H-z)^{-1}\|$, $\|H(H-z)^{-1}u\| \le 1 + \|z(H-z)^{-1}\|$. ゆえに $C_z = 1 + (1+|z|)\|(H-z)^{-1}\|$ とおけば

$$\{(H-z)^{-1}u : \|u\| \le 1\} \subset C_z\mathcal{E}.$$

ゆえに $(H-z)^{-1}$ はコンパクト作用素である. 定理 5.6 によって $\sigma(H) = \sigma_d(H)$ である. □

5.1.1 Weyl の安定性定理

定理 5.8 (Weyl の安定性定理). H_1, H_0 を Hilbert 空間 $\mathcal{H}$ の自己共役作用素とする. ある $z \notin \mathbb{R}$ に対して, $(H_1-z)^{-1} - (H_0-z)^{-1} \in \mathbf{B}_\infty(\mathcal{H})$ なら, $\sigma_{\mathrm{ess}}(H_1) = \sigma_{\mathrm{ess}}(H_0)$.

証明. $\lambda \in \sigma_{\mathrm{ess}}(H_0)$, $\{u_n\}$ を (H_0, λ) に対する Weyl 列とする. $\|(H_0-\lambda)u_n\| \to 0$ $(n \to \infty)$ だから, (5.2) と同様にして

$$\|(H_0-z)^{-1}u_n - (\lambda-z)^{-1}u_n\| \to 0.$$

また, $u_n \rightharpoonup 0$ であるから $(H_1-z)^{-1}u_n \rightharpoonup 0$, $(H_1-z)^{-1} - (H_0-z)^{-1}$ がコンパクトの条件から

$$\|(H_1-z)^{-1}u_n - (H_0-z)^{-1}u_n\| \to 0.$$

ゆえに, $\|(H_1-z)^{-1}u_n - (\lambda-z)^{-1}u_n\| \to 0$, $\|(H_1-z)^{-1}u_n\| \to |\lambda-z|^{-1} > 0$. 前者は

$$\|(H_1-\lambda)\{|\lambda-z|^{-1}(H_1-z)^{-1}u\}\| \to 0 \quad (n \to \infty)$$

と書ける. したがって, $v_n = (H_1-z)^{-1}u_n/\|(H_1-z)^{-1}u_n\|$, $n = 1, 2, \ldots$ は (H_1, λ) に対する Weyl 列, $\sigma_{\mathrm{ess}}(H_0) \subset \sigma_{\mathrm{ess}}(H_1)$ である. H_0 と H_1 の役目を入れ替えれば, $\sigma_{\mathrm{ess}}(H_1) \subset \sigma_{\mathrm{ess}}(H_0)$ でもある. ゆえに $\sigma_{\mathrm{ess}}(H_1) = \sigma_{\mathrm{ess}}(H_0)$. □

以下この節では**下に有界な対称作用素** T **の定める閉 2 次形式** $[q_T]$ **を単に** q_T **と書く.** q_T は常にこの意味である.

系 5.9. H_0 を $\mathcal{H}$ の自己共役作用素とする.

(1) V が H_0 コンパクトな対称作用素なら $\sigma_{\text{ess}}(H_0 + V) = \sigma_{\text{ess}}(H_0)$ である.

(2) $H_0 > -C$, $C_1 > C$ とする. V が自己共役で $|V|^{1/2}(H_0 + C_1)^{-1/2} \in \mathbf{B}_\infty(\mathcal{H})$ なら, $q(u) = q_{H_0}(u) + q_V(u)$ は下に有界な閉 2 次形式. q の定義する自己共役作用素 H に対して $\sigma_{\text{ess}}(H) = \sigma_{\text{ess}}(H_0)$ が成立する.

証明. (1) $(H - z)^{-1} - (H_0 - z)^{-1} = -(H - z)^{-1} V (H_0 - z)^{-1}$ はコンパクト作用素である. ゆえに (1) は Weyl の安定性定理から従う.

(2) 十分大きな定数を加えて, $H \geq 1$, $H_0 \geq 1$ と仮定して一般性を失わない. このとき,
$$D(H), D(H_0) \subset D(q_H) = D(q_{H_0}) \subset D(q_V)$$
である. ゆえに, $|V|^{1/2} H^{-1/2}$ もコンパクト作用素で, 任意の $u, v \in \mathcal{H}$ に対して
$$(u, H_0^{-1} v) = q_H(H^{-1} u, H_0^{-1} v)$$
$$= q_{H_0}(H^{-1} u, H_0^{-1} v) + q_V(H^{-1} u, H_0^{-1} v) = (H^{-1} u, v) + (H_0^{-1} V H^{-1} u, v)$$
ゆえに, $H_0^{-1} - H^{-1} = H_0^{-1} V H^{-1}$ はコンパクト, $\sigma_{\text{ess}}(H) = \sigma_{\text{ess}}(H_0)$ である. □

系 5.10. $\mathcal{H} = L^2(\mathbb{R}^d)$, $H_0 = -\Delta$, V は対称作用素とする. V が H_0 コンパクトあるいは $|V|^{1/2}$ が $H_0^{1/2}$ コンパクトとすれば $H = H_0 + V$ の本質的スペクトルは $[0, \infty)$ に等しい. $\sigma(H) \cap (-\infty, 0)$ は多重度有限の固有値 $\{\lambda_n\}$ からなり, $\{\lambda_n\}$ は有限個あるいは 0 に収束する数列である. ただし後者の場合, $H = H_0 + V$ は 2 次形式 $q_{H_0} + q_V$ の定める自己共役作用素である.

5.1.2 Schrödinger 作用素の本質的スペクトルの下端

V が $-\Delta$ コンパクトなら系 5.10 によって $\sigma_{\text{ess}}(-\Delta + V) = [0, \infty)$ である. H が定理 4.131 で定義された一般の Schrödinger 作用素
$$H = -\nabla_A^2 + V(x), \quad D(H) = \{u \colon V_1 u \in L^1_{\text{loc}}, -\nabla_A^2 u + Vu \in L^2\} \quad (5.3)$$
のとき, $\sigma_{\text{ess}}(H)$ の下端を定める公式を与えよう. ただし, A に対する条件を定理 4.131 のときより強くして A, V は次を満たすとする.
$$A \in L^p_{\text{loc}}, \ d \leq 3 \text{ のときは } p = 2, \ d \geq 4 \text{ のときは } p > d/2, \quad (5.4)$$
$$V = V_1 + V_2, \ -C \leq V_1 \in L^1_{\text{loc}}, \ V_2 \text{ は加藤型}. \quad (5.5)$$
IMS 分解定理 (4.155) と同様な次の補題の証明は読者に任せる.

補題 5.11. $\varphi, \varphi_j, j = 1, \ldots, n$ は実 Lipschitz 連続, $\sum_{j=1}^n \varphi_j^2 = 1$, $v \in H^1_{\text{loc}}$ とする.
$$\Re\{\nabla_A v \cdot \overline{\nabla_A(\varphi^2 v)}\} = |\nabla_A(\varphi v)|^2 - |v|^2 |\nabla \varphi|^2, \quad (5.6)$$

5.1 本質的スペクトルと離散スペクトル

$$\Re\{\nabla_A v \cdot \overline{\nabla_A v}\} = \sum_{j=1}^{n} |\nabla_A(\varphi_j v)|^2 - |v|^2 \sum_{j=1}^{n} |\nabla\varphi_j|^2. \tag{5.7}$$

補題 5.12. $\Omega \subset \mathbb{R}^d$ を有界可測集合とする．Ω の特性関数 χ_Ω による掛け算作用素は $|H|^{1/2}$ コンパクトである．

証明. $\Omega \subset \{x\colon |x| < R\}$ を満たす $R > 0$ に対して $\mathcal{F} = \{u\colon q_H(u) \le 1, \quad \|u\| \le 1\}$ の $|x| < R$ への制限が $L^2(|x| < R)$ の相対コンパクト部分集合であることを示せばよい．V_2 は加藤型だから定理 4.134 によって適当な定数 C が存在して，任意の $u \in \mathcal{F}$ に対して

$$\nabla_A u = \nabla u - iAu \equiv f \in L^2(\mathbb{R}^d), \quad \|f\| \le C. \tag{5.8}$$

ゆえに，補題 4.70 によって $\|\nabla|u|\| \le \|\nabla_A u\| \le C$, $\|u\|_{H^1(\mathbb{R}^d)} \le C$. Sobolev の埋蔵定理によって

$$\|u\|_{L^p}(\mathbb{R}^d) \le C, \quad p = \begin{cases} \infty, & d = 1 \text{ のとき,} \\ \text{任意の } 2 \le p < \infty, & d = 2 \text{ のとき,} \\ \frac{2d}{d-2}, & d \ge 3 \text{ のとき.} \end{cases}$$

これに Hölder の不等式を用いると，A に対する仮定によって

$$\|Au\|_{L^r(\{|x|<R\})} \le C, \quad r = \begin{cases} 2, & d = 1 \text{ のとき,} \\ \text{任意の } 1 \le p < 2, & d = 2 \text{ のとき,} \\ \frac{3}{2}, & d = 3 \text{ のとき,} \\ \left(\frac{1}{2} - \frac{1}{d} + \frac{1}{p}\right)^{-1}, & d \ge 4 \text{ のとき.} \end{cases}$$

$d \ge 4$ のとき, $1/2 \le 1/r < 1/2 + 1/d$ である．これより，$d \ge 2$ のときは，Sobolev の埋蔵定理の双対 (問題 2.25 参照) によって適当な $s > -1$ が存在して $\|Au\|_{H^s(|x|<R)} \le C$. (5.8) によって，任意の $u \in \mathcal{F}$ に対して $d \ge 2$ のときは

$$\|u\|_{H^{1+s}(\{|x|<R\})} \le C, \quad 1 + s > 0.$$

$d = 1$ のときは $\|u\|_{H^1(\{|x|<R\})} \le C$ が成立する．コンパクト性定理 2.36 によって $\mathcal{F}$ の $|x| < R$ への制限は $L^2(|x| < R)$ において相対コンパクトである． □

定理 5.13 (Persson の定理). A, V は (5.4), (5.5) を満たすとする．このとき, (5.3) の Schrödinger 作用素 H に対して次が成立する：

$$\inf \sigma_{ess}(H) = \sup_{R > 1} \inf\{q_H(u)\colon u \in C_0^\infty(\{|x| > R\}), \|u\| = 1\}. \tag{5.9}$$

証明. $d \ge 3$ のときに証明しよう．$d = 1, 2$ のときには以下の議論を少し変えればよい (より簡単である)．(5.9) の右辺を Σ と書く ($\inf\{\cdots\}$ は R に関して単調増大である)．任意に $\varepsilon > 0$ をとる．適当な R_0 が存在して，任意の $R > R_0$ に対して

$$\inf\{q_H(u)\colon u \in C_0^\infty(\{|x| > R\}), \|u\| = 1\} > \Sigma - \varepsilon$$

が成立する. $\chi_1, \chi_2 \in C^\infty(\mathbb{R}^d)$ を $|x| \leq 1$ のとき $\chi_1(x) = 1$, $|x| \geq 2$ のとき $\chi_1(x) = 0$, 任意の $x \in \mathbb{R}^d$ に対して $\chi_1^2(x) + \chi_2^2(x) = 1$ を満たすようにとり $\chi_{j,R}(x) = \chi_j(x/R)$, $R > 1$ と定義する. (5.7) によって, 任意の $u \in C_0^\infty(\mathbb{R}^d)$ に対して

$$q_H(u) = \sum_{j=1}^{2}\left\{q_H(\chi_{j,R}u) - R^{-2}\int_{\mathbb{R}^d}|(\nabla\chi_j)(x/R)|^2|u(x)|^2 dx\right\}. \quad (5.10)$$

$H \geq -C$, $\chi_{2,R} \in C_0^\infty(\{|x| > R\})$, $|x| \geq 2R$ のとき $(\nabla\chi_j)(x/R) = 0$, $j = 1,2$ だから

$$q_H(u) \geq -C\|\chi_{1,R}u\|^2 + (\Sigma - \varepsilon)\|\chi_{2,R}u\|^2 - M_R\int_{\{|x| \leq 2R\}}|u(x)|^2 dx$$

が成立する. ただし, $M_R = R^{-2}\sum_{j=1}^{2}\|\nabla\chi_j\|_\infty^2$ である. したがって,

$$W(x) = \gamma\chi_{\{|x| \leq 2R\}}(x), \quad \gamma = M_R + C + \Sigma - \varepsilon$$

と定義すれば (ただし, $\chi_{\{|x| \leq 2R\}}(x)$ は $\{|x| \leq 2R\}$ の特性関数),

$$W(x) + (\Sigma - \varepsilon)\chi_{2,R}^2(x) \geq C\chi_{1,R}^2(x) + M_R\chi_{\{|x| \leq 2R\}}(x) + (\Sigma - \varepsilon).$$

したがって, 任意の $u \in C_0^\infty(\mathbb{R}^d)$ に対して $q_{H+W}(u) \geq (\Sigma - \varepsilon)\|u\|^2$. $C_0^\infty(\mathbb{R}^d)$ は q_{H+W} のコアだから, $\sigma(H+W) \subset [\Sigma - \varepsilon, \infty)$, $\varepsilon > 0$ は任意だったから $\sigma(H+W) \subset [\Sigma, \infty)$ である. 補題 5.12 によって W は H コンパクト. ゆえに $\sigma_{\text{ess}}(H) = \sigma_{\text{ess}}(H+W) \subset [\Sigma, \infty)$, $\Sigma \leq \inf\sigma_{\text{ess}}(H)$ である.

逆を示す. $\mu < \inf\sigma_{\text{ess}}(H)$ とする. $\sigma(H) \cap (-\infty, \mu] \subset \sigma_d(H)$ で, $H \geq -C$ だから $\sigma(H) \cap (-\infty, \mu]$ は高々有限個の多重度有限の固有値のみで, $E_H((-\infty, \mu])L^2(\mathbb{R}^d)$ は H の固有関数からなる高々有限個の正規直交系 $\{\varphi_1, \ldots, \varphi_n\}$, $H\varphi_1 = \mu_1\varphi_1, \ldots, H\varphi_n = \mu_n\varphi_n$ によって張られる. このとき, $u \in C_0^\infty(\{|x| \geq R\})$, $\|u\| = 1$ に関して一様に $R \to \infty$ において

$$|(HE_H((-\infty, \mu])u, u)| \leq \sum_{j=1}^{n}|\mu_j||(\varphi_j, u)|^2 \leq \sum_{j=1}^{n}|\mu_j|\int_{|x|>R}|\varphi_j(x)|^2 dx \to 0.$$

ゆえに, $\Sigma = \lim_{R\to\infty}\inf\{q_H(u): u \in C_0^\infty(\{|x| > R\}), \|u\| = 1\} \geq \mu$. $\mu < \inf\sigma_{\text{ess}}(H)$ は任意だから, $\Sigma \geq \inf\sigma_{\text{ess}}(H)$ である. □

定理 5.14. (5.4), (5.5) を満たすとする. このとき,

$$\lim_{R\to\infty}\inf\{q_H(u): u \in C_0^\infty(\{|x| > R\}), \quad \|u\| = 1\} = \infty \quad (5.11)$$

であれば, $\sigma(H)$ は ∞ に発散する多重度有限の固有値からなる.

証明. H は下に有界, Persson の定理によって, $\sigma(H) = \sigma_d(H)$ である. □

5.2 Mini-Max 原理

$\mathcal{H}$ を一般の Hilbert 空間, H を $\mathcal{H}$ 上の下に有界な自己共役作用素,
$$\Sigma(H) = \inf \sigma_{\text{ess}}(H)$$
とする. このとき, $\sigma(H) \cap (-\infty, \Sigma(H))$ は離散的な多重度有限な固有値からなり, その集積点は存在するとすれば $\Sigma(H)$ のみである. これらの離散的な固有値は次の Mini-Max 原理によって求められる. この原理から, 例えば, 固有値の H に関する単調性が直ちに得られる (系 5.17 参照). $n = 0, 1, \ldots$ に対して $\mathcal{H}_n$ で $\mathcal{H}$ の n 次元以下の部分空間の全体を表す.

定理 5.15 (Mini-Max 原理). H を下に有界な自己共役作用素とする.
$$\lambda_n = \sup_{X_{n-1} \in \mathcal{H}_{n-1}} \inf\{(Hu, u) \colon u \in D(H),\ \|u\| = 1,\ u \in X_{n-1}^\perp\},\ n = 1, 2, \ldots \quad (5.12)$$
と定義する. このとき, 各 n に対して次のいずれかが成立する.

(1) $n \leq \dim E_H((-\infty, \Sigma(H))$ で $\lambda_1 \leq \cdots \leq \lambda_n$ は H の最初の n 個の固有値 (ただし, 多重度 k の固有値は k 回数える).

(2) $\lambda_n = \Sigma(H)$. このとき, $\lambda_n = \lambda_{n+1} = \cdots$ で $\{\lambda \in \sigma(H) \colon \lambda < \lambda_n\}$ は高々 $n - 1$ 個の固有値のみである (ただし, 多重度 k の固有値は k 回数える).

上に有界な自己共役作用素に対しても, 同様な性質が inf, sup を置き換えるなどの修正をして成立する.

証明. H のスペクトル射影を $E_H(\Delta) = E(\Delta)$ と書く. まず $a \in \mathbb{R}$ に対して
$$a < \lambda_n\ \text{ならば}\ \dim E((-\infty, a))\mathcal{H} < n, \quad (5.13)$$
$$a > \lambda_n\ \text{ならば}\ \dim E((-\infty, a))\mathcal{H} \geq n, \quad (5.14)$$
特に, 任意の $\varepsilon > 0$ に対して
$$E((\lambda_n - \varepsilon, \lambda_n + \varepsilon))\mathcal{H} \neq \{0\}, \quad \text{ゆえに}\quad \lambda_n \in \sigma(H) \quad (5.15)$$
であることを示そう. $\dim E((-\infty, a))\mathcal{H} \geq n$ なら, 任意の $X_{n-1} \in \mathcal{H}_{n-1}$ に対して
$$X_{n-1}^\perp \cap E((-\infty, a))\mathcal{H} \neq \{0\},$$
$u \in E((-\infty, a))\mathcal{H}$ なら $u \in D(H)$, $(Hu, u) < a\|u\|^2$, $u \neq 0$. したがって,
$$\inf\{(Hu, u) \colon u \in D(H),\ u \in X_{n-1}^\perp,\ \|u\| = 1\} < a, \quad \text{ゆえに}\quad \lambda_n \leq a.$$

これより (5.13) が従う. $\dim E((-\infty,a))\mathcal{H} \leq n-1$ なら $E((-\infty,a))\mathcal{H} \in \mathcal{H}_{n-1}$ で $(E((-\infty,a))\mathcal{H})^{\perp} = E([a,\infty))\mathcal{H}$. したがって,

$$\lambda_n \geq \inf\{(Hu,u): u \in D(H),\ \|u\|=1,\ u \in E([a,\infty))\mathcal{H}\} \geq a.$$

ゆえに (5.14) も成立する. (5.15) は (5.13), (5.14) から明らかである.

(i) ある $\varepsilon > 0$ に対して $\dim E((-\infty,\lambda_n+\varepsilon))\mathcal{H} < \infty$ のとき. (5.15) から $\lambda_n \in \sigma_d(H)$ で, λ_n は H の有限多重度の固有値である. これは $\lambda_1,\ldots,\lambda_{n-1}$ に対しても成立するから, 任意に小さな $\varepsilon > 0$ に対して $\dim E((-\infty,\lambda_n+\varepsilon))\mathcal{H} \geq n$. したがって, H には少なくとも n 個の λ_n 以下の固有値 $E_1 \leq \cdots \leq E_n$ が存在する. このときもし $E_n < \lambda_n$ とすると, (5.13) に反するから, $E_n = \lambda_n$ で $\lambda_1,\ldots,\lambda_n$ は H の最初の n 個の固有値である. したがって (1) が成立する.

(ii) 任意の $\varepsilon > 0$ に対して $\dim E((-\infty,\lambda_n+\varepsilon))\mathcal{H} = \infty$ のとき. (5.13) によって, 任意の $\varepsilon > 0$ に対して

$$\dim E((-\infty,\lambda_n-\varepsilon))\mathcal{H} < n, \quad \dim E((\lambda_n-\varepsilon,\lambda_n+\varepsilon))\mathcal{H} = \infty.$$

したがって $\lambda_n = \Sigma(H)$ で, λ_n 未満の H の固有値は $n-1$ 個以下である. 任意の $m \geq n+1$ に対して $X_{m-1}^{\perp} \cap E((-\infty,\lambda_n+\varepsilon))\mathcal{H} \neq \{0\}$ である ((4.14) 参照). ゆえに, $\lambda_n \leq \lambda_m \leq \lambda_n + \varepsilon$. $\varepsilon > 0$ は任意だから, $\lambda_m = \lambda_n$ である. したがって, この場合は (2) が成立する. □

注意 5.16. H の定める閉 2 次形式を q_H, その定義域を $D(q_H)$ とする. 定理 5.15 が λ_n を

$$\lambda_n = \sup_{X_{n-1} \in \mathcal{H}_{n-1}} \inf\{q_H(u): u \in D(q_H),\ \|u\|=1,\ u \in X_{n-1}^{\perp}\}$$

のように $D(H)$ を q_H の定義域に置き換えて定義しても成立するのは上の定理 5.15 の証明から明らかである.

Mini-Max 原理によって固有値の作用素に関する単調性が直ちに従う.

系 5.17. H_1, H_2 を $\mathcal{H}$ 上の自己共役作用素とする. $H_1 \leq H_2$ が成立し, それぞれがスペクトルの下端部に n 個の固有値

$$\lambda_1(H_1) \leq \cdots \leq \lambda_n(H_1), \quad \lambda_1(H_2) \leq \cdots \leq \lambda_n(H_2)$$

をもてば $\lambda_j(H_1) \leq \lambda_j(H_2),\ j=1,\ldots,n$ が成立する.

系 5.18. $H_0 = -\Delta$, $V(x) \leq 0$ が H_0 コンパクトのとき, $\alpha > 0$ に対して

$$H_\alpha = H_0 + \alpha V$$

と定義するとき, H_α が n 個の負の固有値 $\lambda_1(H_\alpha) \leq \cdots \leq \lambda_n(H_\alpha)$ をもてば, 任意の $\beta \geq \alpha$ に対して, H_β は少なくとも n 個の負の固有値 $\lambda_1(H_\beta) \leq \cdots \leq \lambda_n(H_\beta)$ をもち, $\lambda_j(H_\beta) \leq \lambda_j(H_\alpha),\ j=1,\ldots,n$ が成立する.

5.2 Mini-Max 原理

証明. 系 5.9 から $\sigma_{\text{ess}}(H_\alpha) = [0, \infty)$ だから, 系 5.18 は定理 5.15 から直ちに従う. □

H の部分空間 X への制限 $P_X H P_X$ の第 n 固有値は H の第 n 固有値を上から評価する. これを Rayleigh–Ritz の原理という.

定理 5.19 (Rayleigh–Ritz の原理). H を下に有界な自己共役作用素, $\mathcal{X} \subset D(H)$ を n 次元部分空間, $P_{\mathcal{X}}$ を $\mathcal{X}$ への直交射影, $\mu_1 \leq \mu_2 \leq \cdots \leq \mu_n$ を $H_{\mathcal{X}} = P_{\mathcal{X}} H P_{\mathcal{X}}|_{\mathcal{X}}$ の固有値とする. このとき, (5.12) の $\lambda_1, \ldots, \lambda_n$ に対して

$$\lambda_1 \leq \mu_1,\ \lambda_2 \leq \mu_2,\ \ldots,\ \lambda_n \leq \mu_n \tag{5.16}$$

が成立する. 特に, ある $m \leq n$ に対して $\mu_m < \Sigma(H)$ なら, H はスペクトルの下端部に m 個の固有値 $E_1 \leq E_2 \leq \cdots \leq E_m$ をもち次が成立する:

$$E_1 \leq \mu_1,\ E_2 \leq \mu_2,\ \ldots,\ E_m \leq \mu_m. \tag{5.17}$$

証明. $\mathcal{X}$ の m 次元以下の部分空間の全体を $\mathcal{X}_m$, $P = P_{\mathcal{X}}$ と書く. $Y_{m-1} \in \mathcal{H}_{m-1}$ のとき, $PY_{m-1} \in \mathcal{X}_{m-1}$, $x \in \mathcal{X}$, $y \in Y_{m-1}$ に対して $(x, y) = (x, Py)$ だから $\mathcal{X} \cap (PY_{m-1})^\perp = \mathcal{X} \cap Y_{m-1}^\perp$. $\mathcal{X}_{m-1} = \{PY_{m-1} : Y_{m-1} \in \mathcal{H}_{m-1}\}$ だから.

$$\begin{aligned}
\mu_m &= \sup_{Y_{m-1} \in \mathcal{X}_{m-1}} \inf\{(H_{\mathcal{X}}, u) : u \in \mathcal{X} \cap Y_{m-1}^\perp,\ \|u\| = 1\} \\
&= \sup_{Y_{m-1} \in \mathcal{H}_{m-1}} \inf\{(Hu, u) : u \in \mathcal{X} \cap (PY_{m-1})^\perp,\ \|u\| = 1\} \\
&= \sup_{Y_{m-1} \in \mathcal{H}_{m-1}} \inf\{(Hu, u) : u \in \mathcal{X} \cap Y_{m-1}^\perp,\ \|u\| = 1\} \\
&\geq \sup_{Y_{m-1} \in \mathcal{H}_{m-1}} \inf\{(Hu, u) : u \in D(H) \cap Y_{m-1}^\perp,\ \|u\| = 1\} = \lambda_m
\end{aligned}$$

である. □

Hilbert 空間 $\mathcal{H}$ 上の自己共役作用素 A, $\lambda \in \mathbb{R}$ に対して

$$N(A, \lambda) = \dim E_A((-\infty, \lambda))\mathcal{H}$$

と定義する. $N(A, 0) = N(A)$ と書く.

補題 5.20. A, B を $\mathcal{H}$ 上の下に有界な自己共役作用素, $A \dotplus B$ を $q_A + q_B$ の定義する自己共役作用素とする. このとき

$$N(A \dotplus B) \leq N(A) + N(B).$$

証明. $N(A) = m < \infty$, $N(B) = n < \infty$ のときに示せばよい. $E_A((-\infty, 0))\mathcal{H}$ の基底を $\{\varphi_1, \ldots, \varphi_m\}$, $E_B((-\infty, 0))\mathcal{H}$ の基底を $\{\psi_1, \ldots, \psi_n\}$ とする. $u \in D(q_A) \cap D(q_B)$ が $\{\varphi_1, \ldots, \varphi_m, \psi_1, \ldots, \psi_n\}$ に直交すれば, $q_{A+B}(u) \geq 0$. したがって, $\lambda_{n+m+1}(A \dotplus B) \geq 0$ である. □

E を H の多重度 m の孤立固有値, A を H-有界な対称作用素とする. このとき, H の摂動 $H(\lambda) = H + \lambda A$, $\lambda \in \mathbb{R}$ は $|\lambda|$ が十分小さいとき, E の近傍に多重度を込めてちょ

うど m 個の, λ に正則に依存し, $\lambda \to 0$ のとき, E に収束する固有値 $E_1(\lambda), \ldots, E_m(\lambda)$ をもつ. 特に $m = 1$ のとき, $E(\lambda) = E_1(\lambda)$ の λ のべき級数展開は初等的に計算でき, **Rayleigh–Schrödinger 級数**と呼ばれている. このような固有値を漸近的に求める摂動論についてはこの本では取り扱わない. 加藤敏夫の著書 [54] あるいは Reed–Simon 第 4 巻 [90] に詳しい記述がある.

5.3 コンパクト作用素の特異値とトレースイデアル

Hilbert 空間 $\mathcal{H}$ から $\mathcal{K}$ へのコンパクト作用素の全体を $\mathbf{B}_\infty(\mathcal{H}, \mathcal{K})$ と書く (コンパクト作用素の基本事項については 1.1.6 項を参照). コンパクト作用素のいくつかの重要な部分族を定義しよう.

5.3.1 特異値と Schmidt 展開

$A \in \mathbf{B}_\infty(\mathcal{H}, \mathcal{K})$ とする. $|A| = (A^*A)^{\frac{1}{2}}$ と定義する. $|A|$ は $\mathcal{H}$ の非負自己共役, コンパクト作用素である.

定義 5.21. $|A|$ の固有値を A の**特異値** (singular number) という.

■**極分解** A の正の特異値を多重度に応じて繰り返して, 大きさの順に $\mu_1(A) \geq \mu_2(A) \geq \cdots > 0$ とならべる (順序に注意). $\|Au\|^2 = (A^*Au, u) = \||A|u\|^2$ だから,

$$\mu_1(A) = \||A|\| = \|A\| \tag{5.18}$$

である. $\{\varphi_n\}$ を $|A|$ の固有値 $\{\mu_n(A)\}$ の固有ベクトルからなる $\mathcal{H}$ の正規直交系とすれば,

$$|A|u = \sum_{n=1}^{N} \mu_n(A)(u, \varphi_n)\varphi_n, \quad u \in \mathcal{H}. \tag{5.19}$$

ここで N は有限または $N = \infty$ である. 次の補題は明らかである.

補題 5.22. U が $\mathcal{H}$ あるいは $\mathcal{K}$ のユニタリ変換のとき,

$$\mu_n(UA) = \mu_n(AU) = \mu_n(A), \quad n = 1, 2, \ldots \tag{5.20}$$

$\|Au\| = \||A|u\|$ だから, $|A|u = |A|v$ なら $Au = Av$. したがって, $|A|u \in R(|A|)$ に対して $Au \in \mathcal{K}$ を対応させる作用素 U を

$$U|A|u = Au, \quad u \in D(A) \tag{5.21}$$

によって定義できる. U は $R(|A|) \subset \mathcal{H}$ から $\mathcal{K}$ への等距離作用素である. この U を $R(|A|)$ の閉包上に連続拡張し, $\overline{R(|A|)}^\perp$ 上 $Uu = 0$ と定義して $\mathcal{H}$ 上に線形拡張する. このように拡張された作用素を再び U と書けば, U は $\overline{R(|A|)}$ を始集合とする $\mathcal{H}$ から $\mathcal{K}$ へ

5.3 コンパクト作用素の特異値とトレースイデアル

の部分等距離作用素で (5.21) が引き続き成立する. (5.21) をコンパクト作用素 A の**極分解**あるいは**極表現**という.

問題 5.23. $A \in \mathbf{B}_\infty(\mathcal{H}, \mathcal{K})$ に対して U を上のように定義された作用素とする. 次を示せ. U^*U は $\overline{R(|A|)}$ への直交射影, $R(|A|) = R(|A|^{\frac{1}{2}})$ であることを示せ.

■**Schmidt 展開** $U\varphi_n = \psi_n$, $n = 1, 2, \ldots$ と定義する. このとき, $\{\psi_n\}$ は $\mathcal{K}$ の正規直交系で, (5.19) の両辺に U を作用させれば

$$Au = \sum_{n=1}^{\infty} \mu_n(A)(u, \varphi_n)\psi_n, \quad u \in \mathcal{H} \tag{5.22}$$

となる. (5.22) を A の標準表現あるいは **Schmidt 展開**という.

■**特異値の基本的な性質**

命題 5.24. (1) $A \in \mathbf{B}_\infty(\mathcal{H}, \mathcal{K})$, $B \in \mathbf{B}(\mathcal{H})$, $C \in \mathbf{B}(\mathcal{K})$ に対して

$$\mu_j(|A|) = \mu_j(A) = \mu_j(A^*), \quad j = 1, 2, \ldots. \tag{5.23}$$
$$\mu_j(AB) \leq \|B\|\mu_j(A), \quad \mu_j(CA) \leq \|C\|\mu_j(A), \quad j = 1, 2, \ldots. \tag{5.24}$$

(2) $A, B \in \mathbf{B}_\infty(\mathcal{H}, \mathcal{K})$ のとき, 任意の m, n に対して

$$\mu_{n+m-1}(A+B) \leq \mu_m(A) + \mu_n(B), \quad |\mu_n(A) - \mu_n(B)| \leq \|A - B\|. \tag{5.25}$$

(3) $A, B \in \mathbf{B}_\infty(\mathcal{H})$ のとき, 任意の m, n に対して

$$\mu_{n+m-1}(AB) \leq \mu_m(A)\mu_n(B). \tag{5.26}$$

証明. (1) (5.23) の第 1 式は定義から明らかである. $u \neq 0$ が A^*A の固有値 λ の固有ベクトル $A^*Au = \lambda u$ なら

$$AA^*Au = \lambda Au, \quad Au \neq 0$$

だから, λ は AA^* の固有値で A は A^*A の固有空間から AA^* の固有空間への 1 対 1 対応である. 同様にして A^* は AA^* の固有空間から A^*A の固有空間への 1 対 1 対応, ゆえに, A^*A と AA^* の固有値は多重度を含めて同一, $\mu_j(A) = \mu_j(A^*)$, $j = 1, 2, \ldots$ である.

$$(CAu, CAu) \leq \|C\|^2(Au, Au), \quad u \in \mathcal{H}.$$

したがって, Mini-Max 原理によって, $\mu_j(CA) \leq \|C\|\mu_j(A), j = 1, 2, \ldots$ が成立する. これから

$$\mu_j(AB) = \mu_j(B^*A^*) \leq \|B^*\|\mu_j(A^*) = \|B\|\mu_j(A), \quad j = 1, 2, \ldots.$$

(2), (3) の証明に次の補題を用いる.

補題 5.25. $\mathcal{K}_n = \{K\colon \mathcal{H} \to \mathcal{K}, \operatorname{rank} K \leq n\}$, $n = 0, 1, \ldots$, $A \in \mathbf{B}_\infty(\mathcal{H}, \mathcal{K})$ とする.

$$\mu_{n+1}(A) = \min\{\|A - K\| : K \in \mathcal{K}_n\}, \quad n = 1, 2, \ldots. \tag{5.27}$$

任意の $T \in \mathcal{K}_r$ に対して

$$\mu_{n+r}(A) \leq \mu_n(A + T) \leq \mu_{n-r}(A), \quad n = 1, 2, \ldots. \tag{5.28}$$

証明. $K \in \mathcal{K}_n$ のとき $\dim(\operatorname{Ker} K)^\perp = \dim R(K) \leq n$. したがって, Mini-Max 原理によって

$$\mu_{n+1}(A) = \inf_{X_n \in \mathcal{H}_n} \sup\{\|Au\| : \|u\| = 1, \ u \in X_n^\perp\} \leq \sup_{u \in \operatorname{Ker} K, \ \|u\|=1} \|Au\|$$
$$= \sup_{u \in \operatorname{Ker} K, \ \|u\|=1} \|(A - K)u\| \leq \sup_{u \in \mathcal{H}, \|u\|=1} \|(A - K)u\| = \|A - K\|$$

一方, A の Schmidt 展開 (5.22) の第 n 項までをとって

$$K_n u = \sum_{j=1}^n \mu_j (u, \varphi_j) \psi_j$$

と定義すれば $K_n \in \mathcal{K}_n$ で, $\|A - K_n\| = \mu_{n+1}$ である. ゆえに (5.27) が成立する. $T \in \mathcal{K}_r$, $K \in \mathcal{K}_n$ のとき, $K + T \in \mathcal{K}_{n+r}$ だから (5.27) によって

$$\mu_{n+r+1}(A) = \min\{\|A + K_{n+r}\| : K_{n+r} \in \mathcal{K}_{n+r}\}$$
$$\leq \min\{\|A + T + K_n\| : K_n \in \mathcal{K}_n\} = \mu_{n+1}(A + T).$$

A と $A + T$ の役割を入れ替えれば, (5.28) の第二の不等式も得られる. □

命題 5.24 の証明の続き. (2) (5.27) によって

$$\mu_{m+1}(A) = \|A - K_m\|, \quad \mu_{n+1}(B) = \|B - K_n\|, \tag{5.29}$$

を満たす $K_n \in \mathcal{K}_n$, $K_m \in \mathcal{K}_m$ が存在する. $K_n + K_m \in \mathcal{K}_{n+m}$ だから,

$$\mu_{n+m+1}(A + B) = \min\{\|A + B - K_{n+m}\| : K_{n+m} \in \mathcal{K}_{n+m}\}$$
$$\leq \|A + B - (K_n + K_m)\| \leq \|A - K_n\| + \|B - K_m\| = \mu_{m+1}(A) + \mu_{n+1}(B).$$

任意の $K_m \in \mathcal{K}_m$ に対して

$$\mu_{m+1}(A) \leq \|A - K_m\| = \|A - B + B - K_m\| \leq \|A - B\| + \|B - K_m\|$$

両辺で $K_m \in \mathcal{K}_m$ に関しての最小値をとれば $\mu_{m+1}(A) \leq \|A - B\| + \mu_{m+1}(B)$. A, B の役割を入れ替えて (5.25) が得られる.

(3) 再び (5.29) を満たす K_m, K_n をとる. このとき,

$$(A - K_m)(B - K_n) = AB - AK_n - K_m(B - K_n)$$

で $AK_n + K_m(B - K_n) \in \mathcal{K}_{n+m}$. ゆえに

$$\mu_{m+n+1}(AB) = \min\{\|AB - K_{n+m}\| : K_{n+m} \in \mathcal{K}_{n+m}\}$$
$$\leq \|(A - K_m)(B - K_n)\| \leq \|A - K_m\|\|B - K_n\| = \mu_{m+1}(A)\mu_{n+1}(B). \quad □$$

5.3 コンパクト作用素の特異値とトレースイデアル

定義 5.26. $1 \leq p < \infty$ とする．**トレースイデアル** あるいは **von Neumann–Schatten** p-**クラス** $\mathbf{B}_p(\mathcal{H}, \mathcal{K})$ を次で定義する：

$$\mathbf{B}_p(\mathcal{H},\mathcal{K}) = \Big\{ A \in \mathbf{B}_\infty(\mathcal{H},\mathcal{K}) \colon \|A\|_{\mathbf{B}_p} = \Big(\sum_{n=1}^{\infty} \mu_n(A)^p \Big)^{\frac{1}{p}} < \infty \Big\}.$$

(5.18) によって

$$\|A\|_{\mathbf{B}(\mathcal{H},\mathcal{K})} \leq \|A\|_{\mathbf{B}_p(\mathcal{H},\mathcal{K})}. \tag{5.30}$$

以下の小節で $p=1,2$ の場合について詳しく述べる．この本では一般の $\mathbf{B}_p$ を用いることはないので定理 5.27 の証明は省略する ([54], [97] を参照)．

定理 5.27. $\mathbf{B}_p(\mathcal{H},\mathcal{K})$ はベクトル空間，$\|A\|_{\mathbf{B}_p}$ は $\mathbf{B}_p(\mathcal{H},\mathcal{K})$ のノルムで $\mathbf{B}_p(\mathcal{H},\mathcal{K})$ はノルム $\|\cdot\|_{\mathbf{B}_p}$ によって Banach 空間である．

5.3.2 Hilbert–Schmidt 作用素

$\mathcal{H}, \mathcal{K}$ を可分な Hilbert 空間とする．

定義 5.28. $\mathbf{B}_2(\mathcal{H},\mathcal{K})$ は **Hilbert–Schmidt 族**，$A \in \mathbf{B}_2(\mathcal{H},\mathcal{K})$ は **Hilbert–Schmidt 作用素**，$\|A\|_{\mathbf{B}_2}$ は A の **Hilbert–Schmidt ノルム**と呼ばれる．$\|A\|_{\mathbf{B}_2}$ を $\|A\|_{HS}$ とも書く．

補題 5.29. $A \in \mathbf{B}_\infty(\mathcal{H},\mathcal{K})$，$\{\varphi_n\}$，$\{\psi_m\}$ をそれぞれ $\mathcal{H}, \mathcal{K}$ の正規直交基底とする．和が無限大となる場合を込めて

$$\sum_{n=1}^{\infty} \|A\varphi_n\|_{\mathcal{K}}^2 = \sum_{m=1}^{\infty} \|A^*\psi_m\|_{\mathcal{H}}^2 = \sum_{n=1}^{\infty} \mu_n(A)^2 \tag{5.31}$$

が成立する．特に，$\sum \|A\varphi_n\|_{\mathcal{K}}^2$ は $\mathcal{H}$ の正規直交基底のとり方に依存しない．

(1) $A \in \mathbf{B}_2(\mathcal{H},\mathcal{K})$ のためには，$\mathcal{H}$ のある (したがって任意の) 正規直交基底に対して

$$\sum_{n=1}^{\infty} \|A\varphi_n\|^2 < \infty \tag{5.32}$$

を満たすことが必要十分，この和は $\|A\|_{\mathbf{B}_2}^2$ に等しい．

(2) $A \in \mathbf{B}_2(\mathcal{H},\mathcal{K})$ と $A^* \in \mathbf{B}_2(\mathcal{K},\mathcal{H})$ は同値で，$\|A\|_{\mathbf{B}_2(\mathcal{H},\mathcal{K})} = \|A^*\|_{\mathbf{B}_2(\mathcal{K},\mathcal{H})}$．

(3) $\mathbf{B}_2(\mathcal{H},\mathcal{K})$ は $\mathbb{C}$ 上のベクトル空間である．

証明． (5.31) を証明すれば十分である．Parseval の等式によって

$$\sum_{n=1}^{\infty} \|A\varphi_n\|_{\mathcal{K}}^2 = \sum_{n=1}^{\infty} \sum_{m=1}^{\infty} |(A\varphi_n, \psi_m)_{\mathcal{K}}|^2 = \sum_{n=1}^{\infty} \sum_{m=1}^{\infty} |(\varphi_n, A^*\psi_m)_{\mathcal{H}}|^2$$

$$= \sum_{m=1}^{\infty} \sum_{n=1}^{\infty} |(\varphi_n, A^*\psi_m)_{\mathcal{H}}|^2 = \sum_{m=1}^{\infty} \|A^*\psi_m\|_{\mathcal{H}}^2.$$

(5.31) の第 1 式が成立する. 特に, $\{\varphi_n\}$ として A^*A の固有ベクトルからなる正規直交基底をとれば

$$\sum_{n=1}^{\infty} \|A\varphi_n\|^2 = \sum_{n=1}^{\infty} (A^*A\varphi_n, \varphi_n) = \sum_{n=1}^{\infty} \mu_n(A)^2$$

したがって, (5.31) の第 2 式も成立する. □

補題 5.30. $A, B \in \mathbf{B}_2(\mathcal{H}, \mathcal{K})$, $\{\varphi_n\}$, $\{\psi_m\}$ をそれぞれ $\mathcal{H}, \mathcal{K}$ の正規直交基底とする.

$$\sum_{n=1}^{\infty} (A\varphi_n, B\varphi_n) = \sum_{m=1}^{\infty} (B^*\psi_m, A^*\psi_m) \tag{5.33}$$

が成立する. 特に, (5.33) の左辺は $\mathcal{H}$ の正規直交基底 $\{\varphi_n\}$ のとり方に依存しない.

$$(A, B)_{\mathbf{B}_2} = \sum_{n=1}^{\infty} (A\varphi_n, B\varphi_n) \tag{5.34}$$

と定義する. $(A, B)_{\mathbf{B}_2}$ は $\mathbf{B}_2(\mathcal{H})$ の内積で $\|A\|_{\mathbf{B}_2}^2 = (A, A)_{\mathbf{B}_2}$, 特に

$$\|A + B\|_{\mathbf{B}_2} \leq \|A\|_{\mathbf{B}_2} + \|B\|_{\mathbf{B}_2}. \tag{5.35}$$

証明. (5.33) を証明すれば十分である. ほかを証明するのは読者に任せる. 補題 5.29 と Parseval の等式によって, (5.33) の左辺は n, m に関する絶対収束する 2 重級数として

$$\sum_{n=1}^{\infty} \sum_{m=1}^{\infty} (A\varphi_n, \psi_m)(\psi_m, B\varphi_n) = \sum_{n=1}^{\infty} \sum_{m=1}^{\infty} (B^*\psi_m, \varphi_n)(\varphi_n, A^*\psi_m)$$

と表せる. Fubini の定理を用いて和の順序を入れ替え再び Parseval の等式を用いれば (5.33) が従う. □

定理 5.31. (1) $\mathbf{B}_2(\mathcal{H}, \mathcal{K})$ は内積 $(A, B)_{\mathbf{B}_2}$ によって Hilbert 空間である.
(2) $A \in \mathbf{B}_2(\mathcal{H}, \mathcal{K})$, $B \in \mathbf{B}(\mathcal{H})$, $C \in \mathbf{B}(\mathcal{K})$ のとき, $AB, CA \in \mathbf{B}_2(\mathcal{H}, \mathcal{K})$ で

$$\|AB\|_{\mathbf{B}_2(\mathcal{H}, \mathcal{K})} \leq \|A\|_{\mathbf{B}_2} \|B\|_{\mathbf{B}}, \quad \|CA\|_{\mathbf{B}_2(\mathcal{H}, \mathcal{K})} \leq \|A\|_{\mathbf{B}_2} \|C\|_{\mathbf{B}} \tag{5.36}$$

証明. (1) 補題 5.30 によって $(\mathbf{B}_2(\mathcal{H}, \mathcal{K}), (\cdot, \cdot)_{\mathbf{B}_2})$ は内積空間である. 完備性を証明すればよい. $n, m \to \infty$ のとき, $\|A_n - A_m\|_{\mathbf{B}_2} \to 0$ とする. このとき, $\|A_n\|_{\mathbf{B}_2}$ は有界

$$\|A_n\|_{\mathbf{B}_2} \leq M, \quad n = 1, 2, \ldots, \tag{5.37}$$

$\|A_n - A_m\|_{\mathbf{B}} \leq \|A_n - A_m\|_{\mathbf{B}_2}$ だから $\{A_n\}$ は $\mathbf{B}$ の Cauchy 列でもある. $\mathbf{B}$ は完備だから, $\{A_n\}$ は $\mathbf{B}$ において収束, $\mathbf{B}_\infty$ は $\mathbf{B}$ の閉部分空間だから $A = \lim A_n \in \mathbf{B}_\infty(\mathcal{H}, \mathcal{K})$ である. このとき, (5.25) によって $n \to \infty$ のとき

$$|\mu_k(A_n) - \mu_k(A)| \leq \|A_n - A\|_{\mathbf{B}} \to 0, \quad k = 1, 2, \ldots.$$

5.3 コンパクト作用素の特異値とトレースイデアル

である. (5.37) によって任意の L に対して $\sum_{k=1}^{L} \mu_k(A_n)^2 \leq M$, $n = 1, 2, \ldots$. したがって, $n \to \infty$ とすれば

$$\sum_{k=1}^{L} \mu_k(A)^2 \leq M, \quad L = 1, 2, \ldots.$$

$L \to \infty$ として $A \in \mathbf{B}_2(\mathcal{H}, \mathcal{K})$ である. 任意の $\varepsilon > 0$ に対して, n_0 が存在して

$$\|A_n - A_m\|_{\mathbf{B}_2}^2 = \sum_{k=1}^{\infty} \mu_k(A_n - A_m)^2 < \varepsilon, \quad n, m \geq n_0.$$

したがって, $n, m \geq n_0$ のとき, 任意の L に対して $\sum_{k=1}^{L} \mu_k(A_n - A_m)^2 < \varepsilon$. $m \to \infty$ とすれば, 再び (5.25) によって, $n \geq n_0$ のとき,

$$\sum_{k=1}^{L} \mu_k(A_n - A)^2 \leq \varepsilon, \quad L = 1, 2, \ldots.$$

$L \to \infty$ として $n \geq n_0$ のとき, $\sum_{k=1}^{\infty} \mu_k(A_n - A)^2 \leq \varepsilon$, $n \to \infty$ のとき $\|A_n - A\|_{\mathbf{B}_2} \to 0$ である. (2) は命題 5.24 (1) から明らかである. □

L^2 空間における作用素が Hilbert–Schmidt 型であるか否かを確かめるための次の補題は使いやすい.

定理 5.32. $(X, d\mu)$, $(Y, d\nu)$ は測度空間, $\mathcal{H} = L^2(Y, d\nu)$, $\mathcal{K} = L^2(X, d\mu)$ は可分とする. $T \in \mathbf{B}_2(\mathcal{H}, \mathcal{K})$ であるためには T が Hilbert–Schmidt 型積分作用素, すなわち, 適当な $K(x, y) \in L^2(X \times Y)$ を積分核とする積分作用素であることが必要十分で, このとき,

$$\|T\|_{\mathbf{B}_2(\mathcal{H}, \mathcal{K})} = \|K\|_{L^2(M \times N)}. \tag{5.38}$$

証明. $T \in \mathbf{B}_2(\mathcal{H}, \mathcal{K})$, T の Schmidt 展開を

$$Tu = \sum_{n=1}^{\infty} \mu_n(T)(u, \varphi_n)\psi_n, \quad T_N u = \sum_{n=1}^{N} \mu_n(T)(u, \varphi_n)\psi_n, \quad N = 1, 2, \ldots$$

とする. $\varphi_n(x)\psi_n(y)$ は $L^2(X \times Y)$ の正規直交系で, $\sum \mu_n(T)^2 < \infty$ だから

$$K_N(x, y) = \sum_{n=1}^{N} \mu_n(T)\varphi_n(x)\psi_n(y), \quad N = 1, 2, \ldots$$

は $N \to \infty$ のとき $L^2(X \times Y)$ において収束する. その極限を $K(x, y)$ とする. $N \to \infty$ のとき, 任意の $u \in L^2(X)$ に対して $\|Tu - T_N u\| \to 0$, すなわち

$$\left\| Tu(x) - \int_Y K_N(x, y)u(y)d\nu(y) \right\|_{L^2(X)} \to 0.$$

一方, Schwarz の不等式によって $N \to \infty$ のとき

$$\left\| \int_Y K(x,y)u(y)d\nu(y) - \int_Y K_N(x,y)u(y)d\nu(y) \right\|_{L^2(X)} \leq \|K - K_N\| \|u\| \to 0$$

ゆえに T は K を積分核とする積分作用素で

$$\|K\|_{L^2(X \times Y)}^2 = \sum_{n=1}^{\infty} \mu_n(T)^2 = \|T\|_{\mathbf{B}_2}^2$$

である. 逆に T を $K(x,y) \in L^2(X \times Y)$ を積分核とする積分作用素とする. $\{\psi_n(x)\}$, $\{\varphi_n(y)\}$ をそれぞれ $L^2(X)$, $L^2(Y)$ の正規直交基底とすれば $\{\overline{\psi_m(x)}\varphi_n(y) \colon n, m = 1, \ldots, \}$ は $L^2(X \times Y)$ の正規直交基底だから

$$\sum_{n=1}^{\infty} \|T\varphi_n\|^2 = \sum_{m,n=1}^{\infty} |(T\varphi_n, \psi_m)|^2$$
$$= \sum_{m,n=1}^{\infty} \left| \int_{X \times Y} K(x,y) \varphi_n(y) \overline{\varphi_m(x)} d\mu(x) d\nu(y) \right|^2 = \int_{X \times Y} |K(x,y)|^2 d\mu(x) d\nu(y)$$

ゆえに $T \in \mathbf{B}_2(\mathcal{H}, \mathcal{K})$ である (定理 1.23 参照). □

5.3.3 トレース作用素

ここでも $\mathcal{H}$, $\mathcal{K}$ を可分な Hilbert 空間とする.

定義 5.33. $\mathbf{B}_1(\mathcal{H}, \mathcal{K})$ は**トレース族**, $A \in \mathbf{B}_1(\mathcal{H}, \mathcal{K})$ は**トレース作用素**, $\|A\|_{\mathbf{B}_1}$ は A の**トレースノルム**と呼ばれる. $\|A\|_{\mathbf{B}_1}$ を $\|A\|_{\mathrm{Tr}}$ とも書く.

次の補題は命題 5.24(1) から明らかである.

補題 5.34. $T \in \mathbf{B}_1(\mathcal{H}, \mathcal{K})$, $A \in \mathbf{B}(\mathcal{H})$, $B \in \mathbf{B}(\mathcal{K})$ とする. $TA, BT \in \mathbf{B}_1(\mathcal{H}, \mathcal{K})$ で

$$\|TA\|_{\mathbf{B}_1} \leq \|T\|_{\mathbf{B}_1} \|A\|_{\mathbf{B}}, \quad \|BT\|_{\mathbf{B}_1} \leq \|T\|_{\mathbf{B}_1} \|B\|_{\mathbf{B}}. \tag{5.39}$$

補題 5.35. $A \in \mathbf{B}_1(\mathcal{H}, \mathcal{K})$ とする.

$$\sum_{m=1}^{\infty} \mu_m(A) = \sup \left\{ \sum_{n=1}^{\infty} |(A\varphi_n, \psi_n)| \colon \{\varphi_n\} \in \mathcal{O}(\mathcal{H}), \{\psi_n\} \in \mathcal{O}(\mathcal{K}) \right\} \tag{5.40}$$

が成立する. ただし, $\mathcal{O}(\mathcal{H})$, $\mathcal{O}(\mathcal{K})$ はそれぞれ $\mathcal{H}$ と $\mathcal{K}$ の正規直交基底の全体の集合である. $A \in \mathbf{B}_1(\mathcal{H}, \mathcal{K})$ であるためには (5.40) の右辺が有限であることが必要十分である.

証明. $Au = \sum \mu_m(u, \xi_m)\zeta_m$ を A の Schmidt 展開とする. Schwarz の不等式によって

5.3 コンパクト作用素の特異値とトレースイデアル   257

$$\sum_{n=1}^{\infty} |(A\varphi_n, \psi_n)| \leq \sum_{n=1}^{\infty} \sum_{m=1}^{\infty} \mu_m |(\varphi_n, \xi_m)(\zeta_m, \psi_n)|$$

$$\leq \sum_{m=1}^{\infty} \mu_m \left(\sum_{n=1}^{\infty} |(\varphi_n, \xi_m)|^2 \right)^{1/2} \left(\sum_{n=1}^{\infty} |(\psi_n, \zeta_m)|^2 \right)^{1/2} \leq \sum_{m=1}^{\infty} \mu_m$$

一方, $(A\xi_n, \zeta_n) = \mu_n$. ゆえに, $\varphi_n = \xi_n, \psi_n = \zeta_n$ とすれば

$$\sum_{n=1}^{\infty} |(A\xi_n, \zeta_n)| = \sum_{n=1}^{\infty} (A\xi_n, \zeta_n) = \sum_{n=1}^{\infty} \mu_n$$

である. ゆえに (5.40) が成立する.   □

定理 5.36. $\mathbf{B}_1(\mathcal{H}, \mathcal{K})$ はベクトル空間. $\|A\|_{\mathbf{B}_1}$ は $\mathbf{B}_1(\mathcal{H}, \mathcal{K})$ のノルム, $(\mathbf{B}_1(\mathcal{H}, \mathcal{K}), \|\cdot\|_{\mathbf{B}_1})$ は Banach 空間である.

証明. 補題 5.35 によって $\mathbf{B}_1(\mathcal{H}, \mathcal{K})$ がベクトル空間で, $\|A\|_{\mathbf{B}_1}$ が $\mathbf{B}_1(\mathcal{H}, \mathcal{K})$ のノルムであることは明らかである. $\mathbf{B}_1(\mathcal{H}, \mathcal{K})$ がこのノルムに関して完備であることは定理 5.31 の対応する部分とほぼ同様に証明できるので詳細を省略する.   □

次の定理はある作用素がトレース作用素であることを確かめるのによく使われる.

定理 5.37. $\mathcal{H}, \mathcal{K}, \mathcal{L}$ を可分 Hilbert 空間とする.

(1) $T \in \mathbf{B}_2(\mathcal{H}, \mathcal{K})$, $A \in \mathbf{B}_2(\mathcal{L}, \mathcal{H})$ であれば $TA \in \mathbf{B}_1(\mathcal{L}, \mathcal{K})$, $B \in \mathbf{B}_2(\mathcal{K}, \mathcal{L})$ であれば, $BT \in \mathbf{B}_1(\mathcal{H}, \mathcal{L})$ である. 次が成立する:

$$\|TA\|_{\mathbf{B}_1} \leq \|T\|_{\mathbf{B}_2} \|A\|_{\mathbf{B}_2}, \quad \|BT\|_{\mathbf{B}_1} \leq \|T\|_{\mathbf{B}_2} \|B\|_{\mathbf{B}_2}. \tag{5.41}$$

(2) 任意の $T \in \mathbf{B}_1(\mathcal{H}, \mathcal{K})$ はある $A \in \mathbf{B}_2(\mathcal{H}, \mathcal{K})$ と $B \in \mathbf{B}_2(\mathcal{K})$ の積 $T = BA$, またある $A \in \mathbf{B}_2(\mathcal{H}, \mathcal{K})$ と $C \in \mathbf{B}_2(\mathcal{H})$ の積 $T = AC$ として表すことができる.

証明. (1) $T \in \mathbf{B}_2(\mathcal{H}, \mathcal{K})$, $A \in \mathbf{B}_2(\mathcal{L}, \mathcal{H})$ とする. このとき, $\mathcal{L}$ の正規直交基底 $\{\varphi_n\}$, $\mathcal{K}$ の正規直交基底 $\{\psi_n\}$ に対して

$$\sum_{n=1}^{\infty} |(TA\varphi_n, \psi_n)| = \sum_{n=1}^{\infty} |(A\varphi_n, T^*\psi_n)|$$

$$\leq \left(\sum_{n=1}^{\infty} \|A\varphi_n\|^2 \right)^{1/2} \left(\sum_{n=1}^{\infty} \|T^*\psi_n\|^2 \right)^{1/2} \leq \|A\|_{\mathbf{B}_2} \|T^*\|_{\mathbf{B}_2} = \|A\|_{\mathbf{B}_2} \|T\|_{\mathbf{B}_2} < \infty.$$

ゆえに TA はトレース作用素である. , 同様にして $BT \in \mathbf{B}_1(\mathcal{H}, \mathcal{L})$ であることがわかる.

(2) $T \in \mathbf{B}_1(\mathcal{H}, \mathcal{K})$ の極表現を $T = U|T|$ とする. U は $\overline{R(|T|)} = \overline{R(|T|^{\frac{1}{2}})}$ を始集合とする $\mathcal{H}$ から $\mathcal{K}$ への部分等距離作用素である (問題 5.23 参照).

$$|T|^{1/2} \in \mathbf{B}_2(\mathcal{H}), \quad U|T|^{1/2} \in \mathbf{B}_2(\mathcal{H}, \mathcal{K})$$

で $T = U|T|^{1/2} \cdot |T|^{1/2}$ と表される．またこのとき，

$$U|T|^{1/2}U^* \in \mathbf{B}_2(\mathcal{K}), \quad U|T|^{1/2} \in \mathbf{B}_2(\mathcal{H}, \mathcal{K})$$

で，$T = U|T|^{1/2}U^* \cdot U|T|^{1/2}$ とも表される． □

5.4　1体 Schrödinger 作用素の負の固有値の数

自由 Schrödinger 作用素を H_0 と書いたり，$-\Delta$ と書いたりする．

定義 5.38. $H = H_0 + V$ は $V(H_0+1)^{-1}$ あるいは $|V|^{1/2}(H_0+1)^{-1/2}$ が $L^2(\mathbb{R}^d)$ のコンパクト作用素となるとき，**1体 Schrödinger 作用素**と呼ばれる．ただし，後者のときは，H は 2 次形式 $q(u) = \|\nabla u\|^2 + (Vu, u)$ の定める自己共役作用素である．

$H = -\Delta + V$ が 1 体 Schrödinger 作用素なら系 5.10 によって

$$\sigma_{\text{ess}}(H) = \sigma(H_0) = [0, \infty), \quad \Sigma(H) = 0.$$

したがって，定理 5.13 によって適当な意味で $V(x) \to 0$ ($|x| \to \infty$) であることが必要である．

$H = -\Delta + V$ が 1 体 Schrödinger 作用素のとき，任意の $\lambda < 0$ に対して $(-\infty, \lambda]$ に含まれる H の固有値の数は有限である．このとき，多重度を勘定にいれた H の負の固有値の数

$$N(H) = \dim E_H((-\infty, 0))L^2(\mathbb{R}^d)$$

が有限か無限大かを判定するいくつかの定理を述べよう．次の定理は Mini-Max 原理からの帰結である．

定理 5.39. $H = H_0 + V$ を 1 体 Schrödinger 作用素とする．適当な定数 $C > 0, \varepsilon > 0$ が存在して，ある $R > 0$ に対して

$$V(x) \leq -C|x|^{-2+\varepsilon}, \quad |x| \geq R \tag{5.42}$$

が成立すれば，$N(H) = \infty$ である．

証明. $(-\infty, 0) \cap \sigma(H) \subset \sigma_d(H)$ である．V が (5.42) を $|x| > R$ において満足するとしよう．$\|\varphi\| = 1$ を満たす $\varphi(x) \in C_0^\infty(\{1 < |x| < 2\})$ をとり，$\varphi_n(x) = 2^{-\frac{d}{2}n}\varphi(x/2^n)$，$n = 0, 1, \ldots$ と定義する．任意の n, N に対して $X_{n,N}$ を $\{\varphi_n, \ldots, \varphi_{n+N}\}$ の張る $L^2(\mathbb{R}^d)$ の部分空間とする．

$$\text{supp}\,\varphi_n \cap \text{supp}\,\varphi_m = \emptyset, \quad (H\varphi_n, \varphi_m) = 0 \quad, \quad n \neq m$$

だから $\{\varphi_n\}$ は $L^2(\mathbb{R}^d)$ の正規直交系で，$P_{X_{n,N}} H P_{X_{n,N}}$ の $\{\varphi_n, \ldots, \varphi_{n+N}\}$ に関する表現行列は $\{(H\varphi_n, \varphi_n), \ldots, (H\varphi_{n+N}, \varphi_{n+N})\}$ を対角成分とする対角行列である．$2^n > R$

5.4　1体 Schrödinger 作用素の負の固有値の数

のとき, $1 < |x| < 2$ において $V(2^n x) \leq -C2^{-2n+n\varepsilon}$ だから

$$(H\varphi_n, \varphi_n) = 2^{-2n}\|\nabla\varphi\|^2 + \int_{\mathbb{R}^d} V(2^n x)|\varphi(x)|^2 dx \leq 2^{-2n}(\|\nabla\varphi\|^2 - C2^{n\varepsilon}2^{-2+\varepsilon}).$$

したがって, 十分大きな n に対して, $P_{X_{n,N}} H P_{X_{n,N}}$ の固有値は $\mu_j = (H\varphi_{n+j}, \varphi_{n+j}) < 0, j = 0, \ldots, N$. ゆえに Rayleigh–Ritz の定理によって, H は $N+1$ 個の固有値 $\lambda_j \leq \mu_j$, $j = 0, \ldots, N$ をもつ. N は任意だから定理が成立する.

□

後に $V(x) \geq -c|x|^{-2}$, $c < 1/4$ であれば $N(H_0 + V) < \infty$ を示す. したがって, 大雑把にいえば, **$V(x)$ の負の部分が $-C|x|^{-2}$ より大きいか, 小さいかが負の固有値が無限個であるか有限個であるかのボーダーライン**であることがわかる.

5.4.1　Birman–Schwinger 方程式

$H = -\Delta + V$ を 1 体 Schrödinger 作用素とする. $\lambda < 0$ に対して

$$Q(\lambda) = -|V|^{1/2}(-\Delta - \lambda)^{-1}V^{1/2}, \quad V^{1/2} = |V|^{1/2}\mathrm{sign}\, V$$

と定義する. 次の補題 5.40 によって, V が H_0-コンパクトのとき, $|V|^{1/2}(-\Delta - \lambda)^{-1/2}$ もコンパクト作用素だから, いずれの場合も, $Q(\lambda)$ は $\mathcal{H} = L^2(\mathbb{R}^d)$ のコンパクト作用素に閉拡張される. 拡張された作用素を再び $Q(\lambda)$ と書く.

$$\lambda \text{ が } H \text{ の固有値} \Leftrightarrow 1 \text{ が } Q(\lambda) \text{ の固有値} \tag{5.43}$$

が成立することを示そう. これによって $N(H)$ の評価が積分作用素 $Q(\lambda)$ の解析に帰着する. これを **Birman–Schwinger の原理**という. $Q(\lambda)$ を **Birman–Schwinger 核**と呼ぶ. 次の補題は一般の Hilbert 空間で成り立つ.

補題 5.40. H, A を一般の Hilbert 空間 $\mathcal{H}$ の非負自己共役作用素とする. A が H-コンパクトであれば $A^{\frac{1}{2}}$ は $H^{\frac{1}{2}}$-コンパクトである.

証明. $A^{\frac{1}{2}} E_A(\{0\}) = 0$ だから $E_A(\{0\}) = 0$ と仮定してよい. このとき, $a \to \infty$ において $E_A((1/a, a)^c)$ は 0 に強収束する. ゆえに, 任意の $\varepsilon > 0$ に対して a_0 が存在し

$$a > a_0 \text{ のとき}, \|E_A((1/a, a)^c) A(H+1)^{-1}\| < \varepsilon. \tag{5.44}$$

$u, v \in D(A)$ に対して, 複素平面の帯状閉領域 $\Omega = \{z \in \mathbb{C} : 0 \leq \Re z \leq 1\}$ の上の関数を

$$F(z) = ((H+1)^{-1}A^{1-z}u, A^{\bar{z}}v), \quad z \in \Omega \tag{5.45}$$

と定義する. $F(z)$ は $z \in \Omega$ 上連続, Ω の内部で正則で

$$|F(iy)| \leq \|A(H+1)^{-1}\|_{\mathbf{B}(\mathcal{H})}\|u\|\|v\|, \tag{5.46}$$

$$|F(1+iy)| \leq \|A(H+1)^{-1}\|_{\mathbf{B}(\mathcal{H})}\|u\|\|v\| \tag{5.47}$$

を満たす．したがって，付録定理 A.13 によって

$$\|A^{\frac{1}{2}}(H+1)^{-1}A^{\frac{1}{2}}\|_{\mathbf{B}(\mathcal{H})} \leq \|A(H+1)^{-1}\|_{\mathbf{B}(\mathcal{H})}. \tag{5.48}$$

ゆえに $A^{\frac{1}{2}}$ は $(H+1)^{\frac{1}{2}}$-有界である．(5.45) において A を $AE_A((1/a,a)^c)$ に置き換えて，$F_a(z)$ を定義して同様に議論すれば (5.44) によって，$a \geq a_0$ のとき

$$\|E_A((1/a,a)^c)A^{\frac{1}{2}}(H+1)^{-1}A^{\frac{1}{2}}E_A((1/a,a)^c)\|_{\mathbf{B}(\mathcal{H})} \leq \varepsilon,$$

ゆえに $\lim_{a\to\infty} \|A^{\frac{1}{2}}E_A((1/a,a)^c)(H+1)^{-\frac{1}{2}}\|_{\mathbf{B}(\mathcal{H})} = 0$,

$$\lim_{a\to\infty} \|A^{\frac{1}{2}}E_A((1/a,a))(H+1)^{-\frac{1}{2}} - A^{\frac{1}{2}}(H+1)^{-\frac{1}{2}}\|_{\mathbf{B}(\mathcal{H})} = 0$$

である．ここで，$A^{\frac{1}{2}}E_A((1/a,a))(H+1)^{-\frac{1}{2}}$ はコンパクト作用素，ゆえに $A^{\frac{1}{2}}(H+1)^{-\frac{1}{2}}$ もコンパクト作用素である．実際，$A^{\frac{1}{2}}E_A((1/a,a))A^{-1}$ は有界だから，

$$A^{\frac{1}{2}}E_A((1/a,a))(H+1+\lambda)^{-1} = A^{\frac{1}{2}}E_A((1/a,a))A^{-1} \cdot A(H+1+\lambda)^{-1}$$

はコンパクト作用素で λ についてノルム連続，$A^{\frac{1}{2}}E_A((1/a,a))$ は有界作用素だから，$A^{\frac{1}{2}}E_A((1/a,a))(H+1)^{-\frac{1}{2}}$ は $\mathbf{B}_\infty(\mathcal{H})$-値連続関数の広義 Riemann 積分として

$$A^{\frac{1}{2}}E_A((1/a,a))(H+1)^{-\frac{1}{2}} = \frac{1}{\pi}\int_0^\infty \lambda^{-1/2}A^{\frac{1}{2}}E_A((1/a,a))(H+1+\lambda)^{-1}d\lambda$$

と表せるからである． □

定義 5.41. 必ずしも正でない自己共役作用素 A に対して

$$A^{\frac{1}{2}} = |A|^{\frac{1}{2}}\operatorname{sign} A, \quad \operatorname{sign} A = E_A((0,\infty)) - E_A((-\infty,0))$$

と定義する．

補題 5.42. $V(x) \leq 0$ で，$|V|$ は H_0 形式有界，形式限界 < 1 とする．$H = -\Delta + V$ を

$$q(u) = \|\nabla u\|^2 + (Vu,u), \quad D(q) = H^1(\mathbb{R}^d)$$

の定める Schrödinger 作用素とする．このとき，$\lambda < 0$ が H の多重度 m の固有値であることと 1 が Birman–Schwinger 核

$$Q(\lambda) = |V|^{1/2}(-\Delta - \lambda)^{-1}|V|^{1/2}$$

の多重度 m の固有値であることは同値である．

証明． $q_0 = q_{H_0}$ と書く．$\lambda < 0$ が H の固有値，$Hu = \lambda u$, $u \neq 0$ とする．このとき，$u \in D(H) \subset D(q) = D(q_0)$ だから $|V|^{1/2}u \in L^2(\mathbb{R}^d)$ で，任意の $v \in D(q)$ に対して

$$0 = (q-\lambda)(u,v) = (q_0-\lambda)(u,v) - (|V|^{1/2}u, |V|^{1/2}v). \tag{5.49}$$

5.4　1体 Schrödinger 作用素の負の固有値の数　　　　　　　　　　　　　　　　　　261

$v = (H_0 - \lambda)^{-1}|V|^{1/2}\psi$, $\psi \in D(q)$ を代入すれば, 任意の $\psi \in D(q)$ に対して
$$0 = (u, |V|^{1/2}\psi) - (|V|^{1/2}u, |V|^{1/2}(H_0 - \lambda)^{-1}|V|^{1/2}\psi). \tag{5.50}$$
ここで, $|V|^{\frac{1}{2}}u \in L^2(\mathbb{R}^d)$. したがって,
$$|V|^{\frac{1}{2}}u = |V|^{\frac{1}{2}}(H_0 - \lambda)^{-1}|V|^{\frac{1}{2}} \cdot |V|^{\frac{1}{2}}u = Q(\lambda)|V|^{\frac{1}{2}}u.$$
$|V|^{\frac{1}{2}}u = 0$ なら (5.49) から任意の $v \in D(q_0)$ に対して $(q_0 - \lambda)(u, v) = 0$, ゆえに $(H_0 - \lambda)u = 0$ だから $u = 0$. ゆえに $\lambda < 0$ が H の固有値なら, 1 は $Q(\lambda)$ の固有値で,
$$T\colon \mathrm{Ker}\,(H - \lambda) \ni u \to |V|^{\frac{1}{2}}u \in \mathrm{Ker}\,(Q(\lambda) - 1)$$
は 1 対 1, したがって $\dim \mathrm{Ker}\,(H - \lambda) \le \dim \mathrm{Ker}\,(Q(\lambda) - 1)$ である. 逆に, 1 が $Q(\lambda)$ の固有値, $Q(\lambda)v = v$, $v \ne 0$ とする. $u = (H_0 - \lambda)^{-1}|V|^{\frac{1}{2}}v$ と定義すれば, $u \in D(q)$ で任意の $\psi \in D(q)$ に対して
$$(q - \lambda)(u, \psi) = (q_0 - \lambda)(u, \psi) - (|V|^{\frac{1}{2}}u, |V|^{\frac{1}{2}}\psi) = (v, |V|^{\frac{1}{2}}\psi) - (Q(\lambda)v, |V|^{\frac{1}{2}}\psi) = 0.$$
ゆえに, $u \in D(H)$ で $(H - \lambda)u = 0$ である. $u \ne 0$ だから λ は H の固有値で,
$$S\colon \mathrm{Ker}\,(Q(\lambda) - 1) \ni v \to (H_0 - \lambda)^{-1}|V|^{\frac{1}{2}}v \in \mathrm{Ker}\,(H - \lambda)$$
は T の逆作用素である. ゆえに $\dim \mathrm{Ker}\,(Q(\lambda) - 1) = \dim \mathrm{Ker}\,(H - \lambda)$ である. □

補題 5.43. $H = -\Delta + V$ を 1 体 Schrödinger 作用素, $V(x) \le 0$ とする. このとき, Birman–Schwinger 核 $Q(\lambda)$ は $L^2(\mathbb{R}^d)$ の非負自己共役なコンパクト作用素で $\lambda < 0$ に関してノルム連続, 単調増大で $\lambda \to -\infty$ のとき, $\|Q(\lambda)\|_{\mathbf{B}(L^2)} \to 0$ を満たす. 次が成立する.
$$\mathrm{rank}\,E_H((-\infty, \lambda]) = \mathrm{rank}\,E_{Q(\lambda)}([1, \infty)), \quad \lambda < 0. \tag{5.51}$$

証明. $\lambda < 0$ のとき, $|V|^{1/2}(H_0 - \lambda)^{-1/2}$ はコンパクト作用素だから,
$$Q(\lambda) = [(H_0 - \lambda)^{-1/2}|V|^{1/2}]^*[(H_0 - \lambda)^{-1/2}|V|^{1/2}] \tag{5.52}$$
は非負自己共役なコンパクト作用素, $[(H_0 + 1)^{-1/2}|V|^{1/2}]$ もコンパクト作用素である. $(-\infty, 0) \ni \lambda \to (H_0 + 1)^{1/2}(H_0 - \lambda)^{-1/2} \in \mathbf{B}(\mathcal{H})$ は強連続で $\lambda \to -\infty$ において 0 に強収束する. ゆえに
$$[(H_0 - \lambda)^{-1/2}|V|^{1/2}] = (H_0 - 1)^{1/2}(H_0 - \lambda)^{-1/2}[(H_0 + 1)^{-1/2}|V|^{1/2}]$$
は $\lambda < 0$ についてノルム連続で, $\lambda \to -\infty$ のとき, 0 にノルム収束. $(-\infty, 0) \ni \lambda \to Q(\lambda) \in \mathbf{B}(\mathcal{H})$ も同様である. 任意の $u \in L^2(\mathbb{R}^d)$ に対して, $|V|^{1/2}u = \varphi \in H^{-1}(\mathbb{R}^d)$, $\hat{\varphi} \in L^2_{-1}(\mathbb{R}^d)$. したがって, 次の積分は絶対収束し, $\lambda < 0$ が 0 に増加するとき, 単調に増加する.
$$(Q(\lambda)u, u) = \int_{\mathbb{R}^d} \frac{|\hat{\varphi}(\xi)|^2}{\xi^2 - \lambda}d\xi$$

ゆえに $\lambda < \mu < 0$ なら $Q(\lambda) < Q(\mu)$, $Q(\lambda)$ は $\lambda < 0$ に関して単調増大である.

$Q(\lambda)$ の固有値を
$$e_1(\lambda) \geq e_2(\lambda) \geq e_3(\lambda) \geq \cdots \geq 0$$

とすれば, $e_j(\lambda)$ は $\lambda < 0$ が 0 に増加するとき, 単調に増加し, $\lambda \to -\infty$ のとき, 0 に収束する $\lambda < 0$ の連続関数である. 単調性と 0 への収束は Mini-Max 原理から明らかである. また $\|Q(\lambda) - Q(\mu)\| < \varepsilon$ なら $\|u\| = 1$ のとき, $|(Q(\lambda)u, u) - (Q(\mu)u, u)| < \varepsilon$. ゆえに, Mini-Max 原理 (5.12) によって, $|e_j(\lambda) - e_j(\mu)| \leq \varepsilon$. $e_j(\lambda)$ も連続でもある. ゆえに補題 5.42 から (5.51) がわかる. □

■$d = 1, 2$ **のときの負の固有値** $d = 1, 2$ のとき, $V \leq 0$ なら V がどんなに小さくても, $H = -\Delta + V$ は負の固有値をもつことを示そう. $\Omega \subset \mathbb{R}^d$ に対して Ω° は Ω の内部である.

定理 5.44. $1 \leq d \leq 2$, $H = -\Delta + V$ を $\mathbb{R}^d$ の 1 体 Schrödinger 作用素, $V(x) \leq 0$ で $\{x \colon V(x) < 0\}^\circ \neq \emptyset$ とする. このとき, H は負の固有値をもつ.

証明. $u \in C_0^\infty(\mathbb{R}^d)$ が $\mathrm{supp}\, u \subset \{x \colon V(x) < 0\}^\circ$ で $u(x) \geq 0$, $u \not\equiv 0$ を満たすとする. このとき, $|V|^{1/2}u = \varphi \in L^2_{\mathrm{comp}}$, $\hat{\varphi}(\xi)$ は連続, $\hat{\varphi}(0) > 0$ で, $\lambda < 0$ のとき

$$(|V|^{1/2}(-\Delta - \lambda)^{-1}|V|^{1/2}u, u) = \int_{\mathbb{R}^d} \frac{|\hat{\varphi}(\xi)|^2}{\xi^2 - \lambda} d\xi.$$

$d = 1, 2$ だから, $\lambda \uparrow 0$ のとき, 積分は無限大に発散, $\|Q(\lambda)\| = \sup \sigma(Q(\lambda)) \to \infty$ である. 補題 5.43 によって H は負の固有値をもつ. □

■$d \geq 3$ **の場合** この節では V の正・負の部分を
$$V_+ \equiv \max(0, V) \geq 0, \quad V_- \equiv \min(0, V) \leq 0$$

と定義する. $d \geq 3$ のとき, V_- がある程度大きくないと H は負の固有値をもたない ($a^\pm = \max(\pm a, 0)$ と混同しないように注意).

定理 5.45. (1) $d \geq 3$, $V \in L^{d/2}$ とする. このとき, 1 体 Schrödinger 作用素 $H = -\Delta + V$ の負の固有値の数は有限である. ある定数 c_0 が存在して $\|V\|_{L^{\frac{d}{2}}} \leq c_0$ なら $N(-\Delta + V) = 0$ である.

(2) $d = 3$, $V \in L^{\frac{3}{2}}$ とする. このとき,

$$N(H_0 + V) \leq \frac{1}{(4\pi)^2} \iint_{\mathbb{R}^d} \frac{|V(x)||V(y)|}{|x-y|^2} dy. \tag{5.53}$$

証明. $V \in L^{d/2}$ だから定理 4.136 によって $|V|^{1/2}(-\Delta - \lambda)^{-1/2}$, $\lambda < 0$ はコンパクト作用素である. Mini-Max 原理から, H の負の固有値の数は $-\Delta - |V|$ の負の固有値の数より小さい. したがって, $V \leq 0$ と仮定してよい. このとき, Birman–Schwinger 核 $Q(\lambda)$ は

5.4 1体 Schrödinger 作用素の負の固有値の数

$\lambda < 0$ について単調増大, ノルム連続, $\lambda \to 0$ のとき
$$Q(0) = |V|^{1/2}(-\Delta)^{-1}|V|^{1/2}$$
にノルム収束する. 実際, Hardy–Littlewood–Sobolev に不等式によって
$$\||V|^{1/2}(-\Delta)^{-1/2}\|_{\mathbf{B}(L^2)} \leq C\|V\|_{L^{\frac{d}{2}}}^{\frac{1}{2}} \tag{5.54}$$
だから, 定理 4.81 あるいは定理 4.136 の (2) の証明によって $Q(0)$ はコンパクト作用素.
$$Q(\lambda) - Q(0) = |V|^{1/2}(-\Delta)^{-1/2} \cdot \lambda(-\Delta - \lambda)^{-1} \cdot (-\Delta)^{-1/2}|V|^{1/2}$$
において $\lambda(-\Delta - \lambda)^{-1}$ は 0 に強収束するからである. ゆえに, 補題 5.43 によって,
$$N(H) = \operatorname{rank} E_H((-\infty, 0)) \leq \dim E_{Q(0)}([1, \infty)) < \infty \tag{5.55}$$
である. (5.54) によって
$$\|Q(0)\|_{\mathbf{B}(L^2)} = \||V|^{1/2}(-\Delta)^{-1/2}\|_{\mathbf{B}(L^2)}^2 \leq C\|V\|_{L^{\frac{d}{2}}}.$$
したがって, $C\|V\|_{L^{\frac{d}{2}}} < 1$ なら, $\dim E_{Q(0)}([1, \infty)) = 0$, $N(H) = 0$ である.
(2) $d = 3$ なら $Q(0)$ は積分核
$$\frac{|V(x)|^{1/2}|V(y)|^{1/2}}{4\pi|x-y|}$$
をもち Hilbert–Schmidt 型. $\dim E_{Q(0)}([1, \infty)) \leq \|Q(0)\|_{HS}^2$ で
$$\|Q(0)\|_{HS}^2 = \iint_{\mathbb{R}^3 \times \mathbb{R}^3} \frac{|V(x)||V(y)|}{16\pi^2|x-y|^2}dxdy.$$
ゆえに, (5.53) が成立する. □

前項で予告した定理を証明しよう. 次の定理の仮定が成り立つとき (V_-u, u) は 2 次形式 $q(u) = \|\nabla u\|^2 + (V_+u, u)$ に関して形式有界で形式限界は 0 に等しい. したがって, $H = -\Delta + V$ は $D(q) = H^1 \cap D(V_+^{\frac{1}{2}})$ を定義域とする下に有界な閉 2 次形式 $\|\nabla u\|^2 + (Vu, u)$ によって定義される自己共役作用素である (定理 4.136 参照).

定理 5.46. $V \in L^{\frac{d}{2}}_{\mathrm{loc}}(\mathbb{R}^d), d \geq 3$ とする. 定数 $0 \leq c < 1$ と $R > 0$ が存在して
$$V(x) \geq -\frac{1}{4}c|x|^{-2}, \quad |x| \geq R$$
とする. このとき, $N(-\Delta + V) < \infty$ である.

証明. $N(-\Delta + V) \leq N(-\Delta + V_-)$. したがって, $V \leq 0$ と仮定してよい. このとき, $H = -\Delta + V$ は 1 体 Schrödinger 作用素である. $V(x) + \frac{1}{4}c|x|^{-2} = W$ と定義する.

$W_- \in L^{\frac{d}{2}}(\mathbb{R}^d)$ である. $W_-(x) \geq V(x)$, したがって $|W_-(x)| \leq |V(x)|$ で $|x| \geq R$ のとき $W(x) \geq 0$ だからである. Hardy の不等式を用いれば

$$\|\nabla u\|^2 + (Vu, u) = (1-c)\|\nabla u\|^2 + (Wu, u) + c(\|\nabla u\|^2 - \tfrac{1}{4}\||x|^{-1}u\|^2)$$
$$\geq (1-c)\|\nabla u\|^2 + (Wu, u) \geq (1-c)\|\nabla u\|^2 + (W_-u, u)$$

定理 5.45 によって $N(H_0 + (1-c)^{-1}W_-) < \infty$. ゆえに, $N(H) < \infty$ である. □

5.4.2 Cwikel–Lieb–Rozenbljum の評価

定理 5.45 の第一の主張は次のように, 負の固有値の数の上からの評価に改良される.

定理 5.47. $d \geq 3$, $V \in L^{d/2}(\mathbb{R}^d)$, $H = -\Delta + V$ とする. このとき, 次元にのみ依存する適当な定数 C_d が存在して,

$$N(-\Delta \dot{+} V) \leq C_d \int_{\mathbb{R}^d} |V_-(x)|^{d/2} dx. \tag{5.56}$$

(5.56) の右辺は $-\Delta + V$ に対応する古典力学のハミルトニアン $\xi^2 + V(x)$ の負のエネルギーをもつ粒子が存在しうる相空間の領域 $\{(x,\xi): \xi^2 + V(x) < 0\}$ の体積の定数倍に等しい. (5.56) の形の評価を $N(-\Delta + V)$ に対する**準古典評価**と呼ぶ.

定理 5.47 にはいくつかの証明法が知られている. Rozenbljum[92] による証明は次節に述べる Dirichlet–Neumann decoupling を用いる変分法的な証明, Cwikel[17] と Lieb[67] による証明はいずれも Birmann–Schwinger 方程式を用いるもので, e^{-tH} の Feynman–Kac 表現を用いて評価する Lieb の方法が最も小さい C_d の値 ([67], p. 250 を参照) を与えるが, ここでは証明の準備があまり必要ない Cwikel の証明を紹介する. 次の補題を用いる.

補題 5.48 (Cwikel の定理). $2 < p < \infty$ とする. $f \in L^p(\mathbb{R}^d)$, $g \in L^p_w(\mathbb{R}^d)$ に対して

$$Tu = g(D)(fu), \quad g(D)u(x) = \frac{1}{(2\pi)^{d/2}} \int e^{iy\xi} g(\xi)\hat{u}(\xi) d\xi \tag{5.57}$$

と定義する. T は $L^2(\mathbb{R}^d)$ のコンパクト作用素で特異値 $\mu_1(T) \geq \mu_2(T) \geq \cdots$ に対して

$$n^{1/p} \left(\frac{1}{n} \sum_{j=1}^n \mu_j(T)^2 \right)^{1/2} \leq K_p \|g\|_{L^p_w(\mathbb{R}^d)} \|f\|_{L^p(\mathbb{R}^d)}, \quad n = 1, 2, \ldots \tag{5.58}$$

が成立する. ただし, $K_p = 2^{2-\frac{6}{p}} p^{\frac{p+1}{p}} (p-2)^{\frac{1-p}{p}}$ である.

補題 5.48 は後で示すことにして, まず補題を認めて定理 5.47 を示そう.

5.4　1体 Schrödinger 作用素の負の固有値の数

■**定理 5.47 の証明**　$V_- \leq V$ だから $N(H_0 + V) \leq N(H_0 + V_-)$. ゆえに V を $V_-(x)$ で置き換えて $V \leq 0$ と仮定して証明すれば十分である. このとき, $N(H_0 + V)$ は

$$Q(0) = |V|^{\frac{1}{2}}(-\Delta)^{-1}|V|^{\frac{1}{2}} = A^*A, \quad A = (-\Delta)^{-1/2}|V|^{\frac{1}{2}}$$

の 1 以上の固有値の個数以下, すなわち A の 1 以上の特異値の個数 (n_0 と書く) 以下である. $f(x) = |V(x)|^{\frac{1}{2}}$, $g(\xi) = |\xi|^{-1}$ と定義すれば, $Au = g(D)(fu)$, $f \in L^d(\mathbb{R}^d)$, $\|f\|_d = \|V\|^{1/2}_{d/2}$, $g \in L^d_w(\mathbb{R}^d)$, $\|g\|_{L^d_w} = \omega_d^{\frac{1}{d}}$, ω_d は d 次元単位球の体積である. ゆえに $d \geq 3$ であれば補題 5.48 から

$$n_0^{1/d} \leq n_0^{1/d} \left(\frac{1}{n_0}\sum_{j=1}^{n_0}\mu_j(T)^2\right)^{1/2} \leq K_d \omega_d^{\frac{1}{d}} \|V\|^{\frac{1}{2}}_{L^{\frac{d}{2}}(\mathbb{R}^d)}.$$

(5.56) が $C_d = \omega_d d^{d+1}/(4(d-2)^{d-1})$ として成立する. □

補題 5.48 の証明.　$\mathcal{F}^*$ は L^2 のユニタリ変換だから, 補題 5.22 によって

$$Su(\xi) \equiv \mathcal{F}^*Tu(\xi) = \frac{1}{(2\pi)^{d/2}}\int e^{-iy\xi}g(\xi)f(y)u(y)dy \tag{5.59}$$

に対して (5.58) を示せばよい. S の f,g についての依存性を明示するときには $S = S_{f,g}$ と書く. $f(x) = |f(x)|e^{i\theta(x)}$, $g(\xi) = |g(\xi)|e^{i\tau(\xi)}$ と書く. U,V をそれぞれ $e^{i\theta(x)}$, $e^{i\tau(\xi)}$ による掛け算作用素とすれば, U,V はユニタリ作用素で $S_{f,g} = VS_{|f|,|g|}U$ だから, 再び補題 5.22 によって $f(x) \geq 0$, $g(\xi) \geq 0$ のときに示せば十分である. さらに $a,b \geq 0$ に対して $S_{af,bg} = abS_{f,g}$ だから, $\|f\|_{L^p} = \|g\|_{L^p_w} = 1$ も仮定してよい.

$t > 0$ を任意に定めて, $g(\xi)f(y)$ を f,g の 2 進分解

$$f(y) = \sum \chi_{F_j}(y)f(y), \quad g(\xi) = \sum \chi_{G_k}(\xi)g(\xi);$$
$$F_j = \{y : t2^{j-1} < f(y) \leq t2^j\}, \quad G_k = \{\xi : 2^{k-1} < g(\xi) \leq 2^k\}$$

を用いて $g(\xi)f(y) = g(\xi)f(y)\sum \chi_{F_j}(y)\chi_{G_k}(\xi)$ と分解し, $g(\xi)f(y) \geq t/2$ を満たす部分と $0 \leq g(\xi)f(y) < t/2$ を満たす部分の和に分解して

$$b_t(\xi,y) = e^{-iy\xi}g(\xi)f(y)\sum_{j+k \geq 1}\chi_{F_j}(y)\chi_{G_k}(\xi), \tag{5.60}$$

$$c_t(\xi,y) = e^{-iy\xi}g(\xi)f(y)\sum_{j+k \leq 0}\chi_{F_j}(y)\chi_{G_k}(\xi) \tag{5.61}$$

と定義する. S は b_t, c_t を積分核とする積分作用素 B_t, C_t の和である： $Su = B_tu + C_tu$,

$$B_tu(\xi) = \int b_t(\xi,y)u(y)dy, \quad C_tu(\xi) = \int c_t(\xi,y)u(y)dy$$

である. B_t は Hilbert–Schmidt 型, C_t は有界作用素で次が成り立つことを示そう.

$$\|B_t\|^2_{\mathbf{B}_2} \leq (p/p-2)(t/2)^{2-p}, \quad \|C_t\|_{\mathbf{B}} \leq 2t. \tag{5.62}$$

これを認めれば $t \to 0$ のとき,$\|S - B_t\|_{\mathbf{B}} \to 0$. したがって $S \in \mathbf{B}_\infty(L^2(\mathbb{R}^d))$ で (5.25) によって $\mu_j(S) \leq \mu_j(B_t) + \mu_1(C_t) \leq \mu_j(B_t) + 2t$. 数列に対する Minkowski の不等式によって

$$\left(\frac{1}{n}\sum_{j=1}^n \mu_j(S)^2\right)^{1/2} \leq \left(\frac{1}{n}\sum_{j=1}^n \mu_j(B_t)^2\right)^{1/2} + \left(\frac{1}{n}\sum_{j=1}^n 4t^2\right)^{1/2}$$

$$\leq n^{-1/2}\left(\frac{p}{p-2}\right)^{\frac{1}{2}}\left(\frac{t}{2}\right)^{\frac{2-p}{2}} + 2t.$$

右辺を $t > 0$ に関して最小化すれば,最小値は $n^{-\frac{1}{p}}2^{2-\frac{6}{p}}p^{\frac{p+1}{p}}(p-2)^{\frac{1-p}{p}}$. (5.58) が従う.

B_t が Hilbert–Schmidt 型で (5.62) の第 1 式を満たすことを示そう. $\|b_t\|_{L^2(\mathbb{R}^d \times R^d)}$ を評価すればよい.

$$|b_t(\xi,y)| \leq g(\xi)f(y)\chi_{g(\xi)f(y) \geq t/2} \tag{5.63}$$

である ($\|b_t\|$ の評価には (5.60) の細かい分割は不要で (5.63) しか用いない). $\alpha > 0$ に対して $E_\alpha = \{(\xi,y) : g(\xi)f(y) \geq \alpha\} \subset \mathbb{R}^{2d}$ と定義する. $\|g\|_{L^p_w(\mathbb{R}^d)} = \|f\|_{L^p} = 1$ と仮定したから

$$|E_\alpha| = \int_{\mathbb{R}^d} |\{\xi : g(\xi)f(y) \geq \alpha\}|dy$$
$$= \int_{\mathbb{R}^d} |\{\xi : g(\xi) \geq \alpha/f(y)\}|dy \leq \|g\|_{L^p_w}^p \int_{\mathbb{R}^d} \left(\frac{f(y)}{\alpha}\right)^p dy = \alpha^{-p}. \tag{5.64}$$

したがって,b_t の分布関数 $\lambda_{b_t}(\alpha) = |\{|b_t(\xi,y)| > \alpha\}|$ は (5.64), (5.63) によって

$$\lambda_{b_t}(\alpha) \leq \begin{cases} (t/2)^{-p}, & \alpha < t/2 \text{ のとき}, \\ \alpha^{-p}, & \alpha \geq t/2 \text{ のとき}, \end{cases}$$

を満たす. ゆえに

$$\|B_t\|_{\mathbf{B}_2}^2 = \int |b_t(\xi,y)|^2 dyd\xi = 2\int_0^\infty \lambda_{b_t}(\alpha)\alpha d\alpha$$
$$\leq 2\int_0^{t/2}(t/2)^{-p}\alpha d\alpha + 2\int_{t/2}^\infty \alpha^{1-p}d\alpha = \frac{p}{p-2}\left(\frac{t}{2}\right)^{2-p} < \infty.$$

B_t は Hilbert–Schmidt 型で (5.62) の第 1 式を満たす.

次に $\|C_t\|_{\mathbf{B}} \leq 2t$ を示そう. $\operatorname{supp} u$ が有限個の F_j の和集合に含まれ,$\operatorname{supp} v$ が有限個の G_k の和集合に含まれる $u, v \in L^2(\mathbb{R}^d)$ に対して,以下の和は有限和で

$$(C_t u, v) = \sum_{j+k \leq 0} \frac{1}{(2\pi)^{\frac{d}{2}}} \iint e^{-iy\xi}\{g(\xi)\overline{v(\xi)}\chi_{G_k(\xi)}\}\{f(y)u(y)\chi_{F_j}(y)\}dyd\xi. \tag{5.65}$$

そこで,$j, k = 0, \pm 1, \dots$ に対して,

$$u_j(y) = 2^{-j}f(y)u(y)\chi_{F_j}(y), \quad v_k(\xi) = 2^{-k}g(\xi)v(\xi)\chi_{G_k}(\xi),$$

5.5 Dirichlet–Neumann decoupling

と定義する. F_j, G_k は測度有限だから $u_j, v_k \in L^1(\mathbb{R}^d)$ である. (5.65) を u_j, v_k を用いて書き表し, Parseval の等式を用いると (依然として和は有限和で)

$$(C_t u, v) = \sum_{j+k \leq 0} \frac{1}{(2\pi)^{\frac{d}{2}}} \iint e^{-iy\xi} 2^{j+k} \overline{v_k(\xi)} u_j(y) dy d\xi$$

$$= \sum_{j+k \leq 0} 2^{j+k} \int \overline{v_k(\xi)} \hat{u}_j(\xi) d\xi = \sum_{l=-\infty}^{0} 2^l \sum_{k=-\infty}^{\infty} \int \overline{v_k(\xi)} \hat{u}_{l-k}(\xi) d\xi$$

ゆえに Schwarz の不等式, Parseval の等式を用いると

$$|(C_t u, v)| \leq \sum_{j=-\infty}^{0} 2^j \sum_{k=-\infty}^{\infty} \|v_k\| \|\hat{u}_{j-k}\| \leq \sum_{j=-\infty}^{0} 2^j \sum_{k=-\infty}^{\infty} \|v_k\| \|u_{j-k}\|$$

$|u_j(y)| \leq t|u(y)|\chi_{F_j(y)}, |v_k(\xi)| \leq |v(\xi)|\chi_{G_k(\xi)}$ だから Schwarz の不等式を用いれば

$$\sum_{k=-\infty}^{\infty} \|v_k\| \|u_{j-k}\| \leq \left(\sum_{k=-\infty}^{\infty} \|v_k\|^2 \right)^{1/2} \left(\sum_{k=-\infty}^{\infty} \|u_k\|^2 \right)^{1/2} \leq t\|u\|\|v\|.$$

したがって, $|(C_t u, v)| \leq 2t\|u\|\|v\|$. supp u が有限個の F_j の和集合に含まれ, supp v が有限個の G_k の和集合に含まれる $u, v \in L^2(\mathbb{R}^d)$ は $L^2(\mathbb{R}^d)$ において稠密である. したがって C_t は有界作用素で. $\|C_t\|_\mathbf{B} \leq 2t$ である. □

5.5 Dirichlet–Neumann decoupling

第 4 章で定義された自己共役作用素の間の順序関係を次のように一般化する.

定義 5.49. A を Hilbert 空間 $\mathcal{H}$ 上の非負自己共役作用素, B を $\mathcal{H}$ の閉部分空間 $\mathcal{H}_1$ 上の非負自己共役作用素とする.

$$D(q_B) \subset D(q_A), \quad q_A(u) \leq q_B(u), \quad \forall u \in D(q_B)$$

が成立するとき, $0 \leq A \leq B$ であると定義する.

自己共役作用素 A に対して $\sigma(A)$ の $(-\infty, \lambda_0)$ の部分が離散的であるとき, $\lambda \leq \lambda_0$ に対して

$$N(A, \lambda) = \dim E_A((-\infty, \lambda))\mathcal{H} = \lambda \text{ 未満の固有値の多重度を込めた個数}$$

と定義する. $N(A) = N(A, 0)$ であった. 次は Mini-Max 原理から明らかである:

$$0 \leq A \leq B \text{ であれば } N(A, \lambda) \geq N(B, \lambda). \tag{5.66}$$

$\Omega \subset \mathbb{R}^d$ が開集合のとき, $L^2(\Omega)$ 上の 2 次形式 $q_D(u, v), q_N(u, v)$ を

$$q_D(f, g) = \int_\Omega \nabla u \cdot \overline{\nabla v} dx, \quad D(q_D) = H_0^1(\Omega), \tag{5.67}$$

$$q_N(f,g) = \int_\Omega \nabla u \cdot \overline{\nabla v} dx, \quad D(q_N) = H^1(\Omega) \tag{5.68}$$

と定義する. q_D, q_N は非負閉 2 次形式である.

定義 5.50. q_D, q_N の定める自己共役作用素をそれぞれ Ω 上の **Dirichlet ラプラシアン**, **Neumann ラプラシアン**といい, $-\Delta_D^\Omega, -\Delta_N^\Omega$ と書く.

補題 5.51. (1) 任意の領域 Ω に対して $0 \leq -\Delta_N^\Omega \leq -\Delta_D^\Omega$ が成立する.
(2) 領域 Ω が増大するとき $-\Delta_D^\Omega$ は減少する. より詳しくいえば $\Omega_1 \subset \Omega_2$ のとき, $u \in L^2(\Omega_1)$ を Ω_1^c に零拡張することによって $L^2(\Omega_1)$ を $L^2(\Omega_2)$ の閉部分空間とみなすとき, $-\Delta_D^{\Omega_2} \leq -\Delta_D^{\Omega_1}$ である.
(3) 領域 Ω を (例えば超平面を挿入することによって) 2 つの領域 Ω_1, Ω_2 に

$$\Omega_1 \cap \Omega_2 = \emptyset, \quad \Omega = (\overline{\Omega_1 \cup \Omega_2})^\circ, \quad |\Omega \setminus (\Omega_1 \cup \Omega_2)| = 0 \tag{5.69}$$

を満たすように (Ω_1, Ω_2 の接し合う境界部分を除いて) 分割するとき,

$$-\Delta_N^{\Omega_1 \cup \Omega_2} = (-\Delta_N^{\Omega_1}) \oplus (-\Delta_N^{\Omega_2}), \quad -\Delta_D^{\Omega_1 \cup \Omega_2} = (-\Delta_D^{\Omega_1}) \oplus (-\Delta_D^{\Omega_2}). \tag{5.70}$$

$$-\Delta_N^{\Omega_1 \cup \Omega_2} \leq -\Delta_N^\Omega \leq -\Delta_D^\Omega \leq -\Delta_D^{\Omega_1 \cup \Omega_2}. \tag{5.71}$$

証明. $H_0(\Omega) \subset H^1(\Omega)$ だから (1) は明らかである.
(2) $u \in L^2(\Omega_1)$ の Ω_2 への零拡張を $\tilde{u}$ とすれば $u \in H_0^1(\Omega_1)$ のとき $\tilde{u} \in H_0^1(\Omega_2)$ で $(\nabla u, \nabla v)_{L^2(\Omega_1)} = (\nabla \tilde{u}, \nabla \tilde{v})_{L^2(\Omega_2)}$. したがって, $-\Delta_D^{\Omega_2} \leq -\Delta_D^{\Omega_1}$ である.
(3) $\Omega_1 \cap \Omega_2 = \emptyset$ だから, $H_0^1(\Omega_1 \cup \Omega_2) = H_0^1(\Omega_1) \oplus H_0^1(\Omega_2)$, $H^1(\Omega_1 \cup \Omega_2) = H^1(\Omega_1) \oplus H^1(\Omega_2)$. したがって (5.70) が成立する. また $|\Omega \setminus (\Omega_1 \cup \Omega_2)| = 0$ だから Ω から $\Omega_1 \cup \Omega_2$ への制限写像によって $L^2(\Omega) = L^2(\Omega_1 \cup \Omega_2)$ とみることができる. この制限写像によって $H^1(\Omega) \subset H^1(\Omega_1 \cup \Omega_2)$ で

$$\int_\Omega |\nabla u|^2 dx = \int_{\Omega_1 \cup \Omega_2} |\nabla u|^2 dx$$

が成立する. したがって $-\Delta_N^{\Omega_1 \cup \Omega_2} \leq -\Delta_N^\Omega$ である. 一方, $C_0^\infty(\Omega_1 \cup \Omega_2) \subset C_0^\infty(\Omega)$, $u \in C_0^\infty(\Omega)$ に対して $\|\nabla u\|_{L^2(\Omega_1 \cup \Omega_2)} = \|\nabla u\|_{L^2(\Omega)}$ だから $H_0^1(\Omega_1 \cup \Omega_2) \subset H_0^1(\Omega)$. ゆえに $-\Delta_D^\Omega \leq -\Delta_D^{\Omega_1 \cup \Omega_2}$. (1) とあわせて (5.71) が成立する. □

(5.71) から超平面を挿入して領域 $\Omega \subset \mathbb{R}^d$ を分割すれば Dirichlet ラプラシアンの各固有値は増大し, Neumann ラプラシアンの各固有値は減少する. 同じことは $-\Delta$ を Schrödinger 作用素 $H = -\Delta + V$ に対しても成立する. したがって $\mathbb{R}^d$ を例えば立方体の和集合 $\cup C_i$ に分割し, (5.70), (5.71) を用いれば, $\mathbb{R}^d$ 上の $H = -\Delta + V$ の固有値の個数に対する上, 下からの評価

$$\sum_i N(H_D^{C_i}, \lambda) \leq N(H, \lambda) \leq \sum_i N(H_N^{C_i}, \lambda) \tag{5.72}$$

5.6 Weyl の漸近律

が得られる (もう少し詳しくは定理 5.54 の証明参照). ただし,

$$H_D^{C_i} = -\Delta_D^{C_i} + V, \quad H_N^{C_i} = -\Delta_N^{C_i} + V$$

である. (5.72) を $H = -\Delta + V$ の **Dirichlet–Neumann decoupling** と呼ぶ.

■**立方体上の** $-\Delta_D^C, -\Delta_N^C$　C_i が十分小さければ V の C_i の変動は少なく, $N(H_D^{C_i}, \lambda)$, $N(H_N^{C_i}, \lambda)$ はそれぞれ $V(x)$ を C_i の中心 i における値 $V(i)$ で置き換えて $N(-\Delta_D^{C_i}, \lambda + V(i))$, $N(-\Delta_N^{C_i} + V(i))$ でよく近似できよう. C が立方体のとき, $-\Delta_D^C, -\Delta_N^C$ の固有値, 固有関数は次の補題のように完全に決定できる. この補題の証明は読者に任せる.

補題 5.52. $C = [0, l]^d$ を一辺の長さが l の d 次元立方体とする.

$$\varphi_n(x) = \left(\frac{2}{l}\right)^{d/2} \prod_{j=1}^{d} \sin\left(\frac{n_j \pi x}{l}\right), \quad n = (n_1, \ldots, n_d) \in \mathbb{N}^d, \tag{5.73}$$

$$\psi_n(x) = \left(\frac{2}{l}\right)^{d/2} \prod_{j=1}^{d} \cos\left(\frac{n_j \pi x}{l}\right), n = (n_1, \ldots, n_d) \in \overline{\mathbb{N}}^d \tag{5.74}$$

と定義する. ただし $\overline{\mathbb{N}} = \mathbb{N} \cup \{0\}$ で, $n \in \overline{\mathbb{N}}^d$ が j 個の 0 成分をもつとき, (5.74) の $(2/l)^{d/2}$ は $2^{-j/2}(2/l)^{d/2}$ で置き換える. このとき, 次が成立する：

(1) $-\Delta_D^C$ は離散的な固有値 $e_n = n^2 \pi^2 / l^2, n \in \mathbb{N}^d$ をもち $\{\varphi_n : n \in \mathbb{N}^d\}$ は $-\Delta_D^C$ の固有値 e_n をもつ固有関数からなる $L^2(C)$ の完全正規直交基底である.
(2) $-\Delta_N^C$ は離散的な固有値 $e_n = n^2 \pi^2 / l^2, n \in \overline{\mathbb{N}}^d$ をもち, $\{\psi_n : n \in \overline{\mathbb{N}}^d\}$ は $-\Delta_N^C$ の固有値 e_n をもつ固有関数からなる $L^2(C)$ の完全正規直交系である.

補題 5.52 を用いれば $\lambda \to \infty$ のとき, 次が成立することがわかる. ただし, $\#A$ は集合 A の要素の数, ω_d は d 次元単位球の体積である：

$$N(-\Delta_D^C, \lambda) = \#\{n \in \mathbb{N}^d : \pi^2 n^2 / l^2 \leq \lambda\} = \frac{\omega_d}{(2\pi)^d} l^d \lambda^{d/2} + O((l^2 \lambda)^{(d-1)/2}), \tag{5.75}$$

$$N(-\Delta_N^C, \lambda) = \#\{n \in \overline{\mathbb{N}}^d : \pi^2 n^2 / l^2 \leq \lambda\} = \frac{\omega_d}{(2\pi)^d} l^d \lambda^{d/2} + O((l^2 \lambda)^{(d-1)/2}). \tag{5.76}$$

λ が十分大きいとき, 半径が $\sqrt{\lambda} l / \pi$ の球に含まれる座標が整数である点の数はおおむね球の体積に等しく, それからの誤差は半径が $\sqrt{\lambda} l / \pi$ の球面の面積の (半径によらない) 定数倍程度だからである.

5.6　Weyl の漸近律

V が H_0-コンパクトで, ある定数 $C > 0, \varepsilon > 0$ が存在して十分大きな $|x|$ に対して $V(x) \leq -C|x|^{-2+\varepsilon}$ を満たせば $H = -\Delta + V$ の負の固有値の個数は無限大であった. こ

のとき, V に対する適当な条件の下で, H の $\lambda < 0$ 以下の固有値の個数 $N(H,\lambda)$ は $\lambda \uparrow 0$ のとき, 漸近的に

$$N(H,\lambda) \sim \frac{1}{(2\pi)^d} |\{(x,\xi) \colon \xi^2 + V(x) \leq \lambda\}| = \frac{\omega_d}{(2\pi)^d} \int_{\mathbb{R}^d} (\lambda - V(x))_+^{d/2} dx \qquad (5.77)$$

のように振る舞うことを示そう. ここで $\sim$ は両辺の比が $\lambda \to 0$ において 1 に近づくという意味である. 右辺はエネルギーが λ 以下の古典粒子が存在しうる相空間の領域 $\{(x,\xi) \colon \xi^2 + V(x) \leq \lambda\}$ の体積の $(2\pi)^{-d}$ に等しい. したがって, (5.77) は $\lambda \to 0$ における漸近的な領域では**古典力学の相空間の体積** $(2\pi)^d$ **の領域はおおむね 1 個の量子力学的状態を支持する**ことを言い表している. これを **Weyl の漸近律**という.

(5.77) は例えば次の条件の下で成立する.

定理 5.53. $V(x)$ は実可測関数で適当な定数 $c_1, c_2, c_3 > 0$, $\varepsilon > 0$ に対して

$$-c_1 \langle x \rangle^{-2+\varepsilon} \leq V(x) \leq -c_2 \langle x \rangle^{-2+\varepsilon}$$
$$|V(x) - V(y)| \leq c_3 \{\min(\langle x \rangle, \langle y \rangle)\}^{-3+\varepsilon} |x - y|$$

とする. このとき, $\lambda \uparrow 0$ において Weyl の漸近律 (5.77) が成立する.

定理 5.53 は $[0, \infty) = \sigma_{\mathrm{ess}}(H)$, $N(H) = \infty$ のときに $N(H,\lambda)$ の $\lambda \to 0$ における漸近的な振る舞いが Weyl の漸近律 (5.77) に従うというものであるが, 次の定理は $\lim_{|x|\to\infty} V(x) = \infty$, したがって $\sigma(H) = \sigma_d(H)$ が離散的で (定理 5.13 参照), $\lim_{\lambda\to\infty} N(H,\lambda) = \infty$ の場合にも Weyl の漸近律が同様に成立することを主張する.

定理 5.54. $V(x)$ は可測関数で適当な定数 $c_1, c_2, c_3, c_4 > 0$, $\beta > 1$ に対して

$$c_1 \langle x \rangle^\beta - c_2 \leq V(x) \leq c_3 \langle x \rangle^\beta, \qquad (5.78)$$
$$|V(x) - V(y)| \leq c_4 \{\max(\langle x \rangle, \langle y \rangle)\}^{\beta-1} |x - y|. \qquad (5.79)$$

を満たすとする. このとき, Weyl の漸近律 (5.77) が $\lambda \to \infty$ において成立する.

Reed–Simon([89]) に従って定理 5.54 の証明を Dirichlet–Neumann decoupling を用いて与えよう. 類似の定理 5.53 の証明を与えることは読者の演習問題とする.

■**定理 5.54 の証明** (5.77) の右辺を $g(\lambda)$ と書く.

$$g(\lambda) = \frac{\omega_d}{(2\pi)^d} \int_{V(x) \leq \lambda} (\lambda - V(x))_+^{d/2} dx \qquad (5.80)$$

である. C_1, C_2 を $c_3 C_1^\beta < 1/4$, $c_1 C_2^\beta > 2$ ととる. このとき, λ_0 を十分大きくとれば任意の $\lambda \geq \lambda_0$ に対して

$$\{x \colon |x| \leq C_1 \lambda^{1/\beta}\} \subset \{x \colon V(x) \leq \lambda/2\}, \quad \{x \colon V(x) \leq \lambda\} \subset \{x \colon |x| \leq C_2 \lambda^{1/\beta}\}$$

5.6 Weyl の漸近律

が成立する．便宜上 $\lambda_0 \geq 100$ と仮定する．したがって適当な定数 γ_1, γ_2 に対して

$$\gamma_1 \lambda^{d/2+d/\beta} = \frac{\omega_d}{(2\pi)^d} \int_{|x| \leq C_1 \lambda^{1/\beta}} (\lambda/2)^{d/2} dx$$
$$\leq g(\lambda) \leq \frac{\omega_d}{(2\pi)^d} \int_{|x| \leq C_2 \lambda^{1/\beta}} (2\lambda)^{d/2} dx = \gamma_2 \lambda^{d/2+d/\beta}, \quad \forall \lambda \geq \lambda_0 \quad (5.81)$$

である．$m \in \mathbb{Z}^d$ に対して $C_n(m)$ を $2^{-n}m$ を左下頂点とする一辺の長さ 2^{-n} の開立方体

$$C_n(m) = \left(\frac{m_1}{2^n}, \frac{m_1+1}{2^n}\right) \times \left(\frac{m_2}{2^n}, \frac{m_2+1}{2^n}\right) \times \cdots \times \left(\frac{m_d}{2^n}, \frac{m_d+1}{2^n}\right), \quad n = 0, 1, \ldots$$

とする．$m \neq m'$ のとき，$|\overline{C_n(m)} \cap \overline{C_n(m')}| = 0$ で

$$\mathbb{R}^d = \cup\{\overline{C_n(m)}: m \in \mathbb{Z}^d\} \text{ は内部が互いに素な閉立方体への分割}$$

である．開集合 $\bigcup_{m \in \mathbb{Z}^d} C_n(m)$ 上の Dirichlet ラプラシアンを $-\Delta_D^n$，Neumann ラプラシアンを $-\Delta_N^n$ とする．$C_n(m)$ 上で定数となる階段関数 $V_n^{\pm}(x)$ を

$$V_n^{\pm}(x) = V_n^{\pm}(m) \equiv \left\{ \begin{array}{c} \max \\ \min \end{array} \right\} \{V(x): x \in C_n(m)\}, \quad x \in C_n(m) \quad (5.82)$$

と定義する．ほとんど至るところ $V_n^-(x) \leq V(x) \leq V_n^+(x)$ が成立する．(5.80) において $V(x)$ を $V_n^{\pm}(x)$ で置き換えて

$$g_{\pm}^n(\lambda) = \frac{\omega_d}{(2\pi)^d} \int_{V_n^{\pm}(x) \leq \lambda} (\lambda - V_n^{\pm}(x))_+^{d/2} dx$$

と定義する (じつはこの定理の証明では $n = 1$ と固定するが，次節で $n \to 0$ とするのでここで $C_n(m)$ などいくつかの術語を導入しておく)．以下この証明では $n = 1$ とし，添字 n を省略する ($V^{\pm}(x) = \max(\pm V(x), 0)$ では**ない**ので混同のないように)．

以下，必要なら λ_0 を順次大きくとって $\lambda \geq \lambda_0$ となる λ について考えることにし，このことを断らない．$\{x: |x| \leq C_1 \lambda^{1/\beta}\} \cap C(m) \neq \emptyset$ のとき，$y \in C(m)$ に対して $|x - y| \leq \sqrt{d}$ を満たす $x \in \Omega_\lambda$ が存在する．したがって，このとき (5.79) によって

$$V(y) \leq V(x) + c_4 |x-y| \langle C_1 \lambda^{1/\beta} + \sqrt{d} \rangle^{\beta-1} \leq 2\lambda/3.$$

ゆえに $\{x: |x| \leq C_1 \lambda^{1/\beta}\} \subset \{x: V^+(x) \leq 2\lambda/3\}$ である．同様に十分大きな C_3 ととれば $\{x: V^-(x) \leq \lambda\} \subset \{x: |x| \leq C_3 \lambda^{1/\beta}\}$．これから (5.81) と同様にして

$$\gamma_1 \lambda^{d/2+d/\beta} \leq g_+(\lambda) \leq g(\lambda) \leq g_-(\lambda) \leq \gamma_2 \lambda^{d/2+d/\beta}, \quad \lambda \geq \lambda_0 \quad (5.83)$$

である．(5.71) によって $-\Delta_N + V^- \leq -\Delta + V \leq -\Delta_D + V^+$．したがって，

$$N(-\Delta_D + V^+, \lambda) \leq N(-\Delta + V, \lambda) \leq N(-\Delta_N + V^-, \lambda) \quad (5.84)$$

が成立する. $\binom{D}{N}$ と $\pm$ を上下同順でとれば $-\Delta_{\binom{D}{N}} + V^{\pm} = \oplus_{m \in \mathbb{Z}^d}(-\Delta_{\binom{D}{N}}^{C(m)} + V^{\pm}(m))$. したがって

$$N(-\Delta_{\binom{D}{N}} + V^{\pm}, \lambda) = \sum_{m \in \mathbb{Z}^d} N(-\Delta_{\binom{D}{N}}^{C(m)} + V^{\pm}(m), \lambda). \tag{5.85}$$

(5.85) の右辺で $V^{\pm}(m) > \lambda$ なら $N(-\Delta_{\binom{D}{N}}^{C(m)} + V^{\pm}(m), \lambda) = 0$, $V_n^{\pm}(m) \leq \lambda$ となる項の数は $C\lambda^{d/\beta}$ 以下, ただし C は $\lambda_0 \leq \lambda$ によらない定数である. ゆえに (5.75), (5.76), さらに (5.83) によって, $\lambda \to \infty$ のとき

$$N(-\Delta_{\binom{D}{N}} + V^{\pm}, \lambda) = \sum_{m \in \mathbb{Z}^d} \left(\frac{\omega_d}{(2\pi)^d} (\lambda - V^{\pm}(m))^{d/2} + O(\lambda - V^{\pm}(m))^{(d-1)/2} \right)$$
$$= g_{\pm}(\lambda)(1 + O(\lambda^{-1/2}))$$

である. ゆえに, (5.83), (5.84) によって

$$\lim_{\lambda \to \infty} g_+(\lambda)/g_-(\lambda) = 1 \tag{5.86}$$

を示せば証明が完了する. $d \geq 3$ なら $x_+^{\frac{d}{2}}$ は C^1 級だから, 平均値の定理を用いれば $a \leq b$ のとき $|a_+^{\frac{d}{2}} - b_+^{\frac{d}{2}}| \leq \frac{d}{2}|a-b|b_+^{\frac{d-2}{2}}$. したがって, (5.79) によって,

$$|(\lambda - V^+)_+^{\frac{d}{2}} - (\lambda - V^-)_+^{\frac{d}{2}}| \leq \frac{d}{2}|V^+ - V^-|(\lambda - V^-)_+^{\frac{d-2}{2}} \leq C\langle x \rangle^{\beta-1}(\lambda - V^-)_+^{\frac{d-2}{2}}$$

が成立する. 再び $\{x: V^-(x) \leq \lambda\} \subset \{x: |x| \leq C_3 \lambda^{1/\beta}\}$ を用いればこれより

$$0 \leq g_-(\lambda) - g_+(\lambda) \leq C \int_{V^-(x) < \lambda} \langle x \rangle^{\beta-1} (\lambda - V^-)_+^{\frac{d-2}{2}} dx \leq C\lambda^{\frac{d}{2}+\frac{d}{\beta}-\frac{1}{\beta}} \leq Cg_-(\lambda)\lambda^{-\frac{1}{\beta}}.$$

したがって, (5.86) が成立する. □

定理 5.53 あるいは定理 5.54 の剰余項

$$N(H, \lambda) - \frac{\omega_d}{(2\pi)^d} \int_{\mathbb{R}^d} (\lambda - V(x))_+^{d/2} dx$$

の精密な評価が $-\Delta + V$ のレゾルベントの解析あるいは第 7 章で述べる Schrödinger 方程式の基本解あるいはその近似解を用いて得られている. これについては [2], [38] あるいは [106] などを参照していただきたい.

5.6.1 固有値の数に関する準古典極限定理

定理 5.47 において $V \in L^{\frac{d}{2}}(\mathbb{R}^d)$ を満たすポテンシャルをもつ $H = -\Delta + V$ の負の固有値の数 $N(-\Delta + V)$ に対する評価 (5.56) を与えた. この節では $N(-\Delta + \lambda V)$ の $\lambda \to \infty$ における漸近的な振る舞いを調べる. $\hbar = 1/\sqrt{\lambda}$ とすれば

$$-\Delta + \lambda V < 0 \Leftrightarrow -\hbar^{-2}\Delta + V < 0.$$

5.6 Weyl の漸近律

したがって, $N(-\Delta + \lambda V)$ の $\lambda \to \infty$ での振る舞いは $N(-\hbar^2\Delta + V)$ の $\hbar \to 0$ での振る舞いに同値である. このため次の定理は負の固有値の数に対する**準古典極限定理**と呼ばれる.

定理 5.55. $V \in L^{d/2}(\mathbb{R}^d)$ を実数値とする. このとき, 次が成立する:

$$\lim_{\lambda\to\infty} \frac{N(-\Delta + \lambda V)}{\lambda^{d/2}} = \frac{\omega_d}{(2\pi)^d} \int_{\mathbb{R}^d} |V_-(x)|^{d/2} dx. \tag{5.87}$$

注意 5.56. (1) 評価式 (5.56) と漸近式 (5.87) の違いに注意しよう. (5.56) は任意の V の負の固有値に対して成立する不等式, (5.87) は $\lambda \to \infty$ においてポテンシャル λV に対して漸近的に成立する等式である. 当然定数 $C_d \geq \omega_d/(2\pi)^d$ で一般には $C_d > \omega_d/(2\pi)^d$ であることが知られている ([67]).
(2) 漸近式 (5.87) は $N(-\hbar^2\Delta + V) \sim (2\pi\hbar)^{-d}\mathrm{vol}(\{(x,\xi)\colon \xi^2 + V(x) \leq 0\})$ と書ける. これは相空間の体積 $(2\pi\hbar)^d$ の領域に $-\hbar^2\Delta + V$ の 1 つの状態が対応するという Weyl の漸近律に符合する.

まず定理 5.55 を V がコンパクト台をもつ連続関数のときに証明しよう. 次の補題の証明はほぼ定理 5.54 の証明の繰り返しである. 以下, 式を短くするため $N(-\Delta + \lambda V)$ を $N(\lambda V)$ と書くことがある.

補題 5.57. V がコンパクト台をもつ実連続関数のとき, 次が成立する:

$$\lim_{\lambda\to\infty} \frac{N(-\Delta + \lambda V)}{\lambda^{d/2}} = \frac{\omega_d}{(2\pi)^d} \int_{\mathbb{R}^d} |V_-(x)|^{d/2} dx. \tag{5.88}$$

証明. 定理 5.54 の証明の記号を用いる. (5.84), (5.85) のようにして

$$\sum_m N(-\Delta_D^{C_n(m)} + \lambda V_n^+(m)) = N(-\Delta_D^n + \lambda V_n^+)$$
$$\leq N(\lambda V) \leq N(-\Delta_N^n + \lambda V_n^-) = \sum_m N(-\Delta_N^{C_n(m)} + \lambda V_n^-(\mu)) \tag{5.89}$$

である. ここで, $Z \in \mathbb{N}$ を十分大きくとって $\mathrm{supp}\, V \subset (-Z, Z)^d$ とすれば, 両辺の和は $C_n(m) \subset (-Z, Z)^d$ で, $V_n^\pm < 0$ となる m についてとればよい. (5.75), (5.76) によって

$$\lim_{\lambda\to\infty} \frac{N(-\Delta_{\binom{D}{N}}^{C_n(m)} + \lambda V_n^\pm(m))}{\lambda^{d/2}} = \frac{\omega_d}{(2\pi)^d} 2^{-nd}(-V^\pm(m))_+^{d/2}.$$

が成立する. したがって, 任意の n に対して次が成立する.

$$\limsup_{\lambda\to\infty} \frac{N(\lambda V)}{\lambda^{d/2}} \leq \lim_{\lambda\to\infty} \frac{N(-\Delta_N^n + \lambda V_n^-)}{\lambda^{d/2}} = \frac{\omega_d}{(2\pi)^d} \sum_m 2^{-nd}(-V_n^-(m))_+^{d/2},$$

$$\liminf_{\lambda\to\infty} \frac{N(\lambda V)}{\lambda^{d/2}} \geq \lim_{\lambda\to\infty} \frac{N(-\Delta_D^n + \lambda V_n^+)}{\lambda^{d/2}} = \frac{\omega_d}{(2\pi)^d} \sum_m 2^{-nd}(-V_n^+(m))_+^{d/2}.$$

$n \to \infty$ のとき, 右辺はいずれも $\frac{\omega_d}{(2\pi)^d} \int_{\mathbb{R}^d} |V_-(x)|^{d/2} dx$ に収束する. 補題が成立する. □

■**定理 5.55 の証明**. $\varepsilon > 0$, $\tilde{V} \in C_0^\infty(\mathbb{R}^d)$ に対して

$$-\Delta + \lambda V = \{-(1-\varepsilon)\Delta + \lambda\tilde{V}\} + \{-\varepsilon\Delta + \lambda(V - \tilde{V})\}$$

と書いて, 補題 5.20 を用いれば, 定理 5.47 によって

$$N(\lambda V) \leq N((1-\varepsilon)^{-1}\lambda\tilde{V}) + N(\varepsilon^{-1}\lambda(V-\tilde{V})) \leq N((1-\varepsilon)^{-1}\lambda\tilde{V}) + C_d \varepsilon^{-\frac{d}{2}} \lambda^{\frac{d}{2}} \|V - \tilde{V}\|_{L^{\frac{d}{2}}}^{\frac{d}{2}}.$$

したがって, 補題 5.57 によって

$$\limsup_{\lambda \to \infty} \frac{N(\lambda V)}{\lambda^{d/2}} \leq \frac{\omega_d}{(1-\varepsilon)^{d/2}(2\pi)^d} \|\tilde{V}_-\|_{L^{\frac{d}{2}}}^{d/2} + C_d \varepsilon^{-\frac{d}{2}} \|V - \tilde{V}\|_{L^{\frac{d}{2}}}^{d/2}.$$

ゆえに, V の近似列 $\tilde{V} \in C_0^\infty(\mathbb{R}^d)$ を $\|\tilde{V} - V\|_{L^{\frac{d}{2}}} \to 0$ ととり, 次に $\varepsilon \to 0$ とすれば

$$\limsup_{\lambda \to \infty} \frac{N(\lambda V)}{\lambda^{d/2}} \leq \frac{\omega_d}{(2\pi)^d} \int_{\mathbb{R}^d} |V_-(x)|^{\frac{d}{2}} dx \tag{5.90}$$

が成立する. 同様な議論を

$$-\Delta + \lambda\tilde{V} = \{-(1-\varepsilon)\Delta + \lambda V\} + \{-\varepsilon\Delta + \lambda(\tilde{V} - V)\} = A + B$$

に対して用いれば,

$$\frac{\omega_d}{(2\pi)^d} \int_{\mathbb{R}^d} |\tilde{V}_-(x)|^{\frac{d}{2}} dx = \lim_{\lambda \to \infty} \frac{N(\lambda\tilde{V})}{\lambda^{\frac{d}{2}}} \leq \liminf_{\lambda \to \infty} \frac{N(\lambda V)}{(1-\varepsilon)^{d/2}\lambda^{d/2}} + \frac{C_d}{\varepsilon^{d/2}} \|V - \tilde{V}\|_{L^{\frac{d}{2}}}^{d/2}.$$

したがって, $\|\tilde{V} - V\|_{L^{\frac{d}{2}}} \to 0$ とし, 続いて $\varepsilon \to 0$ とすれば

$$\liminf_{\lambda \to \infty} \frac{N(\lambda V)}{\lambda^{d/2}} \geq \frac{\omega_d}{(2\pi)^d} \int_{\mathbb{R}^d} |V_-(x)|^{\frac{d}{2}} dx.$$

(5.90) とあわせて定理を得る. □

注意 5.58. この節では $-\Delta + V$ の固有値の個数について考えたが, Fermi 多粒子系の最低固有値の粒子数 $N \to \infty$ における振る舞いの解析のためには 1 体 Schrödinger 作用素の負の固有値の和 $\sum_{\lambda_j < 0} \lambda_j$ をポテンシャルの負の部分 V_- の適当な積分量で評価することが重要である ([70]). これに関連して負の固有値のモーメントの和 $\sum_{\lambda_j < 0} |\lambda_j|^p$ に対する評価式も研究されている. この種の評価式は **Lieb–Thirring 評価** ([68]) と呼ばれる. このとき (5.56) などの評価式における定数 C_d の最良値を求めることも大切である. これらについての最近の情報は物質の安定性に関する Seiringer–Lieb の最近の著書 [71] を参照.

5.7 固有関数の性質 1

$d \geq 3$ とする. $\mathbb{R}^d$ 上の Schrödinger 作用素の固有関数

$$Hu = -\Delta u + V(x)u(x) = \lambda u(x), \quad \lambda \in \mathbb{R}, \tag{5.91}$$

の性質を調べる. この節では V は実数値で, 少なくとも前章の定理 4.149 の条件

$$V = V_1 + V_2, \quad V_1 \in L^1_{\mathrm{loc}}(\mathbb{R}^d), \quad V_1 \geq -C, \quad V_2 \in L^p_{\mathrm{loc},u}(\mathbb{R}^d) \tag{5.92}$$

を満たす実可測関数と仮定する. ただし $d \geq 4$ なら $p > d/2$, $d = 3$ なら $p = 2$ である. このとき, $C_0^\infty(\mathbb{R}^d)$ 上の 2 次形式 $q(u) = \|\nabla u\|^2 + (Vu, u)$ は可閉, その閉包 (q_H と書く) の定める自己共役作用素は $-\Delta + V$ の最大作用素に等しい. 以下 H はこの自己共役作用素のことである. また (5.91) に対応する Schrödinger 方程式の解とは次のように定義されたいわゆる弱解のことである.

定義 5.59. $f \in L^1_{\mathrm{loc}}(\Omega)$ に対して Ω 上の関数 u が

$$-\Delta u + V(x)u(x) = f(x), \quad x \in \Omega \tag{5.93}$$

の解であるとは, $u \in H^1_{\mathrm{loc}}(\Omega)$, $Vu \in L^1_{\mathrm{loc}}(\Omega)$, で, 任意の $\varphi \in C_0^\infty(\Omega)$ に対して

$$\int_\Omega (\nabla u \cdot \nabla \varphi + Vu\varphi) dx = \int_\Omega f\varphi dx \tag{5.94}$$

を満たすことである.

u が固有方程式 (5.91) の解ならその実部, 虚部ともに (5.91) の解だから, u は実数値として一般性を失わない. そこで, 以下**この節の関数はすべて実数値**とする. 上に述べた注意により, (5.91) を満たす $u \in L^2(\mathbb{R}^d)$ は H の定義域に属し, H の固有値 λ に属する固有関数である. さらに**方程式** (5.91) **のすべての解** u **は次の性質を満たすと仮定する**.

(1) u は Hölder 連続である.
(2) u が非負なら Harnack の不等式を満たす. すなわち, 任意のコンパクト集合 K に対して, 適当な定数 C_K が存在して

$$\max_{x \in K} u(x) \leq C_K \min_{x \in K} u(x)$$

性質 (1) は, 例えば $V \in L^p_{\mathrm{loc}}(\mathbb{R}^d)$, $p > d/2$ であれば成立する ([99], 定理 7.1 参照). 一方 (2) はより一般に V が局所的に加藤型であれば成立する ([7], 定理 1.1 を参照).

5.7.1 基底状態の正値性

定理 5.60. $H = -\Delta + V$ のスペクトルの下端 $\Lambda = \inf \sigma(H)$ が固有値とする. このとき, Λ は H の多重度 1 の固有値で, その固有関数 $u(x)$ は正値関数の定数倍である.

証明. $V-\Lambda$ をあらためて V とすれば $\Lambda = 0$ として一般性を失わない. このとき, $q_H \geq 0$, $q_H(u) = 0$ である. 固有関数 u は仮定 (1) により連続である. また定理 4.149 によって $u \in H^1(\mathbb{R}^d)$, したがって補題 4.69 によって $|u| \in H^1(\mathbb{R}^d)$ で

$$|\nabla|u|| = |\nabla u|, \quad \text{a.e. } x \in \mathbb{R}^d.$$

ゆえに $|u|$ は $q_H(u) = q_H(|u|) = 0$ を満たす. $q_H \geq 0$ だから, Schwarz の不等式によって, 任意の $v \in D(q_H)$ に対して, $q_H(|u|, v) = 0$. ゆえに $|u| \in D(H)$ で, $H|u| = -\Delta|u| + V|u| = 0$. Harnack の不等式によって $|u| > 0$. したがって $u(x) > 0$ あるいは $-u(x) > 0$ でなければならない. Λ の多重度が 2 以上なら 1 次独立な固有関数 u, v をとり, $u(a) \neq v(a)$ となる $a \in \mathbb{R}^d$ をとれば, $w(x) = v(a)u(x) - u(a)v(x)$ は $w(a) = 0$ を満たす $Hu = 0$ の解である. 前半部分の証明により $w = 0$ でなければならない. Λ は単純固有値である. □

注意 5.61. H が磁場をもつ場合, 最低固有値は必ずしも単純固有値ではない. また最低固有値に属する固有関数は必ずしも実数値関数の定数倍ではない. 例えば, 一様磁場中の 2 次元電子に対するハミルトニアン H_{mag} は第 3 章 (3.68) によって

$$H_{\text{mag}} = e^{-ix_1 x_2/2} e^{-iP_1 P_2} \left(-\frac{1}{2} \frac{\partial^2}{\partial x_1^2} + \frac{1}{2} x_1^2 \right) e^{iP_1 P_2} e^{ix_1 x_2/2}$$

を満たす. 1 次元調和振動子の最低固有値は $1/2$, 正規化された基底状態は $\Omega_0(x_1) = \pi^{-1/4} e^{-x_1^2/2}$. したがって, H_{mag} の最低固有値は $1/2$ であるが, これは多重度無限大の固有値で, 任意の $\varphi \in L^2(\mathbb{R})$ に対して

$$u_\varphi(x_1, x_2) = e^{-ix_1 x_2/2} e^{-iP_1 P_2} (\Omega_0 \otimes \varphi)(x_1, x_2) \tag{5.95}$$
$$= \frac{e^{-\frac{1}{2} ix_1 x_2}}{\sqrt{2\pi} \pi^{\frac{1}{4}}} \int_{\mathbb{R}} e^{ix_2 \xi_2} e^{-(x_1 + \xi_2)^2/2} \hat{\varphi}(\xi_2) d\xi_2$$

は固有値 $1/2$ に属する固有関数である. 固有関数は必ずしも正値関数の定数倍というわけではない. 実際 (5.95) で $\hat{\varphi}(\xi_2) = e^{-\xi^2/2}$ とすれば $u(x_1, x_1) = \pi^{-\frac{1}{4}} e^{-(1+2i)x_1^2/2}$. これは実数値関数の定数倍にはならない.

5.7.2 固有関数の評価・優解-劣解による方法

この項と次の項では Schrödinger 方程式の固有関数 $-\Delta u + Vu = \lambda u$ の無限遠方での評価を Agmon([4, 5]) に従って紹介する.

定義 5.62. $u \in H^1_{\text{loc}}(\Omega)$ は $Vu \in L^1_{\text{loc}}(\Omega)$ で, 任意の $\varphi \in C_0^\infty(\Omega)$, $\varphi(x) \geq 0$ に対し

$$\int_\Omega \nabla u(x) \nabla \varphi(x) dx + \int_\Omega V(x) u(x) \varphi(x) dx \geq \int_\Omega f(x) \varphi(x) dx \tag{5.96}$$

5.7 固有関数の性質 1

を満たすとき，$-\Delta u + Vu = f$ の Ω 上の**優解** (super-solution), (5.96) を不等号の向きを逆にして満たすとき，Ω 上の**劣解** (subsolution) といわれる．形式的には u は $-\Delta u + Vu \geq f$ を満たすとき優解，$-\Delta u + Vu \leq f$ を満たすとき劣解である．

問題 5.63. u が $-\Delta u + Vu = f$ の Ω 上の優解なら (5.96) が任意の $0 \leq \varphi \in H^1(\Omega) \cap L^\infty_{\text{comp}}(\Omega)$ に対して成立することを示せ．u が劣解なら (5.96) の逆向きの不等式が任意の $0 \leq \varphi \in H^1(\Omega) \cap L^\infty_{\text{comp}}(\Omega)$ に対して成立することを示せ．(ヒント：Friedrichs の軟化子によって $\varphi_\varepsilon = j_\varepsilon * \varphi$ と定義すれば，一定のコンパクト集合 $K \subset \Omega$ が存在して十分小さいな $\varepsilon > 0$ に対して，$\varphi_\varepsilon \in C_0^\infty(K)$, $\|\varphi_\varepsilon\|_\infty \leq \|\varphi\|_\infty$, $\varepsilon \to 0$ のとき，$\|\varphi_\varepsilon - \varphi\|_{H^1(\Omega)} \to 0$，適当な部分列に沿ってほとんど至るところ $\varphi_{\varepsilon_j}(x) \to \varphi(x)$ であることを用いよ．)

補題 5.64. $\Omega \subset \mathbb{R}^d$ を開集合，$V \in L^1_{\text{loc}}(\Omega)$ とする．u が方程式 $-\Delta u + (V - \lambda)u = 0$ の Ω 上の劣解であれば，$u_+ = \max\{u(x), 0\}$ もそうである．

証明． $\varepsilon > 0$ に対して $f_\varepsilon(t), \chi_\varepsilon(x)$ を

$$f_\varepsilon(t) = \begin{cases} 1 - \dfrac{\varepsilon}{\sqrt{t^2 + \varepsilon^2}}, & t > 0, \\ 0, & t \leq 0, \end{cases} \qquad \chi_\varepsilon(x) = f_\varepsilon(u(x)),\ x \in \mathbb{R}^d$$

と定義する．$f_\varepsilon \in C^1(\mathbb{R})$, $0 \leq f_\varepsilon(t) \leq 1$, $\varepsilon \downarrow 0$ のとき，$f_\varepsilon(t) \uparrow 1\ (t > 0)$ だから

$$\chi_\varepsilon \in H^1_{\text{loc}}(\Omega), \quad 0 \leq \chi_\varepsilon \leq 1, \quad \lim_{\varepsilon \to 0} \chi_\varepsilon(x) = \begin{cases} 1, & u(x) > 0, \\ 0, & u(x) \leq 0. \end{cases} \tag{5.97}$$

$0 \leq \varphi \in C_0^\infty(\Omega)$ に対して $\varphi_\varepsilon(x) = \chi_\varepsilon(x)\varphi(x)$ と定義する．$\varphi_\varepsilon \in H^1(\Omega) \cap L^\infty_{\text{comp}}$, $0 \leq \varphi_\varepsilon$ である．$u(x)$ は劣解だから

$$\int_\Omega \nabla u(x) \nabla \varphi_\varepsilon(x) dx + (V(x) - \lambda)u(x)\varphi_\varepsilon(x) dx \leq 0. \tag{5.98}$$

(5.98) で $\varepsilon \downarrow 0$ とする．(5.97) から第 2 項は Lebesgue の収束定理によって

$$\lim_{\varepsilon \to 0} \int_\Omega (V(x) - \lambda) u(x) \varphi_\varepsilon(x) dx = \int_\Omega (V(x) - \lambda) u_+(x) \varphi(x) dx. \tag{5.99}$$

$u(x) > 0$ のとき $\nabla \chi_\varepsilon(x) = \varepsilon u(u^2 + \varepsilon^2)^{-\frac{3}{2}} \nabla u$, $u(x) \leq 0$ のとき，$\nabla \chi_\varepsilon(x) = 0$ だから第 1 項は

$$\int_\Omega \nabla u \nabla \varphi_\varepsilon dx = \int_\Omega \chi_\varepsilon \nabla u \nabla \varphi dx + \int_{u(x) > 0} \frac{\varepsilon u |\nabla u|^2 \varphi}{(u^2 + \varepsilon^2)^{\frac{3}{2}}} dx \geq \int_\Omega \chi_\varepsilon \nabla u \nabla \varphi dx$$

を満たす．$\lim_{\varepsilon \to 0} \chi_\varepsilon \nabla u = \begin{cases} \nabla u, & u(x) > 0 \\ 0, & u(x) \leq 0 \end{cases} = \nabla u_+$ だからこれより

$$\liminf_{\varepsilon \to 0} \int_\Omega \nabla u \nabla \varphi_\varepsilon dx \geq \int_\Omega \nabla u_+ \nabla \varphi dx \tag{5.100}$$

(5.98), (5.99), (5.100) をあわせて

$$\int_\Omega \nabla u_+ \nabla \varphi + (V-\lambda)u_+\varphi \leq \liminf_{\varepsilon\to 0}\int_\Omega (\nabla u \nabla \varphi_\varepsilon + (V-\lambda)u\varphi_\varepsilon)dx \leq 0$$

である. したがって, u が劣解なら, u_+ も劣解である. □

定理 5.65. $\Omega_R = \{x\colon |x| > R\}$ とする. w は $-\Delta u + V(x)u = \lambda u$ の Ω_R における連続な正の優解, v は Ω_R における連続な劣解で, ある $\alpha > 1$ に対して

$$\liminf_{N\to\infty}\left(\frac{1}{N^2}\int_{N<|x|<\alpha N}|v(x)|^2 dx\right) = 0 \tag{5.101}$$

とする. このとき, ある定数 C が存在して

$$v(x) \leq Cw(x), \quad \forall x \in \Omega_{R+1}$$

が成立する. 特に, v が固有関数なら, $|v(x)| \leq Cw(x), \forall x \in \Omega_{R+1}$ である.

証明. $R_0 = R+1, \Omega_0 = \Omega_{R_0}$ と書く. $|x| = R_0$ 上で $Cw(x) - v(x) > 0$ となるような $C > 0$ が存在する. このような C をとって $u_0(x) = (v(x) - Cw(x))_+$ と定義する. Ω_0 上 $u_0(x) = 0$ であることを示せばよい. u_0 は連続だから Ω_0 の境界 $\{x\colon |x| = R_0\}$ の近傍において $u_0(x) = 0$ である.

$w > 0$ だから $0 \leq u_0(x) \leq v_+(x)$ である. $v(x) - Cw(x)$ は $-\Delta u + V(x)u = \lambda u$ の Ω_0 上の劣解, したがって補題 5.64 によって u_0 もそうである. 任意の $\zeta \in C_0^\infty(\Omega_0)$ に対して $0 \leq \zeta^2 u_0 \in H^1(\Omega_0)$ は Ω にコンパクト台をもつ連続関数. ゆえに

$$\int_{\Omega_0}\{\nabla u_0 \cdot \nabla(\zeta^2 u_0) + (V-\lambda)u_0(\zeta^2 u_0)\}dx \leq 0. \tag{5.102}$$

(5.102) は $\zeta \in C_0^\infty(\Omega_0)$ を任意の $\zeta \in C_0^\infty(\mathbb{R}^d)$ に置き換えても成立する. $|x| = R_0$ の近傍で $u_0(x) = 0$ だからである. $\nabla u_0 \cdot \nabla(\zeta^2 u_0)$ を

$$\nabla u_0 \cdot \nabla(\zeta^2 u_0) = |\nabla(\zeta u_0)|^2 - u_0^2|\nabla \zeta|^2 \tag{5.103}$$

と書き換えれば ((5.6) 参照)

$$\int_{\Omega_0}\{|\nabla(\zeta u_0)|^2 + (V-\lambda)(\zeta u_0)^2\}dx \leq \int_{\Omega_0}u_0^2|\nabla\zeta|^2 dx. \tag{5.104}$$

$0 < w$ は Ω_R 上の優解, $0 \leq (\zeta u_0)^2/w \in H^1(\Omega_0)$ はコンパクト台をもつ連続関数だから

$$\int_{\Omega_0}\left\{\nabla w \cdot \nabla\left(\frac{(\zeta u_0)^2}{w}\right) + (V-\lambda)w\cdot\frac{(\zeta u_0)^2}{w}\right\}dx \geq 0. \tag{5.105}$$

(5.103) で $u_0 \to w, \zeta \to \varphi/w$ と置き換えれば

$$\nabla w \cdot \nabla\left(\frac{\varphi^2}{w}\right) = -w^2\left|\nabla\left(\frac{\varphi}{w}\right)\right|^2 + |\nabla\varphi|^2. \tag{5.106}$$

5.7 固有関数の性質 1

(5.106) に $\varphi = \zeta u_0$ を代入して得られる等式を (5.105) に用いれば

$$\int_{\Omega_0} \left\{ -w^2 \left|\nabla\left(\frac{\zeta u_0}{w}\right)\right|^2 + |\nabla(\zeta u_0)|^2 + (V-\lambda)(\zeta u_0)^2 \right\} dx \geq 0.$$

(5.104) とあわせれば

$$\int_{\Omega_0} w^2 \left|\nabla\left(\frac{\zeta u_0}{w}\right)\right|^2 dx \leq \int_{\Omega_0} \left\{ |\nabla(\zeta u_0)|^2 + (V-\lambda)(\zeta u_0)^2 \right\} \leq \int_{\Omega_0} u_0^2 |\nabla \zeta|^2 dx.$$

$|x| \leq 1$ のとき $\chi(x) = 1$, $|x| \geq \alpha$ のとき $\chi(x) = 0$ を満たす $\chi \in C_0^\infty(\mathbb{R}^d)$, $0 \leq \chi \leq 1$ をとり $\zeta(x) = \chi(x/n)$ をこの不等式に代入して $n \to \infty$ とする. Fatou の補題を用いれば

$$\int_{\Omega_0} w^2 \left|\nabla\left(\frac{u_0}{w}\right)\right|^2 = \int_{\Omega_0} \liminf_{n\to\infty} w^2 \left|\nabla\left(\frac{\chi(x/n)u_0}{w}\right)\right|^2 dx$$
$$\leq \liminf_{n\to\infty} \frac{\|\nabla\chi\|_\infty}{n^2} \int_{n<|x|<\alpha n} u_0^2(x) dx \leq \liminf_{n\to\infty} \frac{\|\nabla\chi\|_\infty}{n^2} \int_{n<|x|<\alpha n} v^2(x) dx = 0.$$

ゆえに Ω_0 上で $\nabla(u_0/w) = 0$, ある定数に対して $u_0 = cw$. しかし $w > 0$ で $R_0 < |x| < R_0 + \delta$ では $u_0 = 0$ だから $c = 0$. ゆえに $u_0 = 0$, $v(x) \leq Cw(x)$ である.

v が固有関数ならば $\pm v$ は (5.101) を満たす $-\Delta u + Vu = \lambda u$ の劣解である. したがって $|v(x)| \leq Cw(x)$ が成立する. □

注意 5.66. 劣解あるいは優解を用いる評価では (5.102) あるいは (5.105) のように適切な試験関数を用いることが肝要である. このとき, (5.6), (5.103) あるいは (5.106) のような等式がしばしば重要な役割をはたす.

■**短距離型ポテンシャルへの応用** ある $\delta > 0$ に対して $V(x) = O(|x|^{-1-\delta})$ を満たす V を短距離型ポテンシャルと呼ぶ. 前定理を用いて短距離型ポテンシャルをもつ Schrödinger 作用素の負の固有値に属する固有関数の無限遠方での減衰定理を導こう. 次の形の定理は V が短距離型よりゆっくり減衰する場合にも拡張できるが ([4] 参照), ここでは短距離型の場合に限って述べることにする.

定理 5.67. V を短距離型, u を $-\Delta u + V(x)u = -k^2 u$, $k > 0$ の $\Omega_R = \{|x| > R\}$ における解とする. 定数 $C > 0$ が存在して次が成立する:

(1) $u \in L^2(\Omega_R)$ であれば $|u(x)| \leq C|x|^{-(d-1)/2} e^{-k|x|}$.
(2) $u > 0$ であれば $u(x) \geq C|x|^{-(d-1)/2} e^{-k|x|}$.

証明. $\varepsilon < \delta$ に対して, $v^\pm = |x|^{-(d-1)/2} e^{-\varphi^\pm(x)}$, $\varphi^\pm(x) = k|x| \pm |x|^{-\varepsilon}$ と定義する. 十分大きい R に対して $v^+(x)$ は Ω_R での優解, $v^-(x)$ は Ω_R での劣解であることを示そう. $|x| = r$ と書く. 極座標表現 (4.233) を $n = 0$ に対して用いれば r のみの関数 v に対して

$$r^{(d-1)/2} \Delta(r^{-(d-1)/2} v) = \frac{\partial^2 v}{\partial r^2} - \frac{(d-1)(d-3)}{4r^2} v$$

したがって, $r \to \infty$ において

$$r^{(d-1)/2}e^{\varphi^\pm}(-\Delta + V(x) + k^2)v^\pm = -e^{\varphi^\pm}(e^{-\varphi^\pm})'' + V(x) + k^2 + \frac{(d-1)(d-3)}{4r^2}$$

$$= \frac{\partial^2 \varphi^\pm}{\partial r^2} - \left(\frac{\partial \varphi^\pm}{\partial r}\right)^2 + \frac{(d-1)(d-3)}{4r^2} + V(x) + k^2$$

$$= \pm\frac{\varepsilon(1+\varepsilon)}{r^{2+\varepsilon}} - \left(k \mp \frac{\varepsilon}{r^{1+\varepsilon}}\right)^2 + \frac{(d-1)(d-3)}{4r^2} + V(x) + k^2$$

$$= \pm\frac{2\varepsilon k}{r^{1+\varepsilon}} + V(x) + O(r^{-2})$$

$\varepsilon < \delta$ だから, r が十分大きいとき, 右辺の符号は第 1 項の符号に一致する. ゆえに R が十分大きければ, v^+ は Ω_R での正の優解, v^- は劣解である. $u \in L^2(\Omega_R)$ なら u は (5.101) を満たす. したがって定理 5.65 によってある定数 $C > 0$ が存在して

$$|u(x)| \leq Cv_+(x) = C|x|^{-(d-1)/2}e^{-k|x|-|x|^{-\varepsilon}} \leq C|x|^{-(d-1)/2}e^{-k|x|}.$$

$u(x)$ は優解でもあるから $u(x) > 0$ なら定理 5.65 によって

$$v_-(x) = |x|^{-(d-1)/2}e^{-k|x|+|x|^{-\varepsilon}} \leq Cu(x).$$

したがって (2) も成立する. □

　最低固有値に属する固有関数 $u(x)$ は正値関数の定数倍, したがって $u(x)$ は十分遠方では上下から $|x|^{-(d-1)/2}e^{-k|x|}$ の (異なる) 定数倍によって評価される. $G_0(k) = (-\Delta + k^2)^{-1}$ の合成積核 $G_0(x,k)$ の無限遠方での振る舞いと, 定理 5.67 の (1), (2) の右辺の関数 $C|x|^{-(d-1)/2}e^{-k|x|}$ の振る舞いは同様である. したがって, 定理 5.67 の減衰度を改良することはできないことを注意しておく.

5.7.3　固有関数の指数減衰 2, 積分評価

　この小節では**複素数値ポテンシャル** V をもつ $H = -\Delta + V$ の固有関数の重み付き L^2 ノルムの評価を与える Agmon 理論 ([2]) を紹介する. この本の関心事はおもに V が実数値の場合であるが, Agmon 理論は V を実数値としても簡単になるわけでもなく, また近年複素ポテンシャルをもつ H のスペクトルにも関心が強まっているからである. 一方, 議論を多少修正すれば, 同様な評価を磁場を含む場合に拡張できるが, この場合の固有関数は, 一般には Agmon 理論の与える評価より速く減衰することが知られている ([24], [83] 参照) ので, $A \neq 0$ **の場合を取り扱う労はとらない**.

注意 5.68. V が実数値加藤型のとき, V のみよる定数 C が存在して, $-\Delta u + Vu = 0$ の任意の解に対して次が成立する ([7]):

$$|u(x)| \leq C\int_{|x-y|\leq 1}|u(y)|dy. \tag{5.107}$$

したがって, 以下の積分型の評価から各点における評価式が自動的に従う.

5.7 固有関数の性質 1

次を仮定する．ここでも Schrödinger 方程式の解は定義 5.59 の意味である．

仮定 5.69. $\Omega \subset \mathbb{R}^d$ は連結開集合, $V \in L^1_{\mathrm{loc}}(\Omega)$, $\Re V_-(x) = \min(0, \Re V(x))$ は加藤型である. Ω 上の正値連続関数 $\lambda(x)$ が存在して, 任意の $\varphi \in C_0^\infty(\Omega)$ に対して

$$\int_\Omega (|\nabla \varphi|^2 + \Re V(x)|\varphi|^2) dx \geq \int_\Omega \lambda(x)|\varphi|^2 dx. \tag{5.108}$$

■**Agmon 距離** (5.108) の $\lambda(x)$ に対して，ほとんど至るところで $|\nabla h(x)|^2 \leq \lambda(x)$ を満足する Lipschitz 連続関数のうちで (定数差を除いて) 最大となるものを求めよう．

定義 5.70. $x, y \in \Omega$ に対して次の $\rho_\lambda(x,y)$ を $\lambda(x)$ の定める **Agmon 距離**という：

$$\rho_\lambda(x,y) = \inf_\gamma \left\{ \int_0^1 \lambda(\gamma(t))^{\frac{1}{2}} |\dot\gamma(t)| dt \colon \gamma \text{ は } \Omega \text{ 上の絶対連続曲線で} \gamma(0) = y, \gamma(1) = x \right\}.$$

$E \subset \Omega$ のとき x と E との距離を

$$\rho_\lambda(x, E) = \inf\{\rho_\lambda(x,y) \colon y \in E\},$$

$\Omega \cup \{\infty\}$ を Ω の 1 点コンパクト化とするとき, x と $\{\infty\}$ との距離を

$$\rho_\lambda(x, \{\infty\}) = \sup_K \{\rho_\lambda(x, \Omega \setminus K) \colon K \subset \Omega \text{ はコンパクト部分集合}\} \tag{5.109}$$

と定義する．

問題 5.71. $\rho_\lambda(x,y)$ が Ω 上の距離であることを確かめよ．

命題 5.72. $\rho_\lambda(x,y)$ は $x, y \in \Omega$ の局所 Lipschitz 連続関数である．

証明. $B_{x_0}(r) \Subset \Omega$ を開球, $C_{x_0,r} = \sup\{\sqrt{\lambda(x)} \colon x \in B_{x_0}(r)\}$ とおく. $x_1, x_2 \in B_{x_0}(r)$, $\gamma(t) = (1-t)x_1 + tx_2$ を x_1 と x_2 を結ぶ線分とすれば

$$\rho_\lambda(x_2, y) - \rho_\lambda(x_1, y) \leq \rho_\lambda(x_2, x_1) \leq \int_0^1 \lambda(\gamma(t))^{1/2} |x_2 - x_1| dt \leq C_{x_0,r} |x_2 - x_1|. \tag{5.110}$$

x_1, x_2 を取り替えれば $|\rho_\lambda(x_2, y) - \rho_\lambda(x_1, y)| \leq C_{x_0,r} |x_2 - x_1|$. ゆえに $\rho_\lambda(x,y)$ は y に関して一様に x の局所 Lipschitz 連続関数である．さらに $|\rho_\lambda(x_2, y_2) - \rho_\lambda(x_1, y_1)| \leq |\rho_\lambda(x_2, y_2) - \rho_\lambda(x_2, y_1)| + |\rho_\lambda(x_2, y_1) - \rho_\lambda(x_1, y_1)| \leq \rho_\lambda(y_2, y_1) + \rho_\lambda(x_2, x_1)$ したがって，$\rho_\lambda(x,y)$ は (x,y) の局所 Lipschitz 連続関数である． □

問題 5.73. (1) 距離空間 (Ω, ρ_λ) が完備なことと，ある x に対して (したがって任意の $x \in \Omega$ に対して) $\rho_\lambda(x, \{\infty\}) = \infty$ であることは同値であることを示せ．
(2) $\mathbb{R}^d \setminus \Omega$ が有界のとき, $\rho_\lambda(x,y)$ が $\overline{\Omega} \times \overline{\Omega}$ に連続拡張され，

$$\lim_{|x| \to \infty} \rho_\lambda(x,y) = \infty$$

であれば, $\rho_\lambda(x, \{\infty\}) = \rho_\lambda(x, \partial \Omega)$ であることを示せ．

■**Lipschitz 連続関数** 区間 (a,b) 上の有界変動関数が微分可能であることを一般次元に拡張した次の補題の証明は [94] にある. 以下, 局所 Lipschitz 連続であること単に Lipschitz 連続ということにする.

補題 5.74 (**Rademacher の定理**). $f(x)$ を $\Omega \subset \mathbb{R}^d$ 上の Lipschitz 連続関数とする. f はほとんど至るところで (d 変数関数として) 微分可能である.

補題 5.75. f, g を $\mathbb{R}^d$ 上の実数値 Lipschitz 関数, $h(x) = \min(f(x), g(x))$ とする. h はほとんど至るところ微分可能で, $\nabla h(x) = \nabla f(x)$ あるいは $\nabla h(x) = \nabla g(x)$ である.

証明. h も Lipschitz 連続, f, g, h は Rademacher の定理からほとんど至るところ微分可能である. f, g, h が a で微分可能で, $f(a) < g(a)$ なら $\nabla h(a) = \nabla f(a)$, $g(a) < f(a)$ なら $\nabla h(a) = \nabla g(a)$ は明らかである. $f(a) = g(a)$ なら, 任意の $\omega \in \mathbb{S}^{d-1}$, $t > 0$ に対して

$$\frac{h(a+t\omega) - h(a)}{t} \leq \frac{f(a+t\omega) - f(a)}{t}.$$

$t \downarrow 0$ とすれば, $\langle \nabla h(a), \omega \rangle \leq \langle \nabla f(a), \omega \rangle$, したがって $\langle \nabla h(a) - \nabla f(a), \omega \rangle \leq 0$. ゆえに $\nabla h(a) = \nabla f(a)$, 同様にして $\nabla h(a) = \nabla g(a)$ である. □

次の定理によって $x \mapsto \rho_\lambda(x,y)$ が $|\nabla h(x)|^2 \leq \lambda(x)$ を満たす (定数差を除いて) 最大の Lipschitz 連続関数であることがわかる.

定理 5.76. $\rho_\lambda(x,y)$ を $\lambda(x)$ の定める Agmon 距離とする. このとき, 次が成立する:

(1) 任意の $y \in \Omega$ に対して $|\nabla_x \rho_\lambda(x,y)|^2 \leq \lambda(x)$, a.e. $x \in \Omega$ が成立する.
(2) 実 Lipschitz 連続関数 $h(x)$ に対して,

$$|\nabla h(x)|^2 \leq \lambda(x), \quad \text{a.e. } x \in \Omega \Leftrightarrow |h(x) - h(y)| \leq \rho_\lambda(x,y), \quad \forall x, y \in \Omega.$$

証明. (1) $\Omega \ni x \mapsto \rho_\lambda(x,y) \in [0,\infty)$ は任意の $y \in \Omega$ に対して Lipschitz 連続. Rademacher の定理によってほとんど至るところ微分可能である. x で微分可能なとき, $h > 0$, $\omega \in \mathbb{S}^{d-1}$ に対して $x + h\omega$ と x を結ぶ線分 $\gamma(t) = x + th\omega$, $0 \leq t \leq 1$ をとると

$$\langle \omega, \nabla \rho_\lambda(x,y) \rangle = \lim_{h \downarrow 0} \frac{\rho_\lambda(x+h\omega, y) - \rho_\lambda(x,y)}{h} \leq \lim_{h \downarrow 0} \int_0^1 \lambda(\gamma(t))^{1/2} dt = \lambda(x)^{1/2}.$$

したがって, $|\nabla \rho_\lambda(x,y)| \leq \lambda(x)^{1/2}$ が成立する.
(2) h が C^1 級で $|\nabla h(x)|^2 \leq \lambda(x)$ を満たせば, x, y を結ぶ任意の絶対連続曲線 $\gamma(t)$ に対して

$$h(x) - h(y) = \int_0^1 \frac{d}{dt} h(\gamma(t)) dt = \int_0^1 \nabla h(\gamma(t)) \dot{\gamma}(t) dt \leq \int_0^1 \lambda(\gamma(t))^{\frac{1}{2}} |\dot{\gamma}(t)| dt.$$

γ に関する下限をとれば, $h(x) - h(y) \leq \rho_\lambda(x,y)$, したがって, $|h(x) - h(y)| \leq \rho_\lambda(x,y)$ である. h を一般の Lipschitz 関数とする. 軟化子 J_ε を用いて $h_\varepsilon = J_\varepsilon h$, $\varepsilon > 0$ と定義す

5.7 固有関数の性質 1

る. $h_\varepsilon \in C^\infty$ で, $\varepsilon \to 0$ のとき, 任意の $K \Subset \Omega$ 上一様に $h_\varepsilon(x) \to h(x)$, Minkowski の不等式を用いると,

$$\overline{\lim}|\nabla h_\varepsilon(x)| \leq \overline{\lim}\int j_\varepsilon(x-y)|\nabla h(y)|dy \leq \overline{\lim}\int j_\varepsilon(x-y)\lambda(y)^{\frac{1}{2}}dy = \lambda(x)^{\frac{1}{2}}.$$

ゆえに, Fatou の補題によって x と y を結ぶ任意の絶対連続曲線 $\gamma(t)$ に対して,

$$h(x) - h(y) = \lim_{\varepsilon \to 0}(h_\varepsilon(x) - h_\varepsilon(y))$$
$$\leq \int_0^1 \overline{\lim}|\nabla h_\varepsilon(\gamma(t))||\dot{\gamma}(t)|dt \leq \int_0^1 \lambda(\gamma(t))^{\frac{1}{2}}|\dot{\gamma}(t)|dt \leq \rho_\lambda(x,y).$$

この場合も $|h(x) - h(y)| \leq \rho_\lambda(x,y)$ が成立する. 逆に, $|h(x) - h(y)| \leq \rho_\lambda(x,y)$ が成立するとすれば, $s > 0, \omega \in \mathbb{S}^{d-1}$ に対して $\gamma(t) = x + ts\omega, 0 \leq t \leq 1$ と定義するとき,

$$\frac{h(x+s\omega) - h(x)}{s} \leq \frac{\rho_\lambda(x+s\omega, x)}{s} \leq \frac{1}{s}\int_0^1 \lambda(\gamma(t))^{\frac{1}{2}}|\dot{\gamma}(t)|dt = \int_0^1 \lambda(x+ts\omega)^{\frac{1}{2}}dt.$$

$s \downarrow 0$ とする. 右辺は $\lambda(x)^{\frac{1}{2}}$ に, h が x で微分可能なら左辺は $\langle\nabla h(x), \omega\rangle$ に収束する. ゆえに, ほとんど至るところで $|\nabla h(x)| \leq \lambda(x)^{\frac{1}{2}}$ が成立する. □

■重み付き L^2 空間での積分評価　次の定理では仮定 5.69 が成立とするとし, $\rho_\lambda(x,y)$ を λ による Agmon 距離, y^0 を任意に固定して $\rho_\lambda(x) = \rho_\lambda(x, y^0)$, (Ω, ρ_λ) が完備でない場合には, $d > 0$ に対して

$$\Omega_d = \{x \in \Omega : \rho_\lambda(x, \{\infty\}) > d\}$$

と定義する (d は空間の次元にも使われている. d はこの節の終わりまで 2 通りの意味に使われるが混乱はないだろう). $h(x)$ を次を満たす Lipschitz 関数とする：

$$|\nabla h(x)|^2 < \lambda(x), \quad \text{a.e. } x \in \Omega. \tag{5.111}$$

定理 5.76 によって, 任意の $\delta > 0$ に対して $(1-\delta)\rho_\lambda(x)$ は (5.111) を満たす Lipschitz 関数である.

定理 5.77. 以上を仮定し, $f \in L^2_{\text{loc}}(\Omega)$ とする. $u \in H^1_{\text{loc}}(\Omega)$ は方程式 (5.93) の Ω 上の解で, ある $\delta > 0$ に対して増大条件

$$\int_\Omega |u|^2 \lambda(x) e^{-2(1-\delta)\rho_\lambda(x)}dx < \infty \tag{5.112}$$

を満たすとする. このとき, 次が成立する：

(a) Ω が計量 ρ_λ に関して完備であれば

$$\int_\Omega |u|^2(\lambda(x) - |\nabla h|^2)e^{2h}dx \leq \int_\Omega |f|^2(\lambda(x) - |\nabla h|^2)^{-1}e^{2h}dx. \tag{5.113}$$

(b) Ω が計量 ρ_λ に関して完備でないときには,任意の $d > 0$ に対して

$$\int_{\Omega_d} |u|^2 (\lambda(x) - |\nabla h|^2) e^{2h} dx$$
$$\leq \int_\Omega |f|^2 (\lambda(x) - |\nabla h|^2)^{-1} e^{2h} dx + \frac{2(2d+1)}{d^2} \int_{\Omega \setminus \Omega_d} |u|^2 \lambda(x) e^{2h} dx. \quad (5.114)$$

証明. 証明は長い.いくつかの段落に分けて証明しよう.(5.113) あるいは (5.114) の右辺が有限と仮定して証明すればよい.$u \in H^1_{\text{loc}}(\Omega)$ を (5.93) の解とする.このとき,(5.108),(5.94) は任意の $\varphi \in H^1(\Omega) \cap L^\infty_{\text{comp}}(\Omega)$ に対して成立する (問題 5.63 参照).
(第 1 段) コンパクトな台をもつ任意の実 Lipschitz 関数 ψ に対して

$$\int_\Omega (\lambda(x)\psi^2 - |\nabla \psi|^2) |u|^2 dx \leq \Re \int_\Omega f \overline{u} \psi^2 dx \quad (5.115)$$

が成立することを示そう.$\varepsilon > 0$ に対して,$u_\varepsilon = u/(1 + \varepsilon |u|^2)$ と定義する.このとき,

$$|u_\varepsilon| \leq (2\varepsilon)^{-1/2}, \quad |u - u_\varepsilon| = \frac{\varepsilon |u|^2}{1 + \varepsilon |u|^2} |u|, \quad |\nabla u - \nabla u_\varepsilon| \leq \frac{3\varepsilon |u|^2}{1 + \varepsilon |u|^2} |\nabla u|.$$

したがって,$u_\varepsilon \psi$, $u_\varepsilon \psi^2 \in H^1(\Omega) \cap L^\infty_{\text{comp}}(\Omega)$ で $\varepsilon \to 0$ のとき,

$$u_\varepsilon(x) \to u(x), \quad \nabla u_\varepsilon(x) \to \nabla u(x), \quad \text{a.e. } x \in \Omega; \quad \|u_\varepsilon - u\|_{H^1_{\text{loc}}} \to 0.$$

(5.94) に $\varphi = u_\varepsilon \psi^2$ を代入すれば

$$\int_\Omega (\nabla u \cdot \overline{\nabla(u_\varepsilon \psi^2)} + V u \overline{u_\varepsilon} \psi^2) dx = \int_\Omega f \overline{u_\varepsilon} \psi^2 dx.$$

この式で u を $u_\varepsilon + (u - u_\varepsilon)$ で置き換え,両辺の実部をとる:

$$\Re \int_\Omega \nabla u_\varepsilon \cdot \overline{\nabla(u_\varepsilon \psi^2)} dx + \int_\Omega \Re V |u_\varepsilon|^2 \psi^2 dx = \Re \int_\Omega f \overline{u_\varepsilon} \psi^2 dx + I_\varepsilon, \quad (5.116)$$

$$I_\varepsilon = \Re \int_\Omega (\nabla(u_\varepsilon - u) \cdot \overline{\nabla(u_\varepsilon \psi^2)} dx - \int_\Omega (\Re V_- + \Re V_+)(u - u_\varepsilon) \overline{u_\varepsilon} \psi^2 dx. \quad (5.117)$$

$(u - u_\varepsilon)\overline{u_\varepsilon} \geq 0$ だから $-(\Re V_+ + \Re V_-)(u - u_\varepsilon)\overline{u_\varepsilon} \leq |\Re V_-|(u - u_\varepsilon)\overline{u_\varepsilon}$.ゆえに Schwarz の不等式を用いて (5.117) を評価すれば,$K = \operatorname{supp} \psi$ として

$$I_\varepsilon \leq \left(\int_K |\nabla(u_\varepsilon - u)|^2 dx \right)^{1/2} \left(\int_K |\nabla(u_\varepsilon \psi^2)|^2 dx \right)^{1/2}$$
$$+ \left(\int_K |\Re V_-| \psi^2 |u_\varepsilon - u|^2 dx \right)^{1/2} \left(\int_K |\Re V_-| \psi^2 |u_\varepsilon|^2 dx \right)^{1/2}.$$

$\varepsilon \to 0$ のとき,$\|u_\varepsilon - u\|_{H^1(K)} \to 0$,$\Re V_-$ は加藤型だから第 1 項,第 2 項とも $\to 0$,ゆえに

$$\limsup_{\varepsilon \to 0} I_\varepsilon \leq 0 \quad (5.118)$$

5.7 固有関数の性質 1

である. (5.116) の左辺を (5.6) を用いて書き直せば

$$\int_\Omega (|\nabla(\psi u_\varepsilon)|^2 + \Re V|u_\varepsilon|^2\psi^2 - |u_\varepsilon|^2|\nabla\psi|^2)dx = \Re \int_\Omega f\overline{u_\varepsilon}\psi^2 dx + I_\varepsilon. \tag{5.119}$$

一方, (5.108) に $\varphi = u_\varepsilon\psi \in L^\infty_{\text{comp}}(\Omega) \cap H^1(\Omega)$ を代入して

$$\int_\Omega \lambda(x)|u_\varepsilon|^2\psi^2 dx \leq \int_\Omega \{|\nabla(\psi u_\varepsilon)|^2 + \Re V|u_\varepsilon|^2\psi^2\}dx. \tag{5.120}$$

これと (5.119) をあわせて

$$\int_\Omega (\lambda(x)\psi^2 - |\nabla\psi|^2)|u_\varepsilon|^2 dx \leq \Re \int_\Omega f\overline{u_\varepsilon}\psi^2 dx + I_\varepsilon.$$

$\varepsilon \to 0$ として (5.118) を用いれば (5.115) が従う.
(第 2 段) もし (5.115) で $\psi = e^h$ とおいてよければ

$$\int_\Omega (\lambda(x) - |\nabla h|^2)|u|^2 e^{2h} dx \leq \Re \int_\Omega f\overline{u}e^{2h}dx$$
$$\leq \left(\int_\Omega (\lambda(x) - |\nabla h|^2)|u|^2 e^{2h}dx\right)^{1/2} \left(\int_\Omega (\lambda(x) - |\nabla h|^2)^{-1}|f|^2 e^{2h}dx\right)^{1/2} \tag{5.121}$$

となって, 目標の評価が得られる. そこで, e^h を近似しよう. そのためにまず

$$0 \leq \chi(x) \leq 1, \quad \text{supp}\,\chi \text{ はコンパクト}, \quad |\nabla h(x)|^2 < \lambda(x), \quad \text{a.e. } x \in \Omega \tag{5.122}$$

を満たす実 Lipschitz 関数 $\chi(x), h(x)$ に対して

$$\int_\Omega (\lambda(x) - |\nabla h|^2)|\chi u|^2 e^{2h}dx \leq \int_\Omega (\lambda(x) - |\nabla h|^2)^{-1}|f\chi|^2 e^{2h}dx$$
$$+ 2\int_\Omega |u|^2(|\nabla\chi|^2 + 2\chi\nabla\chi\cdot\nabla h)e^{2h}dx \tag{5.123}$$

が成立することを示そう. (5.115) において $\psi = e^h\chi \in L^\infty_{\text{comp}} \cap H^1(\Omega)$ とおいて

$$|\nabla\psi|^2 = e^{2h}(|\nabla\chi|^2 + 2\chi\nabla\chi\cdot\nabla h + \chi^2|\nabla h|^2)$$

を代入し, 移項すれば

$$\int_\Omega (\lambda(x) - |\nabla h|^2)|\chi u|^2 e^{2h}dx \leq \Re \int_\Omega f\overline{u}\chi^2 e^{2h}dx + \int_\Omega |u|^2(|\nabla\chi|^2 + 2\chi\nabla\chi\cdot\nabla h)e^{2h}dx.$$

右辺第 1 項の被積分関数を $f\overline{u}\chi^2 e^{2h} = (\lambda(x) - |\nabla h|^2)^{\frac{1}{2}}\chi\overline{u}e^h \cdot (\lambda(x) - |\nabla h|^2)^{-\frac{1}{2}}\chi fe^h$ と書いて, (5.121) のときのように Schwarz の不等式を用いれば

$$\int_\Omega (\lambda(x) - |\nabla h|^2)|\chi u|^2 e^{2h}dx$$

$$\le \left(\int_\Omega (\lambda(x) - |\nabla h|^2)|\chi u|^2 e^{2h} dx\right)^{1/2} \left(\int_\Omega (\lambda(x) - |\nabla h|^2)^{-1}|f\chi|^2 e^{2h} dx\right)^{1/2}$$
$$+ \int_\Omega |u|^2 (|\nabla \chi|^2 + 2\chi \nabla \chi \cdot \nabla h) e^{2h} dx$$

これは, $a \le a^{\frac{1}{2}} b^{\frac{1}{2}} + c, a, b > 0, c \in \mathbb{R}$ の形の不等式. このとき,
$$a - b = 2a^{\frac{1}{2}}(a^{\frac{1}{2}} - b^{\frac{1}{2}}) - (a^{\frac{1}{2}} - b^{\frac{1}{2}})^2 \le 2a^{\frac{1}{2}}(a^{\frac{1}{2}} - b^{\frac{1}{2}}) \le 2c, \quad \text{ゆえに} \quad a \le b + 2c$$

である. したがって (5.123) が成立する.

(第3段) $d > 0$ が与えられたとき, 第2段の条件 (5.122) を満たす関数列 $\chi_{d,j}, h_m$, $j, m = 1, 2, \ldots$, を $\chi_{d,j}$ は Ω_d 上 $\chi_{d,j}(x) \uparrow 1$, h_m は h の近似列となるように構成しよう. $\eta_d(t)$ を $t \in [0, \infty)$ の単調増大で連続な折れ線

$$\eta_d(t) = \begin{cases} t/d, & 0 \le t \le d \text{ のとき}, \\ 1, & t \ge d \text{ のとき} \end{cases}$$

とする. 増大列 $K_1 \Subset K_2 \Subset \cdots \Subset \Omega$ を $\cup K_j = \Omega$ を満たすようにとって

$$\chi_{d,j}(x) = \eta_d(\rho_\lambda(x, K_j^c)), \quad K_j^c = \Omega \setminus K_j, \quad j = 1, 2, \ldots \qquad (5.124)$$

と定義する. $0 \le \chi_{d,1}(x) \le \chi_{d,2}(x) < \cdots \le 1$ で

$$\mathrm{supp}\, \chi_{d,j} \subset K_j, \quad \rho_\lambda(x, K_j^c) \ge d \text{ のとき } \chi_{d,j}(x) = 1. \qquad (5.125)$$
$$\text{特に} \quad x \in \Omega_d \text{ なら } 0 \le \chi_{d,1}(x) \le \chi_{d,2}(x) \le \cdots \to 1. \qquad (5.126)$$

不等式 $|\eta_d(t) - \eta_d(s)| \le |t - s|/d$ と 3 角不等式によって

$$|\chi_{d,j}(x) - \chi_{d,j}(y)| \le d^{-1}|\rho_\lambda(x, K_j^c) - \rho_\lambda(y, K_j^c)| \le d^{-1}\rho_\lambda(x, y). \qquad (5.127)$$

したがって (5.110) によって $\chi_{d,j}$ は (5.122) の χ の条件を満たし, さらに定理 5.76 によって

$$|\nabla \chi_{d,j}(x)|^2 \le d^{-2} \lambda(x) \qquad (5.128)$$

を満たす関数である. 減衰条件 (5.112) の δ は $0 < \delta < 1$ として一般性を失わない. $0 < \delta < 1$ と仮定して

$$h_m(x) = \min\{h(x), -(1-\delta)\rho_\lambda(x) + m\}, \quad m = 1, 2, \ldots \qquad (5.129)$$

と定義する. $\nabla h_m(x) = \nabla h(x)$ あるいは $\nabla h_m(x) = -(1-\delta)\nabla \rho_\lambda(x)$ で (補題 5.75 参照), 仮定からほとんど至るところ $|\nabla h(x)|^2 < \lambda(x)$, 定理 5.76 から $|(1-\delta)\nabla \rho_\lambda(x)|^2 \le (1-\delta)^2 \lambda(x) < \lambda(x)$. したがって $h_m(x)$ は (5.122) の h への条件を満たす:

$$|\nabla h_m(x)|^2 < \lambda(x) \quad \text{a.e.} \ x \in \Omega. \qquad (5.130)$$

5.7 固有関数の性質 1

さらに, $m \to \infty$ のとき, 補題 5.75 の証明によって

任意の x に対して $h_m(x) \to h(x)$, ほとんど至るところ $\nabla h_m(x) \to \nabla h(x)$ である。
(5.131)

(第 4 段)(5.123) を $\chi(x) = \chi_{d,j}(x)$, $h(x) = h_m(x)$ に対して適用すれば

$$\int_\Omega (\lambda(x) - |\nabla h_m|^2)|\chi_{d,j}u|^2 e^{2h_m} dx \leq \int_\Omega |f\chi_{d,j}|^2(\lambda(x) - |\nabla h_m|^2)^{-1} e^{2h_m} dx \quad (5.132)$$

$$+ 2\int_\Omega |u|^2(|\nabla \chi_{d,j}|^2 + 2\chi_{d,j}\nabla \chi_{d,j} \cdot \nabla h_m) e^{2h_m} dx \quad (5.133)$$

である。$\Omega_d = \{x \in \Omega \colon \rho_\lambda(x, \{\infty\}) > d\}$ であった。次を示す。

$$\limsup_{j \to \infty}(5.133) \leq \frac{2(1+2d)}{d^2}\int_{\Omega \setminus \Omega_d} |u|^2 \lambda e^{2h_m} dx. \quad (5.134)$$

$K_{j,d} = \{x \in K_j \colon \rho_\lambda(x, \Omega \setminus K_j) > d\}$ と定義して, (5.133) の積分領域を

$$\Omega = (\Omega \setminus \Omega_d) \cup (\Omega_d \cap (K_j \setminus K_{j,d})) \cup \{(\Omega_d \setminus K_j) \cup K_{j,d}\}$$

と分割する。$K_{j,d}$ は開集合で, $x \in K_{j,d}$ のとき $\chi_{d,j}(x) = 1$, $\Omega \setminus K_j$ も開集合で $x \in \Omega \setminus K_j$ のとき $\chi_{d,j}(x) = 0$. ゆえに $(\Omega_d \setminus K_j) \cup K_{j,d}$ 上 $\nabla \chi_{d,j} = 0$. したがって, $(\Omega_d \setminus K_j) \cup K_{j,d}$ 上の積分は 0 である。$K_j \setminus K_{j,d}$ の特性関数を $\mathcal{K}_j(x)$ と書く。積分 (5.133) への $\Omega_d \cap (K_j \setminus K_{j,d})$ 上の積分の寄与は

$$2\int_{\Omega_d} \mathcal{K}_j(x)|u|^2(|\nabla \chi_{d,j}|^2 + 2\chi_{d,j}\nabla \chi_{d,j} \cdot \nabla h_m) e^{2h_m} dx. \quad (5.135)$$

ここで, 任意の $x \in \Omega_d$ に対して j が十分大きければ $x \in K_j$, $\rho_\lambda(x, \Omega \setminus K_j) > d$ だから $\lim_{j \to \infty} \mathcal{K}_j(x) = 0$. 一方, (5.128), (5.130) によって,

$$|\nabla \chi_{d,j}|^2 + 2|\chi_{d,j}\nabla \chi_{d,j} \cdot \nabla h_m| \leq d^{-2}(1+2d)\lambda(x) \equiv C_d \lambda(x) \quad (5.136)$$

で $h_m(x) \leq -(1-\delta)\rho_\lambda(x) + m$ だから

$$|(5.135) \text{ の被積分関数}| \leq C_d e^{2m} |u|^2 \lambda e^{-2(1-\delta)\rho_\lambda(x)}$$

これは, u に対する減衰条件 (5.112) によって可積分である。ゆえに Lebesgue の収束定理によって, (5.135) は $j \to \infty$ のとき 0 に収束する。$\Omega \setminus \Omega_d$ 上の積分は (5.136) をもう一度用いれば

$$2\int_{\Omega \setminus \Omega_d} |u|^2(|\nabla \chi_{d,j}|^2 + 2\chi_{d,j}\nabla \chi_{d,j} \cdot \nabla h_m) e^{2h_m} dx \leq \frac{2(1+2d)}{d^2}\int_{\Omega \setminus \Omega_d} |u|^2 \lambda e^{2h_m} dx$$

と評価される。これらをあわせれば (5.134) が従う。

(第 5 段) 証明を完成させよう. 左辺の積分領域を Ω_d に縮小してから (5.132), (5.133) の両辺の $\limsup_{j\to\infty}$ をとる. (5.126) から単調収束定理によって

$$\int_{\Omega_d} (\lambda(x) - |\nabla h_m|^2)|u|^2 e^{2h_m} dx$$
$$\leq \int_{\Omega} |f|^2 (\lambda(x) - |\nabla h_m|^2)^{-1} e^{2h} dx + \frac{2(1+2d)}{d^2} \int_{\Omega\setminus\Omega_d} |u|^2 \lambda e^{2h} dx \quad (5.137)$$

ただし, 右辺では $h_m \leq h$ を用いて, e^{2h_m} を e^{2h} で置き換えた. 次に, (5.137) において $m \to \infty$ とする. (5.131), (5.130) が成立するから, Fatou の補題によって左辺は

$$\int_{\Omega_d} (\lambda(x) - |\nabla h|^2)|u|^2 e^{2h} dx \leq \liminf_{m\to\infty} \int_{\Omega_d} (\lambda(x) - |\nabla h_m|^2)|u|^2 e^{2h_m} dx \quad (5.138)$$

を満たす. 右辺には Lebesgue の収束定理を用いよう. 第 1 項において

$$(\lambda - |\nabla h_m|^2)^{-1} \leq \delta^{-1}(\lambda - |\nabla h|^2)^{-1}, \quad m = 1, 2, \ldots$$

である. これは $\nabla h_m(x) = \nabla h(x)$ のときは明らか. $\nabla h_m(x) = -(1-\delta)\nabla\rho_\lambda(x)$ のときも

$$\lambda - |\nabla h_m|^2 = \lambda - (1-\delta)^2 |\nabla\rho_\lambda|^2 \geq \lambda - (1-\delta)^2 \lambda \geq \delta\lambda \geq \delta(\lambda - |\nabla h|^2)$$

から従う. またほとんど至るところ $(\lambda - |\nabla h_m|^2)^{-1} \to (\lambda - |\nabla h|^2)^{-1}$ である. 仮定によって $|f|^2(\lambda(x) - |\nabla h|^2)^{-1} e^{2h}$ は可積分. ゆえに Lebesgue の収束定理によって

$$\lim_{m\to\infty} \int_{\Omega} |f|^2 (\lambda(x) - |\nabla h_m|^2)^{-1} e^{2h_m} dx = \int_{\Omega} |f|^2 (\lambda(x) - |\nabla h|^2)^{-1} e^{2h} dx \quad (5.139)$$

ゆえに定理の (b) が成立する. (a) のときは $\rho_\lambda(x,y)$ に関し Ω が完備だから $\Omega = \Omega_d$. ゆえに, (a) は (b) の特別な場合である. □

■**本質的スペクトルの下の固有関数の指数減衰** 定理 5.77 の応用例を 2 つあげよう. V は実数値で $V \in L^1_{\mathrm{loc}}(\mathbb{R}^d)$, V_- は加藤型とする.

定理 5.78. u を $H = -\Delta + V$ の固有値 $\mu < \Sigma = \inf \sigma_{\mathrm{ess}}(H)$ に属する固有関数とする. このとき, 任意の $\alpha < (\Sigma - \mu)^{1/2}$ に対して

$$\int_{\mathbb{R}^d} |u(x)|^2 e^{2\alpha|x|} dx < \infty. \quad (5.140)$$

証明. $D_{>R} = \{x\colon |x| > R\}$ と書く. 任意に $\mu < E < \tilde{E} < \Sigma$ をとる. 定理 5.13 によって十分大きな $R > 0$ をとれば

$$\int_{D_{>R}} (|\nabla\varphi|^2 + (V(x) - \mu)|\varphi(x)|^2) dx \geq (\tilde{E} - \mu)\|\varphi\|^2, \quad \forall \varphi \in C_0^\infty(D_{>R}),$$

5.7 固有関数の性質 1

$h(x) = (E-\mu)^{1/2}|x|$ ととれば,

$$|\nabla h(x)|^2 = E - \mu < \tilde{E} - \mu$$

が成立する. そこで, $(-\Delta + V - \mu)u = 0$ に対して, 定理 5.77,(2) を $f = 0$, $\Omega = D_{>R}$, $\lambda(x) = \tilde{E} - \mu$, $h(x) = (E-\mu)^{1/2}|x|$ として適用する. $u \in L^2(\mathbb{R}^d)$ だから減衰条件 (5.112) は明らかに満たされる. $\rho_\lambda(x,y)$ が $\overline{\Omega} \times \overline{\Omega}$ に連続的に拡張されるのも明らかだから,

$$\Omega_d = \{x \colon |x| > R + (\tilde{E}-\mu)^{-1/2}d\}, \quad \Omega \setminus \Omega_d = \{x \colon R < |x| \leq R + (\tilde{E}-\mu)^{-1/2}d\}.$$

(5.114) によって

$$\int_{\Omega_d} |u|^2 (\tilde{E}-E) e^{2(E-\mu)^{\frac{1}{2}}|x|} dx \leq \frac{2(2d+1)}{d^2} \int_{\Omega \setminus \Omega_d} |u|^2 (\tilde{E}-\mu) e^{2(\tilde{E}-\mu)^{\frac{1}{2}}|x|} dx$$
$$\leq \frac{2(2d+1)}{d^2} (\Sigma - \mu) 2(d + (\Sigma-\mu)^{1/2}R) \|u\|^2.$$

$E < \Sigma$ は Σ にいくらでも近くとれ, $u \in L^2(\mathbb{R}^d \setminus \Omega_d)$ であるから (5.140) が成立する. □

■**古典粒子進入禁止領域における準古典評価** ハミルトニアン $\xi^2 + V(x)$ に従うエネルギー E の古典粒子は $\xi^2 + V(x) = E$ を満たすことから x 空間の領域 $\Omega(E) = \{x \colon E < V(x)\}$ には進入できない. この領域を**古典粒子進入禁止領域 (classically forbidden region)** という. これに対応して, Planck 定数 $\hbar$ を復活させた Schrödinger 作用素 $H = -\hbar^2\Delta + V$ の固有値 E に属する固有関数は $\Omega(E)$ の内部において $1/\hbar$ に関して指数関数的に減少することを示そう. $V \in C^1(\mathbb{R}^d)$ とし, $u \in L^2(\mathbb{R}^d) \cap C^2(\mathbb{R}^d)$ を

$$-\hbar^2 \Delta u + V(x)u = Eu$$

の解とする. E に対して,

$$\liminf_{|x| \to \infty} V(x) > E$$

が成立し $\Omega(E)$ は有限個の連結成分 $\Omega_1, \ldots, \Omega_n$ からなり, 各々 Ω_j の境界 $\partial\Omega_j$ 上 $\nabla V(x) \neq 0$, $\partial\Omega_j$ はコンパクトで C^1 級と仮定する. Ω をその任意のひとつとする. $\lambda(x) = V(x) - E$ による Ω 上の Agmon 距離を $\rho_\lambda(x,y)$ とする. $\rho_\lambda(x,y)$ は $\overline{\Omega} \times \overline{\Omega}$ に連続的に拡張でき, $\partial\Omega$ 上では $\lambda(x) = 0$ だから, $p, q \in \partial\Omega$ のとき, $\rho_\lambda(p,q) = 0$ である.

$$h(x) = \rho_\lambda(x, \partial\Omega), \quad x \in \Omega$$

と定義する. このとき, $h(x) = \rho_\lambda(x,p)$, $h(y) = \rho_\lambda(y,q)$, $p, q \in \partial\Omega$ であれば $|h(x) - h(y)| \leq \rho_\lambda(x,y)$. したがって, 定理 5.76 によって

$$|\nabla h(x)|^2 \leq V(x) - E$$

が成立する. 任意の $\varepsilon > 0$ に対してあらためて

$$\tilde{\rho}_\lambda(x) = \rho_\lambda(x)/\hbar, \quad \tilde{h}(x) = \sqrt{1-\varepsilon}h(x)/\hbar$$

と定義する. このとき, $|\nabla \tilde{h}(x)|^2 < \hbar^{-2}(V(x) - E)$ で仮定 5.69 の (5.108):

$$\int_\Omega (-\Delta + \hbar^{-2}(V(x) - E))|u(x)|^2 dx \geq \int_\Omega \hbar^{-2}(V(x) - E)|u(x)|^2 dx$$

が成立する. そこで定理 5.77 を方程式 $-\Delta u + \hbar^{-2}(V(x) - E)u = 0$ に $\lambda(x)$ を $\tilde{\lambda}(x) = \hbar^{-2}(V(x) - E)$, $h(x)$ を $\tilde{h}(x) = (1-\varepsilon)^{\frac{1}{2}}h(x)/\hbar$ に置き換えて適用する. $u \in L^2(\mathbb{R}^d)$ なら増大条件 (5.112) は明らかである. ゆえに (5.114) によって

$$\int_{\Omega_d} |u|^2 (\hbar^{-2}(V(x) - E) - |\nabla \tilde{h}(x)|^2) e^{2\sqrt{1-\varepsilon}h(x)/\hbar} dx$$
$$\leq \frac{2(2d+1)}{d^2} \int_{\Omega \setminus \Omega_d} |u|^2 (V(x) - E) \hbar^{-2} e^{2\sqrt{1-\varepsilon}h(x)/\hbar} dx. \quad (5.141)$$

ここで各点 $p \in \partial\Omega$ の近傍を半空間に $V(x) - E = y_1$ となるように写像して考えれば, $h(x) = \rho_\lambda(x, \partial\Omega) \sim C(V(x) - E)^{\frac{3}{2}}$, したがって,

$$\{x \in \Omega \colon V(x) - E \leq C_1(\hbar d)^{\frac{2}{3}}\} \subset \Omega \setminus \Omega_d \subset \{x \in \Omega \colon V(x) - E \leq C_2(\hbar d)^{\frac{2}{3}}\}. \quad (5.142)$$

したがって $\hbar > 0$ が十分小さければ, $x \in \Omega_d$ に対して

$$\hbar^{-2}(V(x) - E) - |\nabla \tilde{h}(x)|^2 \geq \varepsilon \hbar^{-2}(V(x) - E) \geq \varepsilon C d^{2/3} \hbar^{-4/3}.$$

そこで (5.141) の両辺に $\varepsilon^{-1} d^{-\frac{2}{3}} \hbar^{\frac{4}{3}}$ を乗じて (5.142) を用い, $\Omega \setminus \Omega_d$ 上 $h(x) \leq d$ であることに注意すれば

$$\int_{\Omega_d} |u|^2 e^{2\sqrt{1-\varepsilon}h(x)/\hbar} dx$$
$$\leq C_d' \int_{\Omega \setminus \Omega_d} |u|^2 \frac{(V(x) - E)}{\varepsilon(d\hbar)^{\frac{2}{3}}} e^{2\sqrt{1-\varepsilon}h(x)/\hbar} dx \leq \frac{C_d}{\varepsilon} \int_{\Omega \setminus \Omega_d} |u|^2 e^{2\sqrt{1-\varepsilon}d/\hbar} dx.$$

したがって

$$\int_{\Omega_d} |u|^2 e^{2\sqrt{1-\varepsilon}(h(x)-d)/\hbar} dx \leq \frac{C_d}{\varepsilon} \|u\|^2$$

が成立する. ここで $\varepsilon, d > 0$ は任意に小さくできる. Ω_d 上, $h(x) - d > 0$ であることに注意しよう.

5.8 直線上の Schrödinger 作用素

直線上の Schrödinger 作用素 $H = -d^2/dx^2 + V(x)$ に対しては, 1 次元特有の手法を用いて固有値と固有関数についての詳しい性質を調べることができる. この節では V

5.8 直線上の Schrödinger 作用素

は連続とし,H は $\pm\infty$ において極限点型,したがって $C_0^\infty(\mathbb{R})$ 上本質的に自己共役と仮定する.H の自己共拡張を同じ記号 H で書く.この節では特に第 7 章で用いる,V が $\lim_{|x|\to\infty} V(x) = \infty$ を満たすときの,H の固有値の漸近分布と固有関数の高エネルギーでの振る舞いについてのいくつかの結果を導く.この節の関数は断らない限りすべて実数値である.

5.8.1 固有関数の零点と固有値の関係

1 次元 Schrödinger 作用素の固有値の数と,固有方程式の解の零点の数の間には密接な関係がある.これは Mini-Max 原理と次の Sturm の振動定理によって理解できる.

定理 5.79 (Sturm の振動定理). g, h は $[a, b]$ 上連続で $g(x) < h(x)$ とする.u, v が

$$u''(x) + g(x)u(x) = 0, \quad v''(x) + h(x)v(x) = 0 \tag{5.143}$$

の恒等的に 0 ではない解のとき,u の引き続く零点の間には v の零点が必ず存在する.

証明. $x_1 < x_2$ を u の引き続く零点とする.$u''v - uv'' = \{h(x) - g(x)\}u(x)v(x)$ を $[x_1, x_2]$ 上で積分すれば $u(x_1) = u(x_2) = 0$ だから

$$\int_{x_1}^{x_2} \{h(x) - g(x)\}u(x)v(x)dx = \int_{x_1}^{x_2} (u''v - uv'')dx = u'(x_2)v(x_2) - u'(x_1)v(x_1).$$

u は $x_1 < x < x_2$ において定符号である.$u(x) > 0$ とする.$u(x) < 0$ のときは $-u(x)$ を考えればよいから $u(x) > 0$ としてよい.$v(x)$ が $x_1 < x < x_2$ に零点をもたないとすると $v(x)$ も $x_1 < x < x_2$ において定符号,u の場合と同様に $v(x) > 0$ としてよい.このとき,左辺は正,右辺は $v(x_1) > 0, v(x_2) > 0$ で,$u'(x_1) \geq 0, u'(x_2) \leq 0$ だから非正,これは矛盾である.$v(x)$ は $x_1 < x < x_2$ に零点をもたねばならない. □

次の結果はこの本では用いることがないが興味深い.

系 5.80. g, h は $[a, b]$ 上連続で $g(x) < h(x)$,u, v は (5.143) の解で

$$u(a) = v(a) = \alpha, \quad u'(a) = v'(a) = \beta, \quad \alpha^2 + \beta^2 \neq 0$$

を満たすとする.このとき,次が成立する:

(1) v の $[a, b]$ の中の零点の個数 $\geq u$ の $[a, b]$ の中の零点の個数.
(2) v の k 番目の零点 $< u$ の k 番目の零点.

証明. $u(x)$ の $a < x_1$ を満たす最初の零点を x_1 とする.定理 5.79 によって,$v(x)$ が区間 (a, x_1) に零点をもつことを示せばよい.仮定によって

$$\int_a^{x_1} \{h(x) - g(x)\}u(x)v(x)dx = \int_a^{x_1} (u''v - uv'')dx = u'(x_1)v(x_1).$$

(a, x_1) において $v > 0$ とする．このとき，$\alpha > 0$ であるか $\alpha = 0$ で $\beta > 0$ かいずれかである．いずれの場合も (a, x_1) 上で $u(x) > 0$ だから左辺は正である．$u'(x_1) \leq 0$, $v(x_1) \geq 0$ だからこれは矛盾である．(a, x_1) において $v < 0$ のときも同様に矛盾が生ずる．ゆえに，v は (a, x_1) の中に零点をもつ． □

補題 5.81. $a \in \mathbb{R}$, $\varepsilon > 0$ が存在して $x \geq a$ のとき $V(x) > \varepsilon > 0$ とする．このとき，

$$-u''(x) + V(x)u(x) = 0 \tag{5.144}$$

の恒等的に 0 ではない解 u に対して以下が成立する．

(1) $u(x)$ の $x \geq a$ における零点は高々 1 つである．
(2) $x \to \infty$ のとき，$u(x) \to \infty$ であるか，$u(x) \to -\infty$ であるか，$u(x)$, $u'(x) \to 0$ で $u \in L^2((a, \infty))$ となるかのいずれかである．$u \in L^2((a, \infty))$ のとき，$u(x)$ は (a, ∞) に零点をもたない．

$x \leq a$ において $V(x) \geq \varepsilon > 0$ となる場合も同様である．

証明. $u''(x) = V(x)u(x)$ である．$\delta > 0$ を十分小さくとれば，$a - \delta \leq x \leq a$ においても，$V(x) > \varepsilon$．したがって，必要なら a を左に移動して，$u(a) \neq 0$ と仮定してよい．
(a) $u(a) > 0$, $u'(a) > 0$ のとき：$u''(a) > 0$ だから $u(x)$ は単調に増加して $u(x) \to \infty$ となる．同様に $u(a) < 0$, $u'(a) < 0$ なら $u(x)$ は単調に減少して $u(x) \to -\infty$ である．いずれの場合も $u(x)$ は (a, ∞) で零点をもたない．
(b) $u(a) > 0$, $u'(a) < 0$ のとき：場合を分けて考える．
(b1) $x \geq a$ で $u(x) \geq 0$ の場合．$V(x)u(x) = u''(x) \geq 0$ だから $u'(x)$ は単調増加．

$$\lim_{x \to \infty} u'(x) = \beta$$

とする．$\beta < 0$ なら $u(x) \to -\infty$ となって $u(x) \geq 0$ に反するから，$\beta \geq 0$ である．

(i) $\beta > 0$ のときは $u(x) \to \infty$ で，u は (a, ∞) で 0 にならない．
(ii) $\beta = 0$ のときは $u'(x) \leq 0$ だから，$u(x)$ は単調減少，$u(x) \geq 0$ だから $u(x) \to \alpha$．$\alpha > 0$ なら十分大きな任意の x に対して $u''(x) \geq \varepsilon\alpha > 0$ だから，$u'(x) \to 0$ に反する．ゆえに $u(x) \to 0$ である．さらに $V(x)u(x) \geq 0$ で

$$\int_{x_\lambda}^{x} V(y)u(y)dy = \int_{x_\lambda}^{x} u''(y)dy = u'(x) - u'(a) \leq -u'(a)$$

だから，$V(x)u(x)$ は (a, ∞) 上可積分，ゆえに u も可積分，$u(x) \to 0$ だから $u \in L^2((0, \infty))$ でもある．このときも u は (a, ∞) において零点をもたない．

(b2) $x_1 > a$ において $u(x)$ が正から負に符号を変えたとする．$u'(x_1) \leq 0$ で，$u(x_1) = 0$ だから $u'(x_1) < 0$．ゆえに，ある $x_2 > x_1$ において $u(x_2) < 0$, $u'(x_2) < 0$．これより (a) の場合と同様に，$u(x) \to -\infty$ となる．特に u の (a, ∞) の中における零点は 1 つである．$u(a) < 0$, $u'(a) > 0$ の場合は u のかわりに $-u$ を考えれば上の場合に帰着する． □

5.8 直線上の Schrödinger 作用素

固有方程式
$$-u''(x) + V(x)u(x) = \lambda u(x) \tag{5.145}$$

の解を $u(x,\lambda)$ と書く. $(u(x,\lambda)u'(x,\mu) - u'(x,\lambda)u(x,\mu))' = (\lambda - \mu)u(x,\lambda)u(x,\mu)$ を積分した次の等式はよく用いられる:

$$(u(x,\lambda)u'(x,\mu) - u'(x,\lambda)u(x,\mu))\Big|_a^b = (\lambda - \mu)\int_a^b u(x,\lambda)u(x,\mu)dx. \tag{5.146}$$

補題 5.82. $\lambda < \mu < \liminf_{|x|\to\infty} V(x)$ とする. $x \to \infty$ において $u(x,\lambda) \to 0$ であれば, $u(x,\mu)$ は $u(x,\lambda)$ の最大の零点より大きな零点をもつ. $x \to -\infty$ において $u(x,\lambda) \to 0$ なら $u(x,\mu)$ は $u(x,\lambda)$ の最小の零点より小さな零点をもつ.

証明. $\lim_{x\to\infty} u(x,\lambda) = 0$ の場合を考える. ほかの場合も同様である. $u(x,\lambda)$ の最大の零点を a とする. $x > a$ において $u(x,\lambda) > 0$ としてよい. $u(x,\mu)$ が $a < x$ に零点をもたず定符号とする. $u(x,\mu) > 0$ と仮定してよい. $u'(a,\lambda) > 0$ で, 補題 5.81 の証明によって十分大きな x_λ に対して $x > x_\lambda$ のとき, $u'(x,\lambda) < 0$ である. $x \to \infty$ のとき $u(x,\mu) \to 0$ とすれば補題 5.81 の証明によって $u'(x,\mu) \to 0$, $u(x,\lambda) \to 0$, $u'(x,\lambda) \to 0$ だから

$$-u(a,\mu)u'(a,\lambda) = (\mu - \lambda)\int_a^\infty u(x,\lambda)u(x,\mu)dx > 0.$$

これは矛盾. ゆえに $x \to \infty$ のとき $u(x,\mu) \to \infty$ でなければならない. このときは, 補題 5.81 の証明によって $u'(x,\mu) \to \infty$. したがって, 十分大きな x に対して $u'(x,\lambda)u(x,\mu) - u(x,\lambda)u'(x,\mu) < 0$. これは再び

$$u'(x,\lambda)u(x,\mu) - u(x,\lambda)u'(x,\mu) - u(a,\mu)u'(a,\lambda) = (\mu - \lambda)\int_a^\infty u(x,\lambda)u(x,\mu)dx > 0$$

に矛盾する. ゆえに $u(x,\mu)$ は (a,∞) に零点をもたねばならない. $\square$

以下では, V は下に有界で, $H = -\Delta + V$ はスペクトルの下端部分に有限個あるいは無限個の固有値 $\lambda_1 < \lambda_2 < \ldots < \lambda_n < \ldots$ をもち

$$\lambda_n < \liminf_{|x|\to\infty} V(x), \quad n = 1, 2, \ldots \tag{5.147}$$

が満たされるとする. $\lim_{|x|\to\infty} V = \infty$ なら (5.147) は明らかに満たされる. 仮定によって H は $\pm\infty$ において極限点だから, 固有値はすべて単純である.

定理 5.83. (5.147) が満たされるとする. このとき, H の第 n 固有値 λ_n に属する固有関数 $\varphi_n(x)$ はちょうど $n-1$ 個の零点をもつ.

証明. $x_1 < x_2 < \ldots < x_m$ を $\varphi_n(x)$ の零点をとする. $x_0 = -\infty$, $x_{m+1} = \infty$ と定めて, $j = 1, \ldots, m+1$ に対して

$$u_j(x) = \begin{cases} \varphi_n(x), & x_{j-1} \leq x \leq x_j, \\ 0, & \text{その他}, \end{cases} \tag{5.148}$$

と定義する．$\{u_1,\ldots,u_{m+1}\}$ は $L^2(\mathbb{R})$ において直交する．また，$\varphi_n(x_j) = 0$, $j = 1,\ldots,m$ だから，u_j は H の定める 2 次形式 q の定義域に属し

$$q(u_j) = \int_{x_{j-1}}^{x_j} \{\varphi_n'(x)^2 + V(x)\varphi_n^2(x)\}dx = \lambda_n\|u_j\|^2.$$

したがって，Rayleigh–Ritz 原理によって H は λ_n 以下に $m+1$ 個以上の固有値をもつ．ゆえに $m \leq n-1$ である．これより基底状態 $\varphi_1(x)$ は零点をもたない (定理 5.60 参照)．また $\varphi_2(x)$ は $(\varphi_1,\varphi_2) = 0$ から零点をただ 1 つもつ．帰納的に $\varphi_{n+1}(x)$ が n 個の零点をもつことを示そう．φ_n の零点を $x_1,\ldots,x_{n-1}$ とする．Sturm の振動定理によって，φ_{n+1} は (x_j,x_{j+1}), $j = 1,\ldots,n-2$ の中に零点をもつ．ゆえに $-\infty$ と x_1, x_{n-1} と ∞ の間にも零点をもつことを示せばよい．しかしこれは補題 5.82 から明らかである． □

命題 5.84. $\lambda_n < \lambda < \lambda_{n+1}$ とする．$\lim_{x\to-\infty} u(x,\lambda) = 0$ あるいは $\lim_{x\to\infty} u(x,\lambda) = 0$ を満たす (5.145) の解 $u(x,\lambda) \not\equiv 0$ の零点の数は n である．

証明. $u(x,\lambda) = u(x)$ と書く．$\lim_{x\to\infty} u(x) = 0$ の場合を考える．$\lim_{x\to-\infty} u(x) = 0$ を満たすときも同様である．固有関数 $\varphi_n(x)$ の最大の零点を a, 最小の零点を b とする．$\lim_{x\to\pm\infty}\varphi_n(x) = 0$, $\lambda > \lambda_n$ だから，補題 5.82 によって $u(x)$ は $(-\infty,b)$, (a,∞) の両方に零点をもつから $u(x)$ の零点の個数 m は n 以上である．$m \geq n+1$ とし，u の最大の零点を x_m とすれば $x \to \infty$ のとき $u(x) \to 0$, $\lambda < \lambda_{n+1}$ だから φ_{n+1} は x_m より大きな零点をもつ．定理 5.79 とあわせて φ_{n+1} は $n+1$ 個以上の零点をもつことになり定理 5.83 に反する．ゆえに u の零点は n 個である． □

注意 5.85. 命題 5.84 において，$u(x,\lambda)$ が $\lim_{|x|\to\infty}|u(x,\lambda)| = \infty$ を満たすとき，$u(x,\lambda)$ の零点の数は n あるいは $n+1$ いずれでもありうる．実際，$\lambda < \inf V(x)$, したがって $\lambda < \lambda_1$ のとき，$u_\pm(x,\lambda)$ を

$$\lim_{x\to\pm\infty} u_\pm(x,\lambda) = 0, \quad \lim_{x\to\mp\infty} u_\pm(x,\lambda) = \infty$$

を満たす解とすれば，補題 5.81 によって $u_\pm(x,\lambda)$ は零点をもたないから，$u_\pm(x,\lambda) > 0$ である．$u^\pm(x,\lambda) = u_+(x,\lambda) \pm u_-(x,\lambda)$ とすれば $x \to \pm\infty$ において $|u(x,\lambda)| \to \infty$. 明らかに $u^+(x,\lambda)$ は定符号，$u^-(x)$ はただ 1 つの零点をもつ．

5.8.2 固有値の漸近挙動

以下の 2 つの項では $|x| \to \infty$ のとき，$V(x) \to \infty$ と仮定する．この節では Titchmarsh[109] に従って，H の λ 以下の固有値の個数 $N(\lambda)$ が $\lambda \to \infty$ において Weyl の漸近律 (5.77) に従うことを剰余項の評価を与えて証明する．

固有方程式 (5.145) の解の零点の個数を $n(\lambda)$ とする．命題 5.84 によって

$$N(\lambda) = n(\lambda) \text{ あるいは } N(\lambda) = n(\lambda) - 1 \tag{5.149}$$

5.8 直線上の Schrödinger 作用素

である．したがって，固有値の分布を調べるにはおおむね (必ずしも固有関数ではない) 固有方程式の解の零点の個数を調べればよいことがわかる．

補題 5.86. $Q(x) > 0$ を区間 $[0,\xi]$ 上の連続な有界変動関数とする．このとき，$u'' + Q^2(x)u = 0$ の解 $u \not\equiv 0$ の $(0,\xi)$ における零点の数 m は次を満たす：

$$\left| m - \frac{1}{\pi} \int_0^\xi Q(x)dx \right| \leq \frac{1}{2\pi} \int_0^\xi \frac{|dQ|}{Q(x)} + 1. \tag{5.150}$$

$Q(x)$ が定数 l に等しいとき，(5.150) の評価は最良で改良できない．

証明. $\theta(x) = \arctan(Qu/u')$, $0 \leq \theta(0) < \pi$ と定義する (**Prüffer 変換**と呼ばれる)．u と u' は同時には 0 にならない．$u' = 0$ のとき $u > 0$ なら $u'' < 0$，したがって u' は正から負に符号を変え，Qu/u' は ∞ から $-\infty$ に変化する．$u < 0$ のときも同様に Qu/u' は ∞ から $-\infty$ に変化する．したがって，$u'(x)$ が符号を変えるとき $\theta(x)$ は適当な整数 n に対して $(n + \frac{1}{2})\pi$ を増加の方向に通過すると定めれば，$\theta(x)$ を連続関数として任意の x に対して定義することができる．このとき，

$$d\theta = \frac{Q\{1 - (uu''/u'^2)\}dx + (u/u')dQ}{1 + Q^2u^2/u'^2} = Qdx + \frac{uu'dQ}{u'^2 + Q^2u^2}.$$

$u(x) = 0$ のとき，$\theta(x)$ は適当な整数 n に対して $n\pi$ に等しく，$d\theta = Qdx$ で $Q(x) > 0$ だから，$\theta(x)$ は $n\pi$ を増加の方向に通過する (あるいは $\theta(x)$ は $n\pi$ を右から左には通過できない)．したがって $u(x)$ の 0 より大きな初めての零点では $\theta(x) = \pi$, 2 番目の零点では $\theta(x) = 2\pi$ で，$0 \leq \theta(\xi) - m\pi \leq \pi$ である．

$$|d\theta - Qdx| \leq \left|\frac{uu'dQ}{u'^2 + Q^2u^2}\right| \leq \frac{|dQ|}{2Q} \Rightarrow \left|\theta(\xi) - \theta(0) - \int_0^\xi Qdx\right| \leq \int_0^\xi \frac{|dQ|}{2Q},$$

$-\theta(0) \leq \theta(\xi) - \theta(0) - m\pi \leq \pi - \theta(0)$, ゆえに (5.150) が成立する． □

■**固有値の数** 補題 5.86, (5.149) を用いて $N(\lambda)$ を評価しよう．次の定理の (5.151) の右辺第 1 項は Weyl の漸近律 (5.77) の右辺で $d = 1$ としたものである．

定理 5.87. $V(x)$ は C^1 級で，ある $R > 0$ が存在して $|x| \geq R$ で $|x|$ の増加関数，$V''(x) > 0$ とする．このとき，$\lambda \to \infty$ において

$$N(\lambda) = \frac{1}{\pi} \int_{X'}^X (\lambda - V(x))^{\frac{1}{2}} dx + O(1) \tag{5.151}$$

が成立する．ただし，$X' < 0 < X$ は $V(x) = \lambda$ の 2 つの解である．

証明. (5.149) によって (5.151) が $N(\lambda)$ を $u'' + (\lambda - V)u = 0$ の解 u の零点の数 $n(\lambda)$ に置き換えて成立することを示せばよい．補題 5.81 によって，区間 $[X', X]$ の外にある u の

零点は高々 2 個だから, $[X', X]$ の中にある零点を数えればよい. $\lambda > 0$ を十分大として, 補題 5.86 を $Q(x) = (\lambda - V(x))^{\frac{1}{2}}$ に対して用いる. 補題 5.86 の証明の記号を用いると,

$$\theta'(x) = (\lambda - V(x))^{\frac{1}{2}} - \frac{V'(x)\sin\{2\theta(x)\}}{4(\lambda - V(x))}. \tag{5.152}$$

右辺第 2 項の分子・分母に $(\lambda - V)^{\frac{1}{2}}$ を乗じ, 分子の $(\lambda - V)^{\frac{1}{2}}$ を (5.152) の右辺で置き換えれば,

$$\theta'(x) = (\lambda - V(x))^{\frac{1}{2}} - \frac{V'(x)\theta'(x)\sin\{2\theta(x)\}}{4(\lambda - V(x))^{\frac{3}{2}}} - \frac{V'^2(x)\sin^2\{2\theta(x)\}}{16(\lambda - V(x))^{\frac{5}{2}}}.$$

この両辺を 0 から $x < X$ まで積分して, 右辺第 2 項, 第 3 項の積分を $I_1(x)$, $I_2(x)$ と書けば

$$\theta(x) = \theta(0) + \int_0^x \{\lambda - V(t)\}^{\frac{1}{2}} dt - I_1(x) - I_2(x).$$

$|y| \le R$ では $|V'(y)(\lambda - V(y))^{-\frac{3}{2}}| \le C\lambda^{-3/2} < 1$ である. $R < x < X$ のとき $V'(x)(\lambda - V(x))^{-\frac{3}{2}}$ は x の増加関数で $x \to X$ のとき無限大に発散するから $V'(Y)(\lambda - V(Y))^{-\frac{3}{2}} = 1$ を満たす $R < Y < X$ が一意的に存在する. $[R, Y]$ 上の積分に第 2 平均値の定理を用いれば,

$$\begin{aligned}
I_1(Y) &= \left(\int_0^R + \int_R^Y\right) \frac{V'(t)\theta'(t)\sin\{2\theta(t)\}}{4(\lambda - V(t))^{\frac{3}{2}}} dt \\
&= O(\lambda^{-\frac{3}{2}}) + \frac{V'(R)}{4(\lambda - V(R))^{\frac{3}{2}}} \int_R^\xi \theta'(t)\sin\{2\theta(t)\} dt + \int_\xi^Y \theta'(t)\sin\{2\theta(t)\} dt \\
&= O(\lambda^{-\frac{3}{2}}) - O(\lambda^{-\frac{3}{2}}) \cdot [\cos\{2\theta(t)\}]_R^\xi - \frac{1}{2}[\cos\{2\theta(t)\}]_\xi^Y.
\end{aligned}$$

したがって, 十分大きな λ に対して, $|I_1(Y)| \le 2$. $I_2(Y)$ は非負で, $I_1(Y)$ のように分解して部分積分を用いれば, 十分大きな λ に対して

$$\begin{aligned}
I_2(Y) &\le O(\lambda^{-\frac{5}{2}}) + \int_R^Y \frac{V'(t)^2}{16(\lambda - V(t))^{\frac{5}{2}}} dt = O(\lambda^{-\frac{5}{2}}) + \int_R^Y \frac{V'(t)}{24} \{(\lambda - V(t))^{-\frac{3}{2}}\}' dt \\
&= O(\lambda^{-\frac{5}{2}}) + \frac{V'(t)}{24(\lambda - V(t))^{\frac{3}{2}}} \bigg|_R^Y - \int_R^Y \frac{V''(t) dt}{24(\lambda - V(t))^{\frac{3}{2}}} \le O(\lambda^{-\frac{5}{2}}) + \frac{1}{24} \le 1.
\end{aligned}$$

ゆえに補題 5.86 によって $(0, Y)$ の中の零点の数 m_1 は

$$m_1 = \frac{1}{\pi} \int_0^Y \{\lambda - V(t)\}^{\frac{1}{2}} dt + O(1) \tag{5.153}$$

を満たす. 次に $[Y, X]$ の中にある零点の個数 m_2 は 2 以下であることを示そう. $x \in [Y, X]$ のとき, $\lambda - V(x) \le \lambda - V(Y)$ だから Sturm の振動定理 5.79 によって $m_2 \le m_3 + 1$,

5.8 直線上の Schrödinger 作用素

ただし m_3 は $v'' + (\lambda - V(Y))v = 0$ の解 v の $[Y, X]$ の中にある零点の個数. $v(x) = a\sin(\omega x + b)$, $\omega = (\lambda - V(Y))^{\frac{1}{2}}$ だから $m_3 \le \pi^{-1}(X - Y)(\lambda - V(Y))^{1/2} + 1$. 一方,

$$X - Y = \int_Y^X \frac{V'(t)}{V'(t)} dt \le \frac{1}{V'(Y)} \int_Y^X V'(t) dt = \frac{\lambda - V(Y)}{V'(Y)}.$$

したがって, $m_3 \le 1 + \pi^{-1}(\lambda - V(Y))^{\frac{3}{2}}/V'(Y) < 2$, $m_3 \le 1$, $m_2 \le 2$ である. したがって, $(0, \infty)$ における $u(x)$ の零点の個数 $n_+(\lambda) = m_1 + m_2 + O(1) = m_1 + O(1)$. 一方

$$\int_Y^X \{\lambda - V(t)\}^{\frac{1}{2}} dt \le \{\lambda - V(Y)\}^{\frac{1}{2}} (X - Y) \le \{\lambda - V(Y)\}^{\frac{3}{2}} (X - Y)/V'(Y) = 1.$$

ゆえに (5.153) とあわせれば

$$n_+(\lambda) = \frac{1}{\pi} \int_0^X \{\lambda - V(t)\}^{\frac{1}{2}} dt + O(1)$$

である. 同様にして $(-\infty, 0)$ の中の u の零点の個数 $n_-(\lambda)$ は

$$\frac{1}{\pi} \int_{X'}^0 \{\lambda - V(t)\}^{\frac{1}{2}} dt + O(1)$$

に等しい. あわせて定理が得られる. □

第7章で用いる定理 5.89 の証明には定理 5.87 より精密な次の定理の結果を用いる. この定理の証明はここに再現するには長すぎる (Titchmarsh[109] を参照). この定理を認めて先に進む.

定理 5.88. V は C^3 級で, 定数 $R > 0$ が存在して $|x| \ge R$ のとき, $|x|$ の増加関数で $V''(x) > 0$ とする. さらに $|x| \to \infty$ のとき, $V(x) \to \infty$ で次が満たされると仮定する:

$$\frac{V'(x)}{V(x)} = O(|x|^{-1}), \quad \frac{V''(x)}{V'(x)} = O(|x|^{-1}), \quad \frac{V'''(x)}{V''(x)} = O(|x|^{-1}). \tag{5.154}$$

このとき, λ_n を H の第 n 固有値, $X'_n < 0 < X_n$ を $V(x) = \lambda_n$ の2つの根とすれば

$$\frac{1}{\pi} \int_{X'_n}^{X_n} \{\lambda - V'(t)\}^{\frac{1}{2}} dt = n + \frac{1}{2} + O\left(\frac{1}{n}\right) \quad (n \to \infty) \tag{5.155}$$

が成立する.

■**固有値の間隔** 定理 5.88 を認めて, $|x| \to \infty$ のとき, $V(x) \sim C\langle x \rangle^{2c}$, $c > 1$ なら, H の引き続く固有値の間隔 $\lambda_{n+1} - \lambda_n$ は $C\lambda_n^{\frac{1}{2} - \frac{1}{2c}}$ のように増大することを示そう.

定理 5.89. $V(x)$ は定理 5.88 の条件を満たすとする. さらにある定数 $c > 1$ が存在して

$$xV'(x) \ge 2cV(x), \quad |x| \ge R$$

とする. このとき, 固有値 $\lambda_1 < \lambda_2 < \cdots \to \infty$ はある定数 C に対して次を満足する:

$$|\lambda_{n\pm 1} - \lambda_n| \ge C\lambda_n^{\frac{1}{2} - \frac{1}{2c}}, \quad n = 1, 2, \ldots. \tag{5.156}$$

証明. $\min V(x) = 0$ として一般性を失わない. 仮定によって $|x| \geq R$ において $V(x)$ は増加関数で, ある定数 C に対して $V(x) \geq C|x|^{2c}$ を満たす. したがって, 十分大きな n に対して $X_n < X_{n+1}, X'_{n+1} < X'_n$ で $X_n \leq C\lambda_n^{\frac{1}{2c}}, X'_n \geq -C\lambda_n^{\frac{1}{2c}}, X_n \to \infty, X'_n \to -\infty$ が成立する. 定理 5.88 によって

$$\pi + O(n^{-1}) = \int_{X'_n}^{X_n} \{(\lambda_{n+1} - V(x))^{\frac{1}{2}} - (\lambda_n - V(x))^{\frac{1}{2}}\} dx$$
$$+ \int_{X_n}^{X_{n+1}} (\lambda_{n+1} - V(x))^{\frac{1}{2}} dx + \int_{X'_{n+1}}^{X'_n} (\lambda_{n+1} - V(x))^{\frac{1}{2}} dx \equiv I_1 + I_2 + I_3. \quad (5.157)$$

十分大きな n に対して $0 < I_1, I_2, I_3 < \pi + 1$ である. I_1 を

$$I_1 = \int_{X'_n}^{X_n} \frac{(\lambda_{n+1} - \lambda_n) dx}{(\lambda_{n+1} - V(x))^{\frac{1}{2}} + (\lambda_n - V(x))^{\frac{1}{2}}} \quad (5.158)$$

と書く. $|X_n - X'_n| \geq 2$, 分母 $\leq 2\lambda_{n+1}^{\frac{1}{2}}$ と評価すれば $5 \geq I_1 \geq (\lambda_{n+1} - \lambda_n)/\lambda_{n+1}^{\frac{1}{2}} > 0$, ゆえに $n \to \infty$ において $\lambda_{n+1}/\lambda_n \to 1$ である.

十分大きな n に対して $V(x) = \lambda_n/2$ は 2 つの解 $Y'_n < -R, R < Y_n$ をもつ. (5.158) の両辺を $\lambda_{n+1} - \lambda_n$ で割り算して, 右辺の積分を Y_n, Y'_n を用いて分解し, 上から

$$\frac{I_1}{\lambda_{n+1} - \lambda_n} \leq \int_{Y'_n}^{Y_n} \frac{dx}{(2\lambda_n)^{\frac{1}{2}}} + \left(\int_{X'_n}^{Y'_n} + \int_{Y_n}^{X_n}\right) \frac{|V'(x)|}{2(\lambda_n - V(x))^{\frac{1}{2}}} \frac{|x| dx}{xV'(x)} \quad (5.159)$$

と評価する. 右辺の第 1 の積分はさらに $(Y_n - Y'_n)(2\lambda_n)^{-\frac{1}{2}} \leq C\lambda_n^{\frac{1}{2c} - \frac{1}{2}}$ と評価される. 第 2 の積分は

$$|x| \leq C\lambda_n^{\frac{1}{2c}} \quad \text{かつ} \quad xV'(x) \geq 2cV(x) \geq c\lambda_n \quad (5.160)$$

を用いれば上から

$$C\lambda_n^{\frac{1}{2c} - 1} \left(\int_{X'_n}^{Y'_n} + \int_{Y_n}^{X_n}\right) \frac{V'(x) dx}{2(\lambda_n - V(x))^{\frac{1}{2}}} = \sqrt{2} C\lambda_n^{\frac{1}{2c} - \frac{1}{2}}$$

で評価される. したがって

$$I_1 \leq C(\lambda_{n+1} - \lambda_n) \lambda_n^{\frac{1}{2c} - \frac{1}{2}}. \quad (5.161)$$

(5.160) は $x \in (X_n, X_{n+1})$ に対しても成立する. したがって, 上と同様に評価すれば

$$I_2 = \int_{X_n}^{X_{n+1}} \frac{(\lambda_{n+1} - V(x))^{\frac{1}{2}} xV'(x) dx}{xV'(x)} \leq C\lambda_n^{\frac{1}{2c} - 1} \int_{X_n}^{X_{n+1}} (\lambda_{n+1} - V(x))^{\frac{1}{2}} V'(x) dx$$
$$= \frac{2}{3} C\lambda_n^{\frac{1}{2c} - 1} (\lambda_{n+1} - \lambda_n)^{\frac{3}{2}} \leq C\lambda_n^{\frac{1}{2c} - \frac{1}{2}} (\lambda_{n+1} - \lambda_n). \quad (5.162)$$

まったく同様に

$$I_3 \leq C\lambda_n^{\frac{1}{2c} - \frac{1}{2}} (\lambda_{n+1} - \lambda_n). \quad (5.163)$$

5.8 直線上の Schrödinger 作用素　　　　　　　　　　　　　　　　　　　　　　　299

(5.161), (5.162) と (5.163) をあわせて $\pi + O(n^{-1}) = I_1 + I_2 + I_2 \leq C\lambda_n^{\frac{1}{2c}-\frac{1}{2}}(\lambda_{n+1} - \lambda_n)$.
ゆえに, $C\lambda_n^{\frac{1}{2}-\frac{1}{2c}} \leq \lambda_{n+1} - \lambda_n$. (5.156) が成立する. □

5.8.3　固有関数の漸近挙動

ここでは $V(x)$ は $x \to \pm\infty$ で無限大に発散する $|x|$ に関して増加する連続関数とする. $\varphi_n(x)$ を十分大きな n に対する H の第 n 固有関数とする.

$$-\varphi_n''(x) + V(x)\varphi_n(x) = \lambda_n \varphi_n(x).$$

このとき, $\varphi_n(x)$ は $V(x) = \lambda_n$ の 2 つの根 $X_n' < 0 < X_n$ の間では振動的, その外では非振動的であること, すなわち次の性質をもつことはすでに述べた:

(a) $x > X_n$ のとき, $\varphi_n(x)$ は定符号. $\varphi_n(x) > 0$ とすれば $\varphi_n'(x) < 0$ で $x \to \infty$ において $\varphi_n(x), \varphi_n'(x) \to 0$. $\varphi_n(x)$ は下に凸である. $x < X_n'$ でも同様である.

(b) $X_n' < x < X_n$ のとき, $\varphi_n(x)$ と $\varphi_n''(x)$ は異符号. したがって, $\varphi_n(x) > 0$ なら $\varphi_n(x)$ は上に凸, $\varphi_n(x)$ は振動的である.

振動する区間 (X_n', X_n) において $\varphi_n(x)$ は x が端点 X_n', X_n に近づくほど激しく振動する. すなわち次が成立する.

定理 5.90. $V(x)$ は C^1 級で $|x|$ の増加関数とする. このとき, 固有関数 $\varphi_n(x)$ は $X_n' < x < X_n$ における引き続く零点の間にただ 1 つの極大点あるいは極小点をもつ. $X_n' < x < X_n$ の間の $|\varphi_n(x)|$ の引き続く極大値は $|x|$ が増加するとき単調に増大する.

証明. $F(x) = \varphi_n(x)^2 + \varphi_n'(x)^2(\lambda_n - V(x))^{-1}$ とおく. 微分すれば

$$F'(x) = 2\varphi_n(x)\varphi_n'(x) + \frac{2\varphi_n''(x)\varphi_n'(x)}{\lambda_n - V(x)} + \frac{\varphi_n'(x)^2 V'(x)}{(\lambda_n - V(x))^2} = \frac{\varphi_n'(x)^2 V'(x)}{(\lambda_n - V(x))^2}$$

したがって, $x > 0$ のとき, $F'(x) \geq 0$, $x < 0$ のとき, $F'(x) \leq 0$ である. 極小点あるいは極大点では $\varphi_n'(x) = 0$, したがって $F(x) = \varphi_n(x)^2$ である. 定理が従う. □

■**固有関数の高エネルギーにおけるコンパクト領域での振る舞い**　V が定理 5.89 の条件を満たすとき, 任意のコンパクト区間における $\varphi_n(x)$ の $n \to \infty$ での振る舞いを調べる. **Titchmarsh 変換**と呼ばれる独立変数と未知関数の変換

$$y(x) = \int_0^x (\lambda - V(t))^{\frac{1}{2}} dt, \quad w(x) = (\lambda - V(x))^{\frac{1}{4}} u(x) \qquad (5.164)$$

を行う. 時間に依存しない Schrödinger 方程式に対する WKB 法である. このとき,

$$\frac{dw}{dy} = \frac{dw}{dx}\frac{dx}{dy} = \left\{ (\lambda - V(x))^{\frac{1}{4}} \frac{du}{dx} - \frac{1}{4}\frac{V'(x)}{(\lambda - V(x))^{\frac{3}{4}}} u \right\} \frac{1}{(\lambda - V(x))^{\frac{1}{2}}}$$

$$= \frac{1}{(\lambda - V(x))^{\frac{1}{4}}} \frac{du}{dx} - \frac{1}{4}\frac{V'(x)}{(\lambda - V(x))^{\frac{5}{4}}} u$$

である．もう一度微分すれば

$$\frac{d^2w}{dy^2} = \left[(\lambda - V(x))^{-\frac{1}{4}}\frac{d^2u}{dx^2} - \frac{1}{4}\left\{\frac{V''(x)}{(\lambda - V(x))^{\frac{5}{4}}} + \frac{5}{4}\frac{V'(x)^2}{(\lambda - V(x))^{\frac{9}{4}}}\right\}u\right]\frac{1}{(\lambda - V(x))^{\frac{1}{2}}}.$$

したがって，$u''(x) = -(\lambda - V(x))^{\frac{3}{4}}w(x)$, $u(x) = (\lambda - V(x))^{-\frac{1}{4}}w(x)$ を代入してまとめれば，固有方程式 (5.145) は

$$\frac{d^2w}{dy^2} + w + \frac{1}{4}\left\{\frac{V''(x)}{(\lambda - V(x))^2} + \frac{5}{4}\frac{V'(x)^2}{(\lambda - V(x))^3}\right\}w = 0 \tag{5.165}$$

に変換される．$x = x(y)$ を (5.164) の $y = y(x)$ の逆関数として

$$V(y, \lambda) = \frac{1}{4}\frac{V''(x)}{(\lambda - V(x))^2} + \frac{5}{16}\frac{V'(x)^2}{(\lambda - V(x))^3}\bigg|_{x=x(y)} \tag{5.166}$$

と定義する．Duhamel の公式によって (5.165) の一般解は積分方程式

$$w(y) = w(0)\cos y + w'(0)\sin y - \int_0^y \sin(y - z)V(z, \lambda)w(z)dz \tag{5.167}$$

を満たす．

$$w(0)\cos y + w'(0)\sin y = \Re(C_u e^{iy}), \quad C_u = w(0) - iw'(0)$$

と書ける．十分大きな λ に対して

$$\Omega_\lambda = \{x \in \mathbb{R} : V(x) \leq \lambda/2\}$$

と定義する．Ω_λ は区間である．次の補題 (5.168) は解 u の WKB 近似と呼ばれる．

補題 5.91. λ_0 を十分大とする．定数 C が存在し，任意の $\lambda \geq \lambda_0$ に対して次が成立する：固有方程式 (5.145) の任意の解 $u(x)$ に対して複素定数 C_u が存在して

$$|u(x) - \Re\{C_u(\lambda - V(x))^{-\frac{1}{4}}e^{i\int_0^x (\lambda - V(t))^{\frac{1}{2}}dt}\}| \leq C|C_u|\lambda^{-\frac{3}{4}}, \quad x \in \Omega_\lambda. \tag{5.168}$$

証明． R を十分大きくとれば $\Omega_\lambda \setminus [-R, R]$ において

$$0 < V''(x) \leq CV'(x), \quad \lambda/2 \leq \lambda - V(x) \leq \lambda, \quad V'(x) \leq CV(x) \leq C(\lambda - V(x))$$

が成立する．$\Omega_\lambda = [x_{-1}, -R] \cup (-R, R) \cup [R, x_1]$ と分割する．$R = x_0$ と書いて，まず $x \in [x_0, x_1]$ のときを考えよう．このとき，$dy = (\lambda - V(x))^{\frac{1}{2}}dx$ だから

$$\int_{y(x_0)}^{y(x_1)} V(y, \lambda)dy$$
$$= \int_{x_0}^{x_1} \left(\frac{1}{4}\frac{V''(x)}{(\lambda - V(x))^{\frac{3}{2}}} + \frac{5}{4}\frac{V'(x)^2}{(\lambda - V(x))^{\frac{5}{2}}}\right)dx \leq C\int_{x_0}^{x_1} \frac{V'(x)dx}{(\lambda - V(x))^{\frac{3}{2}}} \leq \frac{C}{\lambda^{\frac{1}{2}}}.$$

5.8 直線上の Schrödinger 作用素

したがって, (5.167) に Gronwall の不等式を用いれば,

$$|w(y) - \Re\{C_u e^{iy}\}| \leq C|C_u|\lambda^{-\frac{1}{2}}.$$

両辺に $(\lambda - V(x))^{-\frac{1}{4}}$ を乗じ変数を x に戻せば $[R, x_1]$ 上で (5.168) が成立することがわかる. $x \in [x_{-1}, -R]$ に対しても同様である. $x \in [-R, R]$ においては $V(y, \lambda) = O(\lambda^{-2})$ だから同様に (5.168) が成立する. あわせて補題が得られる. □

補題 5.92. V は定理 5.89 の条件を満たすとする. このとき, (5.145) の $\|u\| = 1$ を満たす固有関数 u に対して (5.168) の定数 C_u は

$$|C_u| \geq C\lambda^{\frac{1}{4} - \frac{1}{4c}} \tag{5.169}$$

を満たす. ただし, C は $\lambda \geq \lambda_0$ にはよらない定数である.

証明. A を空間の伸張作用素の 1 パラメータユニタリ群 $e^{t/2}u(e^t x)$ の生成作用素

$$A = \frac{1}{2}(x \cdot D + D \cdot x) = \frac{1}{2}\left(x \cdot \frac{1}{i}\frac{d}{dx} + \frac{1}{i}\frac{d}{dx} \cdot x\right)$$

とする. V が C^3 級だから u は C^5 級で無限遠方では定理 5.77 (あるいは古典粒子の進入禁止領域での評価) によって指数関数的に減少するから交換子を計算すれば $([H, A]u, u) = (Au, Hu) - (Hu, Au) = \lambda\{(Au, u) - (u, Au)\} = 0.$ 一方,

$$i[H, A]u = (2H_0 - xV'(x))u = \{2H - (2V(x) + xV'(x))\}u.$$

これより次のいわゆるビリアル定理が成立することがわかる:

$$\lambda = (Hu, u) = ((V + \tfrac{1}{2}xV')u, u).$$

十分大きな $\lambda \geq \lambda_0$ に対して $\{|x| \leq R\} \subset \Omega_\lambda$. $M = \inf_{|x| \leq R}(V(x) + \tfrac{1}{2}xV'(x))$ とおけば

$$\lambda \geq M + \int_{|x| \geq R}(V + \tfrac{1}{2}xV')|u|^2 dx$$
$$\geq M + \int_{\Omega_\lambda^c}(1+c)V|u|^2 dx \geq M + \frac{\lambda(1+c)}{2}\int_{\Omega_\lambda^c}|u|^2 dx.$$

したがって, 十分大きな $\lambda \geq \lambda_0$ に対して

$$\int_{\Omega_\lambda}|u|^2 dx = 1 - \int_{\Omega_\lambda^c}|u|^2 dx \geq \frac{(c-1)\lambda + 2M}{(c+1)\lambda} \geq \frac{(c-1)}{2(c+1)}.$$

一方, (5.168) によって

$$\int_{\Omega_\lambda}|u(x)|^2 dx = \int_{\Omega_\lambda}|\Re\{C_u(\lambda - V(x))^{-\frac{1}{4}}e^{i\int_0^x (\lambda - V(t))^{\frac{1}{2}}dt}\} + O(C_u\lambda^{-\frac{3}{4}})|^2 dx$$
$$\leq |C_u|^2 \lambda^{-\frac{1}{2}}|\Omega_\lambda|(1 + C\lambda^{-1}).$$

ここで, 十分大きな $|x|$ に対しては $|V(x)| \geq C|x|^{2c}$ だから $|\Omega_\lambda| \leq C\lambda^{\frac{1}{2c}}$. あわせて, 十分大きな $\lambda \geq \lambda_0$ に対して

$$\frac{(c-1)}{2(c+1)} \leq |C_u|^2 \lambda^{-\frac{1}{2}} |\Omega_\lambda|(1+C\lambda^{-1}) \leq 2|C_u|^2 \lambda^{\frac{1}{2c}-\frac{1}{2}}.$$

ゆえに, $|C_u| \geq C\lambda^{\frac{1}{4}-\frac{1}{4c}}$ である. □

付録 A

補間空間, Lorentz 空間

この章には複素および実補間理論の基本事項がまとめられている. 補間理論は 2 つの Banach 空間の対 $(\mathcal{X}_0, \mathcal{X}_1)$, $(\mathcal{Y}_0, \mathcal{Y}_1)$ と $T\colon \mathcal{X}_0 \to \mathcal{Y}_0$, $T\colon \mathcal{X}_1 \to \mathcal{Y}_1$ がいずれも連続となる線形作用素 T に関するもので, $\mathcal{X}_0$ と $\mathcal{X}_1$ の間, および $\mathcal{Y}_0$ と $\mathcal{Y}_1$ の間を補間する空間の族 $\mathcal{X}_\theta, \mathcal{Y}_\theta$ $(\theta \in (0,1))$, あるいは $\mathcal{X}_{\theta,q}, \mathcal{Y}_{\theta,q}$ $(\theta \in (0,1), 1 \le q \le \infty)$ を $T\colon \mathcal{X}_\theta \to \mathcal{Y}_\theta$ あるいは $T\colon \mathcal{X}_{\theta,q} \to \mathcal{Y}_{\theta,q}$ が連続となるように構成する理論である. 具体的な問題では $\mathcal{X}_j, \mathcal{Y}_j$ は L^p 空間, Sobolev 空間, 重み付き Sobolev 空間などで, 補間空間を具体的に特徴づけるのが重要である. Lorentz 空間は L^p 空間の実補間空間である. 補間理論を用いて Lorentz 空間のいくつかの性質を導く.

A.1 複素補間定理

まず複素関数論を用いる複素補間理論について解説する.

$$\Delta = \{z \in \mathbb{C} : 0 \le \Re z \le 1\}$$

は複素数平面の帯状閉領域, $\Delta^\circ = \{z \in \mathbb{C} : 0 < \Re z < 1\}$ はその内部である.

A.1.1 抽象複素補間理論

ベクトル演算 $\mathcal{X} \times \mathcal{X} \ni \{u, v\} \mapsto u + v \in \mathcal{X}$, および $\mathbb{C} \times \mathcal{X} \ni \{\alpha, u\} \mapsto \alpha u \in \mathcal{X}$ が連続となる位相が定義されているベクトル空間 $\mathcal{X}$ を**位相ベクトル空間**という. 位相は任意の 2 点 $u, v \in \mathcal{X}$, $u \ne v$ に対して交わらない開近傍 $u \in U$, $v \in V$ が存在するとき, **Hausdorff 位相**であるという. ノルム空間は Hausdorff 位相ベクトル空間である.

定義 A.1. ノルム空間の対 $(\mathcal{X}_0, \mathcal{X}_1)$ は $\mathcal{X}_0, \mathcal{X}_1 \subset \mathcal{X}$ を満たす Hausdorff 位相ベクトル空間 $\mathcal{X}$ が存在するとき, **両立的である**という.

両立的なノルム空間の対 $(\mathcal{X}_0, \mathcal{X}_1)$ に対して和空間

$$\mathcal{X}_0 + \mathcal{X}_1 = \{x = x_0 + x_1 : x_0 \in \mathcal{X}_0, \ x_1 \in \mathcal{X}_1\}$$

や共通部分 $\mathcal{X}_0 \cap \mathcal{X}_1$ を考えることができる.

$$\|x\|_{\mathcal{X}_0 \cap \mathcal{X}_1} = \max\{\|x\|_{\mathcal{X}_0}, \|x\|_{\mathcal{X}_1}\}, \tag{A.1}$$

$$\|x\|_{\mathcal{X}_0 + \mathcal{X}_1} = \inf\{\|x_0\|_{\mathcal{X}_0} + \|x_1\|_{\mathcal{X}_1} : x = x_0 + x_1,\ x_0 \in \mathcal{X}_0,\ x_1 \in \mathcal{X}_1\} \tag{A.2}$$

と定義する. 次の補題は定義から直ちに従う.

補題 A.2. $(\mathcal{X}_0, \mathcal{X}_1), (\mathcal{Y}_0, \mathcal{Y}_1)$ を両立的なノルム空間の対とする. 次が成立する:

(1) $(\mathcal{X}_0 \cap \mathcal{X}_1,\ \|\cdot\|_{\mathcal{X}_0 \cap \mathcal{X}_1}), (\mathcal{X}_0 + \mathcal{X}_1,\ \|\cdot\|_{\mathcal{X}_0 + \mathcal{X}_1})$ はノルム空間である.
(2) 埋め込み $\mathcal{X}_j \ni x \mapsto x \in \mathcal{X}_0 + \mathcal{X}_1$ は連続である $(j = 0, 1)$.
(3) $\mathcal{X}_0, \mathcal{X}_1$ が Banach 空間なら $\mathcal{X}_0 \cap \mathcal{X}_1, \mathcal{X}_0 + \mathcal{X}_1$ も Banach 空間である.
(4) 線形作用素 T が $\mathcal{X}_0$ から $\mathcal{Y}_0$ へ, 同時に $\mathcal{X}_1$ から $\mathcal{Y}_1$ への連続作用素なら, T は $\mathcal{X}_0 \cap \mathcal{X}_1$ から $\mathcal{Y}_0 \cap \mathcal{Y}_1$ への, また $\mathcal{X}_0 + \mathcal{X}_1$ から $\mathcal{Y}_0 + \mathcal{Y}_1$ への連続作用素である.

以下 $(\mathcal{X}_0, \mathcal{X}_1)$ を両立的な Banach 空間,

$$\Sigma = \Sigma(\mathcal{X}_0, \mathcal{X}_1) = (\mathcal{X}_0 + \mathcal{X}_1,\ \|\cdot\|_{\mathcal{X}_0 + \mathcal{X}_1}), \quad \Sigma' \text{ を } \Sigma \text{ の双対空間},$$

とする. $\|x\|_{\mathcal{X}_0 + \mathcal{X}_1} = \|x\|_\Sigma$ と書く. $\|x\|_\Sigma \leq \|x\|_{\mathcal{X}_j},\ j = 0, 1$ が成立する.

定義 A.3. 帯状閉領域 Δ 上で連続, その内部 Δ° 上で正則な $\Sigma(\mathcal{X})$-値有界関数 $f(z)$ で $\Re z = 0, 1$ のとき, それぞれ $f(iy) \in \mathcal{X}_0, f(1 + iy) \in \mathcal{X}_1$ で

(1) $\mathbb{R} \ni y \mapsto f(iy) \in \mathcal{X}_0$ および $\mathbb{R} \ni y \mapsto f(1 + iy) \in \mathcal{X}_1$ はいずれも連続,
(2) $\sup_{y \in \mathbb{R}} \|f(iy)\|_{\mathcal{X}_0} < \infty, \sup_{y \in \mathbb{R}} \|f(1 + iy)\|_{\mathcal{X}_1} < \infty$

を満たすもの全体を $\mathcal{O} = \mathcal{O}(\mathcal{X}_0, \mathcal{X}_1)$ と書く. $f \in \mathcal{O}$ に対して, $\|f\|_\mathcal{O}$ を次で定義する.

$$\|f\|_\mathcal{O} = \max\{\sup_{y \in \mathbb{R}} \|f(iy)\|_{\mathcal{X}_0}, \sup_{y \in \mathbb{R}} \|f(1 + iy)\|_{\mathcal{X}_1}\}.$$

注意 A.4. 性質 (2) が成り立つとき, ある定数 $M, A > 0$ に対して

$$\|f(z)\|_\Sigma \leq M \exp(e^{A|\Im z|}), \quad z \in \Delta$$

が満たされれば $\|f(z)\|_\Sigma$ は Δ 上有界である (Phragmen–Lindelöf の定理).

補題 A.5. $(\mathcal{O}, \|\cdot\|_\mathcal{O})$ は Banach 空間である.

証明. 明らかに $\mathcal{O}$ は $\mathbb{C}$ 上のベクトル空間, $\|f\|_\mathcal{O}$ はノルムである. 完備性を示せばよい. $f \in \mathcal{O}$ と $\varepsilon > 0$ に対して $f_\varepsilon(z) = e^{\varepsilon z^2} f(z), l \in \Sigma'$ に対して, $l_\varepsilon(z) = \langle f_\varepsilon(z), l \rangle$ と定義する. $l_\varepsilon(z)$ は Δ° 上正則, Δ 上連続な複素数値関数で

$$\max\{|l_\varepsilon(iy)|, |l_\varepsilon(1 + iy))|\} \leq e^\varepsilon \|l\|_{\Sigma'} \|f\|_\mathcal{O}, \quad \lim_{z \in \Delta, |z| \to \infty} |l_\varepsilon(z)| = 0$$

A.1 複素補間定理

を満たす．したがって，最大値の原理によって $|l_\varepsilon(z)| \leq e^\varepsilon \|l\|_{\Sigma'} \|f\|_{\mathcal{O}}$, Hahn–Banach の定理によって $\|f_\varepsilon(z)\|_\Sigma \leq e^\varepsilon \|f\|_{\mathcal{O}}, \varepsilon \downarrow 0$ として

$$\sup_{z \in \Delta} \|f(z)\|_\Sigma \leq \|f\|_{\mathcal{O}} \tag{A.3}$$

が成立する．よって $\{f_n\}$ が $\mathcal{O}$ の Cauchy 列なら，$\Delta \ni z \mapsto f_n(z) \in \Sigma$ は $n \to \infty$ のとき一様収束する．一方 $\mathbb{R} \ni y \mapsto f_n(iy) \in \mathcal{X}_0$, $\mathbb{R} \ni y \mapsto f_n(1+iy) \in \mathcal{X}_1$ が一様収束するのは明らかである．したがって，その極限を $f(z)$ とすれば複素関数論の Weierstrass の定理も用いて $f \in \mathcal{O}, \|f_n - f\|_{\mathcal{O}} \to 0$ が成立する．ゆえに $\mathcal{O}$ は Banach 空間である． $\square$

定義 A.6. $0 < \theta < 1$ に対して $\mathcal{X}_\theta = \{x = f(\theta): f \in \mathcal{O}\}$, $x \in \mathcal{X}_\theta$ に対して

$$\|x\|_{\mathcal{X}_\theta} = \inf\{\|f\|_{\mathcal{O}}: f(\theta) = x, f \in \mathcal{O}\}$$

と定義する．$\mathcal{X}_\theta$ を $\mathcal{X}_0$ と $\mathcal{X}_1$ の **複素補間空間** と呼び $\mathcal{X}_\theta = (\mathcal{X}_0, \mathcal{X}_1)_\theta$ と書く．

定理 A.7. $(\mathcal{X}_0, \mathcal{X}_1)$, $(\mathcal{Y}_0, \mathcal{Y}_1)$ を両立的な Banach 空間，$0 < \theta < 1$ に対して $\mathcal{X}_\theta, \mathcal{Y}_\theta$ をその複素補間空間とする．$\mathcal{X}_\theta, \mathcal{Y}_\theta$ は Banach 空間で次を満たす：

(1) 連続的な埋め込み $\mathcal{X}_0 \cap \mathcal{X}_1 \subset \mathcal{X}_\theta \subset \mathcal{X}_0 + \mathcal{X}_1$ が成立する．
(2) $T \in \mathbf{B}(\mathcal{X}_0, \mathcal{Y}_0), T \in \mathbf{B}(\mathcal{X}_1, \mathcal{Y}_1)$ であれば，$T \in \mathbf{B}(\mathcal{X}_\theta, \mathcal{Y}_\theta)$ で

$$\|T\|_{\mathbf{B}(\mathcal{X}_\theta, \mathcal{Y}_\theta)}\| \leq \|T\|_{\mathbf{B}(\mathcal{X}_0, \mathcal{Y}_0)}^{1-\theta} \|T\|_{\mathbf{B}(\mathcal{X}_1, \mathcal{Y}_1)}^{\theta}. \tag{A.4}$$

証明． (A.3) から $\|f(\theta)\|_\Sigma \leq \|f\|_{\mathcal{O}}$．ゆえに $\mathcal{N}_\theta \equiv \{f \in \mathcal{O}: f(\theta) = 0\}$ は $\mathcal{O}$ の閉部分空間，したがって商空間 $\mathcal{O}/\mathcal{N}_\theta$ は Banach 空間である．商空間のノルムの定義によって $\mathcal{X}_\theta$ は $\mathcal{O}/\mathcal{N}_\theta$ と同型だから $\mathcal{X}_\theta$ も Banach 空間である．$x = f(\theta) \in \mathcal{X}_\theta$ なら $\|x\|_\Sigma \leq \|f\|_{\mathcal{O}}$ である．$x = f(\theta)$ を満たす $f \in \mathcal{O}$ について下限をとれば $\|x\|_\Sigma \leq \|x\|_{\mathcal{X}_\theta}$, したがって，$\mathcal{X}_\theta \ni x \mapsto x \in \Sigma = \mathcal{X}_0 + \mathcal{X}_1$ は連続である．$x \in \mathcal{X}_0 \cap \mathcal{X}_1$ に対して定数関数 $f(z) = x$ は，$f \in \mathcal{O}, f(\theta) = x$ で $\|f\|_{\mathcal{O}} = \|x\|_{\mathcal{X}_0 \cap \mathcal{X}_1}$ を満たす．ゆえに $\|x\|_{\mathcal{X}_\theta} \leq \|x\|_{\mathcal{X}_0 \cap \mathcal{X}_1}$, したがって $\mathcal{X}_0 \cap \mathcal{X}_1 \ni x \mapsto x \in \mathcal{X}_\theta$ も連続である．

$$\|Tx\|_{\mathcal{Y}_0} \leq M_0 \|x\|_{\mathcal{X}_0}, \quad x \in \mathcal{X}_0; \quad \|Tx\|_{\mathcal{Y}_1} \leq M_1 \|x\|_{\mathcal{X}_1}, \quad x \in \mathcal{X}_1$$

とする．$x \in \mathcal{X}_\theta$ とする．$x = f(\theta)$ を満たす $f \in \mathcal{O}$ に対して

$$g(z) = M_0^{z-1} M_1^{-z} Tf(z), \quad z \in \Delta$$

と定義する．$g \in \mathcal{O}(\mathcal{Y}_0, \mathcal{Y}_1)$ で

$$g(\theta) = M_0^{\theta-1} M_1^{-\theta} Tx, \quad \|g(iy)\|_{\mathcal{Y}_0} \leq \|f(iy)\|_{\mathcal{X}_0}, \quad \|g(1+iy)\|_{\mathcal{Y}_1} \leq \|f(1+iy)\|_{\mathcal{X}_1}$$

が成立する．ゆえに

$$\|M_0^{\theta-1} M_1^{-\theta} Tx\|_{\mathcal{Y}_\theta} \leq \|g(\theta)\|_{\mathcal{Y}_\theta} \leq \|g\|_{\mathcal{O}(\mathcal{Y}_0, \mathcal{Y}_1)} \leq \|f\|_{\mathcal{O}(\mathcal{X}_0, \mathcal{X}_1)}$$

である．そこで $x = f(\theta)$ を満たす $f \in \mathcal{O}$ について下限をとれば $\|Tx\|_{\mathcal{Y}_\theta} \leq M_0^{1-\theta} M_1^\theta \|x\|_{\mathcal{X}_\theta}$. (A.4) が成立する． $\square$

問題 A.8. $x \in \mathcal{X}_0 \cap \mathcal{X}_1$ のとき, $\|x\|_{\mathcal{X}_\theta} \leq \|x\|_{\mathcal{X}_0}^{1-\theta} \|x\|_{\mathcal{X}_1}^{\theta}$ であることを示せ.

定理 A.7 の証明をまねて双 1 次作用素に対する補間定理が得られる.

定理 A.9. $(\mathcal{X}_0, \mathcal{X}_1), (\mathcal{Y}_0, \mathcal{Y}_1), (\mathcal{Z}_0, \mathcal{Z}_1)$ を両立的な Banach 空間, $0 < \theta < 1$ に対して $\mathcal{X}_\theta, \mathcal{Y}_\theta, \mathcal{Z}_\theta$ をその複素補間空間とする. T は双 1 次作用素で次を満たすとする:

$$\|T(x,y)\|_{\mathcal{Z}_j} \leq M_j \|x\|_{\mathcal{X}_j} \|y\|_{\mathcal{Y}_j}, \quad j = 0, 1.$$

このとき, 任意の $0 \leq \theta \leq 1$ に対して T は $\mathcal{X}_\theta \times \mathcal{Y}_\theta$ から $\mathcal{Z}_\theta$ への双 1 次作用素で

$$\|T(x,y)\|_{\mathcal{Z}_\theta} \leq M_0^{1-\theta} M_1^{\theta} \|x\|_{\mathcal{X}_\theta} \|y\|_{\mathcal{Y}_\theta}. \tag{A.5}$$

証明. $x \in \mathcal{X}_\theta, y \in \mathcal{Y}_\theta$ とする. $x = f(\theta)$ を満たす $f \in \mathcal{O}(\mathcal{X}_0, \mathcal{X}_1), y = g(\theta)$ を満たす $g \in \mathcal{O}(\mathcal{Y}_0, \mathcal{Y}_1)$ をとり, $z \in \Delta$ に対して $h(z) = M_0^{z-1} M_1^{-z} T(f(z), g(z))$ と定義する. $h \in \mathcal{O}(\mathcal{Z}_0, \mathcal{Z}_1), h(\theta) = M_0^{\theta-1} M_1^{-\theta} T(x, y)$ で,

$$\|h(iy)\|_{\mathcal{Z}_0} \leq \|f(iy)\|_{\mathcal{X}_0} \|g(iy)\|_{\mathcal{Y}_0}, \quad \|h(1+iy)\|_{\mathcal{Z}_1} \leq \|f(1+iy)\|_{\mathcal{X}_1} \|g(1+iy)\|_{\mathcal{Y}_1}$$

が成立する. ゆえに $\|M_0^{\theta-1} M_1^{-\theta} T(x,y)\|_{\mathcal{Z}_\theta} \leq \|f\|_{\mathcal{O}(\mathcal{X}_0, \mathcal{X}_1)} \|g\|_{\mathcal{O}(\mathcal{Y}_0, \mathcal{Y}_1)}$. これから定理 A.7 の証明と同様にして $\|T(x,y)\|_{\mathcal{Z}_\theta} \leq M_0^{1-\theta} M_1^{\theta} \|x\|_{\mathcal{X}_\theta} \|y\|_{\mathcal{Y}_\theta}$ である. □

A.1.2 L^p 空間の複素補間空間

測度空間 $(M, \mathcal{B}, \mu)$ 上の L^p 空間の複素補間空間は再び L^p 空間であることを示そう. $L^p = L^p(M, \mathcal{B}, \mu)$ と書く.

定理 A.10. $1 \leq p_0, p_1 \leq \infty$. とする. $0 < \theta < 1$ に対して次が成立する.

$$(L^{p_0}, L^{p_1})_\theta = L^{p_\theta}, \quad \frac{1}{p_\theta} = \frac{1-\theta}{p_0} + \frac{\theta}{p_1}.$$

証明. $p = p_\theta$ と書く. $p_0 = p_1$ のとき, 定理は明らかだから, $p_0 \neq p_1$ とする. $1 < p < \infty$ である. M 上の可積分な単関数の全体を $\mathrm{Simp}(M)$ と書く. $\mathrm{Simp}(M) \subset L^p$ は稠密である. $\mathcal{X}_0 = L^{p_0}, \mathcal{X}_1 = L^{p_1}$ として前項の記号を用いる. $\|u\|_p = 1$ を満たす $u \in \mathrm{Simp}(M)$, $z \in \Delta$ に対して

$$f(z, x) = |u(x)|^{\frac{p}{p(z)}} \mathrm{sign}\, u(x), \quad \frac{1}{p(z)} = \frac{1-z}{p_0} + \frac{z}{p_1} \tag{A.6}$$

と定義する. $f(\theta) = u$ である. $u(x) = \sum a_j \chi_{E_j}(x), E_j \in \mathcal{B}$ を u の標準表現とすれば

$$f(z, x) = \sum_j |a_j|^{p\left(\frac{1-z}{p_0} + \frac{z}{p_1}\right)} \mathrm{sign}\, a_j \chi_{E_j}(x). \tag{A.7}$$

これから明らかに $f(z) = f(z, \cdot) \in \mathcal{O} = \mathcal{O}(\mathcal{X}_0, \mathcal{X}_1)$ で

$$\|f(iy)\|_{\mathcal{X}_0} = \|f(1+iy)\|_{\mathcal{X}_1} = 1, \quad y \in \mathbb{R}.$$

A.1 複素補間定理

ゆえに $\|f\|_{\mathcal{O}} \leq 1$, $u = f(\theta) \in \mathcal{X}_\theta$ で $\|u\|_{\mathcal{X}_\theta} \leq 1$ である. 一般の $u \in \mathrm{Simp}(M)$, $\|u\|_p \neq 0$ に対して $u/\|u\|_p$ に以上の議論を適用すれば

$$u \in \mathcal{X}_\theta, \quad \|u\|_{\mathcal{X}_\theta} \leq \|u\|_p.$$

$\mathrm{Simp}(M) \subset L^p$ は稠密で $\mathcal{X}_\theta$ は完備だから, $L^p \subset \mathcal{X}_\theta$, $\|u\|_{\mathcal{X}_\theta} \leq \|u\|_{L^p}$ が成立する.

逆を示す. p' などは p の双対指数 $1/p + 1/p' = 1$ である. $u \in \mathcal{X}_\theta$ とする. 任意の $\varepsilon > 0$ に対して $f(\theta) = u$, $\|f\|_{\mathcal{O}} \leq \|u\|_{\mathcal{X}_\theta} + \varepsilon$ を満たす $f \in \mathcal{O}$ をとる. $\|v\|_{p'} = 1$ を満たす $v \in \mathrm{Simp}(M)$ に対して

$$g(z,x) = |v(x)|^{\frac{p'}{p'(z)}} \mathrm{sign}\, v(x). \quad \frac{1}{p'(z)} = \frac{1-z}{p_0'} + \frac{z}{p_1'} \tag{A.8}$$

と定義する. v の標準表現を用いて $g(z,x)$ を (A.7) のように表現すれば, $g(z) = g(z, \cdot)$ が任意の $1 < q < \infty$ に対して $z \in \Delta$ の L^q 値有界正則関数で, $g(\theta, x) = v(x)$,

$$\sup_{y \in \mathbb{R}} \|g(iy)\|_{p_0'} = \sup_{y \in \mathbb{R}} \|g(1+iy)\|_{p_1'} = 1$$

を満たすことが上と同様にして確かめられる. このとき,

$$F(z) = \langle f(z), g(z) \rangle, \quad z \in \Delta$$

は Δ° 上で正則, $\mathcal{D}$ 上で有界連続な複素数値関数で

$$|F(j+iy)| \leq \|f(j+iy)\|_{p_j} \|g(j+iy)\|_{p_j'} \leq \|u\|_{\mathcal{X}_\theta} + \varepsilon, \quad j = 0,1,\ y \in \mathbb{R}$$

を満たす. ゆえに Lindelöf の定理によって

$$|\langle u, v \rangle| = |\langle f(\theta), g(\theta) \rangle| = |F(\theta)| \leq \|u\|_{\mathcal{X}_\theta} + \varepsilon. \tag{A.9}$$

$\varepsilon > 0$ は任意だから, $|\langle u, v \rangle| \leq \|u\|_{\mathcal{X}_\theta}$. $\mathrm{Simp}(M) \subset L^{p'}(M)$ は稠密だから, $v \mapsto \langle u, v \rangle \in \mathbb{C}$ は $L^{p'}(M)$ 上の有界線形汎関数に拡張される. $1 < p' < \infty$ だから Riesz の表現定理によって, $u \in L^p$ で $\|u\|_p \leq \|u\|_{\mathcal{X}_\theta}$. あわせて, $\mathcal{X}_\theta = L^p$, $\|u\|_p = \|u\|_{\mathcal{X}_\theta}$ である. □

定理 A.7 と定理 A.10 から Riesz の補間定理 (定理 1.124) が得られ, Riesz の補間定理から Hausdorff–Young の不等式や Young の不等式

$$\|\mathcal{F}u\|_q \leq (2\pi)^{-d(1/2 - 1/q)} \|u\|_p, \quad 1 \leq p \leq 2 \leq q \leq \infty,\ 1/p + 1/q = 1, \tag{A.10}$$

$$\|f * g\|_r \leq \|f\|_p \|g\|_q, \quad 1 \leq p, q, r \leq \infty,\ 1/r = 1/p + 1/q - 1 \tag{A.11}$$

が導かれることは 1.5.2 項において述べた.

A.1.3　Sobolev 空間の複素補間空間

Sobolev 空間の複素補間空間はまた Sobolev 空間である.

定理 A.11. $s_0, s_1 \in \mathbb{R}$ とする. 任意の $0 < \theta < 1$ に対して
$$(H^{s_0}(\mathbb{R}^d), H^{s_1}(\mathbb{R}^d))_\theta = H^s(\mathbb{R}^d), \quad s = (1-\theta)s_0 + \theta s_1. \tag{A.12}$$

証明. $\mathcal{X}_0 = H^{s_0}, \mathcal{X}_1 = H^{s_1}$ とする. $u \in \mathcal{S}$ に対して
$$f(z, x) = \mathcal{F}^*(\langle \xi \rangle^{s-(zs_1+(1-z)s_0)} \hat{u})(x), \quad x \in R^d, \ z \in \Delta$$
と定義する. $f(\theta, x) = u(x)$ である. $u \in \mathcal{S}$ だから $f(z, \cdot) \in \mathcal{O}(\mathcal{X}_0, \mathcal{X}_1)$ で
$$\|f\|_\mathcal{O} = \|u\|_{H^s}$$
なのは明らかである. ゆえに, $\|u\|_\theta \leq \|u\|_{H^s}$. $\mathcal{S}$ は H^s で稠密だから $H^s \subset \mathcal{X}_\theta$, $\|u\|_\theta \leq \|u\|_{H^s}$ である.

逆に, $u \in \mathcal{X}_\theta$ とする. 任意の $\varepsilon > 0$ に対して $f(\theta) = u, \|f\|_\mathcal{O} \leq \|u\|_\theta + \varepsilon$ となる $f \in \mathcal{O}$ が存在する. 任意の $v \in \mathcal{S}$ に対して
$$g(z, x) = \mathcal{F}^*(\langle \xi \rangle^{-s+(zs_1+(1-z)s_0)} \hat{v})(x), \quad x \in R^d, \ z \in \Delta$$
と定義する. このとき, $g(z, \cdot)$ は $z \in \Delta$ の $H^{-s_0} \cap H^{-s_1}$ 値正則関数で,
$$g(\theta, x) = v(x), \quad \|g(it)\|_{H^{-s_0}} = \|v\|_{H^{-s}}, \quad \|g(1+it)\|_{H^{-s_1}} = \|v\|_{H^{-s}}$$
を満たす. したがって, $F(z) = \langle f(z), g(z) \rangle$ は Δ° 上で有界な正則関数で, Δ 上で連続である. ゆえに
$$|\langle u, v \rangle| \leq (\|u\|_\theta + \varepsilon)\|v\|_{H^{-s}}, \quad v \in \mathcal{S}.$$
$\mathcal{S} \subset H^{-s}$ は稠密だから $u \in H^s$ で, $\varepsilon > 0$ は任意だったから $\|u\|_{H^s} \leq \|u\|_\theta$. 前半とあわせて $\|u\|_{H^s} = \|u\|_\theta$ である. □

■重み付き L^p 空間の複素補間空間

問題 A.12. 定理 A.11 の証明と同様にして, 重み付き L^2 空間に対して次を示せ:
$$(L^2_{s_0}(\mathbb{R}^d), L^2_{s_1}(\mathbb{R}^d))_\theta = L^2_{(1-\theta)s_0 + \theta s_1}(\mathbb{R}^d).$$

A.1.4 正則作用素値関数の補間

次の定理の $\mathrm{Simp}(M)$ あるいは $\mathrm{Simp}(N)$ は M あるいは N 上の可積分な単関数の全体の空間である.

定理 A.13. $1 \leq p_0, q_0, p_1, q_1 \leq \infty, 0 < \theta < 1$ とする. $z \in \Delta$ に対して, $T(z)$ は $u \in \mathrm{Simp}(M)$ に N 上の可測関数を対応させる作用素の族で次を満たすとする:

(1) $u \in \mathrm{Simp}(M), v \in \mathrm{Simp}(N)$ のとき, $\langle T(z)u, v \rangle$ は Δ 上有界連続, Δ° 上正則である.

(2) $j=0,1$ に対して, 定数 M_j が存在して
$$\|T(j+iy)u\|_{q_j} \leq M_j\|u\|_{p_j}, \quad y \in \mathbb{R}, \quad j=0,1.$$
このとき, $1/p = (1-\theta)/p_0 + \theta/p_1$, $1/q = (1-\theta)/q_0 + \theta/q_1$ を満たす p,q に対して
$$\|T(\theta)u\|_q \leq M_0^{1-\theta} M_1^\theta \|u\|_p, \quad u \in L^p(M).$$

証明. $\|u\|_p = 1$, $\|v\|_{q'} = 1$ を満たす $u \in \mathrm{Simp}(M)$, $v \in \mathrm{Simp}(N)$ に対して $f(z)$ を (A.6) によって, $g(z)$ を (A.8) で p' を q' に置き換えて定義する. $u(x) = \sum a_j \chi_{E_j}(x)$, $v(x) = \sum b_k \chi_{F_k}$ が u,v の標準表現のとき,
$$F(z) = \sum_{j,k} M_0^{z-1} M_1^{-z} |a_j|^{\frac{p}{p(z)}} |b_k|^{\frac{q'}{q'(z)}} \langle T(z)\chi_{E_j}, \chi_{F_k}\rangle \mathrm{sign}\, a_j \cdot \mathrm{sign}\, b_k.$$
ゆえに $F(z)$ は Δ で有界連続, Δ° 上では正則な複素数値関数で, 仮定 (2) によって
$$|F(iy)| \leq 1, \quad |F(1+iy)| \leq 1, \quad y \in \mathbb{R}$$
を満たすことがわかる. ゆえに最大値の原理によって
$$|F(\theta)| = M_0^{\theta-1} M_1^{-\theta} |\langle T(\theta)u, v\rangle| \leq 1.$$
これから定理 A.10 の証明と同様にして $\|T(\theta)u\|_q \leq M_0^{1-\theta} M_1^{-\theta} \|u\|_p$ が得られる. □

上の定理 A.13 は次のより一般的な定理の特別の場合である. 定理 A.13 の証明をまねて次の定理を証明することは読者に任せる.

定理 A.14. $\mathcal{X} = (\mathcal{X}_0, \mathcal{X}_1)$, $\mathcal{Y} = (\mathcal{Y}_0, \mathcal{Y}_1)$ は両立的な Banach 空間の対, $\mathcal{D} \subset \Sigma(\mathcal{X})$ は部分空間, $\{T(z) : z \in \overline{\Delta}\}$ は $\mathcal{D} \to \Sigma(\mathcal{Y}_0, \mathcal{Y}_1)$ の作用素の族で次が満たされるとする:

(1) 任意の $0 < \theta < 1$ に対して $\mathcal{D}$ は $\mathcal{X}_\theta$ の稠密な部分空間.
(2) $u \in \mathcal{D}$ のとき, $z \to T(z)u \in \Sigma(\mathcal{Y}_0, \mathcal{Y}_1)$ は Δ 上正則, $\overline{\Delta}$ 上では連続かつ有界で,
$$T(it)u \in \mathcal{Y}_0, \quad T(1+it)u \in \mathcal{Y}_1,$$
$$\|T(it)u\|_{\mathcal{Y}_0} \leq C_0 \|u\|_{\mathcal{X}_0}, \quad \|T(1+it)u\|_{\mathcal{Y}_1} \leq C_1 \|u\|_{\mathcal{X}_1}.$$

このとき, 任意の $0 < \theta < 1$ に対して $T(\theta)$ は $\|T(\theta)\|_{\mathbf{B}(\mathcal{X}_\theta, \mathcal{Y}_\theta)} \leq C_0^{1-\theta} C_1^\theta$ を満たす $\mathcal{X}_\theta$ から $\mathcal{Y}_\theta$ への有界作用素に拡張される.

A.2 Lorentz 空間

A.2.1 再配置 (rearrangement)

$\mathbb{R}^d$ の可測集合 B の Lebesgue 測度を $|B|$ と書く. 測度空間 $(M, \mathcal{B}, \mu)$ の可測集合 E に対して $\mathbb{R}^d$ の開球 E^* を
$$E^* = \{x : |x| < R\} \text{ ただし } |E^*| = \mu(E), \quad \chi_E^*(x) = \chi_{E^*}(x) = \begin{cases} 1, & |x| < R, \\ 0, & |x| \geq R \end{cases}$$

と定義する. $\chi_E^*(x)$ は球対称, $r = |x|$ の単調減少関数, 右連続である. M 上の関数 f に対して $\{f > t\} = \{m \in M : f(m) > t\}$ と定義する.

補題 A.15. $f \geq 0$ を $(0, \infty)$ 上の単調減少関数とする.

(1) 任意の $t \geq 0$ に対して $\{f > t\}$ が開区間であることと f が右連続であることは同値である.

(2) f が右連続なら
$$f(t) = \min\{\rho : |\{r > 0 : f(r) > \rho\}| \leq t\} \tag{A.13}$$

証明. (1) 右連続でなければ $f(a) > f(a+0)$ となる $a > 0$ が存在する. このとき, $f(a) > t > f(a+0)$ のとき, $\{f > t\} = (0, a]$ となって矛盾である. f が右連続なら $\{f > t\}$ が開区間であるのは明らかである.
(2) $A = \{\rho : |\{r > 0 : f(r) > \rho\}| \leq t\}$ とする. f は単調減少だから $f(t) \in A$. 一方, $\rho < f(t)$ なら f の右連続性によって $|\{r > 0 : f(r) > \rho\}| > t$ だから $\rho \notin A$. ゆえに $f(t) = \min A$ である. □

定義 A.16. E 上の可測関数 f に対して, $\mathbb{R}^d$ 上の関数
$$f^*(x) = \int_0^\infty \chi^*_{\{|f| > \lambda\}}(x) d\lambda, \ x \in \mathbb{R}^d$$
を f の **Schwartz 再配置**と呼ぶ.

補題 A.17 (Lieb-Loss). $f \geq 0$ のとき, f^* は球対称, $|x|$ の単調減少右連続な関数で, f と等測度, すなわち次が成り立つ:
$$\{x \in \mathbb{R}^d : f^*(x) > \lambda\} = \{f > \lambda\}^*, \quad \forall \lambda \geq 0.$$

証明. $\chi^*_{\{|f| > \lambda\}}(x)$ は球対称で $|x|$ の単調減少関数だから, f^* もそうである. $\chi^*_{\{|f| > \mu\}}$ は 0 か 1 の値をとる, μ に関して単調減少の関数だから $f^*(x) > \lambda$ のためにはある $\mu > \lambda$ に対して $\chi^*_{\{|f| > \mu\}}(x) = 1$ であることが, すなわち $x \in \{|f| > \mu\}^*$ となることが必要十分,
$$\{x \in \mathbb{R}^d : f^*(x) > \lambda\} = \cup_{\mu > \lambda} \{|f| > \mu\}^*$$
である. 右辺は開球だから f^* は $|x|$ の右連続関数 (補題 A.15), $\{|f| > \lambda\} = \cup_{\mu > \lambda} \{|f| > \mu\}$ だから測度の単調収束定理によって $\cup_{\mu > \lambda} \{|f| > \mu\}^* = \{|f| > \lambda\}^*$ である. □

ω_d を d 次元単位球 $\{x \in \mathbb{R}^d : |x| < 1\}$ の体積とする. $B(r)$ は原点を中心とした半径 r の開球, $|B(r)| = r^d \omega_d$ はその体積である.

定義 A.18. $f^{**}(|B(r)|) = f^*(r\omega)$, $\omega \in \mathbb{S}^{d-1}$ によって定義される $r \geq 0$ の**関数** $f^{**}(r)$ を f の**単調減少再配置**という. f^{**} は右連続単調減少関数である.

以下, 記述を簡単にするため, $\{x : f(x) \neq 0\}$ の測度は正と仮定する.

A.2 Lorentz 空間

定理 A.19. $f^{**}(r)$ を M 上の関数 f の単調減少再配置とする.

(1) f^{**} と $|f|$ は等測度: $|\{r > 0 \colon f^{**}(r) > \rho\}| = \mu(\{|f| > \rho\})$.
(2) $\lambda > 0$ の任意の Borel 関数 $G(\lambda)$ に対して

$$\int_M G(|f|)d\mu = \int_{\mathbb{R}^n} G(f^*)dx = \int_0^\infty G(f^{**})dr. \qquad (A.14)$$

(3) $f^{**}(t) = \min\{\rho > 0 \colon |\{|f| > \rho\}| \leq t\}$ である.

証明. $r > 0$ に対して $\tilde{f}(r) = f^*(r\omega),\ \omega \in \mathbb{S}^{d-1}$ と定義する. $\rho = |\{\tilde{f} > t\}|,\ t > 0$ と定義すれば $|\{f^* > t\}| = \rho^d \omega_d$, $|\{f^{**} > t\}| = |\{r > 0 \colon \tilde{f}((r/\omega_d)^{\frac{1}{d}}) > t\}| = \rho^d \omega_d$. よって, f^{**} は f^* と, したがって $|f|$ とも等測度である. Lebesgue 積分の定義から (A.14) が従う. (3) は (1) と (A.13) の帰結である. □

定理 A.20 (再配分不等式). M 上の任意の可測関数 f, g に対して次が成立する:

$$\int_M |f(m)g(m)|d\mu(m) \leq \int f^*(x)g^*(x)dx = \int_0^\infty f^{**}(t)g^{**}(t)dt \qquad (A.15)$$

証明. 左辺に $|f(m)| = \int_0^\infty \chi_{\{|f|>\lambda\}}(m)d\lambda$, $|g(m)| = \int_0^\infty \chi_{\{|g|>\lambda\}}(m)d\lambda$ を代入して積分順序を交換し $\chi_E(m)\chi_F(m) = \chi_{E\cap F}(m)$, $\int_M \chi_E(m)d\mu = \mu(E)$ を用いれば

$$\int_M |f(m)g(m)|d\mu(m) = \int_0^\infty \int_0^\infty \left(\int \chi_{\{|f|>\lambda\}}(m)\chi_{\{|g|>\nu\}}(m)d\mu(m)\right)d\nu d\lambda$$
$$= \int_0^\infty \int_0^\infty \mu(\{|f| > \lambda\} \cap \{|g| > \nu\})d\mu d\nu$$

同様にして

$$\int f^*(x)g^*(x)dx = \int_0^\infty \int_0^\infty |\{|f| > \lambda\}^* \cap \{|g| > \mu\}^*|d\mu d\lambda$$

可測集合 E, F に対して, $\mu(E) \leq \mu(F)$ か $\mu(F) \leq \mu(E)$ のいずれかが起きる. もし $\mu(E) \leq \mu(F)$ なら $E^* \cap F^* = E^*$ だから $\mu(E \cap F) \leq \mu(E) = |E^* \cap F^*|$, 同様に $\mu(F) \leq \mu(E)$ のときも $\mu(E \cap F) \leq |E^* \cap F^*|$. ゆえにいずれの場合も

$$\mu(E \cap F) \leq |E^* \cap F^*|.$$

したがって, (A.15) の第 1 式が成立する. $f^{**}(r^d\omega_d) = f^*(r\omega)$ として変数変換 $t = r^d\omega_d$ を行い, $d\omega_d = \mathbb{S}^{d-1}$ の面積 であることを用いれば第 2 式が得られる. □

A.2.2 Lorentz 空間

以下 $Z^q = L^q((0,\infty), dx/x),\ 1 \leq q \leq \infty$, そのノルムを

$$\|u\|_{Z^q} = \|u\|_{L^q((0,\infty),dx/x)}$$

と書く．いくつかの変数があるときには，$\|u\|_{Z_x^q}$ のように変数を明示する．dx/x は変数変換 $x \to tx$ で不変であるから，$\|u\|_{Z_x^q}$ は $u(x)$ を $u(tx)$, $t > 0$ で置き換えても変わらない．

定義 A.21 (Lorentz 空間). $1 \leq p \leq \infty$, $1 \leq q \leq \infty$ のとき，$L^{p,q}(M)$ を次で定義する：

$$L^{p,q}(M) = \left\{ f : \|f\|_{p,q} = \|x^{\frac{1}{p}} f^{**}\|_{Z^q} < \infty \right\}. \tag{A.16}$$

命題 A.22. (1) $1 \leq p < \infty$ のとき $\|f\|_{p,p} = \|f\|_p$, $\|f\|_{p,\infty} = \|f\|_{p,\mathrm{w}}$.
(2) $1 \leq q < \infty$ のとき，$L^{\infty,q}(M) = \{0\}$, $\|f\|_{\infty,\infty} = \|f\|_\infty$.
(3) 任意の $1 \leq p \leq \infty$ に対して，$1 \leq q < r \leq \infty$ のとき，$L^{p,q}(M) \subset L^{p,r}(M)$.

証明． (1) と $\|f\|_{\infty,\infty} = \|f\|_\infty$ は定理 A.19 から明らかである．$p = \infty$ のとき，$x^{\frac{1}{p}} = 1$ で $f^{**}(r)$ は単調減少だから $L^{\infty,q}(M) = \{0\}$.

$$\log 2 \sum_{j \in \mathbb{Z}} \{2^{\frac{j}{p}} f^{**}(2^{j+1})\}^r \leq \sum_{j \in \mathbb{Z}} \int_{2^j}^{2^{j+1}} \{x^{\frac{1}{p}} f^{**}(x)\}^r \frac{dx}{x}$$
$$\leq \log 2 \sum_{j \in \mathbb{Z}} \{2^{\frac{j+1}{p}} f^{**}(2^j)\}^r = 4^{\frac{r}{p}} \log 2 \sum_{j \in \mathbb{Z}} \{2^{\frac{j}{p}} f^{**}(2^{j+1})\}^r.$$

したがって，$f \in L^{p,r}(M)$ は $\{2^{\frac{j}{p}} f^{**}(2^j)\} \in \ell^r(\mathbb{Z})$ と同値である．$1 \leq q \leq r \leq \infty$ なら $\ell^q(\mathbb{Z}) \subset \ell^r(\mathbb{Z})$. ゆえに (3) が成立する． □

一般には $\|f\|_{p,q}$ は擬ノルムでノルムにはならないが，次の節で $1 < p \leq \infty$ のとき，$L^{p,q}$ は L^1 と L^∞ の実補間空間 $[L^1, L^\infty]_{1-\frac{1}{p}, q}$ に等しいことを示し，(A.16) において f^{**} を

$$f_*(x) = \frac{1}{x} \int_0^x f^{**}(y) dy,$$

に置き換えたものは $\|f\|_{p,q}$ と同値な位相を与えるノルムで $L^{p,q}$ はこのノルムで Banach 空間となることを示す (A.3.4 項参照). さらに Lorentz 空間における Hölder の不等式, Young の不等式を示そう．

A.3 実補間理論

実補間理論では 2 つのパラメータをもつ補間空間を構成する．これによって Besov 空間など様々な空間が定義され，広く用いられている．ここでは抽象論を述べた後に前節で導入された Lorentz 空間が実補間理論によって定義されその一般的性質が抽象論から導けること示す．Besov 空間などはこの本では用いないので解説しない．興味ある読者は Bergh–Löfström の教科書 [13] などを参照されたい．

A.3.1 実補間空間

$\mathcal{X} = (\mathcal{X}_0, \mathcal{X}_1)$ を両立的な Banach 空間の対とする．$u \in \mathcal{X}_0 + \mathcal{X}_1$, $t > 0$ に対して

$$K(t, u, \mathcal{X}) = \inf\{\|u_0\|_{\mathcal{X}_0} + t\|u_1\|_{\mathcal{X}_1} : u = u_0 + u_1\}$$

A.3 実補間理論

と定義する.考えている Banach 空間の対が明らかなときは $\mathcal{X}$ をしばしば省略する.

補題 A.23. $K(t,u) \geq 0$, $t \mapsto K(t,u)$ は単調増加な連続関数で凹 (= 上に凸), さらに

(1) $t \mapsto K(t,u)/t$ は単調減少.
(2) $t \mapsto K(t,u)$ はほとんど至るところ微分可能で $K'(t,u) \leq t^{-1}K(t,u)$.

証明. $K(t,u)$ が非負で t に関して単調増加であるのは明白である.したがって $K(t,u)$ は t に関してほとんど至るところ微分可能である.一般に $\mathcal{L}$ が 1 次関数の族なら $f(t) = \inf\{L(t) : L \in \mathcal{L}\}$ は凹関数である.

$$\inf\{L(\theta t + (1-\theta)s)\} \geq \theta \inf\{L(t)\} + (1-\theta)\inf\{L(s)\} \tag{A.17}$$

だからである.単調増加な凹関数 f は連続である.実際,

$$f(t - \tfrac{1}{2}\varepsilon) \geq \tfrac{1}{2}(f(t+\varepsilon) + f(t-2\varepsilon))$$

において $\varepsilon \downarrow 0$ とすれば,$f(t-0) \geq \tfrac{1}{2}(f(t+0) + f(t-0))$, $f(t-0) \geq f(t+0)$.単調増加なこととあわせて $f(t-0) = f(t+0)$ である.$s \leq t$ なら

$$s(\|u_0\|_{\mathcal{X}_0} + t\|u_1\|_{\mathcal{X}_1}) \leq t(\|u_0\|_{\mathcal{X}_0} + s\|u_1\|_{\mathcal{X}_1})$$

だから $K(t,u)/t \leq K(s,u)/s$.したがって

$$(t-s)^{-1}(K(t,u) - K(s,u)) \leq K(s,u)/s.$$

s において微分可能なら $t \to s$ とすると,$K'(s,u) \leq K(s,u)/s$ である. □

定義 A.24. $\mathcal{X} = (\mathcal{X}_0, \mathcal{X}_1)$ を両立的な Banach 空間の対とする.$0 < \theta < 1$, $1 \leq q \leq \infty$ を満たす (θ, q), $q = \infty$ のときは $0 \leq \theta \leq 1$ に対して

$$[\mathcal{X}_0, \mathcal{X}_1]_{\theta,q} = \{u \in \mathcal{X}_0 + \mathcal{X}_1 : \|u\|_{[\mathcal{X}_0, \mathcal{X}_1]_{\theta,q}} \equiv \|t^{-\theta}K(t,u)\|_{Z^q} < \infty\} \tag{A.18}$$

と定義する.$([\mathcal{X}_0, \mathcal{X}_1]_{\theta,q}, [\mathcal{X}_0, \mathcal{X}_1]_{\theta,q})$ を $(\mathcal{X}_0, \mathcal{X}_1)$ の**実補間空間**という.

定理 A.25. $([\mathcal{X}_0, \mathcal{X}_1]_{\theta,q}, \|u\|_{[\mathcal{X}_0, \mathcal{X}_1]_{\theta,q}})$ は Banach 空間である.

証明. 補題 A.2 によって $t > 0$ のとき $K(t,u)$ は $\mathcal{X}_1 + \mathcal{X}_2$ のノルムで $(\mathcal{X}_1 + \mathcal{X}_2, K(t,u))$ は Banach 空間である.Banach 空間 Z_q における Minkowski の不等式を用いれば,これから $\|u\|_{[\mathcal{X}_0, \mathcal{X}_1]_{\theta,q}}$ は $[\mathcal{X}_0, \mathcal{X}_1]_{\theta,q}$ のノルムであることがわかる.$[\mathcal{X}_0, \mathcal{X}_1]_{\theta,q}$ が完備なことは Riesz–Fischer の定理と同様にして示せる. □

定理 A.26 (実補間定理). $\mathcal{X} = (\mathcal{X}_0, \mathcal{X}_1)$, $\mathcal{Y} = (\mathcal{Y}_0, \mathcal{Y}_1)$ を両立的な Banach 空間の対,

$$T: \mathcal{X}_0 + \mathcal{X}_1 \to \mathcal{Y}_0 + \mathcal{Y}_1, \quad T \in \mathbf{B}(\mathcal{X}_0, \mathcal{Y}_0), \quad T \in \mathbf{B}(\mathcal{X}_1, \mathcal{Y}_1)$$

とする.このとき,$0 < \theta < 1$, $1 \leq q \leq \infty$ に対して $T \in \mathbf{B}([\mathcal{X}_0, \mathcal{X}_1]_{\theta,q}, [\mathcal{Y}_0, \mathcal{Y}_1]_{\theta,q})$,

$$\|Tu\|_{[\mathcal{Y}_0, \mathcal{Y}_1]_{\theta,q}} \leq \|T\|_{\mathbf{B}(\mathcal{X}_0, \mathcal{Y}_0)}^{1-\theta} \|T\|_{\mathbf{B}(\mathcal{X}_1, \mathcal{Y}_1)}^{\theta} \|u\|_{[\mathcal{X}_0, \mathcal{X}_1]_{\theta,q}}. \tag{A.19}$$

証明. $T \neq 0$ としてよい. $M_0 = \|T\|_{\mathbf{B}(\mathcal{X}_0, \mathcal{Y}_0)}$, $M_1 = \|T\|_{\mathbf{B}(\mathcal{X}_1, \mathcal{Y}_1)}$ と書く.

$$K(t, Tu, \mathcal{Y}) = \inf\{\|Tu_0\|_{\mathcal{Y}_0} + t\|Tu_1\|_{\mathcal{Y}_1} : u = u_0 + u_1\}$$
$$\leq \inf\{M_0\|u_0\|_{\mathcal{X}_0} + tM_1\|u_1\|_{\mathcal{X}_1} : u = u_0 + u_1\} = M_0 K(tM_1/M_0, u, \mathcal{X}).$$

dt/t は変数変換 $(M_1/M_0)t \to t$ によって不変だから

$$\|Tu\|_{[\mathcal{Y}_0,\mathcal{Y}_1]_{\theta,q}} = \|t^{-\theta} K(t, Tu, \mathcal{Y})\|_{Z^q}$$
$$\leq \|t^{-\theta} M_0 K(tM_1/M_0, u, \mathcal{X})\|_{Z^q} = M_0^{1-\theta} M_1^{\theta} \|u\|_{[\mathcal{X}_0,\mathcal{X}_1]_{\theta,q}}.$$

したがって, $T \in \mathbf{B}([\mathcal{X}_0, \mathcal{X}_1]_{\theta,q}, [\mathcal{Y}_0, \mathcal{Y}_1]_{\theta,q})$ で (A.19) が成立する. □

補題 A.27. (1) $u \in [\mathcal{X}_0, \mathcal{X}_1]_{\theta,q}$ と $\{2^{-n\theta} K(2^n, u)\} \in \ell^q(\mathbb{Z})$ は同値で

$$2^{-\theta} \|\{2^{-n\theta} K(2^n, u)\}\|_{\ell^q} \leq \frac{\|u\|_{[\mathcal{X}_0,\mathcal{X}_1]_{\theta,q}}}{(\log 2)^{1/q}} \leq 2^{\theta} \|\{2^{-n\theta} K(2^n, u)\}\|_{\ell^q}. \quad (A.20)$$

(2) $u \in [\mathcal{X}_0, \mathcal{X}_1]_{\theta,q}$ であれば, $t^{-\theta} K(t, u) \leq 2^{2\theta} (\log 2)^{-1/q} \|u\|_{[\mathcal{X}_0,\mathcal{X}_1]_{\theta,q}}$ で, $1 \leq q < \infty$ なら

$$\lim_{t \to 0} t^{-\theta} K(t, u) = \lim_{t \to \infty} t^{-\theta} K(t, u) = 0. \quad (A.21)$$

証明. $K(t) = K(t, u)$ と書く. $K(t)$ は単調増加だから, $n \in \mathbb{Z}$ のとき,

$$2^{-(n+1)\theta} K(2^n) \leq t^{-\theta} K(t) \leq 2^{-n\theta} K(2^{n+1}), \quad 2^n \leq t \leq 2^{n+1}, \quad (A.22)$$

$$(2^{-(n+1)\theta} K(2^n))^q \leq \frac{1}{\log 2} \int_{2^n}^{2^{n+1}} (t^{-\theta} K(t))^q \frac{dt}{t} \leq (2^{-n\theta} K(2^{n+1}))^q. \quad (A.23)$$

(A.23) を $n \in \mathbb{Z}$ について加えて (1) を得る. これより $1 \leq q < \infty$ なら $u \in [\mathcal{X}_0, \mathcal{X}_1]_{\theta,q}$ なら $2^{-n\theta} K(2^n) \to 0$ $(n \to \pm\infty)$. (A.22) から (A.21) が従う. 任意の $n \in \mathbb{Z}$ に対して, $2^n \leq t \leq 2^{n+1}$ のとき,

$$t^{-\theta} K(t) \leq 2^{-n\theta} K(2^{n+1}) \leq 2^{\theta} \|\{2^{-n\theta} K(2^n)\}\|_{\ell^q} \leq 2^{2\theta} (\log 2)^{-1/q} \|u\|_{[\mathcal{X}_0,\mathcal{X}_1]_{\theta,q}}.$$

(2) が得られた. □

$1 \leq p \leq q \leq \infty$ のとき, $\ell^p(\mathbb{Z}) \subset \ell^q(\mathbb{Z})$, $\|a\|_{\ell^q} \leq \|a\|_{\ell^p}$ だから次は補題 A.27 から従う.

命題 A.28. $0 < \theta < 1$, $1 \leq p \leq q \leq \infty$ のとき, 次が成立する:

$$[\mathcal{X}_0, \mathcal{X}_1]_{\theta,p} \subset [\mathcal{X}_0, \mathcal{X}_1]_{\theta,q}, \quad \|u\|_{[\mathcal{X}_0,\mathcal{X}_1]_{\theta,q}} \leq C \|u\|_{[\mathcal{X}_0,\mathcal{X}_1]_{\theta,p}}.$$

A.3.2 実補間空間の J 表現

$\mathcal{X} = (\mathcal{X}_1, \mathcal{X}_2)$ を両立的な Banach 空間の対とする. $0 < \theta < 1$ のとき, 実補間空間 $[\mathcal{X}_0, \mathcal{X}_1]_{\theta,q}$ の双対的な表現を与えよう. $[\mathcal{X}_0, \mathcal{X}_1]_{\theta,q} = \mathcal{X}_{\theta,q}$ と書く. $u \in \mathcal{X}_0 \cap \mathcal{X}_1$ のとき,

$$J(t, u, \mathcal{X}) = \max(\|u\|_{\mathcal{X}_0}, t\|u\|_{\mathcal{X}_1}), \quad t > 0$$

A.3 実補間理論

と定義する. 補題 A.2 によって $u \mapsto J(t,u)$ は $\mathcal{X}_0 \cap \mathcal{X}_1$ 上のノルム, $(\mathcal{X}_0 \cap \mathcal{X}_1, J(t,u))$ は Banach 空間である. $t \mapsto J(t,u)$ が非負単調増加な凸関数で

$$K(t,u) \leq \min(1,t/s)J(s,u), \quad 0 < t,s < \infty \tag{A.24}$$

を満たすのは明らかである.

定理 A.29. $0 < \theta < 1, 1 \leq q \leq \infty, u \in \mathcal{X}_0 + \mathcal{X}_1$ とする. このとき, $u \in \mathcal{X}_{\theta,q}$ であることと $t^{-\theta}J(t,u(t)) \in Z^q$ を満たす $\mathcal{X}_0 \cap \mathcal{X}_1$ 値可測関数 $u(t)$ が存在して,

$$u = \int_0^\infty \frac{u(t)}{t} dt \quad (\mathcal{X}_0 + \mathcal{X}_1 \text{における Bochner 積分}) \tag{A.25}$$

と表現されることは同値である.

$$\|u\|_{\theta,q,J} = \inf\left\{ \|t^{-\theta}J(t,u(t))\|_{Z^q} : u = \int_0^\infty \frac{u(t)}{t} dt, \ u(t) \text{ は } \mathcal{X}_0 \cap \mathcal{X}_1\text{-値可測} \right\} \tag{A.26}$$

と定義する. u によらない定数 C_1, C_2 が存在して次が成立する:

$$C_1 \|u\|_{\theta,q,J} \leq \|u\|_{\mathcal{X}_{\theta,q}} \leq C_2 \|u\|_{\theta,q,J}. \tag{A.27}$$

証明. $1 \leq q < \infty$ のときに証明する. $q = \infty$ の場合の証明は以下の議論を多少修正すれば得られる. $u \in \mathcal{X}_{\theta,q}$ とする. $(\log 2)^{-1/q} < 2$ だから, 補題 A.27 によって $n = 0, \pm 1, \ldots$ に対して $u = u_{0,n} + u_{1,n}$ を満たす点列 $u_{0,n} \in \mathcal{X}_0, u_{1,n} \in \mathcal{X}_1$ で

$$\left\{ \sum_{n=-\infty}^\infty \left(2^{-n\theta}(\|u_{0,n}\|_{\mathcal{X}_0} + 2^n \|u_{1,n}\|_{\mathcal{X}_1})\right)^q \right\}^{1/q} \leq 2^{1+\theta} \|u\|_{\mathcal{X}_{\theta,q}} \tag{A.28}$$

を満たすものが存在する.

$$v_n = u_{0,n} - u_{0,n-1} = -(u_{1,n} - u_{1,n-1}), \quad n = 0, \pm 1, \ldots \tag{A.29}$$

と定義する. $u_{0,n} - u_{0,n-1} \in \mathcal{X}_0, -(u_{1,n} - u_{1,n-1}) \in \mathcal{X}_1$ だから $v_n \in \mathcal{X}_0 \cap \mathcal{X}_1$,

$$J(2^n, v_n) \leq (\|u_{0,n}\|_{\mathcal{X}_0} + \|u_{0,n-1}\|_{\mathcal{X}_0}) + 2^n(\|u_{1,n}\|_{\mathcal{X}_1} + \|u_{1,n-1}\|_{\mathcal{X}_1}).$$

(A.28) によって $\|\{2^{-n\theta}J(2^n, v_n)\}\|_{\ell^q(\mathbb{Z})} \leq 2^{1+\theta}\|u\|_{\mathcal{X}_{\theta,q}}$ である. $t > 0$ の $\mathcal{X}_0 \cap \mathcal{X}_1$ 値可測関数 $u(t)$ を

$$u(t) = (\log 2)^{-1} v_{n+1}, \quad 2^n \leq t < 2^{n+1}, \quad n \in \mathbb{Z}$$

と定義する. $\mathcal{X}_1 + \mathcal{X}_2 = \Sigma$ と書く. このとき (A.25) が成立する. 実際, (A.28) によって

$$\int_0^\infty \|u(t)\|_\Sigma \frac{dt}{t} = \sum_{n \in \mathbb{Z}} \|v_n\|_\Sigma \leq 2 \sum_{n=-\infty}^0 \|u_{0,n}\|_{\mathcal{X}_0} + 2 \sum_{n=1}^\infty \|u_{1,n}\|_{\mathcal{X}_1} \leq C_{q,\theta} \|u\|_{\mathcal{X}_{\theta,q}} < \infty$$

だから積分は Bochner 可積分で,

$$\left\|u - \int_{2^{-n}}^{2^n} u(t)\frac{dt}{t}\right\|_\Sigma = \left\|u - \sum_{k=-n+1}^{n} v_k\right\|_\Sigma = \|u - (u_{0,n} - u_{0,-n})\|_\Sigma$$
$$= \|u_{0,-n} + u_{1,n}\|_\Sigma \leq \|u_{0,-n}\|_{\mathcal{X}_0} + \|u_{1,n}\|_{\mathcal{X}_1} \leq C(2^{-n\theta} + 2^{-n(1-\theta)}) \to 0$$

となるからである. また, $J(t,v)$ は t の増加関数だから $C = 2^{(1+2\theta)q}(\log 2)^{1-q}$ とおけば

$$\int_0^\infty (t^{-\theta}J(t,u(t)))^q\frac{dt}{t} \leq 2^{q\theta}(\log 2)^{1-q}\sum_{n\in\mathbb{Z}}(2^{-(n+1)\theta}J(2^{n+1},v_{n+1}))^q \leq C\|u\|_{\mathcal{X}_{\theta,q}}^q.$$

したがって, $t^{-\theta}J(t,u(t)) \in Z^q$ で, $\|u\|_{\theta,q,J} \leq 2^{1+2\theta}(\log 2)^{(1-q)/q}\|u\|_{\mathcal{X}_{\theta,q}}$ である.

逆に, $u \in \mathcal{X}_0 + \mathcal{X}_1$ が $t^{-\theta}J(t,u(t)) \in Z^q$ を満たす $\mathcal{X}_0 \cap \mathcal{X}_1$ 値可測関数 $u(t)$ によって (A.25) のように書いたとする. $K(t,u)$ は $\mathcal{X}_0+\mathcal{X}_1$ 上のノルムだから (A.25) に Minkowski の不等式を用いれば, (A.24) によって

$$K(t,u) \leq \int_0^\infty K(t,u(s))s^{-1}ds \leq \int_0^\infty \min(1,t/s)J(s,u(s))\frac{ds}{s}. \quad (A.30)$$

右辺の積分に変数変換 $s \to ts$ を施してから Minkowski の不等式を用いれば

$$\|t^{-\theta}K(t,u)\|_{Z^q} \leq \int_0^\infty \min(1,1/s)\|t^{-\theta}J(ts,u(ts))\|_{Z_t^q}\frac{ds}{s}$$
$$= \left(\int_0^\infty \min(1,1/s)s^\theta\frac{ds}{s}\right)\|t^{-\theta}J(t,u(t))\|_{Z^q} = \frac{\|t^{-\theta}J(t,u(t))\|_{Z^q}}{\theta(1-\theta)}. \quad (A.31)$$

したがって, $u \in \mathcal{X}_{\theta,q}$ で, (A.31) の右辺で $u(t)$ に関する下限をとれば $\|u\|_{\mathcal{X}_{\theta,q}} \leq C\|u\|_{\theta,q,J}$. したがって, 定理が成立する. □

A.3.3 再帰補間定理

両立的 Banach 空間の対 $(\mathcal{X}_0, \mathcal{X}_1)$, $0 < \theta_j < 1$, $1 \leq q_j \leq \infty$, $j = 0,1$ に対して

$$\mathcal{Y}_j = [\mathcal{X}_0, \mathcal{X}_1]_{\theta_j, q_j}, \quad j = 0,1 \quad (A.32)$$

とする. 明らかに $(\mathcal{Y}_0, \mathcal{Y}_1)$ も両立的 Banach 空間である. $(\mathcal{Y}_0, \mathcal{Y}_1)$ の実補間空間は再び $(\mathcal{X}_0, \mathcal{X}_1)$ の実補間空間であることを示そう.

定理 A.30. (1) $\theta_0 \neq \theta_1$, $0 < \eta < 1$ とする. このとき,

$$[\mathcal{Y}_0, \mathcal{Y}_1]_{\eta,q} = [\mathcal{X}_0, \mathcal{X}_1]_{\theta,q}, \quad \theta = (1-\eta)\theta_0 + \eta\theta_1, \quad 1 \leq q \leq \infty,$$

で両辺の空間のノルムは同値である.
(2) $\theta_0 = \theta_1 = \theta$, $0 < \eta < 1$ とする. このとき,

$$[\mathcal{Y}_0, \mathcal{Y}_1]_{\eta,q} = [\mathcal{X}_0, \mathcal{X}_1]_{\theta,q}, \quad 1/q = (1-\eta)/q_1 + \eta/q_2.$$

A.3 実補間理論

証明. (1) $1 \leq q < \infty$ とする. $q = \infty$ の場合の証明は読者に任せる. $u_j \in \mathcal{Y}_j$, $j = 0, 1$ とする. 補題 A.27(2) によって, $K(t, u_j, \mathcal{X}) \leq Ct^{\theta_j}\|u_j\|_{\mathcal{Y}_j}$, $j = 0, 1$ である. ゆえに, 任意の分解 $u = u_0 + u_1 \in \mathcal{Y}_0 + \mathcal{Y}_1$ に対して

$$K(t, u, \mathcal{X}) \leq K(t, u_0, \mathcal{X}) + K(t, u_1, \mathcal{X}) \leq C(t^{\theta_0}\|u_0\|_{\mathcal{Y}_0} + t^{\theta_1}\|u_1\|_{\mathcal{Y}_1}).$$

分解 $u = u_0 + u_1 \in \mathcal{Y}_0 + \mathcal{Y}_1$ に関する下限をとれば $K(t, u, \mathcal{X}) \leq Ct^{\theta_0} K(t^{\theta_1 - \theta_0}, u, \mathcal{Y})$. したがって

$$\int_0^\infty (t^{-\theta} K(t, u, \mathcal{X}))^q \frac{dt}{t} \leq C \int_0^\infty (t^{\theta_0 - \theta} K(t^{\theta_1 - \theta_0}, u, \mathcal{Y}))^q \frac{dt}{t}.$$

右辺で変数変換 $s = t^{\theta_1 - \theta}$ を行えば, $\eta = (\theta - \theta_0)/(\theta_1 - \theta_0)$, $(\theta_1 - \theta)dt/t = ds/s$ だから

$$\int_0^\infty (t^{-\theta} K(t, u, \mathcal{X}))^q \frac{dt}{t} \leq \frac{C}{|\theta_1 - \theta_0|} \int_0^\infty (s^{-\eta} K(s, u, \mathcal{Y}))^q \frac{ds}{s} = C\|u\|_{\mathcal{Y}_{\eta, q}}^q. \quad (A.33)$$

したがって $[\mathcal{Y}_0, \mathcal{Y}_1]_{\eta, q} \subset [\mathcal{X}_0, \mathcal{X}_1]_{\theta, q}$ で $\|u\|_{\mathcal{X}_{\theta, q}} \leq C\|u\|_{\mathcal{Y}_{\eta, q}}$ が成立する.

逆の包含関係を示そう. まず任意の $a \in \mathcal{X}_0 \cap \mathcal{X}_1$ に対して

$$\|a\|_{\mathcal{Y}_j} \leq C_j t^{-\theta_j} J(t, a, \mathcal{X}), \quad t \in (0, \infty), \quad j = 0, 1 \quad (A.34)$$

が成立することに注意する. 実際, 任意の $n \in \mathbb{Z}$ に対して $a = (\log 2)^{-1} \int_{2^n}^{2^{n+1}} adt/t$ と書いて (A.27) と $J(t, a)$ が t に関して単調増加であることを用いると

$$\|a\|_{\mathcal{Y}_j} \leq C \left(\int_{2^n}^{2^{n+1}} (t^{-\theta_j} J(t, a, \mathcal{X}))^{q_j} \frac{dt}{t} \right)^{1/q_j} \leq C_j 2^{-n\theta_j} J(2^{n+1}, a, \mathcal{X}), \quad n \in \mathbb{Z}.$$

再び $t \mapsto J(t, a, \mathcal{X})$ が単調増加であることを用いれば (A.34) が得られる. そこで $u \in [\mathcal{X}_0, \mathcal{X}_1]_{\theta, q}$ とする. 定理 A.29 によって

$$u = \int_0^\infty u(t) \frac{dt}{t}, \quad u(t) \in \mathcal{X}_0 \cap \mathcal{X}_1, \quad t^{-\theta} J(t, u(t)) \in Z^q \quad (A.35)$$

のように表現される. (A.30) のときと同様に (A.35) の積分に Minkowski の不等式を用い, (A.24) を適用すると

$$\begin{aligned} K(t^{\theta_1 - \theta_0}, u, \mathcal{Y}) &= \int_0^\infty K(t^{\theta_1 - \theta_0}, u(s), \mathcal{Y}) \frac{ds}{s} \\ &\leq \int_0^\infty \min(1, (t/s)^{\theta_1 - \theta_0}) J(s^{\theta_1 - \theta_0}, u(s), \mathcal{Y}) \frac{ds}{s} \end{aligned} \quad (A.36)$$

ここで (A.34) を $t = s$ として用いて $\|u(s)\|_{\mathcal{Y}_j}$, $j = 0, 1$ を評価すれば,

$$J(s^{\theta_1 - \theta_0}, u(s), \mathcal{Y}) = \max(\|u(s)\|_{\mathcal{Y}_0}, s^{\theta_1 - \theta_0}\|u(s)\|_{\mathcal{Y}_1}) \leq Cs^{-\theta_0} J(s, u(s), \mathcal{X}).$$

これを (A.36) に右辺に代入して

$$t^{\theta_0-\theta}K(t^{\theta_1-\theta_0},u,\mathcal{Y}) \leq Ct^{-\theta}\int_0^\infty \min(1,(t/s)^{\theta_1-\theta_0})(t/s)^{\theta_0}J(s,u(s),\mathcal{X})\frac{ds}{s}$$
$$= C\int_0^\infty \min(s^{-\theta_0},s^{-\theta_1})t^{-\theta}J(ts,u(ts),\mathcal{X})\frac{ds}{s}.$$

両辺の t の関数についての Z^q ノルムをとり Minkowski の不等式を用いて評価すれば (A.33) と同様にして

$$\|t^{-\eta}K(t,u,\mathcal{Y})\|_{Z^q} \leq C\int_0^\infty \min(s^{-\theta_0},s^{-\theta_1})\|t^{-\theta}J(ts,u(ts),\mathcal{X})\|_{Z_t^q}\frac{ds}{s}$$
$$= C'\|t^{-\theta}J(t,u(t),\mathcal{X})\|_{Z^q}, \quad C' = C\int_0^\infty s^\theta \min(s^{-\theta_0},s^{-\theta_1})\frac{ds}{s}.$$

ゆえに $u \in [\mathcal{Y}_0,\mathcal{Y}_1]_{\eta,q}$ で，右辺において表現式 (A.35) を満たす $u(s)$ について下限をとれば，$\|u\|_{[\mathcal{Y}_0,\mathcal{Y}_1]_{\eta,q}} \leq C\|u\|_{[\mathcal{X}_0,\mathcal{X}_1]_{\theta,q}}$. したがって $\|u\|_{\mathcal{X}_{\theta,q}}$ と $\|u\|_{\mathcal{Y}_{\eta,q}}$ は同値である．(2) の証明は省略する (例えば [13] の定理 5.2.4 の証明を参照)． $\square$

A.3.4 実補間空間としての Lorentz 空間

$(M,\mathcal{B},\mu)$ を測度空間とする．$L^p(M) = L^p$ と書く．まず L^p 空間の実補間空間が Lorentz 空間であることを示そう．f の単調減少再配置 $f^{**}(r)$ を簡単のために $f^*(r)$ と書くことにする．ここでは Schwartz 再配置を使うことはないので混乱は起こらないであろう．$\mathcal{X}_0 = L^1$, $\mathcal{X}_1 = L^\infty$ は両立的な Banach 空間である．$\mathcal{X} = (\mathcal{X}_0,\mathcal{X}_1)$ とし，$K(t,f) = K(t,f,\mathcal{X})$ と書く．

補題 A.31. $f \in L^1 + L^\infty$ のとき，任意の $t > 0$ に対して次が成立する：

$$K(t,f) = \int_0^t f^*(s)ds. \tag{A.37}$$

証明． 任意に $t > 0$ をとって固定し $E = \{x \in M : |f(x)| > f^*(t)\}$,

$$f_0(x) = \begin{cases} f(x) - f^*(t)\operatorname{sgn} f(x), & x \in E, \\ 0, & x \notin E, \end{cases}$$
$$f_1(x) = \begin{cases} f^*(t)\operatorname{sgn} f(x), & x \in E, \\ f(x), & x \notin E \end{cases}$$

と定義する．$f(x) = f_0(x) + f_1(x)$ である．f^* は単調減少だから定理 A.19(1) によって

$$\mu(E) = |\{r > 0 : f^*(r) > f^*(t)\}| \leq t.$$

したがって $f_0 \in L^1$, 明らかに $f_1 \in L^\infty$, $|f_0(x)| = |f(x)| - f^*(t)$, $\|f_1\|_\infty \leq f^*(t)$ だから

$$K(t,f) \leq \|f_0\|_1 + t\|f_1\|_\infty \leq \int_E (|f(x)| - f^*(t))d\mu + tf^*(t). \tag{A.38}$$

A.3 実補間理論

(A.14) を $G(s) = (s - f^*(t))\chi_{\{s:\, s > f^*(t)\}}(s)$ として用いれば,

$$\int_E (|f(x)| - f^*(t))d\mu = \int G(|f(x)|)d\mu = \int_0^\infty G(f^*(s))ds. \tag{A.39}$$

$\{s\colon f^*(s) > f^*(t)\} \subset (0, t)$ だから

$$\text{(A.39) の右辺} \leq \int_0^t (f^*(s) - f^*(t))ds = \int_0^t f^*(s)ds - tf^*(t). \tag{A.40}$$

(A.38), (A.39) と (A.40) をあわせれば

$$K(t, f) \leq \int_0^t f^*(s)ds. \tag{A.41}$$

(A.41) の逆向きの不等式を示そう. f を $f = f_0 + f_1$, $f_0 \in L^1$, $f_1 \in L^1$ と任意に分解する. $\{|f| > a + b\} \subset \{|f_0| > a\} \cup \{|f_1| > b\}$. ゆえに

$$\mu(\{|f| > a + b\}) \leq \mu(\{|f_0| > a\}) + \mu(\{|f_1| > b\}) \tag{A.42}$$

が成立する. 定理 A.19(3) から任意の可測関数 f に対して

$$f^*(t) = \min\{\rho > 0\colon \mu(\{|f| > \rho\}) \leq t\}. \tag{A.43}$$

特に $\mu(\{|f| > f^*(t)\}) \leq t$. したがって (A.42) で $a = f_0^*((1-\varepsilon)s)$, $b = f_1^*(\varepsilon s)$, $0 < \varepsilon < 1$ とすれば

$$\mu(\{|f| > f_0^*((1-\varepsilon)s) + f_1^*(\varepsilon s)\}) \leq (1-\varepsilon)s + \varepsilon s = s.$$

したがって再び (A.43) によって

$$f^*(s) \leq f_0^*((1-\varepsilon)s) + f_1^*(\varepsilon s) \leq f_0^*((1-\varepsilon)s) + f_1^*(0)$$

である. この両辺を $(0, t)$ 上 s について積分し, 右辺の第 1 項の積分で $(1-\varepsilon)t \to t$ と変数変換し, 最後に $\varepsilon \to 0$ の極限をとれば

$$\int_0^t f^*(s)ds \leq (1-\varepsilon)^{-1}\int_0^{(1-\varepsilon)t} f_0^*(s)ds + tf_1^*(0)$$
$$\to \int_0^t f_0^*(s)ds + tf_1^*(0) \leq \|f_0\|_1 + t\|f_1\|_\infty.$$

最後に右辺の分解の仕方 $f = f_0 + f_1 \in L^1 + L^\infty$ に関する下限をとれば (A.41) の逆向きの不等式 $\int_0^t f^*(s)ds \leq K(t, f)$ が得られる. □

定理 A.32. $0 < \theta < 1$, $1 \leq q \leq \infty$ とする. 次が成立する:

$$[L^1, L^\infty]_{\theta, q} = L^{p,q}, \quad 1/p = 1 - \theta. \tag{A.44}$$
$$C_\theta \|u\|_{[L^1, L^\infty]_{\theta, q}} \leq \|u\|_{L^{p,q}} \leq \|u\|_{[L_1, L^\infty]_{\theta, q}}. \tag{A.45}$$

証明. $Z_t^q = L^q((0,\infty), dt/t)$ と定義する. 補間空間, Lorentz 空間の定義によって

$$\|f\|_{[L_1, L^\infty]_{\theta, q}} = \|t^{-\theta} K(t, f)\|_{Z_t^q}, \quad \|f\|_{L^{p,q}} = \|t^{1/p} f^*\|_{Z_t^q}.$$

$f^*(t)$ は単調減少だから (A.37) によって

$$f^*(t) \leq t^{-1} \int_0^t f^*(s) ds = t^{-1} K(t, f).$$

ゆえに, $1/p = 1 - \theta$ のとき,

$$\|f\|_{L^{p,q}} = \|t^{1/p} f^*\|_{Z_t^q} \leq \|t^{-\theta} K(t, f)\|_{Z_t^q} = \|f\|_{[L_1, L^\infty]_{\theta, q}}.$$

一方, (A.37) を代入し, ノルム記号の中の積分で $s \to st$ と変数変換し, Minkowski の不等式を用い, 最後に $\|t^{1/p} f^*(ts)\|_{Z_t^q} = s^{-1/p} \|f\|_{L^{p,q}}$ に注意すれば

$$\|t^{-\theta} K(t, f)\|_{Z_t^q} = \left\| t^{-\theta} \int_0^t f^*(s) ds \right\|_{Z_t^q} = \left\| \int_0^1 t^{1-\theta} f^*(ts) ds \right\|_{Z^q}$$
$$\leq \int_0^1 \|t^{1/p} f^*(ts)\|_{Z_t^q} ds = \int_0^1 s^{-1/p} ds \|f\|_{L^{p,q}} = C_p \|f\|_{L^{p,q}}.$$

したがって, (A.44), (A.45) が成立する. □

実補間理論の再補間定理から Lorentz 空間の補間空間は再び Lorentz 空間である.

定理 A.33. $1 \leq p_0, p_1 \leq \infty$, $1 \leq q_0, q_1, q \leq \infty$, $0 < \theta < 1$ とする.

(1) $p_0 \neq p_1$ のときは $\frac{1}{p} = \frac{1-\theta}{p_0} + \frac{\theta}{p_1}$ を満たす p と任意の $1 \leq q \leq \infty$ に対して, $p_0 = p_1$ のときは, $p = p_0 = p_1$ と $\frac{1}{q} = \frac{1-\theta}{q_0} + \frac{\theta}{q_1}$ を満たす q に対して次が成立する:

$$[L^{p_0, q_0}, L^{p_1, q_1}]_{\theta, q} = L^{p, q}. \tag{A.46}$$

(2) T は測度空間 (M, μ) 上の関数に (N, ν) 上の関数に写像する劣加法的作用素, すなわち $|T(f+g)(x)| \leq |Tf(x)| + |Tg(x)|$ を満たす作用素で次が成立とする:

$$\|Tf\|_{L^{p_j', q_j'}} \leq A_j \|f\|_{L^{p_j, q_j}}, \quad j = 0, 1 \tag{A.47}$$

このとき, (1) の条件を満たす, (p_j, q_j, p, q) と (p_j', q_j', p', q) に対して

$$\|Tf\|_{L^{p', q}(N)} \leq A_0^{(1-\theta)} A_1^{\theta} \|f\|_{L^{p,q}(M)}. \tag{A.48}$$

問題 A.34. 定理 A.33 の証明では T の線形性を劣加法性で置き換えて差し支えないことに注意して, 定理 A.26 の証明を繰り返して定理 A.33 を証明せよ.

A.3 実補間理論

■**Marcinkiewiczの補間定理 (定理 1.128) の証明**. $L_w^p = L^{p,\infty}$, 劣加法的な T が $1 \leq p_i \leq q_i \leq \infty, i = 0, 1$ に対して弱 (p_i, q_i) 型であれば

$$T \colon L^{p_0} \to L^{q_0,\infty}, \qquad T \colon L^{p_1} \to L^{q_1,\infty}$$

は有界. ゆえに, 実補間定理 A.26 と Lorentz 空間の補間定理 A.33 によって

$$\frac{1}{p} = \frac{1-\theta}{p_0} + \frac{\theta}{p_1}, \quad \frac{1}{q} = \frac{1-\theta}{q_0} + \frac{\theta}{q_1}, \quad 0 < \theta < 1$$

に対して T は $[L^{p_0,p_0}, L^{p_1,p_1}]_{\theta,p} = L^p$ から $[L^{q_0,\infty}, L^{q_1,\infty}]_{\theta,p} = L^{q,p}$ への有界作用素である ($q_0 \neq q_1$ であることに注意). $p \leq q$ であるから $L^{q,p} \subset L^q$ は連続な埋め込みである. ゆえに, T は L^p から L^q への有界作用素である. □

■**Lorentz 空間の不等式** Lorentz 空間における次の形の Hölder の不等式あるいは Young の不等式が L^p 空間におけるそれぞれの不等式に実補間定理を適用することによって得られる. Hardy–Littlewood–Sobolev の不等式は Lorentz 空間における Young の不等式とみなすことができる. $1 \leq p_1, p_2, q_1, q_2 \leq \infty$ とする.

定理 A.35. (1) $0 \leq \frac{1}{p_1} + \frac{1}{p_2} = \frac{1}{r} < 1$ が満たされるとき,

$$\|f \cdot g\|_{L^{r,\min\{q_1,q_2\}}} \leq \|f\|_{L^{p_1,q_1}} \|g\|_{L^{p_2,q_2}}. \tag{A.49}$$

(2) $1 < \frac{1}{p_1} + \frac{1}{p_2} = 1 + \frac{1}{r}$ が満たされるとき,

$$\|f * g\|_{L^{r,\min\{q_1,q_2\}}} \leq \|f\|_{L^{p_1,q_1}} \|g\|_{L^{p_2,q_2}}. \tag{A.50}$$

証明. p などの共役指数を p' などと書く. $f \in L^{\tilde{p}_1}$ を固定して作用素 $Tg = f \cdot g$ を考える. 通常の Hölder の不等式によって,

$$\|f \cdot g\|_{1,1} \leq \|f\|_{\tilde{p}_1} \|g\|_{\tilde{p}_1', \tilde{p}_1'}, \quad \|f \cdot g\|_{\tilde{p}_1, \tilde{p}_1} \leq \|f\|_{\tilde{p}_1} \|g\|_{\infty,\infty}.$$

したがって, 定理 A.33 によって $0 < \theta < 1, \tilde{p}_1 \neq 1$ であれば

$$\frac{1}{r} = \frac{1-\theta}{1} + \frac{\theta}{\tilde{p}_1}, \quad \frac{1}{p_2} = \frac{1-\theta}{\tilde{p}_1'} + \frac{\theta}{\infty} \quad\text{したがって}\quad \frac{1}{\tilde{p}_1} + \frac{1}{p_2} = \frac{1}{\tilde{r}} < 1$$

を満たす任意の $1 \leq \tilde{p}_1, p_2, \tilde{r} \leq \infty$ と $1 \leq q_2 \leq \infty$ に対して

$$\|f \cdot g\|_{\tilde{r}, q_2} \leq \|f\|_{\tilde{p}_1, \tilde{p}_1} \|g\|_{p_2, q_2}. \tag{A.51}$$

次に $g \in L^{p_2, q_2}$ を固定して作用素 $Sf = f \cdot g$ を考える. (A.51) と明らかな不等式

$$\|f \cdot g\|_{p_2, q_2} \leq \|f\|_{\infty,\infty} \|g\|_{p_2, q_2}$$

を補間すれば, $\frac{1}{p_1} + \frac{1}{p_2} = \frac{1}{r} < 1$ を満たす $1 \leq p_1, p_2, r \leq \infty$ と $1 \leq q_1 \leq \infty$ に対して

$$\|f \cdot g\|_{L^{r,q_1}} \leq \|f\|_{L^{p_1,q_1}} \|g\|_{L^{p_2,q_2}}. \tag{A.52}$$

$f \cdot g$ は f, g の置き換えに関して不変だから, (1) が成立. 同様にして (2) を証明することは読者に任せる. □

問題 A.36. 定理 A.35 の (2) (Lorentz 空間における Young の不等式) を示せ.

定理 A.35 の不等式はより一般の指数に対して次の形で成立する. この定理の証明は O'Neil の論文 [86] を参照.

定理 A.37 (O'Neil の定理). Lorentz 空間における Hölder の不等式, Young の不等式が次の形で成立する. ただし $L^{p,q}$ の指数 p,q は $1 < p < \infty$, $1 \leq q < \infty$ あるいは $1 \leq p \leq \infty$, $q = \infty$ とする.

(1) $0 \leq \frac{1}{p_1} + \frac{1}{p_2} = \frac{1}{r} < 1$, $0 \leq \frac{1}{s} \leq \frac{1}{q_1} + \frac{1}{q_2}$, $s \geq 1$ のとき

$$\|f \cdot g\|_{L^{r,s}} \leq r' \|f\|_{L^{p_1,q_1}} \|g\|_{L^{p_2,q_2}}; \tag{A.53}$$

端点 $\frac{1}{p_1} + \frac{1}{p_2} = 1$ では $\frac{1}{q_1} + \frac{1}{q_2} \geq 1$ のとき,

$$\|f \cdot g\|_{L^1} \leq \|f\|_{L^{p_1,q_1}} \|g\|_{L^{p_2,q_2}}. \tag{A.54}$$

(2) $1 < \frac{1}{p_1} + \frac{1}{p_2} = 1 + \frac{1}{r}$, $\frac{1}{s} \leq \frac{1}{q_1} + \frac{1}{q_2}$, $s \geq 1$ のとき,

$$\|f * g\|_{L^{r,s}} \leq 3r \|f\|_{L^{p_1,q_1}} \|g\|_{L^{p_2,q_2}}. \tag{A.55}$$

端点 $\frac{1}{p_1} + \frac{1}{p_2} = 1$ においては $\frac{1}{q_1} + \frac{1}{q_2} \geq 1$ のとき,

$$\|f * g\|_{\infty} \leq \|f\|_{p_1,q_1} \|g\|_{p_2,q_2}. \tag{A.56}$$

索引

ア 行

IMS 分解定理　212
Agmon 距離　281, 289
Agmon–Kuroda 理論　491, 510
Agmon 理論 (固有関数の減衰に関する)　280
浅田・藤原の連続性定理　381
Ascoli–Arzela の定理　8
Hadamard の逆関数定理　74, 582
unconditional uniqueness (解の)　414

位相ベクトル空間　303
isotropic　230
1 次元作用素　20
一様加藤型ポテンシャル　345, 352
一様磁場　140, 142
一様 Stummel 型ポテンシャル　341, 345
一様に C^m 級の領域　86
1 体 Schrödinger 作用素　258
1 点相互作用　231
一般化固有関数　505, 524, 534
一般化 Fourier 変換　526
一般固有関数展開　505
intertwining property (波動作用素の)　455, 481

Wiener の平均エルゴード定理　449
運動量　57

A 許容 (部分空間が)　334
A コンパクト作用素　173
(A, g) 抑制的重み関数　570
H^1 関数の切断　178
H 局所スムース　484
$\mathcal{H}$ 上の解作用素　148
H スムース　484, 488
H_0 限界 (作用素の)　184

H_0 有界　184
$\mathcal{H}$ 値 Fourier 超関数　93
A 抑制的計量　570
エネルギー評価　325
エネルギー不等式　329
エネルギー法　323, 325
エネルギー保存の法則　60
MDFM 分解　106, 138
(M, β) 型 C_0 群　333
(M, β) 両側安定　334
L^2 空間　6
$L_w^{d/2}$ 型ポテンシャル　211
$L_{\mathrm{loc}}^{d/2}$ ポテンシャル　208
L^p-L^q 評価　111, 138
L^p 空間　6, 111
　　——の複素補間空間　306
L^p 正則性定理　181
L^p 評価　176
L^p 有界　45
Hermite 関数　127
Hermite 多項式　127
Enss による時間依存法　462

O'Neil の定理　322
重み関数　325
重み付き L^2 空間　71, 283
重み付き L^p 空間の複素補間空間　308
重み付き Sobolev 空間　490

カ 行

回帰的 (Banach 空間が)　3
解作用素　66, 67, 104, 137, 147, 149, 217, 323, 342, 353, 414
　　——の定常表現　117
開集合上の Sobolev 空間　83
概正則拡張　26, 471
解析半群　334

解の正則性　417
Gauss 関数　32, 38
Gauss 積分　568
核 (作用素の)　10
拡張定理 (Sobolev 空間の)　86
Gagliardo–Nirenberg の不等式　180
確率振幅　62
掛け算作用素　10, 323
下限 (2 次形式の)　189
加藤型ポテンシャル　205, 244, 280, 340
加藤の不等式　186
Kato–Rellich の定理　173
可分 (Banach 空間の)　8, 71
可閉形式　190
可閉作用素　5
Caldéron–Vaillancourt の定理　382
換算質量　176, 451
完全性 (波動作用素の)　482, 527
完全正規直交基底　131
完全正規直交系　127
緩増加超関数　34
緩変動計量　570

基底状態　126, 275
擬微分作用素　325, 393, 419, 567
　　——の L^p 有界性定理　420
基本解　105, 359, 424
逆関数定理　375, 393, 429
逆波動作用素　459
急減少関数　92
　　——の空間　31
球対称な超関数　36
球対称ポテンシャル　234
球面調和関数　235
球面への制限写像　496
q 限界 (2 次形式の)　201
q 収束 (2 次形式の)　190
q の核 (2 次形式の)　190
q の閉包 (2 次形式の)　190
q 有界 (2 次形式の)　201
境界値 (微分作用素の)　161
強可測　55
共役作用素　4
共役 Fourier 変換　30, 37, 92
強連続ユニタリ群　22
極限円　161, 168

極限吸収原理　117, 488, 489, 508, 511, 527,
　　548, 553
極限点　161, 168
極座標表示　234
局所 L^p 関数　45
局所 L^p 空間　45
局所可積分　34
局所化定理　73
局所減衰評価 (超関数の)　108
局所構造定理　497
局所絶対連続　77
局所 Sobolev 空間　85
局所波動作用素　530
局所 Hölder 連続　77
極大関数　53
極大対称拡張　230
極大不等式　53
極表現 (作用素の)　251
極分解 (作用素の)　251
許容指数　407
許容部分空間　334
Keel–Tao の定理　113

鎖 (作用素族の)　326
靴の編み紐論法　515
熊之郷・谷口型の評価式　392
Krein 拡張　229, 233
Krein–Birman–Vishik 理論　225
クラスター　475
クラスターハミルトニアン　478–480
クラスター分解　475
グラフ (作用素の)　5
Gram–Schmidt の方法　238
Gronwall の不等式　369
クーロンポテンシャル　174

形式　189
k 次同次な超関数　36
ゲージ関数　324
ゲージ変換　154, 323, 324, 344, 356
結合スペクトル　21
結合スペクトル射影　21
Keller–Maslov 指数　367, 368, 380
原子・分子のハミルトニアン　174

コア (作用素の, 2 次形式の)　10, 351

交換子　125
合成積　39, 40
古典シンボル　572
古典粒子進入禁止領域　289
Cotlar–Stein の補題　583
固有関数　276, 280, 436
固有関数系の移植　534, 537
固有関数展開　133, 520
固有状態　67, 133, 241
コンパクト作用素　7, 128, 131

サ 行

再帰補間定理　316
サイクロトロン運動　141
最小作用素　149, 157, 221
最大作用素　149, 156, 217, 344
再配置 (関数の)　309
再配分不等式　311
作用積分　363, 376, 424
作用素の関数　20
散乱
　——行列　537
　——作用素　460, 527
　——状態　450
　——振幅　538, 539
　——の定常理論　483
　——理論　450

J 表現　314
C^m 級微分同型　85
C^m 級領域　86
Cwikel の定理　264
Cwikel–Lieb–Rozenbljum の評価　264
時間依存型の方法　462
時間反転公式　376, 377
時間反転対称性　378
時間非斉次半群理論　323
時間有限 Strichartz 不等式　138
σ 許容指数　113
(σ, g) 抑制的な重み関数　418
σ 抑制的な計量　418
試験関数　279
　——の空間　40
自己共役　10
　——拡張　149, 161

　——境界条件　166
　——作用素　10, 102, 125
自己共役性の問題　146
自己共役問題　64
自己調和型　576, 579
指数減衰　288, 560
C_0 群　332
C_0 半群　332
下に有界 (2 次形式が)　189
下に有界な対称作用素　243
下に有界な閉 2 次形式　196
実軸への境界値　117, 163
実部 (2 次形式の)　189
実補間
　——空間　312
　——定理　313
　——理論　312
磁場　140, 361
磁場つき伸長群　554, 558
Schauder の定理　9
射影値測度　14
　——E の台　15
　——による積分　16
弱位相　3
弱 L^p 関数　45
弱 L^p 空間　45
弱可測　55
弱収束　3
弱 (p, q) 型　46
弱微分　35
弱解　275
Schur の補題　48
集合関数　14
集合の直和　13
自由 Schrödinger 作用素　70, 102, 193, 241
自由 Schrödinger 方程式　70, 102, 103, 361
重心運動
　——の状態空間　453
　——の配位空間　452, 476
　——の分離　451, 453
自由粒子伝播　468
縮小半群　332
主シンボル　104, 567
Stummel 型ポテンシャル　182
Sturm の振動定理　291, 294
Schmidt 展開　251, 255

Schrödinger 許容指数　112, 139
Schrödinger 作用素　154, 202
Schrödinger 描像　65
Schrödinger 方程式　66, 142, 216
Schwartz 核　568
Schwartz 再配置　310
Schwarz の不等式　2
準古典極限定理　273
準古典近似　364, 367
準古典評価　264, 289
昇降演算子　125
状態空間　62, 453
消滅作用素　125
初期値問題　146
g 連続　569
伸張作用素　301
振動積分　326, 582
振動積分作用素　380, 394
振幅関数　380
シンボル　104, 567
　——解析　573
　——クラス　326, 568
　——クラス $S(m,g)$　418

Strichartz の不等式　112, 139, 407, 413
Stone の公式　24, 486
Stone の定理　67
スペクトル　9, 103, 128
　——射影　20, 103, 247, 448, 484
　——射影作用素　492
　——測度　15
　——半径　9
　——表現　348, 492, 520, 521
　——表現定理　14
　——分解定理　14, 19
スムース摂動　488
スムース理論　117, 483, 527, 529

正準共役変数　58
正準交換関係 (CCR)　62, 565
正準 2 次形式　58
正準変換　59, 376, 582
正準変換 (相流)　362
正準方程式　57, 362
整数階 Sobolev 空間の導関数　72
生成作用素　125, 332

正則化作用　113
正則境界点　155, 163
正則作用素値関数の補間　308
正則なシンボルクラス　578
正値形式　189
正値閉 2 次形式　352, 354
正定値対称作用素　11
積公式　573
絶対連続　511
　——スペクトル　29
　——スペクトル部分空間　29
　——部分　29, 455
　——部分空間　455
摂動論　173
セミノルム　31, 570
全角運動量　235
漸近展開　106, 579
線形汎関数　3
全散乱断面積　539
全変動 (符号付き測度の)　15
全有界　133

双 1 次形式　189
相関数 (振動積分作用素の)　380
相空間　57, 270
相対運動の状態空間　453
相対運動の配位空間　452, 476
相対運動のハミルトニアン　453, 477
双対空間　3, 34
双対形式　189
相対コンパクト集合　91, 133
双対指数　139
相流　61
測度空間の直和　14
束縛状態　67, 124, 133, 450
外向き状態　468
Sobolev 空間　71, 176
　——の L^p 空間への埋蔵定理　82
　——の双対空間　82
　——の複素補間空間　307
Sobolev の埋蔵定理　81, 98, 177, 413, 422
Sobolev の埋蔵定理の双対　83
存在確率　134

タ 行

diamagnetic 不等式　218, 345, 354
第 1 表現定理 (2 次形式の)　192, 193
対称形式　189
対称作用素　10, 149, 150
　——の定める閉形式　192
対称 2 次形式　188
対称波動関数　65
第 2 表現定理 (2 次形式の)　198
楕円型作用素　576
互いに可換 (作用素が)　20
互いに素 (集合が)　13
多項式増大
　——の関数　32
　——の局所可積分な $\mathcal{H}$ 値関数　94
多重指数　29
多重積　394
多体散乱の完全性　481
WKB
　——近似　300, 368, 438
　——近似解　365, 375
　——法　299, 364
多体散乱理論　447
単位形式　189
単位射線　62
単位の分解　462
単関数　7, 55
短距離型ポテンシャル　279, 446, 510, 524
短時間 L^p-L^q 評価　406
単調減少再配置　310
端点 Strichartz 評価　114

chain rule (波動作用素の)　456
逐次近似法　405
チャンネル波動作用素　480
中線定理　2
超関数　40
　——の構造定理　439
　——の収束　36
　——の台　41
超関数微分　35, 155
超局所特異性　438
超局所特異性伝播定理　440, 468
長距離型ポテンシャル　554

調和振動子　124, 130, 241, 361
　——の基本解　134
調和多項式　235
直積空間　5
直和空間 (測度空間の)　14
直交分解定理　4
直交補空間　4

強い意味で (漸近) 完全である　459

定常状態　67, 133
定常 WKB 法　170
$\mathcal{D}$ 上の解作用素　148
定常法 (散乱の)　462
Titchmarsh 変換　299
Dirac のデルタ関数　34, 41
Dirichlet 境界条件　168
Dirichlet 形式　193
Dirichlet–Neumann decoupling　269, 270
Dirichlet ラプラシアン　268, 271
停留位相の方法　389, 398
停留点　389
Duhamel の公式　404
点スペクトル　133, 447
　——部分空間　28
テンソル積　64
点列完備　36

同一視作用素　527
等長作用素　12
同時観測可能　62
同次積分核　48
特異境界点 (微分作用素の)　155, 164
特異性の伝播　438
特異積分作用素　178
特異値 (作用素の)　250
特異連続
　——スペクトル　29
　——スペクトル部分空間　29
　——部分　29
特性初期値問題　104
特性方向　104
transplantation　534
トレース　79, 98
トレースイデアル　253
トレースクラス　460

トレース作用素　98, 256
トレース定理　98, 163

ナ 行

内積空間　2
軟化子　422

2次形式　189, 349
　　——の摂動　201
　　——の和　197
2次増大のハミルトニアン　361
2乗平均収束　527
2進的単位の分解　25
2体問題　453, 454
Newton の方程式　61
Nirenberg–Walker の定理　49, 503

熱核　218
Nelson の定理　145

Neumann 級数　9
Neumann 境界条件　168
Neumann ラプラシアン　268, 271
ノルム空間　1

ハ 行

Birman–Kato の定理　460
Heisenberg の不確定性の原理　64
Heisenberg 描像　68
Heisenberg 方程式　68
Hausdorff 位相　303
Hausdorff–Young の不等式　46, 307
Parseval–Plancherel の定理　38
Parseval–Plancherel の公式　485
旗 φ^a に属する波動作用素　481
発展方程式　330
Hardy–Littlewood–Sobolev の不等式　52, 82, 114, 115, 178, 321
Hardy の不等式　51, 52, 209, 210, 358, 497
波動関数　62
波動作用素　446, 455, 527
　　——の存在　460
　　——の存在と完全性　533
　　——の定常表現　528

Banach–Alaoglu の定理　3
Banach 空間　2
ハミルトニアン　57, 64, 65
Hamilton 2次形式　202
Hamilton の運動方程式　57, 141
Hamilton ベクトル場　58
Hamilton 変数　373
Hamilton 方程式　362
Hamilton–Jacobi 方程式　363, 364, 432
波面集合　438
パラメトリックス　576, 577
Harnack の不等式　275
汎弱位相　3
反対称波動関数　65
Hahn–Banach の定理　3, 305, 325

引き戻し (写像の)　75
(p,q)型 (作用素が)　45
Vitali 型の被覆定理　53
非負 (作用素が)　11
非負形式　189
微分散乱断面積　539
標準表現 (単関数の)　7, 251
ビリアル定理　301, 547
ビリアル等式　371, 372
Hilbert 空間　2
　　——のスケール　349, 350, 540
　　——のテンソル積　453
Hilbert–Schmidt 型　537
Hilbert–Schmidt 型積分作用素　8, 175, 255
Hilbert–Schmidt 作用素　160, 253
Hilbert–Schmidt 族　253
Hilbert–Schmidt ノルム　253
Hilbert 変換　494
Birman–Schwinger の核　259, 260
Hille 表現　333
Hille–Yosida の定理　331, 332

functional calculus　21
Fefferman–Phong の不等式　576
Fermi 粒子　65
form-domain　192
von Neumann–Schatten p クラス　253
von Neumann の定理　63, 153
不確定性原理の不等式　52
複合粒子　475, 480

複素補間
　　——空間　305
　　——定理　185, 207
　　——理論　82, 303
符号付き測度　15, 449
不足空間　151
不足指数　151, 157, 225
Pettis の定理　55
物理量　57
部分等距離作用素　152
部分波展開　234, 238, 239
Planck 定数　62
Plancherel–Parseval の等式　96
Fourier 超関数　34, 93
Fourier の反転公式　33, 37, 95
Fourier 変換　29, 30, 37, 92, 95
Friedrichs 拡張　196, 225, 233
Friedrichs の軟化子　44
Privaloff の補題　505
Prüffer 変換　295
Fréchet 空間　31, 326
propagator　66, 67, 104
分散型評価　111
分数階 Sobolev 空間　73, 83
分数階微分　52
分数べき　578
分布関数　45
分離型境界条件　168

Peano の折れ線近似　336
閉拡張　5
平滑化作用　113, 360, 408, 510
　　——の超局所理論　360
閉グラフ定理　6
閉形式　190
閉作用素　5
閉対称拡張　151
閉 2 次形式　58
閉包　5, 6, 128
ベクトル値
　　——L^p 関数　56
　　——可測関数　55
　　——関数　22, 55, 360
　　——Sobolev 空間　96
ベクトルポテンシャル　361
Helffer–Sjöstrand の公式　24, 27, 471

Persson の定理　245
Hölder の不等式　6
Hölder 連続　77
変形区間　540
変形作用素　540
変数変換公式　18, 36

Poisson 括弧式　58
Poisson 積　568
母関数　365, 376
補間定理　89, 155, 179
Bose 粒子　65
保存量　68
保存力の場　61
Bochner 可積分　56
Bochner 積分　56
Bochner の定理　56
ほとんど可分値　55
Borel 可測集合族　14
Borel 測度　15
本質的自己共役　10, 130, 436
本質的スペクトル　241, 288
本質的値域　10
本質的に自己共役　128, 142, 149, 186, 220, 221, 339
本質的に有界な関数　6

マ　行

-2 次同次ポテンシャル　209
増田・加藤の積公式　219
Marcinkiewicz の補間定理　47, 321

Mini-Max 原理　247, 258, 291
Minkowski の不等式　6

Mourre の定理　540
Mourre 評価　541, 553
Mourre 理論　540, 553

Meher の公式　134
Melin 変換　579

ヤ　行

Jacobi の等式　59

Young の不等式　46, 307

優解 (Schrödinger 方程式の)　277
有界形式　189
有界作用素　2
有限次元作用素　7
優 2 次ポテンシャル　435
輸送方程式　364, 379
ユニタリ群　148
ユニタリ作用素　12, 153
ユニタリ同値　12

吉田近似　333, 546
Yosida 表現　333

ラ 行

Leinfelder–Simader 型の条件　358
Leinfelder–Simader の定理　221
ラグランジアン　230, 363
Lagrange 形式　363
Lagrange 多様体　365
Lagrange の運動方程式　363
Lagrange 変数　363, 373
Rademacher の定理　282
ラプラシアンの極座標表示　235
Laplace–Beltrami 作用素　452, 475

離散スペクトル　241
Riesz–Schauder の定理　10
Riesz の表現定理　4, 44, 165, 328
Riesz の補間定理　46, 111, 307
Riesz–Fischer の定理　6
Riesz 変換　178
Lippmann–Schwinger の積分方程式　525, 526
Lie–Trotter–Kato の積公式　219
Lie の公式　219
Lipschitz 連続　77, 281, 345
Lieb–Thirring 評価　274
Riemann 計量　325, 569
Riemann–Lebesgue の定理　30, 436, 449
粒子の統計　65

Ruelle 型定理　133
Liouville の定理　61
量子化　64, 565
量子調和振動子　70
量子力学的物理量　62
両立的　303, 413
両立的な Banach 空間　304

Legendre の多項式　237
Legendre の微分方程式　237
Lebesgue 空間　43

零空間　5
RAGE 定理　447
零集合　77
Rayleigh–Ritz 原理　294
レゾルベント　9, 117, 218
レゾルベント集合　9, 118
レゾルベント方程式　9
劣解 (Schrödinger 方程式の)　277
劣 2 次型ポテンシャル　424
Rellich のコンパクト性定理　90, 245
Rayleigh–Ritz の原理　249
連続スペクトル　447, 511
連続スペクトル部分空間　28

Lorentz 空間　113, 309, 312, 318, 407
 ――の不等式　321
Lorentz 力　363
ロンスキアン　157

ワ 行

Weierstrass の定理　236
歪対称 2 次形式　58
Weyl 擬微分作用素　326, 566
Weyl の安定性定理　243
Weyl の漸近律　270, 273, 295
Weyl 量子化　565, 566
Weyl 列　242
和空間　413
和形式 (2 次形式の)　189
割り算定理 (Sobolev 空間での)　89

著者略歴

谷島賢二(やじまけんじ)

1948 年 茨城県に生まれる
1973 年 東京大学大学院理学系研究科修士課程修了
現　在 学習院大学理学部教授
　　　　東京大学名誉教授
　　　　理学博士
主　著 基礎数学 11　物理数学入門 (東京大学出版会, 1994)
　　　　講座 数学の考え方 13　ルベーグ積分と関数解析
　　　　　(朝倉書店, 2002)

朝倉数学大系 5
シュレーディンガー方程式 I　　　定価はカバーに表示

2014 年 10 月 20 日　初版第 1 刷
2016 年 3 月 20 日　　第 2 刷

著　者　谷　島　賢　二
発行者　朝　倉　邦　造
発行所　株式会社 朝　倉　書　店
　　　　東京都新宿区新小川町 6-29
　　　　郵便番号　162-8707
　　　　電　話　03(3260)0141
　　　　ＦＡＸ　03(3260)0180
　　　　http://www.asakura.co.jp

〈検印省略〉

© 2014 〈無断複写・転載を禁ず〉

中央印刷・渡辺製本

ISBN 978-4-254-11825-4　C 3341　Printed in Japan

JCOPY 〈(社)出版者著作権管理機構 委託出版物〉
本書の無断複写は著作権法上での例外を除き禁じられています。複写される場合は、そのつど事前に、(社) 出版者著作権管理機構 (電話 03-3513-6969, FAX 03-3513-6979, e-mail: info@jcopy.or.jp) の許諾を得てください。

日大 本橋洋一著 朝倉数学大系1	今なお未解決の問題が数多く残されている素数分布について，一切の仮定無く必要不可欠な知識を解説。〔内容〕素数定理／指数和／短区間内の素数／算術級数中の素数／篩法I／一次元篩I／篩法II／平均素数定理／最小素数定理／一次元篩II
解　析　的　整　数　論　I ―素数分布論―	
11821-6 C3341　　　　　A 5 判 272頁 本体4800円	

日大 本橋洋一著 朝倉数学大系2	I巻(素数分布論)に続きリーマン・ゼータ函数論に必須な基礎知識を綿密な論理性のもとに解説。〔内容〕和公式I／保型形式／保型表現／和公式II／保型L-函数／Zeta-函数の解析／保型L-函数の解析／補遺(Zeta-函数と合同部分群／未解決問題)
解　析　的　整　数　論　II ―ゼータ解析―	
11822-3 C3341　　　　　A 5 判 372頁 本体6600円	

東北大 浦川 肇著 朝倉数学大系3	ラプラシアンに焦点を当て微分幾何学における数値解析を詳述。〔内容〕直線上の2階楕円型微分方程式／ユークリッド空間上の様々な微分方程式／リーマン多様体とラプラシアン／ラプラス作用素の固有値問題／等スペクトル問題／有限要素法他
ラプラシアンの幾何と有限要素法	
11823-0 C3341　　　　　A 5 判 272頁 本体4800円	

早大 堤　正義著 朝倉数学大系4	応用数理の典型分野を多方面の題材を用い解説〔内容〕メービウス逆変換の一般化／電気インピーダンストモグラフィーとCalderonの問題／回折トモグラフィー／ラプラス方程式のコーシー問題／非適切問題の正則化／カルレマン型評価／他
逆　　　問　　　題 ―理論および数理科学への応用―	
11824-7 C3341　　　　　A 5 判 264頁 本体4800円	

前愛媛大 山本哲朗著 朝倉数学大系7	境界値問題の理論的・数値解析的基礎を紹介する入門書。〔内容〕境界値問題ことはじめ／2点境界値問題／有限差分近似／有限要素近似／Green行列／離散化原理／固有値問題／最大値原理／2次元境界値問題の基礎および離散近似
境 界 値 問 題 と 行 列 解 析	
11827-8 C3341　　　　　A 5 判 280頁 本体4800円	

学習院大 谷島賢二著 講座　数学の考え方13	前半では「測度と積分」についてその必要性が実感できるように配慮して解説。後半では関数解析の基礎を説明しながら，フーリエ解析，積分作用素論，偏微分方程式論の話題を多数例示して現代解析学との関連も理解できるよう工夫した。
ル ベ ー グ 積 分 と 関 数 解 析	
11593-2 C3341　　　　　A 5 判 276頁 本体4500円	

北大 新井朝雄・前学習院大 江沢　洋著 朝倉物理学大系 7	量子力学のデリケートな部分に数学として光を当てた待望の解説書。本巻は数学的準備として，抽象ヒルベルト空間と線形演算子の理論の基礎を展開。〔内容〕ヒルベルト空間と線形演算子／スペクトル理論／付：測度と積分，フーリエ変換他
量 子 力 学 の 数 学 的 構 造 I	
13677-7 C3342　　　　　A 5 判 328頁 本体6000円	

北大 新井朝雄・前学習院大 江沢　洋著 朝倉物理学大系 8	本巻はIを引き継ぎ，量子力学の公理論的基礎を詳述。これは，基本的には，ヒルベルト空間に関わる諸々の数学的対象に物理的概念あるいは解釈を付与する手続きである。〔内容〕量子力学の一般原理／多粒子系／付：超関数論要項，等
量 子 力 学 の 数 学 的 構 造 II	
13678-4 C3342　　　　　A 5 判 320頁 本体5800円	

北大 新井朝雄著 朝倉物理学大系12	本大系第7，8巻の続編。〔内容〕物理量の共立性／正準交換関係の表現と物理／量子力学における対称性／物理量の自己共役性／物理量の摂動と固有値の安定性／物理量のスペクトル／散乱理論／虚数時間と汎関数積分の方法／超対称的量子力学
量 子 現 象 の 数 理	
13682-1 C3342　　　　　A 5 判 548頁 本体9000円	

前筑波大 亀淵 迪・慶大 表　実著 朝倉物理学大系13	物質の二重性(波動性と粒子性)を主題として，場の量子論から出発して粒子の量子論を導出する。〔内容〕場の一元論／場の方程式／量子場の相互作用／量子化／量子場の性質／波動関数と演算子／作用変数・角変数・位相／相対論的な場と粒子性
量　子　力　学　特　論	
13683-8 C3342　　　　　A 5 判 276頁 本体5000円	

上記価格（税別）は2014年9月現在